工业和信息化部“十二五”规划教材
21 世纪高等院校电气工程与自动化规划教材
21 century institutions of higher learning materials of Electrical Engineering and Automation Planning

Engineering Electromagnetic Fields

工程电磁场

许丽萍 薛锐 主编
高燕琴 侯利洁 刘天野 温廷敦 编著

人民邮电出版社
北京

图书在版编目（C I P）数据

工程电磁场 / 许丽萍 薛锐主编 ; 高燕琴等编著
. -- 北京 : 人民邮电出版社, 2014.12
21世纪高等院校电气工程与自动化规划教材
ISBN 978-7-115-36788-4

Ⅰ. ①工… Ⅱ. ①许… ②高… Ⅲ. ①电磁场－高等学校－教材 Ⅳ. ①O441.4

中国版本图书馆CIP数据核字(2014)第208485号

内容提要

本书是工业和信息化部“十二五”规划教材。

全书体现了面向工程的电磁场内容体系，系统地介绍了工程电磁场的基本理论及相关应用。主要包括矢量分析与场论基础、静电场、恒定电场、恒定电流的磁场、时变电磁场、电磁场边值问题的基本解法、电磁场的能量及能量转换与守恒定律、平面电磁波的传播以及电路参数计算原理、电气工程中典型的电磁场问题等。书中配置了大量例题，便于读者练习和加深理解。

本书可作为普通高等学校电气工程及其自动化和其他与电磁场相关专业的本科生教材，也可供相关专业研究生、教师或其他人员参考。

◆ 主　　编　许丽萍　薛　锐
编　　著　高燕琴　侯利洁　刘天野　温廷敦
责任编辑　邹文波
责任印制　沈　蓉　彭志环
◆ 人民邮电出版社出版发行　　北京市丰台区成寿寺路 11 号
邮编　100164　　电子邮件　315@ptpress.com.cn
网址　http://www.ptpress.com.cn
三河市君旺印务有限公司印刷
◆ 开本：787×1092　1/16
印张：19.25　　2014 年 12 月第 1 版
字数：482 千字　　2025 年 1 月河北第12次印刷

定价：45.00 元

读者服务热线：(010)81055256　印装质量热线：(010)81055316
反盗版热线：(010)81055315

前言

自麦克斯韦在前人研究工作的基础上，提出了涡旋电场和位移电流两个基本假说，总结出电磁现象的基本规律，建立了完整的电磁场理论体系，揭示了光、电、磁现象的内在联系及统一性，并预言了电磁波的存在之后，直接导致了以电力的广泛应用为显著特点的第二次工业革命，使人类进入了电气化时代。此后，以麦克斯韦电磁场理论为指导，现代电力工业、电工、有线及无线通信、雷达、波导、微波等民用或军用技术得到了快速的发展。即使在信息化时代的今天，与信息技术相关的研究领域，麦克斯韦电磁场理论仍然起着主导作用。为了满足信息化时代对人才的需求，在高校的相关专业，不管是理科的专业（如物理学、应用物理学等），还是工科的专业（如电子信息类、电子工程类、电气工程类、通信、测试计量技术及仪器等），都开设了与电磁场理论相关的课程。虽然课程名称有所不同（如电动力学、电磁场与电磁波、工程电磁场，有的直接就叫做电磁场理论），但其主要内容基本上就是麦克斯韦方程组加边界条件及工程应用。

从2006年开始，中北大学在电气工程及其自动化专业开设“工程电磁场”课程。多年来，一直使用由王泽忠、全玉生、卢斌先编著的高等院校电气工程系列教材《工程电磁场》。目前，采用的是普通高等教育“十一五”国家规划教材，即《工程电磁场（第2版）》。

在讲授《工程电磁场》课程的过程中，教师们发现由王泽忠、全玉生、卢斌先编著的、清华大学出版社出版的高等院校电气工程系列教材《工程电磁场》，内涵丰富，既有深度，也有广度，是一本质量相当高的教学参考书。但对普通高校而言，学生理解掌握有一定的难度。

编者作为物理系的教师，在讲授物理学专业课程“电动力学”的基础上，有幸参与了与工程应用联系较紧的课程“工程电磁场”的讲授工作。因此，在教学过程中，希望能将数学、物理、工程应用融会贯通，在理工融合方面有所作为，也希望工科院校的学生在关注工程应用背景的同时，深刻理解物理学思想，接受相对严密的逻辑推理的训练，更多地注重理论对实践的指导作用，拥有较扎实的理论功底，为以后从事相关研究工作打好基础。

编者在多年教学累积的基础上，结合自己的知识结构与体验，以及教学工作的需要，2013年成功申报工业和信息化部“十二五”规划教材《工程电磁场》。

本书体现了面向工程的电磁场内容体系。第1章矢量分析与场论基础是全书的数学基础。第2章～第4章分别从库仑定律、电荷守恒定律、安培定律出发，系统地介绍静电场、恒定电场、恒定磁场的基本方程，并将其表述为边值问题。第5章从涡旋电场和位移电流假设出发，总结得到时变电磁场满足的基本规律——麦克斯韦方程组；利用动态位，讨论达朗贝尔方程及单元辐射子的辐射。第6章介绍电磁场边值问题的基本解法，如镜像法、电轴法、直接积分法、分离变量法、模拟电荷法等。第 7 章～第 9 章分别讨论电磁场的能量及能量转换与守恒定律、平面电磁波和电路参数计算原理。第 10 章介绍电气工程中典型的电磁场问题，包括变压器的磁场、电机的磁场、绝缘子的电场、三相输电线路的工频电磁环境以及三相输电线路的电容和电感参数。

在本书编写过程中，我们注重处理与物理学中电磁学相衔接的内容，力求物理概念清晰，通俗易懂；注重理工融合，贴近工程应用背景，相关例题和习题尽量来源于实际工程应用，有助于增加学生的学习兴趣。全书条理清晰，论证严谨，结构合理，突出理工融合，注重与后续课程内容的衔接，注重知识的系统性、继承性与实践性。

本书由承担中北大学电气工程及其自动化专业“工程电磁场”课程的教师共同编著完成。其中，薛锐编写第 1 章及第 3 章，侯利洁编写第 2 章及第 9 章，高燕琴编写第 4 章及第 8 章，许丽萍编写第 5 章及第 6 章，温廷敦编写第 7 章，刘天野编写第 10 章。全书完成后，也请其他讲授相关课程的教授仔细审阅了全稿，并提出很多宝贵意见，进一步提高了本书的质量。编写中也参考了国内其他同类教材，编者谨在此一并表示衷心的感谢。

本书可以作为大学本科电子信息类、电子工程类、电气工程类、通信等专业学生的教学参考书，也可供从事电气工程、电波传播、射频技术、微波技术、电磁兼容技术的科研和工程技术人员参考。

由于编者水平有限，书中难免存在错误和不当之处，敬请批评指正。请将意见或建议发到以下邮箱：lpxu@sina.com。

编　者

2014 年 11 月

目　　录

第1章 矢量分析与场论基础

工程电磁场着重研究电磁现象及其场的基本规律，其中所涉及的一些物理量，如电场强度、磁场强度等的描述都与空间坐标或方向有关，通常使用矢量来描述。为了后面各章学习的方便，本章主要介绍分析矢量场时所需要的一些矢量代数和场论的相关知识。首先介绍标量、矢量、标量场、矢量场等基本概念以及矢量的基本运算；然后着重讨论标量场的梯度、矢量场的散度、旋度等重要概念及其运算规律，在此基础上介绍几个重要定理，即散度定理、斯托克斯定理、格林定理、亥姆霍兹定理；最后给出几种不同的坐标系以及在不同坐标系中各种矢量运算的表达式。

1.1 标量与矢量

1.1.1 标量与矢量

物理学中的物理量一般分为两类，其中仅有大小，没有方向的量叫做**标量**，如长度、面积、时间、温度、电压、电流、能量等。另一类既有大小，又有方向的物理量叫做**矢量**，如位移、力、速度、电场强度、磁感应强度等。

在本教材中，矢量的符号采用印刷体的形式即场量符号加粗表示，如 $\boldsymbol{F}$、$\boldsymbol{E}$、$\boldsymbol{B}$。在书写时，通常在表示矢量的字母上方加半个箭头表示，如 $\vec{F}$、$\vec{E}$、$\vec{B}$。

矢量的表示方法主要有两种，一种为代数表示，另一种为几何表示。代数上，矢量 $\boldsymbol{A}$ 的大小用 $|\boldsymbol{A}|$ 表示，称为矢量 $\boldsymbol{A}$ 的模，记做 $|\boldsymbol{A}| = A$。矢量的方向可以用单位矢量表示，单位矢量是模为 1 的矢量，用 $\boldsymbol{e}$ 表示。因此任一矢量可以用它的模和单位矢量表示，如矢量 $\boldsymbol{A}$ 可表示为

$$\boldsymbol{A} = |\boldsymbol{A}|\boldsymbol{e} = A\boldsymbol{e} \tag{1-1-1}$$

几何上，矢量可以用一有向线段表示，线段的长度代表矢量的大小，线段的方向即为矢量的方向，如图 1-1-1 所示。

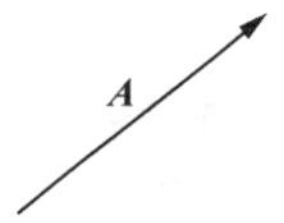

图 1-1-1 矢量的几何表示

大小和方向不随空间变化的矢量称为常矢量。

1.1.2 矢量在直角坐标系中的表示

在直角坐标系中，若把代表矢量 $\boldsymbol{A}$ 的有向线段放在坐标系的原点，矢量还可以用它在坐

标系上的投影来表示，如图 1-1-2 所示。

对于直角坐标系，它的三个坐标轴方向的单位矢量分别为$\boldsymbol{e}_x$、$\boldsymbol{e}_y$、$\boldsymbol{e}_z$，矢量$\boldsymbol{A}$可分解为沿三个坐标轴分量的矢量和的形式，即

$$\boldsymbol{A}=\boldsymbol{A}_x+\boldsymbol{A}_y+\boldsymbol{A}_z \tag{1-1-2}$$

其中各个分矢量可表示为

$$\boldsymbol{A}_x=\boldsymbol{e}_xA_x,\quad \boldsymbol{A}_y=\boldsymbol{e}_yA_y,\quad \boldsymbol{A}_z=\boldsymbol{e}_zA_z$$

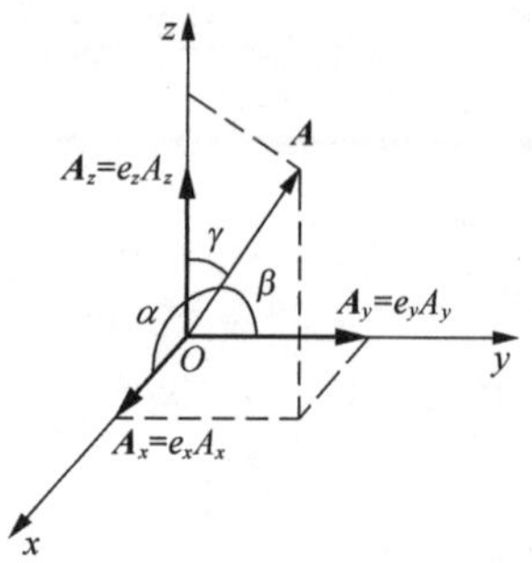

图 1-1-2　矢量在直角坐标系中的表示

矢量$\boldsymbol{A}$表示为$\boldsymbol{A}=\boldsymbol{e}_xA_x+\boldsymbol{e}_yA_y+\boldsymbol{e}_zA_z$，由此可得该矢量的模为

$$|\boldsymbol{A}|=A=\sqrt{A_x^2+A_y^2+A_z^2} \tag{1-1-3}$$

其单位矢量为

$$\begin{aligned}\boldsymbol{e}_A&=\frac{\boldsymbol{A}}{|\boldsymbol{A}|}=\boldsymbol{e}_x\frac{A_x}{|\boldsymbol{A}|}+\boldsymbol{e}_y\frac{A_y}{|\boldsymbol{A}|}+\boldsymbol{e}_z\frac{A_z}{|\boldsymbol{A}|}\\&=\boldsymbol{e}_x\cos\alpha+\boldsymbol{e}_y\cos\beta+\boldsymbol{e}_z\cos\gamma\end{aligned} \tag{1-1-4}$$

式中，$\cos\alpha$、$\cos\beta$、$\cos\gamma$称为矢量$\boldsymbol{A}$的方向余弦，α、β、γ分别为矢量$\boldsymbol{A}$与x、y、z轴正向的夹角。

1.2　矢量的代数运算

1.2.1　矢量的加减法

在几何上，两个矢量的加法和减法可以用平行四边形法则或三角形法则来表示，如图 1-2-1 和图 1-2-2 所示。

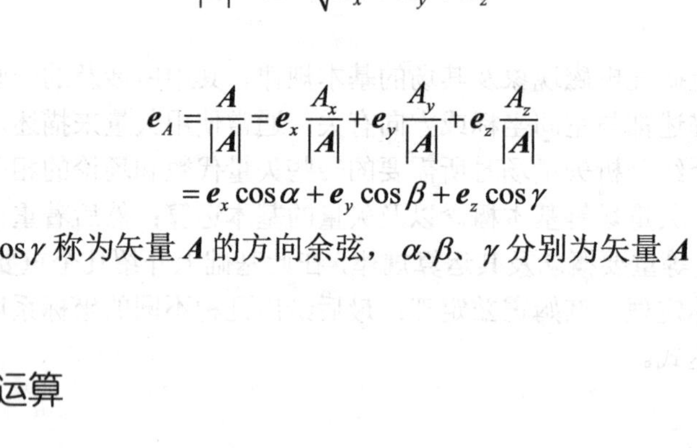

图 1-2-1　矢量加法和减法的平行四边形法则

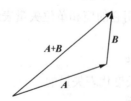

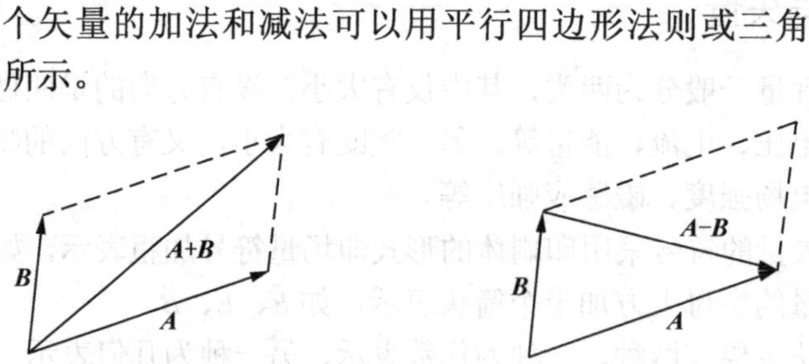

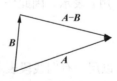

图 1-2-2　矢量加法和减法的三角形法则

矢量的加法和减法还可以用分量式表示。

设$\boldsymbol{A}=\boldsymbol{e}_xA_x+\boldsymbol{e}_yA_y+\boldsymbol{e}_zA_z$，$\boldsymbol{B}=\boldsymbol{e}_xB_x+\boldsymbol{e}_yB_y+\boldsymbol{e}_zB_z$，则

$$\boldsymbol{A}\pm\boldsymbol{B}=\boldsymbol{e}_x(A_x\pm B_x)+\boldsymbol{e}_y(A_y\pm B_y)+\boldsymbol{e}_z(A_z\pm B_z) \tag{1-2-1}$$

即两矢量之和（之差）的直角坐标分量等于两矢量对应坐标分量的和（或差）。

矢量的加法满足交换律和结合律，即

$$\boldsymbol{A}+\boldsymbol{B}=\boldsymbol{B}+\boldsymbol{A} \tag{1-2-2}$$

$$(\boldsymbol{A}+\boldsymbol{B})+\boldsymbol{C}=\boldsymbol{A}+(\boldsymbol{B}+\boldsymbol{C}) \tag{1-2-3}$$

1.2.2 矢量的乘法

1. 标量与矢量相乘

标量与矢量相乘只改变矢量大小，不改变方向。标量k乘矢量$\boldsymbol{A}$，结果如下

$$k\boldsymbol{A}=\boldsymbol{e}_x kA_x+\boldsymbol{e}_y kA_y+\boldsymbol{e}_z kA_z=k\boldsymbol{e}_A|\boldsymbol{A}| \tag{1-2-4}$$

2. 矢量的标量积

两个矢量的标量积（或点积）定义为这两个矢量的模以及这两个矢量之间夹角的余弦三者的乘积，即

$$\boldsymbol{A}\cdot\boldsymbol{B}=AB\cos\theta_{AB}=A_xB_x+A_yB_y+A_zB_z \tag{1-2-5}$$

式中，θ_{AB}是两矢量间的夹角。

两个矢量的标量积结果是标量，

当$\boldsymbol{A}\perp\boldsymbol{B}$时，$\boldsymbol{A}\cdot\boldsymbol{B}=0$；

当$\boldsymbol{A}/\!/\boldsymbol{B}$时，$\boldsymbol{A}\cdot\boldsymbol{B}=AB$。

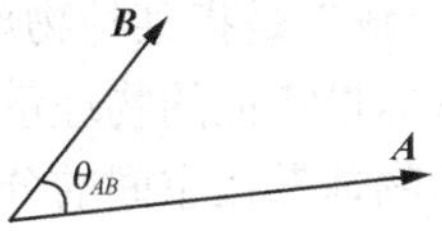

图 1-2-3 两个矢量的标量积

矢量的标量积具有以下性质：

（1）符合交换律和分配律

$$\boldsymbol{A}\cdot\boldsymbol{B}=\boldsymbol{B}\cdot\boldsymbol{A}$$

$$\boldsymbol{A}\cdot(\boldsymbol{B}+\boldsymbol{C})=\boldsymbol{A}\cdot\boldsymbol{B}+\boldsymbol{A}\cdot\boldsymbol{C}$$

（2）直角坐标系中，3个坐标轴单位矢量$\boldsymbol{e}_x$、$\boldsymbol{e}_y$、$\boldsymbol{e}_z$的标量积满足如下关系：

$$\boldsymbol{e}_x\cdot\boldsymbol{e}_y=\boldsymbol{e}_y\cdot\boldsymbol{e}_z=\boldsymbol{e}_z\cdot\boldsymbol{e}_x=0$$

$$\boldsymbol{e}_x\cdot\boldsymbol{e}_x=\boldsymbol{e}_y\cdot\boldsymbol{e}_y=\boldsymbol{e}_z\cdot\boldsymbol{e}_z=1$$

3. 矢量的矢量积

两个矢量的矢量积（或叉积）的模等于这两个矢量的模以及这两个矢量之间夹角的正弦三者的乘积，而方向垂直于两矢量所构成的平面，其指向按"右手法则"来确定。

$$\boldsymbol{A}\times\boldsymbol{B}=\boldsymbol{e}_n AB\sin\theta_{AB}=\begin{vmatrix}\boldsymbol{e}_x & \boldsymbol{e}_y & \boldsymbol{e}_z\\ A_x & A_y & A_z\\ B_x & B_y & B_z\end{vmatrix} \tag{1-2-6}$$

$$=\boldsymbol{e}_x(A_yB_z-A_zB_y)+\boldsymbol{e}_y(A_zB_x-A_xB_z)+\boldsymbol{e}_z(A_xB_y-A_yB_x)$$

两个矢量的矢量积为矢量，

当$\boldsymbol{A}\perp\boldsymbol{B}$时，$\theta_{AB}=90^\circ$，$\boldsymbol{A}\times\boldsymbol{B}=\boldsymbol{e}_n AB$；

当$\boldsymbol{A}/\!/\boldsymbol{B}$时，$\theta_{AB}=0^\circ$，$\boldsymbol{A}\times\boldsymbol{B}=\boldsymbol{0}$。

矢量的矢量积具有以下性质：

（1）当两矢量$\boldsymbol{A}$、$\boldsymbol{B}$作矢量积运算时，由于矢量积的结果为矢量，当两矢量前后交换次序时，两矢量的矢量积不符合交

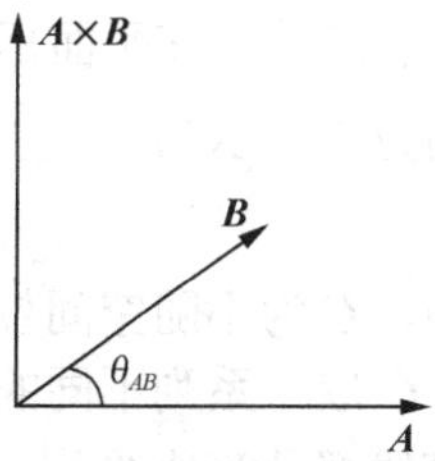

图 1-2-4 两个矢量的矢量积

换律，即

$$A\times B=-B\times A$$

但是矢量积满足分配律

$$A\times(B+C)=A\times B+A\times C$$

（2）直角坐标系中，3 个坐标轴单位矢量 e_x、e_y、e_z 的矢量积满足如下关系

$$e_x\times e_x=0,\quad e_y\times e_y=0,\quad e_z\times e_z=0$$

$$e_x\times e_y=e_z,\ e_y\times e_z=e_x,\ e_z\times e_x=e_y$$

4. 矢量的混合运算

$$A\cdot(B\times C)=B\cdot(C\times A)=C\cdot(A\times B) \tag{1-2-7}$$

$$A\times(B\times C)=B(A\cdot C)-C(A\cdot B) \tag{1-2-8}$$

1.3 标量场与矢量场

“场”是指某种物理量在空间的分布，按照物理量性质的不同，场也可以分为以下两类：具有标量特征的物理量在空间的分布是**标量场**，如温度场、电位场、高度场等；具有矢量特征的物理量在空间的分布是**矢量场**，如重力场、电场、磁场等。

场所对应的物理量除了与空间分布有关，还有可能随时间变化，因此，一个标量场和一个矢量场可分别用坐标和时间的标量及矢量函数表示，具体形式为 $u(x,y,z,t)$、$A(x,y,z,t)$。不随时间变化的场称为静态场，静态标量场和静态矢量场分别表示为 $u(x,y,z)$、$A(x,y,z)$，如静电场表示为 $E(x,y,z)$；随时间变化的场称为时变场，时变标量场和时变矢量场分别表示为 $u(x,y,z,t)$、$A(x,y,z,t)$。

1.3.1 标量场的等值面方程

在标量场中，为了形象直观地描述物理量在空间的分布状态，引入等值面和等值线的概念，等值面是标量场取同一数值的点在空间形成的曲面。

等值面的方程为

$$u(x,y,z)=C \tag{1-3-1}$$

式中，C 为不随空间位置变化的常数。

C 取一系列不同的值，就得到一系列不同的等值面，形成等值面族，从而直观地描绘出标量场空间分布状态。标量场的等值面充满场所在的整个空间，且标量场的等值面互不相交。如电磁场中的电位场就是一个标量场，由电位相同的点所组成的等值面叫作等电位面（等势面）。

相应地，在平面标量场 $u(x,y)$ 中，具有相同数值的点就构成了该标量场的等值线。等值线的方程表示为

$$u(x,y)=C \tag{1-3-2}$$

式中，C 为不随空间位置变化的常数。

C 取一系列不同的值，就得到一系列不同的等值线，如气象图上的等压线，地形图上的等高线都是等值线。

1.3.2 矢量场的矢量线方程

标量场可以用等值面来描述，相应的矢量场可以用矢量线来描述它的空间分布状态。矢量线是这样一簇曲线，其上每一点的切线方向代表了该点矢量场的方向，线密度表示矢量场的大小，如：静电场中的电场线，磁场中的磁感线。

根据矢量线的定义，可以容易得到矢量线方程。矢量线上任一点的切向长度元矢量 $\mathrm{d}\boldsymbol{l}$ 与该点的矢量场 $\boldsymbol{A}$ 的方向平行，即

$$\mathrm{d}\boldsymbol{l}\times\boldsymbol{A}=\boldsymbol{0} \tag{1-3-3}$$

其中 $\mathrm{d}\boldsymbol{l}$ 和 $\boldsymbol{A}$ 可以用分量形式表示为

$$\mathrm{d}\boldsymbol{l}=\boldsymbol{e}_x\mathrm{d}x+\boldsymbol{e}_y\mathrm{d}y+\boldsymbol{e}_z\mathrm{d}z\text{，}\quad \boldsymbol{A}=\boldsymbol{e}_xA_x+\boldsymbol{e}_yA_y+\boldsymbol{e}_zA_z$$

代入式（1-3-3）得

$$\mathrm{d}\boldsymbol{l}\times\boldsymbol{A}=\begin{vmatrix}\boldsymbol{e}_x & \boldsymbol{e}_y & \boldsymbol{e}_z\\ \mathrm{d}x & \mathrm{d}y & \mathrm{d}z\\ A_x & A_y & A_z\end{vmatrix}=(\mathrm{d}yA_z-A_y\mathrm{d}z)\boldsymbol{e}_x+(\mathrm{d}zA_x-A_z\mathrm{d}x)\boldsymbol{e}_y+(\mathrm{d}xA_y-\mathrm{d}yA_x)\boldsymbol{e}_z=0$$

由上式可得

$$\begin{cases}\mathrm{d}yA_z-A_y\mathrm{d}z=0\\ \mathrm{d}zA_x-A_z\mathrm{d}x=0\\ \mathrm{d}xA_y-\mathrm{d}yA_x=0\end{cases}$$

求解得到矢量线方程的标量形式

$$\frac{\mathrm{d}x}{A_x}=\frac{\mathrm{d}y}{A_y}=\frac{\mathrm{d}z}{A_z} \tag{1-3-4}$$

因此矢量线方程为 $\mathrm{d}\boldsymbol{l}\times\boldsymbol{A}=0$ 或 $\dfrac{\mathrm{d}x}{A_x}=\dfrac{\mathrm{d}y}{A_y}=\dfrac{\mathrm{d}z}{A_z}$，通过求解这两个方程就可以绘出矢量线。

例 1-3-1 求下列标量场的等值线以及等值面。

（1）$u=xy$

（2）$u=z-\sqrt{x^2+y^2}$

解 （1）等值线方程可表示为 $u=xy=C$（其中 C 为常数）

则等值线为 $y=\dfrac{C}{x}$，为双曲线族。

（2）等值面方程为 $u=z-\sqrt{x^2+y^2}=C$，解得 $x^2+y^2=(z-C)^2$

因此等值面为顶点在 $(0,0,C)$ 的圆锥面族（其中 C 为常数）。

例 1-3-2 点电荷 q 位于坐标原点，其周围空间为真空，求电场强度 $\boldsymbol{E}$ 的矢量线。

解 空间中任一点处的电场强度为

$$\boldsymbol{E}=\frac{q}{4\pi\varepsilon_0r^3}\boldsymbol{r}$$

其中 $\boldsymbol{r}=x\boldsymbol{e}_x+y\boldsymbol{e}_y+z\boldsymbol{e}_z$ 为场中任一点的位矢。

利用式（1-3-4）计算矢量线所满足的方程

$$\frac{\mathrm{d}x}{\dfrac{qx}{4\pi\varepsilon_0 r^3}}=\frac{\mathrm{d}y}{\dfrac{qy}{4\pi\varepsilon_0 r^3}}=\frac{\mathrm{d}z}{\dfrac{qz}{4\pi\varepsilon_0 r^3}}$$

即

$$\begin{cases}\dfrac{\mathrm{d}x}{x}=\dfrac{\mathrm{d}y}{y}\\[2mm]\dfrac{\mathrm{d}y}{y}=\dfrac{\mathrm{d}z}{z}\end{cases}$$

对$\dfrac{\mathrm{d}x}{x}=\dfrac{\mathrm{d}y}{y}$两边积分可得

$$\ln x=\ln y+C \quad \text{其中 } C \text{ 为常数}$$

再对上式两边取 e 指数，得

$$e^{\ln x}=e^{\ln y}e^{C}$$

化简得到

$$y=C_1 x$$

其中 $C_1=e^{-C}$

同理可得 $z=C_2 y$

求解得到电场强度 E 的矢量线方程为

$$\begin{cases}y=C_1 x\\ z=C_2 y\end{cases} \quad （C_1、C_2 \text{ 为任意常数}）$$

从上面的结果可以看出，矢量线的形状为从坐标原点出发的一系列射线，在静电场中称为电场线。

1.3.3 源点与场点

一般来说，场是由场源产生的，场源所在的空间位置称为源点，图 1-3-1 中源点 P' 用坐标 (x',y',z') 表示，也可以用位置矢量 $\boldsymbol{r}'$ 表示。

空间位置上除了定义场源量以外，还可以定义场量，因此把空间分布的物理量所在的空间位置称为场点。图 1-3-1 中场点 P 用坐标 (x,y,z) 表示，也可以用位置矢量 $\boldsymbol{r}$ 表示。

源点到场点的距离矢量：$\boldsymbol{R}=\boldsymbol{r}-\boldsymbol{r}'$，矢量 $\boldsymbol{R}$ 对应的单位矢量 $\boldsymbol{e}_R=\dfrac{\boldsymbol{r}-\boldsymbol{r}'}{|\boldsymbol{r}-\boldsymbol{r}'|}$。

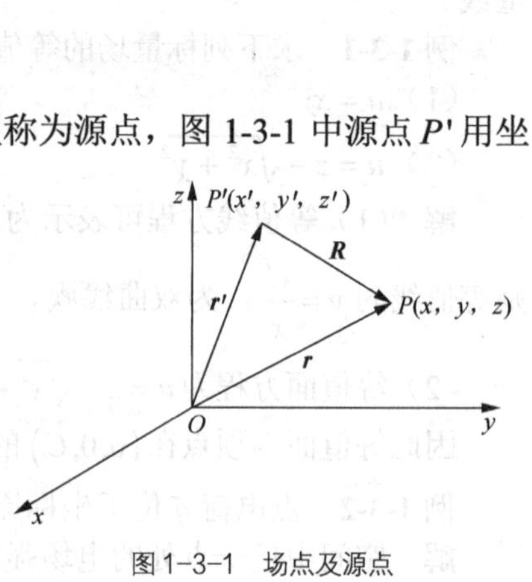

图 1-3-1 场点及源点

在整个工程电磁场的学习过程中，$\boldsymbol{R}$ 是非常重要的量，这个量联系着源点与场点，决定着场量与场源之间的空间关系。对于 $\boldsymbol{R}$ 的相关运算将在本章后面的内容中做详细的讨论。

1.4 标量场的梯度

标量场的等值面和等值线给出的是物理量在场中整体的分布情况，要想知道标量场中每一点的物理量沿各个方向的变化规律，还需引入标量场的方向导数和梯度的概念。

1.4.1 方向导数

如图1-4-1所示，标量函数$u(x,y,z)$在空间P点处沿任意方向对空间的变化率与所取$\boldsymbol{l}$的方向有关，在不同方向上$\left.\frac{\partial u}{\partial l}\right|_P$的值不同。

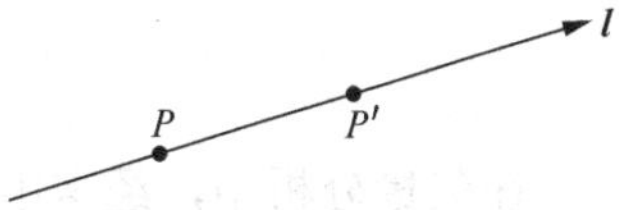

图1-4-1 方向导数

因此标量场$u(x,y,z)$在P点沿$\boldsymbol{l}$方向的方向导数$\left.\frac{\partial u}{\partial l}\right|_P$定义为

$$\left.\frac{\partial u}{\partial l}\right|_P=\lim_{\Delta l\to 0}\frac{\Delta u}{\Delta l}=\lim_{\Delta l\to 0}\frac{u(p')-u(p)}{\Delta l} \tag{1-4-1}$$

其中，Δl为P和P'之间的距离。

从上面的定义可知，标量场在某点的方向导数表示标量场在该点沿某一方向上的变化率。标量场中，在一个给定点处沿不同方向的方向导数一般是不同的。

当$\frac{\partial u}{\partial l}>0$时，$u$沿$l$方向是增加的；

当$\frac{\partial u}{\partial l}<0$时，$u$沿$l$方向是减小的。

在直角坐标系中，方向导数有如下关系：

$$\frac{\partial u}{\partial l}=\frac{\partial u}{\partial x}\frac{\partial x}{\partial l}+\frac{\partial u}{\partial y}\frac{\partial y}{\partial l}+\frac{\partial u}{\partial z}\frac{\partial z}{\partial l} \tag{1-4-2}$$

若线微分元$\mathrm{d}\boldsymbol{l}$的方向余弦为$\{\cos\alpha,\cos\beta,\cos\gamma\}$，即$\cos\alpha=\frac{\partial x}{\partial l}$，$\cos\beta=\frac{\partial y}{\partial l}$，$\cos\gamma=\frac{\partial z}{\partial l}$，方向导数变为下面的形式

$$\frac{\partial u}{\partial l}=\frac{\partial u}{\partial x}\cos\alpha+\frac{\partial u}{\partial y}\cos\beta+\frac{\partial u}{\partial z}\cos\gamma \tag{1-4-3}$$

1.4.2 标量场的梯度

方向导数给出了标量场$u(x,y,z)$在给定点处沿某个方向的变化率情况，但是沿哪个方向的变化率最大，最大变化率又是多少，这是实际中经常需要探讨的问题。为了解决这个问题，下面从方向导数出发来分析。

定义矢量场

$$\boldsymbol{G}=\boldsymbol{e}_x\frac{\partial u}{\partial x}+\boldsymbol{e}_y\frac{\partial u}{\partial y}+\boldsymbol{e}_z\frac{\partial u}{\partial z} \tag{1-4-4}$$

利用上式，方向导数$\frac{\partial u}{\partial l}$可以表示为

$$\frac{\partial u}{\partial l}=\boldsymbol{G}\cdot\boldsymbol{e}_l \tag{1-4-5}$$

式中，$\boldsymbol{e}_l$ 是矢量 $\boldsymbol{l}$ 的单位矢量，且 $\boldsymbol{e}_l=\boldsymbol{e}_x\cos\alpha+\boldsymbol{e}_y\cos\beta+\boldsymbol{e}_z\cos\gamma$ 。

上式表明 $\boldsymbol{G}$ 在 $\boldsymbol{l}$ 方向的投影正好等于标量场 $u(x,y,z)$ 在该方向上的方向导数，当 $\boldsymbol{l}$ 与 $\boldsymbol{G}$ 方向一致时，方向导数取得最大值，即 $|\boldsymbol{G}|=\frac{\partial u}{\partial l}$。由此可见，矢量 $\boldsymbol{G}$ 的方向就是 $u(x,y,z)$ 变化率最大的方向，其模为最大变化率的数值，矢量 $\boldsymbol{G}$ 称为标量场 u 的**梯度**。因此，标量场在某点梯度的大小等于该点的最大方向导数，梯度的方向为该点具有最大方向导数的方向。梯度记作

$$\mathrm{grad}u=\frac{\partial u}{\partial x}\boldsymbol{e}_x+\frac{\partial u}{\partial y}\boldsymbol{e}_y+\frac{\partial u}{\partial z}\boldsymbol{e}_z=\boldsymbol{G} \tag{1-4-6}$$

在矢量分析中，经常用到哈密顿算符 ∇，在直角坐标系中

$$\nabla=\boldsymbol{e}_x\frac{\partial}{\partial x}+\boldsymbol{e}_y\frac{\partial}{\partial y}+\boldsymbol{e}_z\frac{\partial}{\partial z} \tag{1-4-7}$$

算符 ∇ 具有矢量和微分的双重性质，又称为**矢量微分算符**。

因此，标量场 u 的梯度可表示为

$$\mathrm{grad}u=\nabla u=\boldsymbol{e}_x\frac{\partial u}{\partial x}+\boldsymbol{e}_y\frac{\partial u}{\partial y}+\boldsymbol{e}_z\frac{\partial u}{\partial z} \tag{1-4-8}$$

梯度具有如下性质：

（1）标量场的梯度是矢量，其方向垂直于通过该点的等值面，并指向标量函数变化最快的方向。

（2）标量场沿 $\boldsymbol{l}$ 方向的方向导数等于梯度在该方向上的投影，即

$$\frac{\partial u}{\partial l}=\nabla u\cdot\boldsymbol{e}_l \tag{1-4-9}$$

标量场的梯度函数建立了标量场与矢量场的联系，这一联系使得某一类矢量场可以通过标量函数来研究，或者标量场也可以通过矢量场来研究。

下面给出一些常用的梯度运算公式：

$$\nabla\mathrm{C}=0 \tag{1-4-10}$$

$$\nabla \mathrm{C}u=\mathrm{C}\nabla u \tag{1-4-11}$$

$$\nabla(u\pm v)=\nabla u\pm\nabla v \tag{1-4-12}$$

$$\nabla(uv)=u\nabla v+v\nabla u \tag{1-4-13}$$

$$\nabla\left(\frac{u}{v}\right)=\frac{1}{v^2}(v\nabla u-u\nabla v) \tag{1-4-14}$$

$$\nabla f(u)=f'(u)\nabla u \tag{1-4-15}$$

式中 C 为常数，u、v 为坐标变量函数。

例 1-4-1 设 $R=|\mathbf{r}-\mathbf{r}'|=\sqrt{(x-x')^2+(y-y')^2+(z-z')^2}$ 为源点（x'，y'，z'）到场点（x，y，z）的距离，$\boldsymbol{R}$ 的方向规定为从源点指向场点。证明下列结果：

$$\nabla R=\frac{\boldsymbol{R}}{R}，\quad \nabla' R=-\frac{\boldsymbol{R}}{R}=-\nabla R，\quad \nabla\frac{1}{R}=-\nabla'\frac{1}{R}=-\frac{1}{R^2}\boldsymbol{e}_R$$

证明　本题要注意算符∇和∇′的区别，其中∇是对场点作用，而∇′是对源点作用，即

$$\nabla = \boldsymbol{e}_x\frac{\partial}{\partial x}+\boldsymbol{e}_y\frac{\partial}{\partial y}+\boldsymbol{e}_z\frac{\partial}{\partial z}，\quad \nabla' = \boldsymbol{e}_x\frac{\partial}{\partial x'}+\boldsymbol{e}_y\frac{\partial}{\partial y'}+\boldsymbol{e}_z\frac{\partial}{\partial z'}$$

因此 $\nabla R = \boldsymbol{e}_x\frac{\partial R}{\partial x}+\boldsymbol{e}_y\frac{\partial R}{\partial y}+\boldsymbol{e}_z\frac{\partial R}{\partial z}\quad \nabla' R = \boldsymbol{e}_x\frac{\partial R}{\partial x'}+\boldsymbol{e}_y\frac{\partial R}{\partial y'}+\boldsymbol{e}_z\frac{\partial R}{\partial z'}$

（1）$\frac{\partial R}{\partial x}=\frac{1}{2}\left[(x-x')^2+(y-y')^2+(z-z')^2\right]^{-1/2}\cdot 2(x-x')=\frac{(x-x')}{R}$

$$\frac{\partial R}{\partial y}=\frac{(y-y')}{R},\quad \frac{\partial R}{\partial z}=\frac{(z-z')}{R}$$

$$\begin{aligned}\nabla R &= \boldsymbol{e}_x\frac{\partial R}{\partial x}+\boldsymbol{e}_y\frac{\partial R}{\partial y}+\boldsymbol{e}_z\frac{\partial R}{\partial z}=\boldsymbol{e}_x\frac{(x-x')}{R}+\boldsymbol{e}_y\frac{(y-y')}{R}+\boldsymbol{e}_z\frac{(z-z')}{R}\\ &=\frac{1}{R}\left[\boldsymbol{e}_x(x-x')+\boldsymbol{e}_y(y-y')+\boldsymbol{e}_z(z-z')\right]\\ &=\frac{\boldsymbol{R}}{R}\end{aligned}$$

（2）$\frac{\partial R}{\partial x'}=\frac{1}{2}\left[(x-x')^2+(y-y')^2+(z-z')^2\right]^{-1/2}\cdot 2(x-x')\cdot(-1)=-\frac{(x-x')}{R}$

$$\frac{\partial R}{\partial y'}=-\frac{(y-y')}{R},\quad \frac{\partial R}{\partial z'}=-\frac{(z-z')}{R}$$

$$\begin{aligned}\nabla' R &= \boldsymbol{e}_x\frac{\partial R}{\partial x'}+\boldsymbol{e}_y\frac{\partial R}{\partial y'}+\boldsymbol{e}_z\frac{\partial R}{\partial z'}=-\boldsymbol{e}_x\frac{(x-x')}{R}-\boldsymbol{e}_y\frac{(y-y')}{R}-\boldsymbol{e}_z\frac{(z-z')}{R}\\ &=-\frac{\boldsymbol{R}}{R}=-\nabla R\end{aligned}$$

（3）$\nabla\frac{1}{R}=\boldsymbol{e}_x\frac{\partial}{\partial x}\frac{1}{R}+\boldsymbol{e}_y\frac{\partial}{\partial y}\frac{1}{R}+\boldsymbol{e}_z\frac{\partial}{\partial z}\frac{1}{R}$

$$\begin{aligned}\frac{\partial}{\partial x}\left(\frac{1}{R}\right)&=\frac{\partial}{\partial x}\left[(x-x')^2+(y-y')^2+(z-z')^2\right]^{-1/2}\\ &=-\frac{1}{2}\left[(x-x')^2+(y-y')^2+(z-z')^2\right]^{-3/2}\cdot 2(x-x')\\ &=-\frac{(x-x')}{R^3}\end{aligned}$$

同理　$\frac{\partial}{\partial y}\left(\frac{1}{R}\right)=-\frac{(y-y')}{R^3},\quad \frac{\partial}{\partial z}\left(\frac{1}{R}\right)=-\frac{(z-z')}{R^3}$

$$\begin{aligned}\nabla\frac{1}{R}&=\boldsymbol{e}_x\left[-\frac{(x-x')}{R^3}\right]+\boldsymbol{e}_y\left[-\frac{(y-y')}{R^3}\right]+\boldsymbol{e}_z\left[-\frac{(z-z')}{R^3}\right]\\ &=-\frac{\boldsymbol{R}}{R^3}=-\frac{1}{R^2}\boldsymbol{e}_R\end{aligned}$$

$$\nabla'\frac{1}{R}=-\frac{1}{R^2}\nabla' R=-\frac{1}{R^2}\cdot\left(-\frac{\boldsymbol{R}}{R}\right)=\frac{1}{R^2}\boldsymbol{e}_R$$

例 1-4-2　求标量函数 $u(x,y,z)=x^2yz$ 的梯度，并求在空间坐标点 $P(2,3,1)$ 处，沿方向

$\boldsymbol{a}_l=\frac{3}{\sqrt{50}}\boldsymbol{e}_x+\frac{4}{\sqrt{50}}\boldsymbol{e}_y+\frac{5}{\sqrt{50}}\boldsymbol{e}_z$ 的方向导数。

解 $\nabla u=\boldsymbol{e}_x\frac{\partial}{\partial x}(x^2yz)+\boldsymbol{e}_y\frac{\partial}{\partial y}(x^2yz)+\boldsymbol{e}_z\frac{\partial}{\partial z}(x^2yz)=\boldsymbol{e}_x2xyz+\boldsymbol{e}_yx^2z+\boldsymbol{e}_zx^2y$

$$\boldsymbol{e}_l=\frac{\boldsymbol{a}_l}{|\boldsymbol{a}_l|}=\frac{3}{\sqrt{50}}\boldsymbol{e}_x+\frac{4}{\sqrt{50}}\boldsymbol{e}_y+\frac{5}{\sqrt{50}}\boldsymbol{e}_z$$

$$\frac{\partial u}{\partial l}=\nabla u\cdot\boldsymbol{e}_l=\frac{6xyz}{\sqrt{50}}+\frac{4x^2z}{\sqrt{50}}+\frac{5x^2y}{\sqrt{50}}$$

代入 P 点的空间坐标（2，3，1），得方向导数值为

$$\frac{\partial u}{\partial l}=\frac{36}{\sqrt{50}}+\frac{16}{\sqrt{50}}+\frac{60}{\sqrt{50}}=\frac{112}{\sqrt{50}}$$

例 1-4-3 设有标量场 $u=2xy-z^2$，求 u 在点 $(2.0,-1.0,1.0)$ 处沿该点至 $(3.0,-1.0,1.0)$ 方向的方向导数。在点 $(2.0,-1.0,1.0)$ 沿什么方向其方向导数达到最大值？其值是多少？

解 梯度的方向即为方向导数最大的方向，最大方向导数的值为梯度的模值。

利用方向导数的公式 $\frac{\mathrm{d}u}{\mathrm{d}l}=\frac{\partial u}{\partial x}\cos\alpha+\frac{\partial u}{\partial y}\cos\beta+\frac{\partial u}{\partial z}\cos\gamma$

$$\frac{\partial u}{\partial x}\Big|_{M_0}=2y=-2,\ \frac{\partial u}{\partial y}=2x=4,\ \frac{\partial u}{\partial z}=-2z=-2$$

点 $(2.0,-1.0.1.0)$ 到点 $(3.0,1.0.-1.0)$ 的方向为

$$\boldsymbol{l}=\boldsymbol{e}_x+2\boldsymbol{e}_y-2\boldsymbol{e}_z$$

则方向余弦为

$$\cos\alpha=\frac{1}{\sqrt{1.0^2+2.0^2+(-2.0)^2}}=\frac{1}{3},\ \cos\beta=\frac{2}{3},\ \cos\gamma=-\frac{2}{3}$$

因此方向导数为

$$\frac{1}{3}\times(-2)+4\times\frac{2}{3}+\left(-\frac{2}{3}\right)\times(-2)=\frac{10}{3}$$

又根据梯度公式 $\nabla u=\frac{\partial u}{\partial x}\boldsymbol{e}_x+\frac{\partial u}{\partial y}\boldsymbol{e}_y+\frac{\partial u}{\partial z}\boldsymbol{e}_z$ 可知，过点 $(2.0,-1.0,1.0)$ 的梯度为

$$\nabla u=2y\boldsymbol{e}_x+2x\boldsymbol{e}_y-2z\boldsymbol{e}_z=-2\boldsymbol{e}_x+4\boldsymbol{e}_y-2\boldsymbol{e}_z$$

因此可得过点 $(2.0,-1.0,1.0)$ 方向导数最大的方向即为梯度的方向 $\boldsymbol{l}=-2\boldsymbol{e}_x+4\boldsymbol{e}_y-2\boldsymbol{e}_z$

方向导数最大值为梯度矢量的模

$$|\nabla u|=\sqrt{(-2)^2+4^2+(-2)^2}=2\sqrt{6}$$

例 1-4-4 设 $\boldsymbol{r}=x\boldsymbol{e}_x+y\boldsymbol{e}_y+z\boldsymbol{e}_z$，$r=|\boldsymbol{r}|$，$n$ 为正整数。

（1）求 ∇r^2，∇r^n，$\nabla f(r)$；

（2）证明 $\nabla(\boldsymbol{a}\cdot\boldsymbol{r})=\boldsymbol{a}$，（$\boldsymbol{a}$ 是常矢量）。

解（1）由题意可知

$$r=(x^2+y^2+z^2)^{1/2}$$

$$\nabla r^2 = \frac{\partial r^2}{\partial x}\boldsymbol{e}_x + \frac{\partial r^2}{\partial y}\boldsymbol{e}_y + \frac{\partial r^2}{\partial z}\boldsymbol{e}_z = 2(x\boldsymbol{e}_x + y\boldsymbol{e}_y + z\boldsymbol{e}_z) = 2\boldsymbol{r}$$

$$\nabla r^n = \frac{\partial r^n}{\partial x}\boldsymbol{e}_x + \frac{\partial r^n}{\partial y}\boldsymbol{e}_y + \frac{\partial r^n}{\partial z}\boldsymbol{e}_z$$

其中 $\dfrac{\partial r^n}{\partial x} = \dfrac{\partial (x^2+y^2+z^2)^{n/2}}{\partial x} = nr^{n-1}\dfrac{\partial r}{\partial x} = nr^{n-1}x(x^2+y^2+z^2)^{-1/2} = nr^{n-2}x$

同理 $\dfrac{\partial r^n}{\partial y} = nr^{n-2}y$，$\dfrac{\partial r^n}{\partial z} = nr^{n-2}z$

因此

$$\nabla r^n = nr^{n-2}x\boldsymbol{e}_x + nr^{n-2}y\boldsymbol{e}_y + nr^{n-2}z\boldsymbol{e}_z = nr^{n-2}\boldsymbol{r}$$

$$\nabla f(r) = \frac{\partial f(r)}{\partial x}\boldsymbol{e}_x + \frac{\partial f(r)}{\partial y}\boldsymbol{e}_y + \frac{\partial f(r)}{\partial z}\boldsymbol{e}_z = f'(r)\frac{\partial r}{\partial x}\boldsymbol{e}_x + f'(r)\frac{\partial r}{\partial y}\boldsymbol{e}_y + f'(r)\frac{\partial r}{\partial z}\boldsymbol{e}_z$$
$$= f'(r)xr^{-1}\boldsymbol{e}_x + f'(r)yr^{-1}\boldsymbol{e}_y + f'(r)zr^{-1}\boldsymbol{e}_z = f'(r)r^{-1}\boldsymbol{r}$$

（2）证明 设$\boldsymbol{a} = A_x\boldsymbol{e}_x + A_y\boldsymbol{e}_y + A_z\boldsymbol{e}_z$，因为$\boldsymbol{a}$是常矢量，所以$A_x$、$A_y$、$A_z$都为常数，于是

$$\boldsymbol{a}\cdot\boldsymbol{r} = A_x x + A_y y + A_z z$$

$$\nabla(\boldsymbol{a}\cdot\boldsymbol{r}) = \boldsymbol{e}_x\frac{\partial}{\partial x}(A_x x + A_y y + A_z z) + \boldsymbol{e}_y\frac{\partial}{\partial y}(A_x x + A_y y + A_z z) + \boldsymbol{e}_z\frac{\partial}{\partial z}(A_x x + A_y y + A_z z)$$
$$= \boldsymbol{e}_x A_x + \boldsymbol{e}_y A_y + \boldsymbol{e}_z A_z = \boldsymbol{a}$$

1.5 矢量场的散度

1.5.1 矢量场的通量

若矢量场$\boldsymbol{A}(\boldsymbol{r})$分布于空间中，在空间中存在任意曲面$S$，如图1-5-1所示，则定义矢量场$\boldsymbol{A}(\boldsymbol{r})$沿有向曲面$S$的通量为

$$\Phi = \iint_S \boldsymbol{A}\cdot \mathrm{d}\boldsymbol{S} = \iint_S A\mathrm{d}S\cos\theta \tag{1-5-1}$$

式中$\mathrm{d}\boldsymbol{S} = \mathrm{d}S\boldsymbol{e}_n$为面积元矢量，其方向为面元法线方向。

电磁场中常用的通量有电通量$\Phi_e = \iint_S \boldsymbol{E}\cdot\mathrm{d}\boldsymbol{S}$，磁通量$\Phi_B = \iint_S \boldsymbol{B}\cdot\mathrm{d}\boldsymbol{S}$。

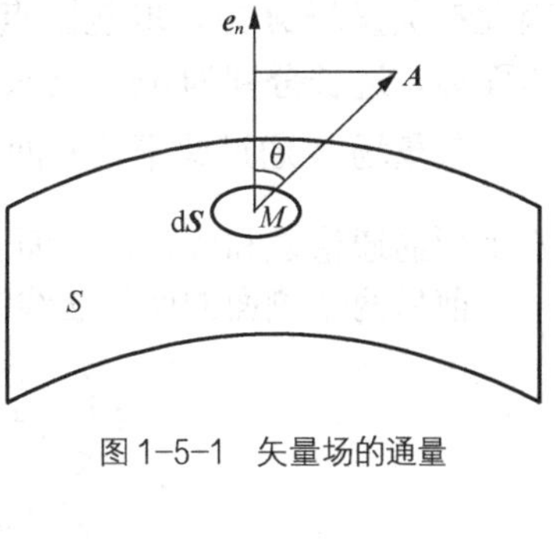

图1-5-1 矢量场的通量

通量为标量，它的正负与矢量场的方向和面积元法线方向的夹角θ有关，当$0<\theta<\dfrac{\pi}{2}$时，通量为正；当$\dfrac{\pi}{2}<\theta<\pi$时，通量为负。

如果曲面S是闭合曲面，通量可表示为$\Phi = \oint\!\!\!\oint_S \boldsymbol{A}\cdot\mathrm{d}\boldsymbol{S}$，通常规定闭合面的法线垂直于曲面向外。

若$\Phi>0$，通过闭合曲面有净的矢量线穿出，闭合面内有发出矢量线的正源。

若$\Phi<0$，有净的矢量线进入，闭合面内有汇集矢量线的负源。

若$\Phi=0$，进入与穿出闭合曲面的矢量线相等，闭合面内无源，或正源负源代数和为0。

因此，矢量场对任一闭合面的通量可以表示此闭合面内产生该矢量场的源的大小，矢量场的这种源称为通量源。例如，电荷是静电场的源。

1.5.2 矢量场的散度

矢量场通过某一闭合面的通量可以判断空间某一范围内场的发散或会聚情况，但是它只具有局域性质，不能反映空间某一点的情况。如果令包围某点的闭合面向该点无限收缩，那么这个无限小的闭合面的通量即可表示该点附近源的特性，因此需要引入散度的概念来描述。

对于矢量场$\boldsymbol{A}$，在其空间区域取任一点P，以该点为中心取一很小的闭合曲面S，对应的体积元为ΔV，此时，散度定理可以改为

$$\oiint_s \boldsymbol{A}\cdot\mathrm{d}\boldsymbol{S}=\nabla\cdot\boldsymbol{A}\Delta V$$

$\oiint_s \boldsymbol{A}\cdot\mathrm{d}\boldsymbol{S}/\Delta V$就是矢量场$\boldsymbol{A}$在$\Delta V$中单位体积的平均通量或者平均发散量。

当闭合面S向P点无限收缩，即当$\Delta V\to 0$时，若极限$\lim\limits_{\Delta V\to 0}\left(\oiint_s \boldsymbol{A}\cdot\mathrm{d}\boldsymbol{S}/\Delta V\right)$存在，则称此极限为矢量场$\boldsymbol{A}$在$P$点的散度，记作$\mathrm{div}\boldsymbol{A}$

$$\mathrm{div}\boldsymbol{A}=\nabla\cdot\boldsymbol{A}=\lim_{\Delta V\to 0}\frac{\oiint_s \boldsymbol{A}\cdot\mathrm{d}\boldsymbol{S}}{\Delta V} \tag{1-5-2}$$

散度的重要性在于，可用$\mathrm{div}\boldsymbol{A}$表征空间各点矢量场发散的强弱程度。矢量场的散度是标量。当$\mathrm{div}\boldsymbol{A}>0$，表示该点有散发通量的正源；当$\mathrm{div}\boldsymbol{A}<0$，表示该点有吸收通量的负源；当$\mathrm{div}\boldsymbol{A}=0$，表示该点无源。

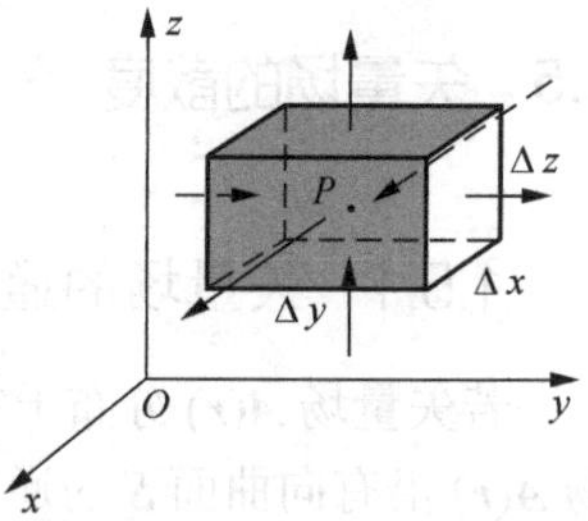

图1-5-2 直角坐标系下计算散度的示意图

矢量的散度值与所选的坐标系无关，但是如果以分量的形式表示该矢量时，具体数学表达式与坐标系的选取有关。下面给出直角坐标系下散度表达式的推导过程。

根据散度的定义可知，散度与所取的体积元大小形状无关，因此在矢量场$\boldsymbol{A}$中，取包围点$P(x_0,y_0,z_0)$的体积元ΔV为平行六面体，边长分别为Δx、Δy、Δz，如图1-5-2所示。

矢量场$\boldsymbol{A}$通过此平行六面体的通量为$\oiint_s \boldsymbol{A}\cdot\mathrm{d}\boldsymbol{S}$，它可以用六个面的通量之和代替。下面首先计算前后两个侧面的通量。

前后两个侧面的面元法线方向为$\boldsymbol{e}_x$、$-\boldsymbol{e}_x$，相对应的

$$A_x\left(x_0+\frac{\Delta x}{2},y_0,z_0\right)\approx A_x(x_0,y_0,z_0)+\frac{\Delta x}{2}\frac{\partial A_x}{\partial x}\bigg|_{x_0,y_0,z_0}$$

$$A_x\left(x_0-\frac{\Delta x}{2},y_0,z_0\right)\approx A_x(x_0,y_0,z_0)-\frac{\Delta x}{2}\frac{\partial A_x}{\partial x}\bigg|_{x_0,y_0,z_0}$$

由此可知，穿出前、后两侧面的净通量值为

$$[A_x(x_0+\frac{\Delta x}{2},y_0,z_0)-A_x(x_0-\frac{\Delta x}{2},y_0,z_0)]\Delta y\Delta z=\frac{\partial A_x}{\partial x}\Delta x\Delta y\Delta z$$

同理，分析穿出另两组侧面的净通量，即可得由点P穿出该六面体的净通量为

$$\oiint_s \boldsymbol{A}\cdot \mathrm{d}\boldsymbol{S}=\frac{\partial A_x}{\partial x}\Delta x\Delta y\Delta z+\frac{\partial A_y}{\partial y}\Delta x\Delta y\Delta z+\frac{\partial A_z}{\partial z}\Delta x\Delta y\Delta z$$

根据散度定义，得到直角坐标系中的散度表达式为

$$\mathrm{div}\boldsymbol{A}=\lim_{\Delta V\to 0}\frac{\oiint_s \boldsymbol{A}\cdot \mathrm{d}\boldsymbol{S}}{\Delta V}=\frac{\partial A_x}{\partial x}+\frac{\partial A_y}{\partial y}+\frac{\partial A_z}{\partial z}$$

因此，在直角坐标系中散度的表示形式为

$$\mathrm{div}\boldsymbol{A}=\nabla\cdot\boldsymbol{A}=\frac{\partial A_x}{\partial x}+\frac{\partial A_y}{\partial y}+\frac{\partial A_z}{\partial z} \qquad (1\text{-}5\text{-}3)$$

从上式可以看出，矢量场 $\boldsymbol{A}$ 的散度等于各坐标分量对各自的坐标变量的偏导数之和。

下面给出一些常用的散度运算公式：

$$\nabla\cdot\boldsymbol{C}=0 \qquad (\boldsymbol{C}\text{ 是常矢量}) \qquad (1\text{-}5\text{-}4)$$

$$\nabla\cdot(\boldsymbol{C}u)=\boldsymbol{C}\cdot\nabla u \qquad (u\text{ 是空间坐标 }x、y、z\text{ 的函数}) \qquad (1\text{-}5\text{-}5)$$

$$\nabla\cdot(k\boldsymbol{A})=k\nabla\cdot\boldsymbol{A} \qquad (k\text{ 是常数}) \qquad (1\text{-}5\text{-}6)$$

$$\nabla\cdot\boldsymbol{A}(u)=\nabla u\cdot\frac{\mathrm{d}\boldsymbol{A}}{\mathrm{d}u} \qquad (1\text{-}5\text{-}7)$$

$$\nabla\cdot(u\boldsymbol{A})=u\nabla\cdot\boldsymbol{A}+\boldsymbol{A}\cdot\nabla u \qquad (1\text{-}5\text{-}8)$$

$$\nabla\cdot(\boldsymbol{A}\pm\boldsymbol{B})=\nabla\cdot\boldsymbol{A}\pm\nabla\cdot\boldsymbol{B} \qquad (1\text{-}5\text{-}9)$$

下面分别证明一下式（1-5-7）和式（1-5-8）。

（1）设 $\boldsymbol{A}(u)=A_x(u)\boldsymbol{e}_x+A_y(u)\boldsymbol{e}_y+A_z(u)\boldsymbol{e}_z$

$$\nabla\cdot\boldsymbol{A}(u)=\frac{\partial A_x(u)}{\partial x}+\frac{\partial A_y(u)}{\partial y}+\frac{\partial A_z(u)}{\partial z}$$

$$=\frac{\partial A_x(u)}{\partial u}\frac{\partial u}{\partial x}+\frac{\partial A_y(u)}{\partial u}\frac{\partial u}{\partial y}+\frac{\partial A_z(u)}{\partial u}\frac{\partial u}{\partial z}$$

$$\nabla u\cdot\frac{\mathrm{d}\boldsymbol{A}}{\mathrm{d}u}=\left(\frac{\partial u}{\partial x}\boldsymbol{e}_x+\frac{\partial u}{\partial y}\boldsymbol{e}_y+\frac{\partial u}{\partial z}\boldsymbol{e}_z\right)\cdot\left(\frac{\partial A_x(u)}{\partial u}\boldsymbol{e}_x+\frac{\partial A_y(u)}{\partial u}\boldsymbol{e}_y+\frac{\partial A_z(u)}{\partial u}\boldsymbol{e}_z\right)$$

$$=\frac{\partial A_x(u)}{\partial u}\frac{\partial u}{\partial x}+\frac{\partial A_y(u)}{\partial u}\frac{\partial u}{\partial y}+\frac{\partial A_z(u)}{\partial u}\frac{\partial u}{\partial z}$$

左式等于右式，式（1-5-8）得证。

（2）设 $\boldsymbol{A}=A_x\boldsymbol{e}_x+A_y\boldsymbol{e}_y+A_z\boldsymbol{e}_z$

$$\nabla\cdot(u\boldsymbol{A})=\frac{\partial(uA_x)}{\partial x}+\frac{\partial(uA_y)}{\partial y}+\frac{\partial(uA_z)}{\partial z}=u\frac{\partial A_x}{\partial x}+A_x\frac{\partial u}{\partial x}+u\frac{\partial A_y}{\partial y}+A_y\frac{\partial u}{\partial y}+u\frac{\partial A_z}{\partial z}+A_z\frac{\partial u}{\partial z}$$

$$=u\left(\frac{\partial A_x}{\partial x}+\frac{\partial A_y}{\partial y}+\frac{\partial A_z}{\partial z}\right)+A_x\frac{\partial u}{\partial x}+A_y\frac{\partial u}{\partial y}+A_z\frac{\partial u}{\partial z}$$

$$u\nabla\cdot\boldsymbol{A}+\boldsymbol{A}\cdot\nabla u=u\left(\frac{\partial A_x}{\partial x}+\frac{\partial A_y}{\partial y}+\frac{\partial A_z}{\partial z}\right)+\left(A_x\boldsymbol{e}_x+A_y\boldsymbol{e}_y+A_z\boldsymbol{e}_z\right)\cdot\left(\frac{\partial u}{\partial x}\boldsymbol{e}_x+\frac{\partial u}{\partial y}\boldsymbol{e}_y+\frac{\partial u}{\partial z}\boldsymbol{e}_z\right)$$

$$=u\left(\frac{\partial A_x}{\partial x}+\frac{\partial A_y}{\partial y}+\frac{\partial A_z}{\partial z}\right)+A_x\frac{\partial u}{\partial x}+A_y\frac{\partial u}{\partial y}+A_z\frac{\partial u}{\partial z}$$

左式等于右式，式（1-5-8）得证。

1.5.3 散度定理

散度定理（矢量场的高斯定理）：矢量场在空间任意闭合曲面的通量等于该闭合曲面所包含体积中矢量场散度的体积分，即

$$\oiint_S \boldsymbol{A}\cdot \mathrm{d}\boldsymbol{S} = \iiint_V \nabla\cdot \boldsymbol{A}\mathrm{d}V \tag{1-5-10}$$

或

$$\oiint_S A_x\mathrm{d}y\mathrm{d}z + A_y\mathrm{d}z\mathrm{d}x + A_z\mathrm{d}x\mathrm{d}y = \iiint_V\left(\frac{\partial A_x}{\partial x}+\frac{\partial A_y}{\partial y}+\frac{\partial A_z}{\partial z}\right)\mathrm{d}x\mathrm{d}y\mathrm{d}z \tag{1-5-11}$$

其中，矢量场 $\boldsymbol{A} = A_x(x,y,z)\boldsymbol{e}_x + A_y(x,y,z)\boldsymbol{e}_y + A_z(x,y,z)\boldsymbol{e}_z$。

散度定理是闭合曲面积分与体积分之间的一个变换关系，表明了 V 中的场矢量与边界面 S 上的场矢量之间的关系，在电磁理论中有着广泛的应用。

例 1-5-1 设 S 为上半球面 $x^2+y^2+z^2=a^2(z\geqslant 0)$，其法向单位矢量 $\boldsymbol{e}_n$ 与 z 轴的夹角为锐角，求矢量场 $\boldsymbol{r} = x\boldsymbol{e}_x + y\boldsymbol{e}_y + z\boldsymbol{e}_z$ 沿 $\boldsymbol{e}_n$ 所指的方向穿过 S 的通量。

解 利用矢量场通量的定义式 $\varPhi = \iint_S \boldsymbol{A}\cdot\mathrm{d}\boldsymbol{S}$

根据题意，矢量场 $\boldsymbol{r}$ 的通量可表示为

$$\varPhi = \iint_S \boldsymbol{r}\cdot\mathrm{d}\boldsymbol{S} = \iint_S |\boldsymbol{r}|\boldsymbol{e}_r\cdot\boldsymbol{e}_n\mathrm{d}S$$

由于 $\boldsymbol{r}$ 沿 $\boldsymbol{e}_n$ 方向，则 $\boldsymbol{e}_r\cdot\boldsymbol{e}_n = 1$，

因此通量

$$\varPhi = \iint_S \sqrt{x^2+y^2+z^2}\,\mathrm{d}S = a\iint_S \mathrm{d}S = 2\pi a^3$$

例 1-5-2 在点电荷 q 产生的电场中，场矢量 $\boldsymbol{D} = \dfrac{q}{4\pi r^2}\boldsymbol{e}_r$，其中 r 是点电荷 q 到场点 M 的距离，$\boldsymbol{e}_r$ 是从点电荷 q 指向场点 M 的单位矢量。设 S 为以点电荷为中心，R 为半径的球面，求从球内散出 S 的电通量。

解 根据通量的定义可得，电通量为

$$\Phi = \oiint_s \boldsymbol{D}\cdot\mathrm{d}\boldsymbol{S} = \oiint_s \frac{q}{4\pi R^2}\boldsymbol{e}_r\cdot\mathrm{d}\boldsymbol{S} = \frac{q}{4\pi R^2}\oiint_s \boldsymbol{e}_r\cdot\mathrm{d}\boldsymbol{S} = \frac{q}{4\pi R^2}\cdot 4\pi R^2 = q$$

结果分析和讨论：

（1）当 q 为正电荷时，$\Phi > 0$ 为正源，说明有场矢量线从 q 向外发出。

（2）当 q 为负电荷时，$\Phi < 0$ 为负源，说明有场矢量线终止于 q。

例 1-5-3 求矢量场 $\boldsymbol{A} = xyz\boldsymbol{r}$ 的散度，其中 $\boldsymbol{r} = x\boldsymbol{e}_x + y\boldsymbol{e}_y + z\boldsymbol{e}_z$。

解 由题意可知

$$\boldsymbol{A} = xyz\boldsymbol{r} \text{ 且 } \boldsymbol{r} = x\boldsymbol{e}_x + y\boldsymbol{e}_y + z\boldsymbol{e}_z$$

则 $\boldsymbol{A} = x^2yz\boldsymbol{e}_x + xy^2z\boldsymbol{e}_y + xyz^2\boldsymbol{e}_z$

其中 $A_x = x^2yz$，$A_y = xy^2z$，$A_z = xyz^2$

因此 $\nabla\cdot\boldsymbol{A} = \dfrac{\partial A_x}{\partial x} + \dfrac{\partial A_y}{\partial y} + \dfrac{\partial A_z}{\partial z} = 2xyz + 2xyz + 2xyz = 6xyz$

例 1-5-4　求$\nabla\cdot\left[\boldsymbol{E}_0\sin(\boldsymbol{k}\cdot\boldsymbol{r})\right]$，其中$\boldsymbol{E}_0$、$\boldsymbol{k}$均为常矢量。

解　本题主要利用公式$\nabla\cdot(u\boldsymbol{A})=u\nabla\cdot\boldsymbol{A}+\boldsymbol{A}\cdot\nabla u$，$\nabla\cdot\boldsymbol{a}=0$，$\nabla(\boldsymbol{a}\cdot\boldsymbol{r})=\boldsymbol{a}$（$\boldsymbol{a}$是常矢量）来求解，通过本题的求解熟悉这些常用公式的使用。

$$
\begin{aligned}
&\nabla\cdot\left[\boldsymbol{E}_0\sin(\boldsymbol{k}\cdot\boldsymbol{r})\right]\\
&=\sin(\boldsymbol{k}\cdot\boldsymbol{r})\nabla\cdot\boldsymbol{E}_0+\boldsymbol{E}_0\cdot\nabla\sin(\boldsymbol{k}\cdot\boldsymbol{r})\\
&=\boldsymbol{E}_0\cdot\nabla\sin(\boldsymbol{k}\cdot\boldsymbol{r})\\
&=\boldsymbol{E}_0\cdot\cos(\boldsymbol{k}\cdot\boldsymbol{r})\nabla(\boldsymbol{k}\cdot\boldsymbol{r})\\
&=\boldsymbol{E}_0\cdot\cos(\boldsymbol{k}\cdot\boldsymbol{r})\boldsymbol{k}=\cos(\boldsymbol{k}\cdot\boldsymbol{r})(\boldsymbol{k}\cdot\boldsymbol{E}_0)
\end{aligned}
$$

1.6　矢量场的旋度

并不是所有的矢量场都由通量源激发，存在另一类不同于通量源的矢量源，它所激发的矢量场的场线是闭合的，它对于任何闭合曲面的通量为零，但在场所定义的空间中闭合路径的积分不为零，因此引入环量的概念。

1.6.1　矢量场的环量

在场矢量$\boldsymbol{A}$的空间中，取一有向闭合路径$\boldsymbol{l}$，则$\boldsymbol{A}$沿$\boldsymbol{l}$的积分称为矢量$\boldsymbol{A}$沿$\boldsymbol{l}$的环量（环流）即：

$$\Gamma=\oint_l \boldsymbol{A}(\boldsymbol{r})\cdot\mathrm{d}\boldsymbol{l}\qquad(1\text{-}6\text{-}1)$$

如果$\Gamma=0$，表明在区域内无涡旋状态，场线不闭合，称该矢量场为无旋场，也称为保守场。

如果$\Gamma\neq0$，表明在区域内存在涡旋状态，场线闭合，称该矢量场为有旋矢量场，能够激发有旋矢量场的源称为旋涡源。如磁场沿任意闭合曲线的积分与通过闭合曲线所围曲面的电流成正比，即$\oint_l \boldsymbol{B}\cdot\mathrm{d}\boldsymbol{l}=\mu_0\sum I$，建立了磁场的环量与电流的关系，说明电流是磁场的旋涡源。

1.6.2　矢量场的旋度

矢量场的环量给出了矢量场与积分回路所围区域内旋涡源宏观联系。为了给出空间任意点矢量场与旋涡源的关系，需要引入矢量场旋度的概念。

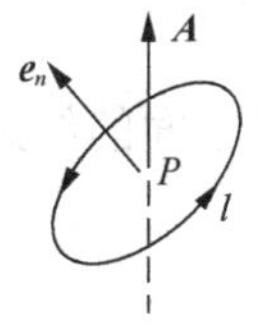

图 1-6-1　矢量场的环量

对于矢量场$\boldsymbol{A}$，在其空间区域取任一点P，以该点为中心取一很小的闭合有向曲线l，如图 1-6-1 所示，该有向曲线包围的面积为ΔS，$\boldsymbol{e}_n$为ΔS的法线方向，它与曲线的绕向成右手螺旋关系，当ΔS向P点无限收缩，即当$\Delta S\to0$时，若极限$\lim\limits_{\Delta S\to0}\left(\oint_l \boldsymbol{A}\cdot\mathrm{d}\boldsymbol{l}/\Delta S\right)$存在，则称此极限为矢量场$\boldsymbol{A}$在$P$点沿$\boldsymbol{e}_n$方向的**环量面密度**。

从上面的定义可以看出，环量面密度是一个与方向有关的量，这和方向导数与方向有关类似，标量场中找到一个梯度矢量，在它的方向上方向导数取到最大值，且模为最大方向导数的值。对于环量面密度，也可以定义这样一个矢量，它的方向为环量面密度最大的方向，其模为最大环量面密度的值，把这个矢量称作矢量场 $\boldsymbol{A}$ 的旋度。

设想将闭合曲线缩小到其内某一点附近，那么以闭合曲线 l 为界的面积 ΔS 逐渐缩小，$\oint_l \boldsymbol{A}\cdot d\boldsymbol{l}$ 也将逐渐减小，此时斯托克斯定理可以表示为

$$\oint_l \boldsymbol{A}\cdot \mathrm{d}\boldsymbol{l} = (\nabla\times\boldsymbol{A})\cdot\Delta\boldsymbol{S} = (\nabla\times\boldsymbol{A})_n\Delta S$$

一般来说，$\oint_l \boldsymbol{A}\cdot \mathrm{d}\boldsymbol{l}$ 与 ΔS 的比值有一极限值，记作：$(\nabla\times\boldsymbol{A})_n = \lim\limits_{\Delta s\to 0}\dfrac{\oint_e \boldsymbol{A}\cdot\mathrm{d}\boldsymbol{l}}{\Delta s}$，即单位面积平均环量的极限。式中 $(\nabla\times\boldsymbol{A})_n = (\nabla\times\boldsymbol{A})\cdot\boldsymbol{e}_n$，其中 $\nabla\times\boldsymbol{A}$ 即为矢量场的旋度。

因此旋度的一般定义为：若在矢量场 $\boldsymbol{A}$ 中的一点 P 处存在矢量 $\boldsymbol{R}$，它的方向是 $\boldsymbol{A}$ 在该点环量面密度最大的方向，它的模为这个最大的环量面密度，则称矢量 $\boldsymbol{R}$ 为矢量场 $\boldsymbol{A}$ 在点 P 的**旋度**，记作 $\mathrm{rot}\boldsymbol{A}$ 或 $\nabla\times\boldsymbol{A}$，即 $\mathrm{rot}\boldsymbol{A} = \nabla\times\boldsymbol{A} = \boldsymbol{R}$。矢量场 $\boldsymbol{A}$ 在点 M 处沿 $\boldsymbol{e}_n$ 方向的环量面密度 $\mathrm{rot}_n\boldsymbol{A}$ 可表示为

$$\mathrm{rot}_n\boldsymbol{A} = \boldsymbol{e}_n\cdot\mathrm{rot}\boldsymbol{A} \tag{1-6-2}$$

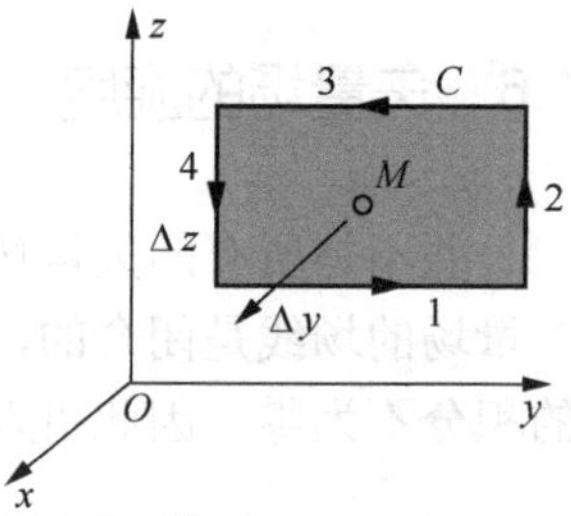

图 1-6-2　直角坐标系下计算旋度的示意图

下面推导直角坐标系中矢量场的旋度表示形式。

根据旋度的定义可知，所求环流密度与所取的积分回路形状无关，因此在矢量场 $\boldsymbol{A}$ 中，取包围点 $M(y_0, z_0)$ 的面元 ΔS 为矩形，边长分别为 Δy、Δz，来计算矢量场在 x 方向的环量面密度，如图 1-6-2 所示。它可以用四条边的环量之和代替

$$\oint_C \boldsymbol{A}\cdot\mathrm{d}\boldsymbol{l} = \int_1 \boldsymbol{A}\cdot\mathrm{d}\boldsymbol{l} + \int_2 \boldsymbol{A}\cdot\mathrm{d}\boldsymbol{l} + \int_3 \boldsymbol{A}\cdot\mathrm{d}\boldsymbol{l} + \int_4 \boldsymbol{A}\cdot\mathrm{d}\boldsymbol{l}$$
$$= A_{y1}\Delta y + A_{z2}\Delta z + A_{y3}(-\Delta y) + A_{z4}(-\Delta z) \tag{1-6-3}$$

利用泰勒级数展开公式，可得

$$A_{y1} \approx A_y(M) - \left.\frac{\partial A_y}{\partial z}\right|_M \frac{\Delta z}{2}$$

$$A_{z2} \approx A_z(M) + \left.\frac{\partial A_z}{\partial y}\right|_M \frac{\Delta y}{2}$$

$$A_{y3} \approx A_y(M) + \left.\frac{\partial A_y}{\partial z}\right|_M \frac{\Delta z}{2}$$

$$A_{z4} \approx A_z(M) - \left.\frac{\partial A_z}{\partial y}\right|_M \frac{\Delta y}{2}$$

把上面的结果代入式（1-6-3）中，可得

$$\oint_C \boldsymbol{A}\cdot\mathrm{d}\boldsymbol{l} = (\frac{\partial A_z}{\partial y} - \frac{\partial A_y}{\partial z})\Delta y\Delta z$$

因此

$$\mathrm{rot}_x\boldsymbol{A} = \lim_{\Delta S\to 0}\frac{\oint_C \boldsymbol{A}\cdot\mathrm{d}\boldsymbol{l}}{\Delta S} = \frac{\partial A_z}{\partial y} - \frac{\partial A_y}{\partial z} \tag{1-6-4}$$

当面元换到 xoy 和 xoz 平面的时候，同理可得 $\mathrm{rot}_y\boldsymbol{A} = \dfrac{\partial A_x}{\partial z} - \dfrac{\partial A_z}{\partial x}$，$\mathrm{rot}_z\boldsymbol{A} = \dfrac{\partial A_y}{\partial x} - \dfrac{\partial A_x}{\partial z}$，

合成以后得到直角坐标系中矢量 $\boldsymbol{A}$ 的旋度的表示形式为

$$\mathrm{rot}\boldsymbol{A}=\nabla\times\boldsymbol{A}=\begin{vmatrix}\boldsymbol{e}_x & \boldsymbol{e}_y & \boldsymbol{e}_z\\ \dfrac{\partial}{\partial x} & \dfrac{\partial}{\partial y} & \dfrac{\partial}{\partial z}\\ A_x & A_y & A_z\end{vmatrix}=\left(\frac{\partial A_z}{\partial y}-\frac{\partial A_y}{\partial z}\right)\boldsymbol{e}_x+\left(\frac{\partial A_x}{\partial z}-\frac{\partial A_z}{\partial x}\right)\boldsymbol{e}_y+\left(\frac{\partial A_y}{\partial x}-\frac{\partial A_x}{\partial y}\right)\boldsymbol{e}_z \tag{1-6-5}$$

下面给出一些常用的旋度运算公式

$$\nabla\times\boldsymbol{C}=0 \qquad （\boldsymbol{C}\text{ 是常矢量}） \tag{1-6-6}$$

$$\nabla\times(u\boldsymbol{C})=\nabla u\times\boldsymbol{C} \tag{1-6-7}$$

$$\nabla\times\boldsymbol{A}(u)=\nabla u\times\frac{\mathrm{d}\boldsymbol{A}}{\mathrm{d}u} \quad （u\text{ 是空间坐标 }x、y、z\text{ 的函数}） \tag{1-6-8}$$

$$\nabla\times(u\boldsymbol{A})=u\nabla\times\boldsymbol{A}+\nabla u\times\boldsymbol{A} \tag{1-6-9}$$

$$\nabla\times(\boldsymbol{A}\pm\boldsymbol{B})=\nabla\times\boldsymbol{A}\pm\nabla\times\boldsymbol{B} \tag{1-6-10}$$

$$\nabla\cdot(\boldsymbol{A}\times\boldsymbol{B})=(\nabla\times\boldsymbol{A})\cdot\boldsymbol{B}-\boldsymbol{A}\cdot(\nabla\times\boldsymbol{B}) \tag{1-6-11}$$

$$\nabla\cdot(\nabla\times\boldsymbol{A})\equiv 0 \tag{1-6-12}$$

$$\nabla\times(\nabla u)\equiv 0 \tag{1-6-13}$$

下面分别证明式（1-6-12）和式（1-6-13）。

$$\begin{aligned}\nabla\cdot(\nabla\times\boldsymbol{A})&=\left(\boldsymbol{e}_x\frac{\partial}{\partial x}+\boldsymbol{e}_y\frac{\partial}{\partial y}+\boldsymbol{e}_z\frac{\partial}{\partial z}\right)\cdot\begin{vmatrix}\boldsymbol{e}_x & \boldsymbol{e}_y & \boldsymbol{e}_z\\ \dfrac{\partial}{\partial x} & \dfrac{\partial}{\partial y} & \dfrac{\partial}{\partial z}\\ A_x & A_y & A_z\end{vmatrix}\\ &=\frac{\partial}{\partial x}\left(\frac{\partial A_z}{\partial y}-\frac{\partial A_y}{\partial z}\right)+\frac{\partial}{\partial y}\left(\frac{\partial A_x}{\partial z}-\frac{\partial A_z}{\partial x}\right)+\frac{\partial}{\partial z}\left(\frac{\partial A_y}{\partial x}-\frac{\partial A_x}{\partial y}\right)\\ &=\frac{\partial^2 A_z}{\partial x\partial y}-\frac{\partial^2 A_y}{\partial x\partial z}+\frac{\partial^2 A_x}{\partial y\partial z}-\frac{\partial^2 A_z}{\partial y\partial x}+\frac{\partial^2 A_y}{\partial z\partial x}-\frac{\partial^2 A_x}{\partial z\partial y}\\ &\equiv 0\end{aligned}$$

式（1-6-12）得证。

$$\begin{aligned}\nabla\times(\nabla u)&=\begin{vmatrix}\boldsymbol{e}_x & \boldsymbol{e}_y & \boldsymbol{e}_z\\ \dfrac{\partial}{\partial x} & \dfrac{\partial}{\partial y} & \dfrac{\partial}{\partial z}\\ \dfrac{\partial u}{\partial x} & \dfrac{\partial u}{\partial y} & \dfrac{\partial u}{\partial z}\end{vmatrix}\\ &=\boldsymbol{e}_x\left(\frac{\partial^2 u}{\partial y\partial z}-\frac{\partial^2 u}{\partial z\partial y}\right)+\boldsymbol{e}_y\left(\frac{\partial^2 u}{\partial z\partial x}-\frac{\partial^2 u}{\partial x\partial z}\right)+\boldsymbol{e}_z\left(\frac{\partial^2 u}{\partial x\partial y}-\frac{\partial^2 u}{\partial y\partial x}\right)\\ &\equiv 0\end{aligned}$$

式（1-6-13）得证。

哈密顿算符∇是一个矢量形式的一阶微分算子，在场的研究中，还常用到二阶微分算子∇^2，它是标量算符，只具有微分特性。我们将其称为拉普拉斯算子，它的定义为

$$\nabla\cdot\nabla=\nabla^2=\frac{\partial^2}{\partial x^2}+\frac{\partial^2}{\partial y^2}+\frac{\partial^2}{\partial z^2} \tag{1-6-14}$$

$$\nabla\cdot\nabla u=\nabla^2 u=\left[\frac{\partial}{\partial x}(\frac{\partial u}{\partial x})+\frac{\partial}{\partial y}(\frac{\partial u}{\partial y})+\frac{\partial}{\partial z}(\frac{\partial u}{\partial z})\right]=\frac{\partial^2 u}{\partial x^2}+\frac{\partial^2 u}{\partial y^2}+\frac{\partial^2 u}{\partial z^2} \tag{1-6-15}$$

拉普拉斯算子也可以作用于矢量函数

$$\nabla^2\boldsymbol{A}=\left(\frac{\partial^2}{\partial x^2}+\frac{\partial^2}{\partial y^2}+\frac{\partial^2}{\partial z^2}\right)\boldsymbol{A}=\frac{\partial^2\boldsymbol{A}}{\partial x^2}+\frac{\partial^2\boldsymbol{A}}{\partial y^2}+\frac{\partial^2\boldsymbol{A}}{\partial z^2} \tag{1-6-16}$$

写成分量式为：

$$\begin{aligned}\nabla^2\boldsymbol{A}=&\left(\frac{\partial^2 A_x}{\partial x^2}+\frac{\partial^2 A_x}{\partial y^2}+\frac{\partial^2 A_x}{\partial z^2}\right)\boldsymbol{e}_x+\left(\frac{\partial^2 A_y}{\partial x^2}+\frac{\partial^2 A_y}{\partial y^2}+\frac{\partial^2 A_y}{\partial z^2}\right)\boldsymbol{e}_y\\&+\left(\frac{\partial^2 A_z}{\partial x^2}+\frac{\partial^2 A_z}{\partial y^2}+\frac{\partial^2 A_z}{\partial z^2}\right)\boldsymbol{e}_z\end{aligned} \tag{1-6-17}$$

$\nabla^2\boldsymbol{A}$满足如下关系：

$$\nabla^2\boldsymbol{A}=\nabla(\nabla\cdot\boldsymbol{A})-\nabla\times(\nabla\times\boldsymbol{A}) \tag{1-6-18}$$

1.6.3 斯托克斯定理

斯托克斯定理：矢量场沿任意闭合曲线的环量等于矢量场的旋度在该闭合曲线所围的曲面的通量，即

$$\oint_l \boldsymbol{A}\cdot\mathrm{d}\boldsymbol{l}=\iint_S \nabla\times\boldsymbol{A}\cdot\mathrm{d}\boldsymbol{S} \tag{1-6-19}$$

或

$$\oint_l (A_x\mathrm{d}x+A_y\mathrm{d}y+A_z\mathrm{d}z)=\iint_S\left(\frac{\partial A_z}{\partial y}-\frac{\partial A_y}{\partial z}\right)\mathrm{d}y\mathrm{d}z+\left(\frac{\partial A_x}{\partial z}-\frac{\partial A_z}{\partial x}\right)\mathrm{d}z\mathrm{d}x+\left(\frac{\partial A_y}{\partial x}-\frac{\partial A_x}{\partial y}\right)\mathrm{d}x\mathrm{d}y \tag{1-6-20}$$

其中，矢量场$\boldsymbol{A}=A_x(x,y,z)\boldsymbol{e}_x+A_y(x,y,z)\boldsymbol{e}_y+A_z(x,y,z)\boldsymbol{e}_z$，且$A_x$、$A_y$、$A_z$在空间区域中有一阶连续偏导数，$l$为曲面$S$的边界，$\boldsymbol{l}$与$\boldsymbol{S}$成右手螺旋关系。

斯托克斯定理是闭合曲线积分与曲面积分之间的一个变换关系式，也在电磁理论中有广泛的应用。

例 1-6-1 求矢量场$\boldsymbol{A}=-y\boldsymbol{e}_x+x\boldsymbol{e}_y+c\boldsymbol{e}_z$（$c$为常数）沿圆周$x^2+y^2=R^2$，$z=0$（旋转方向与$z$轴成右手关系）的环量。

解 利用斯托克斯定理

$$\oint_l (A_x\mathrm{d}x+A_y\mathrm{d}y+A_z\mathrm{d}z)=\iint_S\left(\frac{\partial A_z}{\partial y}-\frac{\partial A_y}{\partial z}\right)\mathrm{d}y\mathrm{d}z+\left(\frac{\partial A_x}{\partial z}-\frac{\partial A_z}{\partial x}\right)\mathrm{d}z\mathrm{d}x+\left(\frac{\partial A_y}{\partial x}-\frac{\partial A_x}{\partial y}\right)\mathrm{d}x\mathrm{d}y$$

把线积分换成面积分来求解。

由题意可得

$$A_x=-y,\ A_y=x,\ A_z=c$$

再根据环量的计算公式以及斯托克斯定理可得

$$\Gamma=\oint_l \boldsymbol{A}\cdot d\boldsymbol{l}=\oint_l (A_x\mathrm{d}x+A_y\mathrm{d}y+A_z\mathrm{d}z)$$

$$=\iint_S\left(\frac{\partial A_z}{\partial y}-\frac{\partial A_y}{\partial z}\right)\mathrm{d}y\mathrm{d}z+\left(\frac{\partial A_x}{\partial z}-\frac{\partial A_z}{\partial x}\right)\mathrm{d}z\mathrm{d}x+\left(\frac{\partial A_y}{\partial x}-\frac{\partial A_x}{\partial y}\right)\mathrm{d}x\mathrm{d}y$$

$$=\iint_S 2\mathrm{d}x\mathrm{d}y=2\pi R^2$$

例 1-6-2 已知矢量 $\boldsymbol{A}=2\sin(\omega t-5z)\boldsymbol{e}_x$，与矢量 $\boldsymbol{B}$ 之间满足 $\boldsymbol{A}=\nabla\times\boldsymbol{B}$，且 $\boldsymbol{B}$ 沿 y 方向，求矢量 $\boldsymbol{B}$。

解 题中已知矢量 $\boldsymbol{A}$ 的具体形式，要求矢量 $\boldsymbol{B}$ 的具体形式，并已知 $\boldsymbol{B}$ 沿 y 方向，则可以假设矢量 $\boldsymbol{B}$ 的形式为 $\boldsymbol{B}=B_y\boldsymbol{e}_y$，再根据旋度的定义式把 $\nabla\times\boldsymbol{B}$ 展开，和 $\boldsymbol{A}$ 进行系数比较，从而得到矢量 $\boldsymbol{B}$ 的具体形式。

设 $\boldsymbol{B}=B_y\boldsymbol{e}_y$

$$\nabla\times\boldsymbol{B}=\begin{vmatrix}\boldsymbol{e}_x & \boldsymbol{e}_y & \boldsymbol{e}_z\\ \dfrac{\partial}{\partial x} & \dfrac{\partial}{\partial y} & \dfrac{\partial}{\partial z}\\ 0 & B_y & 0\end{vmatrix}=-\frac{\partial B_y}{\partial z}\boldsymbol{e}_x=\boldsymbol{A}=2\sin(\omega t-5z)\boldsymbol{e}_x$$

两边比较可以得到

$$-\frac{\partial B_y}{\partial z}=2\sin(\omega t-5z)$$

则

$$B_y=\int -2\sin(\omega t-5z)\mathrm{d}z=-\frac{2}{5}\cos(\omega t-5z)$$

因此，矢量 $\boldsymbol{B}$ 的具体形式为

$$\boldsymbol{B}=-\frac{2}{5}\cos(\omega t-5z)\boldsymbol{e}_y$$

例 1-6-3 求矢量场 $\boldsymbol{A}=x(z-y)\boldsymbol{e}_x+y(x-z)\boldsymbol{e}_y+z(y-x)\boldsymbol{e}_z$ 在点 $M(1, 0, 1)$的旋度，以及沿 $\boldsymbol{l}=\boldsymbol{e}_x+2\boldsymbol{e}_y+2\boldsymbol{e}_z$ 方向的环量面密度。

解 题中已知矢量场 $\boldsymbol{A}$ 的形式，要求其在空间中某一点的旋度，根据旋度的定义式 $\nabla\times\boldsymbol{A}$，可以很容易求得。对于矢量场沿 $\boldsymbol{l}$ 方向的环量面密度则可以根据环量面密度和矢量场旋度之间的关系来求解，即矢量场沿 $\boldsymbol{l}$ 方向的环量面密度等于矢量场的旋度在 $\boldsymbol{l}$ 方向的投影。

矢量场 $\boldsymbol{A}$ 的旋度：

$$\nabla\times\boldsymbol{A}=\begin{vmatrix}\boldsymbol{e}_x & \boldsymbol{e}_y & \boldsymbol{e}_z\\ \dfrac{\partial}{\partial x} & \dfrac{\partial}{\partial y} & \dfrac{\partial}{\partial z}\\ x(z-y) & y(x-z) & z(y-x)\end{vmatrix}=(y+z)\boldsymbol{e}_x+(x+z)\boldsymbol{e}_y+(x+y)\boldsymbol{e}_z$$

M 点旋度：

$$\nabla\times\boldsymbol{A}\Big|_{M(1,0,1)}=[(y+z)\boldsymbol{e}_x+(x+z)\boldsymbol{e}_y+(x+y)\boldsymbol{e}_z]\Big|_{M(1,0,1)}=\boldsymbol{e}_x+2\boldsymbol{e}_y+\boldsymbol{e}_z$$

$\boldsymbol{l}$ 方向单位矢量：$\boldsymbol{e}_l=\dfrac{\boldsymbol{l}}{l}=\dfrac{1}{3}(\boldsymbol{e}_x+2\boldsymbol{e}_y+2\boldsymbol{e}_z)$

点 M（1，0，1）沿 $\boldsymbol{l}$ 方向的环量面密度：

$$\mu_l=(\nabla\times\boldsymbol{A})\big|_M\cdot\boldsymbol{e}_l=(\boldsymbol{e}_x+2\boldsymbol{e}_y+\boldsymbol{e}_z)\cdot\frac{1}{3}(\boldsymbol{e}_x+2\boldsymbol{e}_y+2\boldsymbol{e}_z)=\frac{7}{3}$$

例 1-6-4 分别求 $\nabla\cdot\dfrac{\boldsymbol{R}}{R^3}$ 和 $\nabla\times\dfrac{\boldsymbol{R}}{R^3}$，其中 $R=|\mathbf{r}-\mathbf{r}'|=\sqrt{(x-x')^2+(y-y')^2+(z-z')^2}$ 为源点 $\boldsymbol{r}'$ 到场点 $\boldsymbol{r}$ 的距离，R 的方向规定为从源点指向场点。

解

$$\nabla\cdot\frac{\boldsymbol{R}}{R^3}=\frac{\partial}{\partial x}\left(\frac{x-x'}{R^3}\right)+\frac{\partial}{\partial y}\left(\frac{y-y'}{R^3}\right)+\frac{\partial}{\partial z}\left(\frac{z-z'}{R^3}\right)$$

$$\frac{\partial}{\partial x}\left(\frac{x-x'}{R^3}\right)=\frac{1}{R^3}-\frac{3(x-x')^2}{R^5}$$

$$\frac{\partial}{\partial y}\left(\frac{y-y'}{R^3}\right)=\frac{1}{R^3}-\frac{3(y-y')^2}{R^5}$$

$$\frac{\partial}{\partial z}\left(\frac{z-z'}{R^3}\right)=\frac{1}{R^3}-\frac{3(z-z')^2}{R^5}$$

当 $R\neq 0$ 时，

$$\nabla\cdot\frac{\boldsymbol{R}}{R^3}=3\frac{1}{R^3}-3\frac{[(x-x')^2+(y-y')^2+(z-z')^2]}{R^5}=0$$

当 $R=0$ 时，以源点为球心，正数 ε 为半径作一个闭合球面，由散度的定义，先计算 $\dfrac{\boldsymbol{R}}{R^3}$ 通过此闭合球面的通量

$$\oint\frac{\boldsymbol{R}}{R^3}\cdot\mathrm{d}\boldsymbol{S}=\oint\frac{1}{\varepsilon^2}\varepsilon^2\mathrm{d}\Omega=4\pi$$

再求极限

$$\lim_{\Delta V\to 0}\frac{\oint\frac{\boldsymbol{R}}{R^3}\cdot\mathrm{d}\boldsymbol{S}}{\Delta V}=\lim_{\Delta V\to 0}\frac{4\pi}{\Delta V}\to\infty$$

得

$$\nabla\cdot\frac{\boldsymbol{R}}{R^3}=\infty$$

综合 $R\neq 0$ 和 $R=0$ 两种情况，结合 δ 函数的定义有

$$\nabla\cdot\frac{\boldsymbol{R}}{R^3}=4\pi\delta(\boldsymbol{r}-\boldsymbol{r}')$$

根据例 1-4-1 的结论，$\nabla\dfrac{1}{R}=-\dfrac{\boldsymbol{R}}{R^3}$

$$\nabla\times\frac{\boldsymbol{R}}{R^3}=\nabla\times(-\nabla\frac{1}{R})=-\nabla\times(\nabla\frac{1}{R})=0$$

上式用到了恒等式$\nabla\times(\nabla u)\equiv 0$

1.6.4 无旋场与无散场

通过前面的讨论可知，矢量场的散度和旋度分别描述了两种产生矢量场的源，即发出或吸收通量线的散度源和产生旋涡场的旋度源。任一矢量场，可能由两种源中的一种产生，也可能由两种源共同产生。如：静电场只是由静电荷这种散度源产生，恒定磁场由旋度源电流产生，而时变电磁场既有散度源又有旋度源。因此，在全空间中，散度和旋度均处处为零的场是不存在的，但是，散度或者旋度处处为零的场是存在的。下面我们具体分析一下这两种特殊形式的场。

1. *无旋场*

如果一个矢量场的旋度处处为0，即

$$\nabla\times\boldsymbol{F}\equiv 0 \tag{1-6-21}$$

则称该矢量场为**无旋场**。这种矢量场仅有散度源而无旋度源，因此该矢量场对空间任何闭合曲线的积分都为0，即$\oint_l \boldsymbol{F}\cdot \mathrm{d}\boldsymbol{l}=0$

这样的矢量场也可以叫做保守场。

根据前面所给出的标量场旋度的公式$\nabla\times(\nabla u)\equiv 0$，无旋场可以用标量场的梯度表示，即根据$\nabla\times\boldsymbol{F}=-\nabla\times(\nabla u)\equiv 0$可得

$$\boldsymbol{F}=-\nabla u \tag{1-6-22}$$

如静电场为无旋场，电场强度$\boldsymbol{E}$可以用电位梯度的负值表示，即

$$\boldsymbol{E}=-\nabla\varphi$$

2. *无散场*

如果一个矢量场的散度处处为0，即

$$\nabla\cdot\boldsymbol{F}\equiv 0 \tag{1-6-23}$$

则称该矢量场为**无散场**，这种矢量场仅有旋度源而无散度源。利用矢量恒等式$\nabla\cdot(\nabla\times\boldsymbol{A})\equiv 0$，无散场可以用矢量场的旋度表示，即$\nabla\cdot(\nabla\times\boldsymbol{A})=\nabla\cdot\boldsymbol{F}\equiv 0$可得

$$\boldsymbol{F}=\nabla\times\boldsymbol{A} \tag{1-6-24}$$

正如后面第4章所要学习的恒定磁场，由于恒定磁场的磁感应强度$\boldsymbol{B}$的散度处处为零，恒定磁场是一个无散场。因此，磁感应强度可以表示为矢量磁位$\boldsymbol{A}$的旋度，即$\boldsymbol{B}=\nabla\times\boldsymbol{A}$。

1.7 格林定理与亥姆霍兹定理

本节主要介绍电磁场理论中两个重要的定理，即格林定理和亥姆霍兹定理。

格林定理又称为格林恒等式，它给出了一有界空间区域中的场与该区域边界上场之间的关系。格林定理分为标量格林定理和矢量格林定理，下面做具体的介绍。

1.7.1 标量格林定理

设任意两个标量场Φ、Ψ，在区域V中具有连续的二阶偏导数，在包围V的闭合曲面S上，具有连续的一阶导数，那么这两个标量场Φ和Ψ满足下列恒等式

$$\iiint_V(\nabla\Psi\cdot\nabla\Phi+\Psi\nabla^2\Phi)\mathrm{d}V=\oiint_S\Psi\frac{\partial\Phi}{\partial n}\mathrm{d}S \tag{1-7-1}$$

式中，S 为包围 V 的闭合曲面，$\frac{\partial \Phi}{\partial n}$ 为标量场 Φ 在 S 表面的外法线 $\boldsymbol{e}_n$ 方向的偏导数，式(1-7-1)称为**标量第一格林定理**。

若将式（1-7-1）中 Φ 和 Ψ 对调，等式仍然成立，即

$$\iiint_V (\nabla\Phi \cdot \nabla\Psi + \Phi\nabla^2\Psi)\mathrm{d}V = \oint\!\!\!\oint_S \Phi \frac{\partial \Psi}{\partial n}\mathrm{d}S \tag{1-7-2}$$

将式（1-7-2）与式（1-7-1）相减，得

$$\iiint_V (\Psi\nabla^2\Phi - \Phi\nabla^2\Psi)\mathrm{d}V = \oint\!\!\!\oint_S (\Psi\frac{\partial \Phi}{\partial n} - \Phi\frac{\partial \Psi}{\partial n})\mathrm{d}S \tag{1-7-3}$$

上式称为**标量第二格林定理**。

1.7.2 矢量格林定理

设任意两个矢量场 $\boldsymbol{A}$ 与 $\boldsymbol{B}$，若在区域 V 中具有连续的二阶偏导数，则矢量场 $\boldsymbol{A}$ 和 $\boldsymbol{B}$ 满足下面的恒等式

$$\iiint_V \left[(\nabla\times\boldsymbol{A})\cdot(\nabla\times\boldsymbol{B}) - \boldsymbol{A}\cdot(\nabla\times\nabla\times\boldsymbol{B})\right]\mathrm{d}V = \oint\!\!\!\oint_S (\boldsymbol{A}\times\nabla\times\boldsymbol{B})\cdot\mathrm{d}\boldsymbol{S} \tag{1-7-4}$$

式中，S 为包围 V 的闭合曲面，有向面元 $\mathrm{d}\boldsymbol{S}$ 的方向为 S 的外法线方向。式（1-7-4）称为**矢量第一格林定理**。

若将式（1-7-4）中的 $\boldsymbol{A}$ 与 $\boldsymbol{B}$ 对调，所得的等式再与式（1-7-4）相减，可得到下面的等式

$$\iiint_V \left[\boldsymbol{A}\cdot(\nabla\times\nabla\times\boldsymbol{B}) - \boldsymbol{B}\cdot(\nabla\times\nabla\times\boldsymbol{A})\right]\mathrm{d}V = \oint\!\!\!\oint_S \left[(\boldsymbol{B}\times\nabla\times\boldsymbol{A}) - (\boldsymbol{A}\times\nabla\times\boldsymbol{B})\right]\cdot\mathrm{d}\boldsymbol{S} \tag{1-7-5}$$

式（1-7-5）称为**矢量第二格林定理**。

从上面可以看出格林定理反映了两种标量场或矢量场之间应该满足的关系，因此，如果已知其中一种场的分布，即可利用格林定理求解另一种场的分布。同时，利用格林定理可以将区域中场的求解问题转变为边界上场的求解问题，所以格林定理在电磁场理论中应用非常广泛。

1.7.3 亥姆霍兹定理

由前面的讨论可知：一个矢量场的散度可以唯一地确定场中任一点的通量源；一个矢量场的旋度唯一确定场中任一点的旋涡源。如果仅已知矢量场的散度，或仅已知矢量场的旋度，或同时已知矢量场的散度和旋度，能否唯一地确定这个矢量场？由此引出了亥姆霍兹定理。

亥姆霍兹定理：若矢量场 $\boldsymbol{F}$ 在无限空间中处处单值，且其导数连续有界，源分布在有限区域中，则当矢量场的散度及旋度给定后，该矢量场可表示为

$$\boldsymbol{F}(\boldsymbol{r}) = -\nabla u(\boldsymbol{r}) + \nabla\times\boldsymbol{A}(\boldsymbol{r}) \tag{1-7-6}$$

式中

$$u(\boldsymbol{r}) = \frac{1}{4\pi}\iiint_V \frac{\nabla'\cdot\boldsymbol{F}(\boldsymbol{r}')}{|\boldsymbol{r}-\boldsymbol{r}'|}\mathrm{d}V' \tag{1-7-7}$$

$$\boldsymbol{A}(\boldsymbol{r}) = \frac{1}{4\pi}\iiint_V \frac{\nabla'\times\boldsymbol{F}(\boldsymbol{r}')}{|\boldsymbol{r}-\boldsymbol{r}'|}\mathrm{d}V' \tag{1-7-8}$$

其中$|\boldsymbol{r}-\boldsymbol{r}'|$是源点到场点的距离，即距离矢量$\boldsymbol{R}=\boldsymbol{r}-\boldsymbol{r}'$的模，$\nabla'$是对源点坐标进行运算，积分也是对源点坐标展开。

下面来简单证明一下亥姆霍兹定理。

设在无限空间中一个既有散度又有旋度的矢量场$\boldsymbol{F}$，可表示为一个无旋场$\boldsymbol{F}_1$（有散场）和一个有旋场$\boldsymbol{F}_2$（无散场）之和，即

$$\boldsymbol{F}=\boldsymbol{F}_1+\boldsymbol{F}_2 \tag{1-7-9}$$

对于无旋场$\boldsymbol{F}_1$，满足下面两个方程

$$\begin{cases}\nabla\times\boldsymbol{F}_1=0\\ \nabla\cdot\boldsymbol{F}_1=g\end{cases} \tag{1-7-10}$$

式（1-7-10）说明对于一个无旋场，其散度不会为零。因为任一物理场必有源来激发它，若这个场的旋涡源和通量源都为零，则场不存在。

根据矢量恒等式

$$\nabla\times\nabla u\equiv 0$$

无旋场$\boldsymbol{F}_1$可表示为

$$\boldsymbol{F}_1=-\nabla u \tag{1-7-11}$$

对于有旋场$\boldsymbol{F}_2$，满足下面两个方程

$$\begin{cases}\nabla\cdot\boldsymbol{F}_2=0\\ \nabla\times\boldsymbol{F}_2=\boldsymbol{G}\end{cases} \tag{1-7-12}$$

同样利用矢量恒等式

$$\nabla\cdot(\nabla\times\boldsymbol{A})\equiv 0$$

有旋场$\boldsymbol{F}_2$表示为

$$\boldsymbol{F}_2=\nabla\times\boldsymbol{A} \tag{1-7-13}$$

因此

$$\boldsymbol{F}=\boldsymbol{F}_1+\boldsymbol{F}_2=-\nabla u+\nabla\times\boldsymbol{A} \tag{1-7-14}$$

亥姆霍兹定理得证。

亥姆霍兹定理表明：在无界空间区域，矢量场可由其散度及旋度确定，即任一矢量场可以分解为用标量场梯度表示的无旋场与用另一矢量场的旋度表示的无散场之和，而且此定理给出了空间场与其散度及旋度之间的定量关系。当已知一个矢量场的散度和旋度时，矢量场可以被唯一确定。

根据亥姆霍兹定理可知，我们在研究电磁场问题的时候，不管是静态场还是时变场，都需要研究场量的散度、旋度以及边界条件。

1.8 三种常用坐标系

电磁场问题的求解常需引入具体的坐标系统，特别是对工程问题具体分析时更是如此，鉴于电磁场的规律并不随坐标系的选择而变化，因此坐标系的选取完全取决于实际问题的需要，如按照场源、介质分布在几何结构特征上的对称性（球、圆柱或面对称）的需要选取合适的坐标系。在工程电磁场中，最常用的为直角坐标系、柱坐标系和球坐标系。

1.8.1 度量系数

设 x、y、z 是某点的笛卡儿坐标（直角坐标），x_1、x_2、x_3 是这点的正交曲线坐标，长度元的平方表示为

$$dl^2 = dx^2 + dy^2 + dz^2 = h_1^2 dx_1^2 + h_2^2 dx_2^2 + h_3^2 dx_3^2$$

其中

$$h_i = \sqrt{(\frac{\partial x}{\partial x_i})^2 + (\frac{\partial y}{\partial x_i})^2 + (\frac{\partial z}{\partial x_i})^2} \qquad (i=1,2,3)$$

称为度量系数（或拉梅系数），正交坐标系完全由三个度量系数 h_1、h_2、h_3 来描述。

1.8.2 哈密顿算符 ∇、梯度、散度、旋度及拉普拉斯算符 ∇^2 在正交曲线坐标系下的一般表达式

$$\nabla = \boldsymbol{e}_1 \frac{1}{h_1}\frac{\partial}{\partial x_1} + \boldsymbol{e}_2 \frac{1}{h_2}\frac{\partial}{\partial x_2} + \boldsymbol{e}_3 \frac{1}{h_3}\frac{\partial}{\partial x_3}$$

$$\nabla u = \boldsymbol{e}_1 \frac{1}{h_1}\frac{\partial u}{\partial x_1} + \boldsymbol{e}_2 \frac{1}{h_2}\frac{\partial u}{\partial x_2} + \boldsymbol{e}_3 \frac{1}{h_3}\frac{\partial u}{\partial x_3}$$

$$\nabla \cdot \boldsymbol{A} = \frac{1}{h_1 h_2 h_3}\left[\frac{\partial}{\partial x_1}(h_2 h_3 A_1) + \frac{\partial}{\partial x_2}(h_3 h_1 A_2) + \frac{\partial}{\partial x_3}(h_2 h_1 A_3)\right]$$

$$\nabla \times \boldsymbol{A} = \frac{1}{h_1 h_2 h_3}\begin{vmatrix} h_1\boldsymbol{e}_1 & h_2\boldsymbol{e}_2 & h_3\boldsymbol{e}_3 \\ \frac{\partial}{\partial x_1} & \frac{\partial}{\partial x_2} & \frac{\partial}{\partial x_3} \\ h_1 A_1 & h_2 A_2 & h_3 A_3 \end{vmatrix}$$

$$\nabla^2 u = \frac{1}{h_1 h_2 h_3}\left[\frac{\partial}{\partial x_1}(\frac{h_2 h_3}{h_1}\frac{\partial u}{\partial x_1}) + \frac{\partial}{\partial x_2}(\frac{h_3 h_1}{h_2}\frac{\partial u}{\partial x_2}) + \frac{\partial}{\partial x_3}(\frac{h_1 h_2}{h_3}\frac{\partial u}{\partial x_3})\right]$$

其中，$\boldsymbol{e}_1$、$\boldsymbol{e}_2$、$\boldsymbol{e}_3$ 为正交曲线坐标系的基矢。

1.8.3 直角坐标系

直角坐标系是最常用的坐标系。在直角坐标系中，矢量场中的空间位置用其 3 个直角坐标表示，记作 x、y、z，如图 1-8-1 所示，它们的变化范围分别是 $-\infty < x < +\infty$、$-\infty < y < +\infty$、$-\infty < z < +\infty$。

对于直角坐标系，它的三个坐标轴方向的单位矢量为 $\boldsymbol{e}_x$、$\boldsymbol{e}_y$、$\boldsymbol{e}_z$。任一矢量在直角坐标系中可表示为 $\boldsymbol{A} = \boldsymbol{e}_x A_x + \boldsymbol{e}_y A_y + \boldsymbol{e}_z A_z$，其中 A_x、A_y、A_z 表示矢量在三个坐标轴上的投影，称为坐标分量。

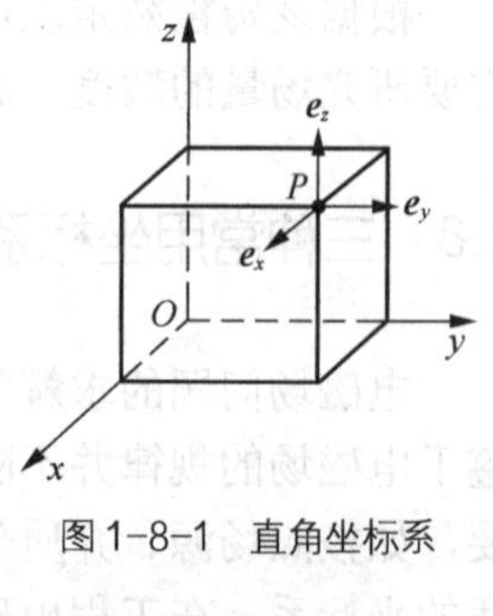

图 1-8-1 直角坐标系

直角坐标系中空间任意一点 $P(x,y,z)$ 的位置矢量可表示为 $\boldsymbol{r} = \boldsymbol{e}_x x + \boldsymbol{e}_y y + \boldsymbol{e}_z z$。

在直角坐标系中，线元 $d\boldsymbol{r}$、面元 $d\boldsymbol{S}$、体元 dV 可表示为

$$d\boldsymbol{r} = \boldsymbol{e}_x dx + \boldsymbol{e}_y dy + \boldsymbol{e}_z dz$$

$$\mathrm{d}\boldsymbol{S}=\boldsymbol{e}_x\mathrm{d}y\mathrm{d}z+\boldsymbol{e}_y\mathrm{d}x\mathrm{d}z+\boldsymbol{e}_z\mathrm{d}x\mathrm{d}y$$

$$\mathrm{d}V=\mathrm{d}x\mathrm{d}y\mathrm{d}z$$

度量系数：$h_1=1$、$h_2=1$、$h_3=1$

$$\nabla=\boldsymbol{e}_x\frac{\partial}{\partial x}+\boldsymbol{e}_y\frac{\partial}{\partial y}+\boldsymbol{e}_z\frac{\partial}{\partial z}$$

$$\nabla u=\boldsymbol{e}_x\frac{\partial u}{\partial x}+\boldsymbol{e}_y\frac{\partial u}{\partial y}+\boldsymbol{e}_z\frac{\partial u}{\partial z}$$

$$\nabla\cdot\boldsymbol{A}=\frac{\partial A_x}{\partial x}+\frac{\partial A_y}{\partial y}+\frac{\partial A_z}{\partial z}$$

$$\nabla\times\boldsymbol{A}=\begin{vmatrix}\boldsymbol{e}_x & \boldsymbol{e}_y & \boldsymbol{e}_z\\ \dfrac{\partial}{\partial x} & \dfrac{\partial}{\partial y} & \dfrac{\partial}{\partial z}\\ A_x & A_y & A_z\end{vmatrix}$$

$$\nabla^2u=\frac{\partial^2u}{\partial x^2}+\frac{\partial^2u}{\partial y^2}+\frac{\partial^2u}{\partial z^2}$$

1.8.4　柱坐标系

柱坐标系中表示空间位置的坐标变量为r、α、z，如图 1-8-2 所示，它们的变化范围是$0\leqslant r<\infty$，$0<\alpha\leqslant 2\pi$，$-\infty<z<+\infty$。对于柱坐标系，它的三个坐标轴方向的单位矢量为$\boldsymbol{e}_r$、$\boldsymbol{e}_\alpha$、$\boldsymbol{e}_z$，任一矢量在柱坐标系中可表示为$\boldsymbol{A}=\boldsymbol{e}_rA_r+\boldsymbol{e}_\alpha A_\alpha+\boldsymbol{e}_zA_z$，其中$A_r$、$A_\alpha$、$A_z$表示矢量在$\boldsymbol{e}_r$、$\boldsymbol{e}_\alpha$、$\boldsymbol{e}_z$方向的投影。

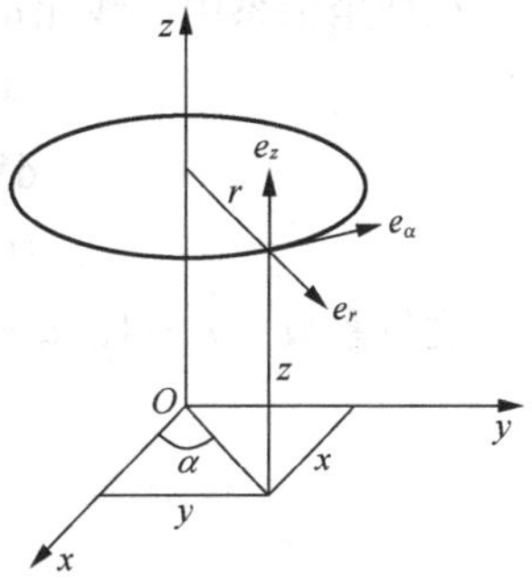

图 1-8-2　柱坐标系

柱坐标系和直角坐标系之间的变换关系为

$$x=r\cos\alpha,\quad y=r\sin\alpha,\quad z=z$$

在柱坐标系中，空间任意一点的位置矢量可表示为

$$\boldsymbol{r}=\boldsymbol{e}_rr+\boldsymbol{e}_zz$$

在柱坐标系中，线元$\mathrm{d}\boldsymbol{r}$、面元$\mathrm{d}\boldsymbol{S}$、体元$\mathrm{d}V$可表示为

$$\mathrm{d}\boldsymbol{r}=\boldsymbol{e}_r\mathrm{d}r+\boldsymbol{e}_\alpha r\mathrm{d}\alpha+\boldsymbol{e}_z\mathrm{d}z$$

$$\mathrm{d}\boldsymbol{S}=\boldsymbol{e}_rr\mathrm{d}\alpha\mathrm{d}z+\boldsymbol{e}_\alpha\mathrm{d}r\mathrm{d}z+\boldsymbol{e}_zr\mathrm{d}r\mathrm{d}\alpha$$

$$\mathrm{d}V=r\mathrm{d}r\mathrm{d}\alpha\mathrm{d}z$$

度量系数：$h_1=1$、$h_2=r$、$h_3=1$

$$\nabla=\boldsymbol{e}_r\frac{\partial}{\partial r}+\boldsymbol{e}_\alpha\frac{\partial}{r\partial\alpha}+\boldsymbol{e}_z\frac{\partial}{\partial z}$$

$$\nabla u=\boldsymbol{e}_r\frac{\partial u}{\partial r}+\boldsymbol{e}_\alpha\frac{1}{r}\frac{\partial u}{\partial\alpha}+\boldsymbol{e}_z\frac{\partial u}{\partial z}$$

$$\nabla\cdot\boldsymbol{A}=\frac{1}{r}\frac{\partial}{\partial r}(rA_r)+\frac{1}{r}\frac{\partial A_\alpha}{\partial\alpha}+\frac{\partial A_z}{\partial z}$$

$$\nabla\times\boldsymbol{A}=\frac{1}{r}\begin{vmatrix}\boldsymbol{e}_r & r\boldsymbol{e}_\alpha & \boldsymbol{e}_z\\ \dfrac{\partial}{\partial r} & \dfrac{\partial}{\partial\alpha} & \dfrac{\partial}{\partial z}\\ A_r & rA_\alpha & A_z\end{vmatrix}$$

$$=(\frac{1}{r}\frac{\partial A_z}{\partial\alpha}-\frac{\partial A_\alpha}{\partial z})\boldsymbol{e}_r+(\frac{\partial A_r}{\partial z}-\frac{\partial A_z}{\partial r})\boldsymbol{e}_\alpha+\left[\frac{1}{r}\frac{\partial}{\partial r}(rA_\alpha)-\frac{1}{r}\frac{\partial A_r}{\partial\alpha}\right]\boldsymbol{e}_z$$

$$\nabla^2u=\frac{1}{r}\frac{\partial}{\partial r}(r\frac{\partial u}{\partial r})+\frac{1}{r^2}\frac{\partial^2u}{\partial\alpha^2}+\frac{\partial^2u}{\partial z^2}$$

1.8.5 球坐标系

球坐标系中表示空间位置的坐标变量为r、θ、α，如图 1-8-3 所示，它们的变化范围是 $0\leqslant r<\infty$，$0\leqslant\theta\leqslant 2\pi$，$0<\alpha\leqslant 2\pi$。对于球坐标系，它的三个坐标轴方向的单位矢量为$\boldsymbol{e}_r$、$\boldsymbol{e}_\theta$、$\boldsymbol{e}_\alpha$，任一矢量在柱坐标系中可表示为 $\boldsymbol{A}=\boldsymbol{e}_rA_r+\boldsymbol{e}_\theta A_\theta+\boldsymbol{e}_\alpha A_\alpha$，其中 A_r、A_θ、A_α 表示矢量在$\boldsymbol{e}_r$、$\boldsymbol{e}_\theta$、$\boldsymbol{e}_\alpha$ 方向的投影。

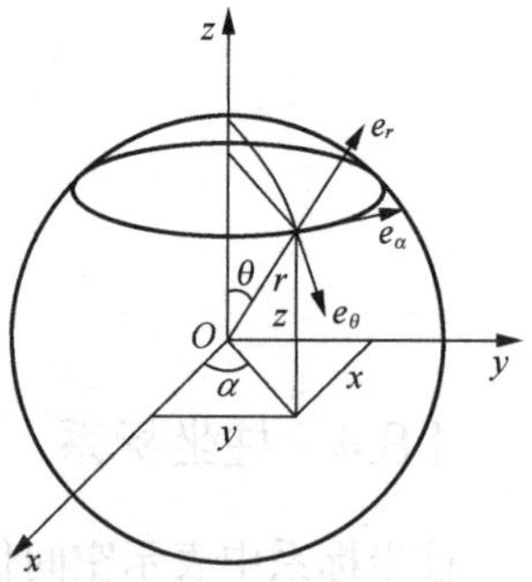

图 1-8-3 球坐标系

球坐标系和直角坐标系之间的变换关系为

$$x=r\sin\theta\cos\alpha\text{，}\quad y=r\sin\theta\sin\alpha\text{，}\quad z=r\cos\theta$$

在球坐标系中空间任意一点的位置矢量可表示为

$$\boldsymbol{r}=\boldsymbol{e}_r r$$

在球坐标系中，线元 $\mathrm{d}\boldsymbol{r}$、面元 $\mathrm{d}\boldsymbol{S}$、体元 $\mathrm{d}V$ 可表示为

$$\mathrm{d}\boldsymbol{r}=\boldsymbol{e}_r\mathrm{d}r+\boldsymbol{e}_\theta r\mathrm{d}\theta+\boldsymbol{e}_\alpha r\sin\theta\mathrm{d}\alpha$$

$$\mathrm{d}\boldsymbol{S}=\boldsymbol{e}_r r^2\sin\theta\mathrm{d}\theta\mathrm{d}\alpha+\boldsymbol{e}_\theta r\sin\theta\mathrm{d}r\mathrm{d}\alpha+\boldsymbol{e}_\alpha r\mathrm{d}r\mathrm{d}\theta$$

$$\mathrm{d}V=r^2\sin\theta\mathrm{d}r\mathrm{d}\theta\mathrm{d}\alpha$$

度量系数：$h_1=1$、$h_2=r$、$h_3=r\sin\theta$

$$\nabla=\boldsymbol{e}_r\frac{\partial}{\partial r}+\boldsymbol{e}_\theta\frac{1}{r}\frac{\partial}{\partial\theta}+\boldsymbol{e}_\alpha\frac{1}{r\sin\theta}\frac{\partial}{\partial\alpha}$$

$$\nabla u=\boldsymbol{e}_r\frac{\partial u}{\partial r}+\boldsymbol{e}_\theta\frac{1}{r}\frac{\partial u}{\partial\theta}+\boldsymbol{e}_\alpha\frac{1}{r\sin\theta}\frac{\partial u}{\partial\alpha}$$

$$\nabla\cdot\boldsymbol{A}=\frac{1}{r^2}\frac{\partial}{\partial r}(r^2A_r)+\frac{1}{r\sin\theta}\frac{\partial}{\partial\theta}(\sin\theta A_\theta)+\frac{1}{r\sin\theta}\frac{\partial A_\alpha}{\partial\alpha}$$

$$\nabla\times\boldsymbol{A}=\frac{1}{r^2\sin\theta}\begin{vmatrix}\boldsymbol{e}_r & r\boldsymbol{e}_\theta & r\sin\theta\boldsymbol{e}_\alpha\\ \dfrac{\partial}{\partial r} & \dfrac{\partial}{\partial\theta} & \dfrac{\partial}{\partial\alpha}\\ A_r & rA_\theta & r\sin\theta A_\alpha\end{vmatrix}$$

$$=\frac{1}{r\sin\theta}\left[\frac{\partial}{\partial\theta}(\sin\theta A_\alpha)-\frac{\partial A_\theta}{\partial\alpha}\right]\boldsymbol{e}_r+\frac{1}{r}\left[\frac{1}{\sin\theta}\frac{\partial A_r}{\partial\alpha}-\frac{\partial}{\partial r}(rA_\alpha)\right]\boldsymbol{e}_\theta+\frac{1}{r}\left[\frac{\partial}{\partial r}(rA_\theta)-\frac{\partial A_r}{\partial\theta}\right]\boldsymbol{e}_\alpha$$

$$\nabla^2u=\frac{1}{r^2}\frac{\partial}{\partial r}(r^2\frac{\partial u}{\partial r})+\frac{1}{r^2\sin\theta}\frac{\partial}{\partial}(\sin\theta\frac{\partial u}{\partial\theta})+\frac{1}{r^2\sin^2\theta}\frac{\partial^2u}{\partial\alpha^2}$$

三种坐标系有不同适用范围。直角坐标系适用于场呈面对称分布的问题求解，如无限大

面电荷分布产生电场分布；柱面坐标系适用于场呈轴对称分布的问题求解，如无限长线电流产生磁场分布；球面坐标系适用于场呈球对称分布的问题求解，如点电荷产生电场分布。选取合适的坐标系可以使问题的求解变得简单。

习　题

1-1　已知三个矢量分别为 $\boldsymbol{A}=\boldsymbol{e}_x+2\boldsymbol{e}_y-3\boldsymbol{e}_z$，$\boldsymbol{B}=3\mathbf{e}_\mathbf{x}+\boldsymbol{e}_y+2\mathbf{e}_z$，$\boldsymbol{C}=2\mathbf{e}_\mathbf{x}-\mathbf{e}_z$。试求（1）$|\boldsymbol{A}|$、$|\boldsymbol{B}|$、$|\boldsymbol{C}|$（2）单位矢量 $\boldsymbol{e}_a$、$\boldsymbol{e}_b$、$\boldsymbol{e}_c$（3）$\boldsymbol{A}\cdot\boldsymbol{B}$（4）$\boldsymbol{A}\times\boldsymbol{B}$（5）$(\boldsymbol{A}\times\boldsymbol{B})\times\boldsymbol{C}$

（6）$(\boldsymbol{A}\times\boldsymbol{C})\cdot\boldsymbol{B}$

1-2　证明矢量 $\boldsymbol{A}=\boldsymbol{e}_x+2\boldsymbol{e}_y-3\boldsymbol{e}_z$ 和 $\boldsymbol{B}=\boldsymbol{e}_x+\boldsymbol{e}_y+\boldsymbol{e}_z$ 相互垂直。

1-3　求下列标量场的等值面。

（1）$u=\dfrac{1}{Ax+By+Cz+D}$

（2）$u=\arcsin\dfrac{z}{\sqrt{x^2+y^2}}$

1-4　求矢量场 $\boldsymbol{A}=x\boldsymbol{e}_x+y\boldsymbol{e}_y+2z\boldsymbol{e}_z$ 过点 $M(1,2,3)$ 的矢量线方程。

1-5　求函数 $u=xyz^2$ 在点 $(1,1,3)$ 处沿点 $(1,1,3)$ 到点 $(3,2,5)$ 的方向导数。

1-6　求标量场 $u=xy+2z^2$ 在点 $M(1,2,3)$ 沿 $\boldsymbol{l}=2\boldsymbol{e}_x-2\boldsymbol{e}_y+\boldsymbol{e}_z$ 方向的变化率。

1-7　求标量函数 $\varPhi=x^2+2y^2+3z^2+xy+3x-2y-6z$ 在 $P(1,-2,1)$ 点处的梯度。

1-8　设标量 $\varPhi=xy^2+yz^3$，矢量 $\boldsymbol{A}=2\mathbf{e}_\mathbf{x}+2\mathbf{e}_y-\mathbf{e}_z$，求标量函数 $\varPhi$ 在点 $(2,-1,1)$ 处沿矢量 $\boldsymbol{A}$ 的方向上的方向导数。

1-9　S 为上半球面 $x^2+y^2+z^2=a^2(z\geqslant 0)$，求矢量场 $\boldsymbol{r}=x\boldsymbol{e}_x+y\boldsymbol{e}_y+z\boldsymbol{e}_z$ 向上穿过 S 的通量。

1-10　矢量场 $\boldsymbol{r}=x\boldsymbol{e}_x+y\boldsymbol{e}_y+z\boldsymbol{e}_z$ 穿过圆锥面 $x^2+y^2=z^2$ 与平面 $z=H$ 所围封闭面的通量 $\varPhi$。

1-11　已知 $u=xyz$，$\boldsymbol{A}=xy\boldsymbol{e}_x+y^2\boldsymbol{e}_y-2z\boldsymbol{e}_z$，求 $\nabla\cdot(u\boldsymbol{A})$。

1-12　设有无穷长导线与 Oz 轴一致，通以电流 I 后，在导线周围产生磁场，其在点 M（x，y，z）处的磁场强度为 $\boldsymbol{H}=\dfrac{I}{2\pi r^2}(-y\boldsymbol{e}_x+x\boldsymbol{e}_y)$，其中 $r=\sqrt{x^2+y^2}$，求 $\nabla\cdot\boldsymbol{H}$。

1-13　已知 $u(r,\alpha,z)=r^2\cos\alpha+z^2\sin\alpha$，求 $\boldsymbol{A}=\nabla u$ 及 $\nabla\cdot\boldsymbol{A}$。

1-14　已知 $\boldsymbol{A}(r,\theta,\alpha)=\dfrac{2\cos^2\theta}{r^3}\boldsymbol{e}_r+\dfrac{\sin\theta}{r^3}\boldsymbol{e}_\theta$，求 $\nabla\cdot\boldsymbol{A}$。

1-15　求点电荷 q 产生的静电场中，场矢量 $\boldsymbol{D}=\dfrac{q}{4\pi r^2}\boldsymbol{e}_r$ 在 $r\neq 0$ 的任何一点 M 处的散度。

1-16　求矢量场 $\boldsymbol{A}=xy^2z^2\boldsymbol{e}_x+z^2\sin y\boldsymbol{e}_y+x^2e^y\boldsymbol{e}_z$ 的旋度。

1-17　已知 $\boldsymbol{A}(r,\alpha,z)=r\cos^2\alpha\boldsymbol{e}_r+r\sin\alpha\boldsymbol{e}_\alpha$，求 $\nabla\times\boldsymbol{A}$。

1-18　已知 $\boldsymbol{A}=a(y\boldsymbol{e}_x-x\boldsymbol{e}_y)$，$a$ 为常数，求 rot$\boldsymbol{A}$。

1-19　求矢量场$\boldsymbol{A}=-y\boldsymbol{e}_x+x\boldsymbol{e}_y$沿曲线$x^2+y^2=R^2$的环量。

1-20　求矢量场$\boldsymbol{A}=yz^2\boldsymbol{e}_x+x^2z\boldsymbol{e}_y+xy^2\boldsymbol{e}_z$在点M(1, 0, 1)的旋度，沿 $\boldsymbol{l}=2\boldsymbol{e}_x+6\boldsymbol{e}_y+3\boldsymbol{e}_z$方向的环量面密度。

1-21　设u是空间坐标x、y、z的函数，证明：

（1）$\nabla f(u)=\dfrac{\mathrm{d}f}{\mathrm{d}u}\nabla u$

（2）$\nabla\cdot\boldsymbol{A}(u)=\nabla u\cdot\dfrac{\mathrm{d}\boldsymbol{A}}{\mathrm{d}u}$

（3）$\nabla\times\boldsymbol{A}(u)=\nabla u\times\dfrac{\mathrm{d}\boldsymbol{A}}{\mathrm{d}u}$

1-22　试证明：任意矢量$\boldsymbol{A}$在进行旋度运算后再进行散度运算，其结果恒为零，即

$$\nabla\cdot(\nabla\times\boldsymbol{A})=0$$

1-23　设$u(r,\theta,\alpha)=\dfrac{1}{r}e^{-kr}$，$k$为常数，试证明$\nabla^2u=k^2\dfrac{e^{-kr}}{r}$。

第2章 静电场

电荷的周围存在着一种特殊的物质，称为电场，它的表现是对放入其中的电荷有力的作用。相对于观察者静止，且不随时间变化的电荷所产生的电场称为静电场，此时电场的源量与场量都不随时间变化。静电场是矢量场，描述它的场量是电场强度$\boldsymbol{E}$。本章首先由静电基本的实验定律——库仑定律引入电场强度。亥姆霍兹定理指出，某一矢量场由它的散度、旋度和边界条件唯一确定。进而研究静电场的旋度和散度。由电场强度出发，导出静电场的散度方程（高斯定理）和旋度方程（环路定理），即静电场微分形式的基本方程，在此基础上给出其积分形式的基本方程。它们揭示了静电场为无旋、有散（源）场。由静电场的无旋性表明，静电场是位场，可以引入标量电位函数φ，作为辅助场量来描述静电场。为了突出源量与场量之间的关系，场空间被典型化为真空，在实际的静电场问题中，总存在某些媒质，根据媒质的特征，可以将其分为导体和电介质。为了能更简单地分析电介质中的电场问题，定义另一基本场量——电位移矢量。实际上，经常遇到的是多种媒质共存的问题，这时，在不同媒质的分界面上，由于媒质突变，相应的场量一般也将发生突变，于是必须给出在不同媒质分界面上场量所满足的条件，即介质分界面上的衔接条件。

2.1 库仑定律与电场强度

2.1.1 电荷与电荷分布

自然界中存在两种电荷。带电体所带电量的多少称为电荷量，它与物质的质量、体积一样，是物质的一种基本属性。密立根通过油滴实验首先测得基本电荷的电量$e = 1.602\times10^{-19}\,\text{C}$，任何带电体的电荷量都只能是一个基本电荷量的整数倍，所以，电荷量不能连续地变化。从微观角度来看，电荷以离散的方式出现在空间。但从宏观的观点来看，在实际电场中可以忽略电场的微观离散效应而认为电荷是以一定形式连续分布在带电体上，并用电荷密度来描述电荷在空间的分布。

1. 电荷体密度

一般情况下，电荷连续分布于体积V'内，可用电荷体密度ρ描述体电荷的分布状态，其定义为

$$\rho = \lim_{\Delta V'\to 0}\frac{\Delta q}{\Delta V'} = \frac{\mathrm{d}q}{\mathrm{d}V'} \tag{2-1-1}$$

式中，Δq 为体积元 $\Delta V'$ 内包围的电荷。显然 ρ 是一个空间位置的连续函数。

当 $\Delta V'$ 趋近于零时，小体积上的电荷可以看成是点电荷，这里称为电荷元，其电荷量为 $\mathrm{d}q$，则

$$\mathrm{d}q = \rho \mathrm{d}V' \tag{2-1-2}$$

2. 电荷面密度

当电荷沿空间中一个厚度趋于零的曲面连续分布时，可用电荷面密度来描述面电荷的分布状态，其定义为

$$\sigma = \lim_{\Delta S' \to 0} \frac{\Delta q}{\Delta S'} = \frac{\mathrm{d}q}{\mathrm{d}S'} \tag{2-1-3}$$

式中，Δq 为面积元 $\Delta S'$ 上的电荷。

其电荷元的电荷量为

$$\mathrm{d}q = \sigma \mathrm{d}S' \tag{2-1-4}$$

3. 线电荷密度

当电荷沿空间某一横截面可以忽略不计的几何曲线分布时，可用电荷线密度来描述电荷的分布状态，其定义为

$$\tau = \lim_{\Delta l' \to 0} \frac{\Delta q}{\Delta l'} = \frac{\mathrm{d}q}{\mathrm{d}l'} \tag{2-1-5}$$

式中，Δq 为线元 $\Delta l'$ 上所带的电荷。

其电荷元的电荷量为

$$\mathrm{d}q = \tau \mathrm{d}l' \tag{2-1-6}$$

4. 点电荷

上述所论及的体电荷、面电荷及线电荷统称为分布电荷。更进一步，如果电荷分布在一个非常小的空间内，我们可以将电荷源所占体积忽略不计，认为其电荷集中于该带电体的某一点上，这样的带电体称为点电荷。点电荷是一种理想化模型，是分布电荷的极限情况。实际应用中，当带电体的几何尺寸远远小于观察点至带电体的距离时，带电体的形状及其中的电荷分布已无关紧要，因此该带电体可视为点电荷。点电荷的概念在电磁场理论研究中具有非常重要的意义。

2.1.2 库仑定律

1784 年～1785 年期间，查尔斯·库仑（Charles A.Coulomb）通过纽称实验总结出真空中两个静止点电荷之间作用力的规律，称为库仑定律。库仑定律说明，真空中两个静止点电荷之间作用力为

$$\boldsymbol{F}_{21} = \frac{q_1 q_2}{4\pi\varepsilon_0} \frac{\boldsymbol{e}_{12}}{R^2} \tag{2-1-7}$$

$$\boldsymbol{F}_{12} = \frac{q_1 q_2}{4\pi\varepsilon_0} \frac{\boldsymbol{e}_{21}}{R^2} \tag{2-1-8}$$

$$\boldsymbol{F}_{21} = -\boldsymbol{F}_{12} \tag{2-1-9}$$

库仑定律的表述表示如图 2-1-1 与图 2-1-2，其中，q_1 与 q_2 分别为两点电荷的电荷量，R 为两点电荷之间的距离，$\boldsymbol{e}_{12}$ 为 q_1 指向 q_2 方向的单位矢量，$\boldsymbol{e}_{21}$ 为 q_2 指向 q_1 方向的单位矢量，

$\boldsymbol{F}_{21}$ 表示 q_1 对 q_2 的作用力，$\boldsymbol{F}_{12}$ 表示 q_2 对 q_1 的作用力，ε_0 为真空电容率，其数值为 $\varepsilon_0 = 8.85\times10^{-12}\mathrm{C}^2\cdot\mathrm{N}^{-1}\cdot\mathrm{m}^{-2}$。在国际单位制中，电荷量的单位是C（库仑），距离的单位是m（米），力的单位是N（牛顿）。

图2-1-1　同种电荷间所受作用力

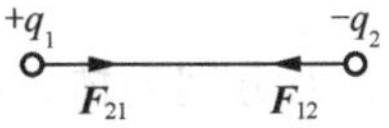

图2-1-2　异种电荷间所受作用力

2.1.3　电场强度

库仑定律给出了两点电荷之间作用力的量值和方向，但并未说明作用力是通过什么途径传递的。历史上，围绕静电力的传递问题有过多年的争论。目前普遍认为，电荷之间的作用力是通过周围空间存在的一种特殊物质——电场，以有限速度传递的。任何电荷都在其周围产生电场，电场的一个重要特性就是对处在其中的电荷产生作用力，通常引入电场强度来描述电场的这一重要特性。

将一个试验电荷 q_0 放入电场中，观察电场对试验电荷 q_0 的作用力。单位试验电荷所受到的电场力，是一个与试验电荷无关，而仅由电场本身性质决定的物理量，称为电场强度 $\boldsymbol{E}$。即

$$\boldsymbol{E}(x,y,z)=\lim_{q_0\to 0}\frac{\boldsymbol{F}(x,y,z)}{q_0} \tag{2-1-10}$$

其中，$\boldsymbol{F}$ 为试验电荷在该点所受到的电场力。取试验电荷 $q_0\to 0$ 的极限，是防止试验电荷引入后影响原来的场分布。空间某点电场强度 $\boldsymbol{E}$ 的方向与正电荷在该点所受的力的方向一致，它的单位是V/m（伏特/米），或N/C（牛顿/库仑）。

根据电场强度的定义和库仑定律，可以求得点电荷 q 在其周围空间任意点所产生的电场强度

$$\boldsymbol{E}=\frac{q\boldsymbol{R}}{4\pi\varepsilon_0 R^3}=\frac{q}{4\pi\varepsilon_0 R^2}\boldsymbol{e}_R \tag{2-1-11}$$

其中，R 为源点到场点的距离，$\boldsymbol{e}_R$ 为由源点指向场点的单位矢量。

根据叠加原理，n 个点电荷在空间某点产生的电场强度等于各点电荷单独存在时在该点产生的电场强度的矢量和

$$\boldsymbol{E}=\frac{1}{4\pi\varepsilon_0}\sum_{k=1}^{n}\frac{q_k}{R_k{}^2}\boldsymbol{e}_k \tag{2-1-12}$$

连续分布电荷产生的电场，可利用积分的方法得到。对于体电荷分布情况，由体积元电荷 $\rho\mathrm{d}V'$ 产生的电场为

$$\mathrm{d}\boldsymbol{E}=\frac{\rho\mathrm{d}V'}{4\pi\varepsilon_0 R^2}\boldsymbol{e}_R \tag{2-1-13}$$

整个带电体产生的总电场，则可对上式在整个电荷分布区域进行积分得到

$$\boldsymbol{E}=\iiint_{V'}\mathrm{d}\boldsymbol{E}=\iiint_{V'}\frac{\rho\mathrm{d}V'}{4\pi\varepsilon_0 R^2}\boldsymbol{e}_R \tag{2-1-14}$$

同理，对于面电荷和线电荷，其所产生的电场强度为

$$\boldsymbol{E}=\iint_{S'}\frac{\sigma \mathrm{d}S'}{4\pi\varepsilon_0 R^2}\boldsymbol{e}_R \tag{2-1-15}$$

$$\boldsymbol{E}=\int_{l'}\frac{\tau \mathrm{d}l'}{4\pi\varepsilon_0 R^2}\boldsymbol{e}_R \tag{2-1-16}$$

其中，V'、S'、l' 分别为体、面、线电荷分布的源区。

例 2-1-1 自由空间一长度为 $2l$ 的均匀带电直线段，电荷线密度为 τ，求直线外任一点的电场强度。

解 选择圆柱坐标系，坐标原点选择在带电直线段中心，其 z 轴与导线相重合。由于场点是否在直导线的延长线上，计算的方法是不同的，因此分开讨论。

（1）场点在直导线的延长线上

以 $z>l$ 为例来讨论，如图 2-1-3 对任一的电荷元 $\tau \mathrm{d}z'$ 在空间 P 点产生的电场的方向都为 $\boldsymbol{e}_z$，因此整个线段在 P 点的场强方向沿 $\boldsymbol{e}_z$，大小为

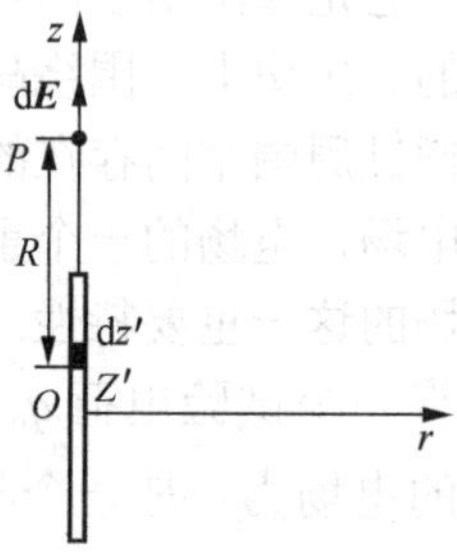

图 2-1-3 例 2-1-1（1）均匀带电直导线延长线上的场强计算图

$$E_z=\int_{-l}^{l}\frac{\tau \mathrm{d}z'}{4\pi\varepsilon_0 R^2}$$

上式 R 与 z' 均为变量，积分需统一变量。

利用 $z'=z-R$，因此 $\mathrm{d}z'=-\mathrm{d}R$。

代入上述积分公式

$$E_z=\int_{z+l}^{z-l}\frac{-\tau \mathrm{d}R}{4\pi\varepsilon_0 R^2}=\frac{\tau}{4\pi\varepsilon_0 R}\bigg|_{z+l}^{z-l}=\frac{l\tau}{2\pi\varepsilon_0\left(z^2-l^2\right)}$$

当 $z<-l$，由于对称性，可得

$$E_z=-\frac{l\tau}{2\pi\varepsilon_0\left(z^2-l^2\right)}$$

（2）场点不在直导线的延长线上

由于电荷分布具有轴对称性，可以判断电场强度与坐标 α 无关，且没有 α 分量。

已知电荷 q 均匀分布在直线段上，故线电荷密度 $\tau=q/2l$，线电荷元 $\tau \mathrm{d}z'$ 在空间 P 点产生的电场为

$$\mathrm{d}E=\frac{\tau \mathrm{d}z'}{4\pi\varepsilon_0 R^2}\boldsymbol{e}_R$$

设 R 与 z 轴间的夹角为 θ，则电荷元在 P 点产生的电场强度各分量为

$$\mathrm{d}E_r=\frac{\tau \mathrm{d}z'}{4\pi\varepsilon_0 R^2}\sin\theta$$

$$\mathrm{d}E_\alpha=0$$

$$\mathrm{d}E_z=\frac{\tau \mathrm{d}z'}{4\pi\varepsilon_0 R^2}\cos\theta$$

整个线段在 P 点产生的电场强度可由积分求得

$$E_r=\int \mathrm{d}E_r=\int_{-l}^{l}\frac{\tau \mathrm{d}z'}{4\pi\varepsilon_0 R^2}\sin\theta$$

$$E_\alpha=\int \mathrm{d}E_\alpha=0$$

$$E_z=\int \mathrm{d}E_z=\int_{-l}^{l}\frac{\tau \mathrm{d}z'}{4\pi\varepsilon_0 R^2}\cos\theta$$

上述积分式中 R 、 z' 与 θ 均为变量，需统一变量，方可积分。

由图 2-1-4 可知

$$R=\frac{r}{\sin\theta} \text{ 及 } z'=z-r\cot\theta$$

则 $\mathrm{d}z'=\dfrac{r\mathrm{d}\theta}{\sin^2\theta}$ 。

将上述 3 个关系式代入积分式，将自变量统一为 θ ，得

$$E_r=\frac{\tau}{4\pi\varepsilon_0 r}\int_{\theta_1}^{\theta_2}\sin\theta \mathrm{d}\theta=\frac{\tau}{4\pi\varepsilon_0 r}(\cos\theta_1-\cos\theta_2)$$

$$E_z=\frac{\tau}{4\pi\varepsilon_0 r}\int_{\theta_1}^{\theta_2}\cos\theta \mathrm{d}\theta=\frac{\tau}{4\pi\varepsilon_0 r}(\sin\theta_2-\sin\theta_1)$$

式中， θ_1 、 θ_2 如图 2-1-4 所示。

整段线段在 P 点产生的电场强度

$$\boldsymbol{E}=\frac{\tau}{4\pi\varepsilon_0 r}(\cos\theta_1-\cos\theta_2)\boldsymbol{e}_r+\frac{\tau}{4\pi\varepsilon_0 r}(\sin\theta_2-\sin\theta_1)\boldsymbol{e}_z$$

注意：若线段为无限长直线，则 $\theta_1=0$ ， $\theta_2=\pi$ 。代入上式得

$$\boldsymbol{E}=\frac{\tau}{2\pi\varepsilon_0 r}\boldsymbol{e}_r$$

例 2-1-2 求均匀带电圆环轴线上的场强。已知圆环半径为 a ，电荷线密度为 τ 。

解 选择圆柱坐标系，坐标原点在圆环的圆心， z 轴与圆心轴线重合。取如图 2-1-5 所示，对称的两个电荷元，源点坐标分别为 $(a,\alpha',0)$ 与 $(a,\alpha'+\pi,0)$ ，这样的两个电荷元在 P 点的电场强度 $\mathrm{d}\boldsymbol{E}_1$ 、 $\mathrm{d}\boldsymbol{E}_2$ 沿 $\boldsymbol{e}_r$ 方向的两个分量，大小相同，方向相反，相互抵消； $\boldsymbol{e}_\alpha$ 方向的电场强度为零；沿 $\boldsymbol{e}_z$ 方向的两个分量相同。故这一对电荷元产生的电场强度为

$$\mathrm{d}\boldsymbol{E}=\mathrm{d}\boldsymbol{E}_1+\mathrm{d}\boldsymbol{E}_2=2\frac{\tau a\mathrm{d}\alpha'}{4\pi\varepsilon_0 R^2}\cos\theta\boldsymbol{e}_z$$

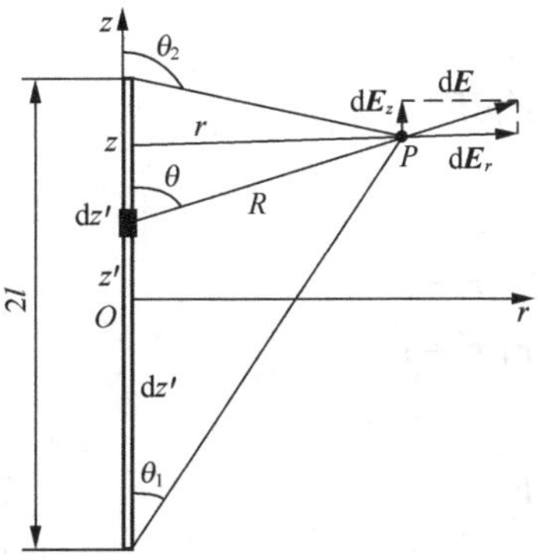

图 2-1-4 例 2-1-1（2）均匀带电直导线延长线外场点的场强计算图

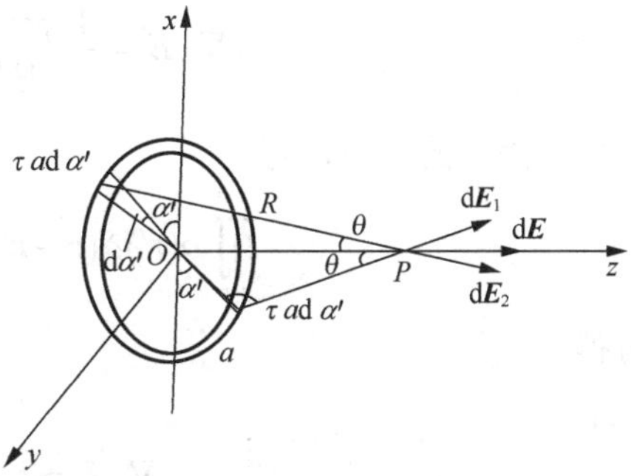

图 2-1-5 例 2-1-2 均匀带电圆环轴线上场点的场强计算图

对任意这样的一对电荷元，场强的方向都沿 $\boldsymbol{e}_z$ 方向，所以整个圆环在 P 点的场强方向沿 $\boldsymbol{e}_z$ 方向。计算 P 点电场强度时，场点坐标 $(0,\alpha,z)$ 不变，源点坐标 $(r',\alpha',0)$ 中 α' 是变量，如图 2-1-5 所示，根据几何关系有

$$R=\sqrt{a^2+z^2}\text{，}\cos\theta=\frac{z}{R}$$

积分得整个圆环电荷在轴线上任一点的电场强度为

$$\boldsymbol{E}=\int \mathrm{d}\boldsymbol{E}=\int_0^{\pi}\frac{2\tau a\mathrm{d}\alpha'}{4\pi\varepsilon_0 R^2}\cos\theta\boldsymbol{e}_z=\frac{\tau a}{2\pi\varepsilon_0 R^2}\cos\theta\int_0^{\pi}\mathrm{d}\alpha'\boldsymbol{e}_z=\frac{\tau a z}{2\varepsilon_0(a^2+z^2)^{\frac{3}{2}}}\boldsymbol{e}_z$$

亥姆霍兹定理指出，任一矢量场的特性由其散度和旋度所确定。因此，要了解静电场，需先研究场的散度和旋度。

2.2 静电场的有散性——高斯定理

2.2.1 高斯定理的微分形式——静电场的散度

以体电荷产生的电场为研究对象，利用 $\nabla\frac{1}{R}=-\frac{1}{R^2}\boldsymbol{e}_R$，电场强度表达式可写为

$$\boldsymbol{E}=-\frac{1}{4\pi\varepsilon_0}\iiint_{V'}\rho(\boldsymbol{r}')\nabla\frac{1}{R}\mathrm{d}V' \tag{2-2-1}$$

方程两边同时取散度得

$$\nabla\cdot\boldsymbol{E}=-\frac{1}{4\pi\varepsilon_0}\nabla\cdot\iiint_{V'}\rho(\boldsymbol{r}')\nabla\frac{1}{R}\mathrm{d}V' \tag{2-2-2}$$

上式的散度运算是对场点进行，体积分运算是对源点进行，两种独立运算可以交换次序，即

$$\begin{aligned}\nabla\cdot\boldsymbol{E}&=-\frac{1}{4\pi\varepsilon_0}\iiint_{V'}\rho(\boldsymbol{r}')\nabla\cdot\nabla\frac{1}{R}\mathrm{d}V'\\&=-\frac{1}{4\pi\varepsilon_0}\iiint_{V'}\rho(\boldsymbol{r}')\nabla^2\frac{1}{R}\mathrm{d}V'\end{aligned} \tag{2-2-3}$$

利用关系式 $\nabla^2\frac{1}{R}=-4\pi\delta(\boldsymbol{r}-\boldsymbol{r}')$，上式变为

$$\nabla\cdot\boldsymbol{E}=\frac{1}{\varepsilon_0}\iiint_{V'}\rho(\boldsymbol{r}')\delta(\boldsymbol{r}-\boldsymbol{r}')\mathrm{d}V' \tag{2-2-4}$$

再利用 δ 函数的性质，有

$$\iiint_{V'}\rho(\boldsymbol{r}')\delta(\boldsymbol{r}-\boldsymbol{r}')\mathrm{d}V'=\begin{cases}0, & \boldsymbol{r}'\neq\boldsymbol{r}\\ \rho(\boldsymbol{r}), & \boldsymbol{r}'=\boldsymbol{r}\end{cases} \tag{2-2-5}$$

则可得

$$\nabla\cdot\boldsymbol{E}=\begin{cases}0 & \boldsymbol{r}'\notin V\\ \dfrac{\rho(\boldsymbol{r})}{\varepsilon_0} & \boldsymbol{r}'\in V\end{cases} \tag{2-2-6}$$

考虑电荷分布在区域V内，故可将上式写为

$$\nabla\cdot\boldsymbol{E}=\frac{\rho}{\varepsilon_0} \tag{2-2-7}$$

此式为真空中高斯定理的微分形式，它表明真空中，静电场中空间任一点上电场强度的散度与该点的电荷密度有关，静电场是有散场。

2.2.2 高斯定理的积分形式——高斯通量定理

将高斯定理微分形式的两边取体积分，并利用散度定理可得

$$\oint\!\!\!\oint_S \boldsymbol{E}\cdot \mathrm{d}\boldsymbol{S}=\iiint_V \nabla\cdot\boldsymbol{E}\mathrm{d}V=\iiint_V \frac{\rho}{\varepsilon_0}\mathrm{d}V=\frac{q}{\varepsilon_0} \tag{2-2-8}$$

此式为真空中高斯定理的积分形式，它表明，在真空中，通过任一闭合曲面S的电场强度的面积分（电通量），等于该曲面所包围的电量除以真空的介电常数ε_0。高斯定理的积分形式特别适用于对称性场的分析与计算。

例 2-2-1 有一半径为a的均匀带电无限长圆柱体，其单位长度上带有电荷电量为τ，求空间的电场强度。

解 由于电荷分布对圆柱体的轴线具有轴对称性，则场强的分布具有轴对称性，则可由高斯通量定理求空间的电场强度。关键点圆柱体内、外高斯面里面所包围的电荷的函数形式不同。

根据电荷分布的对称性，采用圆柱坐标系，z轴与线段重合，作如图 2-2-1 所示与带电柱体同轴的闭合圆柱面S（$S=S_1+S_2+S_3$，底面半径r，高为L）为高斯面。由对称性可知电场强度$\boldsymbol{E}$只有$\boldsymbol{e}_r$分量E_r，且到圆柱体轴线垂直距离相同的各点的$\boldsymbol{E}$的大小处处相同，根据高斯通量定理

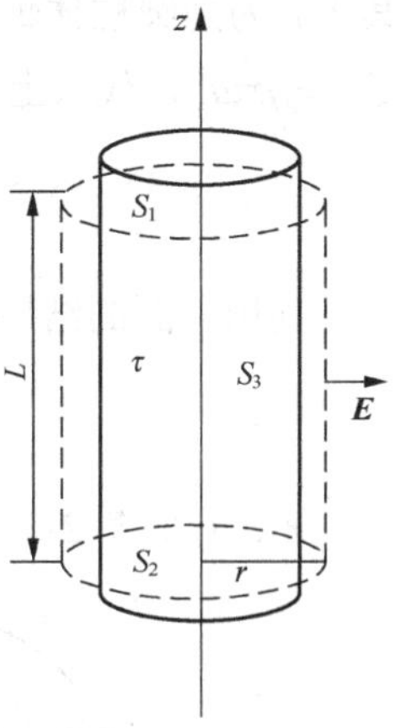

图 2-2-1 例 2-2-1 图

$$\oint\!\!\!\oint_{(S)} \boldsymbol{E}\cdot\mathrm{d}\boldsymbol{S}=\iint_{(S_1)}\boldsymbol{E}\cdot\mathrm{d}\boldsymbol{S}+\iint_{(S_2)}\boldsymbol{E}\cdot\mathrm{d}\boldsymbol{S}+\iint_{(S_3)}\boldsymbol{E}\cdot\mathrm{d}\boldsymbol{S}=\sum q$$

S_1、S_2面上$E\perp \mathrm{d}\boldsymbol{S}$，因此上式中前两项积分为零，$S_3$面上$\boldsymbol{E}$与$\mathrm{d}\boldsymbol{S}$同向，且面上$\boldsymbol{E}$大小处处相同，则上式为

$$\oint\!\!\!\oint_{(S)} \boldsymbol{E}\cdot\mathrm{d}\boldsymbol{S}=0+0+ES_3=2\pi rLE=\sum q/\varepsilon_0$$

圆柱体内的（$r\leqslant a$）高斯面内的电荷为

$$\sum q=\frac{\tau}{\pi a^2}\pi r^2 L=\frac{\tau}{a^2}r^2 L$$

圆柱体外的（$r>a$）高斯面内的电荷为

$$\sum q=\tau L$$

可得空间电场强度的大小

$$\begin{cases} E=\dfrac{r\tau}{2\pi\varepsilon_0 a^2} & (r\leqslant a) \\ E=\dfrac{\tau}{2\pi\varepsilon_0 r} & (r>a) \end{cases}$$

方向沿$\boldsymbol{e}_r$方向。

例 2-2-2 如图 2-2-2 所示，一半径为a的均匀带电无限长圆柱体电荷，电荷体密度为ρ，在其中挖出半径为b的无穷长平行圆柱孔洞，两圆柱轴线距离为d，求孔洞内各处的电场强度。

解 电场强度在总体上不具备应用高斯通量定理所需的对称性，不能直接用高斯定理求解，但可以假设把半径为b的小圆柱里面同时填充了体密度为$\pm\rho$的两种电荷分布，这样孔洞内各处的电场强度$\boldsymbol{E}$可视为充满体密度为ρ的无限长大圆柱体和充满体密度为$-\rho$的无限长小圆柱体在该点共同产生的电场强度，而无限长大、小圆柱体在孔洞内的电场强度分别由本教材例 2-2-1 的结果给出。

例 2-2-1 给出了半径为a无限长圆柱体在其内部的电场强度为

$$\boldsymbol{E}=\frac{r\tau}{2\pi\varepsilon_0 a^2}\boldsymbol{e}_r$$

其中r为到圆柱体轴线的垂直距离，τ为单位长度的电荷电量，τ与体电荷密度ρ的关系满足$\tau=\rho\pi a^2$，代入上式得无限长圆柱体的电场强度

$$\boldsymbol{E}=\frac{\rho r}{2\varepsilon_0}\boldsymbol{e}_r$$

利用上面的结果，可以得大、小圆柱体在孔洞内任一点P产生的电场强度分别为

$$\boldsymbol{E}_1=\frac{\rho\boldsymbol{r}_1}{2\varepsilon_0},\quad \boldsymbol{E}_2=-\frac{\rho\boldsymbol{r}_2}{2\varepsilon_0}$$

$\boldsymbol{r}_1$、$\boldsymbol{r}_2$如图 2-2-3 所示。

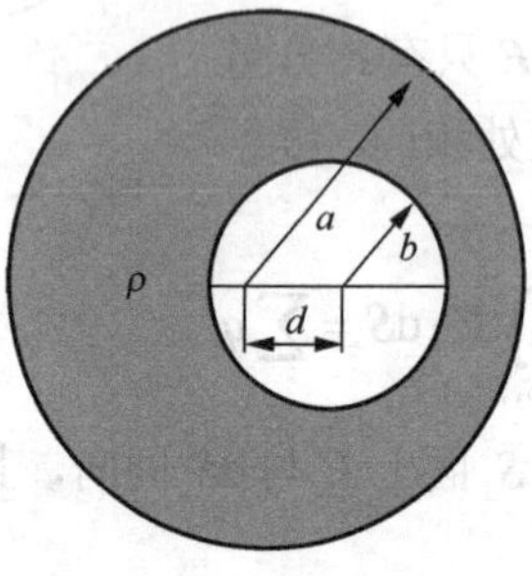

图 2-2-2 例 2-2-2 题图

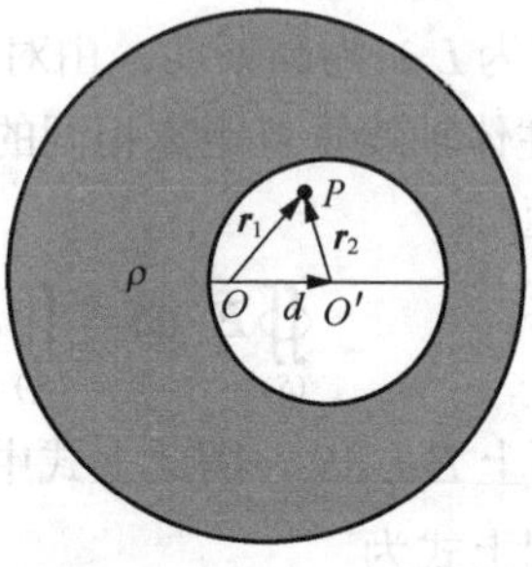

图 2-2-3 例 2-2-2 解图

根据场强叠加原理，可得孔洞内任一点P的电场强度为

$$\boldsymbol{E}=\boldsymbol{E}_1+\boldsymbol{E}_2=\frac{\rho}{2\varepsilon_0}(\boldsymbol{r}_1-\boldsymbol{r}_2)=\frac{\rho\boldsymbol{d}}{2\varepsilon_0}$$

其中$\boldsymbol{d}$是从大圆柱中心O到小圆柱中心O'的距离矢量。

2.3 静电场的无旋性——环路定理

2.3.1 电位的引入

利用式（2-2-1），体电荷的电场强度表达式可以表示为

$$\boldsymbol{E}=-\frac{1}{4\pi\varepsilon_0}\iiint_{V'}\rho(\boldsymbol{r}')\nabla\frac{1}{R}\mathrm{d}V' \tag{2-3-1}$$

式中∇是对场点坐标的微分，体积分是对源点进行的，两种运算相互独立，所以可以把∇提到积分号的外边。

$$\boldsymbol{E}=-\nabla\frac{1}{4\pi\varepsilon_0}\iiint_{V'}\rho(\boldsymbol{r}')\frac{1}{R}\mathrm{d}V' \tag{2-3-2}$$

令函数

$$\varphi(\boldsymbol{r})=\frac{1}{4\pi\varepsilon_0}\iiint_{V'}\rho(\boldsymbol{r}')\frac{1}{R}\mathrm{d}V' \tag{2-3-3}$$

则式（2-3-1）可写成

$$\boldsymbol{E}=-\nabla[\varphi(\boldsymbol{r})+C]=-\nabla\varphi(\boldsymbol{r}) \tag{2-3-4}$$

式中C是与场点无关的常数。因$\nabla C=0$，所以常数C的大小并不改变电场分布。

式（2-3-3）所表示的φ就是我们所要寻找的标量函数，这个标量函数为体电荷分布情况下的静电场的电位。

将此积分结果推广，可得到面电荷、线电荷及点电荷系的电位分别为

$$\varphi=\frac{1}{4\pi\varepsilon_0}\iint_{S'}\frac{\sigma}{R}\mathrm{d}S'+C \tag{2-3-5}$$

$$\varphi=\frac{1}{4\pi\varepsilon_0}\int_{l'}\frac{\tau}{R}\mathrm{d}l'+C \tag{2-3-6}$$

$$\varphi=\frac{1}{4\pi\varepsilon_0}\sum_{k=1}^{n}\frac{q_k}{R_k}+C \tag{2-3-7}$$

通过引入电位函数可以更方便地分析、计算静电场。电场强度是矢量，而电位是标量函数，多数情况下利用电位计算电场往往比较简单。

2.3.2 环路定理

1. 环路定理的微分形式——静电场的旋度

由式（2-3-4）已知$\boldsymbol{E}=-\nabla\varphi$，根据矢量恒等式$\nabla\times\nabla a=0$，得

$$\nabla\times\boldsymbol{E}=\nabla\times(-\nabla\varphi)=-\nabla\times\nabla\varphi=0 \tag{2-3-8}$$

上式表明，静电场的电场强度矢量$\boldsymbol{E}$的旋度处处为零，静电场是无旋场，这是静电场环路定理的微分形式。

2. 环路定理的积分形式

将静电场环路定理微分形式两边关于任一曲面S积分，并利用斯托克斯定理得

$$\oiint_S\nabla\times\boldsymbol{E}\cdot\mathrm{d}\boldsymbol{S}=\oint_l\boldsymbol{E}\cdot\mathrm{d}\boldsymbol{l}=0 \tag{2-3-9}$$

在静电场中，电场强度矢量$\boldsymbol{E}$沿任意闭合路径的线积分恒等于零，这是静电场环路定理的积分形式。

图 2-3-1 中沿某一闭合回路$acbda$对电场强度$\boldsymbol{E}$取线积分有

$$\oint_{acbda}\boldsymbol{E}\cdot\mathrm{d}\boldsymbol{l}=\int_{acb}\boldsymbol{E}\cdot\mathrm{d}\boldsymbol{l}+\int_{bda}\boldsymbol{E}\cdot\mathrm{d}\boldsymbol{l}=0 \tag{2-3-10}$$

由此得

$$\int_{acb} \boldsymbol{E}\cdot \mathrm{d}\boldsymbol{l} = -\int_{bda} \boldsymbol{E}\cdot \mathrm{d}\boldsymbol{l} = \int_{adb} \boldsymbol{E}\cdot \mathrm{d}\boldsymbol{l} \qquad (2\text{-}3\text{-}11)$$

上式的积分关系表示静电场把单位正电荷从 a 点移至 b 点做的功与路径无关，仅取决于起点与终点的位置，也就是说静电场是保守力场或位场。

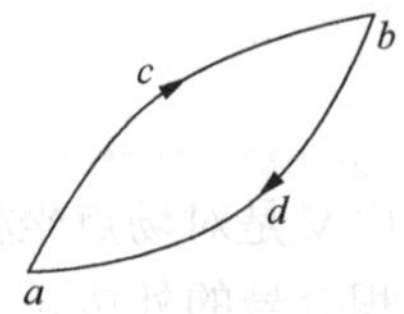

图 2-3-1　闭合回路图

2.3.3　电位及电场强度

前面已知由电位求电场强度是微分的运算，而由电场强度计算电位，则是相反的运算，也就是求积分的运算。2.3.2 小节已经阐明静电场是位场，根据式（2-3-4）可知，沿任意路径将电荷 q 由 P 点移至 Q 点时，电场力所作的功为

$$A_{PQ} = q_{\mathrm{t}}\int_{P}^{Q} \boldsymbol{E}\cdot \mathrm{d}\boldsymbol{l} = -q_{\mathrm{t}}\int_{P}^{Q} (\nabla\varphi\cdot \boldsymbol{e}_l)\mathrm{d}l = -q_{\mathrm{t}}\int_{P}^{Q}\frac{\partial\varphi}{\partial l}\mathrm{d}l = q_{\mathrm{t}}(\varphi_P - \varphi_Q) \qquad (2\text{-}3\text{-}12)$$

由此

$$\varphi_P - \varphi_Q = \frac{A_{PQ}}{q_{\mathrm{t}}} = \int_{P}^{Q} \boldsymbol{E}\cdot \mathrm{d}\boldsymbol{l} \qquad (2\text{-}3\text{-}13)$$

上式表明，静电场中 P 和 Q 两点间的电位差为从 P 到 Q 点移动单位正电荷时电场力所做的功。如取 Q 为电位参考点，则 P 点的电位为

$$\varphi_P = \int_{P}^{Q} \boldsymbol{E}\cdot \mathrm{d}\boldsymbol{l} \qquad (2\text{-}3\text{-}14)$$

φ_P 为 P 点相对于 Q 点的电位。

原则上参考点 Q 的选择是任意的。在工程电磁场分析中，常取大地表面为电位参考点；而在理论分析时，只要产生电场的全部场源都位于有限的空间区域内，由电位与源点到场点之间距离的一次方成反比的关系，因此无限远处的电位为零，可以选取无限远处为电位参考点；若电荷分布在无限远的空间区域，不能选择无穷远处为电位零点，只能选择有限远处一点为电位零点。

2.3.4　电场线和等位面

为形象化地描绘电场，通常会用场图描绘方法。在描绘静电场的场图中，最常见的是电场强度线或称电力线和等电位面。

1. 电场强度线

电场强度线是一族有方向的线。电场强度线上每一点的切线方向就是该点的电场强度方向。设 $\mathrm{d}\boldsymbol{l}$ 为 P 点电场强度线的有向线段元，则由该点处 $\boldsymbol{E}$ 和 $\mathrm{d}\boldsymbol{l}$ 的共线关系，得

$$\boldsymbol{E}\times \mathrm{d}\boldsymbol{l} = 0 \qquad (2\text{-}3\text{-}15)$$

在直角坐标系下展开上式，则有

$$\begin{aligned}&(E_x\boldsymbol{e}_x + E_y\boldsymbol{e}_y + E_z\boldsymbol{e}_z)\times(\mathrm{d}x\boldsymbol{e}_x + \mathrm{d}y\boldsymbol{e}_y + \mathrm{d}z\boldsymbol{e}_z)\\ &= (E_y\mathrm{d}z - E_z\mathrm{d}y)\boldsymbol{e}_x + (E_z\mathrm{d}x - E_x\mathrm{d}z)\boldsymbol{e}_y + (E_x\mathrm{d}y - E_y\mathrm{d}x)\boldsymbol{e}_z = 0\end{aligned} \qquad (2\text{-}3\text{-}16)$$

由此，可得出以下 3 个方程，即

$$\frac{\mathrm{d}y}{E_y} = \frac{\mathrm{d}z}{E_z}；\ \frac{\mathrm{d}x}{E_x} = \frac{\mathrm{d}z}{E_z}；\ \frac{\mathrm{d}y}{E_y} = \frac{\mathrm{d}x}{E_x} \qquad (2\text{-}3\text{-}17)$$

因而有

$$\frac{\mathrm{d}x}{E_x}=\frac{\mathrm{d}y}{E_y}=\frac{\mathrm{d}z}{E_z} \tag{2-3-18}$$

上式是电场强度线的微分方程，而该微分方程的解就是描绘电场强度线的函数关系式。下面举例说明这种方法。位于坐标原点的点电荷产生的电场

$$\boldsymbol{E}=\frac{q\boldsymbol{r}}{4\pi\varepsilon_0 r^3}=\frac{q}{4\pi\varepsilon_0 r^3}(x\boldsymbol{e}_x+y\boldsymbol{e}_y+z\boldsymbol{e}_z) \tag{2-3-19}$$

电场强度线方程为

$$\frac{x}{\mathrm{d}x}=\frac{y}{\mathrm{d}y}=\frac{z}{\mathrm{d}z} \tag{2-3-20}$$

解得 $x=C_1 y$， $y=C_2 z$ 。

式中， C_1、C_2 是常数。由不同的 C_1、C_2 值，可获得一系列电场强度线的分布，可见，位于坐标原点的点电荷产生的电场强度线是过原点的一族射线，从而可直观地描绘静电场场强空间分布的状态。

2. 等电位面

等电位面是由电位相同的点组成的曲面，其方程为

$$\varphi(x,y,z)=\text{const} \tag{2-3-21}$$

同电场强度线一样，若在场图中使任何两个相邻的等位面之间的电位差相等，则等位面越密集之处，电场强度越大。

静电场中任意两点间的电位差为

$$\varphi_P-\varphi_Q=\int_P^Q \boldsymbol{E}\cdot\mathrm{d}\boldsymbol{l}=\frac{A_{PQ}}{q_{\mathrm{t}}} \tag{2-3-22}$$

式中， A_{PQ} 是移动单位正电荷 q_{t} 从 P 到 Q 电场力所做的功。如果试验电荷沿某一等位面移动，因为 $\varphi_P-\varphi_Q=0$，因此 $A_{PQ}=0$，即电场力做功为零。从做功的定义来看，当试探电荷沿某一等位面移动时，电场力所做功为零，但试验电荷所受的力和位移都不等于零，所以力的方向即电场强度线的方向，电场强度线和等位面处处正交。

例 2-3-1 计算在静电场 $\boldsymbol{E}=\boldsymbol{e}_x y+\boldsymbol{e}_y x$ 中，把带电量为 $-2\mu\text{C}$ 的电荷从 $A(2,1,-1)$ 点移到 $C(8,2,-1)$ 点时电场所做的功。计算：（1）沿曲线 $x=2y^2$；（2）如图 2-3-2 所示，沿 $B\to C\to D$。

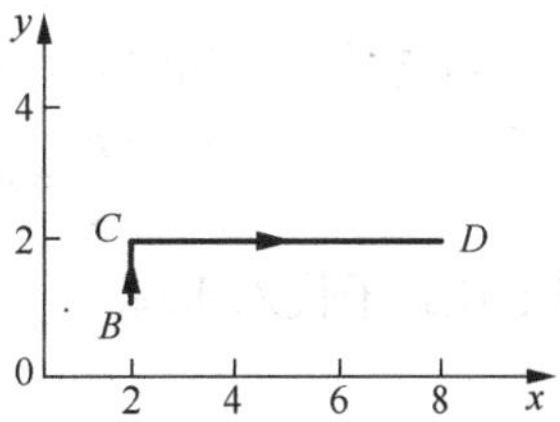

图 2-3-2 例 2-3-1 图

解（1）B 到 D 的功为

$$\begin{aligned}A&=q_{\mathrm{t}}\int_B^D \boldsymbol{E}\cdot\mathrm{d}\boldsymbol{l}\\&=q_{\mathrm{t}}\int_B^D\left(\boldsymbol{e}_x y+\boldsymbol{e}_y x\right)\cdot\left(\boldsymbol{e}_x\mathrm{d}x+\boldsymbol{e}_y\mathrm{d}y+\boldsymbol{e}_z\mathrm{d}z\right)\\&=q_{\mathrm{t}}\int_B^D\left(y\mathrm{d}x+x\mathrm{d}y\right)\end{aligned}$$

沿曲线 $x=2y^2$，则 $\mathrm{d}x=4y\mathrm{d}y$，代入上式统一变量，则

$$A=q_{\mathrm{t}}\int_1^2 6y^2\mathrm{d}y=q_{\mathrm{t}}2y^3\Big|_1^2$$

$$=-2\times10^{-6}\times(16-2)=-2.8\times10^{-5}\,\mathrm{J}$$

（2）沿路径 $B\to C\to D$，B 到 D 的功为

$$A=q_{\mathrm{t}}\int_B^D \boldsymbol{E}\cdot\mathrm{d}\boldsymbol{l}=q_{\mathrm{t}}\int_B^D(y\mathrm{d}x+x\mathrm{d}y)$$

$$=q_{\mathrm{t}}\int_B^C x\mathrm{d}y+q_{\mathrm{t}}\int_C^D y\mathrm{d}x$$

$$=q_{\mathrm{t}}\int_1^2 2\mathrm{d}y+q_{\mathrm{t}}\int_2^8 2\mathrm{d}x$$

$$=-2\times10^{-6}\times(2+12)=-2.8\times10^{-5}\,\mathrm{J}$$

上述例题表明了沿任何一个路径静电场所做的功都是相同的，因此计算静电场所做的功，选择一个最容易计算的路径即可。

例 2-3-2 如图 2-3-3 所示，长度为 l 的导线均匀带电，其线电荷密度为 τ，求线电荷平分面上的电位。

解 采用圆柱坐标系，坐标原点设在导线中心，z 轴与线段重合。场点 P 的坐标为 $(r,\alpha,0)$，取电荷元 $\tau\mathrm{d}z'$，源点坐标为 $(0,\alpha',z')$。取无穷远处为电位参考点，电荷元 $\tau\mathrm{d}z'$ 近似看为点电荷，根据点电荷的电位表达式，电荷元在 P 点产生的电位为

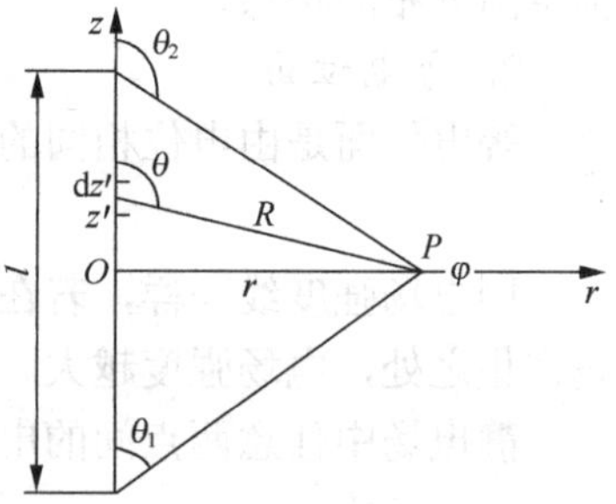

图 2-3-3 长直线电荷平分面上的电位计算图

$$\mathrm{d}\varphi=\frac{\tau\mathrm{d}z'}{4\pi\varepsilon_0 R}$$

计算 P 点电位时，场点不变，则其坐标 $(r,\alpha,0)$ 非变量，源为整个直导线，则其坐标 $(0,\alpha,z')$ 中 z' 为变量。上式中 z'、R 均为变量，将变量变换为 θ，由图 2-3-3 可知

$$\frac{r}{R}=\sin\theta\,,\quad \frac{z'}{r}=\cot(\pi-\theta)=-\cot\theta\,,\quad \mathrm{d}z'=\frac{r}{\sin^2\theta}\mathrm{d}\theta$$

将上述式子代入 $\mathrm{d}\varphi$ 得

$$\mathrm{d}\varphi=\frac{\tau\mathrm{d}z'}{4\pi\varepsilon_0 R}=\frac{\tau}{4\pi\varepsilon_0\sin\theta}\mathrm{d}\theta$$

在整条线段上积分得

$$\varphi=\int\mathrm{d}\varphi=\int_{\theta_1}^{\theta_2}\frac{\tau}{4\pi\varepsilon_0\sin\theta}\mathrm{d}\theta=\frac{\tau}{4\pi\varepsilon_0}\int_{\theta_1}^{\theta_2}\frac{1}{\sin\theta}\mathrm{d}\theta$$

$$=\frac{\tau}{4\pi\varepsilon_0}\ln\left(\frac{1}{\sin\theta}-\cot\theta\right)\Bigg|_{\theta_1}^{\theta_2}$$

$$=\frac{\tau}{4\pi\varepsilon_0}\ln\frac{\sin\theta_1(1-\cos\theta_2)}{\sin\theta_2(1-\cos\theta_1)}$$

从图 2-3-3 中可知

$$\sin\theta_1=\frac{r}{\sqrt{r^2+(l/2)^2}},\quad \cos\theta_1=\frac{l/2}{\sqrt{r^2+(l/2)^2}}$$

$$\sin\theta_2=\frac{r}{\sqrt{r^2+(l/2)^2}},\quad \cos\theta_2=-\frac{l/2}{\sqrt{r^2+(l/2)^2}}$$

则

$$\varphi=\frac{\sqrt{4r^2+l^2}+l}{\sqrt{4r^2+l^2}-l}$$

例 2-3-3 无限长的直导线均匀带电，其线电荷密度为τ，求其电位。

解 若电荷分布在无限远的空间区域，选场中一点为电势零点后由场强求电势。如图 2-3-4 所示，无限长均匀带电直线周围电场强度的大小为

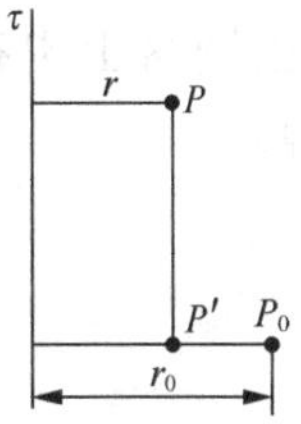

图 2-3-4 无限长均匀带电直线周围电位的计算图

$$E=\frac{\tau}{2\pi\varepsilon_0 r}$$

方向垂直于带电直线。选某一距带电直线为r_0的P_0点为电势零点，则距带电直线为r的P点的电势为

$$V=\int_{(P)}^{(P_0)}\boldsymbol{E}\cdot\mathrm{d}\boldsymbol{l}=\int_{(P)}^{(P')}\boldsymbol{E}\cdot\mathrm{d}\boldsymbol{l}+\int_{(P')}^{(P_0)}\boldsymbol{E}\cdot\mathrm{d}\boldsymbol{l}$$

式中，积分路径PP'段与带电直线平行，而$P'P_0$段与带电直线垂直。由于PP'段与电场方向垂直，所以上式等号右侧第一项积分为零。于是

$$V=\int_{(P')}^{(P_0)}\boldsymbol{E}\cdot\mathrm{d}\boldsymbol{l}=\int_r^{r_0}\frac{\tau}{2\pi\varepsilon_0 r}\mathrm{d}r=-\frac{\tau}{2\pi\varepsilon_0}\ln r+\frac{\tau}{2\pi\varepsilon_0}\ln r_0$$

这一结果可以表示为一般形式

$$V=-\frac{\tau}{2\pi\varepsilon_0}\ln r+C$$

式中，C为与电势零点的位置有关的常数。

例 2-3-4 一半径为a的均匀带电圆盘，其电荷面密度为σ。求圆盘轴线上任一点的电位及电场强度。

解 方法一：首先按“先分后合”的思路，把圆盘离散为电荷元，电荷元可近似看作点电荷，利用点电荷的电势及叠加原理先计算轴线上任一点的电位，然后求梯度得到电场强度。

采用圆柱坐标系，如图 2-3-5 所示坐标原点设在圆盘的圆心，z轴与圆盘轴线重合。场点P的坐标为$(0,\alpha,z)$，取一个电荷元$\sigma r'\mathrm{d}r'\mathrm{d}\alpha'$，源点坐标为$(r',\alpha',0)$。以无穷远处为零电位参考点，电荷元产生的电位为

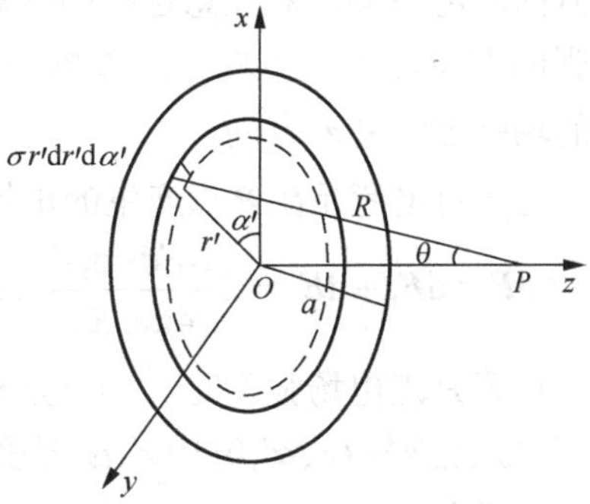

图 2-3-5 例 2-3-4 方法一圆盘轴线上一点电位的计算图

$$\mathrm{d}\varphi=\frac{\sigma r'\mathrm{d}r'\mathrm{d}\alpha'}{4\pi\varepsilon_0 R}$$

计算P点电位时，面积分是在电荷分布的源区域进行的，因此场点坐标$(0,\alpha,z)$不变，源点坐标$(r',\alpha',0)$中r'、α'是变量。由图可知$R=\sqrt{r'^2+z^2}$。

整个圆盘在P点电位

$$\varphi=\iint \mathrm{d}\varphi=\int_0^a\int_0^{2\pi}\frac{\sigma r'\mathrm{d}r'\mathrm{d}\alpha'}{4\pi\varepsilon_0\sqrt{r'^2+z^2}}=\int_0^a\frac{\sigma r'\mathrm{d}r'}{2\varepsilon_0\sqrt{r'^2+z^2}}$$

$$=\frac{\sigma}{2\varepsilon_0}\sqrt{r'^2+z^2}\Big|_0^a=\frac{\sigma}{2\varepsilon_0}\left(\sqrt{a^2+z^2}-\sqrt{z^2}\right)$$

$$=\frac{\sigma}{2\varepsilon_0}\left(\sqrt{a^2+z^2}-|z|\right)$$

由圆盘上电荷分布的对称性，整个圆盘在z轴上电场强度的方向仅有$\boldsymbol{e}_z$方向的分量，故

$$\boldsymbol{E}=-\nabla\varphi=-\frac{\partial\varphi}{\partial z}\boldsymbol{e}_z=\begin{cases}\dfrac{\sigma}{2\varepsilon_0}\left(1-\dfrac{z}{\sqrt{a^2+z^2}}\right)\boldsymbol{e}_z & z>0\\ -\dfrac{\sigma}{2\varepsilon_0}\left(1+\dfrac{z}{\sqrt{a^2+z^2}}\right)\boldsymbol{e}_z & z<0\end{cases}$$

当$a\to\infty$时，电荷分布区域拓展为一无限大的带电平面，则

$$\boldsymbol{E}=\frac{\sigma}{2\varepsilon_0}\boldsymbol{e}_z$$

这时$\boldsymbol{E}$的量值是一常量，与场点至带电平面的距离无关。

方法二：直接利用面电荷产生电场强度的积分公式，计算电场强度$\boldsymbol{E}$，如图 2-3-6 所示，取对称的一对电荷元，该电荷元的场强沿$\boldsymbol{e}_z$方向，任意这样一对电荷元的场强都如此，因此整个圆盘在轴线上任一点的场强只有$\boldsymbol{e}_z$方向的分量，从而将积分简化。选择无穷远处为参考点，由$\varphi_P=\int_P^\infty \boldsymbol{E}\cdot\mathrm{d}\boldsymbol{l}$计算电位。

根据电荷分布的对称性，采用圆柱坐标系。设坐标原点在圆盘形面电荷的圆心，z轴与圆盘轴线重合。场点P的坐标为$(0,\alpha,z)$，取一对电荷元，源点坐标分别为$(r',\alpha',0)$与$(r',\alpha'+\pi,0)$，这对电荷元，各自产生场强的方向如图 2-3-6 所示$\mathrm{d}\boldsymbol{E}_1$和$\mathrm{d}\boldsymbol{E}_2$，两者合场强的方向沿$\boldsymbol{e}_z$方向。对任意这样的一对电荷元，场强的方向都沿$\boldsymbol{e}_z$方向，所以整个圆盘在$P$点的场强方向沿$\boldsymbol{e}_z$方向。

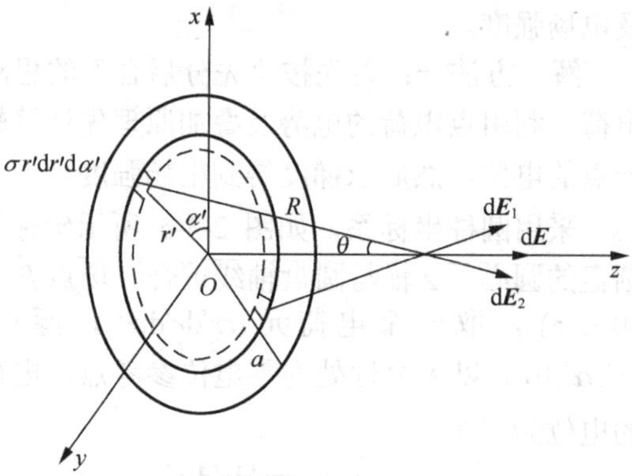

图 2-3-6 例 2-3-4 方法二
圆盘轴线上一点电场强度的计算图

这一对电荷元在P点产生的电场强度为

$$\mathrm{d}\boldsymbol{E}=\mathrm{d}\boldsymbol{E}_1+\mathrm{d}\boldsymbol{E}_2=2\frac{\sigma r'\mathrm{d}r'\mathrm{d}\alpha'}{4\pi\varepsilon_0 R^2}\cos\theta\boldsymbol{e}_z$$

计算P点电场强度时，场点坐标$(0,\alpha,z)$不变，源点坐标$(r',\alpha',0)$中r',α'是变量，根据几何关系有

$$R=\sqrt{r'^2+z^2}\ ,\quad \cos\theta=\frac{z}{\sqrt{r'^2+z^2}}$$

积分得整个圆盘形面电荷产生的电场强度大小为

$$E=\int_0^a\int_0^{\pi}\frac{\sigma z r'\mathrm{d}r'\mathrm{d}\alpha'}{2\varepsilon_0\left(r'^2+z^2\right)^{\frac{3}{2}}}=\int_{z^2}^{a^2+z^2}\frac{\sigma z r'\mathrm{d}\left(r'^2+z^2\right)}{4\varepsilon_0\left(r'^2+z^2\right)^{\frac{3}{2}}}=\frac{\sigma}{2\varepsilon_0}\left(1-\frac{z}{\sqrt{a^2+z^2}}\right)$$

选择无穷远处为参考点，则 P 点的电位为

$$\varphi_P=\int_P^{\infty}\boldsymbol{E}\cdot\mathrm{d}\boldsymbol{l}=\int_z^{\infty}\frac{\sigma}{2\varepsilon_0}\left(1-\frac{z}{\left(a^2+z^2\right)^{\frac{1}{2}}}\right)\boldsymbol{e}_z\cdot\boldsymbol{e}_z\mathrm{d}z=\frac{\sigma}{2\varepsilon_0}\left(z-\sqrt{a^2+z^2}\right)\Big|_z^{\infty}$$

当 $z\to\infty$ 时，a 可忽略不计，因此 $z-\sqrt{a^2+z^2}=0$。所以

$$\varphi_P=\frac{\sigma}{2\varepsilon_0}\left(z-\sqrt{a^2+z^2}\right)\Big|_z^{\infty}=\frac{\sigma}{2\varepsilon_0}\left(\sqrt{a^2+z^2}-z\right)$$

方法三：想象把圆盘看成由无数个以盘心为圆心的同心圆环带组成，每个圆环带在轴线上一点的电场强度，可由本教材例 2-1-2 圆形线轴线上任一点的电场强度得到，利用叠加原理，通过对整个圆盘求积分求出圆盘在轴线上一点的电场强度。

由本教材例 2-1-2，可得任一圆环带在轴线上任一点产生的电场强度为

$$\mathrm{d}\boldsymbol{E}=\frac{\sigma r' z\mathrm{d}r'}{2\varepsilon_0(r'^2+z^2)^{\frac{3}{2}}}\boldsymbol{e}_z$$

对任意圆环带电场强度的方向沿 $\boldsymbol{e}_z$ 方向，因此圆盘在轴线上任一点的场强方向沿 $\boldsymbol{e}_z$ 方向，场强的大小

$$E=\int\mathrm{d}E=\int_0^a\frac{\sigma r' z\mathrm{d}r'}{2\varepsilon_0(r'^2+z^2)^{\frac{3}{2}}}=\int_{z^2}^{a^2+z^2}\frac{\sigma z\mathrm{d}(r'^2+z^2)}{4\varepsilon_0(r'^2+z^2)^{\frac{3}{2}}}$$

$$=-\frac{\sigma z}{2\varepsilon_0(r'^2+z^2)^{\frac{1}{2}}}\Bigg|_0^a=\frac{\sigma}{2\varepsilon_0}\left(1-\frac{z}{\sqrt{a^2+z^2}}\right)$$

其他的计算同方法二。

由上例可见，通过电位分布来计算电场强度 $\boldsymbol{E}$，远比直接由场源分布通过叠加原理（矢量积分）求电场强度 $\boldsymbol{E}$ 简便。

2.4 电偶极子

如图 2-4-1 所示，电偶极子是指一对相距很近的等量异号电荷所组成的系统。设电偶极子两电荷的电荷量分别为 q 和 $-q$，由负电荷指向正电荷的距离矢量为 $\boldsymbol{d}$。通常定义电偶极矩 $\boldsymbol{p}$ 表征其特性，电偶极矩定义为 $\boldsymbol{p}=q\boldsymbol{d}$，简称电矩。

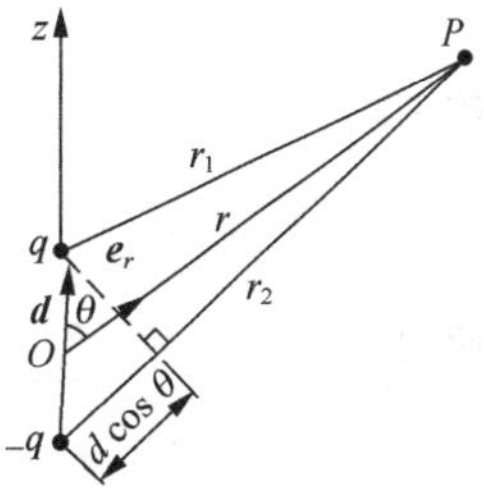

图 2-4-1　电偶极子的场强计算图

2.4.1 电偶极子的电位与电场

工程上，感兴趣的是电偶极子远区的场，即场点至电偶极子中心的距离$r \gg d$的情况。采用球坐标系，设原点在电偶极子中心，z轴与$\boldsymbol{d}$相重合。应用点电荷电位公式及叠加原理，得场中任意点P的电位为

$$\varphi_p = \frac{q}{4\pi\varepsilon_0}(\frac{1}{r_1} - \frac{1}{r_2}) = \frac{q}{4\pi\varepsilon_0}\frac{r_2 - r_1}{r_1 r_2} \tag{2-4-1}$$

当r很大时，r_1、r_2及r三者可认为近似平行，此时$r_2 - r_1 \approx d\cos\theta$，$r_1 r_2 \approx r^2$代入上式，得

$$\varphi \approx \frac{qd\cos\theta}{4\pi\varepsilon_0 r^2} = \frac{\boldsymbol{p}\cdot\boldsymbol{e}_r}{4\pi\varepsilon_0 r^2} \tag{2-4-2}$$

应用球坐标系中的梯度公式，则任意点的电场强度为

$$\boldsymbol{E} = -\nabla\varphi = -\left(\frac{\partial\varphi}{\partial r}\boldsymbol{e}_r + \frac{1}{r}\frac{\partial\varphi}{\partial\theta}\boldsymbol{e}_\theta\right) = \frac{p}{4\pi\varepsilon_0 r^3}\left(2\cos\theta\boldsymbol{e}_r + \sin\theta\boldsymbol{e}_\theta\right) \tag{2-4-3}$$

由上可知，电偶极子的电位与距离平方成反比，电场强度的大小与距离的三次方成反比，此外，其电位与电场强度均与方位角θ相关。因此，电偶极子的电场特征明显不同于点电荷的电场。

2.4.2 电偶极子的场图

利用 2-4-1 小节电偶极子的结果，可以画出电偶极子远区的等电位线和电场强度线场图。电偶极子远区电位分布为

$$\varphi = \frac{qd\cos\theta}{4\pi\varepsilon_0 r^2} = C \tag{2-4-4}$$

则等位线方程为

$$r^2 = k_1\cos\theta \tag{2-4-5}$$

取不同的k_1值，画出不同的等位线。在$0 \leqslant \theta \leqslant \pi/2$范围内，$\varphi > 0$；而在$\pi/2 \leqslant \theta \leqslant \pi$时，$\varphi < 0$，其等位线关于$\theta = \pi/2$呈镜像对称。基于电偶极子电场的轴对称性，将等位线绕z轴旋转便得空间三维的等位面分布，其中$z = 0$（即$\theta = \pi/2$）的平面为零电位面。由球坐标系的微元关系式，得到电场强度线的微分方程

$$\frac{\mathrm{d}r}{E_r} = \frac{r\mathrm{d}\theta}{E_\theta} = \frac{r\sin\theta\mathrm{d}\varphi}{E_\varphi} \tag{2-4-6}$$

并代入电偶极子远区电场强度的E_r和E_θ分量，得

$$\frac{\mathrm{d}r}{2\cos\theta} = \frac{r\mathrm{d}\theta}{\sin\theta} \tag{2-4-7}$$

整理得

$$\frac{\mathrm{d}r}{r} = \frac{2\mathrm{d}(\sin\theta)}{\sin\theta} \tag{2-4-8}$$

解得

$$\ln r = 2\ln\sin\theta + \ln k_2 \tag{2-4-9}$$

电场强度线方程为

$$r = k_2\sin^2\theta \tag{2-4-10}$$

取不同的 k_2 值，可画出不同的电场强度线。电偶极子远场如图 2-4-2 所示。

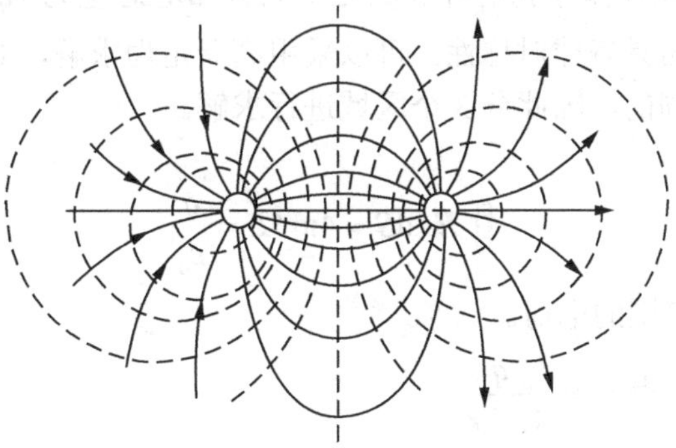

图 2-4-2 电偶极子的场图

2.5 静电场中的导体和电介质

实际的工程静电场问题，并非真空，总存在某些实体介质，场和介质之间要发生相互作用。根据介质在静电场中的特征，可以将其分成两大类：导体和电介质。

2.5.1 静电场中的导体

导体的特点是其有大量的自由电子，自由电荷可以在其中自由运动。将导体放入外电场中，其自由电荷将会在导体中移动，原来的静电平衡状态被破坏。自由电荷的移动将使其积累在导体表面，并建立附加电场，直至其表面电荷（又称感应电荷）建立的附加电场与外加电场在导体内部处处相抵消为止，最终达到一种新的静电平衡状态。因此，静电场中的导体具有以下特征。

（1）导体内的电场处处为零。否则，导体内的自由电荷将受到电场力的作用而移动，不属于静电问题的范围。

（2）静电场中的导体为等位体，导体表面为等位面，因为导体中 $\boldsymbol{E}=-\nabla\varphi=0$，则导体的电位必为常量。

（3）导体表面必与其外侧的 $\boldsymbol{E}$ 线正交，因为导体表面为等位面。

（4）导体如带电，则电荷只能分布于其表面。电荷以面密度的形式分布在导体表面，且其分布密度取决于导体表面的曲率。

在工程上，利用导体尖端放电效应的避雷针，高电压设备接电端表面的光滑化且力求曲率均匀的工艺处理，操作者在高电位状态下得以安全地进行高电压测试的法拉第笼，高电压工作室内利用导体静电屏蔽功能的接地金属网等都是基于上述静电场中导体行为特征的应用实例。

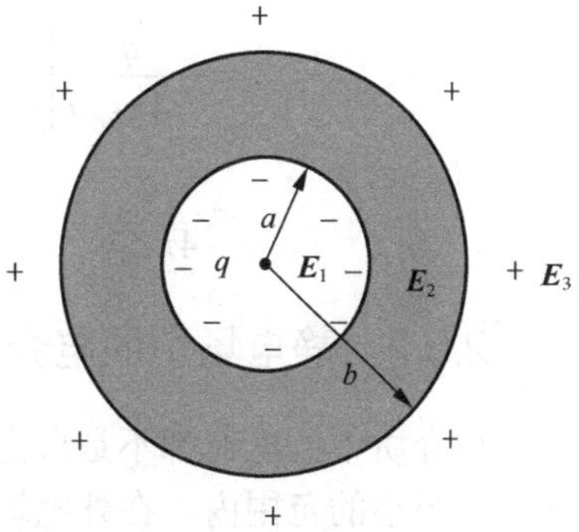

图 2-5-1 例 2-5-1 图

例 2-5-1 正的点电荷 q 位于一内半径为 a，外半径为 b 的导体球壳的球心上，如图 2-5-1 所示。求空间各点的电场强度及电位。

解 在导体内部，以球壳的球心为球心，半径为 $r\,(a<r<b)$ 做高斯面，导体中的电场为零，通过高斯面的电场强度通量为零，说明闭合面内

包围的总电荷为零。因此导体内表面处均匀分布着与球心处等量异号的负电荷。又由于导体本身是电中性的，因此在导体球壳的外表面处均匀分布着总量为$+q$的电荷。由电荷分布的特点，可以分析电场分布具有球对称性。可以采用高斯定理求解，对于半径不同的高斯面，面里所包围的电荷是不同的，因此分3个区域进行求解。

根据高斯定理，得

$$\oiint_S \boldsymbol{E}\cdot \mathrm{d}\boldsymbol{S}=4\pi r^2 E=\frac{q}{\varepsilon_0}$$

q为高斯面里面所包围的电荷。

当$r<a$时，$q=q$，得$E_1=\dfrac{q}{4\pi\varepsilon_0 r^2}$；

当$a<r<b$时，$q=0$，得$E_2=0$；

当$r>b$时，$q=q$，得$E_3=\dfrac{q}{4\pi\varepsilon_0 r^2}$。

当$r<a$时，$\varphi=\int_l \boldsymbol{E}\cdot\mathrm{d}\boldsymbol{l}=\int_r^a E_1\mathrm{d}r+\int_a^b E_2\mathrm{d}r+\int_b^\infty E_3\mathrm{d}r$

$$=-\frac{q}{4\pi\varepsilon_0}\frac{1}{r}\bigg|_r^a+0+-\frac{q}{4\pi\varepsilon_0}\frac{1}{r}\bigg|_b^\infty$$

$$=\frac{q}{4\pi\varepsilon_0}\left(\frac{1}{r}-\frac{1}{a}+\frac{1}{b}\right);$$

当$a<r<b$时，$\varphi=\int_l \boldsymbol{E}\cdot\mathrm{d}\boldsymbol{l}=\int_r^b E_2\mathrm{d}r+\int_b^\infty E_3\mathrm{d}r$

$$=0-\frac{q}{4\pi\varepsilon_0}\frac{1}{r}\bigg|_b^\infty$$

$$=\frac{q}{4\pi\varepsilon_0 b};$$

当$r>b$时，$\varphi=\int_l \boldsymbol{E}\cdot\mathrm{d}\boldsymbol{l}=\int_r^\infty E_3\mathrm{d}r$

$$=-\frac{q}{4\pi\varepsilon_0}\frac{1}{r}\bigg|_r^\infty$$

$$=\frac{q}{4\pi\varepsilon_0 r}。$$

2.5.2 静电场中的电介质——介质的极化

电介质中的电荷都不是自由电荷，它们不能参与导电过程。这些电荷被原子或分子束缚在一个很小的范围内，在外电场的作用下只能在原子或分子范围内作一个微小的移动。与自由电荷相对应，它们被称为束缚电荷。对于不同的电介质，在外电场的作用下其极化机理是不同的，有以下两种类型。

1. 位移极化

如图 2-5-2 所示，对于无极性分子，在无外电场的情况下，其分子内所有正、负电荷作用中心是重合的。而在外电场作用下，正、负电荷受到相反方向的作用力沿相反的方向移动，二者作用中心发生相对位移，形成一个沿电场取向的电偶极子（见图 2-5-3），对外呈现电性。在外场作用下，主要是电子位移，因而无极分子的极化机制通常称为位移极化。

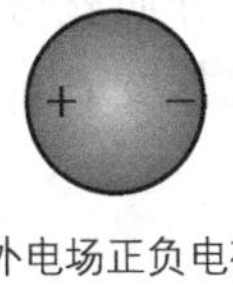

图 2-5-2　无外电场正负电荷中心重合

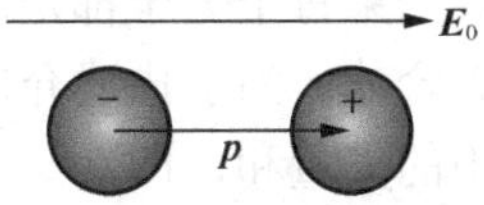

图 2-5-3　外电场中正负电荷中心偏移

对于一整块电介质，无外电场时，无极分子的固有电矩为零，如图 2-5-4 所示。在恒定外电场的作用下，因为每个分子都具有感生电矩，整体呈现出的极化状态，如图 2-5-5 所示。在电介质左右与外电场方向垂直的表面上出现了束缚电荷。

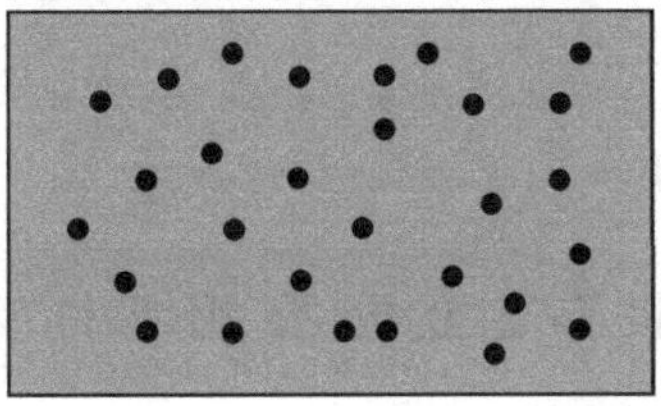

图 2-5-4　无外场无极分子的固有电矩为零

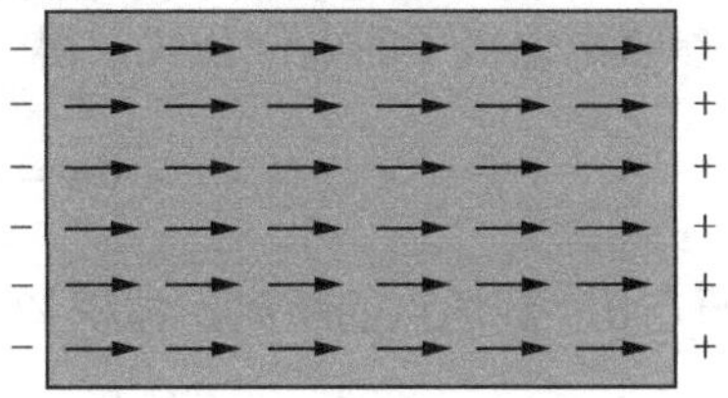

图 2-5-5　外电场中形成电偶极子

2. 取向极化

对于极性分子（如图 2-5-6 所示的水分子），即使没有外电场存在时，其正、负电荷作用中心之间不重合，形成一个电偶极子（见图 2-5-7）。

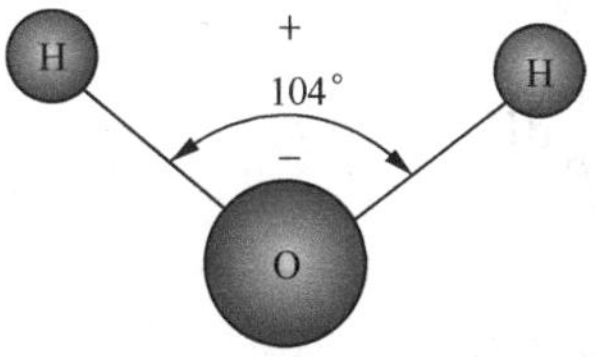

图 2-5-6　水分子结构示意图

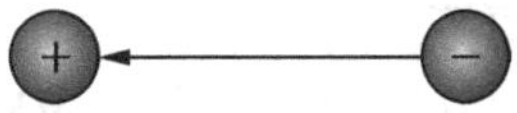

图 2-5-7　极性分子形成的电偶极子

对于一整块电介质，图 2-5-8 表示在无外电场的情况下，这些电偶极子在电介质内随机取向，宏观上对外不显电性。而图 2-5-9 表示在外电场的作用下，这些电偶极子趋向于外电场的方向做比较整齐的排列（见图 2-5-10），对外呈现电性。外电场越强，分子固有电矩排列的愈整齐，在电介质左右的表面上出现电荷。

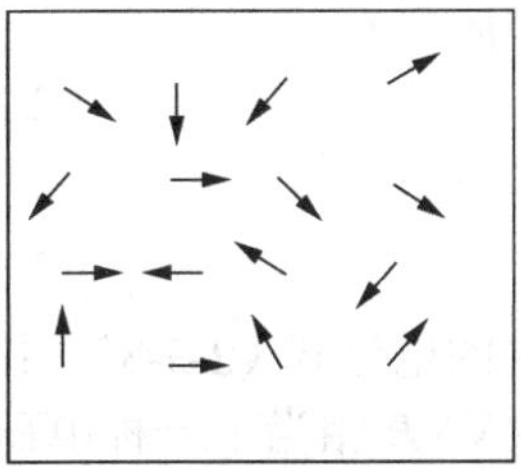

图 2-5-8　无外场偶极子排列杂乱无章

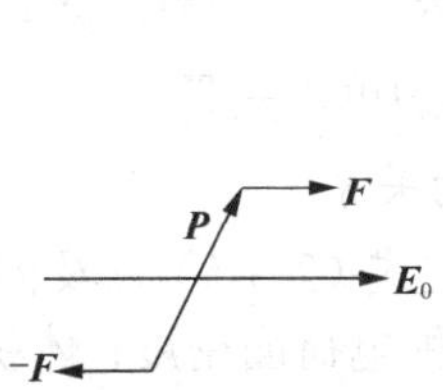

图 2-5-9　取向极化示意图

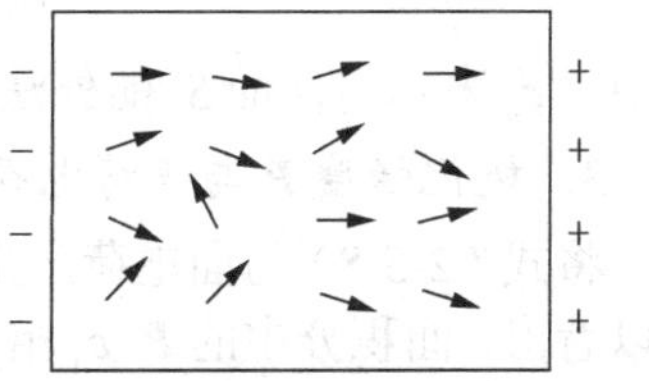

图 2-5-10　电场中偶极子沿电场排布

无论哪种极化现象，其微观结果均使束缚电荷的分布发生变化，而宏观上电介质在静电场中由于极化而显电性。

2.5.3 介质极化形成的电偶极子产生的电位与电场

1. 极化强度

在极化介质中，如果每个分子都是一个电偶极子，那么整个介质就可以看成是真空中电偶极子有序排列的集合体。为了描述介质极化的程度，引入极化强度 $\boldsymbol{P}$，其定义为：极化后单位体积内电偶极矩的矢量和，即

$$\boldsymbol{P}=\lim_{\Delta V\to 0}\frac{\sum \boldsymbol{p}}{\Delta V}(\mathrm{C/m^2}) \tag{2-5-1}$$

式中，$\sum \boldsymbol{p}$ 为小体积 ΔV 内电偶极矩的矢量和。

2. 介质极化形成的电偶极子的电位

体积元 $\mathrm{d}V'$ 中的等效电偶极子的电偶极矩，用 $\boldsymbol{P}\mathrm{d}V'$ 来表示，该电偶极子在远区所产生的电位 $\mathrm{d}\varphi$，参照电偶极子的电位公式，得

$$\mathrm{d}\varphi=\frac{1}{4\pi\varepsilon_0}\frac{\boldsymbol{P}\cdot\boldsymbol{e}_R}{R^2}\mathrm{d}V' \tag{2-5-2}$$

式中 R 是源点 $\mathrm{d}V'$ 到场点的距离，体积 V' 内所有电偶极子产生的电位，则是对 V' 积分求得

$$\varphi=\int d\varphi=\iiint_{V'}\frac{1}{4\pi\varepsilon_0}\frac{\boldsymbol{P}\cdot\boldsymbol{e}_R}{R^2}\mathrm{d}V' \tag{2-5-3}$$

由于

$$\frac{\boldsymbol{e}_R}{R^2}=-\nabla\frac{1}{R}=\nabla'\frac{1}{R} \tag{2-5-4}$$

所以式（2-5-3）可以表示为

$$\varphi=\frac{1}{4\pi\varepsilon_0}\iiint_{V'}\boldsymbol{P}\cdot\nabla'\frac{1}{R}\mathrm{d}V' \tag{2-5-5}$$

利用矢量恒等式

$$\nabla'\cdot(u\boldsymbol{A})=u\nabla'\cdot\boldsymbol{A}+\boldsymbol{A}\cdot\nabla'u \tag{2-5-6}$$

并令 $\boldsymbol{A}=\boldsymbol{P}$，$u=\dfrac{1}{R}$，式（2-5-5）的积分被分成两项

$$\varphi=\frac{1}{4\pi\varepsilon_0}\iiint_{V'}\nabla'\cdot\frac{\boldsymbol{P}}{R}\mathrm{d}V'-\frac{1}{4\pi\varepsilon_0}\iiint_{V'}\frac{1}{R}\nabla'\cdot\boldsymbol{P}\mathrm{d}V' \tag{2-5-7}$$

对第一项应用散度定理后上式变为

$$\varphi=\frac{1}{4\pi\varepsilon_0}\oiint_{S'}\frac{\boldsymbol{P}\cdot\boldsymbol{e}_n}{R}\mathrm{d}S'+\frac{1}{4\pi\varepsilon_0}\iiint_{V'}\frac{1}{R}(-\nabla'\cdot\boldsymbol{P})\mathrm{d}V' \tag{2-5-8}$$

式中，$\boldsymbol{e}_n$ 表示封闭面 S' 的外法向方向的单位矢量。

3. 极化强度 $\boldsymbol{P}$ 与束缚电荷密度的关系

将式（2-5-8）与面电荷产生的电位式（2-3-5）以及体电荷产生的电位式（2-3-3）相比较，可以看出，面积分中的 $\boldsymbol{P}\cdot\boldsymbol{e}_n$ 相当于一种电荷面密度；体积分中的 $-\nabla'\cdot\boldsymbol{P}$ 相当于一种电荷体密度。显然，这两项源量起因于电介质在电场作用下发生极化而产生的束缚电荷。由此极化电

荷的面密度与体密度分别为

$$\rho_p = -\nabla' \cdot \boldsymbol{P} \tag{2-5-9}$$

$$\sigma_p = \boldsymbol{P} \cdot \boldsymbol{e}_n \tag{2-5-10}$$

在引入极化电荷密度描述的基础上，类比于自由电荷产生的电场，极化电荷所产生的电场，可分别通过电位 φ 和电场强度 $\boldsymbol{E}$ 表示为

$$\varphi = \frac{1}{4\pi\varepsilon_0}\left[\iiint_{V'} \frac{\rho_p}{|\boldsymbol{r}-\boldsymbol{r}'|}\mathrm{d}V' + \oiint_{S'} \frac{\sigma_p}{|\boldsymbol{r}-\boldsymbol{r}'|}\mathrm{d}S'\right] \tag{2-5-11}$$

$$\boldsymbol{E} = \frac{1}{4\pi\varepsilon_0}\left[\iiint_{V'} \frac{\rho_p(\boldsymbol{r}-\boldsymbol{r}')}{|\boldsymbol{r}-\boldsymbol{r}'|^3}\mathrm{d}V' + \oiint_{S'} \frac{\sigma_p(\boldsymbol{r}-\boldsymbol{r}')}{|\boldsymbol{r}-\boldsymbol{r}'|^3}\mathrm{d}S'\right] \tag{2-5-12}$$

4. 击穿场强

如前所述，电介质在电场的作用下会产生极化现象，且电场强度越大，极化就越强。但如果介质中的电场过大，使束缚电荷脱离分子的控制形成自由电荷，则绝缘介质就导电了，这种现象称为介质击穿，介质材料在未被击穿条件下所能承受的最大场强称为介质的击穿场强。表 2-5-1 给出了几种常见介质的击穿场强。

表 2-5-1　　常见介质的击穿场强

介质	击穿场强（V/m）	介质	击穿场强（V/m）
空气	3×10^6	电木	$(10–20)\times10^6$
陶瓷	$(6–20)\times10^6$	聚乙烯	18×10^6
云母	$(80–200)\times10^6$	尼龙	19×10^6
玻璃	$(9–25)\times10^6$	二氧化钛	6×10^6

2.6 电位移矢量 D 及用 D 表示的相关定理

2.6.1 电介质中的高斯定理

1. 电位移矢量 $\boldsymbol{D}$

当电场中有介质存在时，介质内部及边缘会产生束缚电荷，这些束缚电荷作为二次源也产生电场，因此存在电介质时的静电场问题，可归结为在真空中自由电荷与极化电荷共同产生的静电场。那么，由高斯定理的微分形式式（2-2-7），就可以得到介质中高斯定理的微分形式

$$\nabla \cdot \boldsymbol{E} = \frac{\rho_f + \rho_p}{\varepsilon_0} \tag{2-6-1}$$

其中，ρ_f 为自由电荷密度；ρ_p 为极化电荷密度。将式（2-5-9）代入到式（2-6-1）中，则可以得到

$$\nabla \cdot \boldsymbol{E} = \frac{1}{\varepsilon_0}(\rho_f - \nabla \cdot \boldsymbol{P}) \tag{2-6-2}$$

整理后可以得到

$$\nabla \cdot (\varepsilon_0 \boldsymbol{E} + \boldsymbol{P}) = \rho_f \tag{2-6-3}$$

定义

$$\boldsymbol{D} = \varepsilon_0 \boldsymbol{E} + \boldsymbol{P} \tag{2-6-4}$$

其中，$\boldsymbol{D}$ 称为介质的电位移矢量，也称为电通量密度。

2. **D** 的散度

引入电位移矢量 $\boldsymbol{D}$ 后，式（2-6-3）可以表示为

$$\nabla \cdot \boldsymbol{D} = \rho_f \tag{2-6-5}$$

上式称为介质中静电场高斯定理的微分形式，它表明电介质中任意一点的电位移矢量的散度等于该点自由电荷的体密度，即电位移矢量 $\boldsymbol{D}$ 的源是自由电荷，而电场强度 $\boldsymbol{E}$ 的源则既可以是自由电荷，也可以是束缚电荷。

3. **D** 的通量

对式（2-6-5）两边体积分，并利用散度定理，得

$$\oint\!\!\!\oint_S \boldsymbol{D} \cdot \mathrm{d}\boldsymbol{S} = \iiint_V \rho \mathrm{d}V = q \tag{2-6-6}$$

上式称为介质中静电场高斯定理的积分形式，该式表明介质中穿过任一闭合面电位移矢量的通量，等于该闭合面内包围的总的自由电荷量，与闭合面内的束缚电荷无关。

电位移线从正的自由电荷出发而终止于负的自由电荷，与极化电荷没有关系；而电场强度力线从正电荷发出，终止于负电荷，并不区分极化电荷还是自由电荷；电极化强度从负极化电荷出发，终止于正的极化电荷，而与自由电荷无关。图 2-6-1 给出了平行板电容器间加入一块介质后电场强度 $\boldsymbol{E}$ 、电位移矢量 $\boldsymbol{D}$ 及电极化强度矢量 $\boldsymbol{P}$ 的力线，以示区别。

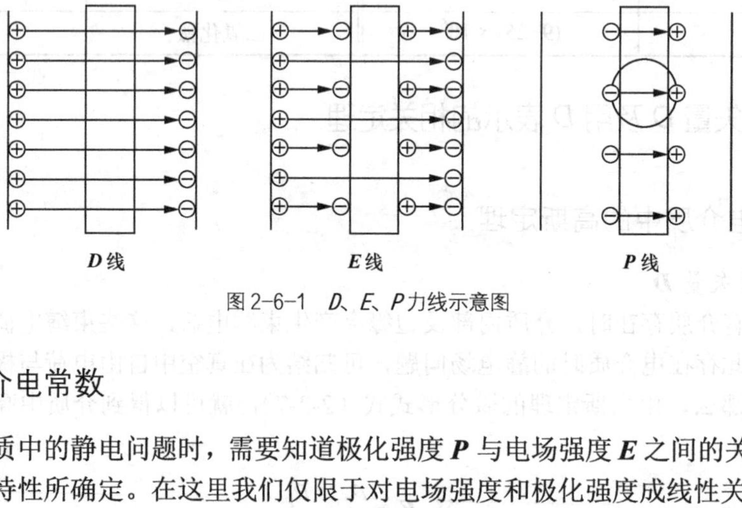

图 2-6-1 D、E、P 力线示意图

2.6.2 介电常数

在分析介质中的静电问题时，需要知道极化强度 $\boldsymbol{P}$ 与电场强度 $\boldsymbol{E}$ 之间的关系，两者之间的关系由材料特性所确定。在这里我们仅限于对电场强度和极化强度成线性关系的各向同性电介质的讨论。对于线性各向同性的介质而言，实验表明其关系为

$$\boldsymbol{P} = \chi_e \varepsilon_0 \boldsymbol{E} \tag{2-6-7}$$

其中，χ_e 为介质的电极化率，是一个无量纲的正数。通常情况下，通过实验的方法来确定介质的极化率 χ_e。

将式（2-6-7）代入式（2-6-4），可以得到

$$\boldsymbol{D} = \varepsilon_0 \boldsymbol{E} + \boldsymbol{P} = \varepsilon_0 \boldsymbol{E} + \chi_e \varepsilon_0 \boldsymbol{E} = (1 + \chi_e) \varepsilon_0 \boldsymbol{E} \tag{2-6-8}$$

令 $\varepsilon_r = (1+\chi_e)$，这是一个无量纲的量，被称为相对介电常数。因此

$$D = \varepsilon_r \varepsilon_0 E = \varepsilon E \tag{2-6-9}$$

其中，$\varepsilon = \varepsilon_r \varepsilon_0$，$\varepsilon$ 是介电常数，对于各向同性的电介质式（2-6-9）成立。

一般而言，相对介电常数 ε_r 是空间位置和电场强度 $\boldsymbol{E}$ 的函数。若介质是均匀的，则其 ε_r 不随空间位置变化而变化；若介质是线性的，则其 ε_r 不随电场强度 $\boldsymbol{E}$ 变化而变化；若介质是各向同性的，则其 ε_r 是标量，而且电位移矢量 $\boldsymbol{D}$ 与电场强度 $\boldsymbol{E}$ 方向相同；若介质是各向异性的，则电位移矢量 $\boldsymbol{D}$ 与电场强度 $\boldsymbol{E}$ 方向不相同，且 $\boldsymbol{D}$ 的每个分量都是 $\boldsymbol{E}$ 的各个分量的函数。对于一般的电介质，式（2-6-4）仍然成立，比式（2-6-9）更具有普遍意义。表 2-6-1 给出了几种常见介质的相对介电常数。

表 2-6-1　常见介质的相对介电常数

材料	相对介电常数
普通玻璃	7
石英玻璃	4.2
乙醇	26
氯丁橡胶	8.3
聚四氟乙烯	2.0
橡胶	3.3
聚乙烯	2.3
瓷	5.5
环氧树脂	4.6～5.2
95 陶瓷	13

例 2-6-1　试证明在线性、各向同性、均匀电介质中，若没有自由体电荷就不会有束缚体电荷。

证明：在线性、各向同性、均匀电介质中，极化强度和电场强度的关系可表示为

$$\boldsymbol{P} = (\varepsilon_r - 1)\varepsilon_0 \boldsymbol{E}$$

线性、各向同性电介质中静电场的辅助方程

$$\boldsymbol{D} = \varepsilon \boldsymbol{E}$$

再利用 $\varepsilon = \varepsilon_r \varepsilon_0$

所以得

$$\boldsymbol{P} = \left(1 - \frac{\varepsilon_0}{\varepsilon}\right)\boldsymbol{D}$$

由此得

$$\rho_P = -\nabla \cdot \boldsymbol{P} = -\left(1 - \frac{\varepsilon_0}{\varepsilon}\right)\nabla \cdot \boldsymbol{D} = -\left(1 - \frac{\varepsilon_0}{\varepsilon}\right)\rho$$

因为体电荷密度 $\rho = 0$，所以束缚体电荷密度 $\rho_P = 0$，即若没有自由体电荷就不会有束缚体电荷。

例 2-6-2　如图 2-6-2 所示，一理想的平板电容器由直流电压源 U 充电后又断开电源，然后在两极板间插入一厚度为 d 的均匀介质板，其介电常数为 $\varepsilon = \varepsilon_r \varepsilon_0 (\varepsilon_r > 1)$。忽略极板间电场

的边缘效应，试求：

（1）插入介质板前后平行板间各点的电场强度$\boldsymbol{E}$、电位移矢量$\boldsymbol{D}$和电位φ，以及极板上的自由电荷分布；

（2）介质板表面和内部的极化电荷分布。

解 （1）忽略边缘效应，近似认为导体板表面的电荷是均匀分布的，这样在导体板之间的电场是均匀电场。

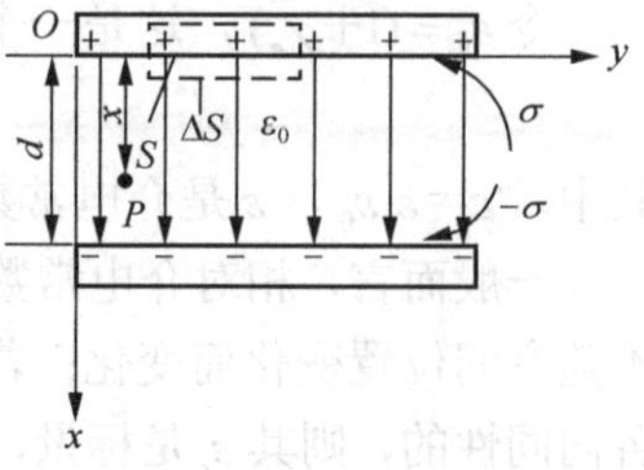

图 2-6-2　插入介质板前的电场

介质板插入前，可知电场强度为

$$\boldsymbol{E}_0=\frac{U_0}{d}\boldsymbol{e}_x$$

故电位移矢量为

$$\boldsymbol{D}_0=\varepsilon_0\boldsymbol{E}_0=\varepsilon_0\frac{U_0}{d}\boldsymbol{e}_x$$

若取负极板电位为电位φ的参考电位，则板间任一点的电位

$$\varphi_P=\int_x^d\boldsymbol{E}_0\cdot\mathrm{d}\boldsymbol{l}=\int_x^d E_0\mathrm{d}x$$

$$=\frac{U_0}{d}(d-x)$$

设两极板上自由电荷的面密度分别为σ和$-\sigma$，根据电场的面对称性特征，应用高斯定理，作圆柱形的高斯面S，如图 2-6-2 中虚线所示，其上下底面与极板平行，面积为ΔS，则有

$$\oint\!\!\!\oint_S\boldsymbol{E}\cdot\mathrm{d}\boldsymbol{S}=E_0\Delta S=\frac{\sigma\Delta S}{\varepsilon_0}$$

因而极板上的自由电荷面密度为

$$\sigma=\varepsilon_0E_0=\varepsilon_0\frac{U_0}{d}=D_0$$

根据题意，电容器在充电后电源被切断，因此在插入介质板后，极板上自由电荷的总量保持不变，此时极板间的电场仍为均匀电场，同理，作圆柱形高斯面S，如图 2-6-3 中虚线所示，可得

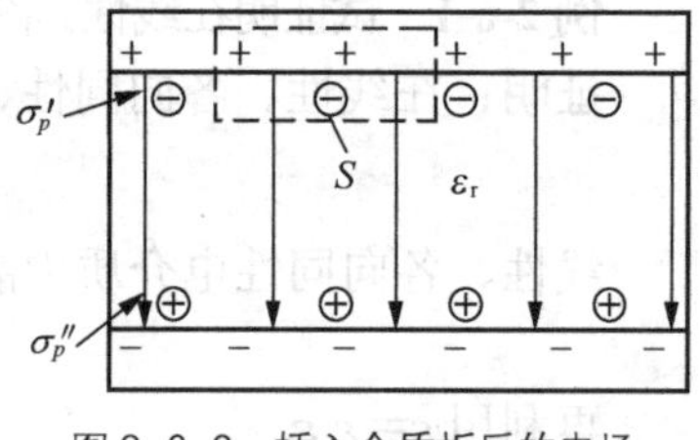

图 2-6-3　插入介质板后的电场

$$\oint\!\!\!\oint_S\boldsymbol{D}\cdot\mathrm{d}\boldsymbol{S}=D\Delta S=\sigma\Delta S$$

因此有

$$D=\sigma=\varepsilon_0\frac{U_0}{d}=D_0\text{（}\boldsymbol{D}\text{ 的方向由正极板指向负极板）}$$

电场强度

$$E=\frac{D}{\varepsilon}=\frac{\varepsilon_0E_0}{\varepsilon}=\frac{E_0}{\varepsilon_r}$$

任一点电位为

$$\varphi_P'=\int_x^d E\mathrm{d}x=\frac{U_0}{\varepsilon_r d}(d-x)$$

以上计算结果表明，插入介质板后，因电介质极化所产生的极化电场对原电场的抵消作用，导致$\boldsymbol{E}$变小，而$\boldsymbol{D}$不变。

（2）介质极化，介质中的电极化强度。

$$\boldsymbol{P}=\chi_e\varepsilon_0\boldsymbol{E}=\left(\varepsilon_{\mathrm{r}}-1\right)\varepsilon_0\boldsymbol{E}=\frac{\left(\varepsilon_{\mathrm{r}}-1\right)\sigma}{\varepsilon_{\mathrm{r}}}\boldsymbol{e}_x$$

介质板上、下两端面上极化电荷的面密度σ_p'、σ_p''分别为

$$\sigma_p'=\boldsymbol{P}\cdot\boldsymbol{e}_{\mathrm{n}}'=\frac{\left(\varepsilon_{\mathrm{r}}-1\right)\sigma}{\varepsilon_{\mathrm{r}}}\boldsymbol{e}_x\cdot\left(-\boldsymbol{e}_x\right)=-\frac{\left(\varepsilon_{\mathrm{r}}-1\right)\sigma}{\varepsilon_{\mathrm{r}}}$$

$$\sigma_p''=\boldsymbol{P}\cdot\boldsymbol{e}_{\mathrm{n}}'=\frac{\left(\varepsilon_{\mathrm{r}}-1\right)\sigma}{\varepsilon_{\mathrm{r}}}\boldsymbol{e}_x\cdot\boldsymbol{e}_x=\frac{\left(\varepsilon_{\mathrm{r}}-1\right)\sigma}{\varepsilon_{\mathrm{r}}}$$

介质板中极化电荷的体密度

$$\rho_p=-\nabla\cdot\boldsymbol{P}=0$$

显然，合成电场$\boldsymbol{E}$应是电容器极板上正、负自由电荷和极化电荷σ_p'、σ_p''共同在真空中产生效应的叠加，两者电场方向相反，即

$$E=\frac{\sigma}{\varepsilon_0}-\frac{\sigma_p''}{\varepsilon_0}=\frac{E_0}{\varepsilon_{\mathrm{r}}}。$$

2.7 静电场基本方程与分界面条件

2.7.1 静电场的基本方程

前面已经给出了静电场的高斯定理和环路定理，称为静电场的基本方程，其微分形式

$$\begin{cases}\nabla\times\boldsymbol{E}=0\\ \nabla\cdot\boldsymbol{D}=\rho\end{cases}\tag{2-7-1}$$

对应于微分形式，前面也导出了静电场基本方程的积分形式

$$\begin{cases}\oint_L\boldsymbol{E}\cdot\mathrm{d}\boldsymbol{l}=0\\ \oint\!\!\!\oint_S\boldsymbol{D}\cdot\mathrm{d}\boldsymbol{S}=q\end{cases}\tag{2-7-2}$$

在各向同性线性介质中

$$\boldsymbol{D}=\varepsilon\boldsymbol{E}\tag{2-7-3}$$

式（2-7-3）是联系$\boldsymbol{D}$、$\boldsymbol{E}$的介质的构成方程，它不是基本方程，但其重要性是不言而喻的。

2.7.2 介质的分界面条件

实际情况下各种电场问题的研究中存在的是多种介质共存的状况，在不同的介质分界面上，由于介质特性参数ε发生突变，相应的场量及其导数一般也将发生突变，把不同介质分界面场量及导数的不连续称为静电场的分界面条件。由于介质分界面条件是研究在介质交界

面处场所遵循的规律，而在介质分界面处场的大小和方向都将发生突变，因此要用积分形式的基本方程求解分界面衔接条件。介质中电场的大小和方向是任意的，但对分界面而言，都可以表示为界面的法向分量和切向分量。

1. **切向场 $\boldsymbol{E}_{\mathrm{t}}$ 和 $\boldsymbol{D}_{\mathrm{t}}$ 的分界面条件**

如图 2-7-1 所示，在两种介质的分界面做一个矩形闭合曲线 $ABCDA$，其上、下两边长为 Δl，它们与介质分界面相平行，Δl 要足够小，以使其上的各点的场强可视为相等。闭合回路左、右两侧的高度为 Δh，取 $\Delta h\to 0$，以保证所求出的场分别位于介质分界面的两侧，但又无限靠近分界面。由于 $\Delta h\to 0$，因此，矩形回路的左、右两侧边对电场的环量没有贡献，即电场的闭合线积分，仅有长度为 Δl 的上、下两条边能够作出贡献。根据静电场的环路定理

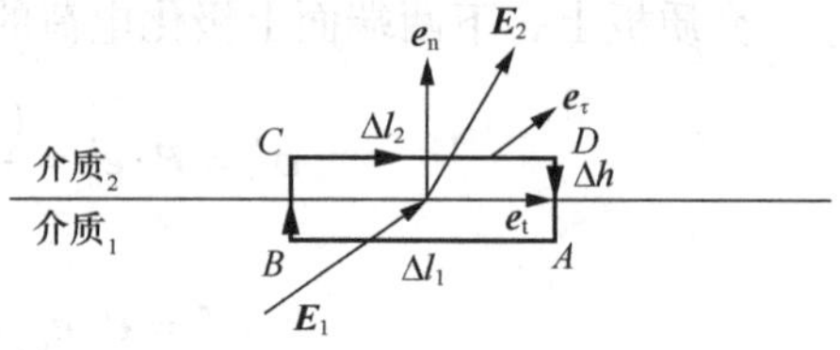

图 2-7-1　E 的分界面衔接条件

$$\oint_l \boldsymbol{E}\cdot\mathrm{d}\boldsymbol{l}=\oint_{ABCDA}\boldsymbol{E}\cdot\mathrm{d}\boldsymbol{l}=\boldsymbol{E}_1\cdot\Delta\boldsymbol{l}_1+\boldsymbol{E}_2\cdot\Delta\boldsymbol{l}_2=0$$
$$=(\boldsymbol{E}_2-\boldsymbol{E}_1)\cdot\boldsymbol{e}_{\mathrm{t}}\Delta l=0 \tag{2-7-4}$$

即

$$E_{2\mathrm{t}}=E_{1\mathrm{t}} \tag{2-7-5}$$

由式（2-7-4）得

$$(\boldsymbol{E}_2-\boldsymbol{E}_1)\cdot\boldsymbol{e}_{\mathrm{t}}=0 \tag{2-7-6}$$

由图 2-7-1 可知 $\boldsymbol{e}_{\mathrm{t}}=\boldsymbol{e}_\tau\times\boldsymbol{e}_{\mathrm{n}}$，代入上式得

$$(\boldsymbol{E}_2-\boldsymbol{E}_1)\cdot(\boldsymbol{e}_\tau\times\boldsymbol{e}_{\mathrm{n}})=0 \tag{2-7-7}$$

再根据矢量恒等式 $\boldsymbol{a}\cdot(\boldsymbol{b}\times\boldsymbol{c})=\boldsymbol{b}\cdot(\boldsymbol{c}\times\boldsymbol{a})$，得

$$(\boldsymbol{E}_2-\boldsymbol{E}_1)\cdot(\boldsymbol{e}_\tau\times\boldsymbol{e}_{\mathrm{n}})=\boldsymbol{e}_\tau\cdot[\boldsymbol{e}_{\mathrm{n}}\times(\boldsymbol{E}_2-\boldsymbol{E}_1)]=0 \tag{2-7-8}$$

故

$$\boldsymbol{e}_{\mathrm{n}}\times(\boldsymbol{E}_2-\boldsymbol{E}_1)=0 \tag{2-7-9}$$

式（2-7-5）与式（2-7-9）均为电场强度满足的切向分界面衔接条件，式（2-7-5）是标量表达式，式（2-7-9）是矢量表达式，二者均表明无论分界面上是否存在自由电荷，电场强度 $\boldsymbol{E}$ 的切向分量在分界面上总是连续的。

根据 $\boldsymbol{D}=\varepsilon\boldsymbol{E}$，由式（2-7-5）得

$$\frac{D_{1t}}{\varepsilon_1}=\frac{D_{2t}}{\varepsilon_2} \tag{2-7-10}$$

即

$$\frac{D_{2t}}{D_{1t}}=\frac{\varepsilon_2}{\varepsilon_1} \tag{2-7-11}$$

上式表明电位移矢量 $\boldsymbol{D}$ 的切向分量在分界面上是不连续的，有跃变的。

2. **法向场 $\boldsymbol{E}_{\mathrm{n}}$ 和 $\boldsymbol{D}_{\mathrm{n}}$ 的分界面条件**

研究法向分界面条件要用到高斯定理，因此要作一个高斯面。如图 2-7-2 所示，作一很小的扁圆柱，它的上下

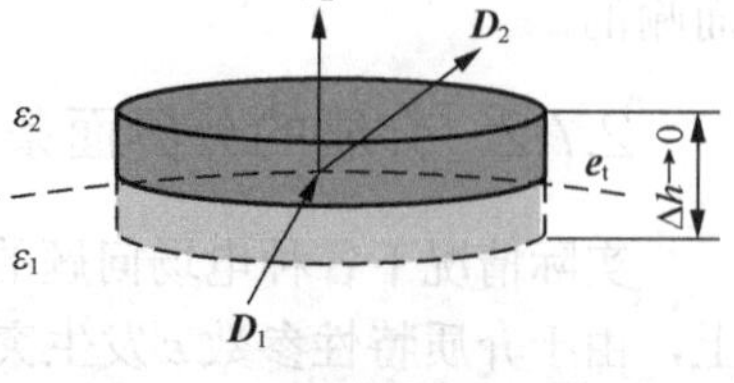

图 2-7-2　D 的分界面衔接条件

底面ΔS与分界面平行且ΔS很小，可认为在ΔS上D近似不变；扁圆柱的高Δh十分小，可视$\Delta h \to 0$，因此圆柱侧面对电通量没有贡献，只有上、下底面对电通量有贡献。对于这个小闭合面，应用高斯定律

$$\begin{aligned}\oiint_S \boldsymbol{D}\cdot \mathrm{d}\boldsymbol{S} &= \boldsymbol{D}_2\cdot\Delta \boldsymbol{S} + \boldsymbol{D}_1\cdot\Delta\boldsymbol{S}\\ &= \boldsymbol{e}_n\cdot(\boldsymbol{D}_2-\boldsymbol{D}_1)\Delta S\\ &= \sigma_f\Delta S + \rho\Delta S\Delta h\end{aligned} \tag{2-7-12}$$

其中，σ_f为扁平圆柱体面上的自由电荷，ρ为扁平圆柱体内的自由电荷，当$\Delta h \to 0$时，体电荷的贡献为零，有

$$\boldsymbol{e}_n\cdot\left(\boldsymbol{D}_2-\boldsymbol{D}_1\right)=\sigma_f \tag{2-7-13}$$

即

$$D_{2n}-D_{1n}=\sigma_f \tag{2-7-14}$$

这说明介质分界面上存在自由面电荷时，介质分界面两侧的电位移矢量不连续。

当分界面处无自由电荷时，即$\sigma_f=0$，由式（2-7-14）得

$$D_{2n}=D_{1n} \tag{2-7-15}$$

即两种介质分界面上，电位移矢量的法向分量是连续的。

若两种介质均为线性且各向同性，即

$$D_{1n}=\varepsilon_1 E_{1n}，\quad D_{2n}=\varepsilon_2 E_{2n} \tag{2-7-16}$$

上式代入式（2-7-14）得

$$\varepsilon_2 E_{2\mathrm{n}}-\varepsilon_1 E_{1\mathrm{n}}=\sigma_f \tag{2-7-17}$$

若$\sigma_f=0$，则得

$$\frac{E_{2n}}{E_{1n}}=\frac{\varepsilon_1}{\varepsilon_2} \tag{2-7-18}$$

式（2-7-17）与式（2-7-18）表明，无论分界面上是否存在自由电荷，两种介质分界面上的电场强度的法向分量都是不连续的。

在导体（设为介质1）与电介质（设为介质2），并考虑到导体内部的电场强度和电位移必须为零（$\boldsymbol{D}_1=0,\boldsymbol{E}_1=0$）及导体带电时其电荷只能分布在表面的特性，可以得

$$E_{2t}=E_{1t}=0 \tag{2-7-19}$$

$$D_{2n}=\sigma \tag{2-7-20}$$

以上两式说明在电介质中与导体表面相切处的电场强度$\boldsymbol{E}$和电位移矢量$\boldsymbol{D}$都垂直于导体表面，且电位移矢量的量值就等于该点的电荷面密度。

3. 电位φ的分界面条件

设P_1和P_2是介质分界面两侧、紧贴分界面的相邻两点，其电位分别为φ_1和φ_2，电位差$\varphi_1-\varphi_2$可以由电场强度的线积分得到，即$\varphi_1-\varphi_2=\boldsymbol{E}\cdot\Delta\boldsymbol{l}$。由于在两种介质中$\boldsymbol{E}$均为有限值，当$P_1$和$P_2$都无限贴近分界面，即其间距$\Delta l\to 0$时，$\varphi_1-\varphi_2\to 0$，因此分界面两侧的电位是相等的，即

$$\varphi_2=\varphi_1 \tag{2-7-21}$$

因为

$$D_{1n}=\varepsilon_1 E_{1n}=-\varepsilon_1\frac{\partial\varphi_1}{\partial n} \tag{2-7-22}$$

$$D_{2n}=\varepsilon_2 E_{2n}=-\varepsilon_2\frac{\partial\varphi_2}{\partial n} \tag{2-7-23}$$

则电位移矢量 $\boldsymbol{D}$ 的法向分量的分界面条件由电位可以表示为

$$\varepsilon_2\frac{\partial\varphi_2}{\partial n}-\varepsilon_1\frac{\partial\varphi_1}{\partial n}=-\sigma_f \tag{2-7-24}$$

若分界面无自由电荷，即 $\sigma_f=0$，则上式可表示为

$$\varepsilon_2\frac{\partial\varphi_2}{\partial n}-\varepsilon_1\frac{\partial\varphi_1}{\partial n}=0 \tag{2-7-25}$$

例 2-7-1 已知某种球对称分布的电荷产生的电位在球坐标系中的表达式为 $\varphi(r)=\frac{a}{r}e^{br}$（$a,b$ 均为常数），求体电荷密度 ρ。

解 已知电位，求体电荷密度 ρ，由静电场的泊松方程求得，由于已知电位在球坐标系中的表达式，因此由球坐标系的拉普拉斯算子公式计算。

根据静电场的泊松方程：$\nabla^2\varphi=-\rho/\varepsilon_0$，可得 $\rho=-\varepsilon_0\nabla^2\varphi$，

在球坐标系下：

$$\begin{aligned}\rho&=-\varepsilon_0\nabla^2\varphi\\&=-\varepsilon_0\frac{1}{r^2}\frac{\partial}{\partial r}(r^2\frac{\partial\varphi}{\partial r})\\&=-\varepsilon_0\frac{1}{r^2}\frac{\partial}{\partial r}[r^2(-\frac{a}{r^2}e^{br}+\frac{abe^{br}}{r})]\\&=-\varepsilon_0\frac{ab^2e^{br}}{r}\end{aligned}$$

例 2-7-2 一平行板电容器，其极板间填充厚度分别为 d_1、d_2 的两层电介质，相对介电常数分别为 ε_{r1} 和 ε_{r2}，如图 2-7-3 所示，两导电板间的电压为 U，忽略边缘效应，求它们之间的电场强度。

解 忽略边缘效应，近似认为导体板靠近电介质 1 或电介质 2 一侧的表面的电荷是均匀分布的，这样在两种介质中的电场都是均匀的。

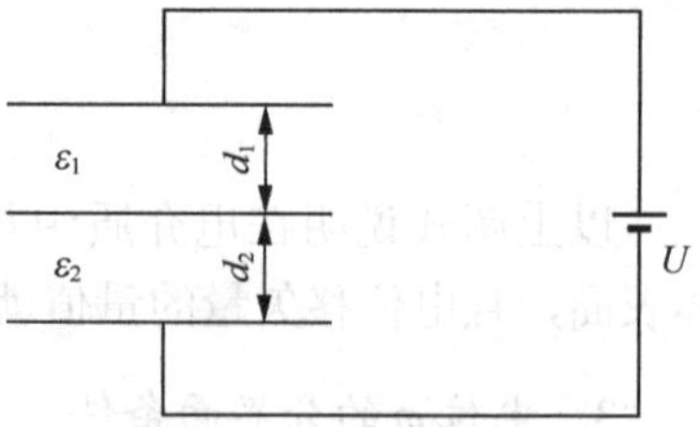

图 2-7-3　例 2-7-2 图

设两电介质中电场强度的大小为 E_1 和 E_2，在介质的分界面上 $D_{2n}=D_{1n}$，考虑电场强度和电位移矢量均与电介质分界面垂直，即 $D_2=D_1$，则 $\varepsilon_0\varepsilon_{r1}E_1=\varepsilon_0\varepsilon_{r2}E_2$。

由电场强度和电压的关系得 $E_1d_1+E_2d_2=U$。

联立上两式得

$$E_1=\frac{\varepsilon_{r2}U}{\varepsilon_{r1}d_2+\varepsilon_{r2}d_1}$$

$$E_2 = \frac{\varepsilon_{r1} U}{\varepsilon_{r1} d_2 + \varepsilon_{r2} d_1}$$

由上例分析可以推论，如果一电容器的绝缘材料是固体材料，但因制造工艺上的不完善，使极板与绝缘材料间留有一空气层，则若典型化以空气为介质 1，固体材料为介质 2，则空气层中 E_1 为绝缘材料中 E_2 的 $\varepsilon_{r2}/\varepsilon_{r1}$ 倍，由于 ε_{r2} 比 ε_{r1} 大得多，因此，E_1 可能达到很大的值而超过空气的击穿场强，致使空气层击穿，电容器破损。

例 2-7-3 如图 2-7-4 所示，一半径为 a、带电量 q 的导体球，其球心位于介电常数分别为 ε_1 和 ε_2 两种介质的分界面上，此两种介质的分界面为无限大平面。求导体球外的电场强度。

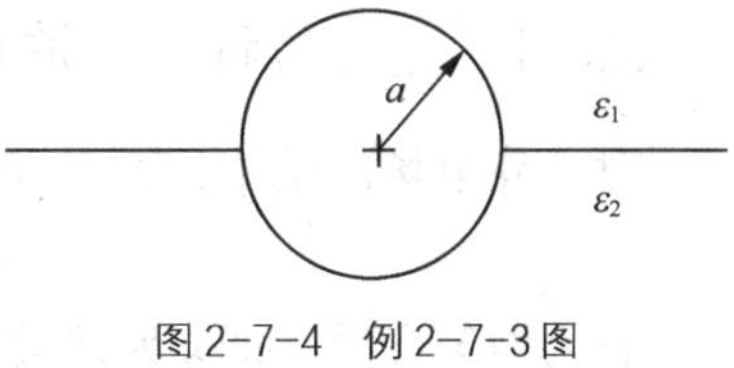

图 2-7-4 例 2-7-3 图

解 由于电场分布沿径向分布，所以在两种介质的分界面上电场只有沿平面切向的分量，根据分界面条件有

$$E_{2t} = E_{1t} = E$$

由高斯定理 $\oint\!\!\!\oint_S \boldsymbol{D} \cdot \mathrm{d}\boldsymbol{S} = q$ 可得

$$D_1 S_1 + D_2 S_2 = q$$

即

$$\varepsilon_1 E \frac{4\pi r^2}{2} + \varepsilon_2 E \frac{4\pi r^2}{2} = q$$

可得

$$E = \frac{q}{2\pi r^2 (\varepsilon_1 + \varepsilon_2)}$$

例 2-7-4 有一分区均匀电介质电场，区域 1（$z<0$）中的相对介电常数为 ε_{r1}，区域 2（$z<0$）中的相对介电常数为 ε_{r2}。已知 $\boldsymbol{E}_1 = 20\boldsymbol{e}_x - 10\boldsymbol{e}_y + 50\boldsymbol{e}_z$，求 $\boldsymbol{D}_1$、$\boldsymbol{E}_2$ 和 $\boldsymbol{D}_2$。

解 已知区域 1 中的电场强度，求区域 2 中的 $\boldsymbol{E}_2$ 和 $\boldsymbol{D}_2$，利用 $\boldsymbol{D}$ 与 $\boldsymbol{E}$ 的介质分界面条件。

根据分界面条件可知

$$D_{2n} = D_{1n}, E_{2t} = E_{1t}$$

据题意和分界面条件得

$$D_{2z} = D_{1z}, \quad E_{2x} = E_{1x}, \quad E_{2y} = E_{1y}$$

且 $\boldsymbol{D}_1 = \varepsilon_{r1}\varepsilon_0 \boldsymbol{E}_1 = 20\varepsilon_{r1}\varepsilon_0 \boldsymbol{e}_x - 10\varepsilon_{r1}\varepsilon_0 \boldsymbol{e}_y + 50\varepsilon_{r1}\varepsilon_0 \boldsymbol{e}_z$

所以

$$\boldsymbol{E}_2 = 20\boldsymbol{e}_x - 10\boldsymbol{e}_y + 50\left(\frac{\varepsilon_{r1}}{\varepsilon_{r2}}\right)\boldsymbol{e}_z$$

$$\boldsymbol{D}_2 = 20\varepsilon_{r2}\varepsilon_0 \boldsymbol{e}_x - 10\varepsilon_{r2}\varepsilon_0 \boldsymbol{e}_y + 50\varepsilon_{r1}\varepsilon_0 \boldsymbol{e}_z$$

2.8 边值问题

在电磁场问题的分析中，对应于偏微分方程定解问题的边值问题的构造及其求解，是具有一般化意义的重要应用方法。对于静电场这类位场，以位函数φ为待求量给出的泊松方程或拉普拉斯方程的定解问题，便是所论位场的边值问题。

以静电场电位函数φ为待求场函数的边值问题的构造，首先，应由静电场的基本方程导出电位φ所满足的基本方程，即泛定方程；其次，给出为定解具体工程和物理问题所对应的定解条件，即场域边界上的边界条件。

2.8.1 泛定方程——泊松方程与拉普拉斯方程

对于静电场的基本方程$\nabla\cdot\boldsymbol{D}=\rho$，代入$\boldsymbol{D}=\varepsilon\boldsymbol{E}$，可得

$$\nabla\cdot\boldsymbol{D}=\nabla\cdot\varepsilon\boldsymbol{E}=\varepsilon\nabla\cdot\boldsymbol{E}+\boldsymbol{E}\cdot\nabla\varepsilon=\rho \tag{2-8-1}$$

若为均匀介质，即ε为常数，$\nabla\varepsilon=0$，代入$\boldsymbol{E}=-\nabla\varphi$关系，则得

$$\varepsilon\nabla\cdot\boldsymbol{E}=-\varepsilon\nabla\cdot\nabla\varphi=\rho \tag{2-8-2}$$

即

$$\nabla^2\varphi=-\rho/\varepsilon \tag{2-8-3}$$

上式为静电场电位φ的泊松方程，式中∇^2称为拉普拉斯算子。在直角坐标系中，

$$\nabla^2=\frac{\partial^2}{\partial x^2}+\frac{\partial^2}{\partial y^2}+\frac{\partial^2}{\partial z^2} \tag{2-8-4}$$

对于场中无自由电荷分布（$\rho=0$）的区域，式（2-8-3）变为

$$\nabla^2\varphi=0 \tag{2-8-5}$$

这就是电位φ的拉普拉斯方程。

泊松方程和拉普拉斯方程都是描述静电场“共性”的泛定方程，尽管这些电场有着不同的电位值和不同的空间变化率，但它们每个都满足泛定方程，我们怎样利用该方程来求解出所感兴趣的特定场呢？很显然，这会需要更多的信息，我们将必须在已知边界条件下解泛定方程。

2.8.2 定解条件——边界条件

若问题中给定的是空间电荷的分布及边界条件，要求解电位函数。这类问题将演变成求满足给定边界条件的电位的二阶偏微分方程，即泊松方程或拉普拉斯方程的解得问题。根据给定的条件不同，通常有下面几种情况。

1. 第一类边界条件

已知场域边界S上各点电位值，即

$$\varphi\big|_S=f_1(s) \tag{2-8-6}$$

这类边界条件称为第一类边界条件，它与泛定方程构成第一类边值问题，又称狄里赫利问题。

2. 第二类边界条件

已知场域边界S上各点电位的法向导数，即

$$\left.\frac{\partial\varphi}{\partial n}\right|_S=f_2(s) \tag{2-8-7}$$

称为第二类边界条件，它与泛定方程构成第二类边值问题，又称纽曼问题。

3. 第三类边界条件

已知场域部分边界 S_1 上电位和另一部分边界 S_2 上电位的法向导数的线性组合，即

$$\varphi\big|_{S_1}=f_1(s)\,,\quad \frac{\partial\varphi}{\partial n}\bigg|_{S_2}=f_2(s) \tag{2-8-8}$$

称为第三类边界条件，它与泛定方程构成第三类边值问题，又称混合问题。

如果场域扩展至无界空间，则作为定解条件还必须给出无限远处的边界条件。对于电荷分布在有限区域的无界电场问题，在无限远处（$r\to\infty$）应有

$$\lim_{r\to\infty}[r\varphi]=\text{有限值} \tag{2-8-9}$$

这表明 $r\varphi$ 在无限远处是有界的，即电位 φ 在无限远处取值为零 $\left[\varphi\big|_{r\to\infty}=0\right]$。

当场域中存在多种介质时，还必须引入不同介质分界面上的边界条件，常称为辅助的边界条件。

2.8.3 静电场的唯一性定理

满足给定边值的泊松方程或拉普拉斯方程的解是唯一的，这就是通常所说的静电场问题解答的唯一性。下面对静电场的唯一性定理进行证明。

在场域 V 内源已知，场域 V 的边界为 S。在边界上满足给定的三类边值问题。

证明：设对同一个静电体系存在两个解 φ' 和 φ''，则

$$\boldsymbol{E}'=-\nabla\varphi'\ ,\quad \boldsymbol{E}''=-\nabla\varphi''\,,\quad \boldsymbol{D}'=\varepsilon\boldsymbol{E}'\ ,\quad \boldsymbol{D}''=\varepsilon\boldsymbol{E}'' \tag{2-8-10}$$

构造如下的函数：

$$\boldsymbol{Z}(\boldsymbol{r})=(\varphi'-\varphi'')(\boldsymbol{D}'-\boldsymbol{D}'') \tag{2-8-11}$$

在给定边界所包围的体积内对上式进行体积分，并利用散度定理得

$$\begin{aligned}\iiint_V\nabla\cdot\boldsymbol{Z}(\boldsymbol{r})\mathrm{d}V&=\iiint_V\nabla\cdot[(\varphi'-\varphi'')(\boldsymbol{D}'-\boldsymbol{D}'')]\mathrm{d}V\\&=\oiint_S(\varphi'-\varphi'')(\boldsymbol{D}'-\boldsymbol{D}'')\cdot\mathrm{d}\boldsymbol{S}\end{aligned} \tag{2-8-12}$$

利用矢量恒等式 $\nabla\cdot(\varphi\boldsymbol{A})=\nabla\varphi\cdot\boldsymbol{A}+\varphi\nabla\cdot\boldsymbol{A}$，则

$$\nabla\cdot\boldsymbol{Z}(\boldsymbol{r})=(\varphi'-\varphi'')(\nabla\cdot\boldsymbol{D}'-\nabla\cdot\boldsymbol{D}'')+(\nabla\varphi'-\nabla\varphi'')\cdot(\boldsymbol{D}'-\boldsymbol{D}'') \tag{2-8-13}$$

讨论的是同一个体系，必有：

$$\nabla\cdot\boldsymbol{D}'=\nabla\cdot\boldsymbol{D}''=\rho \tag{2-8-14}$$

则式（2-8-13）第一项为零，得

$$\nabla\cdot\boldsymbol{Z}(\boldsymbol{r})=-(\boldsymbol{E}'-\boldsymbol{E}'')\cdot(\boldsymbol{D}'-\boldsymbol{D}'') \tag{2-8-15}$$

对上式两边积分

$$\iiint_V\nabla\cdot\boldsymbol{Z}(\boldsymbol{r})\mathrm{d}V=-\iiint_V(\boldsymbol{E}'-\boldsymbol{E}'')\cdot(\boldsymbol{D}'-\boldsymbol{D}'')\mathrm{d}V \tag{2-8-16}$$

对同一体系，两个解的边界条件相同

$$\varphi'\big|_S=\varphi''\big|_S\ \text{或}\ \boldsymbol{n}\cdot\boldsymbol{D}'\big|_S=\boldsymbol{n}\cdot\boldsymbol{D}''\big|_S \tag{2-8-17}$$

则

$$\oint\!\!\!\oint_S (\varphi' - \varphi'')(\boldsymbol{D}' - \boldsymbol{D}'') \cdot d\boldsymbol{S} = 0 \tag{2-8-18}$$

联立式（2-8-12）、式（2-8-16）与式（2-8-18）得

$$\iiint_V (\boldsymbol{E}' - \boldsymbol{E}'') \cdot (\boldsymbol{D}' - \boldsymbol{D}'') dV = 0 \tag{2-8-19}$$

即

$$\iiint_V \varepsilon(\boldsymbol{E}' - \boldsymbol{E}'') \cdot (\boldsymbol{E}' - \boldsymbol{E}'') dV = \iiint_V \varepsilon(\boldsymbol{E}' - \boldsymbol{E}'')^2 dV = 0 \tag{2-8-20}$$

因此$\varepsilon(\boldsymbol{E}' - \boldsymbol{E}'')^2 = 0$，而$\varepsilon \geqslant 0$，得$\boldsymbol{E}' = \boldsymbol{E}''$。

由$\boldsymbol{E} = -\nabla\varphi$可知，电势$\varphi$最多差一个任意常数。但势的附加场量对场没有影响，电场强度$\boldsymbol{E}$的解答是唯一的。

静电场解的唯一性的重要意义在于，求解位场时，不论采用哪一种解法，只要所求的解答在区域内场源分布不变，满足给定的边界条件，就可以确信该解答是正确的。因此往往不必直接求解泊松方程或拉普拉斯方程，而通过其他更简便的方法来求解静电场问题。

例 2-8-1 在平行平面静电场中，若边界线的某一部分与一条电场强度线重合。问：这部分边界线的边界条件如何表示？

解 边界线的一部分与一条电场强度线重合，即在边界上电场强度沿面的切线方向，$E_n = 0$，所以$\varepsilon \left.\dfrac{\partial\varphi}{\partial n}\right|_\Gamma = 0$，即为第二类齐次边界条件。

习 题

2-1 真空中两个同号点电荷q和$3q$间的距离为d，试确定在两点连线上：

（1）电场强度等于零的位置；

（2）电场强度大小相等、方向一致点的位置。

2-2 试写出静电场两个基本方程的微分形式及其在直角坐标中的表示式。

2-3 真空中沿一正方形的两对边分别放置长度为l的细导线，它们分别带有等量异号、均匀分布的电荷$+q$和$-q$。试求正方形中心点的电场强度。

2-4 如题 2-4 图所示，一根非均匀带电细棒，长为L，其一端在坐标原点O，沿$+x$轴放置，设电荷线密度$\lambda = Ax$，其中A为常数。试求x轴上P点（$\overline{OP} = L + b$）的电场强度。若$\lambda = A(L + b - x)^2$，结果如何呢？

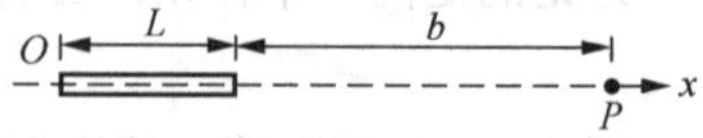

题 2-4 图

2-5 如题 2-5 图所示，一个细的带电塑料圆环，半径为R，其线电荷密度τ和θ有$\tau = \tau_0 \sin\theta$的关系，求在圆心处电场强度的大小和方向。

2-6 真空中半径为a的均匀带电球，电荷体密度为ρ。求球体内外的电场强度。

2-7 如题 2-7 图所示，一个球体内均匀分布着电荷，电荷体密度为$+\rho$，若在这球内挖去一部分电荷，形成一个空腔，这空腔的形状是一个小球，$\boldsymbol{a}$表示由球心O指向空腔中心的矢量，试证明这空腔内各点的电场是匀强电场，其电场强度为$\boldsymbol{E} = \dfrac{\rho}{3\varepsilon_0}\boldsymbol{a}$。

2-8 如题 2-8 图所示，真空中长度为$2l$的直线段，均匀带电，电荷线密度为τ。求线段

之外任一点 P 的电位。

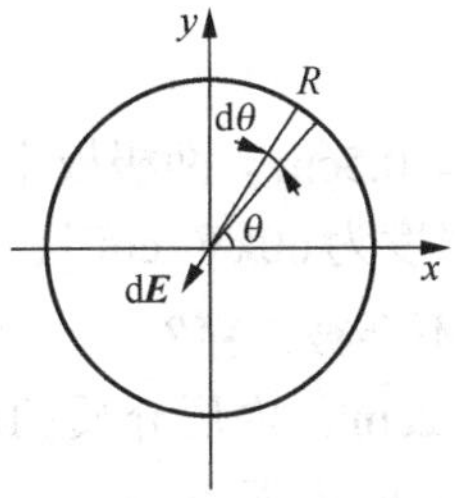

题 2-5 图

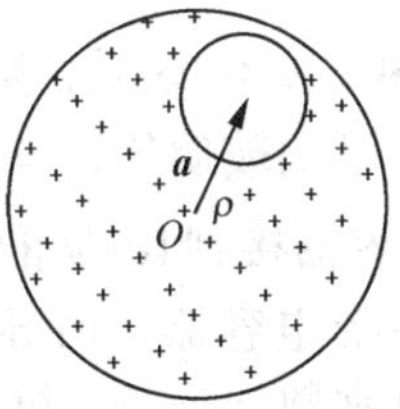

题 2-7 图

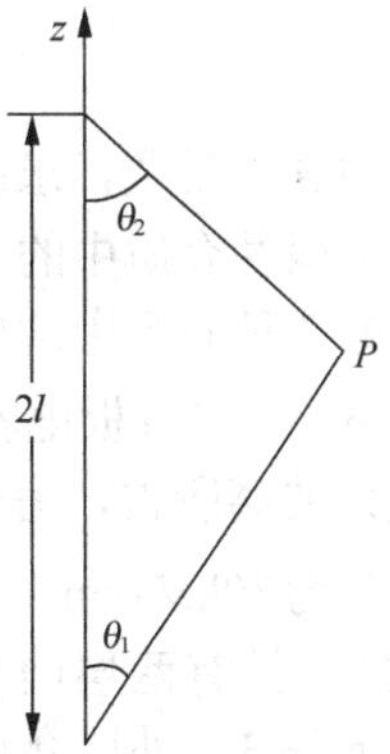

题 2-8 图

2-9　如题 2-9 图所示为一个均匀带电的球层，其电荷体密度为 ρ，球层内表面半径为 R_1，外表面半径为 R_2。设无限远处为电势零点，求空腔内任一点的电势。

2-10　无限长同轴电缆截面如题 2-10 图所示，内导体半径为 R_1，单位长度带电荷 τ；外导体内半径 R_2、外半径 R_3，单位长度带电荷 $-\tau$。假定内、外导体之间为真空，求各区域的电场强度以及内外导体之间的电压。

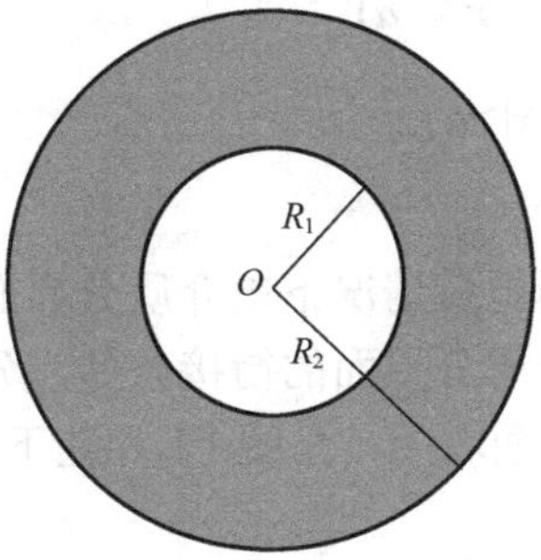

题 2-9 图

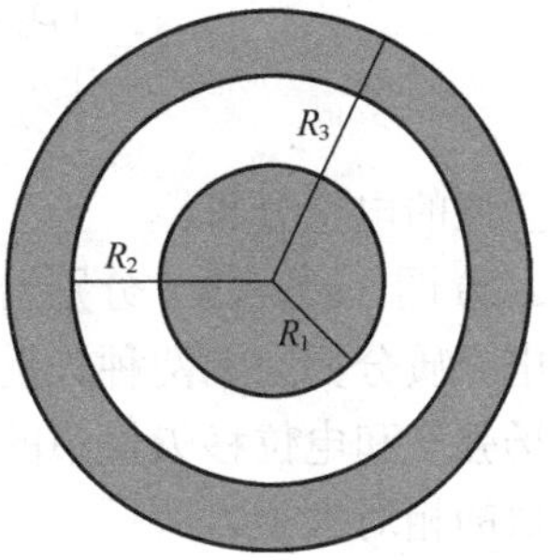

题 2-10 图

2-11　已知电场强度为 $\boldsymbol{E}=3\boldsymbol{e}_x-3\boldsymbol{e}_y-5\boldsymbol{e}_z$，试求点 $(0,0,0)$ 与点 $(1,2,1)$ 之间的电压。

2-12　电场强度 $\boldsymbol{E}=(yz-2x)\boldsymbol{e}_x+xz\boldsymbol{e}_y+xy\boldsymbol{e}_z$，问：

（1）该电场可能是静电场的解吗？

（2）如果是静电场，试求与之相对应的电位。

2-13　有一线密度为 τ 的均匀带电的无限长直导线，被半径为 R_1 的无限长介质圆柱所包围，电介质的介电常数为 ε_1，在该电介质外（$r>R_1$）又有介电常数为 ε_2 的均匀无限大电介质包围着。求各区域内带电导线产生的电场强度。

2-14　假设 $x<0$ 的区域为空气，$x>0$ 的区域为电介质，电介质的介电常数为 $3\varepsilon_0$。空气中的电场强度 $\boldsymbol{E}_1=3\boldsymbol{e}_x+4\boldsymbol{e}_y+50\boldsymbol{e}_z\,\mathrm{V/m}$，求电介质中的电场强度 $\boldsymbol{E}_2$。

2-15　半径为 a 的球内充满介电常数为 ε_1 的均匀介质，球外是介电常数为 ε_2 的均匀介质。若已知球内和球外的电位为

$$\begin{cases} \varphi_1(r,\theta) = Ar\theta & r \leqslant a \\ \varphi_2(r,\theta) = \dfrac{Aa^2\theta}{r} & r \geqslant a \end{cases}$$

式中 A 为常数，求：

（1）两种介质中的 $\boldsymbol{E}$ 和 $\boldsymbol{D}$；

（2）两种介质中的自由电荷密度。

2-16　一平行板电容器，极板面积 $S = 400\text{cm}^2$，两极板相距 $d = 0.5\text{cm}$，两极板中间的一半厚度为玻璃所占，另一半为空气。已知玻璃的 $\varepsilon_r = 7$，其击穿强度为 $60\text{kV}\cdot\text{cm}^{-1}$；空气的击穿场强为 $30\text{kV}\cdot\text{cm}^{-1}$。试问当该电容器接到 10kV 的电源时，会不会被击穿？

2-17　具有两层同轴介质的圆柱形电容器，内导体的直径为 2cm，内层介质的相对介电常数 $\varepsilon_{r1} = 3$，外层介质的相对介电常数 $\varepsilon_{r2} = 2$，欲使两层介质中的最大场强相等，并且内外层介质所承受的电压相等，试问两层介质的厚度各为多少？

2-18　如题 2-18 图所示，一个圆柱形极化介质的极化强度沿其轴向方向，介质柱的高度为 L，半径为 a，且均匀极化，求束缚体电荷及束缚面电荷分布。

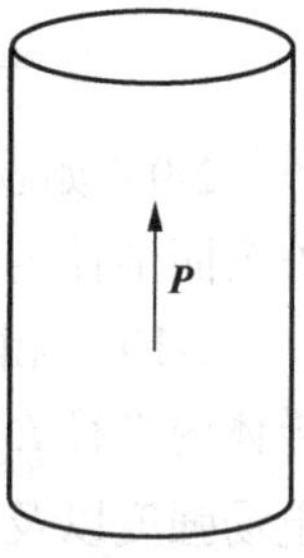

题 2-18 图

2-19　在直角坐标系中给定一电荷分布为

$$\rho = \begin{cases} \rho_0 \cos(\dfrac{\pi}{a}x) & (-a \leqslant x \leqslant a) \\ 0 & (|x| > a) \end{cases}$$

求空间各区域的电位分布。

2-20　题 2-20 图（a）、（b）分别给出没有自由面电荷情况下电介质分界面上两种矢量的场图，试根据电介质分界面上两种矢量的场图及电介质分界面的衔接条件，分别判断两图对应的矢量是电场强度和电位移矢量中的哪一个，分界面右上（介质 1）和左下（介质 2）两种电介质介电常数的相对大小。

2-21　球形电容器的内导体半径为 a，外导体内半径为 b。设内壳球带电荷为 q，外球壳接地，求下列两种情形下两球壳间的电场：

（1）内外导体间无介质填充；

（2）其间填充介电常数分别为 ε_1 和 ε_2 的两种均匀介质，分别如题 2-21（a）图和题 2-21（b）图所示。

(a)　(b)

题 2-20 图

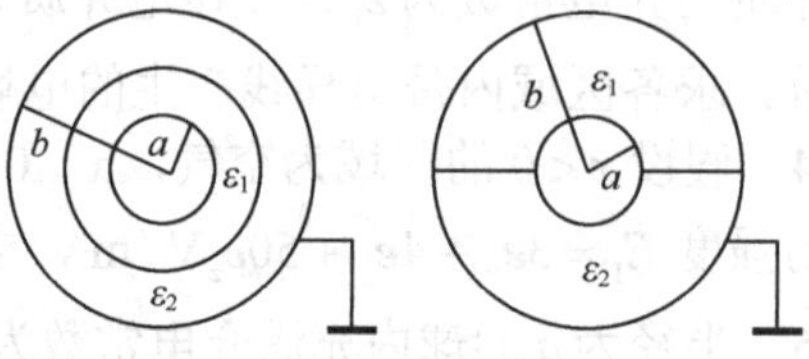

(a)　(b)

题 2-21 图

2-22 电场中有一半径为a的圆柱体。已知柱内外的电位函数分别为

$$\begin{cases} \varphi_1 = 0 & r \leqslant a \\ \varphi_2 = A(r - \dfrac{a^2}{r})\cos\alpha & r \geqslant a \end{cases}$$

其中A为常数。

（1）求圆柱内外的电场强度；

（2）这个圆柱是什么材料制成的？表面有电荷分布吗？试求之。

2-23 静电场边值问题中，第一类齐次边界条件处电场强度的方向与边界成什么关系？

2-24 静电场边值问题中，第二类齐次边界条件处电场强度的方向与边界成什么关系？

第3章 恒定电场

在静电平衡状态下，导体内不存在电场。当导体与外电源相连，由于两个电极之间存在一定的电势差，将在导体中形成电场，该电场使得导体中的自由电子在电场力作用下做持续的定向运动，从而形成了电流，或者说在导体中建立了电流场。若外加电压与时间无关，导体中的电流强度是恒定的，这种电流场称为**恒定电流场**。要在导电介质中维持恒定电流，必须有一个不随时间变化的**恒定电场**。恒定电场和静电场一样同属静态电场，但它是由电荷分布不随时间变化的恒定运动电荷产生的，且存在于导体之中；而静电场是由静止电荷所产生的，且达到静电平衡时，导体中场强为零。

本章将着重讨论导体中恒定电场的性质以及其所满足的基本方程，同时导出电路理论中一些熟知的基本定律，如欧姆定律的微分形式、积分形式、电流与电场的关系等；在此基础上，写出恒定电场的边值问题，并基于恒定电场与静电场方程的相似性，总结了静电比拟方法，从而将恒定电场问题的求解统一在已有的静电场问题解答的基础上；最后利用恒定电场的基本理论分析了跨步电压等相关的工程问题。

3.1 导电介质中的电流强度和电流密度

3.1.1 电流强度

导体中有可以自由移动的电荷，在电场作用下会定向运动形成电流。电场中的正负自由电荷，受力方向相反，因此总是沿相反的方向运动。金属中能够运动的是带负电的自由电子，但是半导体、电解液或气态导体中，却可能存在正、负两种自由运动电荷，我们将能够自由运动的带电粒子称为载流子。为了方便，电学中规定正电荷运动方向为电流的方向，因此导体中的电流方向就是电场的方向，由高电位点指向低电位点。

电流强度 I 描述电流的大小。如图 3-1-1 所示，假设有电荷通过一个截面 S（将其想象为一个导线的截面），如果在时间间隔 Δt 内有电量 ΔQ 通过了截面 S，则电流强度 I 定义为

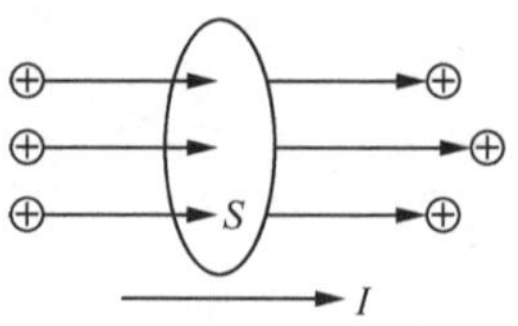

图 3-1-1　通过截面 S 的运动电荷

$$I = \frac{\Delta Q}{\Delta t} \tag{3-1-1}$$

即电流强度是单位时间内通过导体任一横截面的电量。

要精确知道在某一时刻的电流大小，可使Δt无限减小而趋近于零，即

$$I(t)=\lim_{\Delta t\to 0}\frac{\Delta Q}{\Delta t}=\frac{\mathrm{d}Q(t)}{\mathrm{d}t} \tag{3-1-2}$$

即任意时刻的瞬时电流强度等于电荷对时间的一阶导数。

在下面的讨论中，通过一段金属导体中自由电子定向运动形成的电流，来给出电流的微观模型。

假设每个电子所带电荷量为 q，其以速度$\boldsymbol{v}$穿过截面S，如果导体中单位体积内的电子数为n，则Δt时间内通过截面S的电量为

$$\Delta Q=nqSv\Delta t$$

根据电流强度I的定义，有

$$I=\frac{\Delta Q}{\Delta t}=\frac{nqSv\Delta t}{\Delta t}=nqSv \tag{3-1-3}$$

电流强度的单位是安培，用 A 表示，即

$$1\mathrm{A}=\frac{1\mathrm{C}}{1\mathrm{s}}$$

这是基本国际标准单位（SI）之一，使用安培作单位描述电流太大，引入毫安（mA）、微安（μA），分别为

$$1\mathrm{mA}=10^{-3}\mathrm{A}$$
$$1\mu\mathrm{A}=10^{-6}\mathrm{A}$$

3.1.2 电流密度

当电流在不计导线横截面积的细导线中流动时，可以认为电流在导线内是均匀分布的。但是在大块导体中，当需要考虑电流是如何在导体内分布时，仅用电流这个量是不够的，因为它描述的是单位时间内流过一个截面的总电荷量，而不能反映导体内每点电荷运动情况，此时为了反映导体内各点电荷运动的量，我们引入**电流密度**。电流密度是矢量，其方向为该点正电荷运动的方向，大小等于单位时间内垂直通过单位面积的电荷量。电流密度的单位为$\mathrm{A}\cdot\mathrm{m}^{-2}$。

由于电流按分布的情况可以分为体电流、面电流、线电流，下面对这几种电流分布下的电流密度进行讨论。

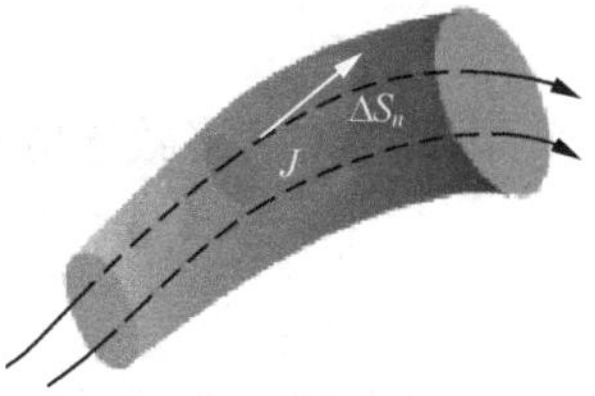

图 3-1-2 体电流分布

如果电荷在体积中运动，形成体电流（见图 3-1-2），若导电介质中电荷密度为ρ，载流子的移动速度为$\boldsymbol{v}$，根据电流的定义，通过与粒子运动方向相垂直的面元ΔS的电流为$\Delta I=\rho v\Delta S$，因此体电流密度$\boldsymbol{J}$可表示为

$$\boldsymbol{J}=\rho\boldsymbol{v} \tag{3-1-4}$$

利用体电流密度矢量$\boldsymbol{J}$，穿过面元$\mathrm{d}\mathbf{S}$的电流可表示为$\mathrm{d}I=\boldsymbol{J}\cdot\mathrm{d}\mathbf{S}$

对于任意体电流分布，比如非均匀的电流，计算任意截面上通过的电流，可用如下积分计算：

$$I=\iint_{S}\boldsymbol{J}\cdot\mathrm{d}\mathbf{S} \tag{3-1-5}$$

式（3-1-5）相当于在电流密度场中计算通量。

在工程中常遇到电流在厚度可以忽略的薄层中流动的情况，此时引入面电流概念来描述。

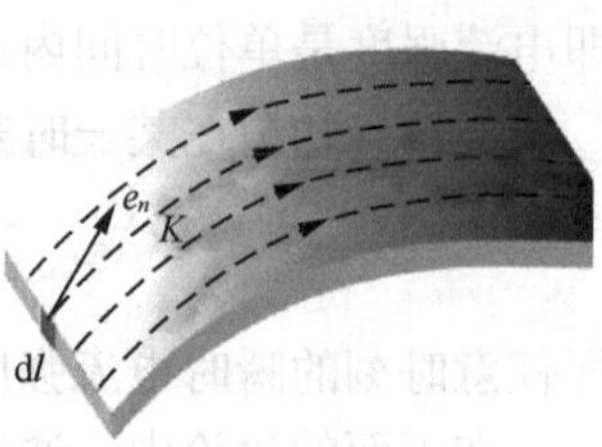

图 3–1–3　面电流分布

如图 3-1-3 所示，若密度为σ的面电荷在曲面上以速度$\boldsymbol{v}$运动形成面电流，面电流密度$\boldsymbol{K}$可表示为

$$\boldsymbol{K}=\sigma\boldsymbol{v} \tag{3-1-6}$$

面上穿过某一线段l的面电流I可由下式计算：

$$I=\int_l(\boldsymbol{K}\cdot\boldsymbol{e}_n)\mathrm{d}l \tag{3-1-7}$$

$\boldsymbol{e}_n$是与$\mathrm{d}l$垂直方向的单位矢量。

如果面的宽度可以忽略不记，则可认为电流在线上流动。密度为τ的线电荷沿着导线以速度$\boldsymbol{v}$运动形成的线电流

$$I=\tau v \tag{3-1-8}$$

3.1.3　电流密度与电场强度的关系——欧姆定律的微分形式

要在导电介质中维持恒定电流，必须存在一个恒定电场。因此，电流密度矢量与电场强度矢量之间存在某种函数关系。

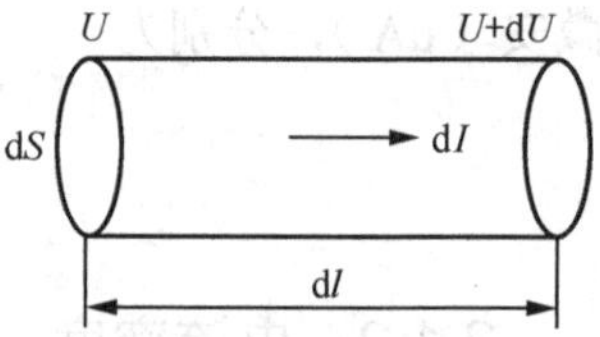

图 3–1–4　导体内部的电流元

在载流导体中沿电流线方向取一足够小的圆柱体（见图 3-1-4），其截面积为$\mathrm{d}S$，长为$\mathrm{d}l$，如果这小圆柱体中有载有电流$\mathrm{d}I$，两端电压为$\mathrm{d}U$，电阻为R，电阻率ρ，利用欧姆定律可得

$$\mathrm{d}I=\frac{\mathrm{d}U}{R}=\frac{1}{\rho}\frac{\mathrm{d}U}{\mathrm{d}l}\mathrm{d}S$$

其中$R=\dfrac{\rho\mathrm{d}l}{\mathrm{d}S}$。

$$\frac{\mathrm{d}I}{\mathrm{d}S}=\frac{1}{\rho}\frac{\mathrm{d}U}{\mathrm{d}l}=\frac{1}{\rho}E=\gamma E$$

$$\boldsymbol{J}=\gamma\boldsymbol{E}$$

因此，对大多数导电介质，其中的电流密度与电场强度可表示为

$$\boldsymbol{J}=\gamma\boldsymbol{E}=\frac{1}{\rho}\boldsymbol{E} \tag{3-1-9}$$

这就是微分形式的欧姆定律，其中γ为导体的电导率，单位是S/m（西门子/米），ρ为电阻率，两者互为倒数。γ越大表明导电能力越强，在微弱的场作用下，即可形成很强的电流。根据电导率的不同可对介质进行分类，电导率为无限大的导体称为理想导体；电导率为零，不具有导电能力的介质称为理想介质。无论理想导体或理想介质，实际中都不存在，但是金属的电导率很高，可以近似当作理想导体，电导率极低的绝缘体可以视为理想介质。表 3-1-1 给出了部分常见材料在常温下的电导率。

表 3-1-1　　在 20℃几种常用材料的电导率（S/m）

银	6.17×10^{7}
铜	5.80×10^{7}
金	4.10×10^{7}
铝	3.54×10^{7}
铂（白金）	9.09×10^{6}
铅	4.55×10^{6}
石墨	7×10^{4}
硅	1.56×10^{-3}
橡胶	10^{-15}
石英	10^{-18}

取一段截面积为 S，长为 L，电导率为 γ 的导线，导线中电流密度均匀分布，流过导线截面的电流强度为

$$I = JS = \frac{S}{\rho}E = \frac{S}{\rho L}(EL) = \frac{U}{R} \tag{3-1-10}$$

$U = EL$ 为导体两端的电势差，$R = \rho\dfrac{L}{S}$ 为这段导体的电阻。这就是大家熟知的欧姆定律，有时也称为积分形式的欧姆定律，它给出了一段导体两端的电压与导体中电流的关系，而微分形式的欧姆定律给出了导体中每一点电流密度与电场强度的关系。

例 3-1-1　直径为 3mm 的导线，如果流过它的电流是 10A，且电流密度均匀，导线的电导率为 5.8×10^{7} S/m，导线内电荷的密度为 9×10^{9} c/m^{3}。求导线内部的电场强度以及电子的漂移速率。

解　题中已知电流，相应的电流密度可以知道，要求电场强度以及电子的漂移速率，可以利用电流密度与它们之间的关系 $\boldsymbol{J}=\gamma\boldsymbol{E}$，$\boldsymbol{J}=\rho\boldsymbol{v}$ 来求解。

由恒定电场的辅助方程 $\boldsymbol{J}=\gamma\boldsymbol{E}$ 可得

$$E = \frac{J}{\gamma}$$

其中 J 为电流体密度，根据其定义式 $J = \dfrac{I}{\pi R^2}$，因此

$$E = \frac{I}{\gamma\pi R^2} = \frac{10}{5.8\times10^{7}\times3.14\times(0.0015)^2} = 0.024\,\text{V/m}$$

电子的漂移速率即为导线内电子的运动速率，根据电流密度的定义 $\boldsymbol{J}=\rho\boldsymbol{v}$，可得

$$v = \frac{J}{\rho} = \frac{I}{\rho\pi R^2} = \frac{10}{9\times10^{9}\times3.14\times(0.0015^2)} = 1.6\times10^{-4}\ \text{m/s}$$

从所求结果我们可以看到导体内自由电子的漂移速率是很小的，但是实际中接通开关用电器就会开始工作，但是这两者并不矛盾，因为平常说的“电”的传播速度，不是导体中电子的漂移速度，而是电场的传播速度。电场的传播速度非常快，在真空中，这个速度的大小约为 3×10^{8}m/s。

3.2 电动势与局外场强

3.2.1 局外场

要在闭合导体回路中产生恒定的电流，必须维持导体中的电场。如有一段导线与分别带有正负电荷的一对电极板相连，带电极板上的电荷将产生电场，电荷在电场力的作用下在导体介质中运动形成电流，使正极板上的正电荷移向负极板，由于正负极板之间的电场作用，移动到负极板上的正电荷不能回到正极板，从而使得正极板上的电荷迅速减少，电流也就迅速减小，直到为零。这样仅靠电荷产生的库仑场不能维持恒定的电流，因此要维持恒定电流，电流在沿闭合回路运动时，还必须受到**局外力**的作用，记作 $\boldsymbol{f}_e$。因此把作用于单位正电荷上的局外力定义为**局外场强**，记作 $\boldsymbol{E}_e$，其方向在电源内部由电源的负极指向正极，如图 3-2-1 所示。

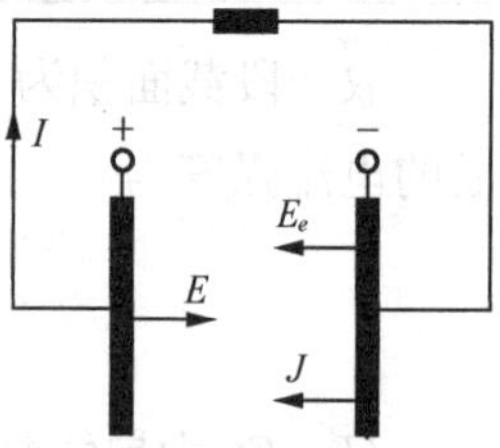

图 3-2-1 局外场强

提供局外力的装置就是电源。从能量角度看，电荷从电场获得的能量不断地转化为焦耳热，这些能量也必须得到补充，这些能量来自于电源。电源提供能量的能力被称为**电动势**。广义来讲，能够提供电动势的装置就是电源。不同的电源产生电动势的方法不同，有化学能转换，比如化学电池；有太阳能转换方式，如太阳能电池；还有将机械能转换为电能的发电机。

3.2.2 电动势

电源电动势定义为局外力将单位正电荷经电源内部由负极至正极所做的功，即

$$\varepsilon = \int_{-}^{+} \boldsymbol{E}_e \cdot \mathrm{d}\boldsymbol{l} \tag{3-2-1}$$

电动势的单位与电势相同，为伏特（V）。

在电源内部，除了有两极电荷上所引起的库仑场强 $\boldsymbol{E}_C$ 以外，同时存在局外场强 $\boldsymbol{E}_e$，故总的电场强度 $\boldsymbol{E}_T = \boldsymbol{E}_C + \boldsymbol{E}_e$。在电源以外的区域，只存在库仑场，故总的电场强度 $\boldsymbol{E}_T = \boldsymbol{E}_C$。

沿整个回路对总的电场强度进行闭合回路积分

$$\oint_l \boldsymbol{E}_T \cdot \mathrm{d}\boldsymbol{l} = \oint_l (\boldsymbol{E}_C + \boldsymbol{E}_e) \cdot \mathrm{d}\boldsymbol{l} = \oint_l \boldsymbol{E}_C \cdot \mathrm{d}\boldsymbol{l} + \oint_l \boldsymbol{E}_e \cdot \mathrm{d}\boldsymbol{l} = \int_{-}^{+} \boldsymbol{E}_e \cdot \mathrm{d}\boldsymbol{l} = \varepsilon \tag{3-2-2}$$

可见如果积分路径经过电源，电场强度的闭合线积分等于电源的电动势。电动势描述电源提升电荷电势能的能力，相当于水泵提升水流高度的能力，显然这是电源性能的最重要指标。

如果所取积分路径不经过电源，由于整个积分路线上只存在库仑场强，总的电场强度 $\boldsymbol{E}_T = \boldsymbol{E}_C$，取 l 为不经过电源的闭合曲线

$$\oint_l \boldsymbol{E}_T \cdot \mathrm{d}\boldsymbol{l} = \oint_l \boldsymbol{E}_C \cdot \mathrm{d}\boldsymbol{l} = 0 \tag{3-2-3}$$

上式是恒定电场的基本方程之一，应用斯托克斯定理，可得其微分形式为

$$\nabla \times \boldsymbol{E} = 0 \tag{3-2-4}$$

说明电源以外的恒定电场是无旋场。

3.3 恒定电场的基本方程

3.3.1 恒定电场的电流连续性方程

电荷守恒定律是物理学的基本定律之一，电荷既不会被创造，也不能被消灭，但不论在什么时候都应该考虑所有电荷，不管它是静止，还是运动的。如图 3-3-1，取导体中一个闭合曲面，计算其中电荷总量的变化。显然 $\oint\!\!\oint_S \boldsymbol{J}\cdot \mathrm{d}\mathbf{S}$ 为流出该曲面的电流，根据电荷守恒定律等于单位时间内该闭合曲面中减少的电量，设任意时刻其中的电量为 q，则该积分等于 $-\dfrac{\mathrm{d}q}{\mathrm{d}t}$，即

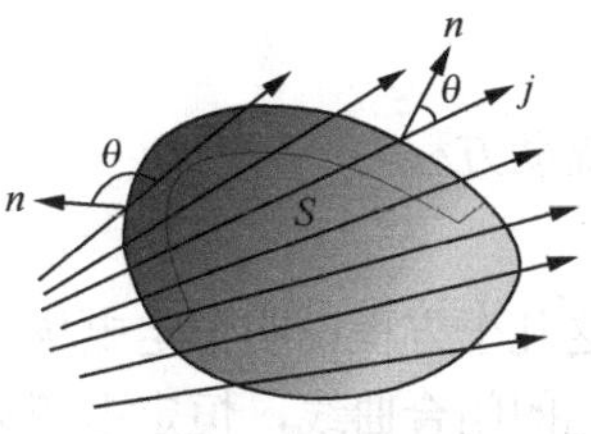

图 3-3-1 电流的连续性方程

$$\oint\!\!\oint_S \boldsymbol{J}\cdot \mathrm{d}\mathbf{S} = -\frac{\mathrm{d}q}{\mathrm{d}t} \tag{3-3-1}$$

上式为**电流连续性方程的积分形式**。

设封闭曲面 S 中的电荷密度为 ρ，则

$$q = \iiint_V \rho \mathrm{d}V$$

其中 V 为封闭面 S 包围的区域。

$$\oint\!\!\oint_S \boldsymbol{J}\cdot \mathrm{d}\mathbf{S} = -\iiint_V \frac{\partial \rho}{\partial t}\mathrm{d}V$$

利用散度定理，可将上式表示为

$$\nabla\cdot \boldsymbol{J} = -\frac{\partial \rho}{\partial t} \tag{3-3-2}$$

上式即为**电流连续性方程的微分形式**。

恒定电场中，虽然电荷是运动的，但是电流分布不随时间改变，则空间任意曲面内的电荷量不随时间改变，即 $\dfrac{\partial \rho}{\partial t}=0$，则恒定电场的电流连续性方程为

$$\oint\!\!\oint_S \boldsymbol{J}\cdot \mathrm{d}\mathbf{S} = 0 \tag{3-3-3}$$

$$\nabla\cdot \boldsymbol{J} = 0 \tag{3-3-4}$$

该式表明，恒定条件下，导体内任意闭合曲面上进、出的电荷相等，电荷从闭合曲面的一部分进去多少，一定从另外的部分流出多少，以上两式即为描述恒定电场的电流连续性原理的方程。

3.3.2 恒定电场的基本方程

1. 电源以外的导电介质中恒定电场的基本方程

导电介质（电源外）中恒定电场的基本方程在上面讨论中已经得到，其中式（3-2-3）与式（3-3-3）构成了恒定电场的基本方程的积分形式，式（3-2-4）与式（3-3-4）构成了恒定电场基本方程的微分形式

恒定电场的基本方程积分形式为
综上所述，在电源以外的导电介质中，

$$\oiint_S \boldsymbol{J}\cdot d\boldsymbol{S}=0; \tag{3-3-5}$$

$$\oint_l \boldsymbol{E}\cdot d\boldsymbol{l}=0 \tag{3-3-6}$$

微分形式为

$$\nabla\cdot\boldsymbol{J}=0 \tag{3-3-7}$$

$$\nabla\times\boldsymbol{E}=0 \tag{3-3-8}$$

辅助方程为

$$\boldsymbol{J}=\gamma\boldsymbol{E} \tag{3-3-9}$$

这几个方程说明恒定电场是一个保守场，恒定电流密度矢量是一个无散场，且$\boldsymbol{J}$线是无头无尾的闭合曲线，恒定电流只能在闭合回路中流动，电路中只要有一处断开，电流就不存在。

2. 均匀导电介质中恒定电场电位满足的方程

在电源外部，恒定电场是无旋场，即$\nabla\times\boldsymbol{E}=0$，可以将恒定电场表示为电位的梯度，

$$\boldsymbol{E}=-\nabla\varphi$$

代入$\nabla\cdot\boldsymbol{J}=0$，可得

$$\nabla\cdot\boldsymbol{J}=\nabla\cdot(\gamma\boldsymbol{E})=\gamma\nabla\cdot\boldsymbol{E}+\boldsymbol{E}\cdot\nabla\gamma=0 \tag{3-3-10}$$

在均匀导电介质中，电导率均匀分布，$\nabla\gamma=0$，则$\nabla\cdot\boldsymbol{E}=0$。

把$\boldsymbol{E}=-\nabla\varphi$代入$\nabla\cdot\boldsymbol{E}=0$，得到电位的基本方程

$$\nabla^2\varphi=0 \tag{3-3-11}$$

即恒定电流的电场是位场，在均匀介质中其电位满足拉普拉斯方程。

3.3.3 导电介质中的自由电荷分布

设导电介质中的自由电荷体密度为ρ，由上一章的结论可知

$$\rho=\nabla\cdot\boldsymbol{D}=\nabla\cdot\varepsilon\boldsymbol{E}=\varepsilon\nabla\cdot\boldsymbol{E}+\boldsymbol{E}\cdot\nabla\varepsilon \tag{3-3-12}$$

由式（3-3-10）可得$\nabla\cdot\boldsymbol{E}=-\dfrac{\boldsymbol{E}\cdot\nabla\gamma}{\gamma}$，代入式（3-3-12）可得

$$\rho=\left(\nabla\varepsilon-\varepsilon\frac{\nabla\gamma}{\gamma}\right)\cdot\boldsymbol{E}=\left(\frac{\nabla\varepsilon}{\gamma}-\varepsilon\frac{\nabla\gamma}{\gamma^2}\right)\cdot(\gamma\boldsymbol{E})=\nabla\left(\frac{\varepsilon}{\gamma}\right)\cdot\boldsymbol{J} \tag{3-3-13}$$

当导电介质均匀时，ε和γ都是空间的常数，因此$\nabla\left(\dfrac{\varepsilon}{\gamma}\right)=0$，于是有$\rho=0$，表明恒定电场条件下，均匀导电介质中的电荷体密度为零，此时电荷只能分布在导电介质表面。

当导电介质不均匀时，ε和γ均与空间的变化有关，此时$\rho\neq0$，说明在恒定电场的建立过程中，不均匀导电介质内部积累自由电荷，且与$\dfrac{\varepsilon}{\gamma}$的空间变化率有关。

3.3.4 恒定电场的求解

结构具有球、无限长圆柱和无限大平面对称的恒定电场，可以利用电流连续性原理直接

求解。

例 3-3-1 如图 3-3-2 所示，球形电容器的内半径为R_1，外半径为R_2，其中有两层电介质，电导率分别为γ_1（$R_1<r<R_0$）和γ_2（$R_0<r<R_2$），其分界面又为球面，半径为R_0，求球面之间的电场强度E、电流密度J。

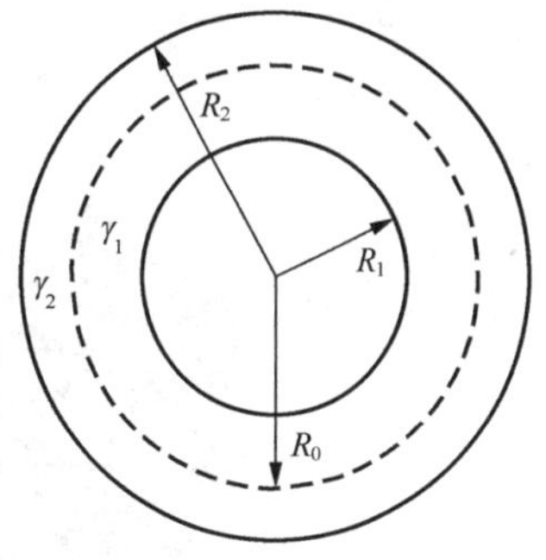

图 3-3-2 例 3-3-1 图

解 由对称性分析可知，电流沿球体径向分布，两个球面之间的电流分布具有球对称性，可知电流在两层介质之间具有连续性，相应的电场强度E可以利用关系式$\boldsymbol{J}=\gamma\boldsymbol{E}$得到。

设两层电介质间的漏电流为I，由对称性，可以得到两层介质间的电流密度为$\boldsymbol{J}=\dfrac{I}{4\pi r^2}\boldsymbol{e}_r$，由于在两个不同的电介质中电流流动具有连续性，于是在$R_1<r<R_2$范围内，电流密度均为$\boldsymbol{J}=\dfrac{I}{4\pi r^2}\boldsymbol{e}_r$。

设两层电介质中的电场强度分别为$\boldsymbol{E}_1$和$\boldsymbol{E}_2$，可得

$$\boldsymbol{E}_1=\frac{\boldsymbol{J}}{\gamma_1}=\frac{I}{4\pi\gamma_1 r^2}\boldsymbol{e}_r \quad (R_1<r<R_0)$$

$$\boldsymbol{E}_2=\frac{\boldsymbol{J}}{\gamma_2}=\frac{I}{4\pi\gamma_2 r^2}\boldsymbol{e}_r \quad (R_0<r<R_2)$$

下面讨论两种接地体的情况，分别为深埋球形接地体和浅埋球形接地体。深埋地下的球形接地体，流入土壤的电流分布近似具有球对称性质；浅埋地表的半球形接地体在地面以下部分也具有球对称性质。

1. 深埋球形接地器

深埋于地下的接地体，计算土壤内电流分布时可不考虑地面的作用。如图 3-3-3 所示，深埋于地下半径为a的球形接地体，由于接地体为球对称形状，流入大地的电流也按球对称分布。做一个球心与接地体球心重合半径为r的球面，根据电流连续性原理，从接地线流入接地体的电流应等于接地体表面流入大地的电流。设穿过球面的体电流密度为$\boldsymbol{J}$

$$\boldsymbol{J}=\frac{I}{4\pi r^2}\boldsymbol{e}_r$$

土壤的电导率为γ，电场强度

$$\boldsymbol{E}=\frac{\boldsymbol{J}}{\gamma}=\frac{I}{4\pi\gamma r^2}\boldsymbol{e}_r$$

2. 浅埋半球形接地器

当导体不是深埋于地下时，还应考虑地面的影响。如图 3-3-4 所示，浅埋于地面的半球形接地体，根据导体与理想介质分界面条件，大地表面处电流只有切向分量，良导体的电流垂直进入不良导体，接地体电流垂直进入大地。

设穿过半球面的体电流密度为$\boldsymbol{J}$

$$\boldsymbol{J}=\frac{I}{2\pi r^2}\boldsymbol{e}_r$$

土壤的电导率为γ，电场强度

$$\boldsymbol{E}=\frac{\boldsymbol{J}}{\gamma}=\frac{I}{2\pi\gamma r^2}\boldsymbol{e}_r$$

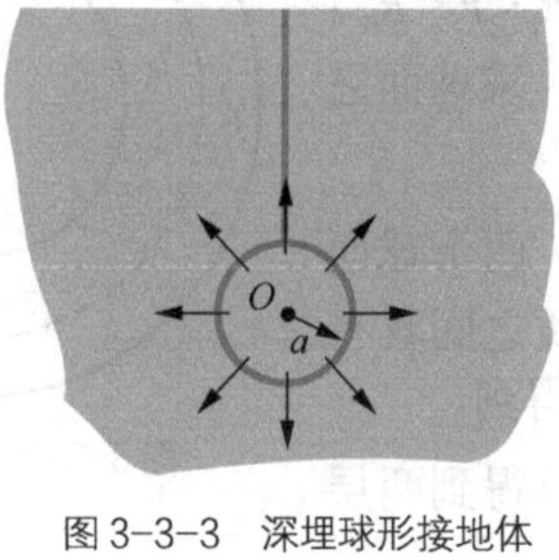

图 3-3-3　深埋球形接地体

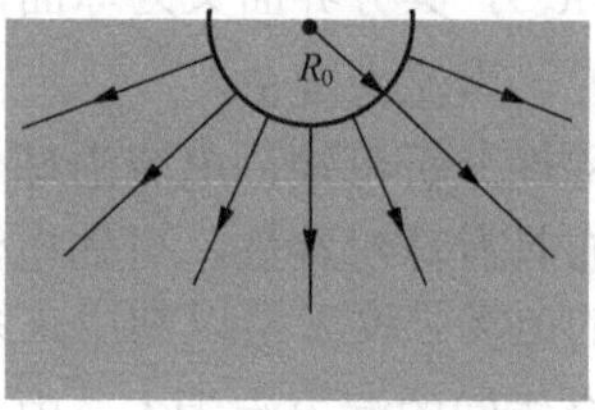

图 3-3-4　浅埋球形接地体

3.4　导电介质的分界面衔接条件

当恒定电流倾斜地通过不同导电介质分界面时，由于电导率不同，分界面两边电流密度矢量以及电场矢量的大小和方向都会改变。因此，本节类比推导静电场分界面条件的方法，来推导得到不同导电介质分界面上恒定电场的分界面衔接条件。

3.4.1　不同导电介质分界面衔接条件

首先讨论电场强度 $\boldsymbol{E}$ 切向分量满足的分界面衔接条件。

如图 3-4-1 所示，在两种导电介质分界面上，电导率分别为γ_1、γ_2。$\boldsymbol{e}_n$ 是分界面法线方向的单位矢量，由介质 1 指向介质 2；$\boldsymbol{e}_t$ 是一个切向方向的单位矢量，$\boldsymbol{e}_\tau$ 是与 $\boldsymbol{e}_t$ 垂直的另一个切线方向的单位矢量。在分界面上取一个小矩形闭合回路 $ABCDA$，矩形回路的长为 Δl，宽为 h。因分界面没有厚度，所以矩形回路的宽 $h\to 0$，即 AD、BC 边的长度趋于 0，因此电场强度沿闭合回路的线积分中对 BC、DA 段的积分为零。

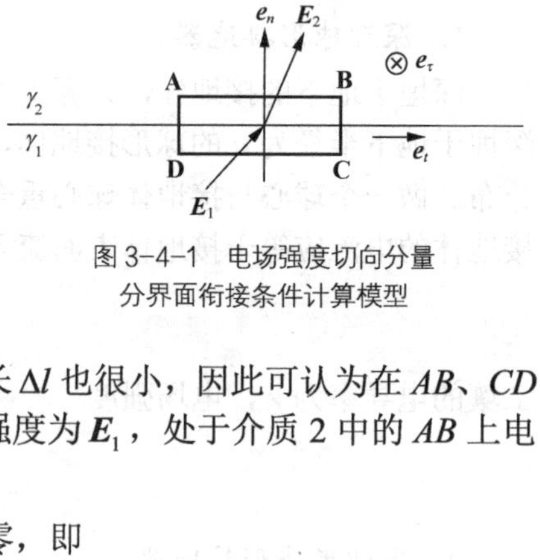

图 3-4-1　电场强度切向分量分界面衔接条件计算模型

因研究的是分界面上一点的情况，所以矩形回路的长 Δl 也很小，因此可认为在 AB、CD 整段上电场强度均匀，处于介质 1 中的 CD 段上的电场强度为 $\boldsymbol{E}_1$，处于介质 2 中的 AB 上电场强度为 $\boldsymbol{E}_2$。

根据恒定电场的基本方程，电场强度的闭合积分为零，即

$$\oint_l \boldsymbol{E}\cdot \mathrm{d}\boldsymbol{l}=0 \tag{3-4-1}$$

可得

$$\oint_{ABCDA}\boldsymbol{E}\cdot \mathrm{d}\boldsymbol{l}=\int_A^B \boldsymbol{E}\cdot \mathrm{d}\boldsymbol{l}+\int_C^D \boldsymbol{E}\cdot \mathrm{d}\boldsymbol{l}=\boldsymbol{E}_2\cdot \boldsymbol{e}_t\Delta l-\boldsymbol{E}_1\cdot \boldsymbol{e}_t\Delta l=0 \tag{3-4-2}$$

即

$$\boldsymbol{E}_2\cdot \boldsymbol{e}_t-\boldsymbol{E}_1\cdot \boldsymbol{e}_t=0 \tag{3-4-3}$$

由图 3-4-1 可知 $\boldsymbol{e}_t\times \boldsymbol{e}_\tau=\boldsymbol{e}_n$，$\boldsymbol{e}_t=\boldsymbol{e}_\tau\times \boldsymbol{e}_n$，于是上式变为

$$(\boldsymbol{E}_2-\boldsymbol{E}_1)\cdot\boldsymbol{e}_t=(\boldsymbol{E}_2-\boldsymbol{E}_1)\cdot(\boldsymbol{e}_\tau\times\boldsymbol{e}_n)=0 \tag{3-4-4}$$

根据矢量恒等式$\boldsymbol{a}\cdot(\boldsymbol{b}\times\boldsymbol{c})=\boldsymbol{b}\cdot(\boldsymbol{c}\times\boldsymbol{a})$有

$$(\boldsymbol{E}_2-\boldsymbol{E}_1)\cdot(\boldsymbol{e}_\tau\times\boldsymbol{e}_n)=\boldsymbol{e}_\tau\cdot[\boldsymbol{e}_n\times(\boldsymbol{E}_2-\boldsymbol{E}_1)]=0 \tag{3-4-5}$$

所以电场强度切向分量分界面衔接条件的矢量形式为

$$\boldsymbol{e}_n\times(\boldsymbol{E}_2-\boldsymbol{E}_1)=0 \tag{3-4-6}$$

标量形式为

$$E_{1t}=E_{2t} \tag{3-4-7}$$

其次讨论电流密度$\boldsymbol{J}$法向分量应满足的分界面衔接条件。

如图3-4-2所示，在电导率分别为γ_1、γ_2的两种导电介质的分界面上取一个扁的圆柱形闭合曲面，底面积为ΔS，高为h。$\boldsymbol{e}_n$是分界面强度法线方向的单位矢量，由介质1指向介质2。因分界面没有厚度，小圆柱的高$h\to 0$，所以小圆柱侧表面$\boldsymbol{J}$的通量为零，小圆柱的上下表面积都很小，可以认为ΔS上电场强度均匀，设下表面上电场强度为$\boldsymbol{J}_1$，上表面为$\boldsymbol{J}_2$。

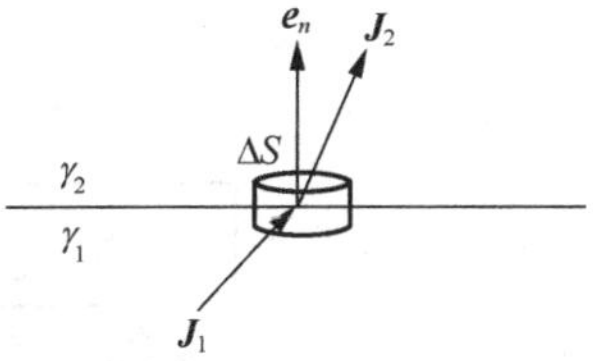

图3-4-2 电流密度法向分量分界面衔接条件计算模型

利用恒定电场的电流连续性方程

$$\oint\!\!\!\oint_S \boldsymbol{J}\cdot\mathrm{d}\mathbf{S}=0 \tag{3-4-8}$$

可得

$$\oint\!\!\!\oint_S \boldsymbol{J}\cdot\mathrm{d}\boldsymbol{S}=\boldsymbol{J}_2\cdot\boldsymbol{e}_n\Delta S-\boldsymbol{J}_1\cdot\boldsymbol{e}_n\Delta S=0 \tag{3-4-9}$$

化简上式得到电流密度$\boldsymbol{J}$的法向分量分界面衔接条件的矢量形式

$$\boldsymbol{e}_n\cdot(\boldsymbol{J}_2-\boldsymbol{J}_1)=0 \tag{3-4-10}$$

标量形式为

$$J_{1n}=J_{2n} \tag{3-4-11}$$

由此可见，在两种导电介质的分界面上，电流密度的法向分量连续，电场强度的切向分量连续。

在不同导电介质的分界面上，电位也满足一定的分界面衔接条件。

如图3-4-3所示，在两种介质中分别取P和Q两点，当这两点都无限接近分界面S时，可以得到

$$\varphi_P-\varphi_Q=\int_P^Q \boldsymbol{E}\cdot\mathrm{d}\boldsymbol{l}=0 \tag{3-4-12}$$

则在两种导电介质的分界面上，电位满足如下关系

$$\varphi_1=\varphi_2 \tag{3-4-13}$$

同时根据$\boldsymbol{E}=-\nabla\varphi$，在两种导电介质分界面上

$$E_n=-\frac{\partial\varphi}{\partial n} \tag{3-4-14}$$

把式（3-4-14）代入式（3-4-11）可得

$$\gamma_2 \frac{\partial \varphi_2}{\partial n} = \gamma_1 \frac{\partial \varphi_1}{\partial n} \tag{3-4-15}$$

因此在不同导电介质分界面上电位所满足的分界面条件为

$$\begin{cases} \varphi_1 = \varphi_2 \\ \gamma_1 \dfrac{\partial \varphi_1}{\partial n} = \gamma_2 \dfrac{\partial \varphi_2}{\partial n} \end{cases} \tag{3-4-16}$$

利用分界面条件可以得到电流线的折射定律。如图 3-4-4 所示，导电介质 1 和导电介质 2 中，电流密度方向和分界面法线方向的夹角分别为 α_1 和 α_2 。

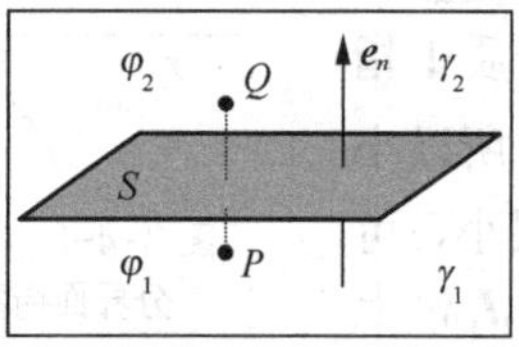

图 3-4-3　两导电介质分界面电位关系

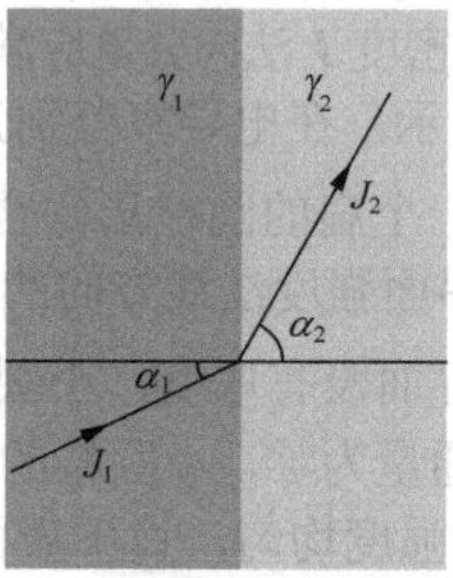

图 3-4-4　电流线的折射

则由 $\boldsymbol{J}$ 的法向分量连续得

$$J_1 \cos\alpha_1 = J_2 \cos\alpha_2$$

由 $\boldsymbol{E}$ 的切向分量连续得

$$\gamma_2 J_1 \sin\alpha_1 = \gamma_1 J_2 \sin\alpha_2$$

两式相除可得

$$\frac{\tan\alpha_1}{\tan\alpha_2} = \frac{\gamma_1}{\gamma_2} \tag{3-4-17}$$

上式即为电流场中的**折射定律**。

3.4.2　介质分界面的两种特殊情况

1. 良导体与不良导体分界面上的边界条件

在实际工程应用中，常会遇到电流从金属体流向周围不良导电介质的情况。例如，各类电器设备的接地系统；同轴电缆中因绝缘层不完善引发的漏电流均属于这类情况。

此时，满足条件 $\gamma_1 \gg \gamma_2$，γ_1 为良导体的电导率，γ_2 为不良导体的电导率，由折射定理得，$\dfrac{\tan\alpha_1}{\tan\alpha_2} = \dfrac{\gamma_1}{\gamma_2} \to \infty$，则 $\alpha_2 \approx 0$ 。此式表明，只要 $\alpha_1 \neq \dfrac{\pi}{2}$，电流线垂直于良导体表面穿出，如图 3-4-5 所示。

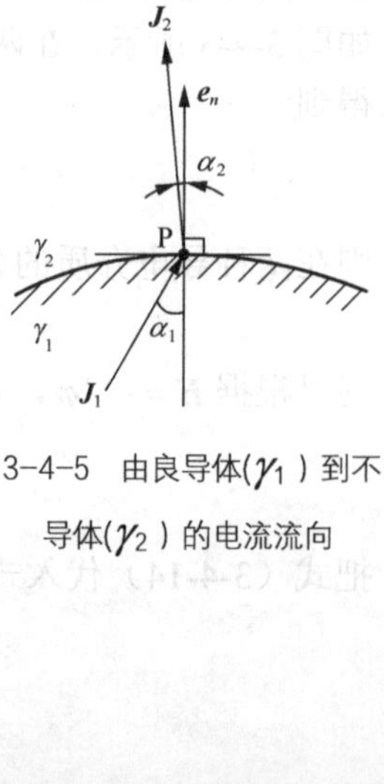

图 3-4-5　由良导体(γ_1)到不良导体(γ_2)的电流流向

这表明，当电流由良导体一侧流向不良导体一侧时，电流线总是垂直于界面流入不良导体，良导体表面近似为等位面。

以钢制成的接地器为例，钢的电导率为$\gamma_1 = 5\times10^6 \mathrm{s/m}$，周围土壤的电导率近似取值为$\gamma_2 = 10^{-2}\mathrm{s/m}$，当$\alpha_1 \neq \frac{\pi}{2}$时，可得$\alpha_2 \approx 0$，因此接地器表面可看做等位面，其表面处的电流线与其相互垂直。

2. 导体$(\gamma_1 \neq 0)$与理想介质$(\gamma_2 = 0)$分界面上的分界面条件

对于介质1为导体，介质2为理想介质的情况，如空气中的双导线传输线，此时，$\gamma_2 = 0$，$J_2 = \gamma_2 E_2 = 0$，则$J_{2n} = J_{1n} = 0$，说明在导线中电流无垂直于表面的分量，仅沿表面切向方向流动。

对导线内外的电场，$E_{1n} = \frac{J_{1n}}{\gamma_1} = 0$，$E_{2n} = \frac{J_{2n}}{\gamma_2} \neq 0$。根据$D_{2n} - D_{1n} = \varepsilon_2 E_{2n} = \sigma$，即$E_{2n} = \frac{\sigma}{\varepsilon_2}$，$E_{1t} = E_{2t} = \frac{J_{1t}}{\gamma_1}$。

可见在导体中，电场在界面法线方向的分量为0，仅沿界面的切向；由于导体表面存在自由电荷，在靠近导体表面的理想介质中，电场强度既有切向分量，又有法向分量。特殊的，当介质1是理想导体时，电导率趋于无穷，导体中电场切向分量为0，导体外的电场与导体表面垂直。

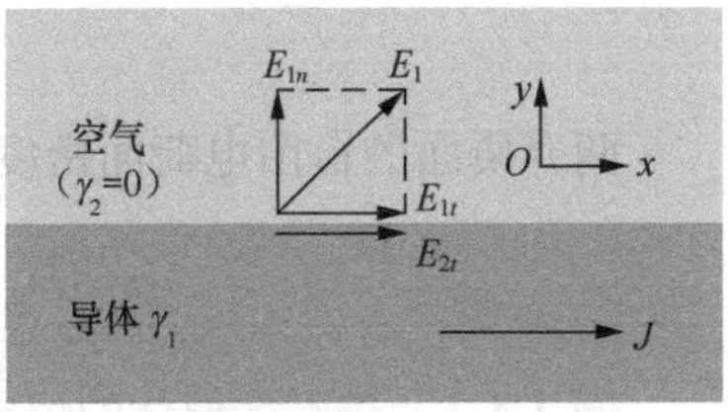

图 3-4-6 导体与理想介质

3.4.3 导电介质分界面积累自由电荷

当电场达到恒定状态时，在两种介质的分界面上，满足关系$J_{1n} = J_{2n} = J_n$，$D_{2n} - D_{1n} = \sigma$，σ为分界面上自由电荷面密度。

$$\sigma = \varepsilon_2 E_{2n} - \varepsilon_1 E_{1n} = \varepsilon_2 \frac{J_{2n}}{\gamma_2} - \varepsilon_1 \frac{J_{1n}}{\gamma_1} = \left(\frac{\varepsilon_2}{\gamma_2} - \frac{\varepsilon_1}{\gamma_1}\right) J_n$$

若$J_n \neq 0$，当满足$\varepsilon_2/\gamma_2 = \varepsilon_1/\gamma_1$时，介质分界面上没有自由面电荷分布。但是一般情况不满足这一关系，因此在恒定电场的建立过程中，导电介质分界面上将积累自由面电荷。

在高压大容量的电气设备（如电容器、电缆等）中，由于绝缘介质的不完善性，往往在不同介质的分界面处积累有自由面电荷。因此，当切断电源，实施带电端工作接地时，应注意该自由电荷层的消失需要一定的时间。否则，短暂放电将不足以消除全部的自由电荷。

例3-4-1 一平行平板电器如图3-4-7所示，两极板间距为d，极板之间有两种电介质，第一种电介质厚度为a，介电常数为ε_1，电导率为γ_1；第二种电介质厚度为$d-a$，介电常数为ε_2，电导率为γ_2。若两极板间加电压U，求电介质中的电场强度、漏电流密度和电介质分界面上的自由电荷面密度。

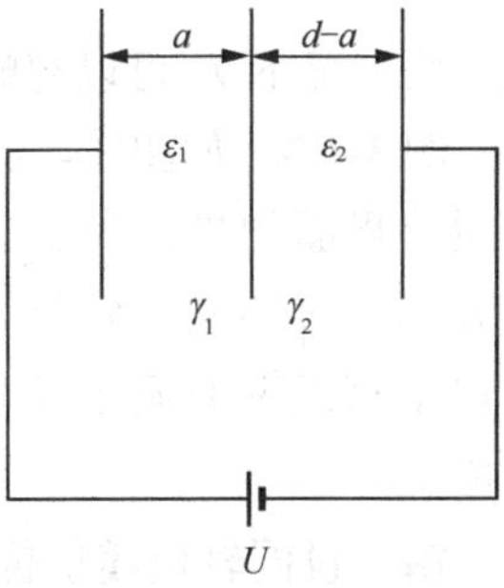

图 3-4-7 例 3-4-1 图

解 对于平行板电容器，要求电场强度，可以利用U与$\boldsymbol{E}$之间的关系，以及电流密度矢量在两层电介质分界面的法向连续的性质联立得到，相应的漏电流密度以及分界面上的自由电荷面密度也容易得到。

因电场强度垂直于极板，

$$E_1 = E_{1n},\ E_2 = E_{2n}$$

根据 $\boldsymbol{J} = \gamma \boldsymbol{E}$ 可知，电流密度也垂直于极板，即

$$J_1 = J_{1n}, J_2 = J_{2n}$$

$$U = E_{1n} a + E_{2n}(d - a)$$

根据分界面条件 $J_{1n} = J_{2n}$，即 $J_1 = J_2$，上式变为

$$U = \frac{J}{\gamma_1} a + \frac{J}{\gamma_2}(d - a)$$

可推出

$$J = \frac{U\gamma_1\gamma_2}{(\gamma_2 - \gamma_1)a + \gamma_1 d}$$

$$E_1 = \frac{J}{\gamma_1} = \frac{U\gamma_2}{(\gamma_2 - \gamma_1)a + \gamma_1 d}$$

$$E_2 = \frac{J}{\gamma_2} = \frac{U\gamma_1}{(\gamma_2 - \gamma_1)a + \gamma_1 d}$$

两介质面的自由电荷面密度为

$$\sigma = D_{2n} - D_{1n} = \varepsilon_2 E_2 - \varepsilon_1 E_1 = \frac{U(\varepsilon_2\gamma_1 - \varepsilon_1\gamma_2)}{(\gamma_2 - \gamma_1)a + \gamma_1 d}$$

例 3-4-2 在不良导体的恒定电流场中放入一小块良导体，从不良导体一侧看，电流密度趋向垂直于分界面还是平行于分界面？

解 设介质 1 为良导体，介质 2 为不良导体。

根据分界面条件，得

$$J_{1n} = J_{2n}$$

$$J_{1t} = \gamma_1 E_{1t} \qquad J_{2t} = \gamma_2 E_{2t}$$

根据电场强度 $\boldsymbol{E}$ 的切线分量连续，即 $E_{1t} = E_{2t}$，可得

$$\frac{J_{2t}}{\gamma_2} = \frac{J_{1t}}{\gamma_1} \to J_{2t} = \frac{\gamma_2}{\gamma_1} J_{1t}$$

由于介质 1 是良导体，而介质 2 为不良导体，则 $\gamma_1 \gg \gamma_2$，$\frac{\gamma_2}{\gamma_1} \to 0$，因此 $J_{2t} \to 0$。所以在一般情况下 J_{2t} 可以忽略，从不良导体一侧看，电流密度趋向垂直于分界面。

例 3-4-3 如图 3-4-8 所示，同轴电缆其内导体外半径为 R_1，填充有两层非理想电介质，介质分界面的半径为 R_2，它们的电容率分别为 ε_1 及 ε_2，电导率分别为 γ_1 和 γ_2，外导体的内半径为 R_3。设内外导体间加电压 U_0，试求两介质中的电场强度及介质分界面的自由电荷面密度。

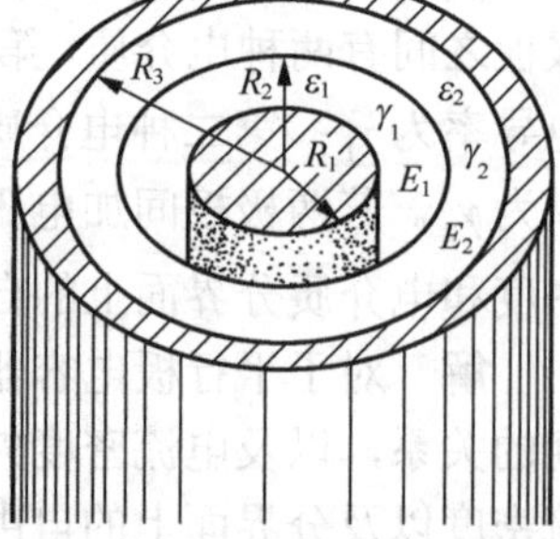

图 3-4-8 例 3-4-3 图

解 设同轴电缆单位长度由内导体流到外导体的漏电流为 I_0，由电流的连续性可知流过单位长度上任一半径为 R（$R_1 < R < R_3$）的圆柱面上电流均为 I_0，又由同轴电缆的对称性，知同一圆柱面上各点电流密度矢量的方向为径向，且大小相等。

因此

$$J_1 = \frac{I_0}{2\pi R} \quad (R_1 < R < R_2)$$

$$J_2 = \frac{I_0}{2\pi R} \quad (R_2 < R < R_3)$$

显然，在两非理想介质交界面处 $R = R_2$ 处，电流密度矢量的法线分量连续，即 $J_{1n} = J_{2n}$。

由 $\boldsymbol{J} = \gamma \boldsymbol{E}$ 可知，电场强度方向又为径向，其大小分别为

$$E_1 = \frac{I_0}{2\pi R \gamma_1} \quad (R_1 < R < R_2)$$

$$E_2 = \frac{I_0}{2\pi R \gamma_2} \quad (R_2 < R < R_3)$$

内外导体间电压为

$$U_0 = \int_{R_1}^{R_2} E_1 \mathrm{d}R + \int_{R_2}^{R_3} E_1 \mathrm{d}R = \int_{R_1}^{R_2} \frac{I_0}{2\pi \gamma_1 R} \mathrm{d}R + \int_{R_2}^{R_3} \frac{I_0}{2\pi \gamma_2 R} \mathrm{d}R$$

$$= \frac{I_0}{2\pi} \frac{\gamma_2 \ln \frac{R_2}{R_1} + \gamma_1 \ln \frac{R_3}{R_2}}{\gamma_1 \gamma_2}$$

于是，可由已知的电压 U_0 求出 I_0

$$I_0 = \frac{2\pi \gamma_1 \gamma_2 U_0}{\gamma_2 \ln \frac{R_2}{R_1} + \gamma_1 \ln \frac{R_3}{R_2}}$$

因此两种介质中的电场强度分别为

$$E_1 = \frac{\gamma_2 U_0}{\left(\gamma_2 \ln \frac{R_2}{R_1} + \gamma_1 \ln \frac{R_3}{R_2}\right) R}$$

$$E_2 = \frac{\gamma_1 U_0}{\left(\gamma_2 \ln \frac{R_2}{R_1} + \gamma_1 \ln \frac{R_3}{R_2}\right) R}$$

介质分界面处的自由电荷

$$\sigma = \left(\frac{\varepsilon_2}{\gamma_2} - \frac{\varepsilon_1}{\gamma_1}\right) J_{1n} = \frac{U_0 (\gamma_1 \varepsilon_2 - \gamma_2 \varepsilon_1)}{\left(\gamma_2 \ln(R_2/R_1) + \gamma_1 \ln(R_3/R_2)\right) R_2}$$

3.5 恒定电流场的边值问题

3.5.1 恒定电流场的基本方程

由前面的讨论可知，电源以外的恒定电场为无旋场，即

$$\nabla \times \boldsymbol{E} = 0$$

根据矢量恒等式

$$\nabla \times \nabla \varphi = 0$$

可设

$$\boldsymbol{E} = -\nabla \varphi$$

导电介质中的恒定电流场满足电流连续性原理

$$\nabla \cdot \boldsymbol{J} = 0$$

对于均匀导电介质

$$\nabla \cdot \boldsymbol{J} = \nabla \cdot (\gamma \boldsymbol{E}) = \nabla \gamma \cdot \boldsymbol{E} + \gamma \nabla \cdot \boldsymbol{E} = -\gamma \nabla \cdot \nabla \varphi = 0$$

即

$$\gamma \nabla^2 \varphi = 0 \tag{3-5-1}$$

上式即为均匀导电介质中恒定电流场的基本方程。

在两种介质的分界面上，电位及其方向导数的衔接条件为

$$\varphi_1 = \varphi_2 \tag{3-5-2}$$

$$\gamma_1 \frac{\partial \varphi_1}{\partial n} = \gamma_2 \frac{\partial \varphi_2}{\partial n} \tag{3-5-3}$$

3.5.2 外边界面上的边界条件

第一类边界条件：

一般在已知电压的电极表面上有

$$\varphi\big|_{\Gamma} = \varphi_0 \tag{3-5-4}$$

第二类边界条件：

一般在已知电流分布的表面上有

$$\gamma \frac{\partial \varphi}{\partial n}\bigg|_{\Gamma} = J_{n0} \tag{3-5-5}$$

在导体与绝缘体分界面上有

$$\gamma \frac{\partial \varphi}{\partial n}\bigg|_{\Gamma} = 0 \tag{3-5-6}$$

称为第二类齐次边界条件。

3.6 恒定电场与静电场比拟

将均匀导电介质中的恒定电场（电源外）与无源区（$\rho = 0$）中均匀介质内的静电场比较，可以看出，两者有对应的类似关系，如表 3-6-1 及表 3-6-2 所示。

表 3-6-1　　静电场与恒定电场的对应物理量

静电场　($\rho = 0$)	$\boldsymbol{E}$	φ	$\boldsymbol{D}$	q	ε
导电介质中恒定电场（电源外）	$\boldsymbol{E}$	φ	$\boldsymbol{J}$	I	γ

表 3-6-2　　导电介质中恒定电场方程与静电场方程对比

静电场($\rho=0$)	导电介质中恒定电场（电源外）
$\nabla\times\boldsymbol{E}=0\rightarrow\boldsymbol{E}=-\nabla\varphi$	$\nabla\times\boldsymbol{E}=0\rightarrow\boldsymbol{E}=-\nabla\varphi$
$\nabla\cdot\boldsymbol{D}=0$	$\nabla\cdot\boldsymbol{J}=0$
$\boldsymbol{D}=\varepsilon\boldsymbol{E}$	$\boldsymbol{J}=\gamma\boldsymbol{E}$
$\nabla^2\varphi=0$	$\nabla^2\varphi=0$
$q=\varphi_D=\iint_s\boldsymbol{D}\cdot\mathrm{d}\boldsymbol{S}$	$I=\iint_s\boldsymbol{J}\cdot\mathrm{d}\boldsymbol{S}$
$E_{1t}=E_{2t}\quad D_{1n}=D_{2n}$	$E_{1t}=E_{2t}\quad J_{1n}=J_{2n}$
$\varphi_1=\varphi_2$ $\varepsilon_1\dfrac{\partial\varphi_1}{\partial n}=\varepsilon_2\dfrac{\partial\varphi_2}{\partial n}$	$\varphi_1=\varphi_2$ $\gamma_1\dfrac{\partial\varphi_1}{\partial n}=\gamma_2\dfrac{\partial\varphi_2}{\partial n}$

从表中可以看出，静电场和恒定电场所满足的方程非常相似，只要把静电场方程中的$\boldsymbol{D}$和ε换成$\boldsymbol{J}$和γ，就变成了恒定电场的方程。具体来看恒定电流场的电流密度$\boldsymbol{J}$相当于静电场的电场强度$\boldsymbol{E}$，电流线相当于电场线，同时当恒定电流场与静电场的边界相同时，电流密度的分布与电场强度的分布特性完全相同。

由于这种类似性，可以利用静电场的结果直接求解恒定电流场，或反之。

根据以上相似原理，就可以把一种场的计算结果推广应用于另外一种场，这种方法通常称为静电比拟。例如：可以利用一致的静电场的计算结果，直接推出相应的恒定电场的解答；同时，由于电流场中的电流、电位分布容易测定，故可以利用相应的电流场模型来实测待求的静电场问题的解答，即所谓的电流场模拟。

例 3-6-1　如图 3-6-1 所示的同轴型电容器和同轴电缆截面，它们具有相同的尺寸，外导体半径为R_2，内导体半径为R_1，长度为L，内外导体间电压为U。图 3-6-1（a）为电容器，其中填充介电常数为ε的电介质；图 3-6-1（b）为同轴电缆，其中填充的介质为非理想介质，电导率为γ。求电容器和电缆中的电场。

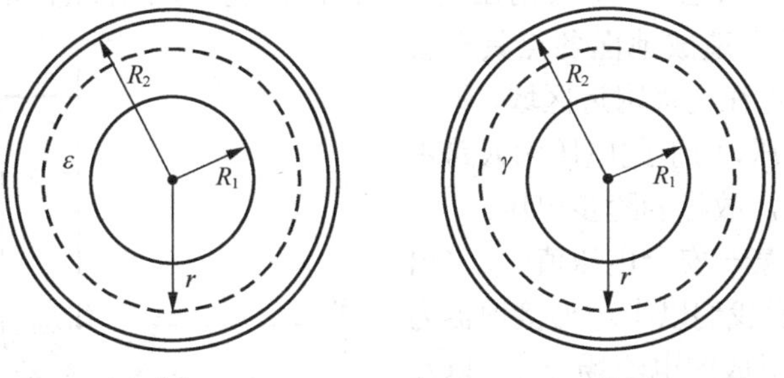

图 3-6-1　例 3-6-1 图

解　电容器和同轴电缆均有轴对称性，场又为轴对称场。电容器中电位移矢量方向为圆柱的径向，同轴电缆中漏电流密度的方向也是圆柱的径向。从以上分析可知，上述两个场的边界条件相同，只需求解其中任何一个场，另一个场的解也就可以得到。

对于同轴型电容器：

设内导体上的电荷为 q，则电容器中的电场强度为

$$\boldsymbol{E}=\frac{q}{2\pi\varepsilon rL}\boldsymbol{e}_r$$

$$\boldsymbol{D}=\varepsilon\boldsymbol{E}=\frac{q}{2\pi rL}\boldsymbol{e}_r$$

内外导体间电压 U 可表示为

$$U=\int_{R_1}^{R_2}\boldsymbol{E}\cdot\mathrm{d}\boldsymbol{l}=\frac{q}{2\pi\varepsilon L}\ln\frac{R_2}{R_1}$$

$$\boldsymbol{E}=\frac{U}{r\ln\frac{R_2}{R_1}}\boldsymbol{e}_r$$

根据表 3-6-1 中，各物理量的对应关系，将上面各式进行代换以后便得到同轴电缆恒定电场的电场强度，即

$$\boldsymbol{E}=\frac{I}{2\pi r\gamma L}\boldsymbol{e}_r$$

$$\boldsymbol{J}=\gamma\boldsymbol{E}=\frac{I}{2\pi rL}\boldsymbol{e}_r$$

$$U=\frac{I}{2\pi\gamma L}\ln\frac{R_2}{R_1}$$

$$\boldsymbol{E}=\frac{U}{r\ln\frac{R_2}{R_1}}\boldsymbol{e}_r$$

式中 I 为内外导体间的漏电流。

3.7 跨步电压

当电流从接地体流入地中时，特别在发生事故的情况下，经接地体流入地中的电流很大，此电流将沿地面流动而造成地面各点具有较高的电位，此时人若走在电极附近区域，则其两脚将承受一地面电压，由于此电压为人跨步时两脚所承受之电压，故称为跨步电压。

当跨步电压超过某一安全电压值时，将出现人身伤亡事故。下面我们以半球形接地器为例，分析在地面上所形成的电流场分布，以及确定危险区的半径，如图 3-7-1 所示。

$$J=\frac{I}{2\pi r^2}$$

$$E=\frac{J}{\gamma}=\frac{I}{2\pi r^2\gamma}$$

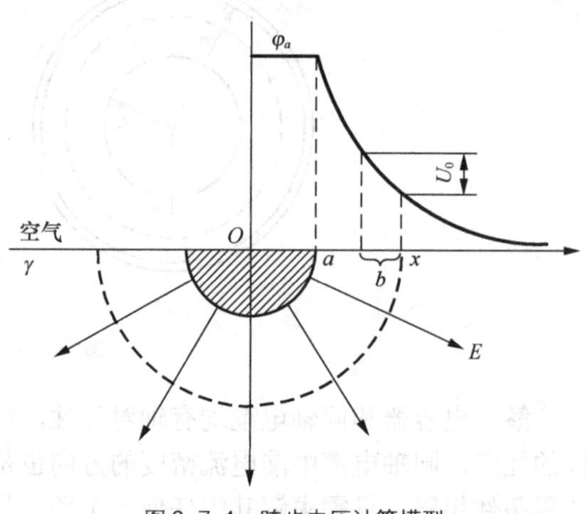

图 3-7-1　跨步电压计算模型

$$U=\int_x^{x+b}\boldsymbol{E}\cdot\mathrm{d}\boldsymbol{l}$$

$$=\int_x^{x+b}\frac{I}{2\pi\gamma r^2}\mathrm{d}r=\frac{I}{2\pi\gamma}(-\frac{1}{r})\Big|_x^{x+b}=\frac{bI}{2\pi\gamma x(x+b)}\approx\frac{bI}{2\pi\gamma x^2}$$

为保护人畜安全起见（危险电压取40V）

$$x_0=r_0=\sqrt{\frac{Ib}{2\pi\gamma U_0}}$$

半球形接地器的接地电阻 $R=\dfrac{1}{2\pi\gamma a}$，代入上式得

$$r_0=\sqrt{\frac{IRab}{U_0}}$$

从上式可知，工程上为减小 r_0，以力求缩小危险面积，通常采用改变接地器结构，修正电位的变化率，减小接地器的电阻值等方法来实现。

习　　题

3-1　直径为2 mm的导线，如果流过它的电流是20 A，且电流密度均匀，导线的电导率为 $1\pi\times10^8$ S/m。求导线内部的电场强度。

3-2　已知同轴电缆内外导体电位差为 U，绝缘材料的电导率为 γ，内外导体的半径分别为 R_1 和 R_2，求此同轴电缆的漏电流密度、电场强度、电位。

3-3　一平行平板电器如题3-3图所示。两极板间距为 d，极板之间有两种电介质，第一种电介质介电常数为 ε_1，电导率为 γ_1；第二种电介质介电常数为 ε_2，电导率为 γ_2。若两极板间加电压 U，求电介质中的电场强度、漏电流密度、电位移矢量和电介质分界面上的自由电荷面密度。

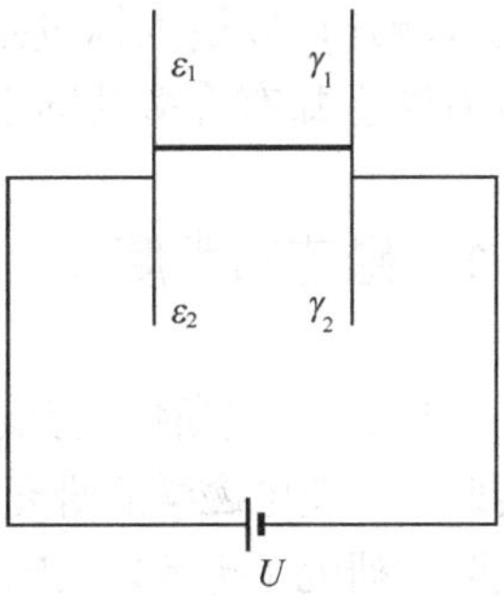

题3-3图

3-4　在均匀恒定电流场中，电流密度为1，沿 x 方向。在 x 从0到1的区域，介质的电导率从1均匀增加到2，介电常数保持 ε_0 不变，试求自由电荷体密度。

3-5　某输电系统的接地体为紧靠地面的半球。土壤的平均电导率为 $\gamma=10^{-2}$S/m。设有 $I=500$A的电流流入地内。为了保证安全，需要划出一半径为 a 的禁区。如果人的正常步伐为 $b=0.6$m，且人能经受的跨步电压为 U=40V，问这一安全半径 a 应为多大？

3-6　有恒定电流流过两种不同导电介质（介电常数和电导率分别为 ε_1、γ_1 和 ε_2、γ_2）的分界面。问若要使两种导电介质分界面处的电荷面密度 $\sigma=0$，则 ε_1、γ_1 和 ε_2、γ_2 应满足什么条件？

3-7　当恒定电流通过无限大的非均匀电介质时，试证明该介质内部的电荷密度分布可表示为

$$\rho=\boldsymbol{E}\cdot\left[\nabla\varepsilon-\left(\frac{\varepsilon}{\gamma}\right)\nabla\gamma\right]$$

第4章 恒定电流的磁场

实验表明，导体中有恒定电流流过时，在导体内部和它周围的介质中，不仅有恒定电场，而且还有磁场。磁场既可以由运动电荷或电流产生，也可以由永久磁铁产生，后面还将学到变化的电场也能产生磁场。由恒定电流产生的磁场，其空间分布不随时间变化，称为恒定磁场。本章只讨论由恒定电流产生的磁场。

恒定磁场对置于场中的电流或运动电荷有作用力。类似静电场中定义电场强度的方法，可以通过电流或运动电荷受到的磁场力来研究磁场的特性。静电场中，高斯通量定理和静电场的环路定理共同描述了静电场的有源无旋性。在恒定磁场中，磁场的磁通连续性定理与安培环路定理描述了磁场的无源有旋性。根据磁场的无源性可以引入矢量磁位，在无恒定电流的区域还可以引入标量磁位描述磁场。恒定磁场和静电场是性质完全不同的两种场，但在分析方法上却有许多共同之处。学习本章时，注意类比法的应用。

4.1 磁感应强度

1820 年奥斯特发现通电导线周围的小磁针发生偏转，说明电能生磁，第一次揭示了电与磁的联系，使电磁学的研究进入了新时代。随后法国科学家安培（A. M. Ampère）又做了一系列的实验，研究了电流之间的相互作用，把精巧的实验和他高超的数学技术结合得出了重要的结论，即著名的安培定律。与此同时毕奥（J. B. Biot）和萨伐尔（F. Savart）定量研究了长直导线对磁针的作用，发现磁场力与二者间的距离成反比，得出了电流元在空间产生磁场的表示式，即毕奥-萨伐尔定律。本节主要学习这两个主要的实验定律以及描述磁场的主要物理量——磁感应强度。

4.1.1 安培定律与磁感应强度

相对静止的电荷之间存在相互作用，这种相互作用通过静电场传递，即电荷能够产生电场，电场对放入其中的电荷有力的作用。而运动电荷除了产生电场外，还会产生磁场，因而运动电荷之间有了磁相互作用。电荷的定向运动形成电流，因此电流与电流之间也存在磁相互作用。

著名的安培定律给出了两个电流回路之间的相互作用力规律。

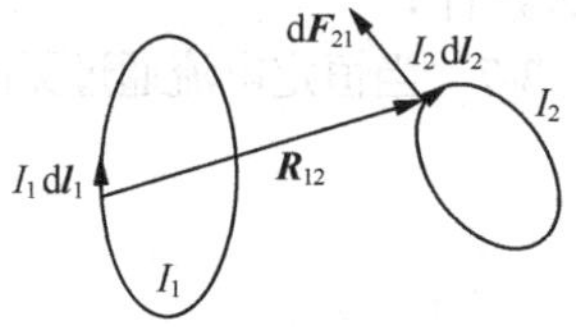

图 4-1-1 两电流回路间作用力

如图 4-1-1 所示，处于真空中的两个线圈 l_1 与 l_2，分别通

以电流I_1与I_2，二者之间存在相互作用，其中线圈l_1对线圈l_2的作用力可表示为

$$\boldsymbol{F}_{21}=\frac{\mu_0}{4\pi}\oint_{l_1}\oint_{l_2}\frac{I_2\mathrm{d}\boldsymbol{l}_2\times(I_1\mathrm{d}\boldsymbol{l}_1\times\boldsymbol{e}_{12})}{R_{12}^2}$$
$$=\oint_{l_2}I_2\mathrm{d}\boldsymbol{l}_2\times\left(\frac{\mu_0}{4\pi}\oint_{l_1}\frac{I_1\mathrm{d}\boldsymbol{l}_1\times\boldsymbol{e}_{12}}{R_{12}^2}\right) \tag{4-1-1}$$

式中，R_{12}为电流元$I_1\mathrm{d}\boldsymbol{l}_1$到电流元$I_2\mathrm{d}\boldsymbol{l}_2$的距离；$\boldsymbol{e}_{12}$为电流元$I_1\mathrm{d}\boldsymbol{l}_1$到电流元$I_2\mathrm{d}\boldsymbol{l}_2$的单位矢量。$\mu_0$是真空磁导率，其数值为$4\pi\times10^{-7}\,\mathrm{T\cdot m\cdot A^{-1}}$。

从式（4-1-1）可知，电流元$I_2\mathrm{d}\boldsymbol{l}_2$受到载流线圈$l_1$中电流$I_1$的作用力为

$$\mathrm{d}\boldsymbol{F}_{21}=I_2\mathrm{d}\boldsymbol{l}_2\times\left(\frac{\mu_0}{4\pi}\oint_{l_1}\frac{I_1\mathrm{d}\boldsymbol{l}_1\times\boldsymbol{e}_{12}}{R_{12}^2}\right) \tag{4-1-2}$$

同样，线圈l_2对线圈l_1的作用力可表示为

$$\boldsymbol{F}_{12}=\frac{\mu_0}{4\pi}\oint_{l_2}\oint_{l_1}\frac{I_1\mathrm{d}\boldsymbol{l}_1\times(I_2\mathrm{d}\boldsymbol{l}_2\times\boldsymbol{e}_{21})}{R_{21}^2}$$
$$=\oint_{l_1}I_1\mathrm{d}\boldsymbol{l}_1\times\left(\frac{\mu_0}{4\pi}\oint_{l_2}\frac{I_2\mathrm{d}\boldsymbol{l}_2\times\boldsymbol{e}_{21}}{R_{21}^2}\right) \tag{4-1-3}$$

电流元$I_1\mathrm{d}\boldsymbol{l}_1$受到载线圈$l_2$中电流$I_2$的作用力为：

$$\mathrm{d}\boldsymbol{F}_{12}=I_1\mathrm{d}\boldsymbol{l}_1\times\left(\frac{\mu_0}{4\pi}\oint_{l_2}\frac{I_2\mathrm{d}\boldsymbol{l}_2\times\boldsymbol{e}_{21}}{R_{21}^2}\right) \tag{4-1-4}$$

由于两线圈并不接触，二者之间作用力是通过一定的物质传递过去的，这种物质就是磁场。人们把存在于电流或永久磁铁周围空间且能对运动电荷和电流施加作用力的物质称为磁场。正如静电场中引入电场强度$\boldsymbol{E}$描述电场特征一样，磁场中引入磁感应强度$\boldsymbol{B}$来定量描述磁场的特征。磁感应强度的国际单位是T（特[斯拉]），常用单位是G（高[斯]），$1\mathrm{T}=10^4\,\mathrm{G}$。

式（4-1-1）与式（4-1-2）括号中的量描述的是通以电流I_1的线圈l_1在电流元$I_2\mathrm{d}\boldsymbol{l}_2$处产生的磁感应强度$\boldsymbol{B}_1$，即

$$\boldsymbol{B}_1=\left(\frac{\mu_0}{4\pi}\oint_{l_1}\frac{I_1\mathrm{d}\boldsymbol{l}_1\times\boldsymbol{e}_{12}}{R_{12}^2}\right) \tag{4-1-5}$$

同理，式（4-1-3）与式（4-1-4）括号中的量描述的是通以电流I_2的线圈l_2在电流元$I_1\mathrm{d}\boldsymbol{l}_1$处产生的磁感应强度$\boldsymbol{B}_2$，即

$$\boldsymbol{B}_2=\left(\frac{\mu_0}{4\pi}\oint_{l_1}\frac{I_2\mathrm{d}\boldsymbol{l}_2\times\boldsymbol{e}_{21}}{R_{21}^2}\right) \tag{4-1-6}$$

4.1.2 毕奥-萨伐尔定律

毕奥-萨伐尔定律给出一个电流元在空间产生的磁场，描述了磁感应强度与电流的关系。

如图 4-1-2 所示，在真空中，位于$P'(x',y',z')$点的电流元$I\mathrm{d}\boldsymbol{l}'$，在空间$P(x,y,z)$点产生磁场的磁感应强度为

$$\mathrm{d}\boldsymbol{B}=\frac{\mu_0}{4\pi}\frac{I\mathrm{d}\boldsymbol{l}'\times\boldsymbol{e}_R}{R^2} \tag{4-1-7}$$

其中，R 为从电流元 $I\mathrm{d}\boldsymbol{l}'$ 所在的源点 (x',y',z') 到场点 (x,y,z) 的距离；$\boldsymbol{e}_R$ 为从源点指向场点的单位矢量。若把坐标原点到场点的距离矢量记为 $\boldsymbol{r}$，坐标原点到源点的距离矢量记为 $\boldsymbol{r}'$，则从源点到场点的距离矢量可表示为 $\boldsymbol{R}=\boldsymbol{r}-\boldsymbol{r}'$，因此，$R=|\boldsymbol{r}-\boldsymbol{r}'|$，$\boldsymbol{e}_R=\frac{\boldsymbol{r}-\boldsymbol{r}'}{|\boldsymbol{r}-\boldsymbol{r}'|}$。在这里需要特别说明的是，本章需要区分源（加撇）坐标与场（未加撇）坐标。

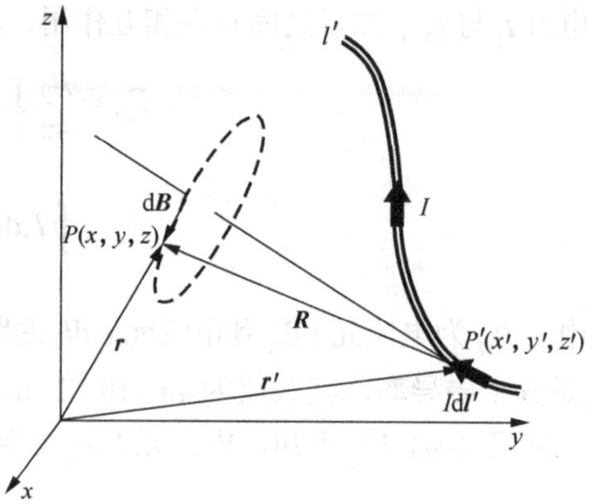

图 4-1-2 毕奥-萨伐尔定律

磁场满足叠加原理，因此整段载流导线在 P 点的磁感应强度为各个电流元在该场点的磁场的矢量和，即

$$\boldsymbol{B}=\int\mathrm{d}\boldsymbol{B}=\int_{l'}\frac{\mu_0}{4\pi}\frac{I\mathrm{d}\boldsymbol{l}'\times\boldsymbol{e}_R}{R^2} \tag{4-1-8}$$

式中，l' 为线电流的源区。

同理，面电流与体电流产生磁场的磁感应强度分别为

$$\boldsymbol{B}=\frac{\mu_0}{4\pi}\iint_{S'}\frac{\boldsymbol{K}\times\boldsymbol{e}_R}{R^2}\mathrm{d}S' \tag{4-1-9}$$

$$\boldsymbol{B}=\frac{\mu_0}{4\pi}\iiint_{V'}\frac{\boldsymbol{J}\times\boldsymbol{e}_R}{R^2}\mathrm{d}V' \tag{4-1-10}$$

式中，S' 为面电流的源区，V' 为体电流的源区。运动电荷在其周围产生磁场，电量为 q，速度为 $\boldsymbol{v}$ 的运动电荷在空间产生的磁场的磁感应强度为

$$\boldsymbol{B}=\frac{\mu_0}{4\pi}\frac{q\boldsymbol{v}\times\boldsymbol{e}_R}{R^2} \tag{4-1-11}$$

4.1.3 磁感线

磁场是矢量场，矢量场可用矢量线来形象地表示其分布情况。仿照静电场中引入电场线的方法，恒定磁场中可引入磁感线来形象描述。磁感线是一族有方向的线，其上每一点的切线方向就是该点的磁感应强度方向，磁感线稠密的地方磁场强，磁感线稀疏的地方磁场弱。

设 P 点为磁感应强度线上的任一点，该点的有向线段元为 $\mathrm{d}\boldsymbol{l}$，磁感应强度可表示为 $\boldsymbol{B}=B\boldsymbol{e}_l$。磁感线的方程为

$$\mathrm{d}\boldsymbol{l}\times\boldsymbol{B}=0 \tag{4-1-12}$$

直角坐标系中，磁感线的方程为

$$\frac{\mathrm{d}x}{B_x}=\frac{\mathrm{d}y}{B_y}=\frac{\mathrm{d}z}{B_z} \tag{4-1-13}$$

圆柱坐标系中，磁感线的方程为

$$\frac{\mathrm{d}r}{B_r}=\frac{r\mathrm{d}\alpha}{B_\alpha}=\frac{\mathrm{d}z}{B_z} \tag{4-1-14}$$

球坐标系中，磁感线的方程为

$$\frac{\mathrm{d}r}{B_r}=\frac{r\mathrm{d}\theta}{B_\theta}=\frac{r\sin\theta\mathrm{d}\alpha}{B_\alpha} \tag{4-1-15}$$

4.1.4 洛仑兹力

磁场对放置在其中的电流和电流元有作用力，设恒定磁场中某一点磁感应强度为 $\boldsymbol{B}$ ，由安培定律知，放置在该点的电流元 $I\mathrm{d}\boldsymbol{l}$ 所受的磁场力为

$$\mathrm{d}\boldsymbol{F}=I\mathrm{d}\boldsymbol{l}\times\boldsymbol{B} \tag{4-1-16}$$

放置在磁场中的线电流所受的磁场为

$$\boldsymbol{F}=\oint_l I\mathrm{d}\boldsymbol{l}\times\boldsymbol{B} \tag{4-1-17}$$

磁场不仅对放置在其中的电流有作用力，对放置在其中的运动电荷也有作用力。当电量为 q 的电荷在磁场中以速度 $\boldsymbol{v}$ 运动时，磁场对它的作用力为

$$\boldsymbol{F}=q\boldsymbol{v}\times\boldsymbol{B} \tag{4-1-18}$$

公式（4-1-18）称为洛仑兹力公式，此式表明，一个带正电粒子的速度、磁感应强度和洛仑兹力方向成右手螺旋关系。洛仑兹力始终与电荷运动方向垂直，它只改变速度的方向，不改变速度的大小，因此洛仑兹力对运动电荷做功一定等于零。

如果空间同时存在电场与磁场，此时运动电荷受力为

$$\boldsymbol{F}=q(\boldsymbol{E}+\boldsymbol{v}\times\boldsymbol{B}) \tag{4-1-19}$$

公式（4-1-19）也被称为洛仑兹力公式。

例 4-1-1 如图 4-1-3 所示，真空中，一根有限长细直导线放置在 z 轴上 $z=z_1$ 至 $z=z_2$ 的位置，求当其中通以电流 I 时在导线外任一点 P 产生的磁感应强度。

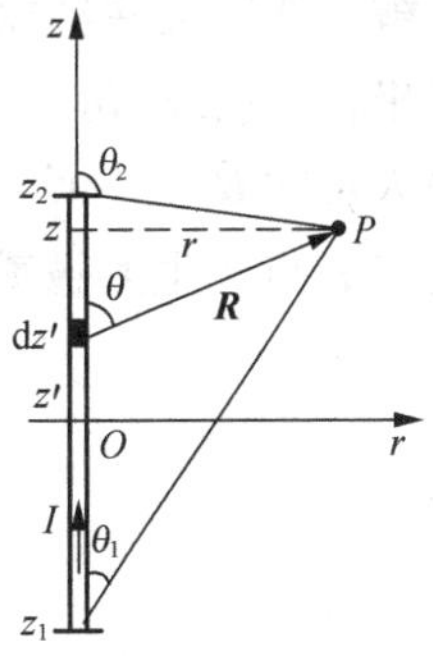

图 4-1-3 计算有限长载流细导线的磁感应强度

解 选用圆柱坐标系，在导线上取电流元 $I\mathrm{d}\boldsymbol{l}'=I\boldsymbol{e}_z\mathrm{d}z'$ ，电流元坐标为 $(0,\alpha',z')$ ，场点 P 的坐标为 (r,α,z) ，电流元到场点的距离矢量为 $\boldsymbol{R}$ ，根据毕奥-萨伐尔定律，有

$$\mathrm{d}\boldsymbol{B}=\frac{\mu_0}{4\pi}\frac{I\mathrm{d}\boldsymbol{l}'\times\boldsymbol{e}_R}{R^2}=\frac{\mu_0}{4\pi}\frac{I\mathrm{d}z'\boldsymbol{e}_z\times\boldsymbol{e}_R}{R^2}=\frac{\mu_0 I\mathrm{d}z'\boldsymbol{e}_\alpha}{4\pi R^2}\sin\theta$$

其中 z' 是变量，θ 与 $\boldsymbol{R}$ 对不同位置处电流元不同，因此统一变量，

$$z'=z-r\cot\theta，\ \mathrm{d}z'=r\csc^2\theta\mathrm{d}\theta，\ R=\frac{r}{\sin\theta}$$

得

$$\mathrm{d}\boldsymbol{B}=\frac{\mu_0 I\sin\theta\boldsymbol{e}_\alpha}{4\pi r}\mathrm{d}\theta$$

因此

$$\boldsymbol{B}=\int_{\theta_1}^{\theta_2}\frac{\mu_0 I\sin\theta\boldsymbol{e}_\alpha}{4\pi r}\mathrm{d}\theta=-\frac{\mu_0 I}{4\pi r}(\cos\theta_2-\cos\theta_1)\boldsymbol{e}_\alpha$$

其中 θ_1、θ_2 分别对应直导线的下端 z_1 处与上端 z_2 处，有

$$\cos\theta_1=\frac{z-z_1}{\sqrt{r^2+(z-z_1)^2}}$$

$$\cos\theta_2=\frac{z-z_2}{\sqrt{r^2+(z-z_2)^2}}$$

因此，有限长载流直导线在导线外场点的磁感应强度为

$$\boldsymbol{B}=\frac{\mu_0 I}{4\pi r}\left(\frac{z_2-z}{\sqrt{r^2+(z-z_2)^2}}-\frac{z_1-z}{\sqrt{r^2+(z-z_1)^2}}\right)\boldsymbol{e}_\alpha$$

当 P 点在导线的延长线或反向延长线上时，$I\mathrm{d}\boldsymbol{l}'\times\boldsymbol{e}_\mathrm{R}=I\mathrm{d}z'\boldsymbol{e}_z\times\boldsymbol{e}_\mathrm{R}=0$，因此电流元产生的磁感强度 $\mathrm{d}\boldsymbol{B}=0$，整段长直导线在 P 点产生的磁感应强度 $\boldsymbol{B}=0$。

当长直导线为无限长时，$z_1=-\infty$ 即 $\theta_1=0$，$z_2=+\infty$ 即 $\theta_2=\pi$，代入上述结果可得无限长直导线在 P 点产生的磁感应强度

$$\boldsymbol{B}=\frac{\mu_0 I}{2\pi r}\boldsymbol{e}_\alpha$$

可见，对无限长载流直导线，磁感应强度的大小与 r 成反比，在垂直于导线的平面中，磁感线是围绕导线的圆。

例 4-1-2 如图 4-1-4 所示，半径为 a 的细圆环位于 xOy 平面，其圆心位于坐标原点，中轴线与 z 轴重合，求 z 轴上任一点 P 的磁感应强度，设线圈所通电流为 I。

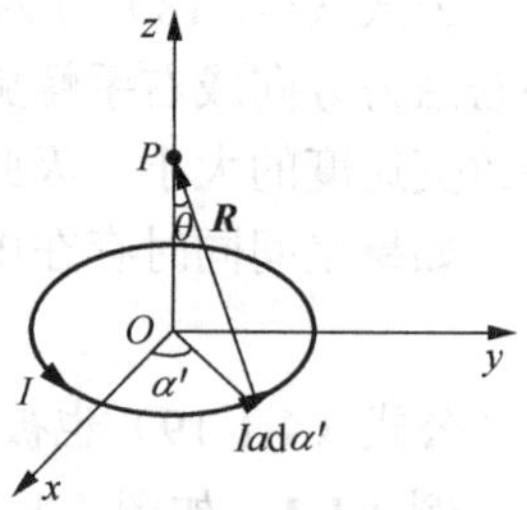

图 4-1-4 计算圆形电流的磁感应强度

解 选用圆柱坐标系，在圆环上取一个电流元 $I\mathrm{d}\boldsymbol{l}'=Ia\boldsymbol{e}_\alpha\mathrm{d}\alpha'$，源点坐标为 $(a,\alpha',0)$，场点 P 的坐标为 $(0,\alpha,z)$，电流元到场点的距离矢量为 $\boldsymbol{R}=\boldsymbol{r}-\boldsymbol{r}'=z\boldsymbol{e}_z-a\boldsymbol{e}_r$，根据毕奥-萨伐尔定律可得该电流元在 P 点产生的磁感应强度为

$$\mathrm{d}\boldsymbol{B}=\frac{\mu_0}{4\pi}\frac{Ia\mathrm{d}\alpha'\boldsymbol{e}_\alpha\times\boldsymbol{e}_R}{R^2}$$

其中

$$\boldsymbol{e}_R=\frac{\boldsymbol{R}}{R}=\frac{z}{R}\boldsymbol{e}_z-\frac{a}{R}\boldsymbol{e}_r=\cos\theta\boldsymbol{e}_z-\sin\theta\boldsymbol{e}_r$$

$$\boldsymbol{e}_\alpha\times\boldsymbol{e}_R=\boldsymbol{e}_\alpha\times(\cos\theta\boldsymbol{e}_z-\sin\theta\boldsymbol{e}_r)=\cos\theta\boldsymbol{e}_r+\sin\theta\boldsymbol{e}_z$$

因此

$$\mathrm{d}\boldsymbol{B}=\frac{\mu_0 Ia}{4\pi R^2}(\cos\theta\boldsymbol{e}_r+\sin\theta\boldsymbol{e}_z)\mathrm{d}\alpha'$$

由于圆环对称，整个圆环电流产生的磁感应强度的 $\boldsymbol{e}_r$ 方向分量相互抵消，只有 $\boldsymbol{e}_z$ 方向分量，即

$$\boldsymbol{B}=\int_0^{2\pi}\frac{\mu_0 Ia\sin\theta\boldsymbol{e}_z}{4\pi R^2}\mathrm{d}\alpha'=\frac{\mu_0 Ia\sin\theta\boldsymbol{e}_z}{4\pi R^2}\int_0^{2\pi}\mathrm{d}\alpha'=\frac{\mu_0 Ia\sin\theta}{2R^2}\boldsymbol{e}_z=\frac{\mu_0 a^2 I}{2(a^2+z^2)^{3/2}}\boldsymbol{e}_z$$

在圆环中心处，$z=0$ 时，$\boldsymbol{B}=\dfrac{\mu_0 I}{2a}\boldsymbol{e}_z$。

4.2 磁通连续性定理与安培环路定理

亥姆霍兹定理表明，要完整地描述矢量场，不仅需要确定场矢量的通量与散度，同时需要确定场的环量和旋度。磁通连续性定理与安培环路定理分别从这两个角度描述了磁场的性质。

4.2.1 磁通连续性定理

1. *磁通量*

穿过曲面 S 的磁感应强度 $\boldsymbol{B}$ 的通量，称为磁通量，简称磁通，用 Φ 表示，即

$$\Phi = \iint_S \boldsymbol{B} \cdot \mathrm{d}\boldsymbol{S} \tag{4-2-1}$$

磁通的单位是 Wb（韦[伯]）。从磁通的角度来说，磁感应强度又叫作磁通密度，$1\,\mathrm{T} = 1\,\mathrm{Wb/m^2}$。

2. *磁通连续性定理的积分形式*

对于恒定磁场中的任意闭合面

$$\oiint_S \boldsymbol{B} \cdot \mathrm{d}\boldsymbol{S} = 0 \tag{4-2-2}$$

式（4-2-2）是**磁通连续性定理**的积分形式。式中 $\oiint_S \boldsymbol{B} \cdot \mathrm{d}\boldsymbol{S}$ 描述磁感应强度穿过闭合面 S 的磁通量。磁通连续性定理积分形式说明，通过任意闭合面的磁通量恒为零。

3. *磁通连续性定理的微分形式*

根据散度定理，对任意闭合面 S 有

$$\oiint_S \boldsymbol{B} \cdot \mathrm{d}\boldsymbol{S} = \iiint_V \nabla \cdot \boldsymbol{B} \mathrm{d}V \tag{4-2-3}$$

将式（4-2-3）代入式（4-2-2），得

$$\nabla \cdot \boldsymbol{B} = 0 \tag{4-2-4}$$

式（4-2-4）为**磁通连续性定理**的微分形式，表明恒定磁场磁感应强度的散度处处为零，恒定磁场是无散（无源）场，其磁感线是无头无尾的闭合线。式（4-2-4）是判断矢量场是否为恒定磁场的必要条件。

4.2.2 安培环路定理

磁通连续性定理表明通过任意闭合面的磁感应强度 $\boldsymbol{B}$ 的通量恒为零，磁感应强度 $\boldsymbol{B}$ 的散度处处为零，但磁感应强度 $\boldsymbol{B}$ 的环量与旋度并不处处为零。

1. *安培环路定理的积分形式*

真空中恒定磁场的磁感应强度的环量为

$$\oint_l \boldsymbol{B} \cdot \mathrm{d}\boldsymbol{l} = \mu_0 \sum I_i \tag{4-2-5}$$

也可以写成

$$\oint_l \boldsymbol{B} \cdot \mathrm{d}\boldsymbol{l} = \mu_0 I \tag{4-2-6}$$

公式（4-2-6）就是真空中恒定磁场的**安培环路定理**的积分形式，该式表明，在真空中，磁感应强度沿任意回路的环量等于μ_0乘以该闭合回路所包围的电流的代数和。积分回路的绕行方向与电流的方向符合右手螺旋关系时电流取正，反之取负。例如，对图4-2-1，电流I_1、I_3对回路积分没有贡献，电流I_2、I_4有贡献。由于电流I_4流向与积分回路方向成右手螺旋关系，该电流贡献为正；电流I_2与I_4方向相反，贡献为负。因此，$\oint_l \boldsymbol{B}\cdot \mathrm{d}\boldsymbol{l}=\mu_0(I_4-I_2)$。由式（4-2-6）知，恒定磁场的闭合回路积分不总是等于零，因此磁场不是保守场。

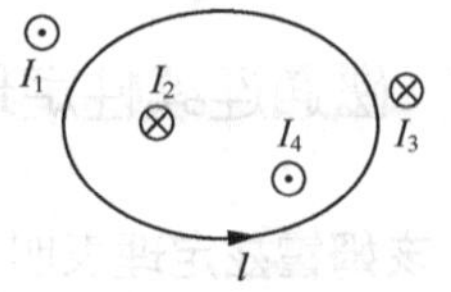

图 4-2-1　磁感应强度环量与电流间关系

2. 安培环路定理的微分形式

利用斯托克斯定理将安培环路定理的积分形式（4-2-6）等号左边的线积分转化为面积分，有

$$\oint_l \boldsymbol{B}\cdot \mathrm{d}\boldsymbol{l}=\iint_S \nabla\times\boldsymbol{B}\cdot \mathrm{d}\boldsymbol{S} \tag{4-2-7}$$

式（4-2-6）右端的总电流可用体电流密度表示为

$$I=\iint_S \boldsymbol{J}\cdot \mathrm{d}\boldsymbol{S} \tag{4-2-8}$$

将式（4-2-7）、式（4-2-8）代入式（4-2-6）中得

$$\iint_S \nabla\times\boldsymbol{B}\cdot \mathrm{d}\boldsymbol{S}=\iint_S \mu_0\boldsymbol{J}\cdot \mathrm{d}\boldsymbol{S} \tag{4-2-9}$$

式中S是以闭合曲线$\boldsymbol{l}$为边界的任意曲面，积分相等，必有被积函数相等，即

$$\nabla\times\boldsymbol{B}=\mu_0\boldsymbol{J} \tag{4-2-10}$$

式（4-2-10）就是真空中恒定磁场的**安培环路定理**的微分形式。该式表明，恒定磁场磁感应强度的旋度等于真空磁导率与该点电流密度的乘积，磁场是有旋场，恒定磁场的涡旋源是电流。

磁通连续性定理与安培环路定理共同描述了磁场的特征，当电流分布具有高度对称性时，安培环路定理可用于求磁场。

例 4-2-1　均匀密绕空气心的环形线圈，内径为a、外径为b，线圈总计N匝，电流为I，求其内部的磁感应强度。

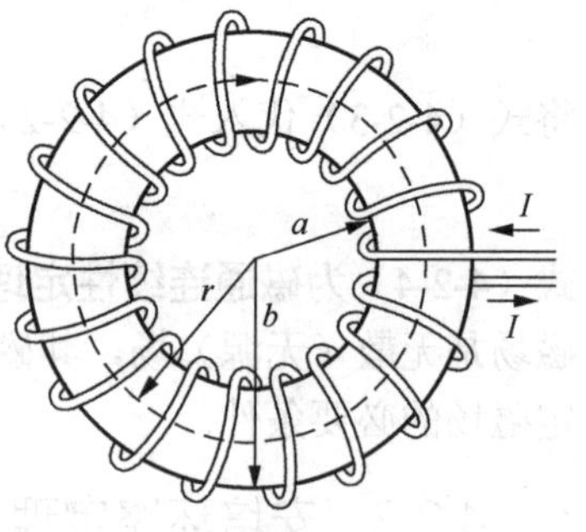

图 4-2-2　计算环形线圈的磁场

解　如图 4-2-2 所示，电流分布呈轴对称性，选圆柱坐标系，环形线圈的中心为坐标原点，中心轴与z轴重合。磁感应强度只有α方向的分量，大小只与r有关。选r为半径的圆作为积分路径，根据安培环路定理，在$a<r<b$的区域有

$$\oint_l \boldsymbol{B}\cdot \mathrm{d}\boldsymbol{l}=2\pi rB=\mu_0 NI$$

$$\boldsymbol{B}=\frac{\mu_0 NI}{2\pi r}\boldsymbol{e}_\alpha$$

而在$0<r<a$与$r>b$的区域，由于积分回路包围的总净电流为零，因此有

$$\boldsymbol{B}=0$$

例 4-2-2　真空中，一无限长空心圆柱导体，内半径为a，外半径为b，磁导率为μ_0，截面如图 4-2-3 所示，导体内均匀分布着电流密度为$\boldsymbol{J}$的轴向电流，求空间的磁感应强度。

解 电流分布呈轴对称性，因此选用圆柱坐标系，空心圆柱导体的中心轴与 z 轴重合，磁感应强度的大小与 z 和 α 都没有关系，只与 r 有关，且磁场只有 α 方向的分量。选 r 为半径的圆作为积分路径，根据安培环路定理，有

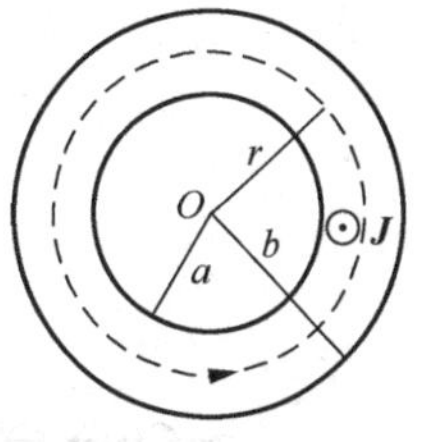

图 4-2-3 计算无限长空心圆柱导体的磁场

$$\oint_l \boldsymbol{B}\cdot \mathrm{d}\boldsymbol{l} = 2\pi rB = \mu_0 I$$

当$0<r\leqslant a$时，回路内包围电流$I=0$，因此有

$$2\pi rB = 0,\quad B=0$$

当$a<r\leqslant b$，有

$$2\pi rB = \mu_0\pi(r^2-a^2)J$$

$$\boldsymbol{B} = \frac{\mu_0 J(r^2-a^2)}{2r}\boldsymbol{e}_\alpha$$

当$r>b$时

$$2\pi rB = \mu_0\pi(b^2-a^2)J$$

$$\boldsymbol{B} = \frac{\mu_0(b^2-a^2)J}{2r}\boldsymbol{e}_\alpha$$

例 4-2-3 真空中，xOz 的平面上放置一无限大导体平板，导体板上通有面电流密度为 $K\boldsymbol{e}_z$ 的电流，求空间的磁感应强度。

解 如图 4-2-4 所示，对于无限大面电流，磁感应强度的大小与 x 和 z 无关，只有 x 方向的分量。因此选如图所示的矩形积分回路 $ABCDA$，矩形的长为 l，根据安培环路定理，有

$$\oint_l \boldsymbol{B}\cdot \mathrm{d}\boldsymbol{l} = \int_A^B B\boldsymbol{e}_x \cdot \mathrm{d}x\boldsymbol{e}_x + 0 + \int_C^D -B\boldsymbol{e}_x\cdot \mathrm{d}x(-\boldsymbol{e}_x) + 0 = 2Bl = \mu_0 I = \mu_0 Kl$$

因此可得磁感应强度

$$\boldsymbol{B} = \begin{cases} -\dfrac{\mu_0 K}{2}\boldsymbol{e}_x, & y>0 \\ +\dfrac{\mu_0 K}{2}\boldsymbol{e}_x, & y<0 \end{cases}$$

可见，在导体板的两侧无限大面电流的磁感应强度大小相等，方向相反。

例 4-2-4 试从毕奥-萨伐尔定律出发，推导恒定磁场磁感应强度的散度，验证磁通连续性定理$\nabla\cdot\boldsymbol{B}=0$。

证明 以体电流产生的磁感应强度为例。如图 4-2-5 所示的体电流，产生的磁场可用式（4-1-10）表示。对式（4-1-10）求散度，即

$$\nabla\cdot\boldsymbol{B} = \nabla\cdot\left(\frac{\mu_0}{4\pi}\iiint_{V'}\frac{\boldsymbol{J}\times\boldsymbol{e}_R}{R^2}\mathrm{d}V'\right)$$

$$= \frac{\mu_0}{4\pi}\iiint_{V'}\nabla\cdot\frac{\boldsymbol{J}\times\boldsymbol{e}_R}{R^2}\mathrm{d}V' \qquad (1)$$

$$= -\frac{\mu_0}{4\pi}\iiint_{V'}\nabla\cdot\left[\boldsymbol{J}\times\nabla\left(\frac{1}{R}\right)\right]\mathrm{d}V'$$

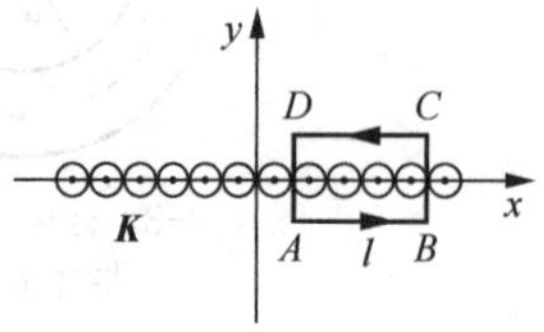

图 4-2-4　计算无限大导体平板的磁场

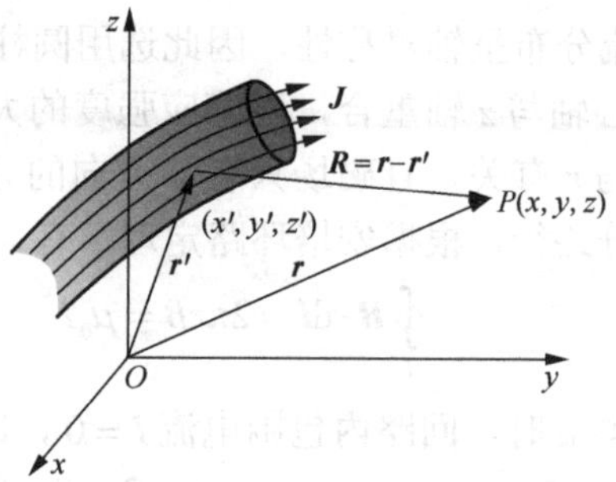

图 4-2-5　体电流磁感应强度散度的计算

根据矢量恒等式

$\nabla\cdot(\boldsymbol{A}\times\boldsymbol{B})=(\nabla\times\boldsymbol{A})\cdot\boldsymbol{B}-(\nabla\times\boldsymbol{B})\cdot\boldsymbol{A}$，将 $\boldsymbol{A}=\boldsymbol{J}$，$\boldsymbol{B}=\nabla\left(\frac{1}{R}\right)$ 代入，得

$$\nabla\cdot\left[\boldsymbol{J}\times\nabla\left(\frac{1}{R}\right)\right]=\nabla\left(\frac{1}{R}\right)\cdot(\nabla\times\boldsymbol{J})-\boldsymbol{J}\cdot\left\{\nabla\times\left[\nabla\left(\frac{1}{R}\right)\right]\right\}\tag{2}$$

因为电流密度 $\boldsymbol{J}$ 是产生磁场的源，是 x'、y'、z' 坐标的函数，而取旋度是对 x、y、z 坐标的运算，所以 $\nabla\times\boldsymbol{J}=0$，从而（2）式等号右边第一项 $\nabla\left(\frac{1}{R}\right)\cdot(\nabla\times\boldsymbol{J})=0$。根据矢量恒等式 $\nabla\times\nabla u=0$，即标量场的梯度场为无旋场，可知（2）式等号右边第二项 $\nabla\times\left[\nabla\left(\frac{1}{R}\right)\right]=0$，因此 $\boldsymbol{J}\cdot\left\{\nabla\times\left[\nabla\left(\frac{1}{R}\right)\right]\right\}=0$。所以（2）式变为

$$\nabla\cdot\left[\boldsymbol{J}\times\nabla\left(\frac{1}{R}\right)\right]=0\tag{3}$$

将式（3）代入式（1），得

$$\nabla\cdot\boldsymbol{B}=0$$

从而证明了磁通连续性定理。

4.3　矢量磁位

在静电场中，根据电场旋度为零即 $\nabla\times\boldsymbol{E}=0$ 的特征，定义了电位函数 φ，从而大大简化了某些情况下静电场中的计算。同样，在磁场中，根据恒定磁场的特征，也可以引入位函数，以便分析与计算磁场。

4.3.1　矢量磁位的引入

由磁通连续性定理可知，磁场的散度处处为零，即 $\nabla\cdot\boldsymbol{B}=0$。根据矢量恒等式 $\nabla\cdot(\nabla\times\boldsymbol{A})=0$ 可知，磁场强度可表示为某一矢量 $\boldsymbol{A}$ 的旋度，即

$$\boldsymbol{B}=\nabla\times\boldsymbol{A}\tag{4-3-1}$$

矢量 $\boldsymbol{A}$ 是根据磁场无散的特征引入的位函数，称矢量磁位，国际单位是 Wb/m（韦[伯]/米）。

矢量磁位可应用于计算磁通，将 $\boldsymbol{B}=\nabla\times\boldsymbol{A}$ 代入式（4-2-1），并应用斯托克斯定理，有

$$\Phi=\iint_S \boldsymbol{B}\cdot\mathrm{d}\boldsymbol{S}=\iint_S(\nabla\times\boldsymbol{A})\cdot\mathrm{d}\boldsymbol{S}=\oint_l \boldsymbol{A}\cdot\mathrm{d}\boldsymbol{l} \tag{4-3-2}$$

即

$$\Phi=\oint_l \boldsymbol{A}\cdot\mathrm{d}\boldsymbol{l} \tag{4-3-3}$$

式中 l 为 S 的边界，如图 4-3-1 所示。由式（4-3-3）知，磁通量只与曲面 S 的边界 l 有关，而与曲面形状没有关系，S 可以是以 l 为边界的任意曲面。因此，引入矢量磁位 $\boldsymbol{A}$ 的物理意义在于，沿任一闭合回路 $\boldsymbol{A}$ 的环量表示通过以该回路为边界的任一曲面的磁通量，但每点的矢量磁位 $\boldsymbol{A}$ 无直接物理意义。

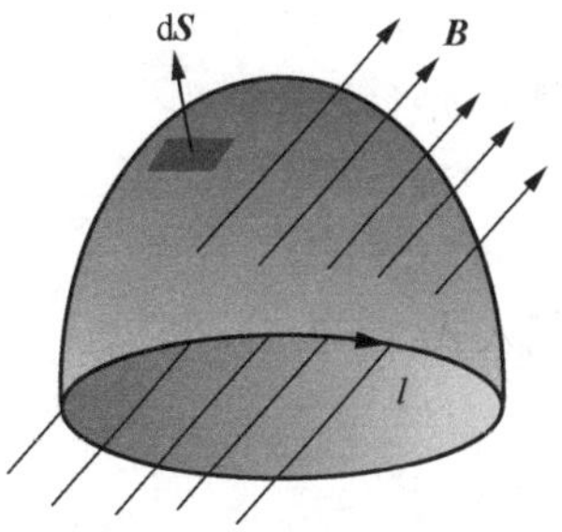

图 4-3-1　磁通的计算

4.3.2　矢量磁位的散度与库仑规范

对于矢量磁位 $\boldsymbol{A}$，由式（4-3-1）知其旋度为磁感应强度 $\boldsymbol{B}$，但该式并不能唯一地确定矢量磁位。由矢量恒等式 $\nabla\times(\nabla\psi)=0$ 知，任意标量场的梯度场的旋度恒为零，假设矢量 $\boldsymbol{A}'$ 是矢量 $\boldsymbol{A}$ 与标量场 ψ 的梯度之和，即

$$\boldsymbol{A}'=\boldsymbol{A}+\nabla\psi \tag{4-3-4}$$

其中 $\boldsymbol{A}\neq\boldsymbol{A}'$，代入式（4-3-1）有

$$\boldsymbol{B}'=\nabla\times\boldsymbol{A}'=\nabla\times\boldsymbol{A}+\nabla\times\nabla\psi=\nabla\times\boldsymbol{A}=\boldsymbol{B} \tag{4-3-5}$$

由式（4-3-5）可知满足公式（4-3-1）的矢量磁位不唯一，即仅由公式（4-3-1）不能使磁感应强度与矢量磁位一一对应。

矢量 $\boldsymbol{A}'$ 的散度为

$$\nabla\cdot\boldsymbol{A}'=\nabla\cdot\boldsymbol{A}+\nabla^2\psi \tag{4-3-6}$$

可见，尽管矢量 $\boldsymbol{A}'$ 与 $\boldsymbol{A}$ 的旋度相同，但散度并不相等，通过人为确定 $\boldsymbol{A}$ 的散度，可以限制 $\boldsymbol{A}$ 的多值性。

确定 $\boldsymbol{A}$ 的散度叫作选择规范。在恒定磁场中，为计算方便，选择

$$\nabla\cdot\boldsymbol{A}=0 \tag{4-3-7}$$

此约束条件就是库仑规范。

选择库仑规范后，只是限制了 $\boldsymbol{A}$ 的多值性，要想唯一确定矢量磁位，还需要给定 $\boldsymbol{A}$ 的参考点。当电流分布在有限区域时，一般选择无限远处为 $\boldsymbol{A}$ 的参考点。

因此，恒定磁场中，矢量磁位的旋度为 $\nabla\times\boldsymbol{A}=\boldsymbol{B}$，散度为 $\nabla\cdot\boldsymbol{A}=0$，二者共同描述了恒定磁场中矢量磁位的有旋无散性。

4.3.3　矢量磁位的计算公式

矢量磁位 $\boldsymbol{A}$ 的表达式可从毕奥-萨伐尔定律给定的磁感应强度 $\boldsymbol{B}$ 出发推导。

对于体电流产生的磁感应强度，根据式（4-1-10）可得

$$\boldsymbol{B}=\frac{\mu_0}{4\pi}\iiint_{V'}\frac{\boldsymbol{J}\times\boldsymbol{e}_R}{R^2}\mathrm{d}V'=\frac{\mu_0}{4\pi}\iiint_{V'}\boldsymbol{J}\times\left[-\nabla\left(\frac{1}{R}\right)\right]\mathrm{d}V'=\frac{\mu_0}{4\pi}\iiint_{V'}\left[-\boldsymbol{J}\times\nabla\left(\frac{1}{R}\right)\right]\mathrm{d}V' \tag{4-3-8}$$

根据矢量恒等式$\nabla\times(u\boldsymbol{A})=u\nabla\times\boldsymbol{A}-\boldsymbol{A}\times\nabla u$，将$\boldsymbol{A}=\boldsymbol{J}$，$u=\dfrac{1}{R}$代入，得

$$\nabla\times\left(\frac{\boldsymbol{J}}{R}\right)=\frac{1}{R}\nabla\times\boldsymbol{J}-\boldsymbol{J}\times\nabla\left(\frac{1}{R}\right) \tag{4-3-9}$$

有

$$-\boldsymbol{J}\times\nabla\left(\frac{1}{R}\right)=\nabla\times\left(\frac{\boldsymbol{J}}{R}\right)-\frac{1}{R}\nabla\times\boldsymbol{J} \tag{4-3-10}$$

代入式（4-3-8）得

$$\boldsymbol{B}=\frac{\mu_0}{4\pi}\iiint_{V'}\left(\nabla\times\left(\frac{\boldsymbol{J}}{R}\right)-\frac{1}{R}\nabla\times\boldsymbol{J}\right)\mathrm{d}V' \tag{4-3-11}$$

因为电流密度$\boldsymbol{J}$是磁场的源，是x'、y'、z'坐标的函数，取旋度是对x、y、z坐标的运算，所以$\nabla\times\boldsymbol{J}=0$。又因取旋度是对$x$、$y$、$z$坐标的运算，体积分是对$x'$、$y'$、$z'$坐标运算，两种运算的顺序可以互换，所以

$$\boldsymbol{B}=\nabla\times\left(\frac{\mu_0}{4\pi}\iiint_{V'}\left(\frac{\boldsymbol{J}}{R}\right)\mathrm{d}V'+\boldsymbol{C}\right) \tag{4-3-12}$$

对比式（4-3-11）与式（4-3-12）可得矢量磁位为

$$\boldsymbol{A}=\frac{\mu_0}{4\pi}\iiint_{V'}\frac{\boldsymbol{J}}{R}\mathrm{d}V'+\boldsymbol{C} \tag{4-3-13}$$

式中，$\boldsymbol{C}$为空间的任意常矢量。$\boldsymbol{C}$的存在说明矢量磁位不唯一。选择无限远处为参考点，有

$$\boldsymbol{A}=\frac{\mu_0}{4\pi}\iiint_{V'}\frac{\boldsymbol{J}}{R}\mathrm{d}V' \tag{4-3-14}$$

同理可得面电流与线电流情况下的矢量磁位为

$$\boldsymbol{A}=\frac{\mu_0}{4\pi}\iint_{S'}\frac{\boldsymbol{K}}{R}\mathrm{d}S' \tag{4-3-15}$$

$$\boldsymbol{A}=\frac{\mu_0}{4\pi}\int_{l'}\frac{I}{R}\mathrm{d}\boldsymbol{l}' \tag{4-3-16}$$

运动电荷可看作点电流，其产生的矢量磁位为

$$\boldsymbol{A}=\frac{\mu_0 q\boldsymbol{v}}{4\pi R} \tag{4-3-17}$$

可见，电流元产生的矢量磁位$\boldsymbol{A}$的方向与电流元自身的方向一致，运动电荷的矢量磁位$\boldsymbol{A}$与电荷的运动方向一致。相比于电流元与磁感应强度的关系，电流元与矢量磁位的关系更为简单，计算矢量磁位相对更容易。

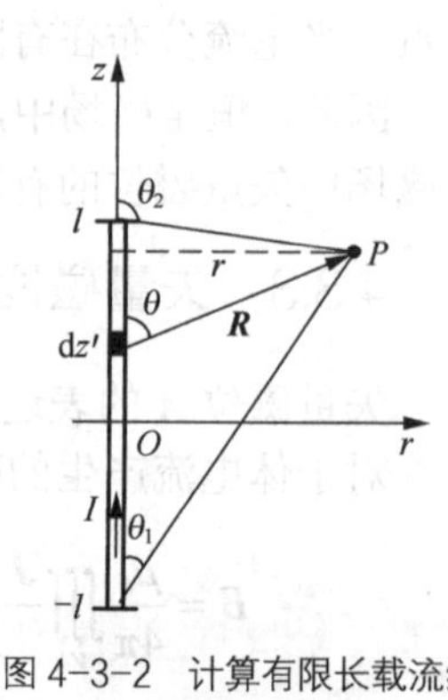

图 4-3-2 计算有限长载流细导线的矢量磁位

例 4-3-1 计算真空中长度为$2l$的直导线通以电流I时在导线外一点P的矢量磁位$\boldsymbol{A}$。

解 如图 4-3-2 所示，选用圆柱坐标系，在导线上取电流元$I\mathrm{d}\boldsymbol{l}'=I\boldsymbol{e}_z\mathrm{d}z'$，电流元坐标为$(0,\alpha',z')$，场点$P$的坐标为$(r,\alpha,z)$，电流元到场点的距离矢量为$\boldsymbol{R}$，取无限远处为矢量磁位的参考点，

根据矢量磁位的计算公式（4-3-16）可得电流元在 P 点产生的矢量磁位为

$$\mathrm{d}\boldsymbol{A}=\frac{\mu_0 I\mathrm{d}\boldsymbol{l}'}{4\pi R}=\frac{\mu_0 I\mathrm{d}z'}{4\pi R}\boldsymbol{e}_z=\frac{\mu_0 I\mathrm{d}z'}{4\pi\sqrt{r^2+(z-z')^2}}\boldsymbol{e}_z$$

整段直导线在 P 点产生的矢量磁位为

$$\begin{aligned}\boldsymbol{A}&=\int_{-l}^{l}\frac{\mu_0 I\boldsymbol{e}_z\mathrm{d}z'}{4\pi\sqrt{r^2+(z-z')^2}}\\&=\frac{\mu_0 I\boldsymbol{e}_z}{4\pi}\int_{-l}^{l}\frac{\mathrm{d}z'}{\sqrt{r^2+(z-z')^2}}\\&=\frac{\mu_0 I\boldsymbol{e}_z}{4\pi}\ln\frac{\sqrt{r^2+(z-l)^2}-(z-l)}{\sqrt{r^2+(z+l)^2}-(z+l)}\end{aligned}$$

当 $l\to\infty$ 时，z 与 r 都远小于 l，则

$$\boldsymbol{A}\approx\frac{\mu_0 I\boldsymbol{e}_z}{4\pi}\ln\frac{\sqrt{r^2+l^2}+l}{\sqrt{r^2+l^2}-l}=\frac{\boldsymbol{e}_z\mu_0 I}{2\pi}\ln\frac{\sqrt{r^2+l^2}+l}{r}\approx\frac{\mu_0 I\boldsymbol{e}_z}{2\pi}\ln\frac{2l}{r}$$

当 $l\to\infty$ 时，相当于直导线无限长，由上式可知此时矢量磁位 $\boldsymbol{A}$ 为 ∞，这是因为式（4-3-16）是矢量磁位参考点取无限远处的结果，而此处直线电流无限长，需要将矢量磁位参考点重新设置，选 $r=r_0$ 为矢量磁位参考点，代入上式得

$$\boldsymbol{A}_0=\frac{\mu_0 I\boldsymbol{e}_z}{2\pi}\ln\frac{2l}{r_0}+\boldsymbol{C}=0$$

则 $\boldsymbol{C}=-\dfrac{\mu_0 I\boldsymbol{e}_z}{2\pi}\ln\dfrac{2l}{r_0}$，因此无限长载流直导线产生磁场的矢量磁位为

$$\boldsymbol{A}=\frac{\mu_0 I}{2\pi}\ln\frac{2l}{r}\boldsymbol{e}_z-\frac{\mu_0 I}{2\pi}\ln\frac{2l}{r_0}\boldsymbol{e}_z=\frac{\mu_0 I}{2\pi}\ln\frac{r_0}{r}\boldsymbol{e}_z$$

例 4-3-2　应用矢量磁位计算磁感应强度的旋度，证明安培环路定理 $\nabla\times\boldsymbol{B}=\mu_0\boldsymbol{J}$。

证明　$\nabla\times\boldsymbol{B}=\nabla\times(\nabla\times\boldsymbol{A})=-\nabla^2\boldsymbol{A}+\nabla(\nabla\cdot\boldsymbol{A})$

将库仑规范 $\nabla\cdot\boldsymbol{A}=0$ 代入上式，得

$$\nabla\times(\nabla\times\boldsymbol{A})=-\nabla^2\boldsymbol{A}$$

以体电流为例，（4-3-14）给出了体电流产生的矢量磁位 $\boldsymbol{A}=\dfrac{\mu_0}{4\pi}\iiint_{V'}\dfrac{\boldsymbol{J}}{R}\mathrm{d}V'$

$$\nabla^2\boldsymbol{A}=\nabla^2\left(\frac{\mu_0}{4\pi}\iiint_{V'}\frac{\boldsymbol{J}}{R}\mathrm{d}V'\right)=\frac{\mu_0}{4\pi}\iiint_{V'}\boldsymbol{J}\nabla^2\frac{1}{R}\mathrm{d}V'=\frac{\mu_0}{4\pi}\iiint_{V'}\boldsymbol{J}\left[-4\pi\delta(\boldsymbol{r}-\boldsymbol{r}')\right]\mathrm{d}V'=-\mu_0\boldsymbol{J}(\boldsymbol{r})$$

因此

$$\nabla\times\boldsymbol{B}=-\nabla^2\boldsymbol{A}=\mu_0\boldsymbol{J}(\boldsymbol{r})$$

即

$$\nabla\times\boldsymbol{B}=\mu_0\boldsymbol{J}$$

从而证明了安培环路定理。

例 4-3-3　计算一个很小的圆环回路在远区一点的矢量磁位 $\boldsymbol{A}$ 与磁感应强度 $\boldsymbol{B}$。设回路

半径为a，所通电流为I。所谓远区是指场点离回路的距离远远大于回路本身的尺度。

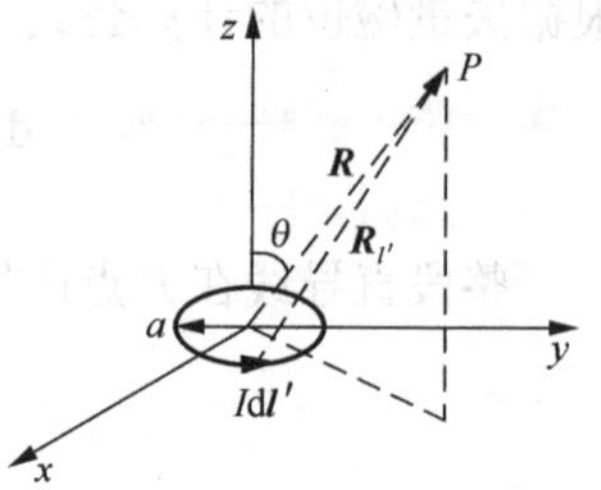

图 4-3-3 计算小圆环的磁场

解 建立如图4-3-3所示的坐标系。P点是远区的任一场点，$\boldsymbol{R}$表示从圆环中心到场点P的距离矢量。所谓远区是指满足$R \gg a$的区域。

根据矢量磁位的计算公式（4-3-16）有

$$\boldsymbol{A}=\frac{\mu_0}{4\pi}\oint_{l'}\frac{I}{R_{l'}}\mathrm{d}\boldsymbol{l}'=\frac{\mu_0 I}{4\pi}\oint_{l'}\frac{1}{R_{l'}}\mathrm{d}\boldsymbol{l}'$$

其中$R_{l'}$表示圆环上电流元$I\mathrm{d}\boldsymbol{l}'$所在点到场点$P$的距离矢量的大小。式中

$$\oint_{l'}\frac{1}{R_{l'}}\mathrm{d}\boldsymbol{l}=\iint_{S'}\nabla\left(\frac{1}{R_{l'}}\right)\times\mathrm{d}\boldsymbol{S}'=\iint_{S'}-\frac{\boldsymbol{e}_{R_{l'}}}{{R_{l'}}^2}\times\boldsymbol{e}_n\mathrm{d}S'=\iint_{S'}\boldsymbol{e}_n\times\frac{\boldsymbol{e}_{R_{l'}}}{{R_{l'}}^2}\mathrm{d}S'$$

在远离小圆环的任一场点P（$R \gg a$），有$R_{l'}\approx R$，$\boldsymbol{e}_{R_{l'}}\approx\boldsymbol{e}_R$，则

$$\oint_{l'}\frac{1}{R_{l'}}\mathrm{d}\boldsymbol{l}=\boldsymbol{e}_n\times\frac{\boldsymbol{e}_R}{R^2}\iint_{S'}\mathrm{d}S'=S\boldsymbol{e}_n\times\frac{\boldsymbol{e}_R}{R^2}=\boldsymbol{S}\times\frac{\boldsymbol{e}_R}{R^2}$$

$$\boldsymbol{A}=\frac{\mu_0 I\boldsymbol{S}}{4\pi}\times\frac{\boldsymbol{e}_R}{R^2}$$

令$\boldsymbol{m}=I\boldsymbol{S}$，有

$$\boldsymbol{A}=\frac{\mu_0\boldsymbol{m}}{4\pi}\times\frac{\boldsymbol{e}_R}{R^2}=\frac{\mu_0}{4\pi}\frac{\boldsymbol{m}\times\boldsymbol{e}_R}{R^2}$$

磁感应强度为

$$\boldsymbol{B}=\nabla\times\boldsymbol{A}=\nabla\times\left(\frac{\mu_0\boldsymbol{m}}{4\pi}\times\frac{\boldsymbol{e}_R}{R^2}\right)=-\frac{\mu_0}{4\pi}\nabla\times\left(\boldsymbol{m}\times\nabla\left(\frac{1}{R}\right)\right)$$

其中，

$$\boldsymbol{m}\times\nabla\left(\frac{1}{R}\right)=\frac{1}{R}\nabla\times\boldsymbol{m}-\nabla\times\left(\frac{\boldsymbol{m}}{R}\right)=-\nabla\times\left(\frac{\boldsymbol{m}}{R}\right)$$

推导过程应用了矢量恒等式$\nabla\times(u\boldsymbol{A})=u\nabla\times\boldsymbol{A}-\boldsymbol{A}\times\nabla u$与$\nabla\times\boldsymbol{m}=0$（因$\boldsymbol{m}$是常矢量）。因此

$$\boldsymbol{B}=\frac{\mu_0}{4\pi}\nabla\times\left[\nabla\times\left(\frac{\boldsymbol{m}}{R}\right)\right]$$

根据矢量运算公式$\nabla\times(\nabla\times\boldsymbol{A})=\nabla(\nabla\cdot\boldsymbol{A})-\nabla^2\boldsymbol{A}$，上式变为

$$\boldsymbol{B}=\frac{\mu_0}{4\pi}\left\{\nabla\left[\nabla\cdot\left(\frac{\boldsymbol{m}}{R}\right)\right]-\nabla^2\left(\frac{\boldsymbol{m}}{R}\right)\right\}$$

当$R\neq 0$时，$\nabla^2\left(\frac{\boldsymbol{m}}{R}\right)=0$。

$$\nabla\cdot\left(\frac{\boldsymbol{m}}{R}\right)=\boldsymbol{m}\cdot\nabla\left(\frac{1}{R}\right)+\frac{1}{R}\nabla\cdot\boldsymbol{m}=\boldsymbol{m}\cdot\nabla\left(\frac{1}{R}\right)$$

因此，磁感应强度为

$$B=\frac{\mu_0}{4\pi}\nabla\left[m\cdot\nabla\left(\frac{1}{R}\right)\right]$$

4.4 磁偶极子与磁介质中的磁场

当磁场所在空间存在磁介质时，介质会在外场作用下磁化并产生一个附加磁场，附加磁场反过来影响原磁场。因此要了解磁介质中的磁场，需要先考虑介质的磁化，而在物质磁化理论中，常常要用到磁偶极子。因此本节先介绍磁偶极子与介质的磁化，然后介绍介质中的磁场强度与安培环路定理，并在无电流区域引入了标量磁位。

4.4.1 磁偶极子

1. *磁偶极子的定义*

与静电场中的电偶极子相对应，在磁场中，将面积很小的载流回路称为磁偶极子。磁偶极子的特性用磁偶极矩矢量 $\boldsymbol{m}$ 来描述，磁偶极矩简称磁矩。磁偶极矩矢量定义为

$$\boldsymbol{m}=I\boldsymbol{S} \tag{4-4-1}$$

如图 4-4-1 所示，式中，I 是载流回路的电流，$\boldsymbol{S}$ 的大小是载流回路所围的面积，$\boldsymbol{S}$ 的方向是载流回路所围面积的法线方向，且与电流流向成右手螺旋关系。

2. *磁偶极子的磁场*

磁偶极子产生磁场，当场点到磁偶极子的距离远大于磁偶极子本身的尺寸时，该点的矢量磁位为

$$\boldsymbol{A}=\frac{\mu_0}{4\pi}\frac{\boldsymbol{m}\times\boldsymbol{e}_R}{R^2} \tag{4-4-2}$$

磁感应强度为

$$\boldsymbol{B}=\frac{\mu_0}{4\pi}\nabla\left[\boldsymbol{m}\cdot\nabla\left(\frac{1}{R}\right)\right] \tag{4-4-3}$$

式（4-4-2）与式（4-4-3）中 $R=|\boldsymbol{R}|$，$\boldsymbol{R}$ 是磁偶极子到场点的距离矢量，$\boldsymbol{e}_R$ 是 $\boldsymbol{R}$ 的单位矢量，如图 4-4-2 所示。详细推导过程见例 4-3-3。图 4-4-3 是磁偶极子的磁感线图。

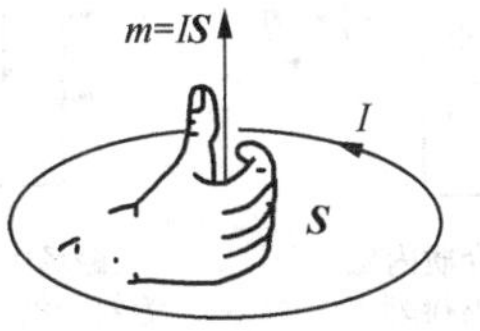

图 4-4-1　磁偶极子

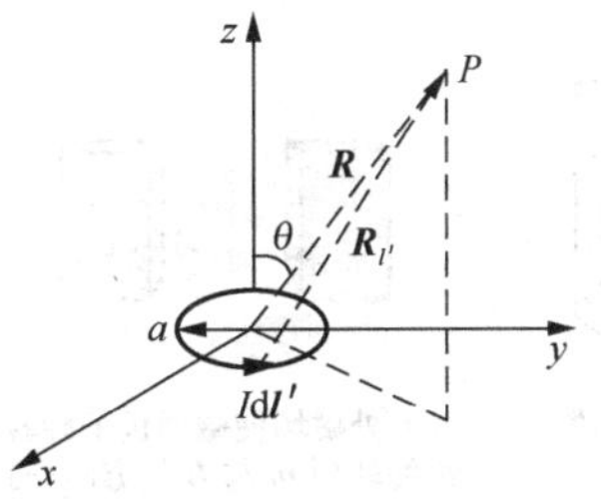

图 4-4-2　磁偶极子磁场的计算

3. *磁场中的磁偶极子*

放置于磁场中的磁偶极子，会受到磁场的作用。如图 4-4-4 所示，处于外磁场 $\boldsymbol{B}$ 中的磁偶极子 $\boldsymbol{m}$，所受的磁力矩为

$$\boldsymbol{T}=\boldsymbol{m}\times\boldsymbol{B} \tag{4-4-4}$$

公式（4-4-4）表明，处于外磁场中的磁偶极子在磁力矩的作用下会发生旋转，直到磁偶极子平面与磁场垂直。换言之，即 $\boldsymbol{m}$ 趋向于与 $\boldsymbol{B}$ 一致，当二者一致时，即锁定在此位置不再旋转。

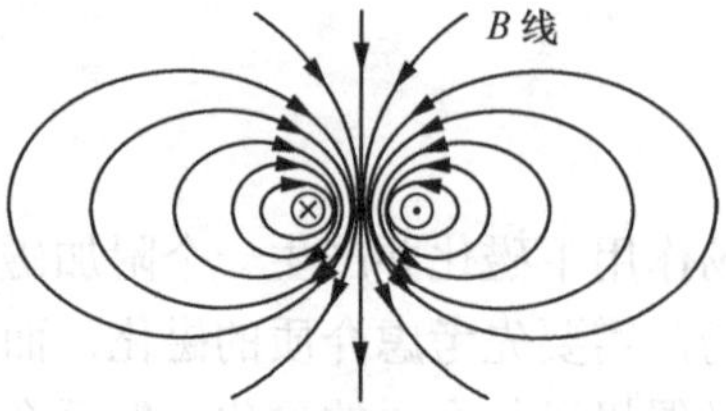

图 4-4-3　磁偶极子的磁感线

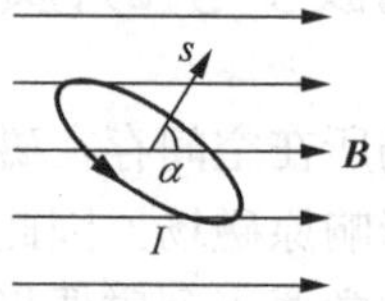

图 4-4-4　磁场中的磁偶极子

4.4.2　介质的磁化

1. 磁化的概念

静电场中电介质的极化实质是静电场对电介质中束缚电荷的作用。而在磁场中介质的磁化归根结底是磁场对介质内微观电流的作用，因此与介质的结构密切相关。介质由大量的分子原子组成，原子又由原子核与电子组成，根据物质的基本原子模型，原子中包含三种运动：（1）电子围绕原子核旋转的轨道运动；（2）电子的自旋运动；（3）原子核的自旋运动。每种运动都相当于一个微观环形电流，因其限制在原子范围内，又称作束缚电流。每一种微观环形电流都具有一定的磁矩，自身能产生磁场，放在磁场中将受磁场力的作用。电子的轨道运动与自旋运动分别对应着轨道磁矩和自旋磁矩，原子核的自旋运动对应的自旋磁矩很小，通常可以忽略。因此原子的磁偶极矩就是原子内所有电子的轨道磁矩与自旋磁矩的矢量和，可以用一个等效磁偶极矩来表示。

没有外磁场时，由于热运动，磁介质内部的磁偶极矩随机排列，如图 4-4-5（a）所示。因此从宏观上看，任一体积元内磁偶极矩矢量和为零，对外不产生磁场。当处于外磁场中时，磁介质中的每一个磁偶极矩在磁场的作用下都会发生有规律的偏转，直到磁偶极矩方向与磁场方向一致（见图 4-4-5（b））。因此宏观上任一体积元内，磁偶极矩出现有规律的排列，如图 4-4-5（c）所示，整个体积元磁偶极矩矢量和不再为零，从而对外产生磁场。这一现象称为介质的磁化。介质内部磁偶极子的规律排列，相当于沿介质表面流动的电流，如图 4-4-5（d）所示。需要说明的是图 4-4-5（c）描述的是理想情况，实际情况中不能完全规则排列。

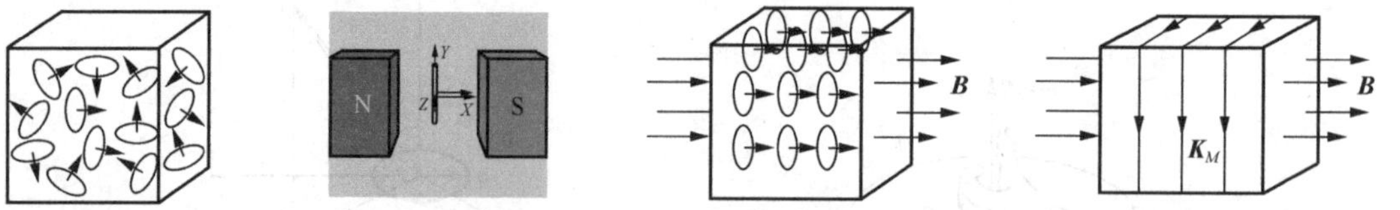

（a）无外场时介质内磁偶极子随机排列　（b）外磁场使磁偶极子旋转，最终转到 $\boldsymbol{m}$ 与 $\boldsymbol{B}$ 的方向一致　（c）外磁场中介质内磁偶极子规则排列　（d）磁场中规则排列的磁偶极子等效于沿介质表面的磁化电流

图 4-4-5　磁偶极子的排列

2. 磁化强度

通过上述讨论，我们知道，处在外磁场中的介质磁化后，在宏观上表现出磁性，为了描述介质的宏观磁化状态，引入一个新的物理量 $\boldsymbol{M}$，称为磁化强度。磁化强度表示单位体积内磁偶极矩的矢量和，即

$$\boldsymbol{M}=\lim_{\Delta V\to 0}\frac{\sum \boldsymbol{m}}{\Delta V} \tag{4-4-5}$$

从式（4-4-5）知磁化强度 $\boldsymbol{M}$ 是介质内磁偶极矩的体密度，描述介质磁化的强弱程度，单位为 A/m（安[培]/米）。

3. 等效磁化电流密度

恒定磁场中的磁介质除可以表示为磁偶极子模型外，还可以表示为磁化电流模型。换句话说，介质磁化后出现的偶极矩可以看作是介质中出现了等效的宏观束缚电流，即磁化电流。两种模型相互等效。图 4-4-5（d）表示的就是与图 4-4-5（c）中介质均匀磁化对应的等效磁化面电流。下面讨论与磁化强度对应的等效磁化电流。

设已磁化的介质体积为 V'，磁化强度为 $\boldsymbol{M}$，则任一体积元 $\mathrm{d}V'$ 的磁矩为 $\boldsymbol{M}\mathrm{d}V'$。由于体积元很小，它产生的磁场可用单个磁偶极子产生磁场的公式（4-4-2）与式（4-4-3）计算。因此，由体积元内磁偶极子在场点产生的矢量磁位为

$$\mathrm{d}\boldsymbol{A}=\frac{\mu_0}{4\pi}\frac{\boldsymbol{M}\times\boldsymbol{e}_R}{R^2}\mathrm{d}V' \tag{4-4-6}$$

整个磁介质 V' 中所有磁偶极子在场点产生的矢量磁位为

$$\begin{aligned}\boldsymbol{A}&=\frac{\mu_0}{4\pi}\iiint_{V'}\frac{\boldsymbol{M}\times\boldsymbol{e}_R}{R^2}\mathrm{d}V'\\&=\frac{\mu_0}{4\pi}\iiint_{V'}\boldsymbol{M}\times\nabla'\left(\frac{1}{R}\right)\mathrm{d}V'\end{aligned} \tag{4-4-7}$$

根据矢量恒等式 $\nabla\times(u\boldsymbol{A})=u\nabla\times\boldsymbol{A}-\boldsymbol{A}\times\nabla u$，将 $\boldsymbol{A}=\boldsymbol{M}$，$u=\dfrac{1}{R}$ 代入，得

$$\nabla'\times\left(\frac{1}{R}\boldsymbol{M}\right)=\frac{1}{R}\nabla'\times\boldsymbol{M}-\boldsymbol{M}\times\nabla'\left(\frac{1}{R}\right) \tag{4-4-8}$$

将式（4-4-8）代入式（4-4-7），得

$$\boldsymbol{A}=\frac{\mu_0}{4\pi}\iiint_{V'}\frac{1}{R}\nabla'\times\boldsymbol{M}\mathrm{d}V'-\frac{\mu_0}{4\pi}\iiint_{V'}\nabla'\times\left(\frac{1}{R}\boldsymbol{M}\right)\mathrm{d}V' \tag{4-4-9}$$

应用矢量恒等式 $\iiint_V\nabla\times\boldsymbol{A}\mathrm{d}V=\oiint_S\boldsymbol{e}_n\times\boldsymbol{A}\mathrm{d}S$，上式第二项中的积分项可表示为

$$\iiint_{V'}\nabla'\times\left(\frac{1}{R}\boldsymbol{M}\right)\mathrm{d}V'=\oiint_{S'}\boldsymbol{e}_n\times\frac{\boldsymbol{M}}{R}\mathrm{d}S' \tag{4-4-10}$$

得

$$\boldsymbol{A}=\frac{\mu_0}{4\pi}\iiint_{V'}\frac{\nabla'\times\boldsymbol{M}}{R}\mathrm{d}V'+\frac{\mu_0}{4\pi}\oiint_{S'}\frac{\boldsymbol{M}\times\boldsymbol{e}_n}{R}\mathrm{d}S' \tag{4-4-11}$$

对比式（4-3-14）和式（4-3-15），可以看出式（4-4-11）相当于体电流密度为 $\nabla'\times\boldsymbol{M}$ 和面电流密度为 $\boldsymbol{M}\times\boldsymbol{e}_n$ 的电流共同产生的矢量磁位，从而得到介质磁化后的等效电流。在等效电流模型中，磁化体电流密度为

$$\boldsymbol{J}_{\mathrm{M}}=\nabla'\times\boldsymbol{M} \tag{4-4-12}$$

磁化面电流密度为

$$\boldsymbol{K}_{\mathrm{M}}=\boldsymbol{M}\times\boldsymbol{e}_n \tag{4-4-13}$$

因此，磁介质中磁偶极子产生的磁场，可以看作是由磁化电流产生的。

$$\boldsymbol{A}=\frac{\mu_0}{4\pi}\iiint_{V'}\frac{\boldsymbol{J}_{\mathrm{M}}}{R}\mathrm{d}V'+\frac{\mu_0}{4\pi}\oint\!\!\!\oint_{S'}\frac{\boldsymbol{K}_{\mathrm{M}}}{R}\mathrm{d}S' \tag{4-4-14}$$

$$\boldsymbol{B}=\frac{\mu_0}{4\pi}\iiint_{V'}\frac{\boldsymbol{J}_{\mathrm{M}}\times\boldsymbol{e}_R}{R^2}\mathrm{d}V'+\frac{\mu_0}{4\pi}\oint\!\!\!\oint_{S'}\frac{\boldsymbol{K}_{\mathrm{M}}\times\boldsymbol{e}_R}{R^2}\mathrm{d}S' \tag{4-4-15}$$

4.4.3 用磁场强度表示的安培环路定理与标量磁位

1. *用磁场强度表示的安培环路定理与磁场强度*

从 4.4.2 节的分析可知，介质在外磁场作用下发生的磁化效应，可等效为磁化电流，而磁化电流与自由电流一样具有磁效应。因此，有介质存在时，任一点的磁场就是由自由电流和磁化电流共同决定的，根据真空中的安培环路定理，有

$$\nabla\times\boldsymbol{B}=\mu_0\left(\boldsymbol{J}+\boldsymbol{J}_{\mathrm{M}}\right) \tag{4-4-16}$$

式中，$\boldsymbol{J}$ 为自由电流密度，$\boldsymbol{J}_{\mathrm{M}}$ 为磁化电流密度。将公式（4-4-12）表示的等效磁化电流密度 $\boldsymbol{J}_{\mathrm{M}}=\nabla'\times\boldsymbol{M}$ 代入上式得

$$\nabla\times\boldsymbol{B}=\mu_0\left(\boldsymbol{J}+\nabla'\times\boldsymbol{M}\right) \tag{4-4-17}$$

整理后，得

$$\nabla\times\frac{\boldsymbol{B}}{\mu_0}-\nabla'\times\boldsymbol{M}=\boldsymbol{J} \tag{4-4-18}$$

上式中的两个旋度，第一项是对场点求旋度，第二项是对源点求旋度，但针对的是介质内同一个空间位置，对第二项而言，该点既是磁化电流的源点，也是待求的场点，可以统一用场点的旋度运算表示。因此，有

$$\nabla\times\left(\frac{\boldsymbol{B}}{\mu_0}-\boldsymbol{M}\right)=\boldsymbol{J} \tag{4-4-19}$$

定义

$$\boldsymbol{H}=\frac{\boldsymbol{B}}{\mu_0}-\boldsymbol{M} \tag{4-4-20}$$

式中，$\boldsymbol{H}$ 称为磁场强度矢量，国际单位为 A/m（安[培]/米）。代入式（4-4-19），得

$$\nabla\times\boldsymbol{H}=\boldsymbol{J} \tag{4-4-21}$$

这就是**安培环路定理**的微分形式。该式表明磁场强度 $\boldsymbol{H}$ 的旋度等于该点的自由电流体密度。需要说明的是式中的磁场强度 $\boldsymbol{H}$ 是由空间所有的电流决定的，包括自由电流和磁化电流。

式（4-4-21）的两边同时取面积分，并应用斯托克斯定理有

$$\iint_S(\nabla\times\boldsymbol{H})\cdot\mathrm{d}\boldsymbol{S}=\oint_l\boldsymbol{H}\cdot\mathrm{d}\boldsymbol{l}=\iint_S\boldsymbol{J}\cdot\mathrm{d}\boldsymbol{S}=I \tag{4-4-22}$$

由此可得用磁场强度表示的**安培环路定理**积分形式

$$\oint_l\boldsymbol{H}\cdot\mathrm{d}\boldsymbol{l}=I \tag{4-4-23}$$

上式表明磁场强度 $\boldsymbol{H}$ 沿闭合回路的积分等于该回路所包围的自由电流的代数和，与磁化电流无关。需要说明的是，虽然 $\boldsymbol{H}$ 的闭合回路积分只与回路内包围的自由电流相关，而空间任一点的 $\boldsymbol{H}$ 本身却与回路内外所有的磁化电流和自由电流都相关。用磁场强度表示的安培环

路定理在真空与磁介质中都适用。

恒定磁场中描述磁感应强度与磁场强度之间关系的方程称为辅助方程。对于一般的磁介质，辅助方程的形式就是式（4-4-20），即

$$\boldsymbol{H}=\frac{\boldsymbol{B}}{\mu_0}-\boldsymbol{M}$$

对各向同性的线性介质，辅助方程的形式为

$$\boldsymbol{B}=\mu\boldsymbol{H} \tag{4-4-24}$$

推导过程如下：

各向同性的线性介质中，磁化强度$\boldsymbol{M}$与磁场强度$\boldsymbol{H}$成正比关系，即

$$\boldsymbol{M}=\chi_{\mathrm{m}}\boldsymbol{H} \tag{4-4-25}$$

式中，χ_{m}为介质的磁化率，没有量纲。由式（4-4-20）与式（4-4-25）可得各向同性线性介质的磁感应强度与磁场强度的关系

$$\boldsymbol{B}=\mu_0(\boldsymbol{H}+\boldsymbol{M})=\mu_0(\boldsymbol{H}+\chi_{\mathrm{m}}\boldsymbol{H})=\mu_0(1+\chi_{\mathrm{m}})\boldsymbol{H}=\mu_0\mu_{\mathrm{r}}\boldsymbol{H}=\mu\boldsymbol{H} \tag{4-4-26}$$

式中，μ_r为磁介质的相对磁导率，也没有量纲；μ为磁介质的磁导率。

χ_{m}、μ_{r}和μ都是用来描述介质的磁化性能的参量，三者之间存在以下关系

$$\mu_{\mathrm{r}}=1+\chi_{\mathrm{m}}=\frac{\mu}{\mu_0} \tag{4-4-27}$$

线性各向同性的均匀介质中χ_{m}、μ_{r}和μ为常数，实验发现除铁磁介质外常见的大多数磁介质都是线性各向同性的，且磁导率μ与真空磁导率μ_0接近。而铁磁介质是非线性介质，它的磁导率μ不是常数，相对磁导率μ_{r}比1大很多。

2. 标量磁位

静电场是无旋场，一个标量场的梯度场始终无旋，因此引入了电位φ，电位是标量。恒定磁场散度为零，一个矢量场的旋度场始终无散，因此引入了矢量磁位$\boldsymbol{A}$，矢量磁位是矢量，在恒定磁场中是不是也可以引入标量磁位呢？安培环路定理公式（4-4-21）表明，恒定磁场是有旋场，在有电流分布的区域$\nabla\times\boldsymbol{H}=\boldsymbol{J}$，因此不能对整个磁场区域定义标量磁位。但是在没有传导电流分布的区域，$\nabla\times\boldsymbol{H}=0$，可以引入一个标量位函数$\varphi_{\mathrm{m}}$，用这个位函数的梯度来表征无源区的磁场强度$\boldsymbol{H}$，即

$$\boldsymbol{H}=-\nabla\varphi_{\mathrm{m}} \tag{4-4-28}$$

这一标量函数φ_{m}称为标量磁位，单位是A（安[培]）。

参考第2章中从电场强度计算电位的过程，可得自由空间两点间的标量磁位差

$$\int_P^Q \boldsymbol{H}\cdot\mathrm{d}\boldsymbol{l}=\int_P^Q -\nabla\varphi_{\mathrm{m}}\cdot\mathrm{d}\boldsymbol{l}=\int_P^Q -\mathrm{d}\varphi_{\mathrm{m}}=\varphi_{\mathrm{m}P}-\varphi_{\mathrm{m}Q}=U_{\mathrm{m}PQ} \tag{4-4-29}$$

选择Q点为标量磁位的参考点，令$\varphi_{\mathrm{mQ}}=0$，P点的标量磁位为

$$\varphi_{\mathrm{m}P}=\int_P^Q \boldsymbol{H}\cdot\mathrm{d}\boldsymbol{l} \tag{4-4-30}$$

以上两式表明，磁场中无自由电流区域中，两点之间的标量磁位差等于磁场强度在这两点之间的线积分，任一点P的标量磁位等于磁场强度从P点到参考点的线积分。

静电场中，用电场强度计算电位和电位差时，只要场点选定，其值与积分路径无关。而

标量磁位不同，当空间存在自由电流时，标量磁位差或磁位与积分路径有关。如图 4-4-6 所示，选择 1 和 2 两个不同的积分路径时 PQ 两点间标量磁位差分别为

$$U_{m1}=\int_{P1Q}\boldsymbol{H}\cdot d\boldsymbol{l} \tag{4-4-31}$$

$$U_{m2}=\int_{P2Q}\boldsymbol{H}\cdot d\boldsymbol{l} \tag{4-4-32}$$

二者之间的差为

$$\begin{aligned}U_{m2}-U_{m1}&=\int_{P2Q}\boldsymbol{H}\cdot d\boldsymbol{l}-\int_{P1Q}\boldsymbol{H}\cdot d\boldsymbol{l}\\&=\int_{P2Q}\boldsymbol{H}\cdot d\boldsymbol{l}+\int_{Q1P}\boldsymbol{H}\cdot d\boldsymbol{l}\\&=\oint_{P2Q1P}\boldsymbol{H}\cdot d\boldsymbol{l}=I_1-I_2+I_3\end{aligned} \tag{4-4-33}$$

式中最后一步积分应用了安培环路定理。从上式可见，U_{m2} 与 U_{m1} 存在差别，标量磁位差与积分路径有关。标量磁位也与所选择的磁场强度的积分路径有关。当积分路径环绕电流绕过的圈数不同，标量磁位也不同。

为消除标量磁位的多值性，需要对积分路径加以限制，通常采用引入磁障碍面的方法。所谓磁障碍面就是规定积分路径不准穿过电流回路所限定的某一曲面，避免了闭合积分路径中有电流穿过。

对比标量磁位 φ_m 与电位 φ，二者有不同之处，其一引入标量磁位的区域仅限于无传导电流分布区域，而引入电位的区域可以是静电场中任一位置；其二电场中两点之间的电位差只与这两点位置有关，与积分路径选择无关，而恒定磁场中两点间的标量磁位差不仅与这两点的位置有关，与积分路径的选择也有关；其三电场中电位有确切的物理意义，即等于将单位正电荷移到电位零点时电场力所作的功，或者单位正电荷在该点的电势能，而磁场中标量磁位与磁场力作功没有关系。标量磁位没有具体的物理意义，只是一个计算辅助量。

例 4-4-1 一个薄铁圆盘，半径为 r，厚度为 d 且 $d \ll r$，如图 4-4-7 所示。在平行于 z 轴方向均匀磁化，磁化强度为 $\boldsymbol{M}$，试求铁盘轴线上的磁感应强度 $\boldsymbol{B}$ 和磁场强度 $\boldsymbol{H}$。

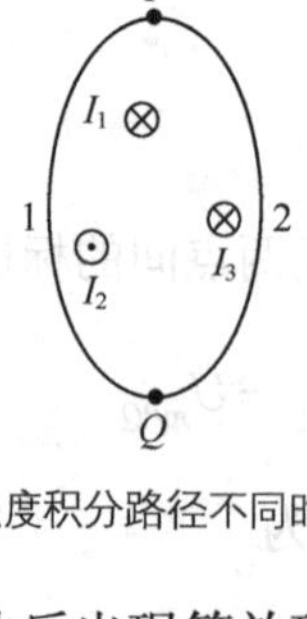

图 4-4-6 磁场强度积分路径不同时的标量磁位

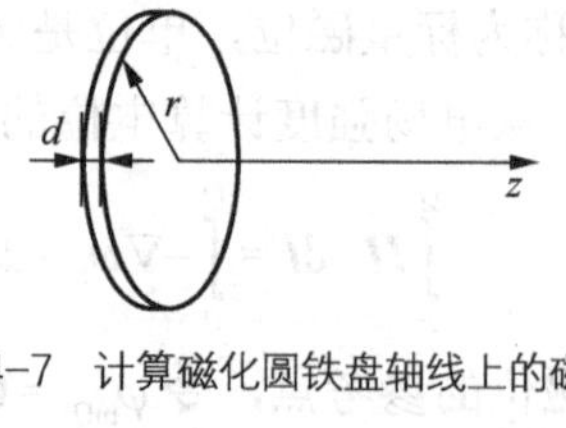

图 4-4-7 计算磁化圆铁盘轴线上的磁场

解 介质磁化后出现等效磁化电流，磁化的介质产生的磁场可看作是磁化电流产生的，用磁化强度可计算出等效磁化电流，根据毕奥-萨伐尔定律可计算出磁化电流产生的磁场。具体计算过程如下。

由于铁盘沿 z 轴方向均匀磁化，可设 $\boldsymbol{M}=M\boldsymbol{e}_z$，其中 M 为常数。

铁盘内，等效磁化体电流密度，$\boldsymbol{J}_M=\nabla'\times\boldsymbol{M}=0$

铁盘上、下底面的磁化电流面密度，$\boldsymbol{K}_{\rm M}=\boldsymbol{M}\times\boldsymbol{e}_n=M\boldsymbol{e}_z\times(\pm\boldsymbol{e}_z)=0$

铁盘侧面周边边缘上磁化电流面密度，$\boldsymbol{K}_{\rm M}=\boldsymbol{M}\times\boldsymbol{e}_n=M\boldsymbol{e}_z\times\boldsymbol{e}_r=M\boldsymbol{e}_\alpha$

这样可将磁化后的圆盘在空间产生的磁场看作由电流为$I=K_{\rm M}d=Md$的圆环产生的磁场。

当场点位于铁盘外部的轴线上时，磁感应强度$\boldsymbol{B}$可根据课本例 4-1-2 的结果计算，得：

$$\boldsymbol{B}=\frac{\mu_0 Ir^2}{2(r^2+z^2)^{3/2}}\boldsymbol{e}_z=\frac{\mu_0 r^2 Md}{2(r^2+z^2)^{3/2}}\boldsymbol{e}_z$$

$$\boldsymbol{H}=\frac{\boldsymbol{B}}{\mu_0}=\frac{r^2 Md}{2(r^2+z^2)^{3/2}}\boldsymbol{e}_z$$

铁盘内，根据$\boldsymbol{H}=\dfrac{\boldsymbol{B}}{\mu_0}-\boldsymbol{M}$得，$\boldsymbol{B}=\boldsymbol{M}\Big/(\dfrac{1}{\mu_0}-\dfrac{1}{\mu})$，由于$\mu\gg u_0$，$\boldsymbol{B}\approx\mu_0\boldsymbol{M}$，$\boldsymbol{H}=\dfrac{\boldsymbol{B}}{\mu}\approx\dfrac{\mu_0}{\mu}\boldsymbol{M}$。

例 4-4-2 假设图 4-2-2 中环形螺绕环的中心是磁导率为μ的铁磁材料，再计算铁心中的磁感强度$\boldsymbol{B}$与磁场强度$\boldsymbol{H}$。

解 环形线圈中心为铁磁材料时，磁场仍对称，在$a<r<b$的区域，应用介质中的安培环路定理有

$$\oint_l \boldsymbol{H}\cdot \mathrm{d}\boldsymbol{l}=2\pi rH=NI$$

$$\boldsymbol{H}=\frac{NI}{2\pi r}\boldsymbol{e}_\alpha$$

$$\boldsymbol{B}=\mu\boldsymbol{H}=\frac{\mu NI}{2\pi r}\boldsymbol{e}_\alpha$$

而在$0<r<a$与$r>b$的区域，由于积分路径包围的电流为零，因此有

$$\boldsymbol{H}=0,\quad \boldsymbol{B}=0$$

因$\mu=\mu_0\mu_{\rm r}$，铁磁材料$\mu_{\rm r}$远大于 1，因此可见，从空气心改变成铁心后，密绕环形线圈中的磁感应强度大大增加。

例 4-4-3 计算无限长载流直导线的标量磁位，假设直导线所通电流为I。

解 先计算磁场强度$\boldsymbol{H}$，代入公式$\varphi_{\mathrm{m}P}=\int_P^0 \boldsymbol{H}\cdot\mathrm{d}\boldsymbol{l}$中即可计算标量磁位。

根据电流对称性，选圆柱坐标系，长直导线与z轴重合，场点P的坐标为（r,α,z），根据例 4-1-1 知，场点P处磁场为

$$\boldsymbol{B}=\frac{\mu_0 I}{2\pi r}\boldsymbol{e}_\alpha,\quad \boldsymbol{H}=\frac{\boldsymbol{B}}{\mu_0}=\frac{I}{2\pi r}\boldsymbol{e}_\alpha$$

取$\alpha=0$的平面为标量磁位参考面和磁障碍面，如图 4-4-8 所示，积分路径如图中所标且不能通过磁障碍面，因此P点的标量磁位为

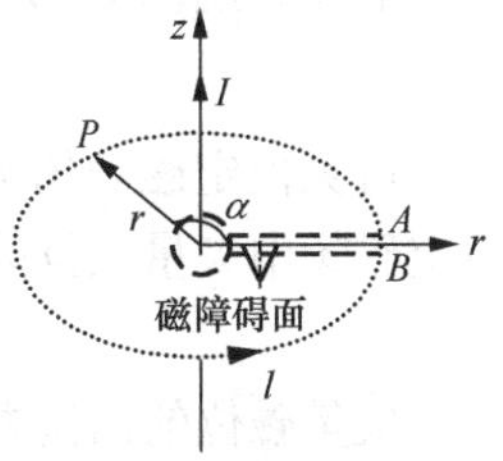

图 4-4-8 计算无限长载流导线的矢量磁位

$$\varphi_{\mathrm{m}P}=\int_P^B \boldsymbol{H}\cdot\mathrm{d}\boldsymbol{l}=\int_\alpha^{2\pi}\frac{I}{2\pi r}\boldsymbol{e}_\alpha\cdot r\mathrm{d}\alpha\boldsymbol{e}_\alpha=\frac{I}{2\pi}(2\pi-\alpha)$$

4.5 恒定磁场的基本方程与分界面条件

磁场的散度与旋度共同反映磁场的性质，构成磁场的基本方程。当空间存在多种介质时，

由于磁导率不同，介质磁化存在差别，使介质分界面上的磁场发生改变。因此，实际情况中要确定磁场，还需要给定分界面条件。本节讨论磁场的基本方程与分界面条件。

4.5.1 恒定磁场的基本方程

1. *恒定磁场的基本方程*

磁通连续性定理与安培环路定理共同描述了恒定磁场的基本特征，说明恒定磁场是无散有旋场，二者构成了恒定磁场的基本方程。由式（4-2-4）与式（4-4-21）构成了恒定磁场的基本方程的微分形式，由式（4-2-2）与式（4-4-23）构成了恒定磁场基本方程的积分形式，即

微分形式为

$$\nabla \cdot \boldsymbol{B} = 0$$
$$\nabla \times \boldsymbol{H} = \boldsymbol{J}$$

积分形式为

$$\oint\!\!\oint_S \boldsymbol{B} \cdot \mathrm{d}\boldsymbol{S} = 0$$
$$\oint_l \boldsymbol{H} \cdot \mathrm{d}\boldsymbol{l} = I$$

恒定磁场的基本方程中包含了磁感应强度 $\boldsymbol{B}$ 与磁场强度 $\boldsymbol{H}$，式（4-4-24）给出了各向同性介质中这两个物理量之间的关系，称为恒定磁场的辅助方程，即

$$\boldsymbol{B} = \mu \boldsymbol{H}$$

2. *矢量磁位 $\boldsymbol{A}$ 的微分方程*

矢量磁位的微分方程可通过恒定磁场基本方程 $\nabla \times \boldsymbol{H} = \boldsymbol{J}$ 和辅助方程 $\boldsymbol{B} = \mu \boldsymbol{H}$ 推导，对于均匀介质

$$\nabla \times \boldsymbol{H} = \frac{1}{\mu} \nabla \times \boldsymbol{B} = \boldsymbol{J} \tag{4-5-1}$$

将 $\boldsymbol{B} = \nabla \times \boldsymbol{A}$ 代入上式，有

$$\nabla \times (\nabla \times \boldsymbol{A}) = \mu \boldsymbol{J} \tag{4-5-2}$$

$$\nabla \times (\nabla \times \boldsymbol{A}) = \nabla(\nabla \cdot \boldsymbol{A}) - \nabla^2 \boldsymbol{A} = \mu \boldsymbol{J} \tag{4-5-3}$$

取库仑规范 $\nabla \cdot \boldsymbol{A} = 0$，由此得到均匀介质中恒定磁场矢量磁位的基本方程

$$\nabla^2 \boldsymbol{A} = -\mu \boldsymbol{J} \tag{4-5-4}$$

可见恒定磁场的矢量磁位满足泊松方程。当场域中没有电流分布时，$\boldsymbol{J} = 0$，上式变为恒定磁场中矢量磁位的拉普拉斯方程

$$\nabla^2 \boldsymbol{A} = 0 \tag{4-5-5}$$

矢量磁位的泊松方程与拉普拉斯方程都是矢量磁位的微分方程，是通过场矢量的恒定磁场的基本方程和辅助方程推导出来的，因此与场矢量的基本方程及其辅助方程等价。

矢量磁位的泊松方程是矢量形式的，在直角坐标系中，可分解为相应的三个坐标分量的方程，即

$$\begin{cases} \nabla^2 A_x = -\mu_0 J_x \\ \nabla^2 A_y = -\mu_0 J_y \\ \nabla^2 A_z = -\mu_0 J_z \end{cases} \tag{4-5-6}$$

3. *标量磁位 φ_m 的微分方程*

标量磁位 φ_m 的微分方程也可以用恒定磁场的基本方程与辅助方程推导。在没有电流分布的区域，$\nabla\times\boldsymbol{H}=0$，才可以引入标量磁位 φ_m，且 $\boldsymbol{H}=-\nabla\varphi_m$。代入恒定磁场的基本方程 $\nabla\cdot\boldsymbol{B}=0$ 中，对于均匀介质

$$\nabla\cdot\boldsymbol{B}=\nabla\cdot(\mu\boldsymbol{H})=\nabla\cdot(-\mu\nabla\varphi_m)=-\mu\nabla^2\varphi_m=0 \tag{4-5-7}$$

即

$$\mu\nabla^2\varphi_m=0 \tag{4-5-8}$$

上式就是标量磁位的微分方程，标量磁位满足拉普拉斯方程。

标量磁位的拉普拉斯方程也是从恒定磁场的基本方程和辅助方程推导出来的，因此它与场矢量的基本方程及其辅助方程等价。

4.5.2 恒定磁场的分界面条件

处在磁场中的介质会发生磁化，不同磁导率的介质磁化情况存在差异，两种介质的分界面上，由于磁导率的不同，造成分界面两侧场矢量不连续，这种不连续性会使场矢量基本方程的微分形式遇到困难，而积分方程仍然适用，因此可利用积分方程推导边界上任一点的极限情况，得出不同介质的分界面条件。

1. *磁感应强度 $\boldsymbol{B}$ 与磁场强度 $\boldsymbol{H}$ 的介质分界面条件*

（1）磁感应强度 $\boldsymbol{B}$ 法向分量的分界面条件。

磁感应强度 $\boldsymbol{B}$ 法向方向的分界面条件由磁通连续性定理 $\oint\!\!\!\oint_S \boldsymbol{B}\cdot d\boldsymbol{S}=0$ 推导，推导方法类似第 2 章中推导 $\boldsymbol{D}$ 的法向分量分界面条件的方法。

如图 4-5-1 所示，在磁导率分别为 μ_1、μ_2 的两种磁介质的分界面上取一个很扁的圆柱形闭合曲面，底面积为 ΔS，高为 h。$\boldsymbol{e}_n$ 是分界面法线方向的单位矢量，由介质 1 指向介质 2。因分界面没有厚度，小圆柱的高 $h\to 0$，所以小圆柱侧表面 $\boldsymbol{B}$ 的通量为零，小圆柱的上下表面积都很小，可以认为 ΔS 上磁感应强度均匀，设下表面上磁感强度为 $\boldsymbol{B}_1$，上表面为 $\boldsymbol{B}_2$，于是有

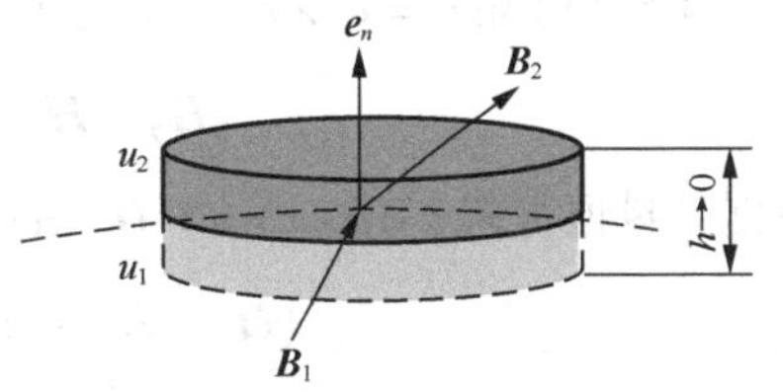

图 4-5-1　磁感应强度法向分量的分界面条件

$$\oint\!\!\!\oint_S \boldsymbol{B}\cdot d\boldsymbol{S}=\boldsymbol{B}_2\cdot\boldsymbol{e}_n\Delta S-\boldsymbol{B}_1\cdot\boldsymbol{e}_n\Delta S=0 \tag{4-5-9}$$

化简得

$$\boldsymbol{e}_n\cdot(\boldsymbol{B}_2-\boldsymbol{B}_1)=0 \tag{4-5-10}$$

上式就是法线方向磁感强度的分界面条件的矢量形式，写成标量形式为

$$B_{2n}=B_{1n} \tag{4-5-11}$$

由此可知，在分界面上，磁感应强度 $\boldsymbol{B}$ 的法向分量是连续的。

（2）磁场强度 $\boldsymbol{H}$ 切向分量的分界面条件。

磁场强度 $\boldsymbol{H}$ 切向方向的分界面条件是用安培环路定理 $\oint_l \boldsymbol{H}\cdot d\boldsymbol{l}=I$ 推导的，推导方法类似

于第 2 章中 $\boldsymbol{E}$ 的切向方向分界面条件的推导。

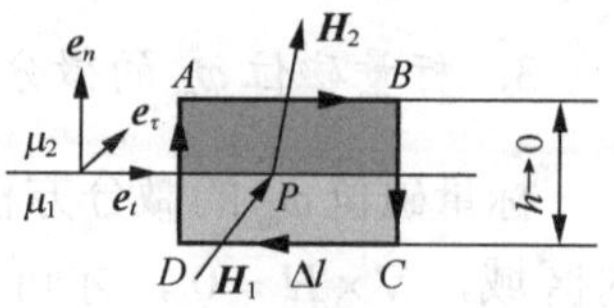

图 4-5-2　磁场强度切向分量的分界面条件

图 4-5-2 是两种磁介质的分界面，磁导率分别为 μ_1、μ_2，分界面上的自由电流面密度为 $\boldsymbol{K}$。$\boldsymbol{e}_n$ 是分界面法线方向的单位矢量，由介质 1 指向介质 2；$\boldsymbol{e}_t$ 是一个切向方线的单位矢量，$\boldsymbol{e}_\tau$ 是与 $\boldsymbol{e}_t$ 垂直的另一个切线方向的单位矢量。在分界面上取一个小矩形闭合回路 $ABCDA$，矩形回路的长为 Δl，宽为 h。因分界面没有厚度，所以矩形回路的宽 $h\to0$，因此磁场强度沿闭合回路的线积分中对 BC、DA 段的积分为零。因研究的是分界面上一点的情况，所以矩形回路的长 Δl 也很小，因此可认为在 AB、CD 整段上磁场强度均匀，处于介质 1 中的 CD 段上的磁场强度为 $\boldsymbol{H}_1$，处于介质 2 中的 AB 上磁场强度为 $\boldsymbol{H}_2$，因此有

$$\begin{aligned}\oint_l \boldsymbol{H}\cdot d\boldsymbol{l} &= \oint_{ABCDA}\boldsymbol{H}\cdot d\boldsymbol{l}=\int_A^B \boldsymbol{H}\cdot d\boldsymbol{l}+\int_C^D \boldsymbol{H}\cdot d\boldsymbol{l}=\boldsymbol{H}_2\cdot\boldsymbol{e}_t\Delta l-\boldsymbol{H}_1\cdot\boldsymbol{e}_t\Delta l\\ &=\iint_{S_{ABCD}}\boldsymbol{J}\cdot d\boldsymbol{S}=\iint_{S_{ABCD}}\boldsymbol{J}\cdot\boldsymbol{e}_\tau h dl\end{aligned} \tag{4-5-12}$$

因 $h\to0$，$\lim\limits_{h\to0} h\boldsymbol{J}=\boldsymbol{K}$，所以有

$$\iint_{S_{ABCD}}\boldsymbol{J}\cdot\boldsymbol{e}_\tau h dl=\boldsymbol{K}\cdot\boldsymbol{e}_\tau\Delta l \tag{4-5-13}$$

代入式（4-5-12）得

$$\boldsymbol{H}_2\cdot\boldsymbol{e}_t\Delta l-\boldsymbol{H}_1\cdot\boldsymbol{e}_t\Delta l=\boldsymbol{K}\cdot\boldsymbol{e}_\tau\Delta l \tag{4-5-14}$$

即

$$\boldsymbol{H}_2\cdot\boldsymbol{e}_t-\boldsymbol{H}_1\cdot\boldsymbol{e}_t=\boldsymbol{K}\cdot\boldsymbol{e}_\tau \tag{4-5-15}$$

从图 4-5-2 可知 $\boldsymbol{e}_t=\boldsymbol{e}_\tau\times\boldsymbol{e}_n$，于是上式变为

$$(\boldsymbol{H}_2-\boldsymbol{H}_1)\cdot\boldsymbol{e}_t=(\boldsymbol{H}_2-\boldsymbol{H}_1)\cdot(\boldsymbol{e}_\tau\times\boldsymbol{e}_n)=\boldsymbol{K}\cdot\boldsymbol{e}_\tau \tag{4-5-16}$$

根据矢量恒等式 $\boldsymbol{a}\cdot(\boldsymbol{b}\times\boldsymbol{c})=\boldsymbol{b}\cdot(\boldsymbol{c}\times\boldsymbol{a})$ 有

$$(\boldsymbol{H}_2-\boldsymbol{H}_1)\cdot(\boldsymbol{e}_\tau\times\boldsymbol{e}_n)=\boldsymbol{e}_\tau\cdot[\boldsymbol{e}_n\times(\boldsymbol{H}_2-\boldsymbol{H}_1)]=\boldsymbol{e}_\tau\cdot\boldsymbol{K} \tag{4-5-17}$$

所以有

$$\boldsymbol{e}_n\times(\boldsymbol{H}_2-\boldsymbol{H}_1)=\boldsymbol{K} \tag{4-5-18}$$

上式中 $\boldsymbol{e}_n\times(\boldsymbol{H}_2-\boldsymbol{H}_1)$ 和 $\boldsymbol{K}$ 均沿分界面切线方向，上式即为磁场强度 $\boldsymbol{H}$ 切线方向的分界面条件的矢量形式。若分界面上无自由面电流即 $\boldsymbol{K}=0$ 时，有

$$\boldsymbol{e}_n\times(\boldsymbol{H}_2-\boldsymbol{H}_1)=0 \tag{4-5-19}$$

也可以写为

$$H_{2t}=H_{1t} \tag{4-5-20}$$

上式即为 $\boldsymbol{K}=0$ 时磁场强度切向分量的分界面条件的标量形式，由此可知，当两种磁介质的分界面上不存在自由面电流时，磁场强度的切向分量连续。

2. 矢量磁位 $\boldsymbol{A}$ 与标量磁位 φ_m 的介质分界面条件

在不同磁介质分界面处，矢量磁位与标量磁位也满足一定的分界面条件。

（1）矢量磁位 $\boldsymbol{A}$ 的分界面条件。

将 $\boldsymbol{B}=\nabla\times\boldsymbol{A}$ 代入场矢量的分界面条件式（4-5-18）得

$$\boldsymbol{e}_n\times\left(\frac{1}{\mu_2}\nabla\times\boldsymbol{A}_2-\frac{1}{\mu_1}\nabla\times\boldsymbol{A}_1\right)=\boldsymbol{K} \tag{4-5-21}$$

另外，矢量磁位在分界面上还满足

$$\boldsymbol{A}_2=\boldsymbol{A}_1 \tag{4-5-22}$$

式（4-5-21）与式（4-5-22）是矢量磁位的分界面条件。式（4-5-22）的推导以例题形式给出，见例 4-5-4。

（2）标量磁位 φ_m 的分界面条件。

因为 $\boldsymbol{H}=-\nabla\varphi_m$，所以在两种磁介质分界面上有

$$H_t=-\frac{\partial\varphi_m}{\partial t},\quad B_n=-\mu\frac{\partial\varphi_m}{\partial n} \tag{4-5-23}$$

将式（4-5-23）代入场矢量的分界面条件式（4-5-11）与式（4-5-18），得标量磁位的分界面条件

$$\begin{cases}\mu_2\dfrac{\partial\varphi_{m2}}{\partial n}=\mu_1\dfrac{\partial\varphi_{m1}}{\partial n}\\ \varphi_{m2}=\varphi_{m1}\end{cases} \tag{4-5-24}$$

例 4-5-1 两种线性各向同性磁介质的分界面上无自由面电流分布，试证明分界面处 $\boldsymbol{B}$ 线与 $\boldsymbol{H}$ 线的折射关系式

$$\frac{\tan\theta_1}{\tan\theta_2}=\frac{\mu_1}{\mu_2}$$

其中，μ_1 与 μ_2 为两种磁介质的磁导率，θ_1 与 θ_2 分别为介质 1 和 2 中磁场与法线所成的夹角，如图 4-5-3 所示。

证明：根据恒定磁场的场矢量分界面条件

$B_{2n}=B_{1n}$ 可推出 $B_2\cos\theta_2=B_1\cos\theta_1$

$H_{2t}=H_{1t}$ 可推出 $\dfrac{B_{2t}}{\mu_2}=\dfrac{B_{1t}}{\mu_1}$ 即 $\dfrac{B_2\sin\theta_2}{\mu_2}=\dfrac{B_1\sin\theta_2}{\mu_1}$

联立 $B_2\cos\theta_2=B_1\cos\theta_1$ 与 $\dfrac{B_2\sin\theta_2}{\mu_2}=\dfrac{B_1\sin\theta_2}{\mu_1}$ 可得

$$\frac{\tan\theta_1}{\tan\theta_2}=\frac{\mu_1}{\mu_2}$$

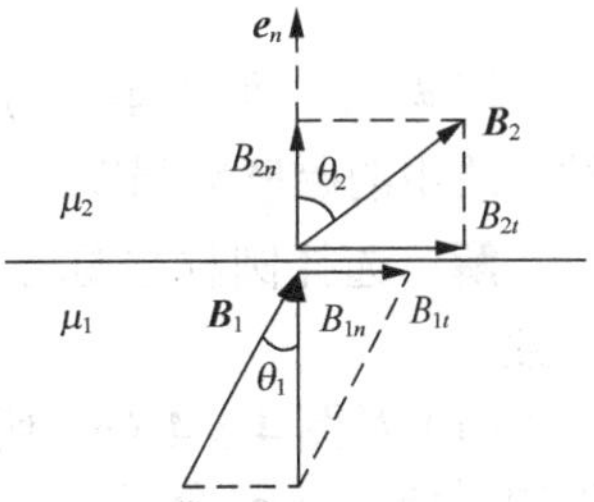

图 4-5-3 推导分界面处的折射关系式

由于铁磁介质的磁导率远大于普通的磁介质，因此特别讨论一下铁磁介质（μ_1）与另一种介质（$\mu_2\approx\mu_0$）的分界面条件，在分界面无自由面电流时，分界面上场矢量的分界面条件式（4-5-11）与式（4-5-20）依然成立，即 $B_{2n}=B_{1n}$，$H_{2t}=H_{1t}$。分界面两侧，磁感应强度的方向满足折射关系，即 $\dfrac{\tan\theta_1}{\tan\theta_2}=\dfrac{\mu_1}{\mu_2}$，因 $\mu_1\gg\mu_2$，因此，除 $\theta_1=\theta_2=0$ 的特殊情况外，$\tan\theta_1\gg\tan\theta_2$，通常对应 $\theta_1\approx90°$，$\theta_2\approx0$，即铁磁介质内 $\boldsymbol{B}$ 线几乎与分界面平行。铁磁质内要使磁感应强度 $\boldsymbol{B}$ 有限，需要磁场强度 $\boldsymbol{H}_1\approx0$，所以有 $H_{2t}=H_{1t}\approx0$，因此另一种介质中 $\boldsymbol{B}$ 很小，且 $\boldsymbol{B}$ 线几乎垂直于分界面，而铁磁介质内 $\boldsymbol{B}$ 线密集且几乎与分界面平行。

例 4-5-2 一根极细的圆铁杆和一个很薄的圆铁盘样品放在磁场 $\boldsymbol{B}_0$ 中，并使它们的轴与

$\boldsymbol{B}_0$平行，铁的磁导率为μ，求两样品内的$\boldsymbol{B}$和$\boldsymbol{H}$。若已知$\boldsymbol{B}_0 = 1\mathrm{T}$，$\mu = 5000\mu_0$，求两样品内的磁化强度$M$。

解 该例题需要考虑介质的分界面条件，磁场强度、磁感强度和磁化强度之间的关系。

对于极细的圆铁杆，由于铁杆极细，在其半径尺度上可认为场是均匀的，根据题意，$\boldsymbol{B}_0$方向与杆轴平行，故在铁杆与空气的分界面上，有$H_{1t} = H_{2t}$，铁杆内磁场为

$$H = H_{2t} = H_{1t} = H_0 = \frac{B_0}{\mu_0}$$

即

$$\boldsymbol{H} = \frac{\boldsymbol{B}_0}{\mu_0}, \qquad \boldsymbol{B} = \mu\boldsymbol{H} = \frac{\mu}{\mu_0}\boldsymbol{B}_0$$

磁化强度方向与磁场方向一致，大小为

$$M = \frac{B}{\mu_0} - H = \frac{B_0}{\mu_0}(\frac{\mu}{\mu_0} - 1) = \frac{4999}{\mu_0}$$

对于很薄的圆铁盘，由于圆铁盘很很薄，场在其厚度方向上可看成均匀场，且$\boldsymbol{B}_0$垂直于圆盘面，故在圆盘与空气的分界面上有，$B_{1n} = B_{2n}$，圆盘内磁场为：

$$B = B_{2n} = B_{1n} = B_0 \quad \text{即} \ \boldsymbol{B} = \boldsymbol{B}_0$$

$$\boldsymbol{H} = \frac{\boldsymbol{B}}{\mu} = \frac{\boldsymbol{B}_0}{\mu}$$

磁化强度方向与磁场方向一致，大小为

$$M = \frac{B}{\mu_0} - H = B_0(\frac{1}{\mu_0} - \frac{1}{\mu}) = \frac{4999}{5000\mu_0}$$

例 4-5-3 如图 4-5-4 所示，已知无限长载流直导线的电流和两种磁介质的磁导率，求两种介质中的磁感应强度。

解 选择圆柱坐标系，使z轴方向与电流方向一致。

（1）对图 4-5-4（a）所示情况，无限长直导线产生的磁场只有$\boldsymbol{e}_\alpha$分量，在分界面上磁场方向与分界面法向方向一致，磁感应强度的法向分量连续，因此在分界面上有$B_1 = B_{1n} = B_{2n} = B_2$。选择以$z$轴为中心半径为$r$的圆环为积分回路，其方向与电流流向符合右手螺旋关系，则有

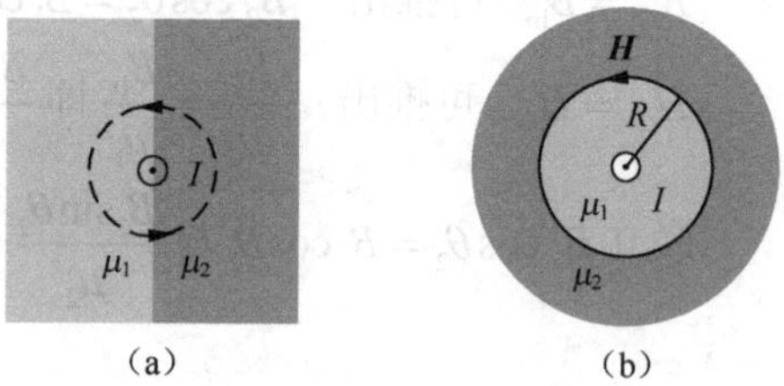

图 4-5-4 计算不同磁介质分布的磁感应强度

$$\oint_l \boldsymbol{H} \cdot \mathrm{d}\boldsymbol{l} = \pi r H_1 + \pi r H_2 = \pi r B(\frac{1}{\mu_1} + \frac{1}{\mu_2}) = I$$

$$B_1 = B_2 = \frac{I\mu_1\mu_2}{\pi r(\mu_1 + \mu_2)}$$

由此可得：介质 1 中 $\boldsymbol{B}_1 = \frac{I\mu_1\mu_2}{\pi r(\mu_1 + \mu_2)}\boldsymbol{e}_\alpha$，$\boldsymbol{H}_1 = \frac{\boldsymbol{B}_1}{\mu_1} = \frac{I\mu_2}{\pi r(\mu_1 + \mu_2)}\boldsymbol{e}_\alpha$

介质 2 中 $\boldsymbol{B}_2 = \frac{I\mu_1\mu_2}{\pi r(\mu_1 + \mu_2)}\boldsymbol{e}_\alpha$，$\boldsymbol{H}_2 = \frac{\boldsymbol{B}_2}{\mu_2} = \frac{I\mu_1}{\pi r(\mu_1 + \mu_2)}\boldsymbol{e}_\alpha$

（2）对图 4-5-4（b）所示情况，无限长直导线产生的磁场只有 $\boldsymbol{e}_\alpha$ 分量，在分界面上与分界面切向方向一致，且磁场强度的切向分量连续，因此在分界面上有 $H_1 = H_{1t} = H_{2t} = H_2$。选择以 z 轴为中心半径为 r 的圆环为积分回路，其方向与电流流向符合右手螺旋关系，则有

$$\oint_l \boldsymbol{H} \cdot \mathrm{d}\boldsymbol{l} = H\oint_l \mathrm{d}l = H \cdot 2\pi r = I$$

得：$H_1 = \dfrac{I}{2\pi r}$，$H_2 = \dfrac{I}{2\pi r}$，考虑方向有

$$\boldsymbol{H}_1 = \frac{I}{2\pi r}\boldsymbol{e}_\alpha,\quad \boldsymbol{H}_2 = \frac{I}{2\pi r}\boldsymbol{e}_\alpha$$

两种介质中的磁感应强度分别为

$$\boldsymbol{B}_1 = \mu_1\boldsymbol{H}_1 = \frac{\mu_1 I}{2\pi r}\boldsymbol{e}_\alpha$$

$$\boldsymbol{B}_2 = \mu_2\boldsymbol{H}_2 = \frac{\mu_2 I}{2\pi r}\boldsymbol{e}_\alpha$$

例 4-5-4 试推导矢量磁位的分界面条件中的式（4-5-22），即 $\boldsymbol{A}_2 = \boldsymbol{A}_1$。

解

法线方向：如图 4-5-5（a）所示，对分界面上任一点，在分界面两侧作一底面积为 ΔS 高为 h（$h \to 0$）的闭合圆柱面，矢量磁位在该闭合面上的通量为

$$\oint\!\!\oint_S \boldsymbol{A} \cdot \mathrm{d}\boldsymbol{S} = \boldsymbol{A}_2 \cdot \boldsymbol{e}_n \Delta S - \boldsymbol{A}_1 \cdot \boldsymbol{e}_n \Delta S = \iiint_V \nabla \cdot \boldsymbol{A}\mathrm{d}V$$

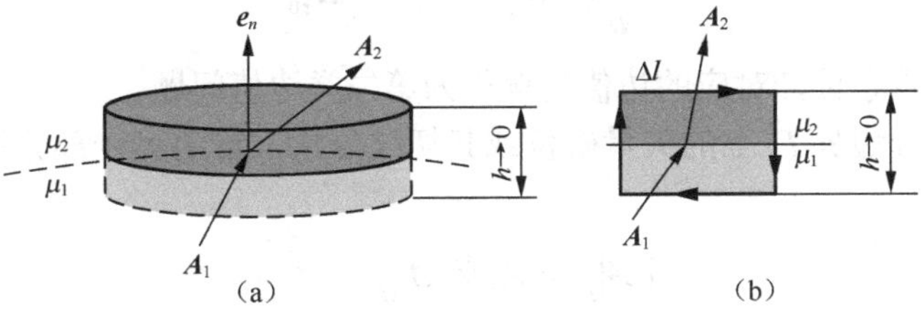

图 4-5-5 推导矢量磁位的分界面条件 $A_2=A_1$

再根据库仑规范 $\nabla \cdot \boldsymbol{A} = 0$ 有

$$\oint\!\!\oint_S \boldsymbol{A} \cdot \mathrm{d}\boldsymbol{S} = \iiint_V \nabla \cdot \boldsymbol{A}\mathrm{d}V = 0$$

因此，得

$$A_{2n} = A_{1n}$$

切线方向：如图 4-5-5（b）图，对介质分界面上任一点，取一长度为 Δl 高度为 $h(h \to 0)$ 矩形闭合回路，该回路上矢量磁位的环流为

$$\oint_l \boldsymbol{A} \cdot \mathrm{d}\boldsymbol{l} = A_{2t}\Delta l - A_{1t}\Delta l = \iint_S \boldsymbol{B} \cdot \mathrm{d}\boldsymbol{S} = 0$$

$$A_{2t} = A_{1t}$$

因此，有

$$\boldsymbol{A}_2 = \boldsymbol{A}_1$$

4.6 恒定磁场的边值问题与唯一性定理和磁路

磁场方程、分界面条件与给定的场域边界条件一起构成了描述恒定磁场的边值问题。本节主要讨论恒定磁场的边值问题，给出唯一性定理，并简要的介绍磁路。

4.6.1 矢量磁位 A 的边值问题

矢量磁位所满足的微分方程（4-5-4），即

$$\nabla^2 \boldsymbol{A} = -\mu \boldsymbol{J}$$

矢量磁位的分界面条件是式（4-5-21）与式（4-5-22）

$$\boldsymbol{A}_2 = \boldsymbol{A}_1$$

$$\boldsymbol{e}_n \times \left(\frac{1}{\mu_2} \nabla \times \boldsymbol{A}_2 - \frac{1}{\mu_1} \nabla \times \boldsymbol{A}_1 \right) = \boldsymbol{K}$$

在场域的边界面上给定矢量磁位边界条件的方式有以下三类。

（a）给定场域边界 $\varGamma$ 上各点的矢量磁位或其切线分量，即

$$\boldsymbol{A}\big|_{\varGamma} = \boldsymbol{A}_0 \text{ 或 } \boldsymbol{A}_t\big|_{\varGamma} = \boldsymbol{A}_{t0} \tag{4-6-1}$$

称为第一类边界条件，对应的边值问题称为第一类边值问题。

（b）给定场域边界 $\varGamma$ 上磁场强度的切线分量，即

$$\frac{1}{\mu}(\nabla \times \boldsymbol{A}) \times \boldsymbol{e}_{\mathrm{n}}\big|_{\varGamma} = \boldsymbol{K}_{\tau 0} \tag{4-6-2}$$

称为第二类边界条件，对应的边值问题称为第二类边值问题。

（c）给定一部分边界 $\varGamma_1$ 上的矢量磁位或其切线分量，给定另一部分边界 $\varGamma_2$ 上的磁场强度切线分量，即

$$\begin{cases} \boldsymbol{A}\big|_{\varGamma_1} = \boldsymbol{A}_0 \text{或 } \boldsymbol{A}_t\big|_{\varGamma_1} = \boldsymbol{A}_{t0} \\ \dfrac{1}{\mu}(\nabla \times \boldsymbol{A}) \times \boldsymbol{e}_n\big|_{\varGamma_2} = \boldsymbol{K}_{t0} \end{cases} \tag{4-6-3}$$

4.6.2 标量磁位 φ_{m} 的边值问题

标量磁位的所满足的微分方程为式（4-5-8），即

$$\mu \nabla^2 \varphi_{\mathrm{m}} = 0$$

标量磁位的分界面条件为式（4-5-24），即

$$\begin{cases} \mu_2 \dfrac{\partial \varphi_{\mathrm{m2}}}{\partial n} = \mu_1 \dfrac{\partial \varphi_{\mathrm{m1}}}{\partial n} \\ \varphi_{\mathrm{m2}} = \varphi_{\mathrm{m1}} \end{cases}$$

标量磁位的微分方程、分界面条件与场域的边界条件一起构成了用标量磁位表示的恒定磁场的边值问题。需要注意的是，由于标量磁位是在无自由电流分布区域引入的，因此标量磁位的边值问题在应用时也需要注意适用条件。

4.6.3 恒定磁场的唯一性定理

恒定磁场的边值问题就是在给定边界条件下，求矢量磁位或标量磁位微分方程定解的问题。

恒定磁场边值问题的求解方法有多种，那么人们忍不住要问，通过不同的方法求得的磁场结果是否相同呢？

恒定磁场的唯一性定理表明，凡满足恒定磁场的微分方程和给定边界条件的解，是给定恒定磁场的唯一解。证明过程可参考同类教材。

4.6.4 磁路

恒定电流场可简化为电路，恒定磁场中也可以引入磁路的概念。恒定磁场是有旋场，磁场线无头无尾处处闭合，当磁场所处空间存在铁磁质时，磁感应强度线大部分集中在铁磁质内，当铁磁质设计成闭合或接近闭合的回路时，磁感应强度线在铁磁质回路中的分布与电流在导体内的流通相似，因此把磁感线在铁磁质内经过的闭合路径，称为磁路。在电磁铁、变压器和旋转电机等设备中经常会应用到磁路。

下面以简单闭合铁心的磁路为例，来简要介绍磁路的相关概念以及磁路与电路的对应关系。

如图 4-6-1 所示，闭合铁心上绕有 N 匝线圈，线圈中通以电流 I，磁场线主要集中在铁心内，对于铁心中的闭合磁场线应用安培环路定理，有

$$\oint_l \boldsymbol{H}\cdot d\boldsymbol{l} = NI \tag{4-6-4}$$

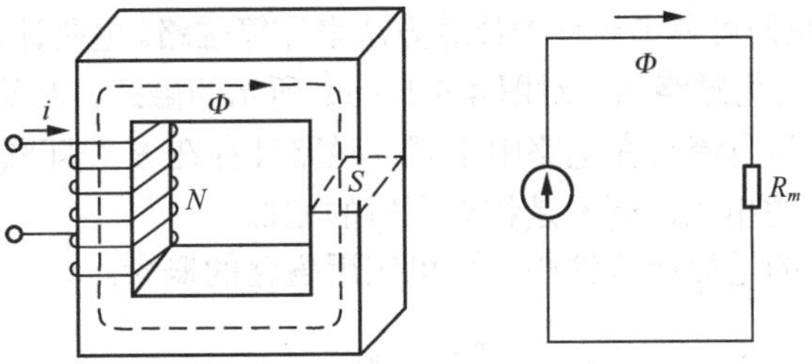

（a）磁路　　（b）等效磁路

图 4-6-1　闭合铁心的磁路与等效磁路

假设磁场强度在磁性材料内是均匀的，l 为闭合路径的平均长度，则

$$\oint_l \boldsymbol{H}\cdot d\boldsymbol{l} = Hl = NI \tag{4-6-5}$$

对于磁性材料，$\boldsymbol{H}=\dfrac{\boldsymbol{B}}{\mu}$，代入上式可得

$$\frac{B}{\mu}l = NI \tag{4-6-6}$$

铁心的横截面积为 S，且前面假设铁心中磁场均匀，因此磁通量为

$$\Phi = \int_S \boldsymbol{B}\cdot d\boldsymbol{S} = BS \tag{4-6-7}$$

因此，将 $B=\dfrac{\Phi}{S}$ 代入式（4-6-6）得

$$\Phi\frac{l}{\mu S}=NI \tag{4-6-8}$$

把 NI 称作磁路的磁动势，记作 e_m，单位为安培，也称作安匝（At）。把 $l/(\mu S)$ 称作这个无分支闭合磁路的磁阻，记作 R_m。磁路的磁动势与电路中的电动势相对应。磁阻与电路中导体的电阻相对应，电阻公式为 $R=\dfrac{l}{\gamma S}$，磁阻为 $R_m=\dfrac{l}{\mu S}$，其中磁导率 μ 与电导率 γ 对应。于是，式（4-6-8）写为

$$e_m=\Phi R_m \tag{4-6-9}$$

对比电路的欧姆定律 $e=IR$，式（4-6-9）称为无分支闭合磁路的欧姆定律。磁路与电路有一系列对应的物理量，如表 4-6-1 所示。

表 4-6-1　　磁路与电路的对应物理量

磁路	电路
磁动势 e_m	电动势 e
磁通 Φ	电流 I
磁通密度即磁感应强度 $\boldsymbol{B}$	电流密度 $\boldsymbol{J}$
磁导率 μ	电导率 γ
磁阻 $R_m=l/(\mu S)$	电阻 $R=l/(\gamma S)$

这种对应关系，使我们可参考电路的计算方法来计算磁路。电路计算时可应用简化电路图，磁路计算中也可以画出简化磁路图。对图 4-6-1（a）所示的磁路，其简化磁路如图 4-6-1（b）所示。需要说明的是，与电流只在电路中不同，磁路外存在 $\boldsymbol{B}$ 线即漏磁通。磁路与电路的对应关系仅是一种数学上的相似，而不是物理本质的相似。

对于存在很窄气隙的近似闭合铁心，也可应用磁路的概念。

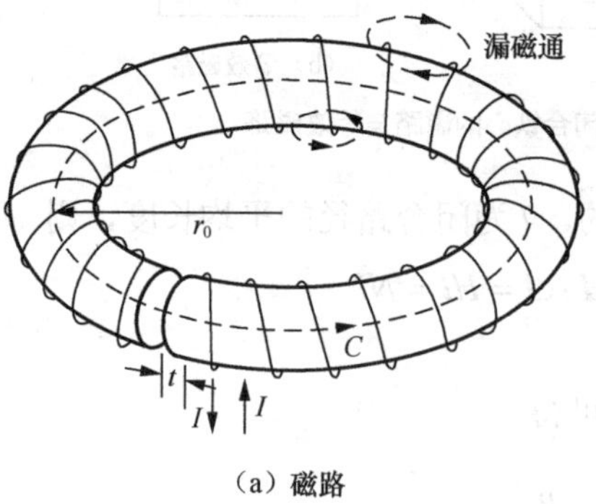

（a）磁路

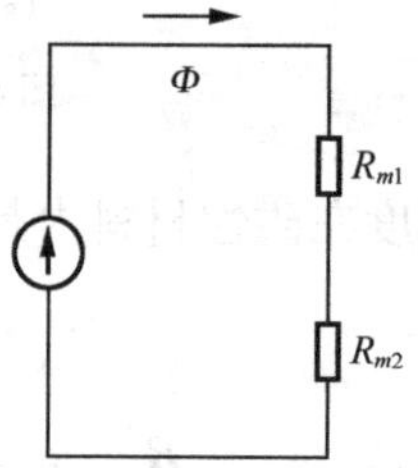

（b）简化磁路

图 4-6-2　含气隙的铁心的磁路与简化磁路

如图 4-6-2 所示，环形铁心上绕有 N 匝线圈，所通电流为 I。忽略漏磁通与空气隙中 $\boldsymbol{B}$ 线的边缘效应，可以近似地认为通过气隙与铁心的 $\boldsymbol{B}$ 线相同且均匀地分布在截面上，设铁心与气隙中的磁场强度分别为 $\boldsymbol{H}_1$ 与 $\boldsymbol{H}_2$，根据安培环路定理，可得

$$\oint_l \boldsymbol{H}\cdot d\boldsymbol{l}=H_1(2\pi r_0-t)+H_2 t=NI \tag{4-6-10}$$

$$\frac{B}{\mu}(2\pi r_0 - t) + \frac{B}{\mu_0}t = NI \tag{4-6-11}$$

$$\Phi\frac{2\pi r_0 - t}{S\mu} + \Phi\frac{t}{\mu_0 S} = NI \tag{4-6-12}$$

式中$\frac{2\pi r_0 - t}{S\mu} = R_{m1}$，$\frac{t}{\mu_0 S} = R_{m2}$分别对应铁心与空气部分的磁阻，因此上式变为

$$\Phi R_{m1} + \Phi R_{m2} = e_m \tag{4-6-13}$$

可见，图4-6-2（a）所示的含气隙的铁心相当于两个磁阻的串联，其简化磁路如图4-6-2（b）所示。对于更复杂的磁路此处不再介绍。

在磁路的计算中引入多种近似，如不考虑漏磁通，忽略空气隙区域$\boldsymbol{B}$的边缘效应，假设铁心截面上各处$\boldsymbol{B}$均匀相等，因此磁路计算实际上是一种估算。但实际问题中，这种磁路估算十分必要且被广泛使用。

习　题

4-1　如题4-1图所示三种形状的线电流I，求其置于真空中时在中心O点产生的磁感应强度。

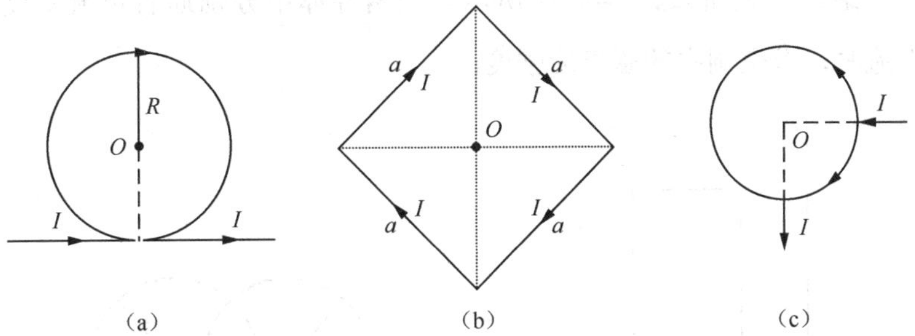

题4-1图

4-2　真空中一均匀带电导体球壳，半径为R，带电量为Q，厚度可忽略。以导体球壳的球心为坐标原点，求其以角速度ω绕与z轴重合的直径旋转时在原点处产生的磁感应强度$\boldsymbol{B}$。

4-3　如题4-3图所示，真空中，一无限长薄导体片放置在xOy平面，导体片宽度有限，两个边缘对应的坐标分别为$x=-d$到$x=d$，导体板上电流均匀，密度为$\boldsymbol{K}=K_0\boldsymbol{e}_y$，求导体片在$z$轴上任意一点$P$产生的磁感应强度$\boldsymbol{B}$。

4-4　真空中，如题4-4图所示，两无限长载流直导线平行于z轴放置在yOz平面，相距为d，电流分别为I_1和I_2，电流流向均为$\boldsymbol{e}_z$方向，求：

（1）导线1单位长度所受的力；

（2）导线2单位长度所受的力。

4-5　空间均匀分布着电场$\boldsymbol{E}=E_0\boldsymbol{e}_x$和磁场$\boldsymbol{B}=B_0\boldsymbol{e}_x$，描述当电子以速度$\boldsymbol{v}=-v_0\boldsymbol{e}_y$进入该空间时的运动，并讨论磁场与电场的相对大小对运动路径的影响。

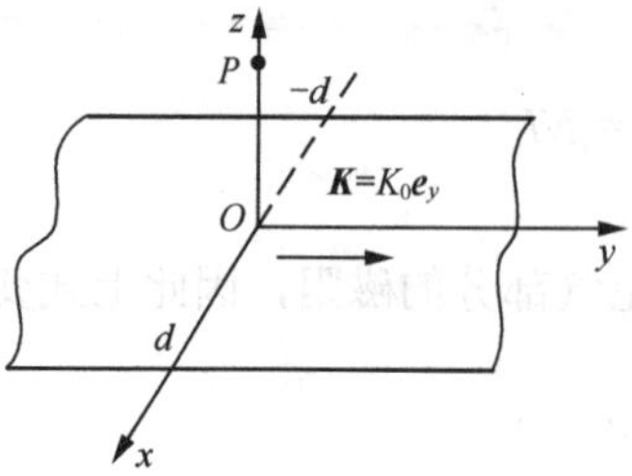

题 4-3 图

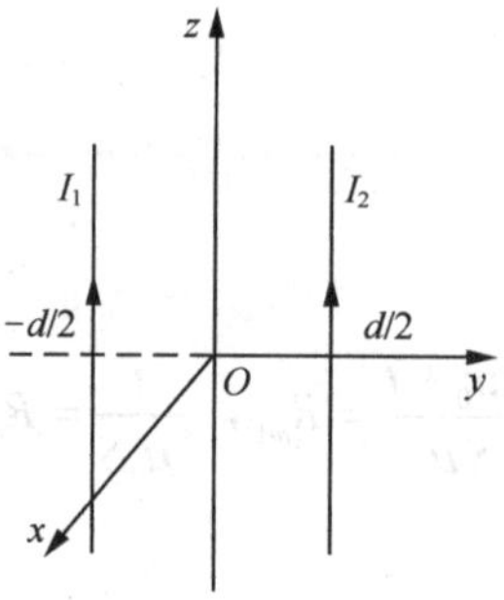

题 4-4 图

4-6　真空中，无限长载流导线 I 旁边放置一矩形回路，位置关系如题 4-6 图所示，求矩形回路的磁通量。

4-7　下列哪些矢量函数可能是磁感应强度？各式中 C 为一常数。

（1）$Cr\boldsymbol{e}_r$（球坐标系）　（2）$Cr\boldsymbol{e}_\alpha$（球坐标系）　（3）$Cr\boldsymbol{e}_\alpha$（圆柱坐标系）

（4）$C(-x\boldsymbol{e}_y + y\boldsymbol{e}_x)$　（5）$C(-x\boldsymbol{e}_x + y\boldsymbol{e}_y)$

4-8　真空中，半径为 a 的无限长圆柱形导体中分布着与圆柱中心轴同向的电流，电流密度为 $\boldsymbol{J} = r^2\boldsymbol{e}_z$，导体的磁导率为 μ_0，求圆柱体内、外的磁感应强度。

4-9　真空中，两半径均为 a 的无限长圆柱导体，轴线相距为 d，$d < 2a$，相交部分已挖成空洞，相交处绝缘，截面如题 4-9 图所示。当两导体中分别通有电流密度为 $\boldsymbol{J} = J_0\boldsymbol{e}_z$，$\boldsymbol{J} = -J_0\boldsymbol{e}_z$ 的电流时，求空洞中的磁感应强度。

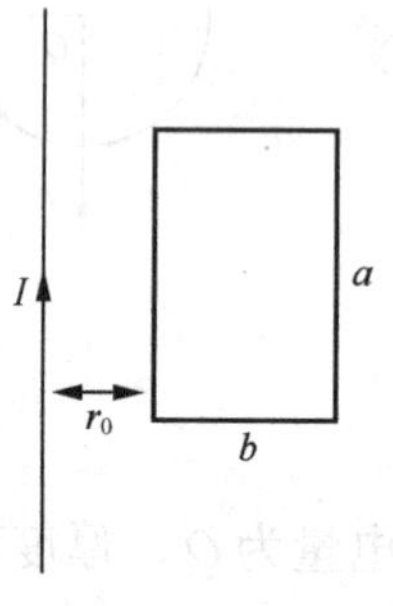

题 4-6 图

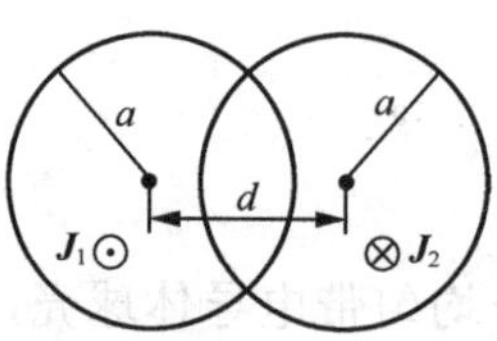

题 4-9 图

4-10　半径为 a 的无限长圆柱形导体中有一个不同轴的平行圆柱形空洞，截面如题 4-10 图所示，空洞的半径为 b，两圆柱轴线相距为 d，当导体处于空气中，均匀分布着密度为 $\boldsymbol{J} = J_0\boldsymbol{e}_z$ 的体电流时，计算空洞中各点的磁感应强度，并描述磁场的特征。

4-11　真空中，平行于 xOy 面放置两无限大平面导体板，两板距离 xOy 面均为 d，下导体板的面电流密度为 $\boldsymbol{K} = K\boldsymbol{e}_x$，如题 4-11 图所示，求以下两种情况下空间的磁感应强度：

（1）上导体板的面电流密度为 $\boldsymbol{K} = -K\boldsymbol{e}_x$；

（2）上导体板的面电流密度为 $\boldsymbol{K} = K\boldsymbol{e}_y$。

4-12　计算边长为 a 电流 I 的正方形导线回路在其中心产生的矢量磁位 $\boldsymbol{A}$。

4-13　计算真空中无限长直平行输电线在空间产生的矢量磁位 $\boldsymbol{A}$，设电流为 I，相距为 d，如题 4-13 图所示。

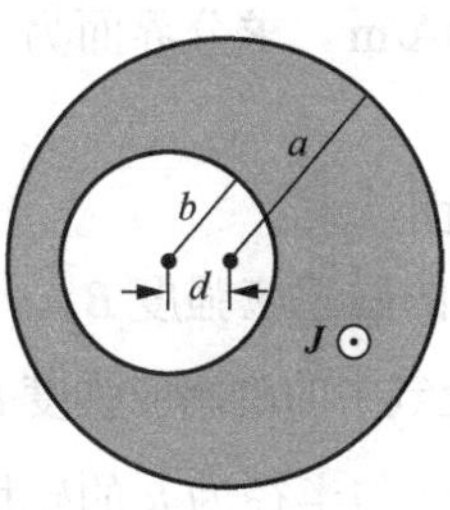

题 4-10 图

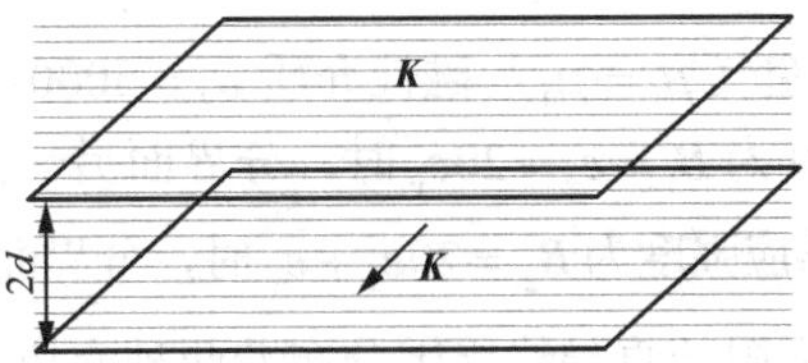

题 4-11 图

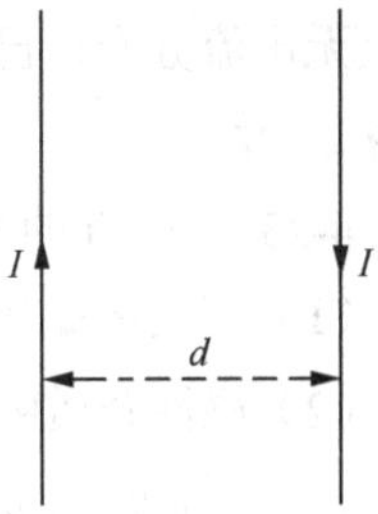

题 4-13 图

4-14 已知某电流在空间产生的矢量磁位为$\boldsymbol{A}=x^2z\boldsymbol{e}_x+(x^2-y^2)\boldsymbol{e}_y+xz^2\boldsymbol{e}_z$，计算磁感应强度$\boldsymbol{B}$。

4-15 圆柱坐标系中，一无限长圆柱导体中心轴为z轴，导体半径为a，表面均匀分布着密度为$K_0\boldsymbol{e}_\alpha$的面电流，求该导体在空间产生的磁感应强度$\boldsymbol{B}$和矢量磁位$\boldsymbol{A}$。

4-16 圆柱体磁性材料半径为a，长度为$2l$，沿轴向均匀磁化，磁化强度为$M_0\boldsymbol{e}_z$，求轴线上任一点的磁感应强度$\boldsymbol{B}$和磁场强度$\boldsymbol{H}$。

4-17 真空中，半径为a的无限长圆柱形导体，磁导率为μ，其中均匀分布着与圆柱中心轴同向的电流，密度为$\boldsymbol{J}=J_0\boldsymbol{e}_z$，求圆柱体内、外的磁感强度$\boldsymbol{B}$、磁场强度$\boldsymbol{H}$、磁化强度$\boldsymbol{M}$以及等效磁化电流。

4-18 无限长直载流导线沿z轴放置，所通电流为I，求离z轴距离均为r_0、张角为α的A、B两点间的标量磁位差，截面如题4-18图。

4-19 通有电流I的同轴电缆，其内导体半径为R_1，外导体半径为R_2，外导体厚度可忽略不计，内外导体之间填充两种不同导磁介质，截面如题4-19图所示，求：

（1）同轴电缆内外导体间介质中的磁场；

（2）同轴电缆内外导体间两种磁介质中的磁化强度$\boldsymbol{M}$。

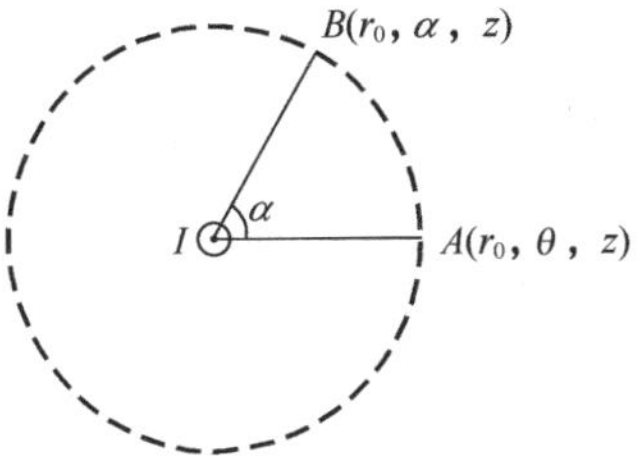

题 4-18 图

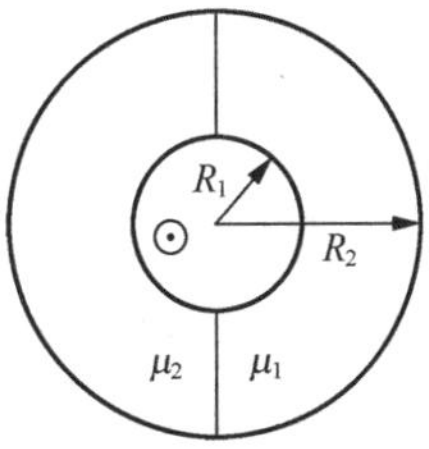

题 4-19 图

4-20 已知两种介质的磁导率为μ_1和μ_2，分界面是两半无限大平面，两平面的交线上有载有电流I的无限长直导线，其截面如题4-20图所示。求两种介质中磁感应强度$\boldsymbol{B}$和磁场强度$\boldsymbol{H}$。

4-21 如题4-21图所示，在一含有空气隙的环形铁心上紧密绕制N匝线圈，环形铁心的磁导率为μ，且$\mu\gg\mu_0$，其平均半径为R，铁心的截面是半径为a的圆，且$a\ll R$，气隙宽度为d，$d\ll R$。当线圈载流为I时，若忽略漏磁通，试求铁心及气隙中的磁感应强度$\boldsymbol{B}$与磁场强度$\boldsymbol{H}$。

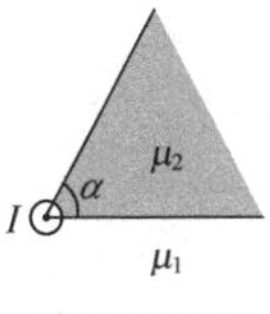

题 4-20 图

4-22 设$x=0$的平面是两种介质$\mu_1=2\mu_0$与$\mu_2=5\mu_0$的分界面，且分界

面上无电流分布。已知分界面介质 2 一侧的磁场强度 $\boldsymbol{H}_2=(5\boldsymbol{e}_x+10\boldsymbol{e}_y)\text{A/m}$，求分界面另一侧的 $\boldsymbol{B}_1$、$\boldsymbol{H}_1$。

4-23　$y=0$ 的平面是空气 $\mu_1=\mu_0$ 与磁性介质 $\mu_2=5000\mu_0$ 的分界面，求：

（1）空气中磁感应强度为 $\boldsymbol{B}_1=\boldsymbol{e}_x-20\boldsymbol{e}_y$ 时，分界面另一侧介质中的磁感应强度 $\boldsymbol{B}_2$。

（2）磁性介质中的磁感应强度为 $\boldsymbol{B}_2=20\boldsymbol{e}_x+\boldsymbol{e}_y$ 时，分界面另一侧空气中的磁感应强度 $\boldsymbol{B}_1$。

4-24　如题 4-24 图，无限长直导线周围分布着两种介质，其分界面与半径为 R 的磁场强度线重合，试问此边界满足用矢量磁位表示恒定磁场边值问题的第几类边界条件？

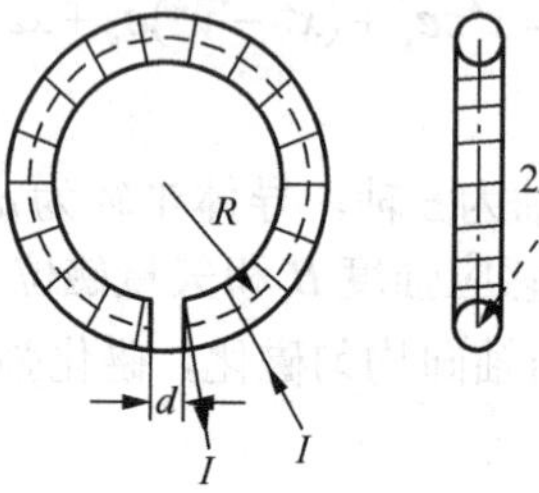

题 4-21 图

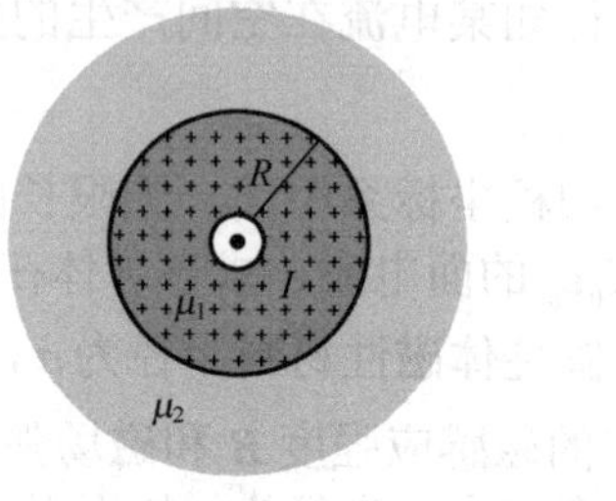

题 4-24 图

第5章 时变电磁场与麦克斯韦方程组

本章介绍相对于观察者运动或量值随时间变化的电荷所产生的场——时变电磁场。

麦克斯韦关于涡旋电场和位移电流的假说，告诉我们变化的磁场可以产生电场，变化的电场可以产生磁场，电场与磁场相互依存，构成统一的电磁场。描述电磁规律的理论基础就是麦克斯韦方程组；借用e指数函数给出了麦克斯韦方程组的相量形式；将麦克斯韦方程组的积分形式用到两种介质的分界面，得到了边值关系。引进了描述时变电磁场的动态位，通过麦克斯韦方程组得到了动态位满足的达朗贝尔方程，给出了达朗贝尔方程的解的形式；讨论了最简单的单元辐射子的辐射场。

5.1 概述

詹姆斯·克拉克·麦克斯韦是19世纪伟大的英国物理学家、数学家，经典电动力学的创始人，统计物理学的奠基人之一。

麦克斯韦，1831年6月13日，生于英国爱丁堡。16岁时进入爱丁堡大学，在这里专攻数学与物理，并且显示出非凡的才华，用三年时间就完成了四年的学业。1850年，征得父亲同意后，离开了爱丁堡，转入剑桥大学学习数学。1854年以第二名的成绩获得史密斯奖学金，毕业留校任职两年。1856年在苏格兰阿伯丁的马里沙耳任自然哲学教授。1860年到伦敦国王学院任自然哲学和天文学教授。1861年当选为伦敦皇家学会会员。1865年春辞去教职回到家乡系统地总结他的关于电磁学的研究成果，完成了电磁场理论的经典巨著《论电和磁》，并于1873年出版。1871年受聘筹建剑桥大学卡文迪什实验室，并任卡文迪什实验室物理学教授，负责筹建著名的卡文迪什实验室。1879年11月5日在剑桥逝世。

麦克斯韦方程组是英国物理学家麦克斯韦在19世纪建立的描述时变电磁场的四个基本方程，包括描述电荷如何产生电场的高斯定理、论述磁单极子不存在的磁场的高斯定理、描述电流和时变电场怎样产生磁场的麦克斯韦-安培定律、描述时变磁场如何产生电场的法拉第感应定律等。

从麦克斯韦方程组出发，麦克斯韦预言了电磁波，并预言了光波就是电磁波。赫兹经过反复实验，到1886年，发明了一种电波环，用这种电波环作了一系列的实验，终于在1888年发现了人们怀疑和期待已久的电磁波。赫兹的实验公布后，轰动了世界科学界，由法拉第开创、麦克斯韦总结的电磁理论，至此取得了决定性的胜利。

麦克斯韦方程组和洛伦兹力方程是经典电磁学的基础方程。从这些基础方程的相关理论，发展出了现代的电力科技与电子科技。

麦克斯韦方程组在电磁场理论中的地位，如同牛顿运动定律在力学中的地位一样。科学名著《论电和磁》，被尊为继牛顿《自然哲学的数学原理》之后的一部最重要的物理学经典，系统、全面、完美地阐述了电磁场理论。这一理论也成为经典物理学的重要支柱之一。它所揭示出的电磁相互作用的完美统一，为物理学家树立了这样一种信念：物质的各种相互作用在更高层次上应该是统一的。这个理论被广泛地应用到技术领域。

虽然电磁场理论的核心内容以麦克斯韦方程组的名字命名，但前期已有大量的实验与理论累积。到 1845 年，关于电磁现象的三个最基本的实验定律：库仑定律（1785 年）、安培—毕奥—萨伐尔定律（1820 年）、法拉第定律（1831～1845 年）已被总结出来。1846 年，法拉第提出了光波是力线振动的设想，法拉第的“电力线”和“磁力线”概念已发展成“电磁场概念”，为以后麦克斯韦建立电磁场理论奠定了基础。这是当时物理学中一个伟大的创举，因为正是场概念的出现，使当时许多物理学家得以从牛顿“超距观念”的束缚中摆脱出来，普遍地接受了电磁作用和引力作用都是“近距作用”的思想。麦克斯韦继承并发展了法拉第的这些思想，从 1855～1865 年的十余年间，麦克斯韦在全面审视库仑定律、安培—毕奥—萨伐尔定律和法拉第定律的基础上，把数学分析方法带进了电磁学的研究领域，仿照流体力学中的方法，采用严格的数学形式，将电磁场的基本定律归结为 4 个方程，由此导致麦克斯韦电磁理论的诞生。

麦克斯韦的主要功绩之一是提出了感生电场（或涡旋电场）及位移电流的假说；第二是在物理上以“场”而不是以“力”作为基本的研究对象，第三是在数学上引入了有别于经典数学的矢量偏微分运算符号。这三条是找到电磁波动方程的基础。也就是说，实际上麦克斯韦的工作已经冲破经典物理学和经典数学的框架，只是由于当时的历史条件，人们仍然只能从牛顿的经典数学和力学的框架去理解电磁场理论。

现代数学，希尔伯特（Hilbert）空间中的数学分析是在 19 世纪与 20 世纪之交的时候才出现的。而量子力学的物质波的概念则在更晚的时候才被发现，特别是对于现代数学与量子物理学之间的不可分割的数理逻辑联系至今也还没有完全被人们所理解和接受。从麦克斯韦建立电磁场理论到如今，人们一直以欧氏空间中的经典数学作为求解麦克斯韦方程组的基本方法。

我们从麦克斯韦方程组的产生、内容和它的历史过程中可以看到：第一，物理对象是在更深的层次上发展成为新的公理表达方式而被人类所掌握，所以科学的进步不会是在既定的前提下演进的，一种新的具有认识意义的公理体系的建立才是科学理论进步的标志。第二，物理对象与对它的表达方式虽然是不同的表现形式，但如果不依靠合适的表达方法就无法认识到这个对象的“存在”。第三，我们正在建立的理论将决定到我们在何种层次的意义上使我们的对象成为物理事实，这正是现代最前沿的物理学给我们带来的困惑。

麦克斯韦方程组揭示了电场与磁场相互转化中产生的对称性优美，这种优美以现代数学形式得到充分的表达。我们一方面应当承认，恰当的数学形式才能充分展示经验方法中看不到的整体性（电磁对称性）；另一方面，我们也不应当忘记，这种对称性的优美是以数学形式反映出来的电磁场的统一本质。因此，我们应当认识到应在数学的表达方式中“发现”或“看出”这种对称性，而不是从物理数学公式中直接推演出这种本质。

5.2　电磁感应定律

5.2.1　电磁感应定律

1822 年实验物理学家法拉第提出了“磁能否产生电”的想法。历经多次失败，经过 10 年探索，在人类历史上第一次发现了电磁感应现象，并总结得出了电磁感应定律。

当与回路交链的磁通发生变化时，回路中会产生感应电动势，这就是法拉第电磁感应定律（Faraday’s Law of Electromagnetic Induction）

$$\varepsilon_i = -\frac{\mathrm{d}\Phi_\mathrm{m}}{\mathrm{d}t} \tag{5-2-1}$$

负号表示感应电流产生的磁场总是阻碍原磁场的变化。

通过某一曲面的磁通量的计算公式为

$$\Phi_\mathrm{m} = \iint_{(S)} \boldsymbol{B}\cdot\mathrm{d}\boldsymbol{S} \tag{5-2-2}$$

当回路是由多匝线圈组成时，式（5-2-1）中的通量应以磁链来代替。

不管什么原因引起通过闭合回路的磁通量（或磁链）发生变化，都会在回路中产生感应电动势；如果回路是闭合的导体回路，则在回路上有感应电流产生。

5.2.2　动生电动势——发电机电动势

导线在恒定磁场中运动或线圈在磁场中转动，都会导致通过回路的磁通量发生变化，从而在回路上产生感应电动势，这种电动势称为动生电动势，其定义式为

$$\varepsilon_i = \oint_{(l)} (\boldsymbol{v}\times\boldsymbol{B})\cdot\mathrm{d}\boldsymbol{l} \tag{5-2-3}$$

这里洛伦兹力提供了非静电力。对应的非静电场强为

$$\boldsymbol{E}_i = \boldsymbol{v}\times\boldsymbol{B} \tag{5-2-4}$$

闭合线圈在磁场中转动时在线圈中产生的电动势即是此类电动势，如图 5-2-1 所示。此即发电机工作原理，因此这类电动势也称为发电机电动势。

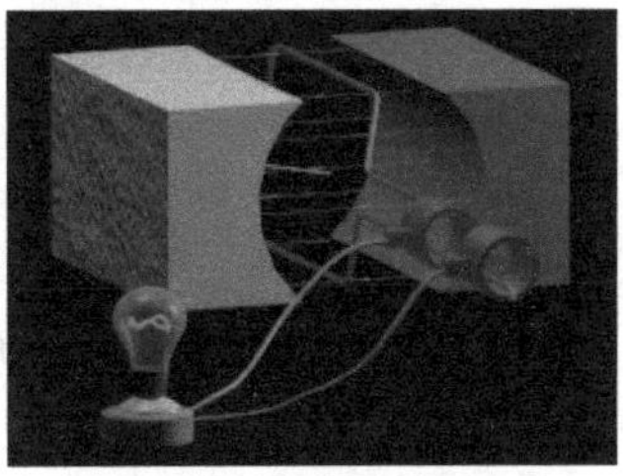

图 5-2-1　发电机原理

5.2.3　感生电动势与感生电场

当磁场随着时间变化时，也会使得通过某一回路的磁通量发生变化，从而在此回路上产生感应电动势，这种电动势称为感生电动势。

为了解释产生感生电动势的原因，麦克斯韦引入了感生电场的概念。变化的磁场可以产生电场，即为感生电场。这种电场的电场线是闭合的，因此也称为涡旋电场。也就是说，只要有变化的磁场存在，就会在它的周围空间产生涡旋电场；如果周围空间有一回路，就会有感生电动势产生；如果是闭合的导体回路，就会有感应电流存在。这里感生电场提供了非静电力，感生电场沿闭合曲线的积分，即是在回路上产生的感生电动势

$$\varepsilon_\mathrm{i} = \oint_L \boldsymbol{E}_i\cdot\mathrm{d}\boldsymbol{l} = -\frac{\mathrm{d}\Phi}{\mathrm{d}t} = -\frac{\mathrm{d}}{\mathrm{d}t}\iint_{(S)}\boldsymbol{B}\cdot\mathrm{d}\boldsymbol{S} = -\iint_{(S)}\frac{\partial\boldsymbol{B}}{\partial t}\cdot\mathrm{d}\boldsymbol{S} \tag{5-2-5}$$

这种静止回路中的感应电动势，与变压器线圈中的感应电动势相同，因此这种电动势也称为变压器电动势，如图 5-2-2 所示。

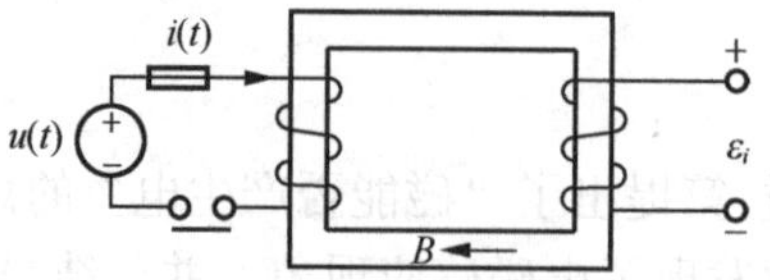

图 5-2-2　变压器电动势

5.2.4　电磁感应定律的微分形式

当磁场随着时间变化，导线也在磁场中运动时，同时考虑动生电动势与感生电动势，则在回路中的感应电动势为

$$\varepsilon_i = \oint_L \boldsymbol{E}_i \cdot \mathrm{d}\boldsymbol{l} = \oint_{(l)} (\boldsymbol{v}\times\boldsymbol{B})\cdot \mathrm{d}\boldsymbol{l} - \iint_{(S)} \frac{\partial \boldsymbol{B}}{\partial t}\cdot \mathrm{d}\boldsymbol{S} \tag{5-2-6}$$

此即为电磁感应定律的积分形式。

实验表明：感应电动势 ε_i 与构成回路的材料性质无关（甚至可以是假想回路），只要与回路交链的磁通发生变化，回路中就有感应电动势。当回路是导体时，才有感应电流产生。

利用斯托克斯定理：

$$\oint_l \boldsymbol{A}\cdot \mathrm{d}\boldsymbol{l} = \iint_S \nabla\times\boldsymbol{A}\cdot \mathrm{d}\boldsymbol{S} \tag{5-2-7}$$

式（5-2-6）即为

$$\varepsilon_i = \iint_{(S)} \nabla\times\boldsymbol{E}_i \cdot \mathrm{d}\boldsymbol{S} = \iint_{(S)} \nabla\times(\boldsymbol{v}\times\boldsymbol{B})\cdot \mathrm{d}\boldsymbol{S} - \iint_{(S)} \frac{\partial \boldsymbol{B}}{\partial t}\cdot \mathrm{d}\boldsymbol{S} \tag{5-2-8}$$

由此得到

$$\nabla\times\boldsymbol{E}_i = \nabla\times(\boldsymbol{v}\times\boldsymbol{B}) - \frac{\partial \boldsymbol{B}}{\partial t} \tag{5-2-9}$$

当磁场所在区域不存在运动导体时，$\boldsymbol{v}=0$，式（5-2-6）与式（5-2-9）分别简化为

$$\varepsilon = \oint_L \boldsymbol{E}_i \cdot \mathrm{d}\boldsymbol{l} = -\iint_{(S)} \frac{\partial \boldsymbol{B}}{\partial t}\cdot \mathrm{d}\boldsymbol{S} \tag{5-2-10}$$

$$\nabla\times\boldsymbol{E}_i = -\frac{\partial \boldsymbol{B}}{\partial t} \tag{5-2-11}$$

式（5-2-11）即是电磁感应定律的微分形式，其实质是变化的磁场可以激发电场，从而将电场与磁场更紧密地联系在一起。

电子感应加速器就是利用交变磁场产生的感生电场加速电子的一种装置。如图 5-2-3 所示，在电磁铁的两极间有一环形真空室，电磁铁受交变电流激发，在两极间产生一个由中心向外逐渐减弱、并具有轴对称分布的交变磁场，这个交变磁场又在真空室内激发感生电场，其电场线是一系列绕磁感应线的同心圆。若用电子枪把电子沿切线方向射入环形真空室，电子将受到环形真空室中的感生电场 $\boldsymbol{E}_i$ 的作用而

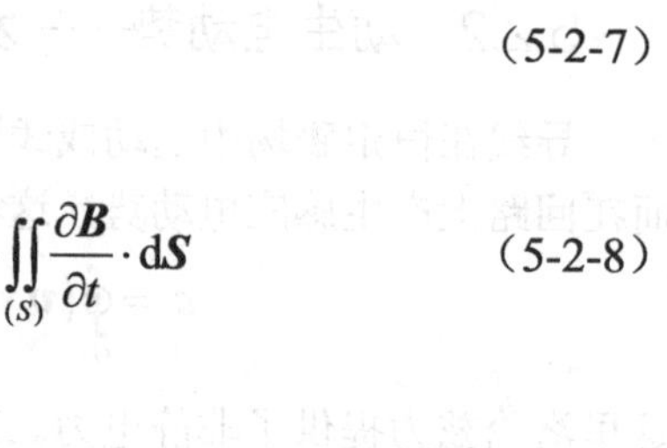
图 5-2-3　电子感应加速器

被加速。

电磁感应原理广泛应用于家用电器及工业技术中的加热过程，如电磁炉、微波炉、金属的熔炼、焊接、表面淬火等方面。利用电磁感应原理加热，不仅加热速度快，而且不污染环境、不氧化、节约能源、易于实现自动化。

感应加热的基本原理就是利用变化的电流激发变化的磁场，将待加热的金属工件放入变化的磁场中，由于电磁感应在金属工件中产生涡流，达到加热的目的。

例如，一个长为 L，总匝数为 N 的密绕长直螺线管，螺线管的横截面半径远小于管长 L。当螺线管通以角频率为 ω 的交变电流 $I=I_0\sin\omega t$ 时，管内的磁感应强度 $\boldsymbol{B}$ 处处相等，其大小为

$$B=\frac{\mu_0 NI}{L}=\frac{\mu_0 N}{L}I_0\sin\omega t \tag{5-2-12}$$

$\boldsymbol{B}$ 的方向沿螺线管的轴向。显然，管内的磁场也是交变的，其最大磁感强度为

$$B_m=\frac{\mu_0 NI_0}{L} \tag{5-2-13}$$

如果待加热的金属工件为一半径为 r，长为 $h(h\ll r)$ 的柱形薄壳，电流在壳的横截面内流动时的电阻为 R。将此待加热工件放入一竖直放置的螺线管中。通过金属工件的磁通量为

$$\Phi=\boldsymbol{B}\cdot\boldsymbol{S}=\left(\frac{\mu_0 N}{L}I_0\sin\omega t\right)(\pi r^2) \tag{5-2-14}$$

当螺线管中电流变化时，在金属工件中因磁通量的变化而产生的感应电动势为

$$E_i=-\frac{\mathrm{d}\Phi}{\mathrm{d}t}=-\frac{\mu_0 N\pi r^2}{L}I_0\omega\cos\omega t \tag{5-2-15}$$

这样，金属工件中的感应电流为

$$I_i=\frac{E_i}{R}=-\frac{\mu_0 N\pi r^2}{LR}I_0\omega\cos\omega t \tag{5-2-16}$$

此电流呈涡旋状，故称为涡旋电流，简称涡流，正是涡流的焦耳热使金属工件加热。由于涡流 I_i 是随时间呈周期变化的，故涡流功率在一个周期内的平均值为

$$\overline{P}=\frac{1}{T}\int_0^T\frac{\mu_0^2N^2\pi^2r^4I_0^2\omega^2}{L^2R}\cos^2\omega t\mathrm{d}t=\frac{\mu_0^2N^2\pi^2r^4I_0^2\omega^2}{2L^2R} \tag{5-2-17}$$

因此，t 时间内涡流产生的焦耳热为

$$Q=\overline{P}t=\frac{\mu_0^2N^2\pi^2r^4I_0^2\omega^2}{2L^2R}t=\frac{\pi^2r^4}{2R}B_m^2\omega^2t \tag{5-2-18}$$

由上式可以看出，涡流产生的焦耳热 Q 与螺线管内的最大磁感应强度 B_m 的平方成正比，与磁场变化的角频率（即交变电流的角频率）ω 的平方成正比。工业上设计和选择感应加热设备时，可根据待加热工件的要求来选择合适的角频率 ω 和最大磁感应强度 B_m。

例 5-2-1 一半径为 a 的金属圆盘，在垂直方向的均匀磁场 $\boldsymbol{B}$ 中以等角速度 ω 旋转，其轴线与磁场平行。在轴和圆盘边缘上分别接有一对电刷，如图 5-2-4 所示，这一装置称法拉第发电机。试证明电刷之间的电压为 $\dfrac{\omega a^2 B}{2}$。

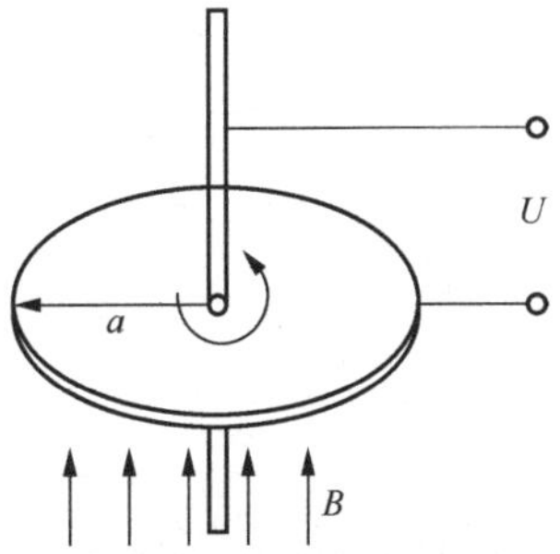

图 5-2-4 法拉第发动机

证明：本例中磁感应强度既不随时间变化，也不随空间变化，但金属圆盘以等角速度ω旋转时，金属盘切割磁力线，导致轴与圆盘边缘产生动生电动势；开路情况下，电刷之间的电压为即为动生电动势。

利用式（5-2-3），
$$\varepsilon_i = \int_0^a (\boldsymbol{v}\times\boldsymbol{B})\cdot \mathrm{d}\boldsymbol{l} = \int_0^a B\omega r \mathrm{d}r = \left.\frac{B\omega r^2}{2}\right|_0^a = \frac{B\omega a^2}{2}$$

开路情况下

$$U = \varepsilon_i = \frac{B\omega a^2}{2}$$

例 5-2-2 图 5-2-5 所示的一对平行长线中通有电流$i(t) = I_m \sin\omega t$，求矩形线框中的感应电动势。

解 利用长直电流产生的场的公式计算出矩形线框所在处的总的磁感应强度；由于线圈所在处场是非均匀磁场，利用积分计算出通过线框的磁通量；由法拉第电磁感应定律计算矩形线框中的感应电动势。

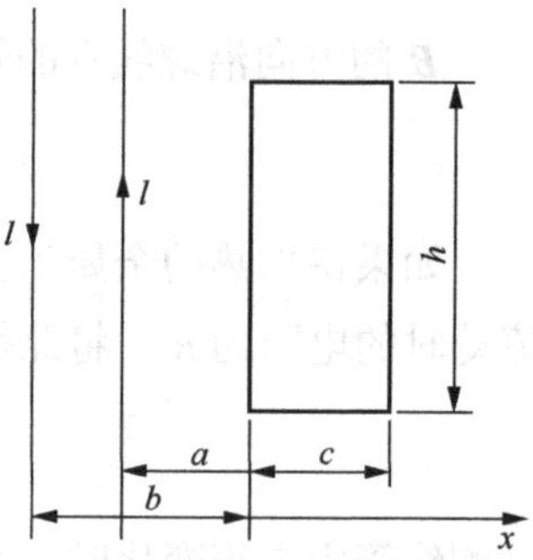

图 5-2-5 例 5-2-2 图

如图 5-2-5 所示，坐标原点选在矩形框的左边，电流向下流动的导线在x处的磁感应强度为

$$B_1 = \frac{\mu_0 i}{2\pi(b+x)}$$，方向垂直纸面向外

电流向上流动的导线在x处的磁感应强度

$$B_2 = \frac{\mu_0 i}{2\pi(a+x)}$$，方向垂直纸面向里

则线框所在处总的磁感应强度为：

$$B = \frac{\mu_0 i}{2\pi(a+x)} - \frac{\mu_0 i}{2\pi(b+x)}$$，方向垂直纸面向里

通过矩形线框的磁通量为

$$\begin{aligned}
\varPhi &= \iint_S \mathrm{d}\varPhi = \iint_S \boldsymbol{B}\cdot \mathrm{d}\boldsymbol{S} \\
&= \int_0^c \left[\frac{\mu_0 i}{2\pi(a+x)} - \frac{\mu_0 i}{2\pi(b+x)}\right] h\mathrm{d}x \\
&= \frac{\mu_0 i h}{2\pi}\int_0^c \left(\frac{1}{a+x} - \frac{1}{b+x}\right)\mathrm{d}x \\
&= \frac{\mu_0 i h}{2\pi}\left(\ln\frac{a+c}{a} - \ln\frac{b+c}{b}\right) \\
&= \frac{\mu_0 i h}{2\pi}\ln\frac{(a+c)b}{(b+c)a} \\
&= \frac{\mu_0 h}{2\pi}\ln\frac{(a+c)b}{(b+c)a} I_m \sin\omega t
\end{aligned}$$

由法拉第电磁感应定律，得到

$$\varepsilon_i = -\frac{\partial \Phi}{\partial t} = -\frac{\mu_0 h I_m \omega \cos \omega t}{2\pi} \ln \frac{(a+c)b}{(b+c)a}$$

例 5-2-3 一根导线密绕成一个圆环，共 100 匝，圆环的半径为 5cm，如图 5-2-6 所示。当圆环绕其垂直于地面的直径以 500r/min 的转速旋转时，测得导线的端电压为 1.5mV（有效值），求地磁场磁感应强度的水平分量。

解 圆环转动时，通过圆环的磁通量发生变化，导致圆环上产生感应电动势；地磁场磁感应强度的竖直分量，对磁通量的变化没有贡献；地磁场磁感应强度的水平分量，对磁通量的变化有贡献。

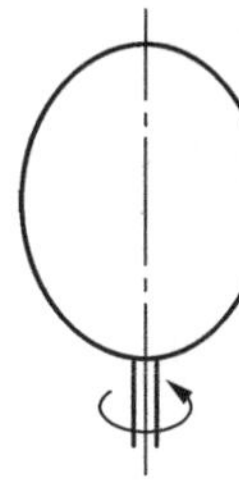

图 5-2-6 例 5-2-3 图

由题意可知

$$\omega = \frac{500 \times 2\pi}{60} = \frac{50\pi}{3} \text{rad/s}$$

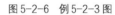

地磁场磁感应强度的水平分量，对磁通量的贡献

$$\boldsymbol{\Phi} = \boldsymbol{B} \cdot \boldsymbol{S} = BS \cos \omega t$$

$$\varepsilon_i = -\frac{N\partial \Phi}{\partial t} = -\frac{NBS\partial\left(\cos \dfrac{50\pi}{3} t\right)}{\partial t} = NBS\omega \sin \omega t$$

由于

$$\varepsilon_{i有} = \frac{\varepsilon_{i\max}}{\sqrt{2}}$$

$$NBS\omega = \sqrt{2}\varepsilon_{i有}$$

$$100 \cdot B\pi \times 25 \times 10^{-4} \times \frac{50\pi}{3} = \sqrt{2} \times 1.5 \times 10^{-3}$$

$$2.5\pi^2 B = \sqrt{2} \times 9 \times 10^{-4}$$

则

$$B = \frac{\sqrt{2} \times 9 \times 10^{-4}}{2.5 \times \pi^2} = 5.16 \times 10^{-5} \text{T}$$

5.3 全电流定律

5.3.1 电荷守恒定律的微分形式——时变场的电流连续性方程

通过第 3 章的学习，我们知道，恒定电场中的传导电流是恒定电流。由电荷守恒定律，得到恒定电场的连续性方程为

$$\oiint_{(s)} \boldsymbol{J}_C \cdot \mathrm{d}\boldsymbol{S} = 0 \tag{5-3-1}$$

将电荷守恒定律运用到时变场中，有

$$\oiint_{(s)} \boldsymbol{J}_C \cdot \mathrm{d}\boldsymbol{S} = -\frac{\mathrm{d}q}{\mathrm{d}t} = -\frac{\mathrm{d}}{\mathrm{d}t} \oiint_{(S)} \boldsymbol{D} \cdot \mathrm{d}\boldsymbol{S} = -\oiint_{(S)} \frac{\partial \boldsymbol{D}}{\partial t} \cdot \mathrm{d}\boldsymbol{S} \tag{5-3-2}$$

利用数学上的高斯定理

$$\oint\!\!\!\oint_{(S)} \boldsymbol{A}\cdot \mathrm{d}\boldsymbol{S} = \iiint_{(V)} \nabla\cdot \boldsymbol{A}\mathrm{d}V \tag{5-3-3}$$

将式（5-3-2）改写为

$$\iiint_{(V)} \nabla\cdot \boldsymbol{J}_C \mathrm{d}V = -\frac{\mathrm{d}}{\mathrm{d}t}\iiint_{(V)} \rho \mathrm{d}V = -\iiint_{(V)} \frac{\partial \rho}{\partial t}\mathrm{d}V = -\iiint_{(V)} \nabla\cdot \frac{\partial \boldsymbol{D}}{\partial t}\mathrm{d}V \tag{5-3-4}$$

则有

$$\nabla\cdot \boldsymbol{J}_C = -\frac{\partial \rho}{\partial t} = -\nabla\cdot \frac{\partial \boldsymbol{D}}{\partial t} \tag{5-3-5}$$

即

$$\nabla\cdot (\boldsymbol{J}_C + \frac{\partial \boldsymbol{D}}{\partial t}) = 0 \tag{5-3-6}$$

式（5-3-6）即是时变场的电流连续性方程，也称为电荷守恒定律的微分形式。

5.3.2 位移电流假说

麦克斯韦对电磁场理论的重大贡献的核心是位移电流假说。由式（5-3-6）可知，在时变场中，当$\nabla\cdot \frac{\partial \boldsymbol{D}}{\partial t} \neq 0$时，传导电流不再保持连续。由于$\frac{\partial \boldsymbol{D}}{\partial t}$具有电流密度的量纲，麦克斯韦指出，将电位移通量随时间的变化率$\frac{\mathrm{d}\Phi_D}{\mathrm{d}t}$看作一种电流，将$\frac{\partial \boldsymbol{D}}{\partial t}$称为位移电流密度，即

$$\boldsymbol{J}_D = \frac{\partial \boldsymbol{D}}{\partial t} \tag{5-3-7}$$

通过某一曲面的位移电流为

$$I_D = \iint_{(S)} \frac{\partial \boldsymbol{D}}{\partial t}\cdot \mathrm{d}\boldsymbol{S} \tag{5-3-8}$$

将传导电流与位移电流合在一起，称为全电流，则

$$I_T = \iint_{(S)} \boldsymbol{J}_C\cdot \mathrm{d}\boldsymbol{S} + \iint_{(S)} \frac{\partial \boldsymbol{D}}{\partial t}\cdot \mathrm{d}\boldsymbol{S} = \iint_{(S)} (\boldsymbol{J}_C + \boldsymbol{J}_D)\cdot \mathrm{d}\boldsymbol{S} \tag{5-3-9}$$

5.3.3 麦克斯韦——安培环路定理

引进位移电流的概念之后，用全电流I_T代替恒定场中的传导电流I_C，麦克斯韦将安培环路定理推广到了非稳情况下也适用的普遍形式，即麦克斯韦—安培环路定理

$$\oint_{(L)} \boldsymbol{H}\cdot \mathrm{d}\boldsymbol{l} = \iint_{(S)} \boldsymbol{J}_C\cdot \mathrm{d}\boldsymbol{S} + \iint_{(S)} \frac{\partial \boldsymbol{D}}{\partial t}\cdot \mathrm{d}\boldsymbol{S} \tag{5-3-10}$$

式（5-3-10）表明，当传导电流与位移电流同时存在时，在普遍情况下，磁场强度$\boldsymbol{H}$沿任一闭合回路L的积分，等于穿过以该回路L为周界的任意曲面S的全电流。因此，在有些参考书中，也把式（5-3-10）称为全电流定律。此式描述了磁场的性质。磁场既可以由传导电流激发，也可以由变化电场（位移电流）所激发，它们产生的磁场都是涡旋场，磁感应线都是闭合线，对封闭曲面的通量无贡献。

麦克斯韦关于位移电流假说的实质在于，位移电流与传导电流一样，也是激发磁场的源泉，其核心是变化的电场可以激发磁场。这是一个全新的概念，是麦克斯韦对电磁场理论的巨大贡献。

利用式（5-2-7），式（5-3-10）可以改写为

$$\nabla\times\boldsymbol{H}=\boldsymbol{J}_C+\frac{\partial\boldsymbol{D}}{\partial t} \tag{5-3-11}$$

此即麦克斯韦—安培环路定理的微分形式。

例 5-3-1　在无源的理想介质中，已知磁场强度

$$\boldsymbol{H}=40\times10^{-3}\cos\left(2\pi\times10^9 t-10\pi z\right)\boldsymbol{e}_y(\mathrm{A/m})$$

求位移电流密度 $\boldsymbol{J}_D$。

解：题设介质是理想的，且无源，则有

$$\gamma=0,\quad \boldsymbol{J}_C=0$$

利用式（5-3-11），得到

$$\boldsymbol{J}_D=\frac{\partial\boldsymbol{D}}{\partial t}=\nabla\times\boldsymbol{H}$$

则：

$$\boldsymbol{J}_D=\nabla\times\boldsymbol{H}=\begin{vmatrix}\boldsymbol{e}_x & \boldsymbol{e}_y & \boldsymbol{e}_z\\ \dfrac{\partial}{\partial x} & \dfrac{\partial}{\partial y} & \dfrac{\partial}{\partial z}\\ 0 & H_y & 0\end{vmatrix}$$

$$=-\boldsymbol{e}_x\frac{\partial H_y}{\partial z}+\boldsymbol{e}_z\frac{\partial H_y}{\partial x}=-\boldsymbol{e}_x\frac{\partial H_y}{\partial z}=-\boldsymbol{e}_x 0.4\pi\sin\left(2\pi\times10^9 t-10\pi z\right)(\mathrm{A/m^2})$$

例 5-3-2　已知平板电容器的面积为 S，相距为 d，介质的介电常数为 ε，极板间电压为 u（t）。试求位移电流 I_D；传导电流 I_C 与 I_D 的关系是什么？

解：忽略极板的边缘效应和感应电场，平板电容器间的电场强度为

电场

$$E=\frac{u}{d}$$

电位移

$$D=\varepsilon E=\frac{\varepsilon u(t)}{d}$$

位移电流密度

$$J_D=\frac{\partial D}{\partial t}=\frac{\varepsilon}{d}(\frac{\mathrm{d}u}{\mathrm{d}t})$$

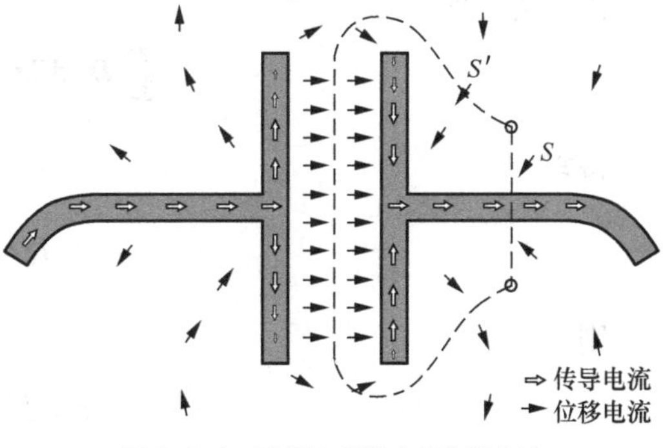

图 5-3-1　平板电容器中的位移电流

位移电流

$$I_D=\iint_{(S)}\boldsymbol{J}_D\cdot\mathrm{d}\boldsymbol{S}=\frac{\varepsilon S}{d}(\frac{\mathrm{d}u}{\mathrm{d}t})=C\frac{\mathrm{d}u}{\mathrm{d}t}=\frac{\mathrm{d}q}{\mathrm{d}t}=I_C$$

由此可见，在电容器极板上中断的传导电流，被电容器中的位移电流接替，保证了电流的连续性。在数值上，$I_D=I_C$。

例 5-3-3 已知一平行板电容器内交变电场强度为

$$E = 720\sin 10^5 \pi t \quad (\text{V/m})$$

求（1）电容器内位移电流密度的大小；（2）电容器内到两板中心连线距离 0.01m 处磁场强度的峰值（不计传导电流的磁场）。

解 利用电位移矢量与电场强度的关系，求出电位移矢量；利用电流密度与电位移矢量的关系，即可求得位移电流密度；利用安培环路定理，求解磁场分布。

（1）$E = 720\sin 10^5 \pi t$

$$D = \varepsilon_0 E = 720\varepsilon_0 \sin 10^5 \pi t$$

则位移电流密度为

$$J_D = \frac{\mathrm{d}D}{\mathrm{d}t} = 720 \times 10^5 \pi \varepsilon_0 \cos 10^5 \pi t \quad (\mathrm{A \cdot m^{-2}})$$

（2）由安培环路定理，得

$$\oint_L \boldsymbol{H} \cdot \mathrm{d}\boldsymbol{l} = \iint_S \boldsymbol{J}_D \cdot \mathrm{d}\boldsymbol{S}$$

即：

$$H \cdot 2\pi r = J_D \pi r^2$$

$$H = \frac{J_D r}{2} = 3.60 \times 10^7 \pi \varepsilon_0 r \cos 10^5 \pi t$$

$$H_{\max} = 3.6 \times 10^5 \pi \varepsilon_0 \approx 10^{-5}\,\mathrm{A \cdot m^{-1}}$$

例 5-3-4 一个球形电容器的内、外半径分别为 a 和 b，内、外导体间材料的介电常数为 ε，电导率为 γ，在内、外导体间加低频电压 $u = U_m \sin \omega t$。求内、外导体间的全电流。

解 设球形电容器带有电量 q，由高斯定理求出内外导体间的电场强度；利用电场强度与电压的关系，解出电荷 q；利用位移电流与 q 的关系，计算位移电流；利用传导电流与场强的关系，计算传导电流；最后求出全电流。

由高斯定理

$$\oiint_S \boldsymbol{D} \cdot \mathrm{d}S\pi = D \cdot 4\pi r^2 = q$$

得到

$$D = \frac{q}{4\pi r^2}$$

则

$$E = \frac{D}{\varepsilon} = \frac{q}{4\pi \varepsilon r^2}$$

而

$$u = \int_l \boldsymbol{E} \cdot \mathrm{d}\boldsymbol{l} = \int_a^b \frac{q}{4\pi \varepsilon r^2} \mathrm{d}r$$

$$= \frac{q}{4\pi \varepsilon}\left(\frac{1}{a} - \frac{1}{b}\right)$$

$$=\frac{q(b-a)}{4\pi\varepsilon ab}$$

由此解出

$$q=\frac{4\pi\varepsilon abu}{b-a}=\frac{4\pi\varepsilon abU_m\sin\omega t}{b-a}$$

位移电流

$$i_D=\frac{\partial q}{\partial t}$$

$$=\frac{4\pi\varepsilon ab}{(b-a)}\frac{\partial\left(U_m\sin\omega t\right)}{\partial t}$$

$$=\frac{4\pi abU_m\varepsilon\omega}{b-a}\cos\omega t,$$

传导电流

$$i_C=J_C4\pi r^2=\frac{\gamma q}{\varepsilon}=\frac{4\pi abU_m\gamma\sin\omega t}{b-a}$$

全电流为

$$i_T=i_D+i_C$$

$$=\frac{4\pi abU_m\varepsilon\omega\cos\omega t}{b-a}+\frac{4\pi ab\gamma U_m\sin\omega t}{b-a}$$

$$=\frac{4\pi abU_m}{b-a}\left(\varepsilon\omega\cos\omega t+\gamma\sin\omega t\right)$$

5.4 麦克斯韦方程组

5.4.1 普遍情况下的高斯定理

涡旋电场假说的实质是，变化的磁场可以产生电场。当空间某点既有电荷产生的电场，又有变化的磁场产生的电场时，描述电场性质的高斯定理需要修正。设电荷产生的电场为 $\boldsymbol{E}_1$，变化磁场产生的电场为 $\boldsymbol{E}_2$，对应的电位移矢量分别为 $\boldsymbol{D}_1$ 与 $\boldsymbol{D}_2$。则空间某点的电位移矢量为

$$\boldsymbol{D}=\boldsymbol{D}_1+\boldsymbol{D}_2 \tag{5-4-1}$$

对于由电荷产生的电场，有

$$\oiint_S \boldsymbol{D}_1\cdot\mathrm{d}\boldsymbol{S}=\sum q_{i0} \tag{5-4-2}$$

只与自由电荷的代数和有关；而由变化的磁场产生的涡旋电场对应的感生电位移矢量为 $\boldsymbol{D}_2$，由于其电位移线是闭合的，因此通过任意闭合曲面的积分为零，即

$$\oiint_S \boldsymbol{D}_2\cdot\mathrm{d}\boldsymbol{S}=0$$

那么

$$\oiint_S \boldsymbol{D}\cdot\mathrm{d}\boldsymbol{S}=\oiint_S \boldsymbol{D}_1\cdot\mathrm{d}\boldsymbol{S}+\oiint_S \boldsymbol{D}_2\cdot\mathrm{d}\boldsymbol{S}=\sum q_{i0}=\iiint_{(V)}\rho\mathrm{d}V \tag{5-4-3}$$

利用散度定理$\oint\!\!\!\oint_S \boldsymbol{D}\cdot \mathrm{d}\boldsymbol{S}=\iiint_{(V)}\nabla\cdot \boldsymbol{D}\mathrm{d}V$，式（5-4-3）可以改写为

$$\nabla\cdot \boldsymbol{D}=\rho \tag{5-4-4}$$

从形式上而言，式（5-4-3）及式（5-4-4）与静电场的高斯定理的积分形式及微分形式完全相同，但在物理意义上，它比静电场中的高斯定理应用范围更广。此式在普遍情况下成立，即当静电场、涡旋电场共存时，此式也成立。

位移电流假说的实质是，变化的电场可以产生磁场。当空间某点同时存在由电流产生的磁场与由变化的电场产生的磁场时，空间某点的磁感应强度为

$$\boldsymbol{B}=\boldsymbol{B}_1+\boldsymbol{B}_2 \tag{5-4-5}$$

式中$\boldsymbol{B}_1$表示传导电流及磁化电流产生的磁场，因此有

$$\oint\!\!\!\oint_{(S)} \boldsymbol{B}_1\cdot \mathrm{d}\boldsymbol{S}=0$$

$\boldsymbol{B}_2$表示变化电场产生的磁场，即由位移电流产生的磁场，其磁场线也是闭合的，因此沿任一闭合曲面的积分为零，即

$$\oint\!\!\!\oint_{(S)} \boldsymbol{B}_2\cdot \mathrm{d}\boldsymbol{S}=0$$

那么

$$\oint\!\!\!\oint_S \boldsymbol{B}\cdot \mathrm{d}\boldsymbol{S}=\oint\!\!\!\oint_{(S)} \boldsymbol{B}_1\cdot \mathrm{d}\boldsymbol{S}+\oint\!\!\!\oint_{(S)} \boldsymbol{B}_2\cdot \mathrm{d}\boldsymbol{S}=0 \tag{5-4-6}$$

利用式（5-3-3）、式（5-4-6）可以表示为

$$\nabla\cdot \boldsymbol{B}=0 \tag{5-4-7}$$

5.4.2 麦克斯韦方程组

将前面的讨论归纳、总结，即可得到麦克斯韦方程组。

1. *麦克斯韦方程组的积分形式*

由式（5-2-10）、式（5-3-10）、式（5-4-3）和式（5-4-6），得到普遍情况下电场与磁场满足的四个基本方程，即为

$$\oint\!\!\!\oint_S \boldsymbol{D}\cdot \mathrm{d}\boldsymbol{S}=\sum q_{i0}=\iiint_{(V)}\rho \mathrm{d}V \tag{5-4-8}$$

$$\oint_L \boldsymbol{E}\cdot \mathrm{d}\boldsymbol{l}=-\iint \frac{\partial \boldsymbol{B}}{\partial t}\cdot \mathrm{d}\boldsymbol{S} \tag{5-4-9}$$

$$\oint\!\!\!\oint_S \boldsymbol{B}\cdot \mathrm{d}\boldsymbol{S}=0 \tag{5-4-10}$$

$$\oint_{(L)} \boldsymbol{H}\cdot \mathrm{d}\boldsymbol{l}=\iint_{(S)} \boldsymbol{J}_C\cdot \mathrm{d}\boldsymbol{S}+\iint_{(S)} \frac{\partial \boldsymbol{D}}{\partial t}\cdot \mathrm{d}\boldsymbol{S} \tag{5-4-11}$$

这就是麦克斯韦方程组（Maxwell equations）的积分形式。

当有介质存在时，对各向同性均匀介质，有

$$\boldsymbol{D}=\varepsilon_r\varepsilon_0\boldsymbol{E}=\varepsilon\boldsymbol{E} \tag{5-4-12}$$

$$\boldsymbol{B}=\mu_r\mu_0\boldsymbol{H}=\mu\boldsymbol{H} \tag{5-4-13}$$

$$\boldsymbol{J}_C = \gamma \boldsymbol{E} \tag{5-4-14}$$

式（5-4-12）～式（5-4-14）是描述电磁场本构关系的一组辅助方程。麦克斯韦方程组加上描述介质物质的方程组，即全面概括了电磁场的规律。

2. 麦克斯韦方程组的微分形式

由式（5-2-11）、式（5-3-11）、式（5-4-4）和式（5-4-7），得到麦克斯韦方程组的微分形式

$$\nabla \times \boldsymbol{E} = -\frac{\partial \boldsymbol{B}}{\partial t} \tag{5-4-15}$$

$$\nabla \times \boldsymbol{H} = \boldsymbol{J}_C + \frac{\partial \boldsymbol{D}}{\partial t} \tag{5-4-16}$$

$$\nabla \cdot \boldsymbol{D} = \rho \tag{5-4-17}$$

$$\nabla \cdot \boldsymbol{B} = 0 \tag{5-4-18}$$

3. 麦克斯韦方程组的相量形式（复数形式）

物理和工程领域中，常常会涉及物理量随时间按正余弦规律变化的情况。随时间做正余弦变化的电磁场称为时间简谐场，简称时谐场。当场源电荷、电流随时间做简谐变化时，由它们产生的电场、磁场也随时间做简谐变化。由于e指数函数的代数和微积分运算都很方便，因此工程上经常将随时间按正余弦变化的场源或场量用e指数函数表示，或用复数形式表示。即使时变场的场源、场量随时间不是按正余弦规律变化，根据叠加原理，也可以将其分解为多个不同频率的时谐场量的叠加。因此，时谐场的相量形式（复数形式）的研究具有重要意义。

设电场强度 $\boldsymbol{E}$ 是时谐场，在直角坐标系中表示为

$$\boldsymbol{E}(\boldsymbol{r},t) = \boldsymbol{e}_x E_x + \boldsymbol{e}_y E_y + \boldsymbol{e}_z E_z \tag{5-4-19}$$

式中

$$E_x = E_{xm}(x,y,z)\cos\left[\omega t + \phi_x(x,y,z)\right] \tag{5-4-20}$$

$$E_y = E_{ym}(x,y,z)\cos\left[\omega t + \phi_y(x,y,z)\right] \tag{5-4-21}$$

$$E_z = E_{zm}(x,y,z)\cos\left[\omega t + \phi_z(x,y,z)\right] \tag{5-4-22}$$

利用欧拉公式$e^{\mathrm{j}\theta} = \cos\theta + \mathrm{j}\sin\theta$，并令$\theta = \omega t + \phi_x$，式（5-4-20）改写为

$$E_x = \mathrm{Re}\left[E_{xm}(x,y,z)e^{\mathrm{j}(\omega t + \phi_x)}\right] = \mathrm{Re}\left[\sqrt{2}\dot{E}_x e^{\mathrm{j}\omega t}\right] \tag{5-4-23}$$

式中

$$\dot{E}_x = \frac{E_{xm}}{\sqrt{2}} e^{\mathrm{j}\phi_x} \tag{5-4-24}$$

$\dot{E}_x$ 称为 E_x 的复数形式。同理，E_y 及 E_z 的复数形式为

$$\dot{E}_y = \frac{E_{ym}}{\sqrt{2}} e^{\mathrm{j}\phi_y} \tag{5-4-25}$$

$$\dot{E}_z = \frac{E_{zm}}{\sqrt{2}} e^{\mathrm{j}\phi_z} \tag{5-4-26}$$

电场强度 $\boldsymbol{E}$ 的复数形式为

$$\boldsymbol{E} = \mathrm{Re}(\sqrt{2}\dot{\boldsymbol{E}} e^{\mathrm{j}\omega t})$$

$$\dot{\boldsymbol{E}}(\boldsymbol{r},t) = \boldsymbol{e}_x \dot{E}_x + \boldsymbol{e}_y \dot{E}_y + \boldsymbol{e}_z \dot{E}_z \tag{5-4-27}$$

由式（5-4-24）可知 $\boldsymbol{E}$ 与它的复数形式 $\dot{\boldsymbol{E}}$ 的关系为

$$\boldsymbol{E}=\mathrm{Re}(\sqrt{2}\dot{\boldsymbol{E}}e^{\mathrm{j}\omega t}) \tag{5-4-28}$$

同理，磁场强度 $\boldsymbol{H}$ 与它的复数形式 $\dot{\boldsymbol{H}}$ 的关系为

$$\boldsymbol{H}=\mathrm{Re}(\sqrt{2}\dot{\boldsymbol{H}}e^{\mathrm{j}\omega t}) \tag{5-4-29}$$

电位移矢量 $\boldsymbol{D}$ 与它的复数形式 $\dot{\boldsymbol{D}}$ 的关系为

$$\boldsymbol{D}=\mathrm{Re}(\sqrt{2}\dot{\boldsymbol{D}}e^{\mathrm{j}\omega t}) \tag{5-4-30}$$

磁感应强度 $\boldsymbol{B}$ 与它的复数形式 $\dot{\boldsymbol{B}}$ 的关系为

$$\boldsymbol{B}=\mathrm{Re}(\sqrt{2}\dot{\boldsymbol{B}}e^{\mathrm{j}\omega t}) \tag{5-4-31}$$

传导电流密度 $\boldsymbol{J}_C$ 与它的复数形式 $\dot{\boldsymbol{J}}_C$ 的关系为

$$\boldsymbol{J}_C=\mathrm{Re}(\sqrt{2}\dot{\boldsymbol{J}}_C e^{\mathrm{j}\omega t}) \tag{5-4-32}$$

电荷密度 ρ 与它的复数形式 $\dot{\rho}$ 的关系为

$$\rho=\mathrm{Re}(\sqrt{2}\dot{\rho}e^{\mathrm{j}\omega t}) \tag{5-4-33}$$

很明显，$\dot{\boldsymbol{E}}$、$\dot{\boldsymbol{H}}$、$\dot{\boldsymbol{B}}$、$\dot{\boldsymbol{D}}$、$\dot{\boldsymbol{J}}_C$ 及 $\dot{\rho}$ 只是空间的函数，而与时间没有关系。

将式（5-4-28）及式（5-4-31）代入式（5-4-15）得到

$$\nabla\times\mathrm{Re}(\sqrt{2}\dot{\boldsymbol{E}}e^{\mathrm{j}\omega t})=-\frac{\partial}{\partial t}\mathrm{Re}(\sqrt{2}\dot{\boldsymbol{B}}e^{\mathrm{j}\omega t}) \tag{5-4-34}$$

将式（5-4-29）、式（5-4-30）和式（5-4-32）代入式（5-4-16）得到

$$\nabla\times\mathrm{Re}(\sqrt{2}\dot{\boldsymbol{H}}e^{\mathrm{j}\omega t})=\mathrm{Re}(\sqrt{2}\dot{\boldsymbol{J}}_C e^{\mathrm{j}\omega t})+\frac{\partial}{\partial \boldsymbol{t}}\mathrm{Re}(\sqrt{2}\dot{\boldsymbol{D}}e^{\mathrm{j}\omega t}) \tag{5-4-35}$$

将式（5-4-30）与式（5-4-33）代入式（5-4-17），得到

$$\nabla\cdot\mathrm{Re}(\sqrt{2}\dot{\boldsymbol{D}}e^{\mathrm{j}\omega t})=\mathrm{Re}(\sqrt{2}\dot{\rho}e^{\mathrm{j}\omega t}) \tag{5-4-36}$$

将式（5-4-31）代入式（5-4-18），得到

$$\nabla\cdot\mathrm{Re}(\sqrt{2}\dot{\boldsymbol{B}}e^{\mathrm{j}\omega t})=0 \tag{5-4-37}$$

将式（5-4-34）～式（5-4-37）中的实部符号提到哈密顿算子前面，去掉等式两边的 Re 符号，并考虑到 $\frac{\partial}{\partial t}(e^{\mathrm{j}\omega t})=\mathrm{j}\omega$，得到微分形式的麦克斯韦方程组的复数形式

$$\nabla\times\dot{\boldsymbol{E}}=-\mathrm{j}\omega\dot{\boldsymbol{B}} \tag{5-4-38}$$

$$\nabla\times\dot{\boldsymbol{H}}=\dot{\boldsymbol{J}}_C+\mathrm{j}\omega\dot{\boldsymbol{D}} \tag{5-4-39}$$

$$\nabla\cdot\dot{\boldsymbol{D}}=\dot{\rho} \tag{5-4-40}$$

$$\nabla\cdot\dot{\boldsymbol{B}}=0 \tag{5-4-41}$$

积分形式的麦克斯韦方程组的复数形式为

$$\oint_l \dot{\boldsymbol{E}}\cdot\mathrm{d}\boldsymbol{l}=-\iint_{(S)}\mathrm{j}\omega\dot{\boldsymbol{B}}\cdot\mathrm{d}\boldsymbol{S} \tag{5-4-42}$$

$$\oint_{(l)}\dot{\boldsymbol{H}}\cdot\mathrm{d}\boldsymbol{l}=\iint_{(S)}(\dot{\boldsymbol{J}}_C+\mathrm{j}\omega\dot{\boldsymbol{D}})\cdot\mathrm{d}\boldsymbol{S} \tag{5-4-43}$$

$$\oiint_{(S)}\dot{\boldsymbol{D}}\cdot\mathrm{d}\boldsymbol{S}=\dot{q} \tag{5-4-44}$$

$$\oiint_{(S)} \dot{\boldsymbol{B}} \cdot \mathrm{d}\boldsymbol{S} = 0 \tag{5-4-45}$$

可以看出，这种用复数形式表示的方程，最大的优越性在于，场源及场量都只与空间函数有关，方程的求解相对来说更方便、简单一些。

在各向同性的均匀介质中，辅助方程的复数形式为

$$\dot{\boldsymbol{D}} = \varepsilon \dot{\boldsymbol{E}} \tag{5-4-46}$$

$$\dot{\boldsymbol{B}} = \mu \dot{\boldsymbol{H}} \tag{5-4-47}$$

$$\dot{\boldsymbol{J}}_C = \gamma \dot{\boldsymbol{E}} \tag{5-4-48}$$

5.4.3 电磁场边值关系

在电磁场传播问题中，经常会遇到两种不同介质的分界面。这些介质包括真空、介质和导体等。在两种介质的分界面上，由于一般会出现面电流或电荷分布，使得电磁场量发生跃变。这时，微分形式的麦克斯韦方程组不再适用。积分形式的麦克斯韦方程组既可以应用于任何连续介质内部，也可以应用于任何不连续分布的电荷电流所激发的场。因此，研究边值关系的基础是积分形式的麦克斯韦方程组。时变场中的边值关系的推导方法与静电场及恒定磁场中的推导方法基本相同。

1. 电场在两种介质分界面上的边值关系

由式（5-4-8）可知，时变场中电位移矢量 $\boldsymbol{D}$ 所满足的方程与其在静电场中的方程相同，因此，在两种介质的分界面上，电位移矢量 $\boldsymbol{D}$ 满足的边值关系仍为

$$\boldsymbol{e}_n \cdot (\boldsymbol{D}_2 - \boldsymbol{D}_1) = \sigma_f \quad 或 \quad D_{2n} - D_{1n} = \sigma_f \tag{5-4-49}$$

其物理意义为：在两种物质的分界面上，电位移矢量的法向分量是否连续，与两种介质分界面上是否存在自由电荷有关。

将式（5-4-49）用到两种介质的分界面上，即可得到电场强度 $\boldsymbol{E}$ 的边值关系。

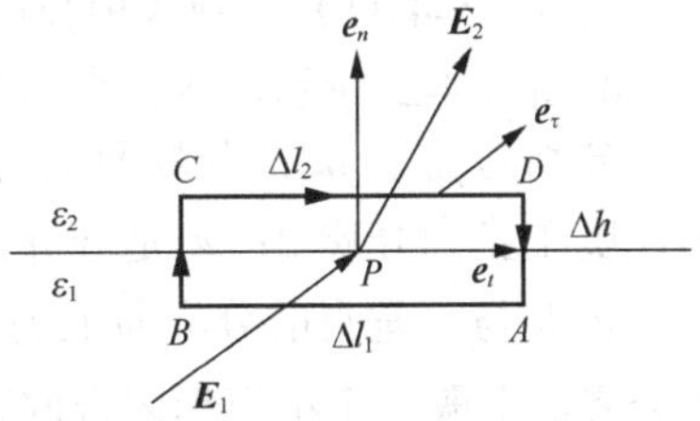

图 5-4-1 计算电场强度边值关系图

如图 5-4-1 所示，两种介质的分界面的微部分为垂直纸面的平面，围绕分界面上一点 P 选取一个矩形闭合曲线 $ABCDA$，绕行方向沿顺时针方向，其上、下两边长为 Δl，它们与介质分界面相平行，Δl 足够小，以使其上的各点的场强可视为相等。闭合回路左、右两侧的高度为 Δh，取 $\Delta h \to 0$，以保证所对应的场分别位于介质分界面的两侧，但又无限靠近分界面。分界面法线方向单位矢量为 $\boldsymbol{e}_n$，由第一种介质指向第二种介质，$\boldsymbol{e}_t$ 是分界面的一个切向方向的单位矢量，$\boldsymbol{e}_\tau$ 是与 $\boldsymbol{e}_t$ 垂直的分界面的另一个切线方向的单位矢量，$\boldsymbol{e}_n$、$\boldsymbol{e}_t$、$\boldsymbol{e}_\tau$ 三者相互垂直。

由式（5-4-49）得到

$$\oint_L \boldsymbol{E} \cdot \mathrm{d}\boldsymbol{l} = \oint_{ABCDA} \boldsymbol{E} \cdot \mathrm{d}\boldsymbol{l} = -\iint \frac{\partial \boldsymbol{B}}{\partial t} \cdot \mathrm{d}\boldsymbol{S} \tag{5-4-50}$$

由于 $\Delta h \to 0$，矩形回路的 BC、DA 边对电场强度的环量没有贡献，即仅有长度为 Δl 的上、下两条边对式（5-4-50）中左边的电场强度的环路积分有贡献；$ABCDA$ 所围面积为零，且 $\dfrac{\partial \boldsymbol{B}}{\partial t}$ 为有限值，式（5-4-50）右边的积分为零。这样，式（5-4-50）即为

$$\oint_l \boldsymbol{E}\cdot d\boldsymbol{l}=\oint_{ABCDA}\boldsymbol{E}\cdot d\boldsymbol{l}=\boldsymbol{E}_1\cdot\Delta\boldsymbol{l}_1+\boldsymbol{E}_2\cdot\Delta\boldsymbol{l}_2=0$$
$$=(\boldsymbol{E}_2-\boldsymbol{E}_1)\cdot\boldsymbol{e}_t\Delta l=0 \tag{5-4-51}$$

即

$$(\boldsymbol{E}_2-\boldsymbol{E}_1)\cdot\boldsymbol{e}_t=0 \tag{5-4-52}$$

或

$$E_{2t}=E_{1t} \tag{5-4-53}$$

$\boldsymbol{e}_t$ 是分界面切线方向的单位矢量，$\boldsymbol{e}_\tau$ 也是分界面切线方向的单位矢量。更普遍的电场强度 $\boldsymbol{E}$ 的边值关系可由下面导出。

利用 $\boldsymbol{e}_t=\boldsymbol{e}_\tau\times\boldsymbol{e}_n$ 及矢量恒等式 $\boldsymbol{a}\cdot(\boldsymbol{b}\times\boldsymbol{c})=\boldsymbol{b}\cdot(\boldsymbol{c}\times\boldsymbol{a})=\boldsymbol{c}\cdot(\boldsymbol{a}\times\boldsymbol{b})$，式（5-4-52）可以改写为：

$$(\boldsymbol{E}_2-\boldsymbol{E}_1)\cdot\boldsymbol{e}_t=(\boldsymbol{E}_2-\boldsymbol{E}_1)\cdot(\boldsymbol{e}_\tau\times\boldsymbol{e}_n)=\boldsymbol{e}_\tau\cdot[\boldsymbol{e}_n\times(\boldsymbol{E}_2-\boldsymbol{E}_1)]=0 \tag{5-4-54}$$

式（5-4-54）中的 $\boldsymbol{e}_n\times(\boldsymbol{E}_2-\boldsymbol{E}_1)$ 是 $\boldsymbol{P}$ 点沿分界面切线方向的一个矢量，而 $\boldsymbol{e}_\tau$ 又可以是任意的切线方向，则有

$$\boldsymbol{e}_n\times(\boldsymbol{E}_2-\boldsymbol{E}_1)=0 \tag{5-4-55}$$

式（5-4-55）的物理意义为，在两种介质的分界面上，电场强度 $\boldsymbol{E}$ 的切向分量总是连续的。

2. *磁场在两种介质分界面上的边值关系*

由式（5-4-10）可知，时变场中磁感应强度 $\boldsymbol{B}$ 所满足的方程与其在恒定磁场中的方程相同，因此，在两种介质的分界面上，磁感应强度 $\boldsymbol{B}$ 满足的边值关系仍为

$$B_{2n}=B_{1n} \tag{5-4-56}$$

其物理意义为：在两种介质的分界面上，磁感应强度 $\boldsymbol{B}$ 的法线分量总是连续的。

将式（5-4-11）用到两种介质的分界面上，即可得到磁场强度 $\boldsymbol{H}$ 的边值关系。

如图 5-4-2 所示，两种介质的分界面的微部分为垂直纸面的平面，分界面两侧介质的磁导率分别为 μ_1、μ_2，分界面上的传导电流面密度为 $\boldsymbol{K}$。$\boldsymbol{e}_n$ 是分界面法线方向的单位矢量，由介质 1 指向介质 2；$\boldsymbol{e}_t$ 是分界面的一个切线方向的单位矢量，$\boldsymbol{e}_\tau$ 是与 $\boldsymbol{e}_t$ 垂直的分界面上另一个切线方向的单位矢量。在分界面上取一个小矩形闭合回路 *ABCDA*，绕行方向沿顺时针方向，矩形回路的长为 Δl，宽为 Δh。介质 1 中的 *CD* 段上的磁场强度为 $\boldsymbol{H}_1$，介质 2 中的 *AB* 上磁场强度为 $\boldsymbol{H}_2$。由式（5-4-11），得到

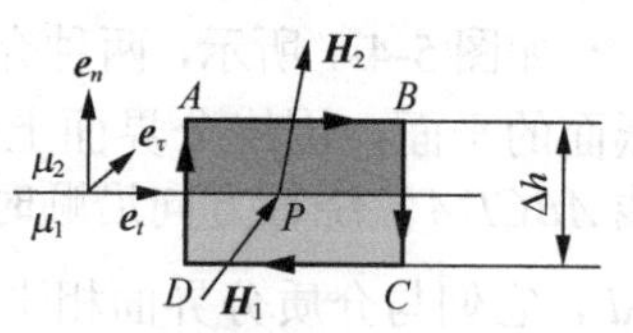

图 5-4-2 计算磁场强度边值关系图

$$\oint_l \boldsymbol{H}\cdot d\boldsymbol{l}=\oint_{ABCDA}\boldsymbol{H}\cdot d\boldsymbol{l}=\iint_{(S)}\boldsymbol{J}_C\cdot d\boldsymbol{S}+\iint_{(S)}\frac{\partial\boldsymbol{D}}{\partial t}\cdot d\boldsymbol{S} \tag{5-4-57}$$

因分界面没有厚度，所以矩形回路的宽度 $\Delta h\to 0$，由于 $\Delta h\to 0$，矩形回路的 *BC*、*DA* 边对磁场强度的环量没有贡献，即仅有长度为 Δl 的上、下两条边对式（5-4-57）中左边磁场强度的环流有贡献，*ABCDA* 所围面积为零，且 $\dfrac{\partial\boldsymbol{D}}{\partial t}$ 为有限值，式（5-4-57）右边第二项的积分为零。这样，式（5-4-57）即为

$$\oint_{ABCDA}\boldsymbol{H}\cdot d\boldsymbol{l}=\boldsymbol{H}_2\cdot\boldsymbol{e}_t\Delta l-\boldsymbol{H}_1\cdot\boldsymbol{e}_t\Delta l=\iint_{S_{ABCD}}\boldsymbol{J}\cdot d\boldsymbol{S}=\iint_{S_{ABCD}}\boldsymbol{J}\cdot\boldsymbol{e}_\tau\Delta h dl \tag{5-4-58}$$

因 $\Delta h \to 0$，$\lim\limits_{\Delta h \to 0} \Delta h \boldsymbol{J} = \boldsymbol{K}$，所以有

$$\iint\limits_{S_{ABCD}} \boldsymbol{J} \cdot \boldsymbol{e}_\tau \Delta h \mathrm{d}l = \boldsymbol{K} \cdot \boldsymbol{e}_\tau \Delta l \tag{5-4-59}$$

式（5-4-58）即为：

$$\boldsymbol{H}_2 \cdot \boldsymbol{e}_t \Delta l - \boldsymbol{H}_1 \cdot \boldsymbol{e}_t \Delta l = \boldsymbol{K} \cdot \boldsymbol{e}_\tau \Delta l \tag{5-4-60}$$

即

$$(\boldsymbol{H}_2 - \boldsymbol{H}_1) \cdot \boldsymbol{e}_t = \boldsymbol{K} \cdot \boldsymbol{e}_\tau \tag{5-4-61}$$

利用 $\boldsymbol{e}_t = \boldsymbol{e}_\tau \times \boldsymbol{e}_n$ 及矢量恒等式 $\boldsymbol{a} \cdot (\boldsymbol{b} \times \boldsymbol{c}) = \boldsymbol{b} \cdot (\boldsymbol{c} \times \boldsymbol{a}) = \boldsymbol{c} \cdot (\boldsymbol{a} \times \boldsymbol{b})$，式（5-4-61）即为：

$$(\boldsymbol{H}_2 - \boldsymbol{H}_1) \cdot (\boldsymbol{e}_\tau \times \boldsymbol{e}_n) = \boldsymbol{e}_\tau \cdot [\boldsymbol{e}_n \times (\boldsymbol{H}_2 - \boldsymbol{H}_1)] = \boldsymbol{e}_\tau \cdot \boldsymbol{K} \tag{5-4-62}$$

式（5-4-62）中 $\boldsymbol{e}_n \times (\boldsymbol{H}_2 - \boldsymbol{H}_1)$ 及 $\boldsymbol{K}$ 都是 P 点沿分界面切线方向的矢量，而 $\boldsymbol{e}_\tau$ 又可以是任意的切线方向，则有

$$\boldsymbol{e}_n \times (\boldsymbol{H}_2 - \boldsymbol{H}_1) = \boldsymbol{K} \tag{5-4-63}$$

其标量形式为

$$H_{2t} - H_{1t} = K \tag{5-4-64}$$

式（5-4-63）或式（5-4-64）的物理意义为：在两种介质的分界面上，磁场强度的切向分量是否连续，与两种介质分界面上是否存在传导电流有关。

若分界面上无自由面电流即 $\boldsymbol{K} = 0$ 时，有

$$\boldsymbol{e}_n \times (\boldsymbol{H}_2 - \boldsymbol{H}_1) = 0 \tag{5-4-65}$$

也可以写为

$$H_{2t} - H_{1t} = 0 \tag{5-4-66}$$

式（5-4-65）和式（5-4-66）即为 $\boldsymbol{K} = 0$ 时磁场强度切向分量满足的边值关系。由此可知，当两种磁介质的分界面上不存在自由面电流时，磁场强度的切向分量是连续的。

例 5-4-1　试推导时变场中理想导体与理想介质分界面上的场量衔接条件。

解　设理想导体一侧为 1，理想介质一侧为 2，分界面法线方向 $\boldsymbol{e}_n$ 由 1 指向 2，如图 5-4-3 所示。

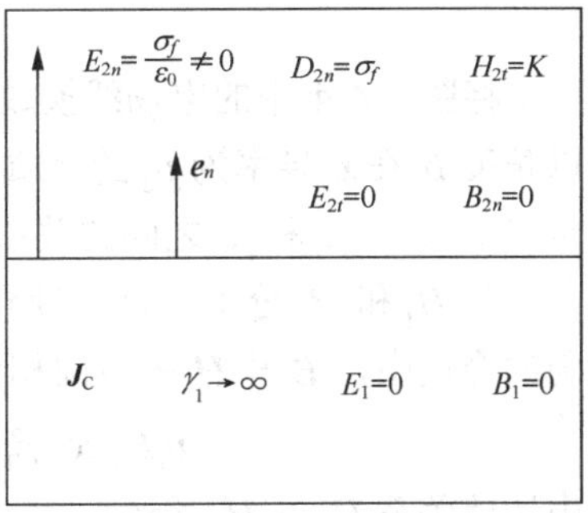

图 5-4-3　理想导体与理想介质分界面上的场量衔接条件

理想导体中 $\boldsymbol{J}_C = \gamma_1 \boldsymbol{E}_1$ 为有限值，当 $\gamma \to \infty$ 时，要保证 $\boldsymbol{J}_C$ 为有限值，须有 $\boldsymbol{E}_1 = 0$。

而

$$\nabla \times \boldsymbol{E}_1 = -\frac{\partial \boldsymbol{B}_1}{\partial t}$$

则有

$$\frac{\partial \boldsymbol{B}_1}{\partial t} = 0\text{，即 } \boldsymbol{B}_1 = \boldsymbol{C}\text{（常矢量）。}$$

若 $\boldsymbol{C} \neq 0$，建立场的过程中 $\boldsymbol{B}_1$ 由 $0 \to \boldsymbol{C}$ 变化必有

$$\frac{\partial \boldsymbol{B}_1}{\partial t} \neq 0$$

则

$$\boldsymbol{E}_1 \neq 0\text{，导致 } \boldsymbol{J}_C = \gamma \boldsymbol{E}_1 \to \infty$$

因此

$$\boldsymbol{B}_1 = \mathbf{C} = 0$$

由此得到结论，在理想导体内部没有电磁场，即

$$\boldsymbol{E}_1 = 0；\ \boldsymbol{B}_1 = 0$$

由 $E_{2t} = E_{1t}$ 得到

$$E_{2t} = E_{1t} = 0$$

由 $B_{2n} = B_{1n}$ 得到

$$B_{2n} = B_{1n} = 0$$

由 $D_{2n} - D_{1n} = \sigma_f$ 得到

$$D_{2n} = \sigma_f \ （D_{1n} = 0）$$

由 $H_{2t} - H_{1t} = K$ 得到

$$H_{2t} = K \ （H_{1t} = 0）$$

3. 电场线和磁场线的折射定律

如图 5-4-4 所示，两种理想介质中，电场线以角度 α_1 在介电常数为 ε_1 的介质中入射，以角度 α_2 在介电常数为 ε_2 的介质中折射，利用边值关系即可确定 α_1、α_2、ε_1 和 ε_2 之间的关系。

设 $\boldsymbol{D}_1$ 和 $\boldsymbol{D}_2$ 分别为这两种介质中的电位移矢量。在各向同性且均匀的介质中，$\boldsymbol{D}$ 与 $\boldsymbol{E}$ 的方向相同，由边值条件 $D_{2n} = D_{1n}$ 得到

$$\varepsilon_1 E_1 \cos\alpha_1 = \varepsilon_2 E_2 \cos\alpha_2 \tag{5-4-67}$$

由边值条件 $E_{2t} = E_{1t}$ 得到

$$E_1 \sin\alpha_1 = E_2 \sin\alpha_2 \tag{5-4-68}$$

用式（5-4-68）除以式（5-4-67），得到

$$\frac{\tan\alpha_1}{\tan\alpha_2} = \frac{\varepsilon_1}{\varepsilon_2} \tag{5-4-69}$$

将图 5-4-4 中的电场线换成磁场线，假设磁场线以角度 β_1 在磁导率为 μ_1 的介质中入射，以角度 β_2 在磁导率为 μ_2 的介质中折射，同样，利用边值关系即可确定 β_1、β_2、μ_1 和 μ_2 之间的关系。

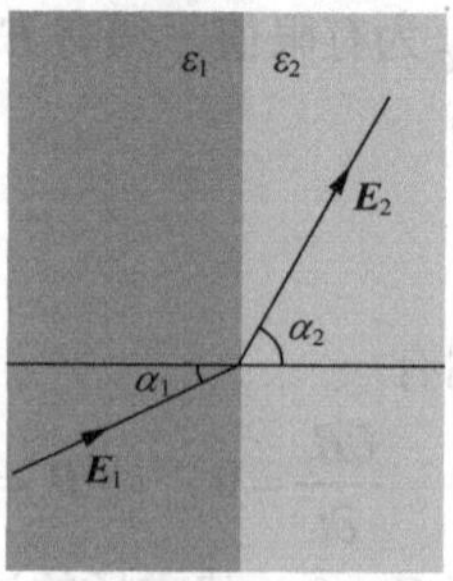

图 5-4-4　场线折射定律

设 $\boldsymbol{H}_1$ 和 $\boldsymbol{H}_2$ 分别为这两种介质中的磁场程度。在各向同性且均匀的介质中，$\boldsymbol{B}$ 与 $\boldsymbol{H}$ 的方向相同，由边值关系 $B_{2n} = B_{1n}$ 得到

$$\mu_1 H_1 \cos\beta_1 = \mu_2 H_2 \cos\beta_2 \tag{5-4-70}$$

由边值关系 $H_{2t} = H_{1t}$ 得到

$$H_1 \sin\beta_1 = H_2 \sin\beta_2 \tag{5-4-71}$$

用式（5-4-71）除以式（5-4-70），得到

$$\frac{\tan\beta_1}{\tan\beta_2} = \frac{\mu_1}{\mu_2} \tag{5-4-72}$$

式（5-4-69）和式（5-4-72）即是电场线和磁场线的折射定律。

5.5 电磁场动态位方程及其解

在静电场及恒定磁场的讨论中，为了便于分析和计算，我们引进了标量位函数φ及矢量磁位$\boldsymbol{A}$。针对时变电磁场，利用标量场的梯度是无旋的和矢量场的旋度是无散的，我们也可以引进适当的位函数描述时变电磁场，这就是矢量动态位$\boldsymbol{A}$及标量动态位φ。虽然用了同样的符号，但位函数的意义已发生了变化。满足洛伦兹规范的动态位方程即是达朗贝尔方程。有了达朗贝尔方程的解，即可对简单的辐射问题进行讨论。

5.5.1 矢量动态位$\boldsymbol{A}$及标量动态位φ

由$\nabla\cdot\boldsymbol{B}=0$可知，时变磁场是无散场，利用矢量场的旋度是无散的，磁感应强度矢量可以用另一个矢量的旋度来表示

$$\boldsymbol{B}=\nabla\times\boldsymbol{A} \tag{5-5-1}$$

式（5-5-1）中$\boldsymbol{A}$称为矢量动态位。将式（5-5-1）代入式（5-4-15），得到

$$\nabla\times\boldsymbol{E}=-\frac{\partial\boldsymbol{B}}{\partial t}=-\frac{\partial}{\partial t}(\nabla\times\boldsymbol{A})=-\nabla\times\frac{\partial\boldsymbol{A}}{\partial t} \tag{5-5-2}$$

整理，得

$$\nabla\times(\boldsymbol{E}+\frac{\partial\boldsymbol{A}}{\partial t})=0 \tag{5-5-3}$$

利用标量场的梯度必定是无旋的，令

$$\boldsymbol{E}+\frac{\partial\boldsymbol{A}}{\partial t}=-\nabla\varphi \tag{5-5-4 a}$$

或

$$\boldsymbol{E}=-\left(\frac{\partial\boldsymbol{A}}{\partial t}+\nabla\varphi\right) \tag{5-5-4b}$$

式（5-5-4）中φ称为标量动态位。

式（5-5-1）及式（5-5-4）给出了时变电磁场量与动态位的关系。静态场是时变场的特例，当场量不随时间变化时，式（5-5-1）及式（5-5-4）即是静电场和恒定磁场情况下场量与位的关系。

5.5.2 达朗贝尔方程

利用麦克斯韦方程组及动态位与场量的关系，即可得到动态位满足的方程。

1. *动态位方程*

针对各向同性且均匀的物质，对某一特定频率，将物质方程$\boldsymbol{B}=\mu\boldsymbol{H}$及$\boldsymbol{D}=\varepsilon\boldsymbol{E}$代入式（5-4-16）得到

$$\nabla\times\boldsymbol{H}=\nabla\times\frac{\boldsymbol{B}}{\mu}=\boldsymbol{J}_C+\varepsilon\frac{\partial\boldsymbol{E}}{\partial t} \tag{5-5-5}$$

将式（5-5-1）及式（5-5-4）代入式（5-5-5），得到

$$\frac{1}{\mu}\nabla\times\nabla\times\boldsymbol{A}=\boldsymbol{J}_C+\varepsilon\frac{\partial}{\partial t}\left(-\nabla\varphi-\frac{\partial\boldsymbol{A}}{\partial t}\right) \tag{5-5-6}$$

利用矢量恒等式$\nabla\times\nabla\times\boldsymbol{A}=\nabla(\nabla\cdot\boldsymbol{A})-\nabla^2\boldsymbol{A}$，式（5-5-6）变为

$$\nabla^2\boldsymbol{A}-\varepsilon\mu\frac{\partial^2\boldsymbol{A}}{\partial t^2}=-\mu\boldsymbol{J}_C+\nabla\left(\nabla\cdot\boldsymbol{A}+\varepsilon\mu\frac{\partial\varphi}{\partial t}\right)\tag{5-5-7}$$

将式（5-5-4）代入式（5-4-17）$\nabla\cdot\boldsymbol{D}=\rho$中，并利用物质方程$\boldsymbol{D}=\varepsilon\boldsymbol{E}$，得到

$$\nabla\cdot\boldsymbol{D}=\varepsilon\nabla\cdot\boldsymbol{E}=\varepsilon\nabla\cdot\left(-\nabla\varphi-\frac{\partial\boldsymbol{A}}{\partial t}\right)=\rho\tag{5-5-8}$$

整理，得

$$\nabla^2\varphi+\frac{\partial}{\partial t}(\nabla\cdot\boldsymbol{A})=-\frac{\rho}{\varepsilon}\tag{5-5-9}$$

式（5-5-7）和式（5-5-9）表示了动态位与场源之间的关系，称为动态位方程。

2. 位函数的规范条件——洛伦兹规范

由亥姆霍兹定理可知，如果一个矢量场的散度与旋度同时确定，则这个矢量场也就完全确定。矢量动态位$\boldsymbol{A}$的旋度$\nabla\times\boldsymbol{A}=\boldsymbol{B}$已经确定，如果$\boldsymbol{A}$的散度也确定，则$\boldsymbol{A}$也就完全确定。矢量动态位$\boldsymbol{A}$是为了方便场的描述而引进的辅助量，其散度的选取具有人为性，就像在恒定磁场中选取了$\nabla\cdot\boldsymbol{A}=0$。在时变电磁场中，为了简化动态位方程，选取

$$\nabla\cdot\boldsymbol{A}=-\mu\varepsilon\frac{\partial\varphi}{\partial t}\tag{5-5-10}$$

式（5-5-10）称为洛伦兹规范或洛伦兹条件。

3. 达朗贝尔方程

引入洛伦兹规范后，矢量动态位$\boldsymbol{A}$及标量动态位φ满足的方程式（5-5-7）及式（5-5-9）即可简化为

$$\nabla^2\boldsymbol{A}-\frac{1}{\upsilon^2}\frac{\partial^2\boldsymbol{A}}{\partial t^2}=-\mu\boldsymbol{J}_c\tag{5-5-11}$$

$$\nabla^2\varphi-\frac{1}{\upsilon^2}\frac{\partial^2\varphi}{\partial t^2}=-\frac{\rho}{\varepsilon}\tag{5-5-12}$$

式中

$$\upsilon=\frac{1}{\sqrt{\mu\varepsilon}}\tag{5-5-13}$$

式（5-5-11）及式（5-5-12）称为达朗贝尔方程。由此可见，有了洛伦兹规范，使得矢量动态位$\boldsymbol{A}$及标量动态位φ满足的方程分离在两个方程中，分别由场源函数$\boldsymbol{J}_c$与ρ确定，且两个方程高度对称，可以简化动态位的求解过程。洛伦兹规范是人为引进的矢量动态位的散度值，实际上也可以对$\boldsymbol{A}$给出其他规范。不同的规范，得到的关于$\boldsymbol{A}$及φ的方程也将不同于达朗贝尔方程，但最后得到的磁感应强度$\boldsymbol{B}$及电场强度$\boldsymbol{E}$还是唯一的。

在下一节我们将看到，洛仑兹规范下达朗贝尔方程的解直接反映出电磁相互作用需要时间。基于这些考虑，在研究辐射问题时，一般都是采用洛仑兹条件下的达朗贝尔方程。

如果场量不随时间变化，式（5-5-11）及式（5-5-12）即退化为静态场中的泊松方程

$$\nabla^2\boldsymbol{A}=-\mu\boldsymbol{J}_c\tag{5-5-14}$$

$$\nabla^2\varphi=-\frac{\rho}{\varepsilon}\tag{5-5-15}$$

5.5.3　达朗贝尔方程的解

不管是矢量动态位 $\boldsymbol{A}$ 还是标量动态位 φ，在洛伦兹规范下都满足相同形式的达朗贝尔方程。而达朗贝尔方程式是线性的，反映了电磁场的叠加性，故时变电磁场中的矢量动态位 $\boldsymbol{A}$ 和标量动态位 φ 均满足叠加原理。因此，对于场源分布在有限体积内的动态位的计算，可先求出场源中某一体积元（或点电荷、电荷元）所激发的动态位，然后对场源区域积分，即得出总的动态位。而 φ 是标量方程，求解相对容易。有了 φ 的解，将 $\boldsymbol{A}$ 的方程沿所选定的坐标系分成三个投影方程，每一个投影方程都是标量方程，可以利用类比得到 $\boldsymbol{A}$ 的三个标量方程的解，而后叠加得到矢量动态位 $\boldsymbol{A}$ 的解。

1. 标量动态位 φ 的解

设随时间变化的点电荷 $Q(t)$ 放在坐标原点处，其电荷体密度可以表示为

$$\rho(\boldsymbol{r},t)=Q(t)\delta(\boldsymbol{r}) \tag{5-5-16}$$

由此电荷产生的标量动态位的达朗贝尔方程为

$$\nabla^2\varphi-\frac{1}{v^2}\frac{\partial^2\varphi}{\partial t^2}=-\frac{Q(t)\delta(\boldsymbol{r})}{\varepsilon} \tag{5-5-17}$$

在除原点以外的无源自由空间，上式即为

$$\nabla^2\varphi-\frac{1}{v^2}\frac{\partial^2\varphi}{\partial t^2}=0 \tag{5-5-18}$$

由于点电荷的场分布是球对称的，若以 r 表示源点到场点的距离，则 φ 不依赖于角变量，只依赖于 r 和 t，即 $\varphi=\varphi(r,t)$。选用球坐标系，式（5-5-18）可以表示为

$$\frac{1}{r^2}\frac{\partial}{\partial r}(r^2\frac{\partial\varphi}{\partial r})-\frac{1}{v^2}\frac{\partial^2\varphi}{\partial t^2}=0 \qquad r\neq 0 \tag{5-5-19}$$

式（5-5-19）的解是球面波。考虑到当 r 增大时动态位减弱，作如下变换

$$\varphi(r,t)=\frac{u(r,t)}{r} \tag{5-5-20}$$

将式（5-5-20）代入式（5-5-19），得到 u 满足的方程

$$\frac{\partial^2 u}{\partial r^2}-\frac{1}{v^2}\frac{\partial^2 u}{\partial t^2}=0 \tag{5-5-21}$$

式（5-5-21）形式上是一维空间的波动方程，其通解为

$$u(r,t)=f(t-\frac{r}{v})+g(t+\frac{r}{v}) \tag{5-5-22}$$

式中 f 和 g 是两个任意函数。由此得到除原点以外的解为

$$\varphi(r,t)=\frac{1}{r}\left[f(t-\frac{r}{v})+g(t+\frac{r}{v})\right] \tag{5-5-23}$$

式（5-5-23）中的第一项代表向外传播的球面波，第二项代表向内收敛的球面波，而函数 f 和 g 的具体形式应由物理条件定出。当我们研究辐射问题时，电磁场是由原点处的电荷激发的，它必然是向外发射的波。因此，在辐射问题中，取 $g=0$，式（5-5-23）表示为

$$\varphi(r,t)=\frac{1}{r}f(t-\frac{r}{v}) \qquad (5\text{-}5\text{-}24)$$

而函数 f 的形式取决于原点处的电荷。在静电场中，我们知道，当点电荷不随时间发生变化时，电荷激发的电位为

$$\varphi=\frac{Q}{4\pi\varepsilon_0 r} \quad （静电场）$$

推广到时变场情况，由式（5-5-24）可以推想时变点电荷情况下达朗贝尔方程的解为

$$\varphi(\boldsymbol{r},t)=\frac{Q(t-\frac{r}{v})}{4\pi\varepsilon r} \qquad (5\text{-}5\text{-}25)$$

可以证明式（5-5-25）是式（5-5-17）的解。

如果电荷不在原点处，而是在 $\boldsymbol{r}'$ 处，令 R 为源点 $\boldsymbol{r}'$ 到场点 $\boldsymbol{r}$ 的距离，即有

$$\varphi(\boldsymbol{r},t)=\frac{Q(\boldsymbol{r}',t-\frac{R}{v})}{4\pi\varepsilon R} \qquad (5\text{-}5\text{-}26)$$

对于时变非点电荷分布 $\rho(\boldsymbol{r}',t)$，如图 5-5-1 所示，将带电体分成许多个电荷元，某一电荷元 $\rho(\boldsymbol{r}',t)\mathrm{d}V'$ 产生的时变场的标量动态位为

$$\mathrm{d}\varphi(\boldsymbol{r},t)=\frac{\rho(\boldsymbol{r}',t-\frac{R}{v})\mathrm{d}V'}{4\pi\varepsilon R} \qquad (5\text{-}5\text{-}27)$$

利用场的叠加性，体积 V' 中所有电荷产生的标量动态位可以通过积分得到

$$\varphi(\boldsymbol{r},t)=\frac{1}{4\pi\varepsilon}\iiint_{V'}\frac{\rho(\boldsymbol{r}',t-\frac{R}{v})}{R}\mathrm{d}V' \qquad (5\text{-}5\text{-}28)$$

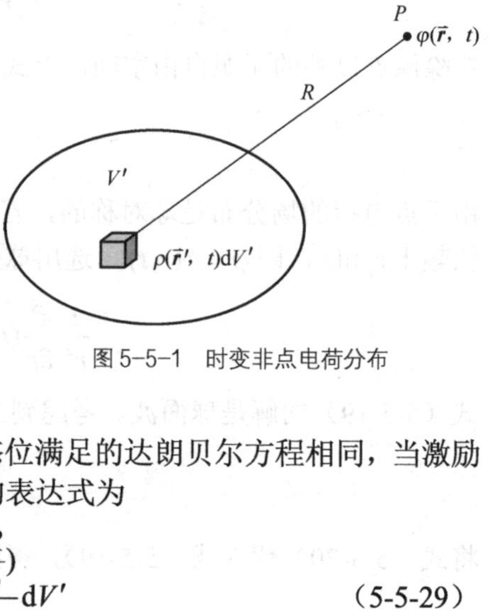

图 5-5-1　时变非点电荷分布

2. 矢量动态位 $\boldsymbol{A}$ 的解

由于矢量动态位 $\boldsymbol{A}$ 所满足的方程形式上与标量动态位满足的达朗贝尔方程相同，当激励源是时变电流源 $\boldsymbol{J}(\boldsymbol{r}',t)$ 时，仿上述方法推导，得到 $\boldsymbol{A}$ 的表达式为

$$\boldsymbol{A}(\boldsymbol{r},t)=\frac{\mu}{4\pi}\iiint_{V'}\frac{\boldsymbol{J}(\boldsymbol{r}',t-\frac{R}{v})}{R}\mathrm{d}V' \qquad (5\text{-}5\text{-}29)$$

可以证明式（5-5-28）与式（5-5-29）满足洛伦兹规范。

对于电流在线空间 l' 中流动的情况，可以写出

$$\boldsymbol{A}(\boldsymbol{r},t)=\frac{\mu}{4\pi}\int_{l'}\frac{\boldsymbol{I}(\boldsymbol{r}',t-\frac{R}{v})}{R}\mathrm{d}l' \qquad (5\text{-}5\text{-}30)$$

3. 推迟位

式（5-5-28）和式（5-5-29）给出了空间 $\boldsymbol{r}$ 点处 t 时刻的动态位 φ 和 $\boldsymbol{A}$，而 φ 或 $\boldsymbol{A}$ 是由时变电荷或电流分布激发的。可以看出，对 $\varphi(\boldsymbol{r},t)$ 有贡献的不是同一时刻 t 的电荷密度值，而是在较早时刻 $t'=t-\frac{R}{v}$ 的电荷密度值。如图 5-5-2 所示，设 M_1 距离场点为 R_1，则由 M_1 点上的

电荷在时刻$t-\dfrac{R_1}{v}$的值对$\varphi(\boldsymbol{r},t)$有贡献；而在$M_2$点上的电荷，则在另一时刻$t-\dfrac{R_2}{v}$对$\varphi(\boldsymbol{r},t)$有贡献，因此我们在$\boldsymbol{r}$点处$t$时刻测量到的电磁场是由不同的电荷电流分布在不同时刻激发的。

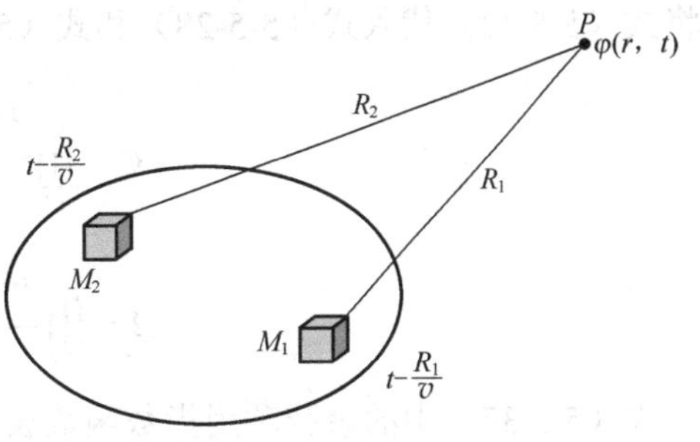

图 5-5-2 推迟位

由此可见，式（5-5-28）与式（5-5-29）的重要意义在于，它反映了电磁作用具有一定的传播速度。也就是说，空间某点$\boldsymbol{r}$在某时刻t的动态位（或场量）的值，不是依赖于同一时刻的电荷或电流分布，而是决定于较早时刻$t'=t-\dfrac{R}{v}$的电荷或电流分布。换句话说，电荷或电流产生的物理作用不能够立刻传到场点，而是在较晚的时刻传到场点。所推迟的时间$\dfrac{R}{v}$正是电磁作用从源点$\boldsymbol{r}'$传到场点$\boldsymbol{r}$所需的时间，v是电磁作用的传播速度，也就是说，电磁场是以有限速度传播的。式（5-5-28）和式（5-5-29）称为推迟位。式（5-5-13）即是速度的定义式。

除了电磁作用之外，其他一切作用都通过物质以有限速度传播。事物总是通过物质自身的运动发展而相互联系着的，不存在瞬时的超距作用。

5.5.4 时谐场的达朗贝尔方程及其解

1. 达朗贝尔方程的相量形式（复数形式）

时谐电磁场场量随时间按正余弦规律变化。分别对式（5-5-11）及式（5-5-12）求时间的二次导，仿照式（5-4-34）～式（5-4-37）的处理过程，得到

$$\nabla^2\dot{\varphi}+\frac{\omega^2}{v^2}\dot{\varphi}=-\frac{\dot{\rho}}{\varepsilon} \tag{5-5-31}$$

$$\nabla^2\dot{\boldsymbol{A}}+\frac{\omega^2}{v^2}\dot{\boldsymbol{A}}=-\mu\dot{\boldsymbol{J}}_{\mathrm{c}} \tag{5-5-32}$$

令

$$\beta=\frac{\omega}{v}=\omega\sqrt{\mu\varepsilon} \tag{5-5-33}$$

代入式（5-5-31）和式（5-5-32），得到达朗贝尔方程的相量形式

$$\nabla^2\dot{\boldsymbol{A}}+\beta^2\dot{\boldsymbol{A}}=-\mu\dot{\boldsymbol{J}}_{\mathrm{c}} \tag{5-5-34}$$

$$\nabla^2\dot{\varphi}+\beta^2\dot{\varphi}=-\frac{\dot{\rho}}{\varepsilon} \tag{5-5-35}$$

2. 时谐场的达朗贝尔方程的解

产生时谐电磁场的场源随时间按正余弦规律变化。分布在空间随时间变化的电荷密度可以表示为

$$\rho(\boldsymbol{r}',t)=\rho(\boldsymbol{r}')\cos\omega t \tag{5-5-36}$$

则

$$\rho(\boldsymbol{r}',t-\frac{R}{v})=\rho(\boldsymbol{r}')\cos\omega(t-\frac{R}{v}) \tag{5-5-37}$$

将式（5-5-37）代入式（5-5-28）和式（5-5-29），得到时谐场的达朗贝尔方程的解

$$\varphi = \iiint_{V'} \frac{\rho(r')\cos\omega(t - \dfrac{R}{v})}{4\pi\varepsilon R} \mathrm{d}V' \tag{5-5-38}$$

$$\boldsymbol{A} = \iiint_{V'} \frac{\mu \boldsymbol{J}(r')\cos\omega(t - \dfrac{R}{v})}{4\pi R} \mathrm{d}V' \tag{5-5-39}$$

将式（5-5-37）中的余弦项用指数函数表示为

$$\cos\omega(t - \frac{R}{v}) = \mathrm{Re}\, e^{\left(\mathrm{j}\omega(t-\frac{R}{v})\right)} = \mathrm{Re}\, e^{(\mathrm{j}\omega t - \beta R)} \tag{5-5-40}$$

因此，相量形式的达朗贝尔方程的解为

$$\dot{\varphi} = \iiint_{V'} \frac{\dot{\rho}(r')\mathrm{e}^{-\mathrm{j}\beta R}}{4\pi\varepsilon R} \mathrm{d}V' \tag{5-5-41}$$

$$\dot{\boldsymbol{A}} = \iiint_{V'} \frac{\mu \dot{\boldsymbol{J}}(r')\mathrm{e}^{-\mathrm{j}\beta R}}{4\pi R} \mathrm{d}V' \tag{5-5-42}$$

5.6 电磁振荡与电磁辐射

5.6.1 电磁振荡

电磁波是电磁振荡在空间的传播，它是由发射台通过天线（antenna）辐射出来的。产生电磁振荡的电路叫振荡电路。原则上，任何一个 LC 共振电路都可以作为发射电磁波的振源。振荡电路的种类很多，电容 C 及电感 L 组成最简单、最基本的无阻尼自由电磁振荡 LC 电路，如图 5-6-1 所示。这样的振荡电路，整个电路的电阻 $R = 0$，从能量角度看，只有线圈中磁场能量与电容器中电场能量的相互转化而没有能量损耗。

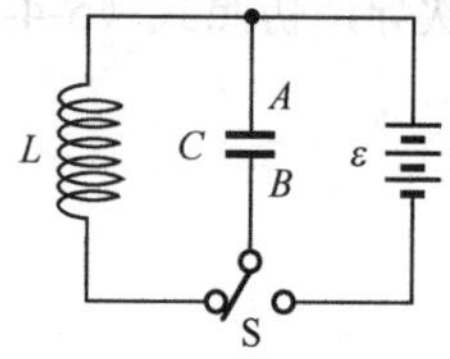

图 5-6-1　LC 电磁振荡电路

通过大学物理的学习，我们已经知道，这样的振荡电路，振动圆频率（角频率），频率，周期分别为

$$\omega = \frac{1}{\sqrt{LC}} \tag{5-6-1}$$

$$\nu = \frac{\omega}{2\pi} \tag{5-6-2}$$

$$T = \frac{1}{\nu} = \frac{2\pi}{\omega} \tag{5-6-3}$$

电荷随时间变化的规律为

$$q = Q_0 \cos(\omega t + \phi) \tag{5-6-4}$$

式（5-6-4）中 Q_0 是极板上电荷的最大值，称为电荷振幅，ϕ 是初相。Q_0 及 ϕ 由初始条件确定。电磁振荡的角频率 ω 或周期 T，由振动系统的参量决定。

将 q 对时间 t 求导，得到回路中任意时刻的电流为

$$i = \frac{\mathrm{d}q}{\mathrm{d}t} = -\omega Q_0 \sin(\omega t + \phi) = -I_0 \sin(\omega t + \phi) \tag{5-6-5}$$

式（5-6-5）中$I_0=\omega Q_0$是电流的最大值，称为电流振幅。利用

$$-\sin(\omega t+\phi)=\cos(\omega t+\phi+\frac{\pi}{2}),$$

将式（5-6-5）改写为

$$i=\frac{\mathrm{d}q}{\mathrm{d}t}=I_0\cos(\omega t+\phi+\frac{\pi}{2}) \tag{5-6-6}$$

由式（5-6-4）和式（5-6-6）可以看出，无阻尼自由电磁振荡LC电路中的电流及电荷都随时间做周期性变化，且电流的相位超前电荷的相位$\pi/2$。因此，当电容器的两极板上的电荷为最大值时，电路中的电流为零。反之，当电路中电流最大时，极板上电荷为零。任一时刻，电容器中的电场能量为

$$E_e=\frac{q^2}{2C}=\frac{Q_0^2}{2C}\cos^2(\omega t+\phi) \tag{5-6-7}$$

电感线圈中的磁场能量为

$$E_m=\frac{1}{2}Li^2=\frac{1}{2}LI_0^2\sin^2(\omega t+\phi)=\frac{Q_0^2}{2C}\sin^2(\omega t+\phi) \tag{5-6-8}$$

由此可见，无阻尼自由电磁振荡LC电路中的电场能量及磁场能量都是随着时间按简谐规律变化的。而电路中的总能量

$$E=E_e+E_m=\frac{1}{2}LI_0^2=\frac{Q_0^2}{2C} \tag{5-6-9}$$

却是定值。也就是说，在无阻尼自由电磁振荡过程中，电场能量和磁场能量不断地相互转换，当电场能量最大时，磁场能量为零；反之，当磁场能量最大时，电场能量为零，但在任意时刻，总能量保持不变。

需要说明的是，上述能量守恒只在理想的无阻尼自由电磁振荡LC电路中成立。实际中，电路中的电阻总是存在的，电阻上消耗焦耳热将会使得电路中的电磁场能量不断减少。为了产生持续的电磁振荡，必须把LC电路接在晶体管或电子管上组成振荡器（oscillator），由电路中的直流电源不断补给能量。

5.6.2 天线的形成

通过上面的讨论，我们可以看到，电场能量与磁场能量在封闭的LC电路中相互转换，形成电磁振荡，电磁场与电磁能集中在电感和电容中。为了有效地把电磁场和电磁能辐射出去，一方面，需要改造电路使其尽可能地开放，使电磁场尽可能地发射到空间中去。另一方面，由于电磁波的辐射功率与频率的四次方成正比，而$\nu\propto\frac{1}{\sqrt{LC}}$，为了有效地把电路中的电磁能发射出去，需要尽量减少L和C。

为此，设想把LC振荡电路按图5-6-2的顺序逐步加以改造，使电路越来越开放，L和C变得越来越小。最后，演化为直线型振荡电路，电流在其中往复振荡，两端出现正负交替的等量异号电荷，这样一个电路称为振荡偶极子或偶极振子，如图5-6-2所示。当然，发射台的实际天线要比偶极振子复杂得多，但所发射的电磁波都可以看成偶极振子所发射的电磁波的叠加。

由此可见，开放的LC电路就是最简单的天线！当有电荷（或电流）在天线中振荡时，就激发出变化的电磁场在空间传播。

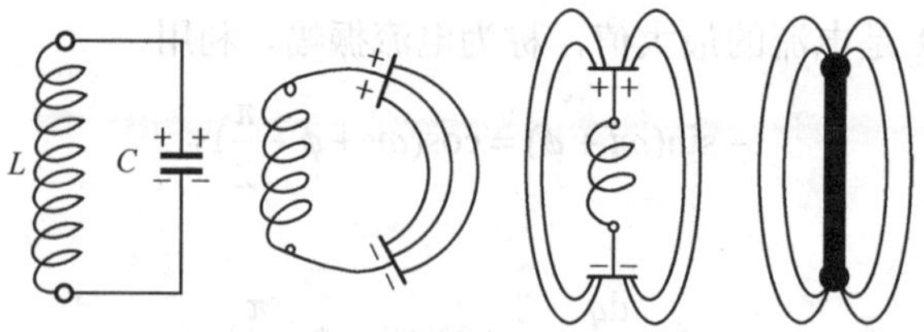

图 5-6-2 从 LC 振荡电路到偶极振子

5.6.3 电偶极子辐射场的一般表达式

场源分布最简单的一种情况就是电偶极子，它实际上就是一段载有高频电路的短导线构成的系统。短导线的长度 Δl 远小于工作波长 λ（$\Delta l \ll \lambda$），因此可以近似认为短导线上各点电流振幅相等，相位也相同。

电偶极子又称为单元辐射子，它是由赫兹实验得出，赫兹最早利用赫兹电量极子产生了电磁辐射，如图 5-6-3（a）所示。当一个导体球上的电荷为 $q(t)$ 时，另一个导体球上的电荷为 $-q(t)$，二者之间的电流为 $I(t)=\mathrm{d}q(t)/\mathrm{d}t$，这就是为什么小电流元通常称为电偶极子或赫兹偶极子，如图 5-6-3（b）所示。

设在球坐标系中，电偶极子沿 z 轴放置，如图 5-6-4 所示。利用由达朗贝尔方程的解得到的动态位可以严格求解电偶极子周围的电磁场。

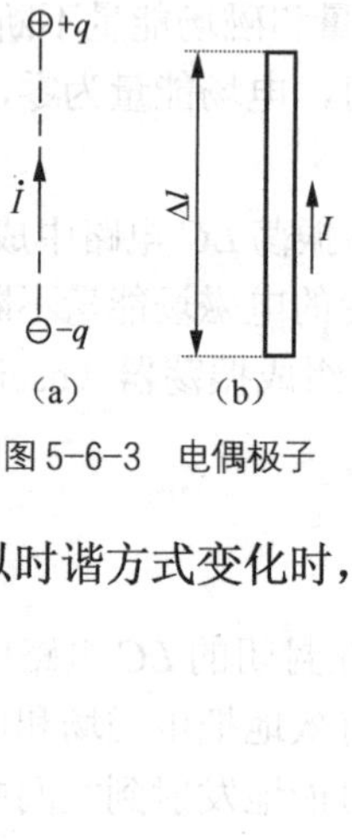

图 5-6-3 电偶极子

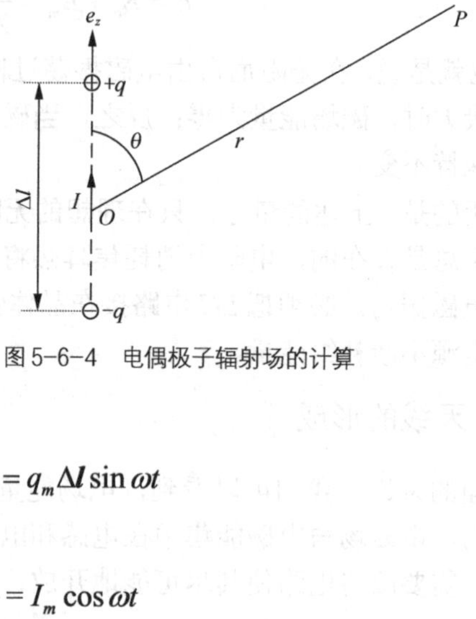

图 5-6-4 电偶极子辐射场的计算

当电偶极子以时谐方式变化时，电偶极矩

$$\boldsymbol{p}=q\Delta\boldsymbol{l}=q_m\Delta\boldsymbol{l}\sin\omega t \tag{5-6-10}$$

电流

$$I=\frac{\mathrm{d}q}{\mathrm{d}t}=I_m\cos\omega t \tag{5-6-11}$$

变化的电荷产生变化的电场，变化的电流产生变化的磁场，变化的电场与变化的磁场交替激发，传播出去，形成电磁波。

利用 $\boldsymbol{J}\mathrm{d}V=I\mathrm{d}\boldsymbol{l}$，由式（5-5-42）得到空间某处 P 点的动态位为

$$\dot{\boldsymbol{A}}=\iiint_{V'}\frac{\mu\dot{\boldsymbol{J}}(\boldsymbol{r}')\mathrm{e}^{-\mathrm{j}\beta r}}{4\pi r}\mathrm{d}V'=\frac{\mu}{4\pi}\iiint_{V'}\frac{\dot{I}\mathrm{e}^{-\mathrm{j}\beta r}}{r}\mathrm{d}\boldsymbol{l}=\frac{\mu\dot{I}\mathrm{e}^{-\mathrm{j}\beta r}}{4\pi r}\Delta l\boldsymbol{e}_z \tag{5-6-12}$$

如图 5-6-5 所示，在直角坐标系中，$\dot{\boldsymbol{A}}$ 的三个分量为

$$\dot{A}_x=\dot{A}_y=0 \tag{5-6-13}$$

$$\dot{A}_z \boldsymbol{e}_z = \dot{\boldsymbol{A}} = \frac{\mu \dot{I} e^{-j\beta r}}{4\pi r} \Delta l \boldsymbol{e}_z \tag{5-6-14}$$

如图 5-6-6 所示，在球坐标系中，$\dot{\boldsymbol{A}}$的三个分量为

$$\dot{A}_r = \boldsymbol{A} \cdot \boldsymbol{e}_r = \dot{A}_z \cos\theta = \frac{\mu \Delta l \dot{I} e^{-j\beta r}}{4\pi r} \cos\theta \tag{5-6-15}$$

$$\dot{A}_\theta = \boldsymbol{A} \cdot \boldsymbol{e}_\theta = -\dot{A}_z \sin\theta = -\frac{\mu \Delta l \dot{I} e^{-j\beta r}}{4\pi r} \sin\theta \tag{5-6-16}$$

$$\dot{A}_\alpha = \boldsymbol{A} \cdot \boldsymbol{e}_\alpha = 0 \tag{5-6-17}$$

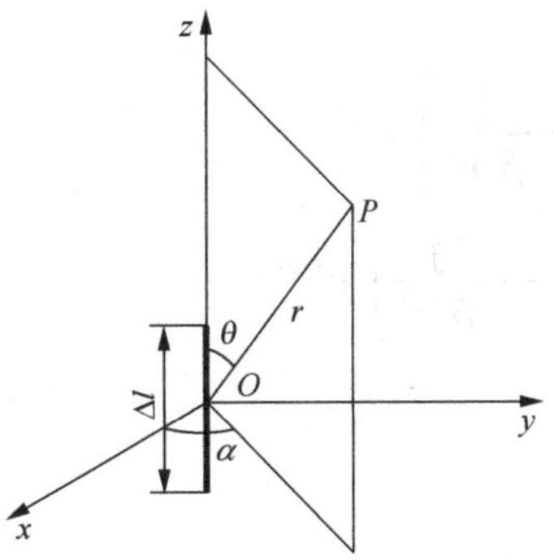

图 5-6-5 直角坐标系中电偶极子的矢量动态位

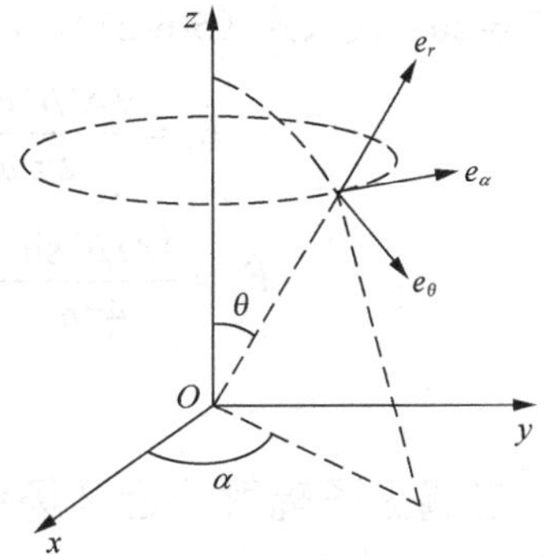

图 5-6-6 球坐标系中电偶极子的矢量动态位

利用 $\dot{\boldsymbol{H}} = \frac{\dot{\boldsymbol{B}}}{\mu} = \frac{1}{\mu} \nabla \times \dot{\boldsymbol{A}}$（$\dot{\boldsymbol{B}} = \nabla \times \dot{\boldsymbol{A}}$）及 $\dot{\boldsymbol{E}} = \frac{\nabla \times \dot{\boldsymbol{H}}}{\mathrm{j}\omega\varepsilon}$（$\nabla \times \dot{\boldsymbol{H}} = \mathrm{j}\omega\varepsilon\dot{\boldsymbol{E}}$），即可计算得到 $\dot{\boldsymbol{H}}$、$\dot{\boldsymbol{E}}$。

$$\dot{\boldsymbol{H}} = \frac{1}{\mu} \nabla \times \dot{\boldsymbol{A}} = \frac{1}{\mu} \begin{vmatrix} \boldsymbol{e}_r \dfrac{1}{r^2 \sin\theta} & \boldsymbol{e}_\theta \dfrac{1}{r \sin\theta} & \boldsymbol{e}_\alpha \dfrac{1}{r} \\ \dfrac{\partial}{\partial r} & \dfrac{\partial}{\partial \theta} & \dfrac{\partial}{\partial \alpha} \\ \dot{A}_r & r\dot{A}_\theta & r\sin\theta \dot{A}_\alpha \end{vmatrix}$$

$$= \frac{1}{\mu r \sin\theta} \left[\frac{\partial}{\partial \theta} (\sin\theta \dot{A}_\alpha) - \frac{\partial \dot{A}_\theta}{\partial \alpha} \right] \boldsymbol{e}_r + \frac{1}{\mu r} \left[\frac{1}{\sin\theta} \frac{\partial \dot{A}_r}{\partial \alpha} - \frac{\partial}{\partial r} (r\dot{A}_\alpha) \right] \boldsymbol{e}_\theta + \frac{1}{\mu r} \left[\frac{\partial}{\partial r} (r\dot{A}_\theta) - \frac{\partial \dot{A}_r}{\partial \theta} \right] \boldsymbol{e}_\alpha$$

$$= \frac{1}{\mu r} \left[\frac{\partial}{\partial r} (r\dot{A}_\theta) - \frac{\partial \dot{A}_r}{\partial \theta} \right] \boldsymbol{e}_\alpha \tag{5-6-18}$$

将式（5-6-15）和式（5-6-16）代入式（5-6-18），得到

$$\dot{H}_r = \dot{H}_\theta = 0 \tag{5-6-19}$$

$$\dot{H}_\alpha = \frac{\dot{I} \Delta l \beta^2 \sin\theta}{4\pi} \left[\frac{1}{(\beta r)^2} + \frac{\mathrm{j}}{\beta r} \right] e^{-\mathrm{j}\beta r} \tag{5-6-20}$$

$$\dot{E}=\frac{1}{\mathrm{j}\omega\varepsilon}\nabla\times\dot{H}=\frac{1}{\mathrm{j}\omega\varepsilon}\begin{vmatrix}e_r\frac{1}{r^2\sin\theta} & e_\theta\frac{1}{r\sin\theta} & e_\alpha\frac{1}{r}\\ \frac{\partial}{\partial r} & \frac{\partial}{\partial\theta} & \frac{\partial}{\partial\alpha}\\ H_r & rH_\theta & r\sin\theta H_\alpha\end{vmatrix}$$

$$=\frac{1}{\mathrm{j}\omega\varepsilon}\left[\frac{e_r}{r^2\sin\theta}\left(\frac{\partial}{\partial\theta}r\sin\theta H_\alpha-\frac{\partial}{\partial\alpha}rH_\theta\right)+\frac{e_\theta}{r\sin\theta}\left(\frac{\partial}{\partial\alpha}H_r-\frac{\partial}{\partial r}r\sin\theta H_\alpha\right)+\frac{e_\alpha}{r}\left(\frac{\partial}{\partial r}rH_\theta-\frac{\partial}{\partial\theta}H_r\right)\right]$$

$$=\frac{1}{\mathrm{j}\omega\varepsilon}\left(\frac{e_r}{r\sin\theta}\frac{\partial}{\partial\theta}r\sin\theta H_\alpha-\frac{e_\theta}{r}\frac{\partial}{\partial r}rH_\alpha\right)\tag{5-6-21}$$

将式（5-6-20）代入式（5-6-21），得到

$$\dot{E}_r=\frac{\dot{I}\Delta l\beta^3\cos\theta}{2\pi\omega\varepsilon}\left[\frac{1}{\beta^2r^2}-\frac{\mathrm{j}}{\beta^3r^3}\right]e^{-\mathrm{j}\beta r}\tag{5-6-22}$$

$$\dot{E}_\theta=\frac{\dot{I}\Delta l\beta^3\sin\theta}{4\pi\omega\varepsilon}\left[\frac{\mathrm{j}}{\beta r}+\frac{1}{\beta^2r^2}-\frac{\mathrm{j}}{\beta^3r^3}\right]e^{-\mathrm{j}\beta r}\tag{5-6-23}$$

$$\dot{E}_\alpha=0\tag{5-6-24}$$

5.6.4 电偶极子辐射的近区场和远区场

将电偶极子辐射的场量用瞬时形式表示为

$$H_r(r,t)=H_\theta(r,t)=0\tag{5-6-25}$$

$$H_\alpha(r,t)=\mathrm{Re}\left(\sqrt{2}\dot{H}_\alpha\mathrm{e}^{\mathrm{j}\omega t}\right)=\frac{I_m\Delta l\beta^2\sin\theta}{4\pi}\left[\frac{\cos(\omega t-\beta r)}{(\beta r)^2}-\frac{\sin(\omega t-\beta r)}{\beta r}\right]\tag{5-6-26}$$

$$\begin{aligned}E_r(r,t)&=\mathrm{Re}\left(\sqrt{2}\dot{E}_r\mathrm{e}^{\mathrm{j}\omega t}\right)\\&=\frac{I_m\Delta l\beta^3\cos\theta}{2\pi\omega\varepsilon}\left[\frac{1}{\beta^2r^2}\cos(\omega t-\beta r)+\frac{1}{\beta^3r^3}\sin(\omega t-\beta r)\right]\end{aligned}\tag{5-6-27}$$

$$\begin{aligned}E_\theta(r,t)&=\mathrm{Re}\left(\sqrt{2}\dot{E}_\theta e^{\mathrm{j}\omega t}\right)\\&=\frac{I_m\Delta l\beta^3\sin\theta}{4\pi\omega\varepsilon}\left[-\frac{1}{\beta r}\sin(\omega t-\beta r)+\frac{1}{\beta^2r^2}\cos(\omega t-\beta r)+\frac{1}{\beta^3r^3}\sin(\omega t-\beta r)\right]\end{aligned}\tag{5-6-28}$$

$$E_\alpha(r,t)=0\tag{5-6-29}$$

式（5-6-26）～式（5-6-28）表明，磁场强度和电场强度与辐射源到场点之间的距离有关。我们分别进行讨论。

1. 远区场——辐射场

当$\beta r>>1$（或$r>>\frac{1}{\beta}=\frac{\lambda}{2\pi}$，或$r\gg\lambda$）时，$\frac{1}{\beta r}>>\frac{1}{(\beta r)^2}>>\frac{1}{(\beta r)^3}$，场量中含有$\frac{1}{(\beta r)^2}$和$\frac{1}{(\beta r)^3}$的项与$\frac{1}{\beta r}$的项相比可以略去不计。$\beta r>>1$的区域称为辐射区。在辐射区，式(5-6-26)～式（5-6-28）可以简化为

$$H_\alpha(r,t) \doteq -\frac{I_m \Delta l \beta \sin\theta}{4\pi r}\sin(\omega t-\beta r) = -\frac{I_m \Delta l \beta \sin\theta}{4\pi r}\sin\omega\left(t-\frac{r}{v}\right) \quad (5\text{-}6\text{-}30)$$

$$E_\theta(r,t) = -\frac{I_m \Delta l \beta^2 \sin\theta}{4\pi\omega\varepsilon r}\sin(\omega t-\beta r) = -\frac{I_m \Delta l \beta^2 \sin\theta}{4\pi\omega\varepsilon r}\sin\omega\left(t-\frac{r}{v}\right) \quad (5\text{-}6\text{-}31)$$

由式（5-6-30）和式（5-6-31）可知远区场具有如下特点：

（1）远区场是横电磁波，电场、磁场和传播方向相互垂直；

（2）远区电场和磁场的相位相同；

（3）电场振幅与磁场振幅之比等于介质的本征阻抗，即

$$Z_C = \frac{E_\theta}{H_\alpha} = \frac{\beta}{\omega\varepsilon} = \frac{1}{v\varepsilon} = \frac{\sqrt{\varepsilon\mu}}{\varepsilon} = \sqrt{\frac{\mu}{\varepsilon}} \quad (5\text{-}6\text{-}32)$$

真空中

$$Z_C = Z_{C0} = \sqrt{\frac{\mu_0}{\varepsilon_0}} = 377\Omega \quad (5\text{-}6\text{-}33)$$

（4）远区场是非均匀球面波，电场、磁场的振幅与 $1/r$ 成正比；

（5）远区场具有方向性，按 $\sin\theta$ 变化。场量随角度变化的函数 $f(\theta,\alpha)=\sin\theta$ 称为电偶极子的方向图因子。

在工程上，常用方向图来形象地描述远区场的方向性。将 $f(\theta,\alpha)=\sin\theta$ 用极坐标画出来，即得到电偶极子的方向图。如图 5-6-7 所示，图（a）是 E 面（电场强度矢量所在并包含最大辐射方向的平面）方向图；图（b）是 E 面（电场强度矢量所在并包含最大辐射方向的平面）方向图；图（c）是立体方向图。

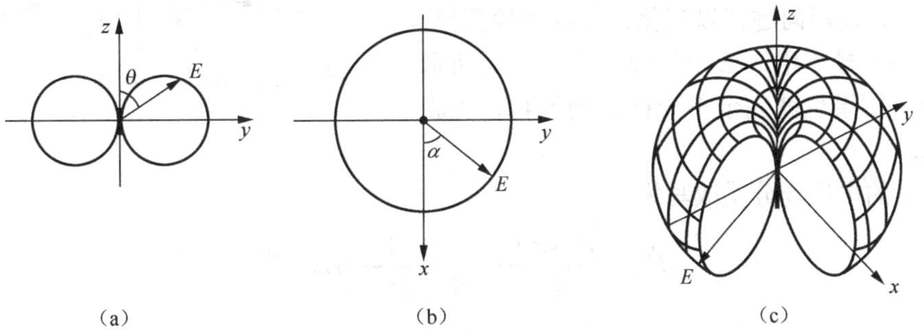

图 5-6-7 电偶极子辐射方向图

2. 近区场——似稳区

当 $\beta r << 1$ 时，$e^{-j\beta r} \approx 1$，$\beta << \frac{1}{r}$，$\frac{1}{\beta r} << \frac{1}{(\beta r)^2} << \frac{1}{(\beta r)^3}$，场量中含有 $\frac{1}{\beta r}$ 的低次项与高次项相比可以略去不计。$\beta r \ll 1$ 的区域称为近区场或似稳区。在似稳区，式（5-6-26）～式（5-6-28）可以简化为

$$H_\alpha(r,t) = \frac{I_m \Delta l \sin\theta}{4\pi r^2}\cos\omega t = \frac{I\Delta l \sin\theta}{4\pi r^2} \quad (5\text{-}6\text{-}34)$$

$$E_r(r,t) = \frac{I_m \Delta l \cos\theta}{2\pi\omega\varepsilon r^3}\sin\omega t = \frac{q\Delta l \cos\theta}{2\pi\omega\varepsilon r^3} \quad (5\text{-}6\text{-}35)$$

$$E_\theta(r,t)=\frac{I_m\Delta l\sin\theta}{4\pi\omega\varepsilon r^3}\sin\omega t=\frac{q\Delta l\sin\theta}{4\pi\omega\varepsilon r^3} \tag{5-6-36}$$

由式（5-6-34）～式（5-6-36）可知近区场具有如下特点：

（1）电场表达式与静电偶极子的电场表达式相同；磁场表达式与用毕奥—萨伐定律计算的恒定电流元产生的磁场表达式相同，因此称其为似稳场或准静态场；

（2）无推迟效应；

（3）电场和磁场存在 π/2 的相位差，能量在电场和磁场以及场与源之间交换，没有辐射，所以近区场也称感应场。平均能流密度：

$$\boldsymbol{S}_{\rm av}=\frac{1}{2}{\rm Re}[\boldsymbol{E}\times\boldsymbol{H}^*]=0 \tag{5-6-37}$$

电偶极子的近区 E 与 H 线的分布如图 5-6-8 所示。

例 5-6-1 已知单元辐射子的电磁场分量为

$$\dot H_\alpha=\frac{\sin\theta}{4\pi}\left(\frac{{\rm j}\beta}{r}+\frac{1}{r^2}\right)\dot I\Delta l{\rm e}^{-{\rm j}\beta r}$$

$$\dot E_r=\frac{\cos\theta}{2\pi\omega\varepsilon}\left(\frac{\beta}{r^2}-\frac{\rm j}{r^3}\right)\dot I\Delta l{\rm e}^{-{\rm j}\beta r}$$

$$\dot E_\theta=\frac{\sin\theta}{4\pi\omega\varepsilon}\left(\frac{{\rm j}\beta^2}{r}+\frac{\beta}{r^2}-\frac{\rm j}{r^3}\right)\dot I\Delta l{\rm e}^{-{\rm j}\beta r}$$

试写出远区、近区分量的相量表达式。

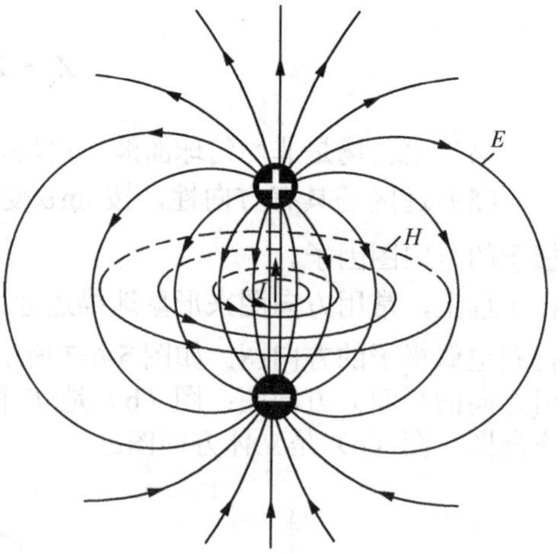

图 5-6-8 电偶极子的近区 E 与 H 线的分布

解 对于远区、近区的场分量，涉及不同的近似，在一定的条件下，有些量的作用很小，可以略去不计，使得问题得以简化，计算比较简单；而有些量起主导作用，必须保留；这也正是所谓条件不同，结果也就完全不一样，场的特征也就完全不同。

将给定的电磁场分量改写为

$$\dot H_\alpha=\frac{\beta^2\sin\theta}{4\pi}\left(\frac{\rm j}{r\beta}+\frac{1}{\beta^2r^2}\right)\dot I\Delta l{\rm e}^{-{\rm j}\beta r}$$

$$\dot E_r=\frac{\beta^3\cos\theta}{2\pi\omega\varepsilon}\left(\frac{1}{\beta^2r^2}-\frac{\rm j}{\beta^3r^3}\right)\dot I\Delta l{\rm e}^{-{\rm j}\beta r}$$

$$\dot E_\theta=\frac{\beta^3\sin\theta}{4\pi\omega\varepsilon}\left(\frac{\rm j}{\beta r}+\frac{1}{\beta^2r^2}-\frac{\rm j}{\beta^3r^3}\right)\dot I\Delta l{\rm e}^{-{\rm j}\beta r}$$

对远区场，$\beta r>>1$，或 $\beta>>\frac{1}{r}$，或 $r>>\frac{1}{\beta}$，电场强度与磁场强度的表达式中，含有 $\frac{1}{\beta^2r^2}$ 和 $\frac{1}{\beta^3r^3}$ 的项与 $\frac{1}{\beta r}$ 的项相比可略去不计，则上述场分量简化为

$$\dot H_\alpha=\frac{\beta\sin\theta}{4\pi}\frac{\rm j}{r}\dot I\Delta l{\rm e}^{-{\rm j}\beta r}$$

$$\dot E_r=0$$

$$\dot{E}_\theta = \frac{\beta^2 \sin\theta}{4\pi\omega\varepsilon}\frac{\mathrm{j}}{r}\dot{I}\Delta l \mathrm{e}^{-\mathrm{j}\beta r}$$

将上面的 $\dot{H}_\alpha$ 及 $\dot{E}_\theta$ 乘以 $\mathrm{e}^{\mathrm{j}\omega t}$，即得到辐射区电磁场的 e 指数表达式

$$H_\alpha = \frac{\beta^2 \sin\theta}{4\pi}\frac{\mathrm{j}}{r\beta}\dot{I}\Delta l \mathrm{e}^{-\mathrm{j}\beta r}\mathrm{e}^{\mathrm{j}\omega t} = \frac{\beta^2 \sin\theta}{4\pi}\frac{\mathrm{j}}{r\beta}\dot{I}\Delta l \mathrm{e}^{(\mathrm{j}\omega t-\mathrm{j}\beta r)}$$

$$E_\theta = \frac{\beta^3 \sin\theta}{4\pi\omega\varepsilon}\frac{\mathrm{j}}{\beta r}\dot{I}\Delta l \mathrm{e}^{-\mathrm{j}\beta r}\mathrm{e}^{\mathrm{j}\omega t} = \frac{\beta^3 \sin\theta}{4\pi\omega\varepsilon}\frac{\mathrm{j}}{\beta r}\dot{I}\Delta l \mathrm{e}^{(\mathrm{j}\omega t-\mathrm{j}\beta r)}$$

取 e 指数表达式的实部，即可得到辐射区电磁场的瞬时表达式：

$$H_\alpha(r,t) = \mathrm{Re}\left(\frac{\dot{I}\Delta l\beta^2 \sin\theta}{4\pi}\frac{\mathrm{j}}{r\beta}\mathrm{e}^{\mathrm{j}(\omega t-\beta r)}\right) = -\frac{\beta I_m \Delta l}{4\pi r}\sin\theta\sin\omega\left(t-\frac{r}{v}\right)$$

$$E_\theta(r,t) = \mathrm{Re}\left(\frac{\sqrt{2}\beta^3 \sin\theta}{4\pi\omega\varepsilon}\frac{\mathrm{j}}{\beta r}\dot{I}\Delta l \mathrm{e}^{\mathrm{j}(\omega t-\beta r)}\right) = -\frac{I_m \Delta l\beta^2}{4\pi\omega\varepsilon r}\sin\theta\sin\omega\left(t-\frac{r}{v}\right)$$

对于近区，即似稳区，$\beta r \ll 1$，或 $r \ll \frac{1}{\beta}$，$\frac{1}{\beta r} \ll \frac{1}{(\beta r)^2} \ll \frac{1}{(\beta r)^3}$，$\mathrm{e}^{-\mathrm{j}\beta r} \approx 1$，场量中含有 $\frac{1}{\beta r}$ 的低次项与高次项相比可以略去不计，则

$$\dot{H}_\alpha = \frac{\sin\theta}{4\pi r^2}\dot{I}\Delta l$$

$$\dot{E}_r = -\frac{\mathrm{j}\cos\theta}{2\pi\omega\varepsilon r^3}\dot{I}\Delta l$$

$$\dot{E}_\theta = \mathrm{j}\frac{\sin\theta}{4\pi\omega\varepsilon r^3}\dot{I}\Delta l$$

采用与前面类似的讨论方法，得到似稳区电场强度与磁场强度的瞬时值表达式为

$$H_\alpha(r,t) = \frac{I_m \Delta l}{4\pi r^2}\sin\theta\cos\omega t$$

$$E_r(r,t) = \frac{I_m \Delta l}{2\pi\varepsilon r^3}\cos\theta\sin\omega t$$

$$E_\theta(r,t) = \frac{I_m \Delta l}{4\pi\omega\varepsilon r^2}\sin\theta\sin\omega t$$

例 5-6-2 设电偶极子的长度为 50 cm，频率为 10 MHz，电流有效值为 25A，试计算赤道平面上离原点 10 km 处的电场和磁场。

解

$$\beta = \frac{2\pi}{\lambda} = \frac{2\pi}{c}v = \frac{\pi}{15}\ \mathrm{rad/m}$$

$$\beta r = \frac{\pi}{15}\times 10\times 10^3 = \frac{2\pi}{3}\times 10^3 \gg 1$$

利用例 5-6-1 的结果得到

$$\dot{H}_\alpha = \mathrm{j}\frac{\dot{I}\Delta l\beta\sin\theta}{4\pi r}e^{-\mathrm{j}\beta r} = \mathrm{j}20.83\times 10^{-6}e^{-\mathrm{j}2.1\times 10^3}\ \mathrm{A/m}$$

$$\dot{E}_\theta = j\frac{\dot{I}\Delta l\beta^2\sin\theta}{4\pi\varepsilon_0\omega r}e^{-\mathrm{j}\beta r} = -\mathrm{j}7.854\times 10^{-3}e^{-\mathrm{j}2.1\times 10^3}\ \mathrm{V/m}$$

5.7 准静态电磁场的边值问题

5.7.1 准静态电磁场

时变电磁场边值问题的计算相当复杂。在工程中有些问题可以根据其性质进行简化。

时变电磁场中，当感应电场远小于库仑电场（即可忽略$\frac{\partial \boldsymbol{B}}{\partial t}$）时，称为电准静态场（记作 EQS）。

当位移电流密度远小于传导电流密度（即可忽略$\frac{\partial \boldsymbol{D}}{\partial t}$）时，称为磁准静态场（记作 MQS）。电准静态场和磁准静态场统称为准静态电磁场（简称准静态场），都具有静态场的一些性质。

本节讨论准静态电磁场的边值问题。

5.7.2 准静态电（流）场的边值问题

1. 准静态电（流）场的基本方程

低频时，忽略二次源$\frac{\partial \boldsymbol{B}}{\partial t}$产生的场，由式（5-4-15）得到

$$\nabla \times \boldsymbol{E} \approx 0 \tag{5-7-1}$$

令：

$$\boldsymbol{E} = -\nabla \varphi \tag{5-7-2}$$

由此可见，电场的有源无旋性与静电场相同，称为电准静态场（EQS-Electric Quasi-statics）。

考虑位移电流的电流连续性方程为

$$\nabla \cdot \left(\gamma \boldsymbol{E} + \frac{\partial \boldsymbol{D}}{\partial t} \right) = 0 \tag{5-7-3}$$

对于时谐场，式（5-7-3）的相量形式为

$$\nabla \cdot \left(\gamma \dot{\boldsymbol{E}} + \mathrm{j}\omega\varepsilon \dot{\boldsymbol{E}} \right) = 0 \tag{5-7-4}$$

将式（5-7-2）代入式（5-7-4），得到

$$(\gamma + \mathrm{j}\omega\varepsilon)\nabla^2 \dot{\varphi} = 0 \tag{5-7-5}$$

式（5-7-5）即是准静态电（流）场的基本方程。

2. 准静态电（流）场的边值关系

静电位和电流密度满足的边值关系为

$$\begin{cases} \varphi_1 = \varphi_2 \\ J_{1n} = J_{2n} \end{cases} \tag{5-7-6}$$

由此可知，在两种介质的分界面上，时谐场的准静电位的分界面界条件为

$$\begin{cases} \dot{\varphi}_1 = \dot{\varphi}_2 \\ (\gamma_2 + \mathrm{j}\omega\varepsilon_2)\dfrac{\partial \dot{\varphi}_2}{\partial n} = (\gamma_1 + \mathrm{j}\omega\varepsilon_1)\dfrac{\partial \dot{\varphi}_1}{\partial n} \end{cases} \tag{5-7-7}$$

在场域边界上，第一类边界条件为

$$\dot{\varphi}\big|_{\Gamma} = \dot{\varphi}_0 \tag{5-7-8}$$

第二类边界条件为

$$(\gamma + \mathrm{j}\omega\varepsilon)\frac{\partial \dot{\varphi}}{\partial n}\bigg|_{\Gamma} = \dot{J}_{n0} \tag{5-7-9}$$

5.7.3 准静态磁场（涡旋场）的边值问题

1. 准静态磁场的基本方程

低频时，忽略二次源 $\frac{\partial \boldsymbol{D}}{\partial t}$ 产生的场，由式（5-4-16）得到

$$\nabla \times \boldsymbol{H} \approx \boldsymbol{J}_{\mathrm{c}} \tag{5-7-10}$$

由此可见，磁场的有旋无源性与恒定磁场相同，称为磁准静态场（MQS）。

利用式（5-4-18），根据矢量场的旋度必是无散的，引进

$$\boldsymbol{B} = \nabla \times \boldsymbol{A} \tag{5-7-11}$$

则

$$\nabla \times \boldsymbol{E} = -\frac{\partial \boldsymbol{B}}{\partial t} = -\frac{\partial}{\partial t}(\nabla \times \boldsymbol{A}) = -\nabla \times \frac{\partial \boldsymbol{A}}{\partial t} \tag{5-7-12}$$

由此得到

$$\nabla \times \left(\boldsymbol{E} + \frac{\partial \boldsymbol{A}}{\partial t}\right) = 0 \tag{5-7-13}$$

根据标量场的梯度必是无旋的，令

$$\boldsymbol{E} + \frac{\partial \boldsymbol{A}}{\partial t} = -\nabla \varphi \tag{5-7-14}$$

得到

$$\boldsymbol{E} = -\left(\nabla \varphi + \frac{\partial \boldsymbol{A}}{\partial t}\right) \tag{5-7-15}$$

将式（5-7-11）和式（5-7-15）代入式（5-7-10），并考虑由电场 $\boldsymbol{E}$ 对应的电流 $\gamma\boldsymbol{E}$，得到

$$\nabla \times \boldsymbol{H} = \nabla \times \frac{1}{\mu}\nabla \times \boldsymbol{A} = \gamma \boldsymbol{E} + \boldsymbol{J}_{\mathrm{c}} = -\gamma\left(\nabla \varphi + \frac{\partial \boldsymbol{A}}{\partial t}\right) + \boldsymbol{J}_{\mathrm{c}} \tag{5-7-16}$$

即

$$\nabla \times \frac{1}{\mu}\nabla \times \boldsymbol{A} = -\gamma\left(\nabla \varphi + \frac{\partial \boldsymbol{A}}{\partial t}\right) + \boldsymbol{J}_{\mathrm{c}} \tag{5-7-17}$$

由式（5-7-17）得到磁准静态场的电流连续性方程为

$$\nabla \cdot \left[\boldsymbol{J}_{\mathrm{c}} - \gamma\left(\nabla \varphi + \frac{\partial \boldsymbol{A}}{\partial t}\right)\right] = 0 \tag{5-7-18}$$

式（5-7-17）和式（5-7-18）称为准静态磁场（涡旋场）的基本方程。

对于时谐波，式（5-7-17）和式（5-7-18）可以用相量形式分别表示为

$$\nabla \times \frac{1}{\mu}\nabla \times \dot{\boldsymbol{A}} = -\gamma\left(\nabla \dot{\varphi} + \mathrm{j}\omega \dot{\boldsymbol{A}}\right) + \dot{\boldsymbol{J}}_{\mathrm{c}} \tag{5-7-19}$$

$$\nabla\cdot\left[\dot{\boldsymbol{J}}_{\mathrm{c}}-\gamma\left(\nabla\dot{\varphi}+\mathrm{j}\omega\dot{\boldsymbol{A}}\right)\right]=0 \tag{5-7-20}$$

2. *准静态磁场的分界面条件*

在两种介质的分界面选取如图 5-4-2 所示的矩形闭合环路，将式（5-7-19）沿闭合环路积分，采用类似的讨论，得到

$$\boldsymbol{e}_n\times\left(\frac{1}{\mu_2}\nabla\times\boldsymbol{A}_2-\frac{1}{\mu_1}\nabla\times\boldsymbol{A}_1\right)=\boldsymbol{K} \tag{5-7-21}$$

磁标位的边值关系为

$$\varphi_{m2}=\varphi_{m1} \tag{5-7-22}$$

由此可知，在两种介质的分界面上，时谐场的准磁位满足的分界面条件为

$$\begin{cases}\dot{\varphi}_{m1}=\dot{\varphi}_{m2}\\ \boldsymbol{e}_n\times\left(\dfrac{1}{\mu_2}\nabla\times\dot{\boldsymbol{A}}_2-\dfrac{1}{\mu_1}\nabla\times\dot{\boldsymbol{A}}_1\right)=\dot{\boldsymbol{K}}\end{cases} \tag{5-7-23}$$

在场域边界上，第一类边界条件为

$$\dot{\varphi}_m\big|_{\Gamma}=\dot{\varphi}_{m0} \tag{5-7-24}$$

第二类边界条件为

$$\frac{1}{\mu}\left(\nabla\times\dot{\boldsymbol{A}}\right)\times\boldsymbol{e}_n\big|_{\Gamma}=\dot{\boldsymbol{K}}_{\tau0} \tag{5-7-25}$$

需要注意的是，对于时变场，针对动态位 $\boldsymbol{A}$ 的规范为洛伦兹规范

$$\nabla\cdot\boldsymbol{A}=-\mu\varepsilon\frac{\partial\varphi}{\partial t}\neq0 \tag{5-7-26}$$

并且

$$\nabla\times\boldsymbol{A}=\boldsymbol{B}\neq0 \tag{5-7-27}$$

因此，对于 $\boldsymbol{A}$ 所满足的边界条件，不再是 $\boldsymbol{A}_1=\boldsymbol{A}_2$。

习　题

5-1　如题 5-1 图所示，一个宽为 a、长为 b 的矩型导体框，磁感应强度为 $\boldsymbol{B}=B_0\sin\omega t\boldsymbol{e}_y$。导体框静止时，其法线方向 $\boldsymbol{e}_n$ 与 $\boldsymbol{e}_y$ 呈 α 角。求导体框静止时或以角速度 ω 绕 x 轴旋转（假定 $t=0$ 时刻，$\alpha=0$）时的感应电动势。

5-2　无限长直导线通以电流 $i(t)=I_m\cos\omega t(\mathrm{A})$，一矩形线框置于其近旁，且与直导线共面，如题 5-2 图所示。

（1）导电线框处于图示位置时，求回路中的感应电动势；

（2）导电线框以匀速 $\boldsymbol{v}$ 向右运动，求回路中的感应电动势。

5-3　如题 5-3 所示，均匀磁场 B 与导线回路法线间的夹角为 $\theta=\dfrac{\pi}{3}$，若此均匀磁场 $\boldsymbol{B}$ 随时间线性增加，即 $B=kt(k>0)$。有一长为 l 的金属杆 ab 以恒定速率 v 向右滑动。求回路中任一时刻感应电动势的大小和方向。

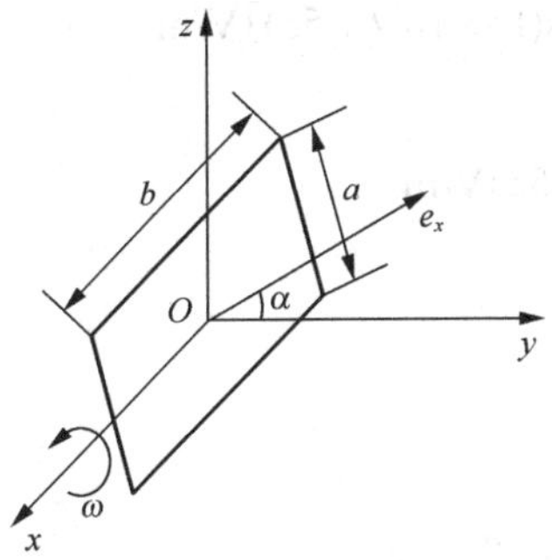

题5-1图

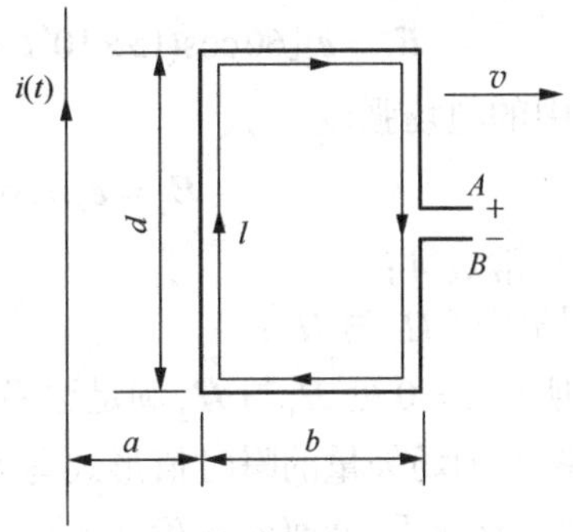

题5-2图

5-4 恒定电流I流入半径为R的圆盘极板电容器，如题5-4图所示。板间充有磁导率为μ的介质。试求出极板间的位移电流、位移电流密度、磁场强度及磁感应强度。

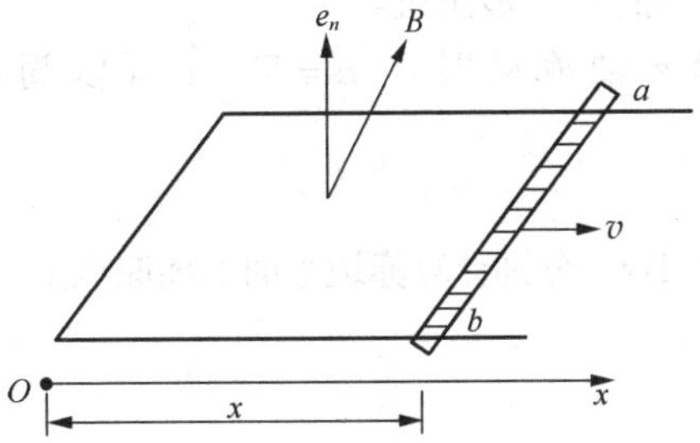

题5-3图

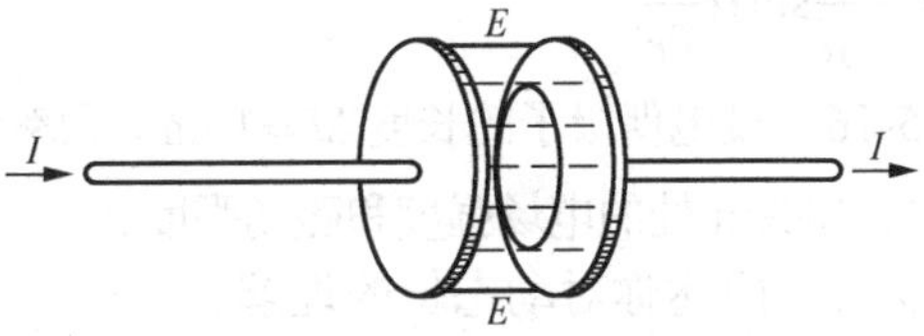

题5-4图

5-5 设平板电容器极板间的距离为d，介质的介电常数为ε，极板间接交流电源，电压为$u = U_m \sin \omega t$。求（1）极板间任意点的位移电流密度；（2）极板间的磁场强度。

5-6 圆柱形电容器的内外半径分为R_1和R_2，长为l，外加一正弦电压$u = u_m \sin \omega t$。设ω不大，可视为准静态场情形。求介质中的位移电流，并计算穿过半径为r $(R_1 < r < R_2)$的圆柱表面的总位移电流，且证明此电流等于电容器引线中的传导电流。

5-7 一同轴圆柱型电容器，其内外半径分别为$r_1 = 1\text{cm}$和$r_2 = 4\text{cm}$，长度$l = 0.5\text{m}$，极板间介质的介电常数为$4\varepsilon_0$，极板间接交流电源，电压为$u = 6000\sqrt{2}\sin 100\pi t$ V。求$t = 1.0\text{s}$时极板间任意点的位移电流密度。

5-8 在交变电磁场中，某材料的相对介电常数为$\varepsilon_r = 81$，电导率为$\gamma = 4.2\text{S/m}$，分别求频率为$f_1 = 1\text{kHz}$，$f_2 = 1\text{MHz}$，$f_3 = 1\text{GHz}$时位移电流密度和传导电流密度的比值。

5-9 真空中磁场强度的表达式为$\boldsymbol{H} = \boldsymbol{e}_z H_z = \boldsymbol{e}_z H_0 \sin(\omega t - \beta x)$，求空间的位移电流密度和电场强度。

5-10 已知在某一理想介质中的位移电流密度为$\boldsymbol{J}_D = 2\sin(\omega t - 5z)\boldsymbol{e}_x \mu\text{A/m}^2$，介质的介电常数为$\varepsilon_0$，磁导率为$\mu_0$。求介质中的电场强度$\boldsymbol{E}$和磁场强度$\boldsymbol{H}$。

5-11 由两个大平行平板组成电极，极间介质为空气，两极之间电压恒定。当两极板以恒定速度$\boldsymbol{v}$沿极板所在平面的法线方向相互靠近时，求极板间的位移电流密度。

5-12 设区域Ⅰ$(z < 0)$的介质参数为$\varepsilon_{r1} = 1$ $\mu_{r1} = 1$，$\sigma_1 = 0$；区域Ⅱ$(z > 0)$的介质参数为$\varepsilon_{r2} = 5$ $\mu_{r2} = 20$，$\sigma_2 = 0$。已知区域Ⅰ中的电场强度

$$E_1 = e_x[60\cos(15\times10^8 t - 5z) + 20\cos(15\times10^8 t + 5z)]\text{V/m}$$

区域Ⅱ中的电场强度

$$E_2 = e_x A\cos(15\times10^8 t - 5z)\text{V/m}$$

求：（1）常数 A；

（2）磁场强度 H_1 与 H_2；

（3）证明在 $z=0$ 处 H_1 与 H_2 满足边界条件。

5-13　将下列场矢量的瞬时值形式写为复数形式：

（1）$E(z,t) = e_x E_{xm}\cos(\omega t - \beta z + \phi_x) + e_y E_{ym}\sin(\omega t - \beta z + \phi_y)$

（2）$H(x,z,t) = e_x H_m \beta(\frac{a}{\pi})\sin(\frac{\pi x}{a})\sin(\beta z - \omega t) + e_z H_m\cos(\frac{\pi x}{a})\cos(\beta z - \omega t)$

5-14　假定自由空间中时谐电磁场的电场强度瞬时值为 $E = e_y E_{0y}\cos(\omega t - \beta z)$，求：（1）电场强度的相量形式；（2）磁场强度的相量形式和瞬时形式；（3）波阻抗。

5-15　试证：若仅考虑远区场，当电流沿 z 轴流动时，$\dot{B} = \nabla\times\dot{A}$ 可以简化为 $\dot{H}_\alpha = -\frac{1}{\mu}\sin\theta\frac{\partial\dot{A}}{\partial r}$

5-16　设电偶极子的长度 $\Delta l = 10\text{m}$，频率为 $f = 1\text{MHz}$。分别计算赤道平面上离原点（1）10m 和（2）100km 处的电场强度和磁场强度。

5-17　简述你对动态位的理解。

5-18　简述你对推迟位的理解。

第6章 电磁场边值问题的基本解法

在许多具体的静电场或恒定磁场问题中，空间常常存在不止一种介质，这时就需要在不同的介质区域中进行场的求解，而在介质的界面处电场或磁场满足一定的边值关系。这就是关于静电场或恒定磁场的边值问题；即使对于单一介质情况，也可以作为边界在无穷远处的边值问题。因此，在处理恒定电场或磁场问题时，对边值问题的求解，显得十分重要。根据唯一性定理，只要给定求解区域的场源分布及其边值关系，求解区域中场的解就是唯一的。本章研究的主要问题是，在给定电荷或电流分布以及周围空间介质和导体分布的情况下，如何求解满足一定边值关系的场。具体方法包括直接积分法、分离变量法、镜像法（电轴法）、模拟电荷法等。

6.1 直接积分法

在有电荷、电流存在的区域，静电场的电位、恒定电场的电位及恒定磁场的矢量磁位都满足泊松方程。如静电位满足的方程为

$$\nabla^2\varphi = -\frac{\rho}{\varepsilon}$$

矢量磁位满足的方程为

$$\nabla^2 \boldsymbol{A} = -\mu \boldsymbol{J}$$

上面两式用一般函数形式表示为

$$\nabla^2 u = -\frac{f}{a} \tag{6-1-1}$$

式（6-1-1）中 f 表示电荷或电流分布，a 表示 ε 或 $1/\mu$。当位函数在坐标系中只随一个坐标变化时，问题可以用一维模型表示。一维泊松方程实际上已经退化为常微分方程，当 f 函数表达式不复杂时，一般可以用直接积分方法求解。根据问题的对称性，求解时可以选取适当的坐标系。

6.1.1 直角坐标系

在直角坐标系中，若 u 只是 x 的函数，不随着其他两个变量变化，则泊松方程可以用一维形式表示为

$$\frac{\mathrm{d}^2}{\mathrm{d}x^2}u=-\frac{f(x)}{a} \tag{6-1-2}$$

两边同时积分，得到

$$\frac{\mathrm{d}u}{\mathrm{d}x}=-\int\frac{f(x)}{a}\mathrm{d}x+c_1 \tag{6-1-3}$$

对上式再进行一次积分，即可得解

$$u=\int\left[-\int\frac{f(x)}{a}\mathrm{d}x+c_1\right]\mathrm{d}x+c_2 \tag{6-1-4}$$

式（6-1-4）中积分常数c_1、c_2由边界条件确定。给定的边值关系也叫边界条件。

若$f(x)=0$，式（6-1-2）即为一维拉普拉斯方程

$$\frac{\mathrm{d}^2u}{\mathrm{d}x^2}=0 \tag{6-1-5}$$

直接积分得到式（6-1-5）的解为

$$u=\int c_1\mathrm{d}x+c_2=c_1x+c_2 \tag{6-1-6}$$

式中积分常数c_1、c_2由边界条件确定。

例 6-1-1 已知在区间$(0,1)$上，函数$u(x)$满足方程$\frac{\mathrm{d}^2u(x)}{\mathrm{d}x^2}=-(1+4x^2)$，边界条件$u(0)=0$，$u(1)=0$，用直接积分方法写出区间$(0,1)$电位分布的表达式。

解 本例中，电位分布函数只与x有关，可以利用直接积分解法求解一维泊松方程，利用边界条件确定积分常数，即可得到区间$(0,1)$电位分布的表达式。

由题意知：

$$\frac{\mathrm{d}^2u(x)}{\mathrm{d}x^2}=-\left(1+4x^2\right)$$

两边同时积分，得到

$$\frac{\mathrm{d}u(x)}{\mathrm{d}x}=-\int\left(1+4x^2\right)\mathrm{d}x=-x-\frac{4}{3}x^3+c_1$$

再积分一次，得到

$$u(x)=\int\left(-x-\frac{4x^3}{3}+c_1\right)\mathrm{d}x=-\frac{x^2}{2}-\frac{4}{3}\frac{x^4}{4}+c_1x+c_2$$

由边界条件$u(0)=0$，得

$$0=c_2\rightarrow c_2=0$$

由边界条件$u(1)=0$，得

$$0=-\frac{1}{2}-\frac{1}{3}+c_1\rightarrow c_1=\frac{5}{6}$$

区间$(0,1)$电位分布的表达式为

$$u(x)=\frac{5}{6}x-\frac{1}{2}x^2-\frac{1}{3}x^4$$

例 6-1-2 真空中一静电场的电荷分布只随坐标y变化，不随坐标x和z变化。已知在$0<y<1$区域，电荷体密度$\rho(y)=2\times10^{-12}\mathrm{C/m^3}$。在$y=0$处，$\varphi(0)=0$；在$y=1$处，$\varphi(1)=1\mathrm{V}$。

求$0<y<1$区域的电位和电场强度。

解 本例中，静电场的电荷分布只与坐标y有关，而与坐标x和z无关，可以利用直接积分法求解。利用边界条件确定积分常数，即可得到区间(0,1)电位分布的表达式。利用电场强度和电位的关系，得到电场强度。

由题意知

$$\frac{d^2\varphi(y)}{dy^2}=-\frac{\rho(y)}{\varepsilon_0}=-\frac{2\times10^{-12}}{\varepsilon_0}$$

利用式（6-1-4），并将变量x换成y，积分得

$$\varphi=\int\left[-\int\frac{\rho(y)}{\varepsilon_0}dy+c_1\right]dy+c_2=-\frac{2\times10^{-12}}{2\varepsilon_0}y^2+c_1y+c_2$$

$$=-\frac{1}{8.85}y^2+c_1y+c_2$$

将边界条件$y=0$处，$\varphi(0)=0$；$y=1$处，$\varphi(1)=1\text{V}$代入上式，得到

$$c_2=0\text{，}\quad c_1=1+\frac{1}{8.85}$$

因此我们得到区间(0,1)电位分布的表达式为

$$\varphi=-\frac{1}{8.85}y^2+(1+\frac{1}{8.85})y=\frac{1}{8.85}(9.85-y)y$$

电场强度为

$$\boldsymbol{E}=-\nabla\varphi=-\frac{d\varphi}{dy}\boldsymbol{e}_y=\frac{1}{8.85}(2y-9.85)\boldsymbol{e}_y$$

6.1.2 圆柱坐标系

在圆柱坐标系中，拉普拉斯算子表示为

$$\nabla^2u=\frac{1}{r}\frac{\partial}{\partial r}(r\frac{\partial u}{\partial r})+\frac{1}{r^2}\frac{\partial^2u}{\partial\alpha^2}+\frac{\partial^2u}{\partial z^2} \tag{6-1-7}$$

若u只是z的函数，求解方法与直角坐标系相同。

1. u只是一维自变量r的函数

若u只是一维自变量r的函数，而不随z与α变化，由式（6-1-1）、式（6-1-7）得到：

$$\nabla^2u=\frac{1}{r}\frac{\partial}{\partial r}(r\frac{\partial u}{\partial r})=-\frac{f(r)}{a} \tag{6-1-8}$$

u和f只与r有关，将偏微分改写为全微分，得到

$$\frac{d}{dr}(r\frac{du}{dr})=-\frac{f(r)}{a}r \tag{6-1-9}$$

两边对r积分，得到

$$r\frac{du}{dr}=-\int\frac{f(r)}{a}rdr+c_1 \tag{6-1-10}$$

两边再对r积分一次，得到

$$u=\int\left[-\frac{1}{r}\int\frac{f(r)}{a}r\mathrm{d}r+\frac{c_1}{r}\right]\mathrm{d}r+c_2 \tag{6-1-11}$$

积分常数c_1、c_2由边界条件确定。

当$f(r)=0$时，方程（6-1-8）退化为一维拉普拉斯方程

$$\frac{1}{r}\frac{\mathrm{d}}{\mathrm{d}r}(r\frac{\mathrm{d}u}{\mathrm{d}r})=0 \tag{6-1-12}$$

直接积分，得到

$$u=\int\frac{c_1}{r}\mathrm{d}r+c_2=c_1\ln r+c_2 \tag{6-1-13}$$

积分常数c_1、c_2由边界条件确定。

例 6-1-3 如图 6-1-1 所示，同轴电缆线的内外半径分别为R_1和R_2，轴线沿z轴方向极长，外导体接地，内导体电位为U_0。求同轴电缆线间的电位分布及电场强度。

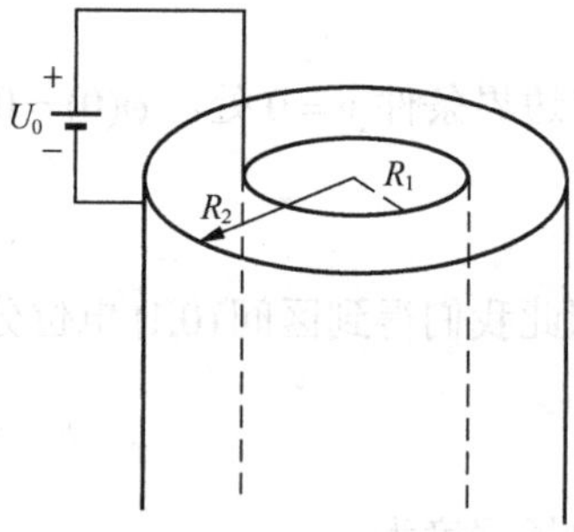

图 6-1-1　u_0只随r径向变化

解 针对这样一个场分布具有轴对称性的边值问题，选取柱坐标系最为方便。由于同轴电缆线极长，电位φ和z与α坐标无关。因此，φ只是r的函数。在求解区域无源存在，利用式（6-1-13）即可得到电位表达式；利用边界条件定出积分常数c_1和c_2；利用$\boldsymbol{E}=-\nabla\varphi$求出电场强度。

将边界条件$r=R_1$时，$\varphi=U_0$；$r=R_2$时，$\varphi=0$代入式（6-1-13）得到：

$$U_0=c_1\ln R_1+c_2$$
$$0=c_1\ln R_2+c_2$$

上两式联立求解，得到

$$c_1=\frac{U_0}{\ln\left(R_1/R_2\right)}$$
$$c_2=-\frac{U_0}{\ln\left(R_1/R_2\right)}\ln R_2$$

由此得到同轴线间的电位分布为

$$\varphi=\frac{U_0}{\ln\left(R_1/R_2\right)}\ln\frac{r}{R_2}$$

同轴线间的电场强度为

$$\boldsymbol{E}=-\nabla\varphi=-\boldsymbol{e}_r\frac{\partial\varphi}{\partial r}=-\boldsymbol{e}_r\frac{U_0}{r\ln\left(R_1/R_2\right)}=\boldsymbol{e}_r\frac{U_0}{r\ln\left(R_2/R_1\right)}$$

例 6-1-4 设无限长同轴电缆由内外半径分别为a和b的导体圆筒组成，其间填充两种介电常数分别为ε_1和ε_2的电介质，外导体接地，内导体电位为U_0，如图 6-1-2 所示。试求同轴电缆内外导体间的电位分布与场强分布。

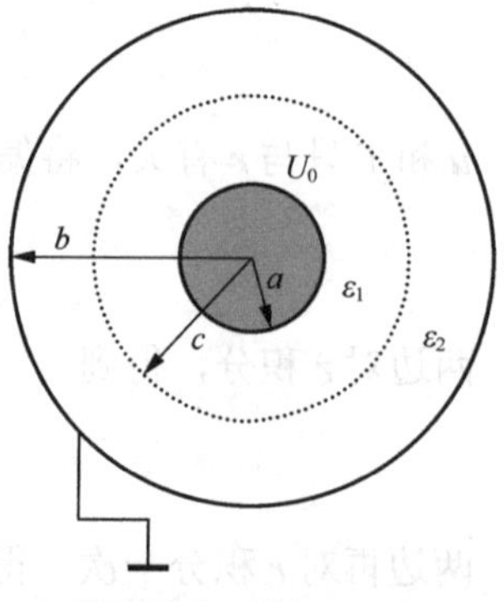

图 6-1-2　例 6-1-2 图

解 根据同轴电缆电流分布的轴对称性，选取柱坐标

系。本问题涉及无限长同轴电缆，且内外导体及两种电介质分布都具有轴对称性，则电位分布与z和α坐标无关，即电位只是r的函数。因此可以用直接积分法求解一维泊松方程。尔后利用分界面衔接条件定出积分常数，问题即得解。

在求解区域没有电荷分布，泊松方程化为拉普拉斯方程，即

$$\nabla^2 u = 0$$

根据柱坐标系下的拉普拉斯方程的表达式

$$\nabla^2 u = \frac{1}{r}\frac{\partial}{\partial r}(r\frac{\partial u}{\partial r}) + \frac{1}{r^2}\frac{\partial^2 u}{\partial \alpha^2} + \frac{\partial^2 u}{\partial z^2}$$

得到当电位只是r的函数时的一维拉普拉斯方程

$$\frac{1}{r}\frac{\partial}{\partial r}(r\frac{\partial u}{\partial r}) = 0$$

其解为

$$u = \int \frac{A}{r}\mathrm{d}r + B = A\ln r + B$$

式中，A、B为待定常数，根据边界条件确定。

我们讨论的问题中，电位分布区域的介电常数不同，因此需要分别写出两个区域各自的电位表达式。

设在$a \leqslant r \leqslant c$的第一种介质（$\varepsilon_1$）中

$$u_1 = A_1 \ln r + B_1 \quad a \leqslant r \leqslant c$$

在$c \leqslant r \leqslant b$的第一种介质（$\varepsilon_2$）中

$$u_2 = A_2 \ln r + B_2 \quad c \leqslant r \leqslant b$$

u_1和u_2中包含有4个待定常数，需要用4个边界条件确定。其中两个边界条件是显而易见的，即题设给定的两个边界条件：

在$r = a$处：$u(a) = U_0$；在$r = b$处：$u(b) = 0$。

另外，两个边界条件可以通过两种介质的边值关系得到。当分界面上没有自有电荷分布时，在两种介质的分界面上（$r = c$），电位的分界面衔接条件为

$$u_1(c) = u_2(c)$$

及

$$\varepsilon_1 \frac{\partial u_1}{\partial r}\bigg|_{r=c} = \varepsilon_2 \frac{\partial u_2}{\partial r}\bigg|_{r=c}$$

将这4个边界条件代入u_1和u_2，得到如下4个方程

$$u(a) = U_0 \to U_0 = A_1 \ln a + B_1 \to B_1 = U_0 - A_1 \ln a$$

$$u(b) = 0 \to 0 = A_2 \ln b + B_2 \to B_2 = -A_2 \ln b$$

$$\varepsilon_1 \frac{\partial u_1}{\partial r}\bigg|_{r=c} = \varepsilon_2 \frac{\partial u_2}{\partial r}\bigg|_{r=c} \to \varepsilon_1 A_1 = \varepsilon_2 A_2 \to A_1 = \frac{\varepsilon_2}{\varepsilon_1}A_2 \to A_2 = \frac{\varepsilon_1}{\varepsilon_2}A_1$$

$$u_1(c) = u_2(c) \to A_1 \ln c + B_1 = A_2 \ln c + B_2$$

解上面4个方程，得到

$$A_1=\frac{U_0}{\dfrac{\varepsilon_1}{\varepsilon_2}\ln\dfrac{c}{b}-\ln\dfrac{c}{a}}$$

$$A_2=\frac{U_0}{\ln\dfrac{c}{b}-\dfrac{\varepsilon_2}{\varepsilon_1}\ln\dfrac{c}{a}}$$

$$B_1=U_0-\frac{U_0}{\dfrac{\varepsilon_1}{\varepsilon_2}\ln\dfrac{c}{b}-\ln\dfrac{c}{a}}\ln a$$

$$B_2=-A_2\ln b=-\frac{U_0}{\ln\dfrac{c}{b}-\dfrac{\varepsilon_2}{\varepsilon_1}\ln\dfrac{c}{a}}\ln b$$

代入u_1和u_2，得到

$$u_1=A_1\ln r+B_1=\frac{U_0}{\dfrac{\varepsilon_1}{\varepsilon_2}\ln\dfrac{c}{b}-\ln\dfrac{c}{a}}\ln r+U_0-\frac{U_0}{\dfrac{\varepsilon_1}{\varepsilon_2}\ln\dfrac{c}{b}-\ln\dfrac{c}{a}}\ln a=U_0\left(1+\frac{\ln\dfrac{r}{a}}{\dfrac{\varepsilon_1}{\varepsilon_2}\ln\dfrac{c}{b}-\ln\dfrac{c}{a}}\right)$$

$$u_2=A_2\ln r+B_2=\frac{U_0}{\ln\dfrac{c}{b}-\dfrac{\varepsilon_2}{\varepsilon_1}\ln\dfrac{c}{a}}\ln r-\frac{U_0}{\ln\dfrac{c}{b}-\dfrac{\varepsilon_2}{\varepsilon_1}\ln\dfrac{c}{a}}\ln b=\frac{U_0}{\ln\dfrac{c}{b}-\dfrac{\varepsilon_2}{\varepsilon_1}\ln\dfrac{c}{a}}\ln\frac{r}{b}$$

对应的电场强度为

$$\boldsymbol{E}_1=-\nabla u_1=-\frac{\partial u}{\partial r}\boldsymbol{e}_r=-\boldsymbol{e}_r\frac{\partial}{\partial r}U_0\left(1+\frac{\ln\dfrac{r}{a}}{\dfrac{\varepsilon_1}{\varepsilon_2}\ln\dfrac{c}{b}-\ln\dfrac{c}{a}}\right)=\boldsymbol{e}_r\frac{1}{r}\frac{U_0}{\ln\dfrac{c}{a}-\dfrac{\varepsilon_1}{\varepsilon_2}\ln\dfrac{c}{b}}$$

$$\boldsymbol{E}_2=-\nabla u_2=-\frac{\partial u}{\partial r}\boldsymbol{e}_r=-\boldsymbol{e}_r\frac{\partial}{\partial r}\left(\frac{U_0}{\ln\dfrac{c}{b}-\dfrac{\varepsilon_2}{\varepsilon_1}\ln\dfrac{c}{a}}\ln\frac{r}{b}\right)=\boldsymbol{e}_r\frac{1}{r}\frac{U_0}{\dfrac{\varepsilon_2}{\varepsilon_1}\ln\dfrac{c}{a}-\ln\dfrac{c}{b}}$$

通过本例题的计算过程可以看出，求解这一类问题的关键是，如何根据边界条件确定相关常数。在两种介质的分界面上，物理量满足一定的衔接条件。将方程的通解用到边界上，即可得到一组分界面衔接条件。解这些衔接条件满足的方程，即可确定通解中的常数。再将这些常数代回方程中，解的形式就可完全确定。求解过程中，数学比较麻烦，需要耐心细致。

2. *u* 只是一维自变量 α 的函数

若u只是一维自变量α的函数，而不随z与r变化，由式（6-1-1）及式（6-1-7）得到

$$\nabla^2 u=\frac{1}{r^2}\frac{\partial^2 u}{\partial\alpha^2}=-\frac{f(r,\alpha)}{a} \tag{6-1-14}$$

u只与α有关，将偏微分改写为全微分，得到

$$\frac{\mathrm{d}^2 u}{\mathrm{d}\alpha^2}=-\frac{r^2 f(r,\alpha)}{a} \tag{6-1-15}$$

两边对α积分，得到

$$\frac{\mathrm{d}u}{\mathrm{d}\alpha}=-\int\frac{r^2}{a}f(r,\alpha)\mathrm{d}\alpha+c_1 \tag{6-1-16}$$

很明显，要使u的表达式中只含自变量α，须满足

$$f(r,\alpha)=\frac{g(\alpha)}{r^2} \tag{6-1-17}$$

将式（6-1-17）代入式（6-1-16），两边再对α积分一次，得到

$$u=\int\left[-\frac{1}{a}\int g(\alpha)\mathrm{d}\alpha+c_1\right]\mathrm{d}\alpha+c_2 \tag{6-1-18}$$

积分常数c_1、c_2由边界条件确定。

当$g(\alpha)=0$时，方程（6-1-14）退化为一维拉普拉斯方程

$$\frac{1}{r^2}\frac{\mathrm{d}^2u}{\mathrm{d}\alpha^2}=0 \tag{6-1-19}$$

直接积分，得到：

$$u=\int c_1\mathrm{d}\alpha+c_2=c_1\alpha+c_2 \tag{6-1-20}$$

积分常数c_1、c_2由边界条件确定。

例 6-1-5 如图 6-1-3 所示，由导电介质构成的薄扇形，内半径为R_1，外半径为R_2，已知边界条件，求 A、B 间的电位及场强分布。

解 根据本题边界几何形状的特征，显然，应采用柱坐标系。根据拉普拉斯方程及边界条件求出电位φ，再由$\boldsymbol{E}=-\nabla\varphi$求$\boldsymbol{E}$即可。

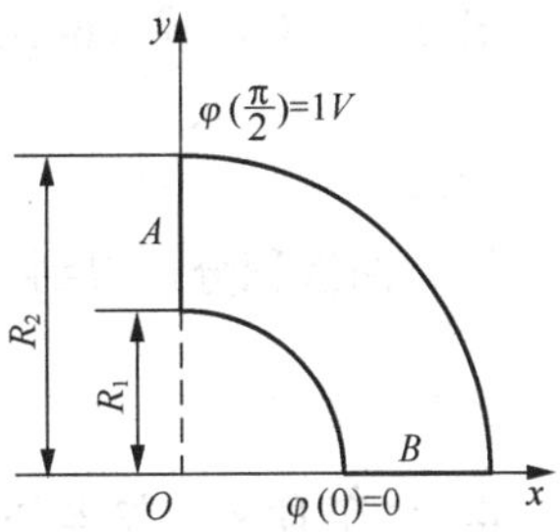

图 6-1-3 例 6-1-5 图

边界条件为

$$\alpha=0\text{时，}\varphi=0\text{；}\alpha=\frac{\pi}{2}\text{时，}\varphi=1V\text{。}$$

利用式（6-1-20），

$$\varphi=C_1\alpha+C_2$$

将给定的边界条件代入，可求得

$$C_1=\frac{2}{\pi}\text{，}C_2=0$$

故导电片中的电位分布为

$$\varphi=\frac{2}{\pi}\alpha$$

电场强度分布为

$$\boldsymbol{E}=-\nabla\varphi=-\frac{1}{r}\frac{d\varphi}{d\alpha}\boldsymbol{e}_\alpha=-\frac{2}{\pi r}\boldsymbol{e}_\alpha$$

6.1.3 球坐标系

在球坐标系中，拉普拉斯算子表示为：

$$\nabla^2 u = \frac{1}{r^2}\frac{\partial}{\partial r}(r^2\frac{\partial u}{\partial r}) + \frac{1}{r^2\sin\theta}\frac{\partial}{\partial\theta}(\sin\theta\frac{\partial u}{\partial\theta}) + \frac{1}{r^2\sin^2\theta}\frac{\partial^2 u}{\partial\alpha^2} \tag{6-1-21}$$

1. 一维自变量为坐标 r

在球坐标系中，若 u 只是坐标 r 的函数，而与 θ、α 无关，一维泊松方程可以表示为

$$\frac{1}{r^2}\frac{\partial}{\partial r}(r^2\frac{\partial u}{\partial r}) = -\frac{f(r)}{a} \tag{6-1-22}$$

将上式改写为

$$\frac{\partial}{\partial r}(r^2\frac{\partial u}{\partial r}) = -\frac{r^2}{a}f(r) \tag{6-1-23}$$

换成常微分方程

$$\frac{\mathrm{d}}{\mathrm{d}r}(r^2\frac{\mathrm{d}u}{\mathrm{d}r}) = -\frac{r^2}{a}f(r) \tag{6-1-24}$$

两边对 r 直接积分，得到

$$r^2\frac{\mathrm{d}u}{\mathrm{d}r} = -\int\frac{r^2}{a}f(r)\mathrm{d}r + c_1 \tag{6-1-25}$$

再对 r 积分，得到

$$u = \int\left[-\frac{1}{r^2}\int\frac{r^2}{a}f(r)\mathrm{d}r + \frac{c_1}{r^2}\right]\mathrm{d}r + c_2 \tag{6-1-26}$$

若 $f(r)=0$，式（6-1-22）即为一维拉普拉斯方程：

$$\frac{\mathrm{d}}{\mathrm{d}r}(r^2\frac{\mathrm{d}u}{\mathrm{d}r}) = 0 \tag{6-1-27}$$

进行两次积分，得到

$$u = \int\frac{c_1}{r^2}\mathrm{d}r + c_2 = -\frac{c_1}{r} + c_2 \tag{6-1-28}$$

2. 一维自变量为坐标 θ

在球坐标系中，若 u 只是坐标 θ 的函数，而与 r、α 无关，由式（6-1-21）得到对应的一维泊松方程可以表示为

$$\frac{1}{r^2\sin\theta}\frac{\partial}{\partial\theta}\left(\sin\theta\frac{\partial u}{\partial\theta}\right) = -\frac{f(r,\theta)}{a} \tag{6-1-29}$$

换成常微分方程，并整理得

$$\frac{\mathrm{d}}{\mathrm{d}\theta}\left(\sin\theta\frac{\mathrm{d}u}{\mathrm{d}\theta}\right) = -\frac{r^2\sin\theta}{a}f(r,\theta) \tag{6-1-30}$$

积分，得

$$\sin\theta\frac{\mathrm{d}u}{\mathrm{d}\theta} = -\int\frac{r^2\sin\theta}{a}f(r,\theta)\mathrm{d}\theta + c_1 \tag{6-1-31}$$

因为这里 u 只是坐标 θ 的函数，上式中被积函数必须与 r 无关。设 $f(r,\theta)=\frac{g(\theta)}{r^2}$，代入上式并积分，得

$$u=\int\left[-\frac{1}{\sin\theta}\int\frac{\sin\theta}{a}g(\theta)\mathrm{d}\theta+\frac{c_1}{\sin\theta}\right]\mathrm{d}\theta+c_2 \tag{6-1-32}$$

若 $f(r,\theta)=0$，式（6-1-29）即为一维拉普拉斯方程

$$\frac{\mathrm{d}}{\mathrm{d}\theta}\left(\sin\theta\frac{\mathrm{d}u}{\mathrm{d}\theta}\right)=0 \tag{6-1-33}$$

进行两次积分，即可得到

$$u=\int\frac{c_1}{\sin\theta}\mathrm{d}\theta+c_2=c_1\ln\left|\tan\frac{\theta}{2}\right|+c_2 \tag{6-1-34}$$

3. 一维自变量为坐标 α

在球坐标系中，若 u 只是坐标 α 的函数，而与 r、θ 无关，由式（6-1-21）得到对应的一维泊松方程可以表示为

$$\frac{1}{r^2\sin^2\theta}\frac{\partial^2 u}{\partial\alpha^2}=-\frac{f(r,\theta,\alpha)}{a} \tag{6-1-35}$$

换成常微分方程，并整理得

$$\frac{\mathrm{d}^2u}{\mathrm{d}\alpha^2}=-\frac{r^2\sin^2\theta}{a}f(r,\theta,\alpha) \tag{6-1-36}$$

积分，得

$$\frac{\mathrm{d}u}{\mathrm{d}\alpha}=-\int\frac{r^2\sin^2\theta}{a}f(r,\theta,\alpha)\mathrm{d}\alpha+c_1 \tag{6-1-37}$$

因为这里 u 只是坐标 α 的函数，上式中被积函数必须与 r 无关。设 $f=\dfrac{g(\alpha)}{r^2\sin^2\theta}$，代入上式，并积分，得

$$u=-\int\left[\int\frac{1}{a}g(\alpha)\mathrm{d}\alpha+c_1\right]\mathrm{d}\alpha+c_2 \tag{6-1-38}$$

若 $f=0$，式（6-1-35）即为一维拉普拉斯方程

$$-\frac{1}{r^2\sin^2\theta}\frac{\mathrm{d}^2u}{\mathrm{d}\alpha^2}=0 \tag{6-1-39}$$

进行两次积分，即可得到

$$u=\int c_1\mathrm{d}\alpha+c_2=c_1\alpha+c_2 \tag{6-1-40}$$

6.2 分离变量法

在许多实际问题中，静电场是由带电导体决定的。如电容器内部的电场是由作为电极的两个导体板上所带电荷决定的；又如电子光学系统的静电透镜内部，电场是由分布于电极上的自由电荷决定的。这些问题的特点是自由电荷只出现在一些导体的表面上，在空间中没有其他自由电荷分布。因此，如果我们选择这些导体表面作为求解区域 V 的边界，则在 V 内自由电荷密度 $\rho=0$，因而静电位满足的泊松方程化为比较简单的拉普拉斯方程

$$\nabla^2\varphi=0 \tag{6-2-1}$$

实际上，在无源区域，恒定磁场的矢量磁位及标量磁位也满足拉普拉斯方程

$$\nabla^2\varphi_m = 0\text{，}\ \nabla^2\boldsymbol{A} = 0 \tag{6-2-2}$$

用一般函数形式，拉普拉斯方程可以表示为

$$\nabla^2 u = 0 \tag{6-2-3}$$

分离变量法的基本思想是，将一个多元函数表示成几个单变量函数的乘积。在直角坐标系中通常表示为$u(x,y,z)=X(x)Y(y)Z(z)$，在圆柱坐标系中通常表示为$u(r,\alpha,z)=R(r)\Phi(\alpha)Z(z)$，在球坐标系中通常表示为$u(r,\theta,\alpha)=R(r)\Theta(\theta)\Phi(\alpha)$，从而将偏微分方程的解表示成分别只与一个坐标相关的几个函数的乘积，将这种函数形式的解代入偏微分方程，通过一定的数学运算和变换，得到几个只含一个坐标变量的常微分方程，由直接积分法分别求出几个常微分方程的通解，由边界条件确定待定常数，进而得到位函数的确定解。根据问题的对称性，求解时可以选取适当的坐标系。

6.2.1 直角坐标系

如果所讨论的场域的边界面是平面，而且这些平面相互平行或相互垂直时，应选择直角坐标系。在直角坐标系中，位函数 u 的拉普拉斯方程为

$$\nabla^2 u = \frac{\partial^2 u}{\partial x^2} + \frac{\partial^2 u}{\partial y^2} + \frac{\partial^2 u}{\partial z^2} = 0 \tag{6-2-4}$$

令 u 为三个单变量函数的乘积，即

$$u(x,y,z) = X(x)Y(y)Z(z) \tag{6-2-5}$$

式中 $X(x)$ 只是 x 的函数，其余类推。将式（6-2-5）代入式（6-2-4），并在两端同除以 u，可得

$$\frac{1}{X}\frac{\partial^2 X}{\partial x^2} + \frac{1}{Y}\frac{\partial^2 Y}{\partial y^2} + \frac{1}{Z}\frac{\partial^2 Z}{\partial z^2} = 0 \tag{6-2-6}$$

式（6-2-6）的三项中，每一项都是一个独立变量的函数，且当第一项随 x 变化时，由于第二项与第三项都与 x 无关而不变化，而三项之和又等于零，因此，第一项也不随 x 变化，即第一项须是常数。同理，第二项、第三项也须是常数。令

$$\frac{1}{X}\frac{\mathrm{d}^2 X}{\mathrm{d}x^2} = k_x^2 \tag{6-2-7}$$

$$\frac{1}{Y}\frac{\mathrm{d}^2 Y}{\mathrm{d}y^2} = k_y^2 \tag{6-2-8}$$

$$\frac{1}{Z}\frac{\mathrm{d}^2 Z}{\mathrm{d}z^2} = k_z^2 \tag{6-2-9}$$

且

$$k_x^2 + k_y^2 + k_z^2 = 0 \tag{6-2-10}$$

到此，我们已将拉普拉斯方程分解成三个带分离常数的常微分方程。式（6-2-7）～式（6-2-9）形式完全相同，其解的形式取决于各个常数值的取值。为了简单起见，我们针对二维位场进行讨论。取二维场在 xy 平面，则有

$$k_x^2 + k_y^2 = 0 \tag{6-2-11}$$

即 k_x 和 k_y 大小相等，但一个为实数时，另一个必为虚数。式（6-2-7）和式（6-2-8）为两个

线性常微分方程，其解可以叠加。

当$k_x^2>0$时，$k_y^2<0$，设$k_x^2=k^2$。由常微分方程的知识可知，式（6-2-7）的解为

$$X=Ae^{kx}+Be^{-kx} \tag{6-2-12}$$

式（6-2-8）的解为

$$Y=C\cos ky+D\sin ky \tag{6-2-13}$$

而当$k_x^2<0$时，$k_y^2>0$，设$k_y^2=k^2$，则式（6-2-7）和式（6-2-8）的解分别为

$$X=A'\cos kx+B'\sin kx \tag{6-2-14}$$

$$Y=C'e^{ky}+D'e^{-ky} \tag{6-2-15}$$

当$k_x^2=0$时，$k_y^2=0$，式（6-2-7）和式（6-2-8）的解分别为

$$X=A''+B''x \tag{6-2-16}$$

$$Y=C''+D''y \tag{6-2-17}$$

由叠加性得到二维位场的通解为

$$u=X(x)Y(y)=\left(Ae^{kx}+Be^{-kx}\right)\left(C\cos ky+D\sin ky\right)$$

$$+\left(A'\cos kx+B'\sin kx\right)\left(C'e^{ky}+D'e^{-ky}\right)+\left(A''+B''x\right)\left(C''+D''y\right) \tag{6-2-18}$$

由边界条件确定常数，即得到定解。

例 6-2-1　用分离变量法求解如下静电场问题中的电位分布。如图 6-2-1（a）所示，矩形导体槽壁电位为零，导体槽盖电位为U_0，槽盖与槽壁绝缘。

解　根据问题的对称性，选取三维直角直角坐标系；找出电位满足的拉普拉斯方程；用分量变量法求解上述拉普拉斯方程；利用边界条件定出待定常数。

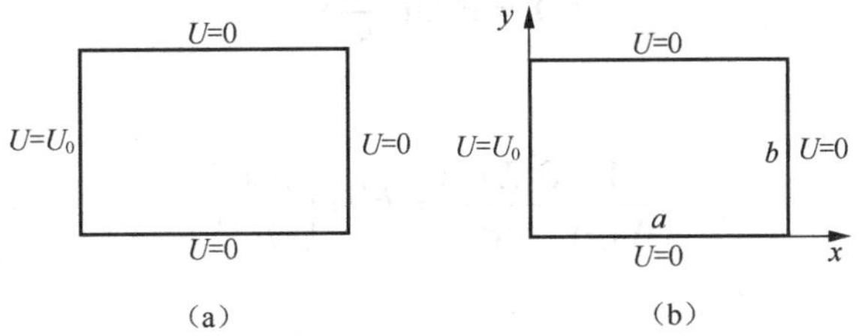

图 6-2-1　例 6-2-1 图

如图 6-2-1（b）所示，设矩形导体槽高为a（沿x方向），宽为b（沿y方向），沿z方向为无限长。由对称性可知，导体槽内电位u与z无关，因此导体槽内u所满足的拉普拉斯方程可以表示为

$$\nabla^2 u=\frac{\partial^2 u}{\partial x^2}+\frac{\partial^2 u}{\partial y^2}=0$$

令

$$u(x,y)=X(x)Y(y)$$

代入拉普拉斯方程，得到

$$Y(y)\frac{\partial^2 X(x)}{\partial x^2}+X(x)\frac{\partial^2 Y(y)}{\partial y^2}=0$$

上式同除以$X(x)Y(y)$，得

$$\frac{1}{X(x)}\frac{\partial^2 X(x)}{\partial x^2}+\frac{1}{Y(y)}\frac{\partial^2 Y(y)}{\partial y^2}=0$$

或

$$\frac{1}{X(x)}\frac{\partial^2 X(x)}{\partial x^2}=-\frac{1}{Y(y)}\frac{\partial^2 Y(y)}{\partial y^2}$$

等式左边是 x 的函数，等式右边是 y 的函数，要使它们相等，必须同时等于另一个既不随 x 变，也不随 y 变的常数。

由题意知，因为 $y=0$ 和 $y=b$ 时，$u=0$，因此 $Y(y)$ 应为周期函数，令

$$\frac{1}{Y(y)}\frac{\partial^2 Y(y)}{\partial y^2}=-k^2 \qquad k^2>0$$

即

$$\frac{\partial^2 Y(y)}{\partial y^2}+k^2Y(y)=0$$

这是一个关于 y 的二阶常微分方程，其解为

$$Y=A\cos ky+B\sin ky$$

利用边界条件 $y=0$ 时 $u=0$，$Y(0)=0$，得到

$$0=A\cos ky+0\rightarrow A=0$$

利用边界条件 $y=b$ 时 $u=0$，$Y(b)=0$，得到

$$0=B\sin kb\rightarrow k=\frac{m\pi}{b} \qquad m=1,2,3,\cdots$$

$$Y=B\sin\frac{m\pi}{b}y$$

对于 $X(x)$，有

$$\frac{1}{X(x)}\frac{\partial^2 X(x)}{\partial x^2}=k^2=\left(\frac{m\pi}{b}\right)^2$$

即

$$\frac{\partial^2 X(x)}{\partial x^2}-X(x)\left(\frac{m\pi}{b}\right)^2=0$$

其解为

$$X(x)=C\mathrm{e}^{\frac{m\pi}{b}x}+D\mathrm{e}^{-\frac{m\pi}{b}x}$$

利用边界条件 $x=a$ 时 $u=0$，$X(a)=0$，得到

$$0=C\mathrm{e}^{\frac{m\pi}{b}a}+D\mathrm{e}^{-\frac{m\pi}{b}a}\rightarrow D=-C\mathrm{e}^{\frac{2m\pi}{b}a}$$

则

$$\begin{aligned}X(x)&=C\mathrm{e}^{\frac{m\pi}{b}x}-C\mathrm{e}^{\frac{2m\pi}{b}a-\frac{m\pi}{b}x}\\&=C\mathrm{e}^{\frac{m\pi}{b}a}\left(\mathrm{e}^{\frac{m\pi}{b}(x-a)}-\mathrm{e}^{-\frac{m\pi}{b}(x-a)}\right)\end{aligned}$$

$$=2Ce^{\frac{m\pi}{b}a}\sin\mathrm{h}\frac{m\pi}{b}(x-a)$$

上式化简用到了 $\sinh\frac{m\pi}{b}(x-a)=\frac{e^{\frac{m\pi}{b}(x-a)}-e^{-\frac{m\pi}{b}(x-a)}}{2}$。

令 $F=2BC$，这样位函数

$$u(x,y)=X(x)Y(y)=\sum_{m=1}^{\infty}F_m e^{\frac{m\pi}{b}a}\sinh\frac{m\pi}{b}(x-a)\sin\frac{m\pi}{b}y$$

下面利用边界条件 $x=0$ 时 $u=U_0$ 确定系数 F_m。

利用正弦函数的正交归一性质，用 $\sin\frac{m\pi}{b}y$ 乘以上式两边，然后对 y 积分，即

$$\int_0^b u(x,y)\sin\frac{m\pi}{b}y\mathrm{d}y=\sum_{m=1}^{\infty}F_m e^{\frac{m\pi}{b}a}\sinh\frac{m\pi}{b}(x-a)\int_0^b\sin\frac{m\pi}{b}y\sin\frac{m\pi}{b}y\mathrm{d}y$$

当 $x=0$ 时，左边的积分为

$$\int_0^b u(x,y)\sin\frac{m\pi}{b}y\mathrm{d}y=U_0\int_0^b\sin\frac{m\pi}{b}y\mathrm{d}y=\begin{cases}0 & \text{，当 } m \text{ 为偶数时}\\ \frac{2b}{m\pi}U_0 & \text{，当 } m \text{ 为奇数时}\end{cases}$$

m 为偶数不满足边界条件，去掉。

右边积分为

$$\int_0^b\sin\frac{m\pi}{b}y\sin\frac{m\pi}{b}y\mathrm{d}y=\frac{b}{2}$$

左边等于右边，并取 $x=0$，有

$$\frac{2b}{m\pi}U_0=\sum_{m=1}^{\infty}F_m e^{\frac{m\pi}{b}a}\sinh\frac{m\pi}{b}(0-a)\frac{b}{2}=-\sum_{m=1}^{\infty}\frac{b}{2}D_m e^{\frac{m\pi}{b}a}\sinh\frac{m\pi}{b}a$$

由此得到

$$F_m=-\frac{4}{\pi}U_0\frac{e^{-\frac{m\pi}{b}a}}{m}\frac{1}{\sinh\frac{m\pi}{b}a}$$

那么

$$u(x,y)=X(x)Y(y)=\frac{4}{\pi}U_0\sum_{n=1}^{\infty}\frac{1}{m}\frac{\sinh\frac{m\pi}{b}(x-a)}{\sinh\frac{m\pi}{b}a}\sin\frac{m\pi}{b}y\text{，}m\text{ 为奇数}$$

或者表示为

$$u(x,y)=X(x)Y(y)=\frac{4}{\pi}U_0\sum_{n=1}^{\infty}\frac{1}{2n+1}\frac{\sin\mathrm{h}\frac{(2n+1)\pi}{b}(x-a)}{\sin\mathrm{h}\frac{(2n+1)\pi}{b}a}\sin\frac{(2n+1)\pi}{b}y$$

由本例可以看出，利用分离变量法求解场的问题，在已知解的形式的情况下，实际上就是利用边界条件确定相关常数。当边界条件较为简单时，问题的解决也就容易一些。下面的

例子正好就是如此。

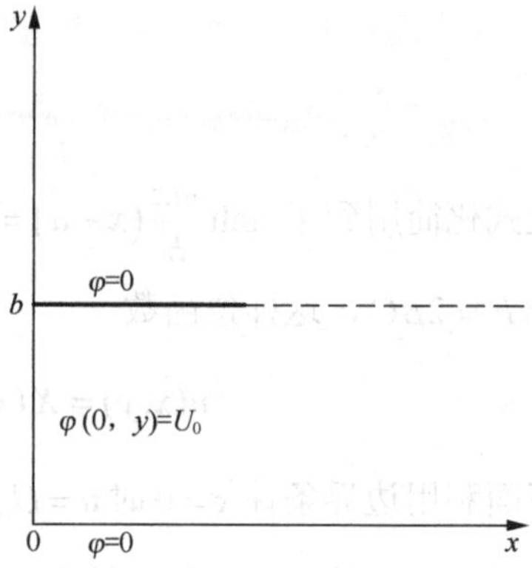

图 6-2-2　例 6-2-2 图

例 6-2-2　用分离变量法求解如下静电场问题中的电位分布。一个截面如图 6-2-2 所示的长槽，向 x 方向无限延伸，两侧的电位是零，槽内 $x\to\infty$ 时，$\varphi\to 0$，$x=0$ 处的电位为 $\varphi(0,y)=U_0$。

解　根据问题的对称性，选取三维直角坐标系；找出电位满足的拉普拉斯方程；用分量变量法求解上述拉普拉斯方程；利用边界条件定出待定常数。

由题意知，因为 $y=0$ 和 $y=b$ 时，$\varphi=0$，因此 $Y(y)$ 应为周期函数，令

$$\frac{1}{Y(y)}\frac{\partial^2 Y(y)}{\partial y^2}=-k^2$$

即

$$\frac{\partial^2 Y(y)}{\partial y^2}+k^2Y(y)=0$$

这是一个关于 y 的二阶常微分方程，其解为

$$Y=A\cos ky+B\sin ky$$

利用边界条件 $y=0$ 时 $u=0$，$Y(0)=0$，得到

$$0=A\cos ky+0\to A=0$$

利用边界条件 $y=b$ 时 $u=0$，$Y(b)=0$，得到

$$0=B\sin kb\to k=\frac{m\pi}{b}\qquad m=1,2,3,\cdots$$

$$Y=B\sin\frac{m\pi}{b}y$$

对于 $X(x)$，有

$$\frac{1}{X(x)}\frac{\partial^2 X(x)}{\partial x^2}=k^2=\left(\frac{m\pi}{b}\right)^2$$

即

$$\frac{\partial^2 X(x)}{\partial x^2}-X(x)\left(\frac{m\pi}{b}\right)^2=0$$

其解为

$$X(x)=C\mathrm{e}^{\frac{m\pi}{b}x}+D\mathrm{e}^{-\frac{m\pi}{b}x}$$

利用边界条件 $x\to\infty$ 时 $\varphi=0$ 确定常数 C、D。

$$0=C\mathrm{e}^{\frac{m\pi}{b}\infty}+D\mathrm{e}^{-\frac{m\pi}{b}\infty}\to C=0$$

则

$$X(x)=D\mathrm{e}^{-\frac{m\pi}{b}x}$$

令 $F=BC$，由基本解的叠加得到位函数

$$\varphi = X(x)Y(y) = \sum_m F_m \sin\frac{m\pi}{b} y e^{-\frac{m\pi}{b}x}$$

待定系数 F_m 由另一个边界条件 $x=0$ 时 $\varphi(0,y)=U_0$ 确定。

将 $\varphi(0,y)=U_0$ 代入位函数的表达式中，得到

$$\varphi(0,y) = U_0 = \sum_m F_m \sin\frac{m\pi}{b} y$$

利用正弦函数的正交归一性质，将上式两边用乘以 $\sin\frac{m\pi}{b}y$，并积分得

$$\int_0^b U_0 \sin\frac{m\pi}{b} y\mathrm{d}y = \int_0^b F_m \sin\frac{m\pi}{b} y \sin\frac{m\pi}{b} y\mathrm{d}y$$

即

$$\frac{bU_0}{m\pi}\left(1-\cos m\pi\right) = F_m \frac{b}{2}$$

由此得到

$$F_m = \frac{2U_0}{m\pi}\left(1-\cos m\pi\right) = \begin{cases} \dfrac{4U_0}{m\pi} & \text{当}m\text{为奇数时} \\ 0 & \text{当}m\text{为偶数时} \end{cases}$$

则位函数

$$\varphi = \sum_{m=1,3,5,\cdots}^{\infty} \frac{4U_0}{m\pi} \sin\frac{m\pi}{b} y$$

6.2.2 圆柱坐标系

如果待求场域的分界面与圆柱坐标系中某一坐标面相一致时，应选择圆柱坐标系。在圆柱坐标系中，拉普拉斯方程的表达式为

$$\nabla^2 u = \frac{1}{r}\frac{\partial}{\partial r}(r\frac{\partial u}{\partial r}) + \frac{1}{r^2}\frac{\partial^2 u}{\partial \alpha^2} + \frac{\partial^2 u}{\partial z^2} = 0 \tag{6-2-19}$$

为了简化问题，这里只讨论二维平面场情形，即函数不随 z 变化的情况，拉普拉斯方程简化为

$$\nabla^2 u = \frac{1}{r}\frac{\partial}{\partial r}(r\frac{\partial u}{\partial r}) + \frac{1}{r^2}\frac{\partial^2 u}{\partial \alpha^2} = 0 \tag{6-2-20}$$

设待求函数 $u(r,\alpha) = R(r)\varPhi(\alpha)$，代入式（6-2-20），得

$$\varPhi\frac{1}{r}\frac{\partial}{\partial r}(r\frac{\partial R}{\partial r}) + R\frac{1}{r^2}\frac{\partial^2 \varPhi}{\partial \alpha^2} = 0 \tag{6-2-21}$$

用 $\dfrac{r^2}{R(r)\varPhi(\alpha)}$ 乘以上式，得到

$$\frac{r}{R}\frac{\partial}{\partial r}(r\frac{\partial R}{\partial r}) + \frac{1}{\varPhi}\frac{\partial^2 \varPhi}{\partial \alpha^2} = 0 \rightarrow \frac{r}{R}\frac{\partial}{\partial r}(r\frac{\partial R}{\partial r}) = -\frac{1}{\varPhi}\frac{\partial^2 \varPhi}{\partial \alpha^2} \tag{6-2-22}$$

要使上式对于所有的 r、α 值都成立，每项必须都等于一个常数。

令

$$\frac{r}{R}\frac{\partial}{\partial r}(r\frac{\partial R}{\partial r})=k \tag{6-2-23}$$

$$\frac{1}{\Phi}\frac{\partial^2 \Phi}{\partial \alpha^2}=-k \tag{6-2-24}$$

整理，并将偏微分号改写成微分号，式（6-2-23）与式（6-2-24）变为

$$r^2\frac{\mathrm{d}^2 R}{\mathrm{d}r^2}+r\frac{\mathrm{d}R}{\mathrm{d}r}-kR=0 \tag{6-2-25}$$

$$\frac{\mathrm{d}^2 \Phi}{\mathrm{d}\alpha^2}+k\Phi=0 \tag{6-2-26}$$

解关于Φ的方程，得到

$$\Phi=\begin{cases} A\cos\sqrt{k}\alpha+B\sin\sqrt{k}\alpha & k>0 \\ A+B\alpha & k=0 \\ Ae^{\sqrt{-k}\alpha}+Be^{-\sqrt{-k}\alpha} & k<0 \end{cases} \tag{6-2-27}$$

由于圆柱坐标系中α坐标的特殊性，有隐含条件$\Phi(\alpha+2\pi)=\Phi(\alpha)$。考虑到这种周期性，设$k=n^2$，式（6-2-27）可以表示为

$$\Phi=\begin{cases} A\cos n\alpha+B\sin n\alpha & n\neq 0 \\ A & n=0 \end{cases} \tag{6-2-28}$$

将$k=n^2$代入式（6-2-26），得到R所满足的方程变为

$$r^2\frac{\mathrm{d}^2 R(r)}{\mathrm{d}r^2}+r\frac{\mathrm{d}R(r)}{\mathrm{d}r}-n^2R(r)=0 \tag{6-2-29}$$

做变量代换

$$r=e^{\mu} \tag{6-2-30}$$

即有

$$\mu=\ln r \tag{6-2-31}$$

则

$$\frac{\mathrm{d}}{\mathrm{d}r}=\frac{\mathrm{d}}{\mathrm{d}\mu}\frac{\mathrm{d}\mu}{\mathrm{d}r}=\frac{1}{r}\frac{\mathrm{d}}{\mathrm{d}\mu} \tag{6-2-32}$$

$$\frac{\mathrm{d}^2}{\mathrm{d}r^2}=\frac{\mathrm{d}}{\mathrm{d}r}\left(\frac{\mathrm{d}}{\mathrm{d}r}\right)=\frac{1}{r}\frac{\mathrm{d}}{\mathrm{d}\mu}\left(\frac{1}{r}\frac{\mathrm{d}}{\mathrm{d}\mu}\right)=\frac{1}{r}\left(\frac{1}{r}\frac{\mathrm{d}^2}{\mathrm{d}\mu^2}-\frac{1}{r}\frac{\mathrm{d}}{\mathrm{d}\mu}\right) \tag{6-2-33}$$

代入式（6-2-29），得到

$$\frac{\mathrm{d}^2 R(r)}{\mathrm{d}\mu^2}-n^2R(r)=0 \tag{6-2-34}$$

令

$$R=e^{a\mu} \tag{6-2-35}$$

则

$$\frac{\mathrm{d}R}{\mathrm{d}\mu}=ae^{a\mu}，\ \frac{\mathrm{d}^2 R}{\mathrm{d}\mu^2}=a^2e^{a\mu} \tag{6-2-36}$$

将式（6-2-26）代入式（6-2-34），得到

$$e^{a\mu}\left(a^2-n^2\right)=0 \tag{6-2-37}$$

解方程，得到

$$a_1=n\text{，}\ a_2=-n \tag{6-2-38}$$

由此得到式（6-2-34）的解为

$$R(r)=A_n e^{n\mu}+\frac{B_n}{e^{-n\mu}} \tag{6-2-39}$$

当$n=0$时，式（6-2-34）的解为

$$R(r)=C+D\mu \tag{6-2-40}$$

将式（6-2-39）和式（6-2-40）中的变量e^{μ}换成r，即可得到式（6-2-29）的通解为

$$R(r)=\begin{cases}Ce^{n\mu}+De^{-n\mu}=Cr^n+Dr^{-n} & n\neq 0\\ C+D\mu=C+D\ln r & n=0\end{cases} \tag{6-2-41}$$

利用解的叠加性，得到

$$u=R(r)\Phi(\alpha)=C_0+D_0\ln r+\sum_{n=1}^{\infty}\left\{r^n\left[A_n\cos(n\alpha)+B_n\sin(n\alpha)\right]+r^{-n}\left[C_n\cos(n\alpha)+D_n\sin(n\alpha)\right]\right\} \tag{6-2-42}$$

例 6-2-3 在均匀外场$\boldsymbol{E}=E_0\boldsymbol{e}_x$中放置一半径为$a$的无限长导体圆柱面，柱轴与外场垂直，求空间各点的电位及电场分布。

解 设导体圆柱面的轴线方向与z轴方向平行，电位和场的分布关于z轴对称。导体圆柱面把场空间分成柱内外两个区域，柱内区域的场为零，为等电位区域，设该区域电位为零；柱外区域的电位满足拉普拉斯方程

$$\nabla^2\varphi=0$$

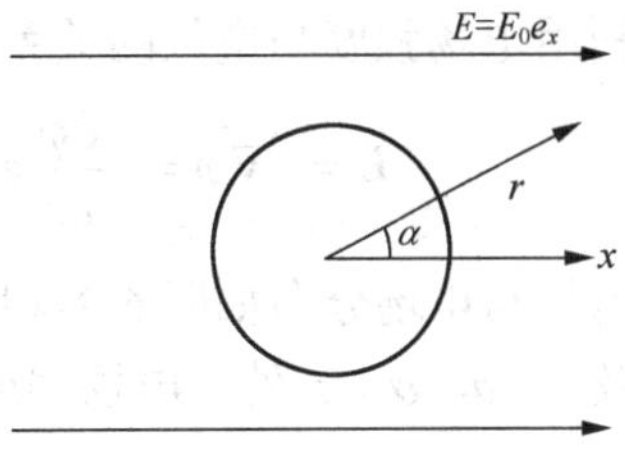

图 6-2-3 例 6-2-3 图

选取柱坐标系，如图 6-2-3 所示，z轴垂直纸面向外。在柱坐标系中，电位通解形式为

$$u=R(r)\Phi(\alpha)=C_0+D_0\ln r+\sum_{n=1}^{\infty}\left\{r^n\left[A_n\cos(n\alpha)+B_n\sin(n\alpha)\right]+r^{-n}\left[C_n\cos(n\alpha)+D_n\sin(n\alpha)\right]\right\}$$

各组系数由边界条件确定。

本例的边界条件为

（1）$r=0$和$r=a$处为零电位点，即$\varphi|_{r=0}=\varphi|_{r=a}=0$；

（2）$r\to\infty$时，柱外区域电场强度$E\to E_0e_x$，这样电位为有限值，即

$$\varphi|_{r\to\infty}=-E_0r\cos\alpha$$

由电位分布的轴对称性，在通解中只取余弦项，则在$r>a$的区域

$$\varphi=C_0+D_0\ln r+\sum_{n=1}^{\infty}\left(r^nA_n+C_nr^{-n}\right)\cos(n\alpha)$$

将边界条件（1）代入上式，得到

$$0 = C_0 + D_0 \ln a + \sum_{n=1}^{\infty}\left(A_n a^n + C_n a^{-n}\right)\cos(n\alpha)$$

$$0 = C_0 + D_0 \ln 0 + \sum_{n=1}^{\infty}\left(0^n A_n + C_n 0^{-n}\right)\cos(n\alpha)$$

很明显，要使上式右边为零，须有

$$C_0 = 0,\quad D_0 = 0,\quad A_n = -C_n a^{-2n}$$

这样，φ 的表达式简化为

$$\varphi = \sum_{n=1}^{\infty}\left(r^n A_n + C_n r^{-n}\right)\cos(n\alpha)$$

将边界条件（2）代入上式，得到

$$-E_0 r\cos\alpha = \sum_{n=1}^{\infty}\left(r^n A_n + C_n r^{-n}\right)\cos(n\alpha)$$

由此可知：

$$A_1 = -E_0,\quad A_n = 0\ (n \neq 1),\quad C_1 = E_0 a^2,\quad C_n = 0\ (n \neq 1)$$

则

$$\varphi = -\left(r - a^2\frac{1}{r}\right)E_0\cos\alpha$$

利用电场强度与电位的关系，得到

$$\boldsymbol{E} = -\nabla\varphi = -\frac{\partial\varphi}{\partial r}\boldsymbol{e}_r - \frac{1}{r}\frac{\partial\varphi}{\partial\alpha}\boldsymbol{e}_\alpha = \left(1 + a^2\frac{1}{r^2}\right)E_0\cos\alpha\boldsymbol{e}_r - \left(1 - a^2\frac{1}{r^2}\right)E_0\sin\alpha\boldsymbol{e}_\alpha$$

电位与电场分布如图 6-2-4 所示，虚线为等电位线，实线为电场线。可以看出，在 $r = a,\ \alpha = 0$ 及 $r = a,\ \alpha = \pi$ 处，电场强度最大

$$E_{\max} = 2E_0$$

从物理角度，这也是很容易理解的。由于静电感应，在圆柱导体表面与 x 轴垂直处感应出等量异号的电荷，其面密度最大，此感应电荷产生的场，在导体外部与原来的场方向相同，叠加到原场上，使得这些地方的场强最大。

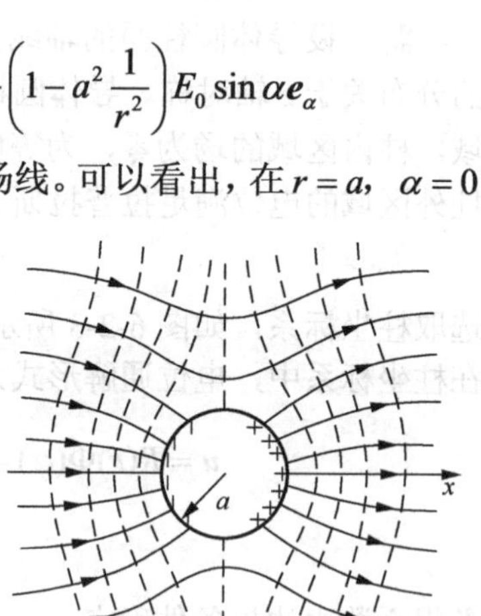

图 6-2-4 电位与电场分布图

例 6-2-4 有一介电常数为 ε、半径为 a 的长圆柱体（长度 $l \gg a$）放在一真空均匀电场中，圆柱体的轴与电场强度 $\boldsymbol{E} = E_0\boldsymbol{e}_x$ 垂直。求圆柱体内外的电位分布和圆柱体表面上的电荷分布。

解 设介质圆柱体的轴线方向与 z 轴方向平行，由于 $l \gg a$，电位和场的分布关于 z 轴对称。介质圆柱面把场空间分成柱内外两个区域，柱内外区域的电位都满足拉普拉斯方程

$$\nabla^2\varphi = 0$$

选取柱坐标系，如图 6-2-5 所示，z 轴垂直纸面向外。
在柱坐标系中，电位通解形式为

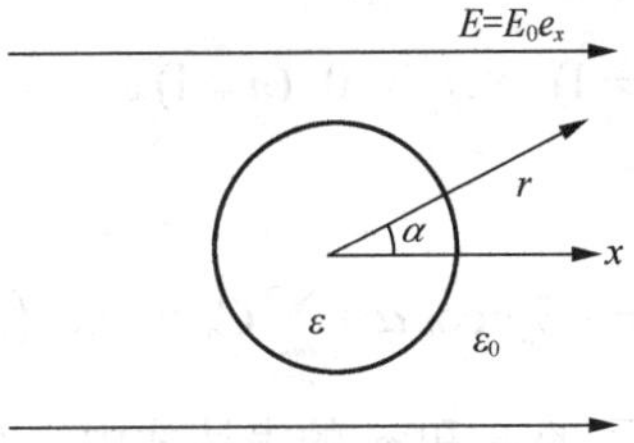

图6-2-5 例6-2-4图

$$u=R(r)\Phi(\alpha)=C_0+D_0\ln r+\sum_{n=1}^{\infty}\Big\{r^n\big[A_n\cos(n\alpha)+B_n\sin(n\alpha)\big]$$
$$+r^{-n}\big[C_n\cos(n\alpha)+D_n\sin(n\alpha)\big]\Big\}$$

设圆柱内的电位为φ_1，圆柱外的电位为φ_2，由电位分布的轴对称性，在通解中只取余弦项，则有

$$\varphi_1=C_{10}+D_{10}\ln r+\sum_{n=1}^{\infty}\left(r^nA_{1n}+C_{1n}r^{-n}\right)\cos(n\alpha)\quad r<a$$

$$\varphi_2=C_{20}+D_{20}\ln r+\sum_{n=1}^{\infty}\left(r^nA_{2n}+C_{2n}r^{-n}\right)\cos(n\alpha)\quad r>a$$

各组系数由边界条件确定。

设$r=0$处电位为零，则本例的边界条件为

（1）$r=0$处为零电位点，即$\varphi_1\big|_{r=0}=0$；

（2）$r\to\infty$时，柱外区域电场强度$\boldsymbol{E}\to E_0\boldsymbol{e}_x$，这样电位为有限值，即$\varphi_2\big|_{r\to\infty}=-\boldsymbol{E}\cdot\boldsymbol{r}=-E_0r\cos\alpha$；

（3）$r=a$处，$\varphi_1=\varphi_2$；

（4）$r=a$处，$\varepsilon\dfrac{\partial\varphi_1}{\partial r}=\varepsilon_0\dfrac{\partial\varphi_2}{\partial r}$。

将边界条件（1）代入φ_1的表达式中，得到

$$0=C_{10}+D_{10}\ln 0+\sum_{n=1}^{\infty}\left(0^nA_{1n}+C_{1n}0^{-n}\right)\cos(n\alpha)$$

由此可见

$$C_{10}=0,\quad C_{1n}=0$$

则φ_1简化为

$$\varphi_1=D_{10}\ln r+\sum_{n=1}^{\infty}A_{1n}r^n\cos(n\alpha)$$

将边界条件（2）代入φ_2的表达式中，得到

$$-E_0r\cos\alpha=C_{20}+D_{20}\ln\infty+\sum_{n=1}^{\infty}\left(A_{2n}\infty^n+C_{2n}\infty^{-n}\right)\cos(n\alpha)$$

由此可见

$C_{20}=0$，$D_{20}=0$，$A_{21}=-E_0$ $(n=1)$，$A_{2n}=0$ $(n\neq 1)$。

这样，φ_2 的表达式简化为

$$\varphi_2=-E_0 r\cos\alpha+\sum_{n=1}^{\infty}C_{2n}r^{-n}\cos(n\alpha)$$

将边界条件（3）、（4）代入简化了的 φ_1 和 φ_2 的表达式中，得到

$$D_{10}\ln a+\sum_{n=1}^{\infty}A_{1n}a^{n}\cos(n\alpha)=-E_0 a\cos\alpha+\sum_{n=1}^{\infty}C_{2n}a^{-n}\cos(n\alpha)$$

$$\varepsilon\frac{\partial\varphi_1}{\partial r}\bigg|_{r=a}=\varepsilon\frac{D_{10}}{a}+\varepsilon\sum_{n=1}^{\infty}nA_{1n}a^{n-1}\cos(n\alpha)$$

$$=\varepsilon_0\frac{\partial\varphi_2}{\partial r}\bigg|_{r=a}=-\varepsilon_0 E_0\cos\alpha-\varepsilon_0\sum_{n=1}^{\infty}nC_{2n}a^{-n-1}\cos(n\alpha)$$

由此可知

$$D_{10}=0\text{，}\quad A_{11}=-\frac{2E_0\varepsilon_0}{\varepsilon+\varepsilon_0}\ (n=1)\text{，}\quad A_{1n}=0\ (n\neq 1)\text{。}$$

$$C_{21}=E_0 a^2\frac{\varepsilon-\varepsilon_0}{\varepsilon+\varepsilon_0}\text{，}\quad C_{2n}=0\ (n\neq 1)$$

因此，柱内外区域的电位为

$$\varphi_1=-\frac{2E_0\varepsilon_0}{\varepsilon+\varepsilon_0}r\cos\alpha\quad r<a$$

$$\varphi_2=-E_0 r\cos\alpha+E_0 a^2\frac{\varepsilon-\varepsilon_0}{\varepsilon+\varepsilon_0}r^{-1}\cos\alpha\qquad r>a$$

利用电场强度与电位的关系，得到

$$\boldsymbol{E}_1=-\nabla\varphi_1=-\frac{\partial\varphi}{\partial r}\boldsymbol{e}_r-\frac{1}{r}\frac{\partial\varphi}{\partial\alpha}\boldsymbol{e}_\alpha=\frac{2E_0\varepsilon_0}{\varepsilon+\varepsilon_0}\cos\alpha\boldsymbol{e}_r-\frac{2E_0\varepsilon_0}{\varepsilon+\varepsilon_0}\sin\alpha\boldsymbol{e}_\alpha=\frac{2\varepsilon_0}{\varepsilon+\varepsilon_0}E_0\boldsymbol{e}_x$$

$$\boldsymbol{E}_2=-\nabla\varphi_2=-\frac{\partial\varphi_2}{\partial r}\boldsymbol{e}_r-\frac{1}{r}\frac{\partial\varphi_2}{\partial\alpha}\boldsymbol{e}_\alpha$$

$$=E_0\cos\alpha\left(1+\frac{a^2}{r^2}\frac{\varepsilon-\varepsilon_0}{\varepsilon+\varepsilon_0}\right)\boldsymbol{e}_r-E_0\sin\alpha\left(1-\frac{a^2}{r^2}\frac{\varepsilon-\varepsilon_0}{\varepsilon+\varepsilon_0}\right)\boldsymbol{e}_\alpha$$

由此可见，介质圆柱内的场是均匀场，且 $\boldsymbol{E}_1<E_0\boldsymbol{e}_x$。这是很好理解的，由于介质的极化产生的附加场与原场方向相反，削弱了外加场 $\boldsymbol{E}_0$。介质圆柱外的场由两部分组成。一部分是原来的均匀场，另一部分是极化电荷产生的场，相当于电偶极子产生的场。

利用 $\boldsymbol{e}_n\cdot(\boldsymbol{E}_2-\boldsymbol{E}_1)=\dfrac{\sigma_f+\sigma_p}{\varepsilon_0}$（本例中 $\sigma_f=0$），得到圆柱面上束缚电荷面密度为

$$\sigma_p=\varepsilon_0\boldsymbol{e}_n\cdot(\boldsymbol{E}_2-\boldsymbol{E}_1)=\varepsilon_0 E_0\cos\alpha\left(1+\frac{\varepsilon-\varepsilon_0}{\varepsilon+\varepsilon_0}\right)-\varepsilon_0\frac{2E_0\varepsilon_0}{\varepsilon+\varepsilon_0}\cos\alpha=2E_0\varepsilon_0\frac{\varepsilon-\varepsilon_0}{\varepsilon+\varepsilon_0}\cos\alpha$$

图 6-2-6 给出了场强及极化电荷分布图。

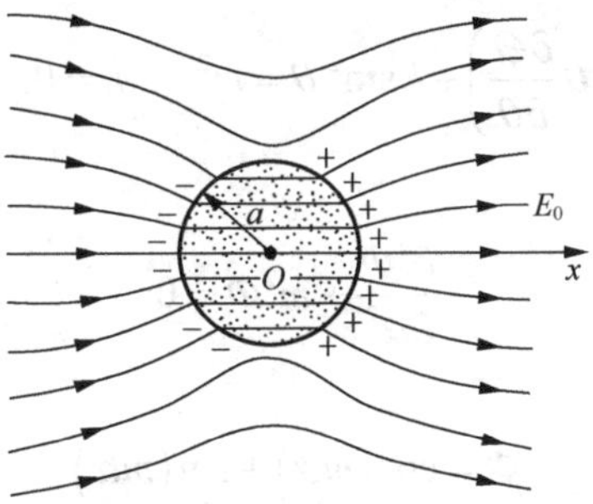

图 6-2-6　场强及极化电荷分布图

6.2.3　球坐标系

在球坐标系下，拉普拉斯方程表示为

$$\nabla^2 u=\frac{1}{r^2}\frac{\partial}{\partial r}(r^2\frac{\partial u}{\partial r})+\frac{1}{r^2\sin\theta}\frac{\partial}{\partial\theta}(\sin\theta\frac{\partial u}{\partial\theta})+\frac{1}{r^2\sin^2\theta}\frac{\partial^2 u}{\partial\alpha^2}=0 \tag{6-2-43}$$

设 $u=R(r)\Theta(\theta)\Phi(\alpha)$，代入上式，得

$$\frac{\Theta\Phi}{r^2}\frac{\partial}{\partial r}\left(r^2\frac{\partial R}{\partial r}\right)+\frac{\Phi R}{r^2\sin\theta}\frac{\partial}{\partial\theta}\left(\sin\theta\frac{\partial\Theta}{\partial\theta}\right)+\frac{R\Theta}{r^2\sin^2\theta}\frac{\partial^2\Phi}{\partial\alpha^2}=0 \tag{6-2-44}$$

用 $\frac{r^2}{R\Theta\Phi}$ 乘上式两端，得到

$$\frac{1}{R}\frac{\partial}{\partial r}\left(r^2\frac{\partial R}{\partial r}\right)+\frac{1}{\Theta\sin\theta}\frac{\partial}{\partial\theta}\left(\sin\theta\frac{\partial\Theta}{\partial\theta}\right)+\frac{1}{\Phi\sin^2\theta}\frac{\partial^2\Phi}{\partial\alpha^2}=0 \tag{6-2-45}$$

$$\frac{1}{R}\frac{\partial}{\partial r}\left(r^2\frac{\partial R}{\partial r}\right)=-\frac{1}{\Theta\sin\theta}\frac{\partial}{\partial\theta}\left(\sin\theta\frac{\partial\Theta}{\partial\theta}\right)-\frac{1}{\Phi\sin^2\theta}\frac{\partial^2\Phi}{\partial\alpha^2} \tag{6-2-46}$$

令

$$\frac{1}{R}\frac{\partial}{\partial r}\left(r^2\frac{\partial R}{\partial r}\right)=k \tag{6-2-47}$$

则有

$$\frac{\partial}{\partial r}\left(r^2\frac{\partial R}{\partial r}\right)-kR=0 \tag{6-2-48}$$

而

$$\frac{1}{\Theta\sin\theta}\frac{\partial}{\partial\theta}\left(\sin\theta\frac{\partial\Theta}{\partial\theta}\right)+\frac{1}{\Phi\sin^2\theta}\frac{\partial^2\Phi}{\partial\alpha^2}=-k \tag{6-2-49}$$

用 $\sin^2\theta$ 乘上式两端

$$\frac{\sin\theta}{\Theta}\frac{\partial}{\partial\theta}\left(\sin\theta\frac{\partial\Theta}{\partial\theta}\right)+\frac{1}{\Phi}\frac{\partial^2\Phi}{\partial\alpha^2}=-k\sin^2\theta \tag{6-2-50}$$

$$\frac{\sin\theta}{\Theta}\frac{\partial}{\partial\theta}\left(\sin\theta\frac{\partial\Theta}{\partial\theta}\right)+k\sin^2\theta=-\frac{1}{\Phi}\frac{\partial^2\Phi}{\partial\alpha^2} \tag{6-2-51}$$

考虑到 α 和 θ 的周期性，令

$$\frac{\sin\theta}{\Theta}\frac{\partial}{\partial\theta}\left(\sin\theta\frac{\partial\Theta}{\partial\theta}\right)+k\sin^2\theta=m^2 \quad m=0,\ 1,\ 2,\ 3,\cdots \tag{6-2-52}$$

则

$$\frac{\partial^2\Phi}{\partial\alpha^2}+m^2\Phi=0 \tag{6-2-53}$$

其解为（系数合并在其他解中）

$$\Phi=\cos(m\alpha)+\sin(m\alpha) \tag{6-2-54}$$

用$\dfrac{\Theta}{\sin^2\theta}$乘以式（6-2-52），得到缔合勒让德方程：

$$\frac{1}{\sin\theta}\frac{\partial}{\partial\theta}\left(\sin\theta\frac{\partial\Theta}{\partial\theta}\right)+\left(\lambda-\frac{m^2}{\sin^2\theta}\right)\Theta=0 \tag{6-2-55}$$

在$0\leqslant\theta\leqslant\pi$情况下，式（6-2-55）有解，要求$k=n(n+1)$，$n$为0或正整数，其解为缔合勒让德函数：

$$\Theta=P_n^m(\cos\theta)=\frac{1}{2^n n!}\left(-\cos^2\theta\right)^{\frac{m}{2}}\frac{\mathrm{d}^{n+m}}{\mathrm{d}(\cos\theta)^{n+m}}\left[\left(\cos^2\theta-1\right)^n\right] \tag{6-2-56}$$

这样，R满足的方程即为

$$\frac{1}{R}\frac{\partial}{\partial r}\left(r^2\frac{\partial R}{\partial r}\right)=k=n(n+1) \tag{6-2-57}$$

即

$$\frac{\mathrm{d}}{\mathrm{d}r}\left(r^2\frac{\mathrm{d}R}{\mathrm{d}r}\right)-n(n+1)R=0 \tag{6-2-58}$$

做变量代换

$$r=e^{\mu} \tag{6-2-59}$$

即有

$$\mu=\ln r \tag{6-2-60}$$

则

$$\frac{\mathrm{d}}{\mathrm{d}r}=\frac{\mathrm{d}}{\mathrm{d}\mu}\frac{\mathrm{d}\mu}{\mathrm{d}r}=\frac{1}{r}\frac{\mathrm{d}}{\mathrm{d}\mu} \tag{6-2-61}$$

将式（6-2-61）代入式（6-2-58），整理得到

$$\frac{\mathrm{d}^2R(r)}{\mathrm{d}\mu^2}+\frac{\mathrm{d}R(r)}{\mathrm{d}\mu}-n(n+1)=0 \tag{6-2-62}$$

式（6-2-62）是一个常系数的线性微分方程。

令

$$R=e^{a\mu} \tag{6-2-63}$$

则

$$\frac{\mathrm{d}R}{\mathrm{d}\mu}=ae^{a\mu}，\ \frac{\mathrm{d}^2R}{\mathrm{d}\mu^2}=a^2e^{a\mu} \tag{6-2-64}$$

将式（6-2-64）代入式（6-2-62），得到

$$e^{a\mu}\left[a^2+1-n(n+1)\right]=0 \tag{6-2-65}$$

解方程，得到

$$a_1=-(n+1)\text{，}\quad a_2=n \tag{6-2-66}$$

由此得到式（6-2-62）的解为

$$R(r)=A_n e^{n\mu}+\frac{B_n}{e^{(n+1)\mu}} \tag{6-2-67}$$

将式（6-2-67）中的变量e^{μ}换成r，即可得到式（6-2-58）的解为

$$R(r)=A_n r^n+\frac{B_n}{r^{n+1}} \tag{6-2-68}$$

则在球坐标中拉普拉斯方程的通解为

$$u(r,\theta,\alpha)=R\Theta\Phi=\sum_{n,m}(A_{nm}r^n+\frac{B_{nm}}{r^{n+1}})P_n^m(\cos\theta)\cos m\alpha$$

$$+\sum_{n,m}(C_{nm}r^n+\frac{D_{nm}}{r^{n+1}})P_n^m(\cos\theta)\sin m\alpha \tag{6-2-69}$$

勒让德多项式的前两项为

$$n=0\text{，}\quad P_0\left(\cos\theta\right)=1 \tag{6-2-70}$$

$$n=1\text{，}\quad P_1\left(\cos\theta\right)=\cos\theta \tag{6-2-71}$$

若求解的问题具有轴对称性，将此轴取为对称轴（极轴），则位函数不依赖于方位角α，此时通解形式简化为

$$u(r,\theta)=R\Theta=\sum_{n}(A_n r^n+\frac{B_n}{r^{n+1}})P_n(\cos\theta) \tag{6-2-72}$$

若求解的问题具有球对称性，则位函数不依赖于角度α和θ，此时通解形式进一步简化为

$$u(r)=R(r)=A+\frac{B}{r} \tag{6-2-73}$$

例 6-2-5 一个内半径和外半径分别为R_2和R_3的导体球壳带电荷Q，同心地包围着一个半径为R_1的导体球（$R_1<R_2$），使这个导体球接地，如图 6-2-7 所示。求空间各点的电位和导体球的感应电荷。

解 导体球把场空间分成球内外两个区域，球内区域的场为零，为等电位区域，设该区域电位为零；球外区域的电位满足拉普拉斯方程

$$\nabla^2\varphi=0$$

场边界是球形的，选用球坐标系。电荷分布具有球对称性，因此取式（6-2-73）作为通解。如图 6-2-7 所示，设导体壳内、外的电位分别为

$$\varphi_1=A_1+\frac{B_1}{r}\quad (R_2>r>R_1)$$

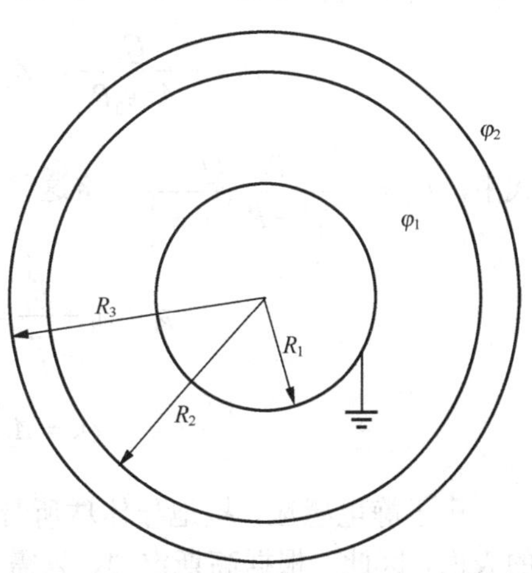

图 6-2-7 例 6-2-5 图

$$\varphi_2 = A_2 + \frac{B_2}{r} \quad (r > R_3)$$

边界条件为

（1）因内导体球接地，有 $\varphi_1 |_{r=R_1} = 0$。

（2）当电荷分布在有限区域时，人为约定无穷远处电位为零，则有 $\varphi_2 |_{r\to\infty} = 0$。

（3）在 $R_2 < r < R_3$ 的区域，场强为零（导体内部），导体球壳为等位体，导体表面为等位面，因此有 $\varphi_1 |_{r=R_2} = \varphi_2 |_{r=R_3}$。

（4）题设给定导体球壳带电荷量 Q，利用电位的分界面衔接条件

$$\varepsilon_1 \frac{\partial \varphi_1}{\partial n}\bigg|_S - \varepsilon_2 \frac{\partial \varphi_2}{\partial n}\bigg|_S = \sigma$$

对导体球壳的两个表面积分，得到

$$\oiint_{r=R_2} \frac{\partial \varphi_2}{\partial r} \mathrm{d}S - \oiint_{r=R_3} \frac{\partial \varphi_1}{\partial r} \mathrm{d}S = \frac{Q}{\varepsilon_0} \text{（假设导体介电常数为} \varepsilon_0\text{）}$$

由边界条件（1），得到

$$A_1 + \frac{B_1}{R_1} = 0，\ \to A_1 = -\frac{B_1}{R_1}$$

利用边界条件（2），得到

$$A_2 + \frac{B_2}{\infty} = 0，\ \to A_2 = 0$$

利用边界条件（3），得到

$$\varphi_1(r = R_2) = A_1 + \frac{B_1}{R_2} = \varphi_2(r = R_3) = A_2 + \frac{B_2}{R_3} = \frac{B_2}{R_3} \to A_1 + \frac{B_1}{R_2} = \frac{B_2}{R_3}$$

利用边界条件（4），得到

$$B_2 - B_1 = \frac{Q}{4\pi\varepsilon_0}$$

解关于 A_1、A_2、B_1、B_2 的 4 个方程，得到

$$A_1 = -\frac{Q_1}{4\pi\varepsilon_0 R_1}，\ A_2 = 0，\ B_1 = \frac{Q_1}{4\pi\varepsilon_0}，\ B_2 = \frac{Q}{4\pi\varepsilon_0} + \frac{Q_1}{4\pi\varepsilon_0}$$

式中，$Q_1 = -\dfrac{R_3^{-1} \cdot Q}{R_1^{-1} - R_2^{-1} + R_3^{-1}}$。将这些定出的常数代入 φ_1 和 φ_2 的表达式中，得到

$$\varphi_1 = A_1 + \frac{B_1}{r} = \frac{Q_1}{4\pi\varepsilon_0}\left(\frac{1}{r} - \frac{1}{R_1}\right) \quad (R_2 > r > R_1)$$

$$\varphi_2 = A_2 + \frac{B_2}{r} = \frac{Q + Q_1}{4\pi\varepsilon_0 r} \quad (r > R_3)$$

由于静电感应，接地导体球所带电荷不为零，达到静电平衡时，电荷只分布在导体球的表面，因此，根据高斯定理，只需将导体球表面的场对表面积分即可求得导体球上的感应电荷

$$\oiint_{(S)} \boldsymbol{E}\cdot \mathrm{d}\boldsymbol{S} = -\oiint_{r=R_1} \frac{\partial \varphi_1}{\partial r} r^2 \,\mathrm{d}\boldsymbol{S} = \oiint_{r=R_1} \frac{Q_1}{4\pi\varepsilon_0 r^2} r^2 \,\mathrm{d}\boldsymbol{S} = \frac{Q_1}{\varepsilon_0}$$

导体球上的感应电荷即为Q_1。

通过本例的计算过程可以看出，求解这一类问题时，需要在对称性分析的基础上，选取适当的坐标系，写出该坐标系下电位的通解。将方程的通解用到边界上，即可得到一组分界面衔接条件。解这些衔接条件满足的方程，即可确定通解中的常数。再将这些常数代回方程通解中，解的形式就可完全确定。求解过程中，数学比较麻烦，需要耐心细致。

例 6-2-6 电容率为ε的介质球置于均匀外电场$\boldsymbol{E_0} = E_0\boldsymbol{e}_z$中，求介质球内外的电位及场强分布。

解 介质球在外电场中极化，在其表面上将产生束缚电荷。这些束缚电荷激发的电场叠加到原外电场$\boldsymbol{E_0}$上，得总电场$\boldsymbol{E}$。束缚电荷分布和总电场互相制约，边界条件正确地反映这种制约关系。

设介质球的半径为a，球外为真空。介质球的存在使空间分为两均匀区域——球外区域和球内区域。在这两区域没有自由电荷，因此两区域的电位φ均满足拉普拉斯方程

$$\nabla^2\varphi = 0$$

两区域的分界面为球面，而场关于z轴对称，因此选式（6-2-72）作为电位通解形式。

设φ_1代表球内区域的电位，φ_2代表球外区域的电位，则两区域的通解分别为

$$\varphi_1 = \sum_n (A_n r^n + \frac{B_n}{r^{n+1}}) P_n(\cos\theta) \quad (r < a)$$

$$\varphi_2 = \sum_n (C_n r^n + \frac{D_n}{r^{n+1}}) P_n(\cos\theta) \quad (r > a)$$

待定常数A_n、B_n、C_n、D_n由边界条件决定。

边界条件：

（1）无穷远处，$\boldsymbol{E} \to \boldsymbol{E}_0$，则有$\varphi_2 \xrightarrow{r\to\infty} -E_0 r\cos\theta$

由此得到

$$C_1 = -E_0,\quad C_n = 0(n \neq 1)$$

（2）$r = 0$处，φ_1应为有限值，则

$$B_n = 0$$

（3）介质球面上（$r = a$）

$$\varphi_1\big|_{r=a} = \varphi_2\big|_{r=a},\quad \varepsilon\frac{\partial\varphi_1}{\partial r}\bigg|_{r=a} = \varepsilon_0\frac{\partial\varphi_2}{\partial r}\bigg|_{r=a}$$

把这些条件代入通解，得到

$$\sum_n A_n a^n P_n(\cos\theta) = -E_0 a\cos\theta + \sum_n \frac{D_n}{a^{n+1}} P_n(\cos\theta)$$

$$\varepsilon\sum_n nA_n a^{n-1} P_n(\cos\theta) = \varepsilon_0\left[-E_0\cos\theta - \sum_n \frac{(n+1)D_n}{a^{n+2}} P_n(\cos\theta)\right]$$

比较$P_1(\cos\theta)$的系数得方程组

$$-E_0 a+\frac{D_1}{a^2}=A_1 a\text{，}\ -E_0-\frac{2D_1}{a^3}=\frac{\varepsilon}{\varepsilon_0}A_1$$

由此得到

$$A_1=-\frac{3\varepsilon_0}{\varepsilon+2\varepsilon_0}E_0\text{，}\ D_1=\frac{\varepsilon-\varepsilon_0}{\varepsilon+2\varepsilon_0}E_0 a^3$$

比较其他 $P_n(\cos\theta)$ 项的系数有

$$A_n=D_n=0(n\neq 1)$$

将各系数代入通解得到两区域的电位分布为

$$\varphi_1=-\frac{3\varepsilon_0}{\varepsilon+2\varepsilon_0}E_0 r\cos\theta$$

$$\varphi_2=-E_0 r\cos\theta+\frac{\varepsilon-\varepsilon_0}{\varepsilon+2\varepsilon_0}\frac{E_0 a^3\cos\theta}{r^2}$$

球坐标系中标量函数的梯度为

$$\nabla u=\frac{\partial u}{\partial r}\boldsymbol{e}_r+\frac{1}{r}\frac{\partial u}{\partial\theta}\boldsymbol{e}_\theta+\frac{1}{r\sin\theta}\frac{\partial u}{\partial\alpha}\boldsymbol{e}_\alpha$$

利用场强与电位之间的关系 $\boldsymbol{E}=-\nabla\varphi$，得到

$$\begin{aligned}\boldsymbol{E}_1&=-\nabla\varphi_1=-\left(\frac{\partial\varphi_1}{\partial r}\boldsymbol{e}_r+\frac{1}{r}\frac{\partial\varphi_1}{\partial\theta}\boldsymbol{e}_\theta+\frac{1}{r\sin\theta}\frac{\partial\varphi_1}{\partial\alpha}\boldsymbol{e}_\alpha\right)\\&=\frac{3\varepsilon_0 E_0}{\varepsilon+2\varepsilon_0}\cos\theta\boldsymbol{e}_r-\frac{2\varepsilon_0 E_0}{\varepsilon+2\varepsilon_0}\sin\theta\boldsymbol{e}_\theta\end{aligned}$$

$$\begin{aligned}\boldsymbol{E}_2&=-\nabla\varphi_2=-\left(\frac{\partial\varphi_2}{\partial r}\boldsymbol{e}_r+\frac{1}{r}\frac{\partial\varphi_2}{\partial\theta}\boldsymbol{e}_\theta+\frac{1}{r\sin\theta}\frac{\partial\varphi_2}{\partial\alpha}\boldsymbol{e}_\alpha\right)\\&=\boldsymbol{E}_0\cos\theta\left(1+\frac{2(\varepsilon-\varepsilon_0)}{\varepsilon+2\varepsilon_0}\frac{a^3}{r^3}\right)\boldsymbol{e}_r-\boldsymbol{E}_0\sin\theta\left(1-\frac{\varepsilon-\varepsilon_0}{\varepsilon+2\varepsilon_0}\frac{a^3}{r^3}\right)\boldsymbol{e}_\theta\end{aligned}$$

由解可看出球内电场比原外场弱。这是由于介质球极化后在右半球面上产生正束缚电荷，在左半球面上产生负束缚电荷，而在介质球表面的束缚电荷激发的场与原外场反向，使总电场减弱。在球内总电场作用下，介质的极化强度为

$$\boldsymbol{P}=\chi_e\varepsilon_0\boldsymbol{E}=(\varepsilon-\varepsilon_0)\boldsymbol{E}=\frac{\varepsilon-\varepsilon_0}{\varepsilon+2\varepsilon_0}3\varepsilon_0\boldsymbol{E}_0$$

介质球的总电偶极矩为

$$\boldsymbol{p}=\frac{4\pi}{3}a^3\boldsymbol{P}=\frac{\varepsilon-\varepsilon_0}{\varepsilon+2\varepsilon_0}4\pi\varepsilon_0 a^3\boldsymbol{E}$$

球外区域电位 φ_2 的第二项就是这个电偶极矩所产生的电势

$$\frac{1}{4\pi\varepsilon_0}\frac{\boldsymbol{p}\cdot\boldsymbol{R}}{r^3}=\frac{\varepsilon-\varepsilon_0}{\varepsilon+2\varepsilon_0}\frac{E_0 a^3}{r^2}\cos\theta$$

例 6-2-7 为了避免外界电磁场对电器设备（如电测仪表等）的影响，可以将设备放在铁磁物质做的屏蔽腔内，在腔的内部空间所受到的外部电磁干扰就会大大地减弱，即磁

屏蔽。如图 6-2-8 所示，内半径为 R_1、外半径为 R_2 的球形磁介质空腔，放在磁场强度为 $\boldsymbol{H_0}=H_0\boldsymbol{e}_z$ 的场中，球形空腔的磁导率为 μ，试求周围空间的磁位及磁场分布，并讨论 $\mu>>\mu_0$ 时的磁屏蔽作用。

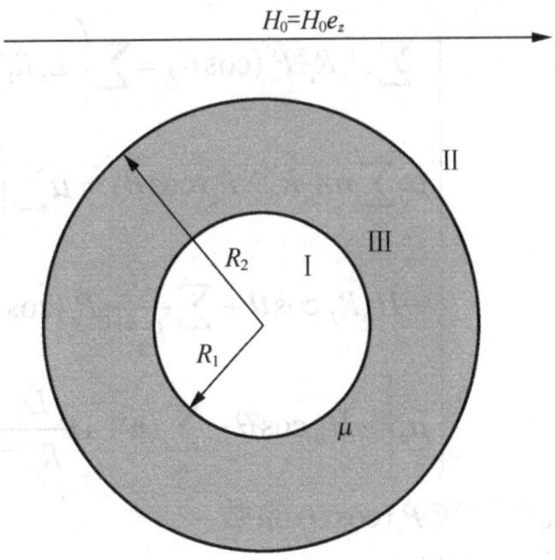

图 6-2-8 例 6-2-7 图

解 在均匀外磁场中，球形空腔被均匀磁化，球形磁屏蔽体将场所在空间分成三个区域：Ⅰ（$r<R_1$）、Ⅱ（$r>R_2$）、Ⅲ（$R_1<r<R_2$），这三个区域都不存在传导电流，磁标位满足拉普拉斯方程

$$\nabla^2\varphi_m=0$$

分界面为球面，场的分布关于 z 轴对称，选用球坐标系，取式（6-2-72）作为通解，则有

$$\varphi_{m1}=\sum_n(A_nr^n+\frac{B_n}{r^{n+1}})P_n(\cos\theta)\quad(r<R_1)$$

$$\varphi_{m2}=\sum_n(C_nr^n+\frac{D_n}{r^{n+1}})P_n(\cos\theta)\quad(r>R_2)$$

$$\varphi_{m3}=\sum_n(L_nr^n+\frac{M_n}{r^{n+1}})P_n(\cos\theta)\quad(R_1<r<R_2)$$

边界条件：

（1）$r=0$ 处，φ_{m1} 应为有限值，则有

$$B_n=0,$$

（2）无穷远处，$\boldsymbol{H}\to\boldsymbol{H}_0$，则有：$\varphi_{m2}\xrightarrow{r\to\infty}-H_0r\cos\theta$

由此得到

$$C_1=-H_0,\quad C_n=0(n\neq1)$$

从而

$$\begin{cases}\varphi_{m1}=\sum_n A_nr^nP_n(\cos\theta) & (r<R_1)\\ \varphi_{m2}=-H_0r\cos\theta+\sum_n\frac{D_n}{r^{n+1}}P_n(\cos\theta) & (r>R_2)\\ \varphi_{m3}=\sum_n\left(L_nr^n+\frac{M_n}{r^{n+1}}\right)P_n(\cos\theta) & (R_1<r<R_2)\end{cases}$$

（3）在两种介质的分界面上，磁位连续，磁感应强度的法向分量连续，即

$$r=R_1\begin{cases}\varphi_{m1}=\varphi_{m3}\\ \mu_0\frac{\partial\varphi_{m1}}{\partial r}=\mu\frac{\partial\varphi_{m3}}{\partial r}\end{cases}$$

$$r=R_2\begin{cases}\varphi_{m2}=\varphi_{m3}\\ \mu_0\frac{\partial\varphi_{m2}}{\partial r}=\mu\frac{\partial\varphi_{m3}}{\partial r}\end{cases}$$

由此得到

$$\begin{cases}\sum_n A_n R_1^{\ n} P_n(\cos\theta)=\sum_n\left(L_n R_1^{\ n}+\dfrac{M_n}{R_1^{\ n+1}}\right)P_n(\cos\theta)\\ \mu_0\sum_n nA_n R_1^{\ n-1}P_n(\cos\theta)=\mu\sum_n\left(nL_n R_1^{\ n-1}-(n+1)\dfrac{M_n}{R_1^{\ n+2}}\right)P_n(\cos\theta)\\ -H_0R_2\cos\theta+\sum_n\dfrac{D_n}{R_2^{\ n+1}}P_n(\cos\theta)=\sum_n\left(L_nR_2^{\ n}+\dfrac{M_n}{R_2^{\ n+1}}\right)P_n(\cos\theta)\\ \mu_0\left[-H_0\cos\theta-\sum_n(n+1)\dfrac{D_n}{R_2^{n+2}}P_n(\cos\theta)\right]=\mu\sum_n\left(nL_nR_2^{\ n-1}-(n+1)\dfrac{M_n}{R_2^{\ n+2}}\right)P_n(\cos\theta)\end{cases}$$

现在比较 $P_n(\cos\theta)$ 系数

当 $n=0$ 时，

$$\begin{cases}A_0=L_0+\dfrac{M_0}{R_1}\\ -\mu\dfrac{M_0}{R_1^2}=0\\ \dfrac{D_0}{R_2}=L_0+\dfrac{M_0}{R_2}\\ -\mu_0\dfrac{D_0}{R_2^2}=-\mu\dfrac{M_0}{R_2^2}\end{cases}$$

解方程，得

$$A_0=D_0=L_0=M_0=0$$

当 $n=1$ 时，

$$\begin{cases}A_1R_1=L_1R_1+\dfrac{M_1}{R_1^{\ 2}}\\ \mu_0A_1=\mu(L_1-2\dfrac{M_1}{R_1^3})\\ -H_0R_2+\dfrac{D_1}{R_2^{\ 2}}=L_1R_2+\dfrac{M_1}{R_2^{\ 2}}\\ \mu_0(-H_0-2\dfrac{D_1}{R_2^3})=\mu(L_1-2\dfrac{M_1}{R_2^3})\end{cases}$$

解得

$$\begin{cases}A_1=\dfrac{9\mu_0H_0\mu R_2^3}{2R_1^3(\mu-\mu_0)^2-R_2^3(2\mu_0+\mu)(2\mu+\mu_0)}\\ D_1=\dfrac{H_0R_2^3(\mu-\mu_0)(2\mu+\mu_0)(R_1^3-R_2^3)}{2R_1^3(\mu-\mu_0)^2-R_2^3(2\mu_0+\mu)(2\mu+\mu_0)}\\ L_1=\dfrac{3\mu_0(2\mu+\mu_0)H_0R_2^3}{2R_1^3(\mu-\mu_0)^2-R_2^3(2\mu_0+\mu)(2\mu+\mu_0)}\\ M_1=\dfrac{3\mu_0(\mu-\mu_0)H_0R_1^3R_2^3}{2R_1^3(\mu-\mu_0)^2-R_2^3(2\mu_0+\mu)(2\mu+\mu_0)}\end{cases}$$

当$n=2$时，

$$\begin{cases} A_2R_1^{\ 2}=L_2R_1^{\ 2}+\dfrac{M_2}{R_1^{\ 3}} \\ \mu_0 2A_2R_1=\mu(2L_2R_1-3\dfrac{M_2}{R_1^4}) \\ \dfrac{D_2}{R_2^{\ 3}}=L_2R_2^{\ 2}+\dfrac{M_2}{R_2^{\ 3}} \\ -\mu_0 3\dfrac{D_2}{R_2^3}=\mu(2L_2R_2-3\dfrac{M_2}{R_2^4}) \end{cases}$$

解得

$$A_2=D_2=L_2=M_2=0$$

对于$n=3$、4、5…，均有

$$A_n=D_n=L_n=M_n=0$$

将定出的系数带回I区的磁位表达式中，即有

$$\varphi_{m1}=A_1r\cos\theta=\frac{9\mu_0H_0\mu R_2^3}{2R_1^3\left(\mu-\mu_0\right)^2-R_2^3\left(2\mu_0+\mu\right)\left(2\mu+\mu_0\right)}r\cos\theta$$

$$\boldsymbol{B}_1=\mu_0\boldsymbol{H}_1=\mu_0(-\nabla\varphi_{m1})=\frac{9\mu_0^2H_0\mu R_2^3}{2R_1^3\left(\mu-\mu_0\right)^2-R_2^3\left(2\mu_0+\mu\right)\left(2\mu+\mu_0\right)}\left[-\nabla(r\cos\theta)\right]$$

而

$$\nabla(r\cos\theta)=\boldsymbol{e}_r\frac{\partial}{\partial r}(r\cos\theta)+\boldsymbol{e}_\theta\frac{1}{r}\frac{\partial}{\partial\theta}(r\cos\theta)+\boldsymbol{e}_\alpha\frac{1}{r\sin\theta}\frac{\partial}{\partial\alpha}(R\cos\theta)=\boldsymbol{e}_r\cos\theta-\boldsymbol{e}_\theta\sin\theta=\boldsymbol{e}_z$$

$$\boldsymbol{B}_1=-\frac{9\mu_0^2\mu R_2^3}{2R_1^3\left(\mu-\mu_0\right)^2-R_2^3\left(2\mu_0+\mu\right)\left(2\mu+\mu_0\right)}\boldsymbol{H}_0=\frac{9\mu_0\mu}{2(\mu-\mu_0)^2\left[\dfrac{\left(2\mu_0+\mu\right)\left(2\mu+\mu_0\right)}{2(\mu-\mu_0)^2}-\dfrac{R_1^3}{R_2^3}\right]}\mu_0\boldsymbol{H}_0$$

$$=\left[1-\frac{1-\dfrac{R_1^3}{R_2^3}}{\dfrac{\left(2\mu_0+\mu\right)\left(2\mu+\mu_0\right)}{2(\mu-\mu_0)^2}-\dfrac{R_1^3}{R_2^3}}\right]\mu_0\boldsymbol{H}_0$$

由此可见，当$\mu\gg\mu_0$时，

$$\boldsymbol{B}_1\xrightarrow{\mu\gg\mu_0}\left[1-\frac{1-\dfrac{R_1^3}{R_2^3}}{1-\dfrac{R_1^3}{R_2^3}}\right]\mu_0\boldsymbol{H}_0=0$$

即当$\mu\gg\mu_0$时，球形磁介质空腔内$r<R_1$的区域磁场接近于零，在空腔内实现了磁屏蔽。

6.3 镜像法

6.3.1 镜像法原理

若所求解场的区域内有电荷或电流分布，必须求解泊松方程。从数学的角度而言，拉普拉斯方程的求解已非常繁杂，三维形式的泊松方程的求解将更加困难。镜像法是间接求解这类边值问题的等值代替解法。

根据唯一性定理，可以将静电问题中边界对场的影响用边界外部虚设的像电荷代替。像电荷须放在求解区域边界的外部，且它们的存在不能改变所研究区域内电荷的分布；适当调整像电荷的位置和大小，使其产生的场和原电荷分布所产生的场满足给定的边界条件，则将它们的电位叠加便得到满足给定条件的电位解。在区域外的像电荷称为镜像电荷，大多是一些点电荷或线电荷。镜像法往往比分离变量法简单，但它只能用于一些特殊的边界情况，如无限大导体（或介质）平面附近的点电荷产生的场；位于导体球附近的点电荷产生的场（静电场的镜像法）；带等量异号电荷线密度的两个无限长平行导体圆柱之间的场（静电场的电轴法）等。

当有磁介质存在时，在外磁场作用下，磁介质将会被磁化。同时，磁介质的存在，将改变原有的磁场分布。类比静电场的镜像法，根据恒定磁场解的唯一性定理，在求解区域之外虚设镜像电流，由求解区域原有电流和求解区域外虚设镜像电流在求解区域共同产生的磁场就是原来边界条件下求解区域的磁场。利用边界条件找出镜像电流的位置及大小，即可得解。

6.3.2 静电场的镜像法

1. 点电荷与无限大接地导体平面的镜像法

如图 6-3-1（a）所示，接地无限大平面导体板附近有一个点电荷 q，我们利用镜像法来求解上半空间的电位和场强分布。

如图 6-3-1（b）所示，选取垂直于平板的方向为 z 轴方向，y 轴垂直纸面向内。设点电荷 q 距离导体平面为 $z=d$。很明显，上半空间的电位分布，是由点电荷 q 和导体表面的感应电荷共同产生的，现在只知道导体表面是等位面，不知其表面电荷分布，所以不能用叠加的方法直接计算。镜像电荷的选取，需要满足题设边界条件。

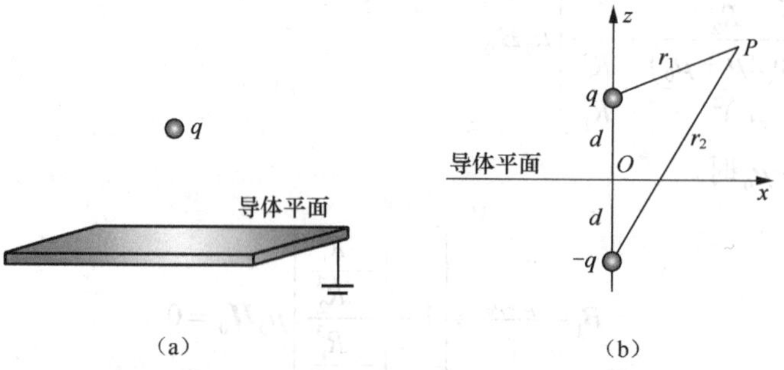

图 6-3-1　电点荷与无限大接地导体平面的镜像法

上半场域的边值问题为

除点电荷及导体板上的感应电荷之外的空间满足拉普拉斯方程

$$\nabla^2\varphi = 0 \tag{6-3-1}$$

边界条件为

导体板接地，电位为零

$$\varphi\big|_{z=0} = 0 \tag{6-3-2}$$

显然，假设导体平面不存在，而在 $z=0$ 平面下方相对于点电荷 q 对称地放置一个点电荷（$-q$），则 $z=0$ 平面的电位仍为零电位面，这样，我们便可用 q 和其像电荷（$-q$）构成的系统来代替原来的边值问题。上半空间任意点 P 的电位为

$$\varphi = \frac{q}{4\pi\varepsilon_0}\left(\frac{1}{r}-\frac{1}{r'}\right) = \frac{q}{4\pi\varepsilon_0}\left\{\frac{1}{\left[x^2+y^2+\left(z-d\right)^2\right]^{1/2}} - \frac{1}{\left[x^2+y^2+\left(z+d\right)^2\right]^{1/2}}\right\} \tag{6-3-3}$$

利用

$$\boldsymbol{E} = -\nabla\varphi \tag{6-3-4}$$

求得上半空间的电场强度为

$$E_x = \frac{q}{4\pi\varepsilon_0}\left\{\frac{x}{\left[x^2+y^2+(z-d)^2\right]^{3/2}} - \frac{x}{\left[x^2+y^2+(z+d)^2\right]^{3/2}}\right\} \tag{6-3-5}$$

$$E_y = \frac{q}{4\pi\varepsilon_0}\left\{\frac{y}{\left[x^2+y^2+(z-d)^2\right]^{3/2}} - \frac{y}{\left[x^2+y^2+(z+d)^2\right]^{3/2}}\right\} \tag{6-3-6}$$

$$E_z = \frac{q}{4\pi\varepsilon_0}\left\{\frac{z-d}{\left[x^2+y^2+(z-d)^2\right]^{3/2}} - \frac{z+d}{\left[x^2+y^2+(z+d)^2\right]^{3/2}}\right\} \tag{6-3-7}$$

电场线分布大致如图 6-3-2 所示。

原问题的导体平面上的感应电荷密度为

$$\sigma = -\varepsilon_0\frac{\partial\varphi}{\partial z}\bigg|_{z=0} = -\frac{qd}{2\pi\left(x^2+y^2+d^2\right)^{3/2}} \tag{6-3-8}$$

而在 $z=0$ 处

$$\varphi = \frac{q}{4\pi\varepsilon_0 d} - \frac{q}{4\pi\varepsilon_0 d} = 0 \tag{6-3-9}$$

满足给定的边界条件。很明显，利用直接积分法计算感应电荷产生的场难度较大。

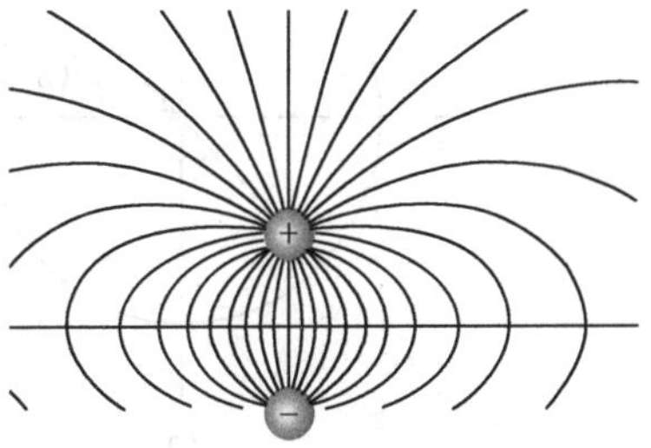

图 6-3-2 电场线分布

例 6-3-1 有一点电荷 q 位于两个互相垂直的半无限大接地导体板所围成的直角空间内，它到两个平面的距离分别为 a 和 b，如图 6-3-3（a）所示，求空间的电位分布。

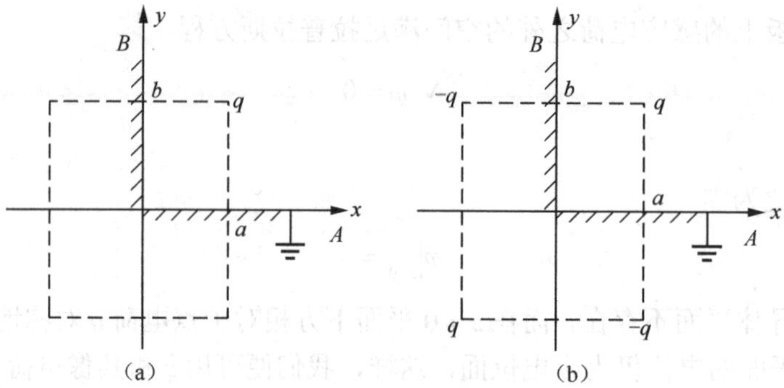

图 6-3-3　例 6-3-1 图

解　A 板与 B 板相连并接地，电位为 0，$\varphi|_A = \varphi|_B = 0$，求解点电荷 q 所在区域第一象限的电位分布，镜像电荷必须放置在第一象限之外，且镜像电荷的放置须满足边界条件。有了镜像电荷，利用电位叠加原理即可得到所求区间的电位分布。

为保证 A 板上 $\varphi|_A = 0$，需要在 $(a,-b,0)$ 处放置镜像电荷 $-q$，但这将使得 B 板电位 $\varphi \neq 0$；为保证 B 板上 $\varphi|_B = 0$，需要在 $(-a,b,0)$ 处放置镜像电荷 $-q$，但这又导致 A 板电位 $\varphi \neq 0$。要使 A、B 板上电位都为零，还需要在 $(-a,-b,0)$ 放置镜像电荷 q，如图 6-3-3 (b) 所示。

由电位叠加原理得到原电荷 q 和 3 个镜像电荷在空间各点产生的电位为

$$\varphi = \frac{Q}{4\pi\varepsilon_0}\left[\frac{1}{\sqrt{(x-a)^2+(y-b)^2+z^2}} + \frac{1}{\sqrt{(x+a)^2+(y+b)^2+z^2}} - \frac{1}{\sqrt{(x-a)^2+(y+b)^2+z^2}} - \frac{1}{\sqrt{(x+a)^2+(y-b)^2+z^2}}\right]$$

例 6-3-2　导体表面为如图 6-3-4（a）所示的两无限大导体板，且导体板接地。在两导体平面 A 与 B 形成的空间区域放置一点电荷 q，与 A 板夹角为 $\theta_0(<\theta)$。要求解两板区间的电位，镜像电荷如何放置？

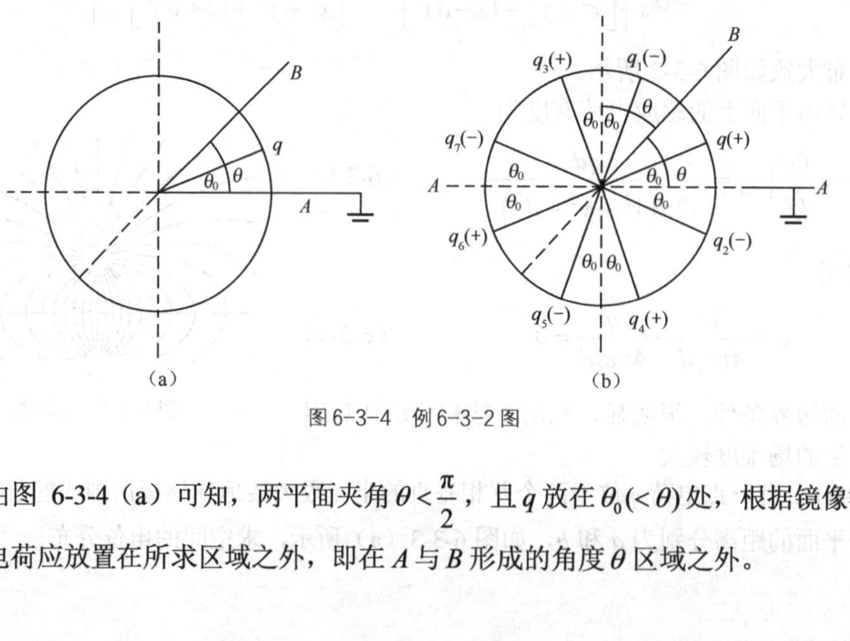

图 6-3-4　例 6-3-2 图

解　由图 6-3-4（a）可知，两平面夹角 $\theta < \dfrac{\pi}{2}$，且 q 放在 $\theta_0(<\theta)$ 处，根据镜像法求解的条件，像电荷应放置在所求区域之外，即在 A 与 B 形成的角度 θ 区域之外。

为方便分析，假设 $\theta=\frac{\pi}{4}$。

如图 6-3-4（b）所示，为了保证 B 面的电位为零，需要在与 B 面对称的位置放置与 q 等量异号的镜像电荷 q_1（q_1 为负电荷），q_1 与 A 面的夹角为 $\frac{\pi}{2}-\theta_0$，即 $2\theta-\theta_0$；为了保证 A 面的电位为零，需要在与 A 面对称的位置放置与 q 等量异号的镜像电荷 q_2（负电荷），q_2 与 A 面的夹角为 $2\pi-\theta_0$，即 $8\theta-\theta_0$；由于 q_2 的放置，要保证 B 面的电位为零，需要在与 B 面对称的位置放置镜像电荷 q_3（正电荷），q_3 与 A 面的夹角为 $\frac{\pi}{2}+\theta_0$，即 $2\theta+\theta_0$；由于 q_1 的放置，要保证 A 面的电位为零，需要在与 A 面对称的位置放置镜像电荷 q_4（正电荷），q_4 与 A 面的夹角为 $\frac{3\pi}{2}+\theta_0$，即 $6\theta+\theta_0$；由于 q_3 的放置，要保证 A 面的电位为零，需要在与 A 面对称的位置放置镜像电荷 q_5（负电荷），q_5 与 A 面的夹角为 $\frac{3\pi}{2}-\theta_0$，即 $6\theta-\theta_0$；由于 q_5 的放置，要保证 B 面的电位为零，需要在与 B 面对称的位置放置镜像电荷 q_6（正电荷），q_6 与 A 面的夹角为 $\pi+\theta_0$，即 $4\theta+\theta_0$；由于 q_6 的放置，要保证 A 面的电位为零，需要在与 A 面对称的位置放置镜像电荷 q_7（负电荷），q_7 与 A 面的夹角为 $\pi-\theta_0$，即 $4\theta-\theta_0$。

由图 6-3-4（b）可见，放置了 7 个镜像电荷后，保证了 A、B 都为零电位面，镜像电荷放置的位置分别为 $2\theta-\theta_0$（q_1）、$2\theta+\theta_0$（q_3）、$4\theta-\theta_0$（q_7）、$4\theta+\theta_0$（q_6）、$6\theta-\theta_0$（q_5）、$6\theta+\theta_0$（q_4）、$8\theta-\theta_0$（q_2），可以归纳为 $2i\theta\pm\theta_0(i=1,2,3,4)$（$8\theta+\theta_0$ 即是电荷 q 所在位置）。

可以证明：这一结果对于 $n=1$、2、3、…均成立，即 $\theta=\frac{\pi}{n}$，像电荷为 $2n-1$ 个，它们的位置也为 $2\theta-\theta_0$、$2\theta+\theta_0$、$4\theta-\theta_0$，$4\theta+\theta_0$……，$2i\theta\pm\theta_0(i=1,2,\cdots,n)$，而 $2n\theta+\theta_0=2\pi+\theta_0$，由此得到

$$\theta=\frac{\pi}{n}$$

实际上，对于 $n=1$，放置的镜像电荷为 1 个，位置为 $2\pi-\frac{\pi}{2}$，此即无限大接地导体平面上方有点电荷 q 的情况；对于 $n=2$，放置的镜像电荷为 3 个，位置分别为 $\pi-\theta_0$、$\pi+\theta_0$、$2\pi-\theta_0$，此即点电荷 q 位于两个互相垂直的接地导体面所围成的直角空间内的情况，即例 6-3-2；对于 $n=3$，放置的镜像电荷为 5 个，位置分别为 $\frac{2\pi}{3}-\theta_0$、$\frac{2\pi}{3}+\theta_0$、$\frac{4\pi}{3}-\theta_0$、$\frac{4\pi}{3}+\theta_0$、$\frac{6\pi}{3}-\theta_0$。其他情况，读者可以根据上述方法自己推证。

2. 点电荷与无限大介质平面的镜像法

如图 6-3-5（a）所示，介电常数分别为 ε_1 和 ε_2 的两种不同电介质的分界面是无限大平面，在第一种介质中放置点电荷 q，距离分界面为 h，分别计算两种介质中的电位和场强分布。

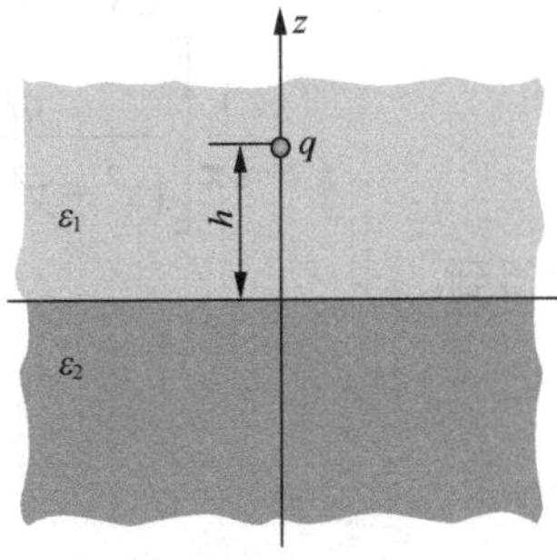

图 6-3-5（a） 点电荷与无限大介质平面的镜像法

在点电荷 q 产生的电场作用下，电介质将会被极化，在介质分界面上形成极化电荷分布。

此时，空间中任一点的电场由点电荷q与极化电荷共同产生。

计算电介质1中的电位时，可用位于介质2中的镜像电荷q'来代替分界面上的极化电荷，并把整个空间看作充满介电常数为ε_1的均匀介质，如图6-3-5（b）所示。介质1中的电位为

$$\varphi_1(x,y,z)=\frac{1}{4\pi\varepsilon_1}\left[\frac{q}{\sqrt{x^2+y^2+(z-h)^2}}+\frac{q'}{\sqrt{x^2+y^2+(z+h)^2}}\right] \tag{6-3-10}$$

计算电介质2中的电位时，可用位于介质1中的镜像电荷q''来代替分界面上的极化电荷，并把整个空间看作充满介电常数为ε_2的均匀介质，如图6-3-5（c）所示。介质2中的电位为

$$\varphi_2(x,y,z)=\frac{1}{4\pi\varepsilon_2}\frac{q+q''}{\sqrt{x^2+y^2+(z-h)^2}} \tag{6-3-11}$$

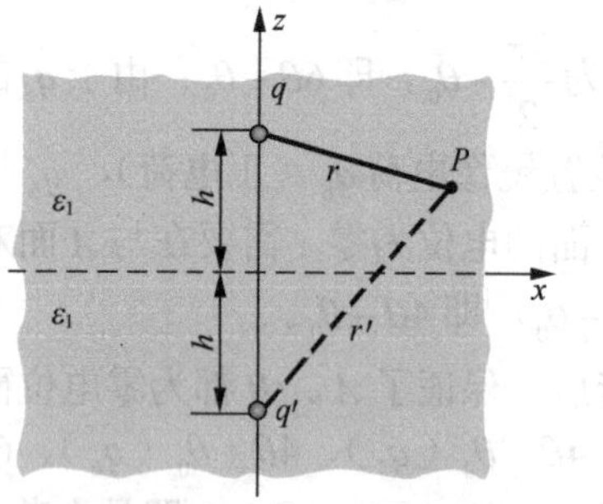

图6-3-5（b） 计算电介质1中的电位

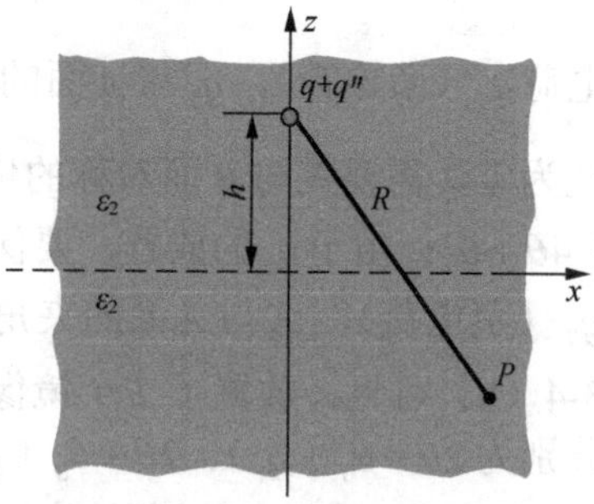

图6-3-5（c） 计算电介质2中的电位

利用电位满足的边界条件

$$\varphi_1\big|_{z=0}=\varphi_2\big|_{z=0} \tag{6-3-12}$$

$$\varepsilon_1\frac{\partial\varphi_1}{\partial z}\Big|_{z=0}=\varepsilon_2\frac{\partial\varphi_2}{\partial z}\Big|_{z=0} \tag{6-3-13}$$

得到

$$\frac{1}{4\pi\varepsilon_1}\left[\frac{q}{\sqrt{x^2+y^2+h^2}}+\frac{q'}{\sqrt{x^2+y^2+h^2}}\right]=\frac{1}{4\pi\varepsilon_2}\frac{q+q''}{\sqrt{x^2+y^2+h^2}} \tag{6-3-14}$$

$$\frac{1}{4\pi}\left[\frac{qh}{\left(x^2+y^2+h^2\right)^{\frac{3}{2}}}-\frac{q'h}{\left(x^2+y^2+h^2\right)^{\frac{3}{2}}}\right]=\frac{1}{4\pi}\frac{(q+q'')h}{\left(x^2+y^2+h^2\right)^{\frac{3}{2}}} \tag{6-3-15}$$

由此得到

$$\frac{1}{\varepsilon_1}(q+q')=\frac{1}{\varepsilon_2}(q+q'') \tag{6-3-16}$$

$$q-q'=q+q'' \tag{6-3-17}$$

即

$$q'=\frac{\varepsilon_1-\varepsilon_2}{\varepsilon_1+\varepsilon_2}q \tag{6-3-18}$$

$$q''=-\frac{\varepsilon_1-\varepsilon_2}{\varepsilon_1+\varepsilon_2}q \tag{6-3-19}$$

3. 点电荷与导体球面的镜像法

在导体球外放置点电荷，也可以利用镜像法求解空间各点的电位分布。

如图 6-3-6 所示，真空中有一半径为 R_0 的接地导体球，距球心 a（$a > R_0$）处有一点电荷 Q。

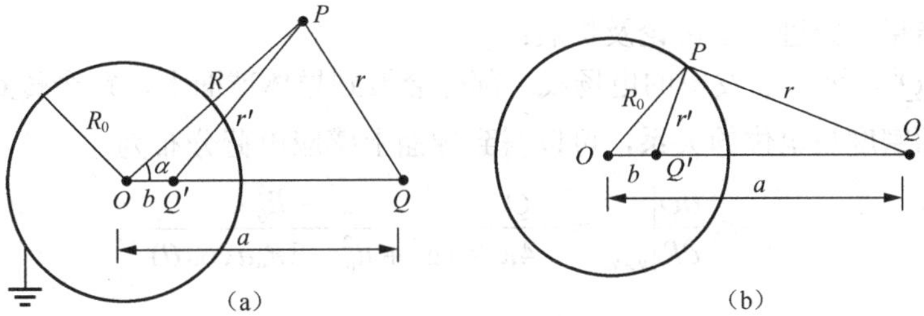

图 6-3-6　点电荷与导体球面的镜像法

导体球接地，整个导体球电位 $\varphi = 0$，欲求球外区域电位，镜像电荷 Q' 应放置在导体球内；两个点电荷产生的场相对于这两个点电荷的连线对称，因此将镜像电荷放在 $\overline{OQ}$ 连线上，即极轴上，如图 6-3-6 所示。利用边界条件确定镜像电荷的大小、正负及位置。确定了镜像电荷 Q'，利用电位叠加原理即可求得空间某点的电位。

由电位叠加原理，空间各点的电位即为

$$\varphi = \frac{1}{4\pi\varepsilon_0}\left[\frac{Q}{r} + \frac{Q'}{r'}\right] \tag{6-3-20}$$

式中，$r = \sqrt{R^2 + a^2 - 2Ra\cos\alpha}$，$r' = \sqrt{R^2 + b^2 - 2Rb\cos\alpha}$。

导体球接地，$\varphi|_{R_0} = 0$，对球面上的任一点 P（见图 6-3-6（b）），都有

$$\left.\left(\frac{Q}{r} + \frac{Q'}{r'}\right)\right|_{R=R_0} = 0 \tag{6-3-21}$$

因此，对球面上任一点，有

$$\frac{r'}{r} = -\frac{Q'}{Q} = \text{常数} \tag{6-3-22}$$

由图 6-3-6 (b) 可以看出，只要选 Q' 的位置使 $\Delta OQ'P \sim \Delta OPQ$，即有

$$\frac{r'}{r} = \frac{R_0}{a} = \text{常数} \tag{6-3-23}$$

设 Q' 距球心为 b，两三角形相似的条件为

$$\frac{r'}{r} = \frac{b}{R_0} = \frac{R_0}{a} \tag{6-3-24}$$

由此解出

$$b = \frac{R_0^2}{a} \tag{6-3-25}$$

$$Q' = -\frac{R_0 Q}{a} \tag{6-3-26}$$

由此得到空间各点的电位分布为

$$\begin{cases}\varphi=\dfrac{1}{4\pi\varepsilon_0}\left(\dfrac{Q}{r}+\dfrac{Q'}{r'}\right)=\dfrac{Q}{4\pi\varepsilon_0}\left(\dfrac{1}{\sqrt{R^2+a^2-2Ra\cos\theta}}-\dfrac{R_0/a}{\sqrt{R^2+R_0^4/a^2-2RR_0^2\cos\theta/a}}\right) & (R>R_0)\\ \varphi=0 \qquad (R\leqslant R_0)\end{cases}$$

（6-3-27）

针对上述结果，做进一步讨论及扩展：

（1）$|Q'|\neq|Q|$，因此Q发出的电场线一部分会聚到导体球面上，剩余传到无穷远。

利用电荷面密度与电位的关系，可以得到球面上感应电荷分布为

$$\sigma=-\varepsilon_0\frac{\partial\varphi}{\partial R}\bigg|_{R=R_0}=-\frac{Q}{4\pi}\frac{a^2-R_0^2}{R_0(a^2+R_0^2-2R_0a\cos\theta)^{3/2}} \tag{6-3-28}$$

总的感应电荷

$$Q'=\oiint_{R=R_0}\sigma\mathrm{d}S=-\frac{R_0Q}{a} \tag{6-3-29}$$

因此，导体球接地后，感应电荷总量不为零，可以认为有$Q''=-Q'=\dfrac{R_0Q}{a}$的电荷移到地中去了。电场线分布如图 6-3-7 所示。

（2）若导体不接地，可视为Q''分布在导体面上。

Q''不存在时，接地导体已为等位体，加上Q''，还要使导体为等位体，则Q''必须均匀分布在球面上。这时导体球上总电量$Q'+Q''\equiv 0$。Q''均匀分布球面上使导体产生的电位等效于Q''在球心的点电荷。

这时导体球的电位为

$$\varphi=\varphi_{接地}+\frac{Q''}{4\pi\varepsilon_0R}=\frac{1}{4\pi\varepsilon_0}\left(\frac{Q}{r}+\frac{Q'}{r'}\right)+\frac{Q''}{4\pi\varepsilon_0R} \qquad Q''=\frac{R_0Q}{a} \tag{6-3-30}$$

此种情况下电场线分布如图 6-3-8 所示。

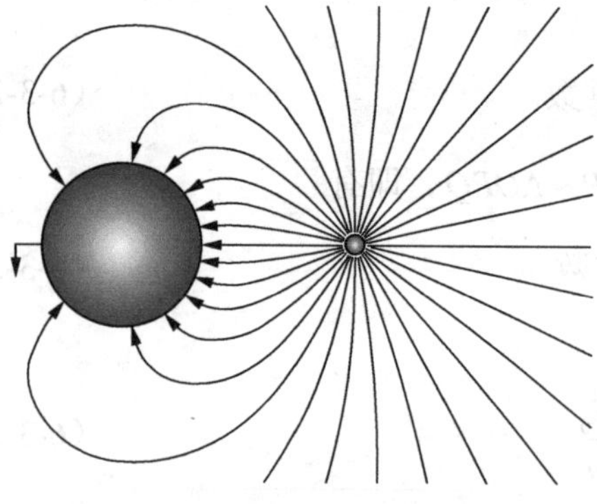

图 6-3-7　导体接地时的电场线分布

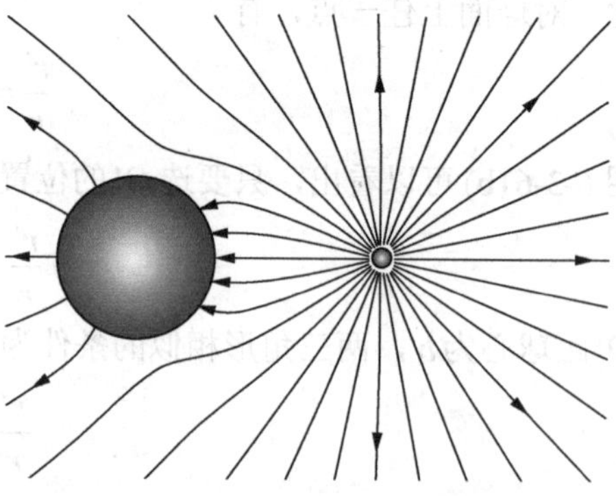

图 6-3-8　导体不接地时的电场线分布

（3）若导体球不接地，且带上自由电荷Q_0。

导体上总电荷为Q_0，此时要保持导体为等位体，Q_0也应均匀分布在球面上。

$$\varphi=\varphi_{接地}+\frac{Q''}{4\pi\varepsilon_0R}+\frac{Q_0}{4\pi\varepsilon_0R}=\frac{Q}{4\pi\varepsilon_0}\left[\frac{1}{r}-\frac{R_0/a}{r'}\right]+\frac{R_0Q/a+Q_0}{4\pi\varepsilon_0R} \tag{6-3-31}$$

由此可以看出镜像电荷一般是一个点电荷组或一个带电体系，而不一定就是一个点电荷。

（4）导体球不接地而带自由电荷 Q_0 时 Q 所受力。

Q 受到的力可以看做 Q' 和位于球心处的等效电荷 Q'' 和 Q_0 对 Q 的作用力之和。

$$F=\frac{QQ'}{4\pi\varepsilon_0(a-b)^2}+\frac{Q(Q_0+Q'')}{4\pi\varepsilon_0 a^2}=\frac{1}{4\pi\varepsilon_0}\left[\frac{QQ_0}{a^2}-\frac{Q^2R_0^3(2a^2-R_0^2)}{a^3(a^2-R_0^2)^2}\right] \tag{6-3-32}$$

设 $Q_0>0$，$Q>0$，第一项为排斥力，第二项为吸引力，与 Q_0 无关，与 Q 正负无关。当 $a\to R_0$ 时，$F<0$，即正电荷与带正电导体球在靠得很近时会出现相互吸引。

4. 线电荷与导体圆柱面的镜像法

当带电体由点电荷换成长直线电荷，导体由球体换成柱体时，同样，可以利用镜像法求解电位。

如图 6-3-9 所示，一根电荷线密度为 τ 的无限长直线电荷位于半径为 a、单位长带有电荷为 $-\tau$ 的无限长导体圆柱面外，与圆柱的轴线平行，且到轴线的距离为 d。导体圆柱面带电，由于静电感应，其上电荷重新分布，但总电量保持不变。导体圆柱面外部空间各点的电位由导体圆柱面上的电荷和线电荷共同决定。由于导体面上的电荷分布是非均匀的，靠近直线电荷的一侧电荷密度较大，远离直线电荷一侧电荷密度较小。很明显，用镜像电荷代替导体圆柱面上的电荷来计算电位更为方便。需要计算的是圆柱体外任意一点的电位，因此选取镜像电荷为位于圆柱面内部并与线电荷平行的无限长直线电荷，如图 6-3-9（b）所示。

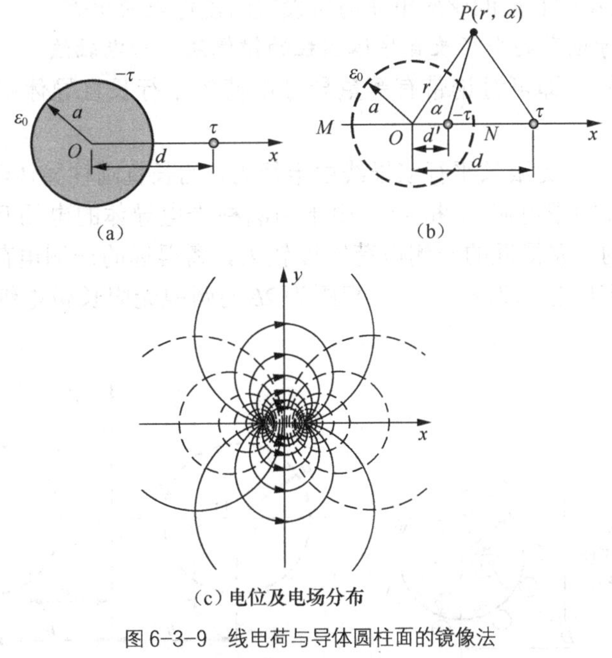

（c）电位及电场分布

图 6-3-9 线电荷与导体圆柱面的镜像法

设镜像电荷的线密度为 $-\tau$，且距圆柱的轴线为 d'，则由 τ 和 $-\tau$ 共同产生的电位函数为

$$\varphi=\frac{\tau}{2\pi\varepsilon}\ln\sqrt{r^2+d^2-2rd\cos\alpha}-\frac{\tau}{2\pi\varepsilon}\ln\sqrt{r^2+d'^2-2rd'\cos\alpha}+C \tag{6-3-33}$$

选取 τ 和 $-\tau$ 连线的中垂线为零电位点，则：

$$\varphi = \frac{\tau}{2\pi\varepsilon}\ln\sqrt{r^2+d^2-2rd\cos\alpha} - \frac{\tau}{2\pi\varepsilon}\ln\sqrt{r^2+d'^2-2rd'\cos\alpha} \tag{6-3-34}$$

在选定上述零电位点后，电位及电场分布如图 6-3-9（c）所示（实线的是电场线，虚线的是电位线）。

在柱面上取两个特殊点 M 和 N，即有

$$\varphi_M = \frac{\tau}{2\pi\varepsilon_0}\ln(d+a) - \frac{\tau}{2\pi\varepsilon_0}\ln(d'+a) \tag{6-3-35}$$

$$\varphi_N = \frac{\tau}{2\pi\varepsilon_0}\ln(d-a) - \frac{\tau}{2\pi\varepsilon_0}\ln(a-d') \tag{6-3-36}$$

由于导体是等位体，电位值相等，由 $\varphi_N = \varphi_M$ 得到

$$d' = \frac{a^2}{d} \tag{6-3-37}$$

导体圆柱面上的感应电荷面密度为

$$\sigma_S = -\varepsilon\frac{\partial\varphi}{\partial r}\bigg|_{r=a} = -\frac{\tau(d^2-a^2)}{2\pi a(a^2+d^2-2ad\cos\alpha)} \tag{6-3-38}$$

导体圆柱面上单位长度的感应电荷为

$$\tau_{in} = \int_S \sigma_S \mathrm{d}S = -\frac{\tau(d^2-a^2)}{2\pi a}\int_0^{2\pi}\frac{a\mathrm{d}\alpha}{a^2+d^2-2ad\cos\alpha} = -\tau \tag{6-3-39}$$

验证了导体圆柱面上单位长度的感应电荷与所设置的镜像电荷相等。

5. 带有等量异号电荷的平行长直导体圆柱的镜像法——电轴法

利用式（6-3-37），即可讨论带有等量异号电荷的平行长直导体圆柱在周围空间的电位分布。

如图 6-3-10 所示，无限长平行双导线由半径为 a 的长直圆柱导体组成。轴线间距离为 $D=2h$，单位长度分别带电荷 $+\tau$ 和 $-\tau$。由于两圆柱带电导体的电场互相影响，使导体表面的电荷分布不均匀，靠得近的一侧电荷密度较大，离得远的一侧电荷密度较小。将导体表面上的电荷用线密度分别为 τ 和 $-\tau$、相距为 $2b$ 的两根无限长带电细线来等效替代，如图 6-3-10（b）所示。

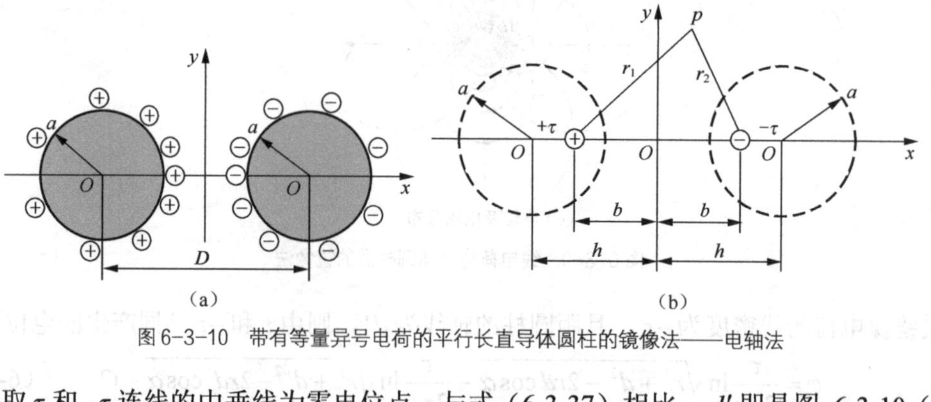

图 6-3-10　带有等量异号电荷的平行长直导体圆柱的镜像法——电轴法

选取 τ 和 $-\tau$ 连线的中垂线为零电位点，与式（6-3-37）相比，d' 即是图 6-3-10（b）中的 $h-b$，d 即是 $h+b$，由此得到

$$(h-b)(h+b)=a^2 \tag{6-3-40}$$

则

$$b=\sqrt{h^2-a^2} \tag{6-3-41}$$

b 值确定，镜像带电细线的位置也就确定。通常将镜像带电细线所在的位置称为圆柱导体的电轴，因而这种方法又称为电轴法。

利用带电细线产生的电位的计算公式，得到 $+\tau$ 和 $-\tau$ 在空间任一点 P 产生的电位分别为

$$\varphi_{P_1}=\frac{\tau}{2\pi\varepsilon_0}\ln\frac{b}{r_1} \tag{6-3-42}$$

$$\varphi_{P_2}=\frac{-\tau}{2\pi\varepsilon_0}\ln\frac{b}{r_2} \tag{6-3-43}$$

由电位叠加原理得到任一点电位为

$$\varphi_p=\frac{\tau}{2\pi\varepsilon_0}\ln\frac{r_2}{r_1} \tag{6-3-44}$$

利用带电细线的场强公式及叠加原理得到电场强度为

$$\boldsymbol{E}_P=\frac{\tau}{2\pi\varepsilon_0}\left(\frac{1}{r_1}\boldsymbol{e}_{r_1}-\frac{1}{r_2}\boldsymbol{e}_{r_2}\right) \tag{6-3-45}$$

对于稍微复杂点的电轴法可解的问题，如习题 6-11，确定电轴的位置时，需要考虑电轴位置应在求解区域之外。然后根据两线电荷产生电场分析得到的公式，列出方程进行具体求解即可。求解时注意式中各量的物理意义。

例 6-3-3　试决定如图 6-3-11（a）所示不同半径平行长直圆柱导体的电轴位置。

解　如图 6-3-11（b）所示，设两镜像线电荷 τ 和 $-\tau$ 之间的距离为 $2b$，选取 τ 和 $-\tau$ 连线的中垂线为零电位点，由式（6-3-41）得

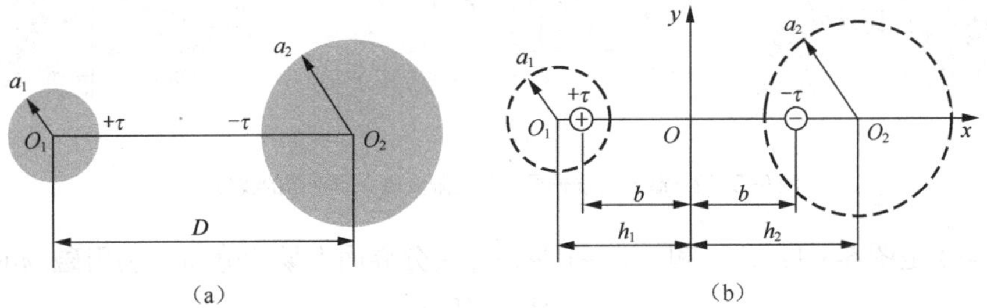

图 6-3-11　例 6-3-3 图

$$\begin{cases}b^2=h_1^2-a_1^2\\ b^2=h_2^2-a_2^2\\ D=h_1+h_2\end{cases}$$

解方程组，得到

$$\begin{cases} h_1 = \dfrac{D^2 + a_1^2 - a_2^2}{2D} \\ h_2 = \dfrac{D^2 + a_2^2 - a_1^2}{2D} \\ b = \sqrt{h_1^2 - a_1^2} = \sqrt{h_2^2 - a_2^2} \end{cases}$$

6.3.3 恒定磁场的镜像法

与静电场的镜像法一样，在给定电流分布，给定边界条件的情况下，可以用镜像法求解磁场问题。

1. 载流无限长导线与无限大磁介质平面的镜像法

如图 6-3-12（a）所示，磁导率分别为 μ_1 和 μ_2 的两种均匀磁介质的分界面是无限大平面，在磁介质 1 中有一根无限长直线电流平行于分界平面，且与分界平面相距为 h。我们来利用镜像法计算 $z>0$ 的区间的磁位及磁场分布。

在直线电流 I 产生的磁场作用下，磁介质将被磁化，在分界面上有磁化电流分布，空间任一点的磁场即是由线电流和磁化电流共同决定。

计算磁介质 1 中的磁场时，用置于介质 2 中的镜像线电流来代替分界面上的磁化电流，并把整个空间看作充满磁导率为 μ_1 的均匀介质，如图 6-3-12（b）所示。计算磁介质 2 中的磁场时，用置于介质 1 中的镜像线电流来代替分界面上的磁化电流，并把整个空间看作充满磁导率为 μ_2 的均匀介质，如图 6-3-12（c）所示。

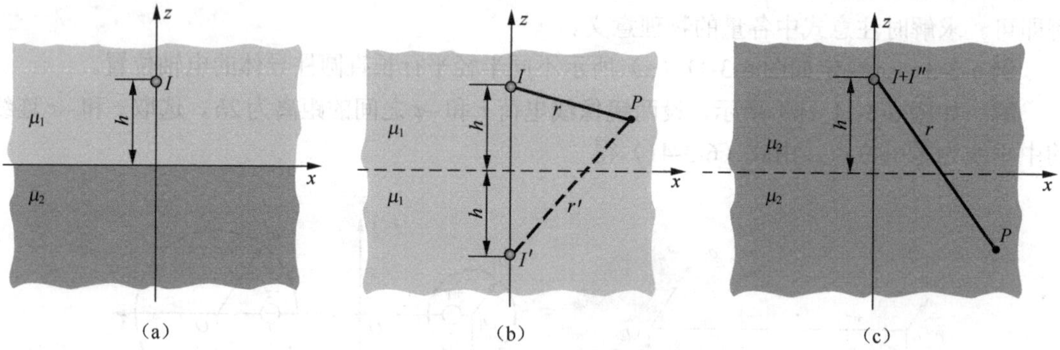

图 6-3-12 载流无限长导线与无限大磁介质平面的镜像法

图 6-3-13 是图 6-3-12（b）和（c）在两种介质分界面上场的分布。利用磁场的边界条件

$$H_{1t} = H_{2t} \tag{6-3-46}$$

$$B_{1n} = B_{2n} \tag{6-3-47}$$

得到

$$\frac{I}{2\pi r}\sin\alpha - \frac{I'}{2\pi r}\sin\alpha = \frac{I+I''}{2\pi r}\sin\alpha \tag{6-3-48}$$

$$\mu_1 \frac{I}{2\pi r}\cos\alpha + \mu_1 \frac{I'}{2\pi r}\cos\alpha = \mu_2 \frac{I+I''}{2\pi r}\cos\alpha \tag{6-3-49}$$

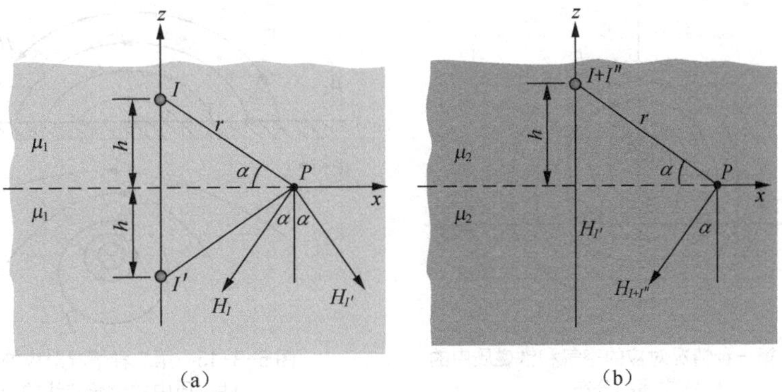

图 6-3-13　两种媒质分界面上场的分布

则有

$$\begin{cases} I - I' = I + I'' \\ \mu_1(I + I') = \mu_2(I + I'') \end{cases} \tag{6-3-50}$$

解方程组，得

$$\begin{cases} I' = \dfrac{\mu_2 - \mu_1}{\mu_2 + \mu_1} I \\ I'' = -\dfrac{\mu_2 - \mu_1}{\mu_2 + \mu_1} I \end{cases} \tag{6-3-51}$$

2. *介质为空气与铁磁物质时的磁场分布*

现在我们利用式（6-3-51）讨论如下两种特殊情况。

（1）若第一种介质是空气（$\mu_1 = \mu_0$），第二种介质是铁磁质（$\mu_2 \to \infty$），无限长载流导线置于空气中，则由式（6-3-51），得到：

$$\begin{cases} I' = \dfrac{\mu_2 - \mu_1}{\mu_2 + \mu_1} I = \dfrac{\mu_2 - \mu_0}{\mu_2 + \mu_0} I = I \\ I'' = -\dfrac{\mu_2 - \mu_1}{\mu_2 + \mu_1} I = -\dfrac{\mu_2 - \mu_0}{\mu_2 + \mu_0} I = -I \end{cases} \tag{6-3-52}$$

此时铁磁质中

$$H_2 = \frac{I + I''}{2\pi r} = 0 \tag{6-3-53}$$

但磁感应强度不为零，即

$$B_2 = \mu_2 H_2 = \frac{\mu_2}{2\pi r}\left(I + \frac{\mu_1 - \mu_2}{\mu_1 + \mu_2} I\right) = \frac{\mu_2}{2\pi r}\left(\frac{\mu_1 + \mu_2 + \mu_1 - \mu_2}{\mu_1 + \mu_2} I\right) = \frac{\mu_1 I}{\pi r} \tag{6-3-54}$$

空气和铁磁质中的磁感应线的分布如图 6-3-14 所示。

（2）两种介质的分布不变，但载流直导线置于铁磁质中，即 $\mu_1 \to \infty$，$\mu_2 = \mu_0$，由式（6-3-51），得

$$I' = -I,\ I'' = I \tag{6-3-55}$$

$$B_2 = \mu_2 H_2 = \frac{\mu_2}{2\pi r}(I + I) = \frac{\mu_2 I}{\pi r} \tag{6-3-56}$$

此时 μ_2 介质中的磁场为原来的两倍。空气和铁磁质中的磁感应线的分布如图 6-3-15 所示。

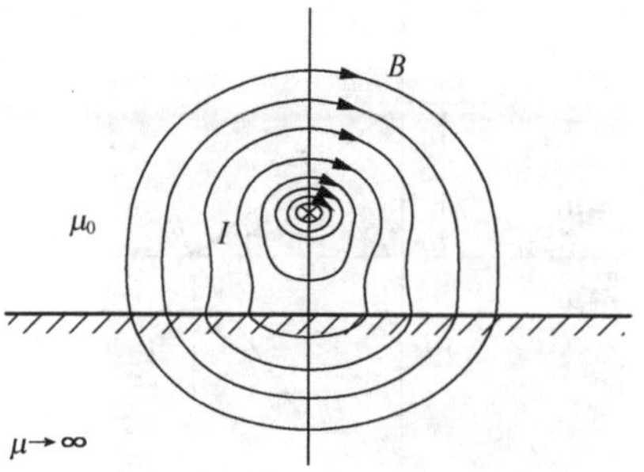

图 6-3-14 第一种情况对应的空气和铁磁质中的磁感应线的分布

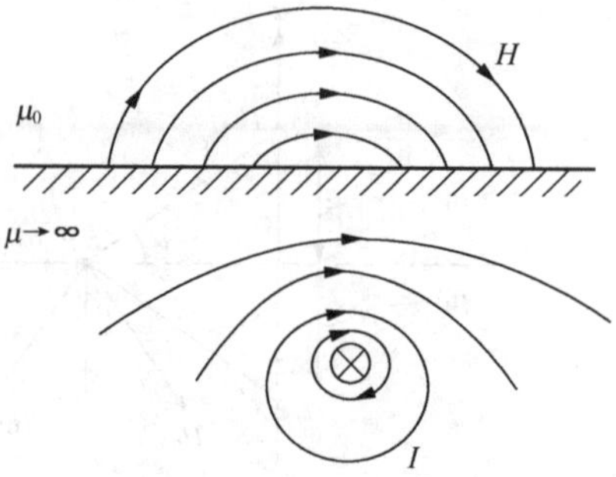

图 6-3-15 第二种情况对应的空气和铁磁质中的磁感应线的分布

例 6-3-4 在磁导率为 $\mu_1=9\mu_0$ 的介质中，载流长直导线与两种介质的分界面平行，垂直距离为 h，设介质 2 的磁导率为 $\mu_2=\mu_0$，试求两介质中的磁感应强度。

解 利用镜像法，计算有效区 $\mu_1=9\mu_0$ 区域的磁场，在 $\mu_2=\mu_0$ 的区域放置镜像电流 I'，距离分界面为 h，其值为

$$I'=\frac{\mu_2-\mu_1}{\mu_2+\mu_1}I=\frac{\mu_0-9\mu_0}{\mu_0+9\mu_0}I=-\frac{4}{5}I$$

由此得到 $\mu_1=9\mu_0$ 区域的磁感应强度为

$$B_1=\frac{\mu_1 I}{2\pi r_1}\boldsymbol{e}_{\alpha_1}+\frac{\mu_1 I'}{2\pi r_2}\boldsymbol{e}_{\alpha_2}=\frac{9\mu_0 I}{2\pi_1}\left(\frac{\boldsymbol{e}_{\alpha_1}}{r}-\frac{4\boldsymbol{e}_{\alpha_2}}{5r_2}\right)T$$

计算有效区 $\mu_2=\mu_0$ 区域的磁场，在 $\mu_1=9\mu_0$ 的区域放置镜像电流 I''，距离分界面为 h，其值为

$$I''=-\frac{\mu_2-\mu_1}{\mu_2+\mu_1}I=-\frac{\mu_0-9\mu_0}{\mu_0+9\mu_0}I=\frac{4}{5}I$$

由此得到磁感应强度为

$$B_1=\frac{\mu_2 I}{2\pi r}\boldsymbol{e}_{\alpha}+\frac{\mu_2 I''}{2\pi r}=\frac{\mu_0 I}{2\pi r}\left(1+\frac{4}{5}\right)\boldsymbol{e}_{\alpha}=\frac{0.9\mu_0 I}{\pi r}T$$

6.4 模拟电荷法

6.4.1 模拟电荷法的计算原理

模拟电荷法是根据静电场的唯一性定理，在电极内部放置若干个假想的离散电荷，使其共同作用的结果满足给定的电极和介质表面的边界条件，则这一组电荷所产生的场即为满足一定精度的实际电场，进而可求得计算场域中各点的场值。在计算中模拟电荷的种类、数目及与电极表面匹配点之间的匹配关系将直接影响到计算量的大小和计算结果的精确度。

一般的模拟电荷法计算，是在导体内部设置 N 个模拟电荷，在边界表面取 M ($M\geqslant N$) 个匹配点。这些匹配点的电位 φ_1、$\varphi_2\cdots\varphi_m$ 为电极表面电位。它们是由 N 个模拟电荷共同作用而产生的，即 $\varphi_i=\sum_{j=1}^{n}p_{ij}q_j(i,j=1,2,3,\cdots,n)$，可以简写成 $\varphi=Pq$，式中 P 为系数矩阵，φ 为电位，q 为

待求模拟电荷。解这个线性方程组后，计算域中任意点的电位和电场强度即可求得。

6.4.2 模拟电荷法实施

例 6-4-1 如图 6-4-1 所示，有一球形电极，导体球的半径为10cm，球心到导体球的距离为50cm，导体板接地，导体球加100V电压，试设置模拟电荷的位置，计算模拟电荷的量值并做相应的验证。

解 本例为球板电极问题，由导体球和无限大平板的结构可以联想到导体平面和球面两个镜像问题。根据镜像法原理，可以将模拟电荷设置在镜像导体球（在平板以下）的反演点 q_1 和导体球中心 q_2，计算电场时同时考虑两个模拟电荷相当于平板的镜像电荷。

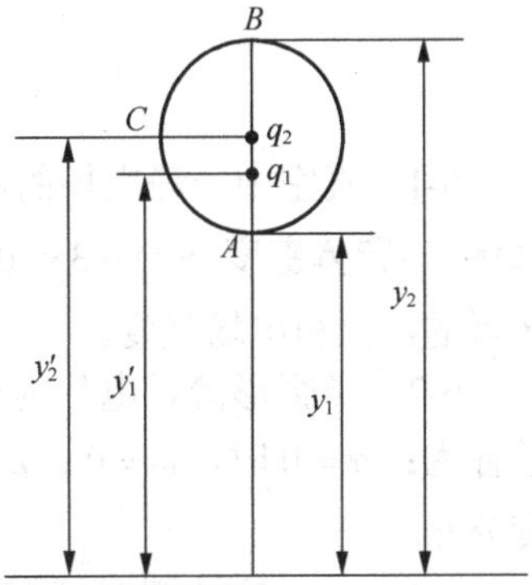

图 6-4-1 例 6-4-1 图

如图 6-4-1 所示，匹配点设置在导体球的下端点 A 和上端点 B，验证点取在导体球侧面点 C。设导体球的半径为 $R=10\text{cm}$，导体球心到其镜像球心的距离为 $D=100\text{cm}$，反演点电荷 q_1 到球心的距离为 d。根据导体球面镜像原理，得到

$$dD=R^2 \qquad d=\frac{R^2}{D}=\frac{100}{100}=1\text{cm}$$

由此可得图中尺寸：$y_1=40\text{cm}$，$y_1'=49\text{cm}$，$y_2'=50\text{cm}$，$y_2=60\text{cm}$。

考虑关于平板的镜像，在平板下方与平板对称的位置有镜像电荷 $q_1'=-q_1$ 及电荷 $q_2'=-q_2$。

下端点 A 和上端点 B 在同一球面上，电压都为100V，则由电荷 q_1、q_1'、q_2、q_2' 产生的匹配点 A 和 B 的方程分别为

$$\varphi_A=\frac{1}{4\pi\varepsilon_0}\left(\frac{q_1}{R_{11}}+\frac{q_1'}{R_{11}'}\right)+\frac{1}{4\pi\varepsilon_0}\left(\frac{q_2}{R_{12}}+\frac{q_2'}{R_{12}'}\right)$$

$$\varphi_B=\frac{1}{4\pi\varepsilon_0}\left(\frac{q_1}{R_{21}}+\frac{q_1'}{R_{21}'}\right)+\frac{1}{4\pi\varepsilon_0}\left(\frac{q_2}{R_{22}}+\frac{q_2'}{R_{22}'}\right)$$

式中，$R_{11}=9\text{cm}$，$R_{11}'=89\text{cm}$，$R_{12}=10\text{cm}$，$R_{12}'=90\text{cm}$ 分别是 q_1、q_1'、q_2、q_2' 到下端点 A 的距离；$R_{21}=11\text{cm}$，$R_{21}'=101\text{cm}$，$R_{22}=10\text{cm}$，$R_{22}'=110\text{cm}$ 分别是 q_1、q_1'、q_2、q_2' 到上端点 B 的距离。将 $q_1'=-q_1$，$q_2'=-q_2$ 及上述各个 R 值代入 φ_A 及 φ_B，连立求解，得到

$$q_1=1.238\times10^{-10}\text{C}，\quad q_2=1.11199\times10^{-9}\text{C}$$

对验证点 C

$$\varphi_C=\frac{1}{4\pi\varepsilon_0}\left(\frac{q_1}{R_{C1}}+\frac{q_1'}{R_{C1}'}\right)+\frac{1}{4\pi\varepsilon_0}\left(\frac{q_2}{R_{C2}}+\frac{q_2'}{R_{C2}'}\right)$$

式中，$R_{C1}=\sqrt{0.1^2+0.01^2}$，$R_{C1}'=\sqrt{0.99^2+0.10^2}$，$R_{C2}=\sqrt{0.10^2}$，$R_{C2}'=\sqrt{1.00^2+0.01^2}$ 分别是 q_1、q_1'、q_2、q_2' 到验证点 C 的距离；代入各数据，计算得到

$$\varphi_C=99.900099\text{V}$$

由此可得，在非匹配点 C，电位计算误差为

$$\frac{100-99.900099}{100}=0.099901\%$$

在应用中，根据场域边界的复杂程度和工程上对计算精度的要求，模拟电荷的数量往往取得较大，因此匹配点的数量也相应地大量增加，这种情况下，模拟电荷法必须采用系统的处理手段，使问题能够在计算机上求解。

习 题

6-1 真空中一静电场的电荷分布只随坐标 z 变化，不随坐标 x 和 y 变化。已知在 $0<z<1$ 区域，电荷体密度 $\rho(z)=3\times10^{-8}\mathrm{C/m^3}$。在 $z=0$ 处，$\varphi(0)=0$；在 $z=1$ 处，$\varphi(1)=2\mathrm{V}$。求 $0<z<1$ 区域的电位和电场强度。

6-2 半圆形薄导电片内外半径分别为 R_1 和 R_2、厚度为 h，电流沿圆周方向流动，边界条件为：$\alpha=0$ 时，$\varphi=0$；$\alpha=\pi$ 时，$\varphi=1V$；如题 6-2 图所示。求半圆片上的电位与电场强度分布。

6-3 用分离变量法求解如下静电场问题中的电位分布。一个截面如题 6-3 图所示的长槽，向 x 方向无限延伸，两侧的电位是零，槽内 $x\to\infty$ 时，$\varphi\to0$，$x=0$ 处的电位为 $\varphi(0,y)=U_0\sin\frac{3\pi y}{b}$。

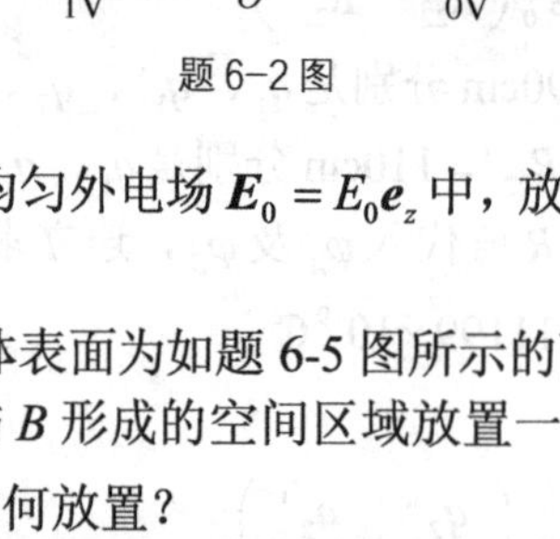

题 6-2 图

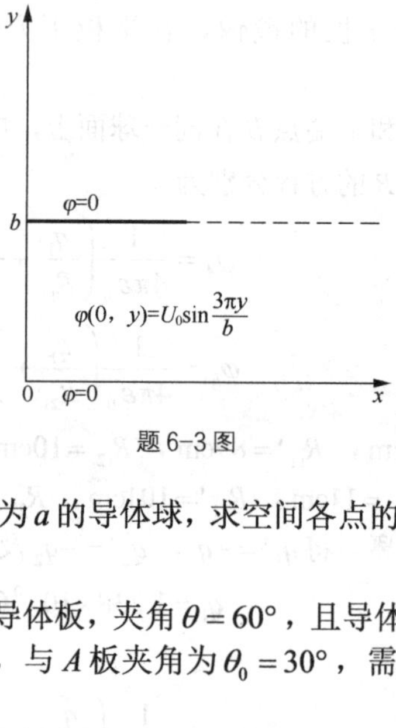

题 6-3 图

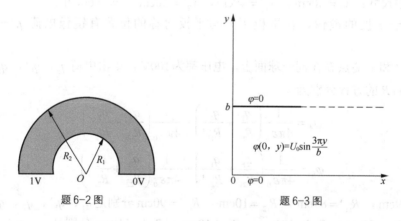

6-4 在均匀外电场 $\boldsymbol{E}_0=E_0\boldsymbol{e}_z$ 中，放置一半径为 a 的导体球，求空间各点的电位分布及电荷面密度。

6-5 导体表面为如题 6-5 图所示的两无限大导体板，夹角 $\theta=60°$，且导体板接地。在两导体平面 A 与 B 形成的空间区域放置一点电荷 q，与 A 板夹角为 $\theta_0=30°$，需要放置多少个镜像电荷？如何放置？

6-6 无限大导体平面上左右对称放置两种电介质，介电常数分别为 ε_1 和 ε_2，在第一种电介质中距导体平面 a，距电介质分界面 b 处，置一点荷 q。若求解区域为第一种介质的空间，求镜像电荷。

6-7 在接地的导体平面上有一半径为 a 的半球凸部，半球的球心在导体平面上，点电荷 Q 位于系统的对称轴上，并与平面相距为 $b(b>a)$，如题 6-7 图所示，试用电像法求空间电位。

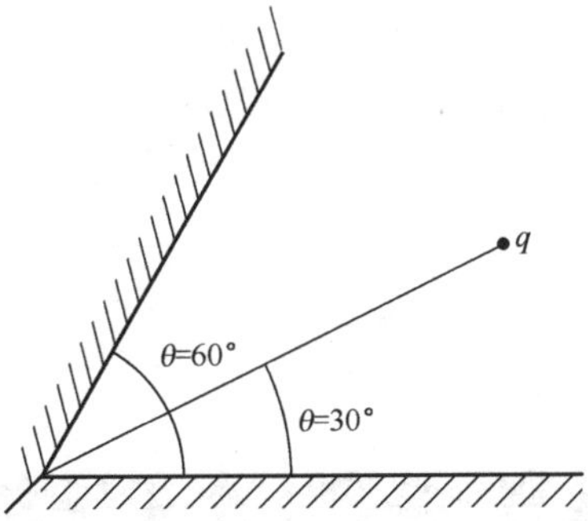

题 6-5 图

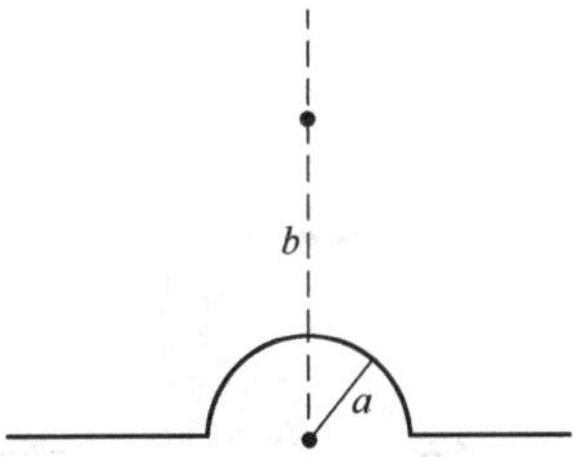

题 6-7 图

6-8 导体表面为一有球形凹坑的无限大平面，凹坑的半径为a，见题 6-8 图。今在凹坑正上方距无限大平面$h(h>a)$处放置一点电荷q。问能否用镜像法计算导体以外的电场？若能，请给出镜像电荷的位置；若不能，请说明理由。

6-9 真空中有一半径为R_0的导体球，距球心d（$d>R_0$）处有一点电荷Q。设导体球不接地，也没有带电荷，求空间任一点的电位。

6-10 内半径为R的金属球壳内，距球心b处放置一点电荷q，金属球壳的电位为φ_0，当需要求球壳内的电场强度和电位时，镜像电荷应如何放置？

6-11 如题 6-11 图所示，带等量异号电荷（τ和$-\tau$）的无限长偏心圆柱导体之间存在电场。已知导体之间的介电常数为ε，给定尺寸a_1、a_2和d。求电轴的位置和导体之间的电位差（电压）。

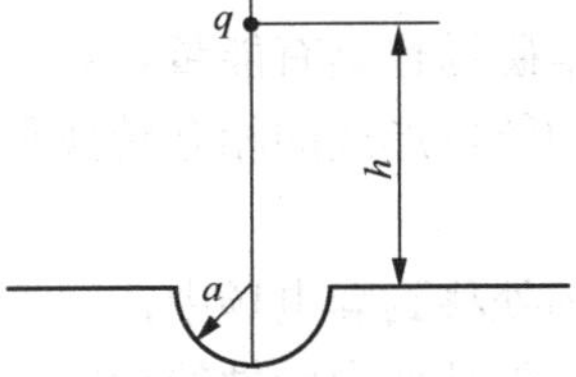

题 6-8 图

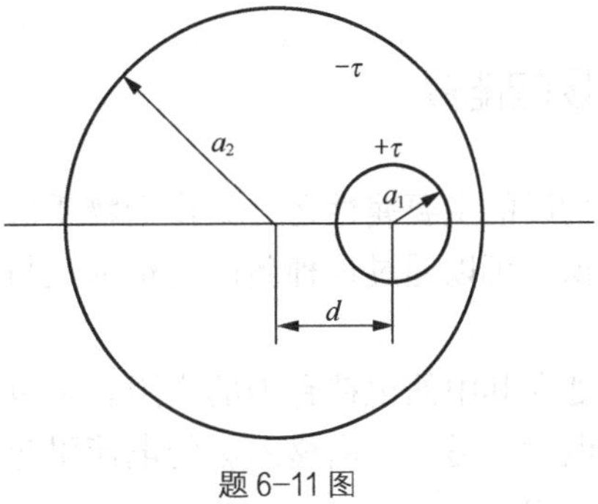

题 6-11 图

6-12 画出如题 6-12 图所示两种情况下的镜像电流，标出镜像电流的大小、流向和有效区。

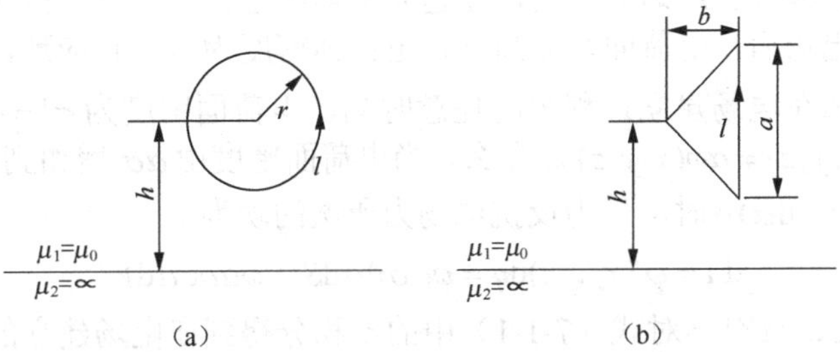

题 6-12 图

第 7 章 电磁场的能量与能量守恒定律

本章讨论电磁场的能量及能量转换与守恒定律。

建立场的过程，需要外界做功。从外力克服场力做功转换成场的能量的角度，可以认识电场和磁场的能量，得到用位函数和场源表示能量的公式。利用场量与位函数之间的关系，借用麦克斯韦方程组，可以得到用场量表示的静电场和恒定磁场的能量以及能量密度。通过电场力克服阻力移动电荷所做的功转化为热能，可以得到焦耳定律。通过电磁场和带电物体的相互作用的讨论，可以得到电磁场的能量和能量转换与守恒定律。利用麦克斯韦方程组及相关数学公式，可以得到电磁场的能量密度、能流密度和坡印亭定理。将能流密度对某一特定的闭合曲面积分，可以得到辐射功率。利用能量守恒与转换定律，通过虚设位移，可以得到用虚位移法计算电磁场力的通用公式。

7.1 静电场的能量

能量是物质的主要属性之一。作为物质特殊形式的电磁场也具有能量。对于一种新的能量形式的认识，可以通过这种新的能量形式与已经熟知的能量形式的相互转换和守恒关系来认识。

电场对处在其中的电荷有力的作用。将电荷从无穷远处移到静电场中，一方面外力必须反抗电场力做功，另一方面移入新的电荷引起电场变化，于是外力所做的功转换为电场能量存储在静电场中。

7.1.1 用场源及位函数表示静电场能量

对于各向同性、线性且均匀的介质，在建立电场的过程中，设电荷从零开始以相同的比例线性增长；建立电场后，电荷面密度为σ，电荷体密度为ρ，相应地，其电位为φ。引进系数$\alpha = 0 \sim 1$，可知在电场建立过程中的任意时刻，电荷面密度为$\sigma' = \alpha\sigma$，电荷体密度为$\rho' = \alpha\rho$，电位$\varphi'(x,y,z) = \alpha\varphi(x,y,z)$。那么，当电荷面密度由$\alpha\sigma$增加到$(\alpha + \mathrm{d}\alpha)\sigma$，电荷体密度从$\alpha\rho$增加到$(\alpha + \mathrm{d}\alpha)\rho$时，外力反抗电场力所做的功为

$$\mathrm{d}A = \varphi'(x,y,z)\mathrm{d}q = \varphi\alpha\sigma\mathrm{d}\alpha\mathrm{d}S' + \varphi\alpha\rho\mathrm{d}\alpha\mathrm{d}V' \quad (7\text{-}1\text{-}1)$$

式中$\mathrm{d}q = \sigma\mathrm{d}\alpha\mathrm{d}S' + \rho\mathrm{d}\alpha\mathrm{d}V'$。对式（7-1-1）中的$\alpha$积分得到在电场建立的整个过程中外力反抗电场力所做的功为

$$A=\iiint_{V'}\int_0^1 \varphi\alpha\rho \mathrm{d}\alpha \mathrm{d}V'+\iint_{S'}\int_0^1 \varphi\alpha\sigma \mathrm{d}\alpha \mathrm{d}S'$$

$$=\int_0^1 \alpha \mathrm{d}\alpha \iiint_{V'}\varphi\rho \mathrm{d}V'+\int_0^1 \alpha \mathrm{d}\alpha \iint_{S'}\varphi\sigma \mathrm{d}S'=\frac{1}{2}\iiint_{V'}\varphi\rho \mathrm{d}V'+\frac{1}{2}\iint_{S'}\varphi\sigma \mathrm{d}S' \tag{7-1-2}$$

式中V'为体电荷分布空间，S'为面电荷分布曲面。建立场的整个过程中，外力反抗电场力所做的功全部转化为静电场的能量，即

$$W_e=A=\frac{1}{2}\iiint_{V'}\varphi\rho \mathrm{d}V'+\frac{1}{2}\iint_{S'}\varphi\sigma \mathrm{d}S' \tag{7-1-3}$$

由式（7-1-3）可知，可以用场源电荷密度及位函数来计算静电场能量。

当带电体是半径为a、带电量为q的导体时，达到静电平衡时，电荷均匀分布在导体表面上。设导体球的等电位值为φ，对式（7-1-3）的第二项进行积分，直接得到此孤立带电导体的总电场能量为

$$W_e=\frac{1}{2}\iint_{S'}\varphi\sigma \mathrm{d}S'=\frac{1}{2}\varphi q \tag{7-1-4}$$

对于由带电量分别为q_1、q_2、…、q_N，电位分别为φ_1、φ_2、…、φ_n的N个导体构成的系统，其系统总的能量可按上面同样的方法得到

$$W_e=\frac{1}{2}\sum_{i=1}^{N}\varphi_i q_i \tag{7-1-5}$$

7.1.2 用场量表示静电场能量

利用麦克斯韦方程组及电场强度与电位的关系，可以将式（7-1-3）用场量表示。

利用$\nabla\cdot\boldsymbol{D}=\rho$，式（7-1-3）的体积分项可以表示为

$$W_V=\frac{1}{2}\iiint_{V'}\varphi\rho \mathrm{d}V'=\frac{1}{2}\iiint_{V'}\varphi\nabla\cdot\boldsymbol{D}\mathrm{d}V' \tag{7-1-6}$$

利用矢量恒等式$\varphi(\nabla\cdot\boldsymbol{D})=\nabla\cdot(\varphi\boldsymbol{D})-\boldsymbol{D}\nabla\varphi$和$\boldsymbol{E}=-\nabla\varphi$，式（7-1-6）可写为

$$W_V=\frac{1}{2}\left[\iiint_{V'}\nabla\cdot(\varphi\boldsymbol{D})\mathrm{d}V'+\iiint_{V'}\boldsymbol{D}\cdot\boldsymbol{E}\mathrm{d}V'\right] \tag{7-1-7}$$

将式（7-1-7）代入式（7-1-3），得到

$$W_e=\frac{1}{2}\left[\iiint_{V'}\nabla\cdot(\varphi\boldsymbol{D})\mathrm{d}V'+\iiint_{V'}\boldsymbol{D}\cdot\boldsymbol{E}\mathrm{d}V'+\iint_{S'}\varphi\boldsymbol{D}\cdot\boldsymbol{e}_n'\mathrm{d}S'\right] \tag{7-1-8a}$$

注意到体积分区域V'外无自由电荷，$\nabla\cdot\boldsymbol{D}=0$，将对$V'$的体积分扩展到整个区间$V$，而面积分仍在带电体表面$S'$进行；考虑到在导体表面$\sigma=\boldsymbol{D}\cdot\boldsymbol{e}_n'$，其中$\boldsymbol{e}_n'$是带电体表面外法线方向上的单位矢量；利用高斯散度定理，由式（7-1-8a），得到

$$W=\frac{1}{2}\iint_{S}(\varphi\boldsymbol{D})\cdot \mathrm{d}\boldsymbol{S}+\frac{1}{2}\iiint_{V}\boldsymbol{D}\cdot\boldsymbol{E}\mathrm{d}V+\frac{1}{2}\iint_{S'}\varphi\boldsymbol{D}\cdot \mathrm{d}\boldsymbol{S}' \tag{7-1-8b}$$

式（7-1-8b）中第一项闭合曲面积分应在包围所有电场分布的空间V的闭合曲面S上，第三项的面积分则是在所有带电体的表面S'进行。如图 7-1-1 所示，包围整个电场的闭合曲面S是由一个包围所有带电体并可以伸展到无穷远的曲面S_0及包围各个带电体的

表面S_1、S_2、……、S_N构成，即$S=S_0+S'$，其中$S'=S_1+S_2+\cdots\cdots+S_N$。注意到这些表面的正法线方向上的单位矢量$\boldsymbol{e}_n$与带电体表面的外法线方向上的单位矢量$\boldsymbol{e}_n'$方向相反，则式（7-1-8）变为

$$\begin{aligned}W_e&=\frac{1}{2}\iint_{S_0}(\varphi\boldsymbol{D})\cdot\mathrm{d}\boldsymbol{S}+\frac{1}{2}\iint_{S'}\varphi\boldsymbol{D}\cdot(-\mathrm{d}\boldsymbol{S})+\frac{1}{2}\iiint_V\boldsymbol{D}\cdot\boldsymbol{E}\mathrm{d}V+\frac{1}{2}\iint_{S'}(\varphi\boldsymbol{D})\cdot\mathrm{d}\boldsymbol{S}'\\&=\frac{1}{2}\iint_{S_0}(\varphi\boldsymbol{D})\cdot\mathrm{d}\boldsymbol{S}+\frac{1}{2}\iiint_V\boldsymbol{D}\cdot\boldsymbol{E}\mathrm{d}V\end{aligned}\tag{7-1-9}$$

式（7-1-9）中第一项面积分，对电荷分布在有限区域的情况，$\varphi\propto\frac{1}{r}$，$D\propto\frac{1}{r^2}$，$\mathrm{d}S\propto r^2$。考虑到空间的外边界为无穷远边界面$S_0$，有

$$W_e=\frac{1}{2}\iiint_V\boldsymbol{D}\cdot\boldsymbol{E}\mathrm{d}V\tag{7-1-10}$$

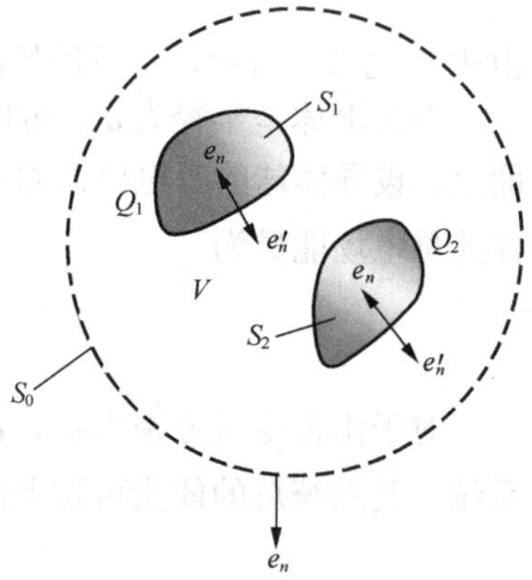

图 7-1-1　包围电场的闭合曲面

式（7-1-10）即是由电场强度及电位移矢量计算电场能量的公式。由此可见，电场能量可以表示为$\frac{1}{2}\boldsymbol{D}\cdot\boldsymbol{E}$对场所在区间的积分，那么$\frac{1}{2}\boldsymbol{D}\cdot\boldsymbol{E}$即是单位体积的电场能量，称为电场的能量密度

$$w_e=\frac{1}{2}\boldsymbol{D}\cdot\boldsymbol{E}\tag{7-1-11}$$

在均匀、线性且各向同性的介质中，式（7-1-11）可以表示为

$$w_e=\frac{1}{2}\varepsilon E^2=\frac{D^2}{2\varepsilon}\tag{7-1-12}$$

7.1.3　点电荷系统的能量

1. 自有能

点电荷相当于带电导体球半径趋近于零的情况。因此，单个点电荷产生的静电能量为无穷大。这部分能量就是将电荷q压缩到体积为零的点上，克服电场力的外力所做的功，叫做点电荷的自有静电能量。由于同号电荷之间的距离越小，它们之间的排斥力越大，因此，要把电荷之间的距离压缩到零，外力所做功必为无穷大。

式（7-1-4）即是带电量为q、电位为φ的孤立导体的自有能的计算公式。

2. 互有能

各个点电荷形成以后，将其放置在设定的位置，形成点电荷系统。在这个过程中，克服电场力的外力还要做功，因此静电能量将会增加。这部分增加的静电能量称为互有静电能量。

在点电荷q_1产生的电场中，将另一点电荷q_2从无穷远移至距离点电荷q_1为R_{12}时，外力反抗电场力所做的功为

$$W_2=q_2\varphi_2=\frac{q_2q_1}{4\pi\varepsilon_0R_{12}}\tag{7-1-13}$$

式中φ_2表示由于点电荷q_1的存在在点电荷q_2处产生的电位。

同理，在点电荷q_2产生的电场中，将q_1从无穷远移至距离点电荷q_2为R_{21}处时，外力反抗电场力所做的功为

$$W_1 = q_1\varphi_1 = \frac{q_1 q_2}{4\pi\varepsilon_0 R_{21}} \tag{7-1-14}$$

式中φ_1表示由于点电荷q_2的存在在点电荷q_1处产生的电位。在线性介质中，在选定一定的电位参考点后，电位与电荷的建立方式及其过程无关，所以上面两种方式的结果完全一样。因此，由q_1与q_2构成的系统中，电场储存的能量为

$$W = \frac{1}{2}W_1 + \frac{1}{2}W_2 = \frac{1}{2}(q_1\varphi_1 + q_2\varphi_2) \tag{7-1-15}$$

在此系统中，若再将另外一个点电荷q_3从无穷远处移至距离q_1为R_{13}、距离q_2为R_{23}处，则移动q_3外力所做功为

$$W_3 = q_3\varphi_3 = \frac{q_3}{4\pi\varepsilon_0}(\frac{q_1}{R_{13}} + \frac{q_2}{R_{23}}) \tag{7-1-16}$$

式中φ_3表示点电荷q_1与q_2在点电荷q_3处产生的电位。这样，三电荷系统的能量为

$$W = \frac{1}{2}W_1 + \frac{1}{2}W_2 + W_3 = \frac{1}{4\pi\varepsilon_0}(\frac{q_1 q_2}{R_{12}} + \frac{q_3 q_1}{R_{13}} + \frac{q_2 q_3}{R_{23}}) \tag{7-1-17}$$

与式（7-1-15）类似，可以把式（7-1-17）改写为

$$\begin{aligned} W &= \frac{1}{2}\cdot\frac{1}{4\pi\varepsilon_0}[q_1(\frac{q_2}{R_{12}} + \frac{q_3}{R_{13}}) + q_2(\frac{q_1}{R_{12}} + \frac{q_3}{R_{23}}) + q_3(\frac{q_1}{R_{31}} + \frac{q_2}{R_{23}})] \\ &= \frac{1}{2}(q_1\varphi_1 + q_2\varphi_2 + q_3\varphi_3) \end{aligned} \tag{7-1-18}$$

式中φ_1表示点电荷q_2与q_3在点电荷q_1处产生的电位，φ_2表示点电荷q_3与q_1在点电荷q_2处产生的电位，式中φ_3表示点电荷q_2与q_1在点电荷q_3处产生的电位。

将式（7-1-18）推广到由N个点电荷构成的系统中，电场能量可以表示为

$$W_e = \frac{1}{2}\sum_{i=1}^{N} q_i\varphi_i \tag{7-1-19}$$

式中φ_i是除点电荷q_i外的所有其他电荷在q_i处产生的电位，即

$$\varphi_i = \sum_{\substack{j=1 \\ j\neq i}}^{N} \frac{q_i}{4\pi\varepsilon_0 R_{ij}} \tag{7-1-20}$$

需要说明的是，式（7-1-19）和式（7-1-20）表示的系统能量，给出的仅仅是点电荷系统的相互作用能量，没有包括各点电荷本身的固有能量。

例 7-1-1 半径为a的金属球，带电量为q。试求该孤立带电金属球的总电场能量。设导体周围介质的介电常数为ε。

解 求解静电场的能量，既可以用场源和位函数，也可以用场量。

解法一 利用场源和位函数求电场能量。

已知半径为a，电荷量为q的导体球的电位为

$$\varphi = \frac{q}{4\pi\varepsilon a}$$

由式（7-1-4），得到

$$W_e = \frac{1}{2}\varphi\, q = \frac{q^2}{8\pi\varepsilon a}$$

解法二　利用场量求电场能量。

由高斯定理可知带电量为q的导体球外的电场强度为

$$E = \frac{q}{4\pi\varepsilon\, r^2}$$

能量密度

$$w_e = \frac{1}{2}\varepsilon E^2 = \frac{q^2}{32\pi^2\varepsilon\, r^4}$$

由式（7-1-10）及式（7-1-11）得到

$$W_e = \frac{1}{2}\iiint_V \boldsymbol{D}\cdot\boldsymbol{E}\mathrm{d}V = \int_a^{\infty} w_e 4\pi r^2 \mathrm{d}r = \frac{q^2}{8\pi\varepsilon\, a}$$

例 7-1-2　试求真空中体电荷密度为ρ，半径为a的介质球产生的静电能量。设介质球介电常数为ε。

解　方法一　利用式（7-1-10）进行计算。

利用高斯定理，求得电场强度

$$\boldsymbol{E} = \begin{cases} \dfrac{\rho r}{3\varepsilon}\boldsymbol{e}_r & r < a \\ \dfrac{\rho a^3}{3\varepsilon_0 r^2}\boldsymbol{e}_r & r > a \end{cases}$$

$$W_e = \frac{1}{2}\iiint_V \boldsymbol{D}\cdot\boldsymbol{E}\mathrm{d}V$$

$$= \frac{1}{2}\int_0^a \varepsilon\left(\frac{pr}{3\varepsilon}\right)^2 4\pi r^2 \mathrm{d}r + \frac{1}{2}\int_a^{\infty}\varepsilon_0\left(\frac{pa^3}{3\varepsilon_0 r^2}\right)4\pi r^2\mathrm{d}r$$

方法二　由场源及电位求静电能量。

球内任一点的电位

$$\varphi = \int_r^a \frac{\rho 4\pi r^3/3}{4\pi\varepsilon r^2}\mathrm{d}r + \int_a^{\infty}\frac{\rho 4\pi a^3/3}{4\pi\varepsilon_0 r^2}\mathrm{d}r = \frac{\rho}{3}\left(\frac{a^2}{2\varepsilon} - \frac{r^2}{2\varepsilon} + \frac{a^2}{\varepsilon_0}\right)$$

代入式（7-1-3）得到

$$W_e = \frac{1}{2}\int_{V'}\varphi\rho\mathrm{d}V' = \frac{1}{2}\int_0^a \frac{\rho^2}{3}\left(\frac{a^2}{2\varepsilon} - \frac{r^2}{2\varepsilon} + \frac{a^2}{\varepsilon_0}\right)4\pi r^2\mathrm{d}r = \frac{2\pi\rho^2 a^5}{9}\left(\frac{1}{5\varepsilon} + \frac{1}{\varepsilon_0}\right)$$

例 7-1-3　一个空气介质的电容器，若保持极板间的电压不变，向电容器的极板间注满介电常数为$\varepsilon = 4\varepsilon_0$的油，问注油前后的电容器中的电场能量密度如何改变？若保持电荷不变，问注油前后的电容器中的电场能量密度如何改变？

解　根据电场的能量密度与电场强度及电位移的关系，需要求出电压保持不变时电场强度和电位移与电压的关系，电荷保持不变时电场强度和电位移与电荷的关系。由此得到能量密度的表达式，尔后讨论注油前后电容器中的电场能量密度的变化。

电场的能量密度为$w_e=\frac{1}{2}\boldsymbol{D}\cdot\boldsymbol{E}$，对各向同性均匀介质：$\boldsymbol{D}=\varepsilon\boldsymbol{E}$

以平板电容器为例：

保持极板间电压不变时，电场强度与电压的关系为$E=\frac{U}{d}$；

式中U为极板间的电压，d为两极板间的距离；

保持极板上电荷不变时，电场强度与电荷的关系为$E=\frac{Q}{Cd}$；

式中Q为极板上的电荷，C为平板电容器的电容。

注油前后电位移矢量$\boldsymbol{D}$发生变化或者电容器的电容发生变化，都会导致电场的能量密度发生变化。

（1）保持电压不变

注油前

$$w_{e0}=\frac{1}{2}\boldsymbol{D}\cdot\boldsymbol{E}=\frac{1}{2}\varepsilon_0E^2=\frac{1}{2}\varepsilon_0(\frac{U}{d})^2$$

注油后

$$w_e=\frac{1}{2}\boldsymbol{D}\cdot\boldsymbol{E}=\frac{1}{2}\varepsilon E^2=\frac{1}{2}\varepsilon(\frac{U}{d})^2=\frac{1}{2}\times4\varepsilon_0(\frac{U}{d})^2=4w_{e0}$$

即注油后电容器中的电场能量密度将变为原来的4倍。

（2）保持电荷不变

注油前

$$w_{e0}=\frac{1}{2}\boldsymbol{D}\cdot\boldsymbol{E}=\frac{1}{2}\varepsilon_0E^2=\frac{1}{2}\varepsilon_0(\frac{U}{d})^2=\frac{1}{2}\varepsilon_0(\frac{Q}{Cd})^2=\frac{1}{2}\varepsilon_0(\frac{Q}{d})^2\left(\frac{d}{\varepsilon_0S}\right)^2=\frac{1}{2\varepsilon_0}(\frac{Q}{S})^2$$

注油后

$$w_e=\frac{1}{2}\boldsymbol{D}\cdot\boldsymbol{E}==\frac{1}{2}\varepsilon(\frac{U}{d})^2=\frac{1}{2\varepsilon}(\frac{Q}{S})^2=\frac{1}{2\times4\varepsilon_0}(\frac{Q}{S})^2=\frac{w_{e0}}{4}$$

即注油后电容器中的电场能量密度将变为原来的$\frac{1}{4}$。

实际上，这种讨论具有普适性。针对柱形电容器，有如下两种情况。

（1）电压不变时

对各项均匀介质，有

$$U=\int_{R_A}^{R_B}\boldsymbol{E}\cdot d\boldsymbol{l}=\int_{R_A}^{R_B}\frac{\tau}{2\pi\varepsilon r}dr=\frac{\tau}{2\pi\varepsilon}\ln\frac{R_B}{R_A}$$

式中τ是圆柱面单位长度所带电量，即电荷线密度，R_B和R_A分别为柱形电容器的外半径和内半径。由此解得

$$\tau=\frac{2\pi\varepsilon U}{\ln\frac{R_B}{R_A}},\quad E=\frac{\tau}{2\pi\varepsilon r}=\frac{U}{r\ln\frac{R_B}{R_A}}$$

$$w_e = \frac{1}{2}\varepsilon E^2 = \frac{1}{2}\varepsilon\left(\frac{U}{r\ln\frac{R_B}{R_A}}\right)^2$$

注油前

$$w_{e0} = \frac{1}{2}\varepsilon_0 E^2 = \frac{1}{2}\varepsilon_0\left(\frac{U}{r\ln\frac{R_B}{R_A}}\right)^2$$

注油后

$$w_e = \frac{1}{2}\varepsilon E^2 = \frac{1}{2}\varepsilon\left(\frac{U}{r\ln\frac{R_B}{R_A}}\right)^2 = \frac{1}{2}4\varepsilon_0\left(\frac{U}{r\ln\frac{R_B}{R_A}}\right)^2 = 4w_{e0}$$

（2）电荷不变 q 恒定

$$w_e = \frac{1}{2}\varepsilon E^2 = \frac{1}{2}\varepsilon\left(\frac{\tau}{2\pi\varepsilon r}\right)^2$$

注油前

$$w_{e0} = \frac{1}{2}\varepsilon_0 E^2 = \frac{1}{2}\varepsilon_0\left(\frac{\tau}{2\pi\varepsilon_0 r}\right)^2 = \frac{\tau^2}{8\varepsilon_0\pi^2 r^2}$$

注油后

当 $\varepsilon = 4\varepsilon_0$

$$w_e = \frac{1}{2}4\varepsilon_0 E^2 = \frac{1}{2}4\varepsilon_0\left(\frac{\tau}{2\pi 4\varepsilon_0 r}\right)^2 = \frac{\tau^2}{32\varepsilon_0\pi^2 r^2} = \frac{w_{e0}}{4}$$

即注油后电容器中的电场能量密度将变为原来的 $\frac{1}{4}$。

与平板电容器不同的是，在柱型电容器的情况下，电场能量密度是变化的（非均匀场）。对球形电容器的情况，同学们可以自己分析一下。

例 7-1-4 若一同轴传输线内导体的半径为 a，外导体的半径为 b，之间填充介电常数为 ε 的介质，当内、外导体间的电压为 U（外导体的电位为零）时，求单位长度的电场能量。

解 设内、外导体间的电压为 U 时，内导体单位长度带电量为 τ_l，由高斯定理得导体间的电场强度为

$$\boldsymbol{E} = \frac{\tau_l}{2\pi\varepsilon r}\boldsymbol{e}_r \qquad (a < r < b)$$

两导体间的电压为

$$U = \int_a^b \boldsymbol{E}\cdot d\boldsymbol{l} = \int_a^b \frac{\tau_l}{2\pi\varepsilon r}dr = \frac{\tau_l}{2\pi\varepsilon}\ln\frac{b}{a}$$

由此解出

$$\tau_l = \frac{2\pi\varepsilon U}{\ln\frac{b}{a}}$$

则

$$\boldsymbol{E} = \frac{U}{r\ln\frac{b}{a}}\boldsymbol{e}_r$$

因而单位长度的电场能量为

$$W_e = \frac{1}{2}\iiint_V \varepsilon_0 E^2 \mathrm{d}V = \frac{1}{2}\int_a^b \frac{\varepsilon U^2}{r^2(\ln\frac{b}{a})^2} 2\pi r \mathrm{d}r = \frac{\pi\varepsilon U^2}{\ln\frac{b}{a}}$$

7.2 焦耳定律——恒定电场的能量

在恒定电场中，导电介质中的自由电荷在电场力作用下做定向运动，因此维持电荷运动需要电场力做功。与此同时，做定向运动的电子在与其他离子或分子碰撞的过程中，将动能转换为热能，这种能量转换导致导电介质的温度升高，表现为导体中传导电流引起的功率损耗。这就是电流的热效应。这种由电场能量转化而来的热能即为焦耳热。因此，要维持恒定电流，必须由电源持续地提供能量。

7.2.1 导电介质中的能量损耗——焦耳定律的微分形式

导电介质中的自由电子在电场力作用下做定向移动，移动过程中自由电子不断地与原子晶格发生碰撞，将动能转变为原子的热振动，造成能量损耗。所以，自由电子在导电介质中要维持定向移动，必须借助外电场力做功，不断补充能量。在导体中，电场力克服阻力移动电荷所做的功转化为热能。

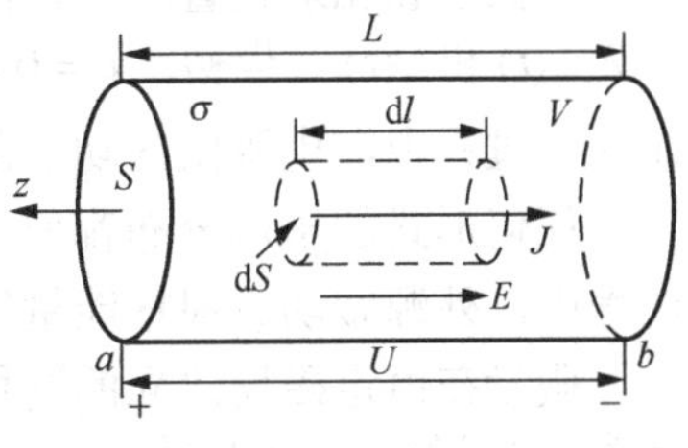

图 7-2-1

在导体内部取一长为 $\mathrm{d}l$ 、面积为 $\mathrm{d}S$ 的小体元 $\mathrm{d}V$ ，如图 7-2-1 所示，设电荷体密度为 ρ ，运动速度为 $\boldsymbol{v}$ ，则在小体元 $\mathrm{d}V$ 内的元电荷 $\mathrm{d}q = \rho\mathrm{d}V$ ，在 $\mathrm{d}t = \mathrm{d}l / v$ 的时间内，将移动 $\mathrm{d}l$ 的距离通过面积 $\mathrm{d}S$ 。这个过程中，作用在元电荷 $\mathrm{d}q = \rho\mathrm{d}V$ 的电场力所做的功为

$$\mathrm{d}A = \boldsymbol{F}\cdot\mathrm{d}\boldsymbol{l} = \mathrm{d}q\boldsymbol{E}\cdot\boldsymbol{v}\mathrm{d}t = \boldsymbol{E}\cdot\boldsymbol{v}\rho\mathrm{d}V\mathrm{d}t \tag{7-2-1}$$

由此得到 $\mathrm{d}V$ 内的功率损耗为

$$\mathrm{d}p = \frac{\mathrm{d}A}{\mathrm{d}t} = \frac{\boldsymbol{E}\cdot\boldsymbol{v}\rho\mathrm{d}V\mathrm{d}t}{\mathrm{d}t} = \boldsymbol{E}\cdot\boldsymbol{v}\rho\mathrm{d}V = \boldsymbol{E}\cdot\boldsymbol{J}_C\mathrm{d}V \tag{7-2-2}$$

导体内电流为传导电流，单位体积内的功率损耗为

$$p = \frac{\mathrm{d}p}{\mathrm{d}V} = \boldsymbol{E}\cdot\boldsymbol{J}_C \tag{7-2-3}$$

式（7-2-3）称为焦耳定律的微分形式，反映了场中各点功率损耗密度与该点的场强及电流密度的关系，可以直接推广到时变电流。

对于各向同性的均匀介质，$\boldsymbol{J}_C = \gamma\boldsymbol{E}$ ，功率损耗即为

$$p = \gamma E^2 = \frac{J_C^2}{\gamma} \tag{7-2-4}$$

7.2.2 焦耳定律的积分形式

将式（7-2-3）对整个圆柱导体所在区间积分，得到整个导体区域消耗的电功率为

$$P = \iiint_V p\mathrm{d}V = \iiint_V \boldsymbol{E} \cdot \boldsymbol{J}_C \mathrm{d}V \tag{7-2-5}$$

对各向同性的均匀介质，可将式（7-2-5）改写为

$$P = \iiint_V p\mathrm{d}V = \iiint_V EJ_C\mathrm{d}V = \int_l E\mathrm{d}l \iint_S J_C \mathrm{d}S = UI \tag{7-2-6}$$

式（7-2-6）称为焦耳定律的积分形式。

7.3 恒定磁场的能量

与电场能量一样，磁场中的能量是在磁场建立的过程中由外电源做功提供的。由电磁感应定律可知，当外界因素使导线中的电流发生变化时，导线回路中将会产生感生电动势以阻碍电流的变化。因此，在建立恒定磁场的过程中，电源必须提供能量反抗感生电动势而做功，所做的功以磁场能量的形式存储在磁场中。

7.3.1 用场源及位函数表示恒定磁场能量

1. 两回路系统的磁能

为简单起见，我们分析自由空间两个电流回路系统所具有的磁场能量。假定两个回路的形状、大小和相对位置不变，同时忽略焦耳热损耗。在建立磁场的过程中，两回路的电流分别为$i_1(t)$和$i_2(t)$，最初，$i_1 = 0$，$i_2 = 0$，最终，$i_1 = I_1$，$i_2 = I_2$。如果假设导线电阻为零，则在这一过程中，电源做的功全部转变成磁场能量。

任何形式的电流分布都要经过从零开始增长到I值的过程，在回路中电流与磁场的建立过程中，外源做功。根据能量转换与守恒定律，外源所做的功转换为电流回路的磁场能量。

假设在恒定磁场建立的过程中，两回路电流以相同的比例同步增长。采用与电场建立过程类似的讨论，引入系数$\beta = 0 \sim 1$，$i_1(t) = \beta I_1$，$i_2(t) = \beta I_2$，当回路中电流为$i_1(t) = \beta I_1$和$i_2(t) = \beta I_2$时，所产生的磁链为$\beta \Psi_1$和$\beta \Psi_2$，其中Ψ_1和Ψ_2分别是恒定磁场建立后的磁链。由法拉第电磁感应定律可知，当回路中的磁链发生变化时，在回路1及2中产生的感应电动势分别为

$$\varepsilon_1 = -\frac{\mathrm{d}(\beta \Psi_1)}{\mathrm{d}t} \tag{7-3-1}$$

和

$$\varepsilon_2 = -\frac{\mathrm{d}(\beta \Psi_2)}{\mathrm{d}t} \tag{7-3-2}$$

这样，闭合导线回路中将产生感应电流。感应电流的效果总是反抗引起感应电流的原因，感应电流产生的磁链将抵消原来磁链的变化。因此，要使回路中的电流增加，外电源必须反抗感应电动势做功。$\mathrm{d}t$时间内，外电源反抗在回路1和2上产生的感应电动势所做的功分别为

$$dA_1 = |\varepsilon_1| i_1(t)dt = d(\beta\Psi_1)\beta I_1 = \beta I_1 \Psi_1 d\beta \tag{7-3-3}$$

和

$$dA_2 = |\varepsilon_2| i_2(t)dt = d(\beta\Psi_2)\beta I_2 = \beta I_2 \Psi_2 d\beta \tag{7-3-4}$$

在磁场建立的整个过程中，外电源反抗感应电动势所做的总功为

$$A = A_1 + A_2 = \int_0^1 \beta I_1 \Psi_1 d\beta + \int_0^1 \beta I_2 \Psi_2 d\beta = \frac{1}{2}\Psi_1 I_1 + \frac{1}{2}\Psi_2 I_2 \tag{7-3-5}$$

磁场建立之后，这部分功转化为载流回路系统的磁场能量。因此，回路系统的磁场能量为

$$W_m = A = \frac{1}{2}\Psi_1 I_1 + \frac{1}{2}\Psi_2 I_2 \tag{7-3-6}$$

2. 用场源及位函数表示恒定磁场能量

对于由 n 个回路组成的系统，式（7-3-6）表示为

$$W_m = \sum_{k=1}^{n} \frac{1}{2}\Psi_k I_k \tag{7-3-7}$$

当载流回路是由 n 个单匝线圈组成时，第 k 个回路的磁链可以表示为

$$\psi_k = \iint_{S_k} \boldsymbol{B} \cdot d\boldsymbol{S} = \oint_{l_k} \boldsymbol{A} \cdot d\boldsymbol{l}_k \tag{7-3-8}$$

这样，系统的磁场能量为

$$W_m = \frac{1}{2}\sum_{k=1}^{n} I_k \oint_{l_k} \boldsymbol{A} \cdot d\boldsymbol{l}_k = \frac{1}{2}\sum_{k=1}^{n} \oint_{l_k} \boldsymbol{A} \cdot (I_k d\boldsymbol{l}_k) \tag{7-3-9}$$

式（7-3-9）即是利用载流线圈中磁场源（线电流）及源处矢量磁位计算磁场能量的公式。

式（7-3-9）中，$(I_k d\boldsymbol{l}_k)$ 相当于一个电流元。对于体电流分布的系统，将电流元 $(I_k d\boldsymbol{l}_k)$ 换成 $(\boldsymbol{J}dV')$，相应地，n 个回路积分之和换成整个电流区域的体积分。这样，体电流系统的磁场能量为

$$W_m = \frac{1}{2}\iiint_{V'} \boldsymbol{J} \cdot \boldsymbol{A} dV' \tag{7-3-10}$$

式（7-3-10）也是由磁场源（体电流）及源处矢量磁位计算磁场能量的公式。

7.3.2 用场量表示恒定磁场能量

1. 用场量表示恒定磁场能量

利用 $\nabla \times \boldsymbol{H} = \boldsymbol{J}$，式（7-3-10）改写为

$$W_m = \frac{1}{2}\iiint_{V'} \boldsymbol{A} \cdot \nabla \times \boldsymbol{H} dV' \tag{7-3-11}$$

利用矢量恒等式 $\nabla \cdot (\boldsymbol{H} \times \boldsymbol{A}) = \boldsymbol{A} \cdot \nabla \times \boldsymbol{H} - \boldsymbol{H} \cdot \nabla \times \boldsymbol{A}$，式（7-3-11）即为

$$W_m = \frac{1}{2}\iiint_{V'} \nabla \cdot (\boldsymbol{H} \times \boldsymbol{A}) dV' + \frac{1}{2}\iiint_{V'} \boldsymbol{H} \cdot \nabla \times \boldsymbol{A} dV' \tag{7-3-12}$$

利用高斯散度定理及 $\boldsymbol{B} = \nabla \times \boldsymbol{A}$，式（7-3-12）改写为

$$W_m = \frac{1}{2}\oiint_{S} (\boldsymbol{H} \times \boldsymbol{A}) \cdot d\boldsymbol{S} + \frac{1}{2}\iiint_{V} \boldsymbol{H} \cdot \boldsymbol{B} dV \tag{7-3-13}$$

式（7-3-13）中的第一项中的闭合面S包围整个磁场所在区域V。当电流分布在有限区域时，在无限远边界处，$H \propto \frac{1}{r^2}$，$A \propto \frac{1}{r}$，$dS \propto r^2$，此项积分随$\frac{1}{r}$而变，当$r \to \infty$时，此项积分为零。这样，式（7-3-13）即为

$$W_m = \frac{1}{2}\iiint_V \boldsymbol{H} \cdot \boldsymbol{B} dV \tag{7-3-14}$$

式（7-3-14）即是由场量磁感应强度和磁场强度计算磁场能量的公式。

2. *磁场能量密度*

由式（7-3-14）可知，磁场能量可以表示为$\frac{1}{2}\boldsymbol{H} \cdot \boldsymbol{B}$对场所在区间的积分，那么$\frac{1}{2}\boldsymbol{H} \cdot \boldsymbol{B}$即是单位体积内的磁场能量，称为磁场的能量密度：

$$w_m = \frac{1}{2}\boldsymbol{H} \cdot \boldsymbol{B} \tag{7-3-15}$$

在均匀、线性且各向同性的介质中，式（7-3-15）可以表示为

$$w_m = \frac{1}{2}\mu H^2 = \frac{B^2}{2\mu} \tag{7-3-16}$$

3. *自有磁能与互有磁能*

对于一个孤立的电流回路，由式（7-3-6）可知，其磁场能量为

$$W_1 = \frac{1}{2}I_1 \Psi_1 \tag{7-3-17}$$

式中Ψ_1是回路 1 中自身通电流时通过回路 1 的磁链。利用大学物理中已知的自感的定义$L_1 = \frac{\Psi_1}{I_1}$，式（7-3-17）即为

$$W_1 = \frac{1}{2}L_1 I_1^2 \tag{7-3-18}$$

式（7-3-18）即是自有磁能计算公式。

但当有两个回路同时存在时，式（7-3-6）中的$\Psi_1 = \Psi_{1L} + \Psi_{1M}$，$\Psi_{1L}$是回路 1 自身通电流时通过回路 1 的磁链，$\Psi_{1M}$是回路 2 通有电流时通过回路 1 的磁链；同样，$\Psi_2 = \Psi_{2L} + \Psi_{2M}$，$\Psi_{2L}$是回路 2 自身通电流时通过回路 2 的磁链，$\Psi_{2M}$是回路 1 通有电流时通过回路 2 的磁链。利用大学物理中已知的自感、互感的定义，$L_1 = \frac{\Psi_{1L}}{I_1}$及$L_2 = \frac{\Psi_{2L}}{I_2}$，$M_{12} = \frac{\Psi_{1M}}{I_2} = M_{21} = \frac{\Psi_{2M}}{I_1}$，式（7-3-6）即为

$$W_m = \frac{1}{2}\Psi_1 I_1 + \frac{1}{2}\Psi_2 I_2 = \frac{1}{2}L_1 I_1^2 + \frac{1}{2}M_{12}I_1 I_2 + \frac{1}{2}L_2 I_2^2 + \frac{1}{2}M_{21}I_1 I_2 \tag{7-3-19}$$

式（7-3-19）中$\frac{1}{2}M_{12}I_1 I_2 = \frac{1}{2}M_{21}I_1 I_2$即是两个线圈的互有磁能计算公式。

需要说明的是，自有磁能是某个回路k单独存在时的能量，其值始终大于零；互有磁能与两回路的电流及互感系数有关。当两个载流线圈产生的磁通是相互增加的，互有能为正；反之为负。

更详细的关于自感与互感的讨论将在第 9 章进行。

例 7-3-1 N匝导线紧密地绕在横截面为矩形的圆环形框架上，如图 7-3-1 所示。已知介质的磁导率为μ，当线圈中通有电流I时，试求环形线圈中储存的磁场能。

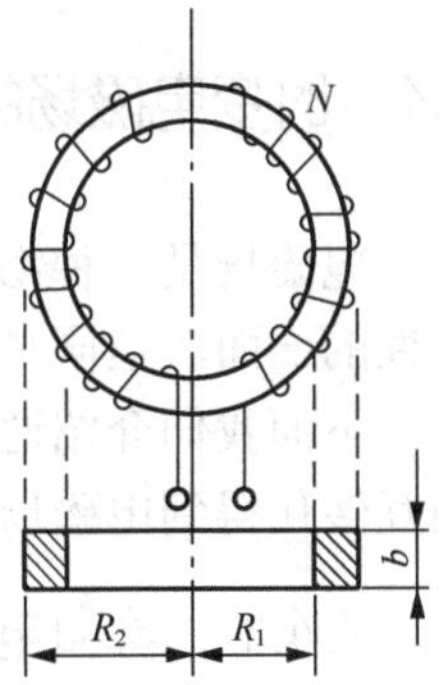

图 7-3-1 例 7-3-1 图

解 利用安培环路定理，可知在环形线圈内部的磁场强度为

$$\boldsymbol{H}=\frac{NI}{2\pi r}\boldsymbol{e}_\alpha \quad R_1 \leqslant r \leqslant R_2$$

由此可知此区间的磁能密度为

$$w_m=\frac{1}{2}\mu H^2=\frac{1}{8}\mu\left[\frac{NI}{\pi r}\right]^2$$

线圈内部的总磁能为

$$W_m=\frac{1}{2}\iiint_V \boldsymbol{H}\cdot\boldsymbol{B}\mathrm{d}V=\iiint_V \frac{1}{2}\mu H^2\mathrm{d}V=\frac{\mu N^2I^2}{8\pi^2}\int_{R_1}^{R_2}\frac{1}{r}\mathrm{d}r\int_0^{2\pi}\mathrm{d}\alpha\int_0^b\mathrm{d}z=\frac{\mu N^2I^2 b}{4\pi}\ln\frac{R_2}{R_1}$$

例 7-3-2 内导体半径为a，外导体半径为b的同轴电缆中通有电流I。假定外导体的厚度可以忽略，求单位长度的磁场能量。

解 要计算单位长度的磁场能量，需要先求磁场强度或磁感应强度；由于电流分布具有轴对称性，因此可用安培环路定理求磁场强度。利用式（7-3-14）计算磁场能量。

取以电缆中心为圆心，半径为r的圆环做积分路径，这样积分路径上各处$\boldsymbol{H}$与$\mathrm{d}\boldsymbol{l}$方向一致，且大小相等。

根据磁场的环路定理

$$\oint_l \boldsymbol{H}\cdot\mathrm{d}\boldsymbol{l}=\sum I$$

当$r<a$时

$$\oint_l \boldsymbol{H}\cdot\mathrm{d}\boldsymbol{l}=H\oint_l \mathrm{d}l=H\cdot 2\pi r=I'=\frac{\pi r^2}{\pi a^2}I\Rightarrow H=\frac{rI}{2\pi a^2}$$

当$a<r<b$时

$$\oint_l \boldsymbol{H}\cdot\mathrm{d}\boldsymbol{l}=H\cdot 2\pi r=I\Rightarrow H=\frac{I}{2\pi r}$$

当$r>b$时

$$\oint_l \boldsymbol{H}\cdot\mathrm{d}\boldsymbol{l}=H\cdot 2\pi r=0\Rightarrow H=0$$

对于单位长度的电缆，磁场能量为

$$\begin{aligned}W_m&=\frac{1}{2}\iiint_V \mu_0 H^2\mathrm{d}V\\&=\frac{\mu_0}{2}\int_0^a\left(\frac{rI}{2\pi a^2}\right)^2 2\pi r\mathrm{d}r+\int_a^b\left(\frac{I}{2\pi r}\right)^2 2\pi r\mathrm{d}r\\&=\frac{\mu_0 I^2}{4\pi}\left(\frac{1}{4}+\ln\frac{b}{a}\right)\end{aligned}$$

7.4 时变电磁场的能量及能量守恒与转换定律

电磁场是一种物质，它具有内部运动。电磁场的运动和其他物质运动形式相比，有它特殊性的一面，但同时也有普遍性的一面，即电磁场运动和其他物质运动形式之间能够互相转化。下面我们介绍通过电磁场和带电物体的相互作用，电磁场能量和带电物体运动的机械能相互转化得到电磁场的能量及能量守恒与转换定律。

7.4.1 场和电荷系统的能量守恒和转化定律

能量守恒定律是自然界一切物质运动过程的普遍法则。带电物体由于受到电磁场的作用，它的机械能要发生变化，由于能量的守恒性，带电体机械能的增加量应等于电磁场能量的减少量。为此，我们首先研究运动的带电物体受电磁场的作用而引起的总机械能量的变化，进而得出电磁场的能量表达式。

1. 电磁场对运动带电体系所作的功

设一带电体电荷体密度为ρ，在电磁场作用下以速度$\boldsymbol{v}$运动。由于磁场作用在运动带电物体上的力总与带电物体位移的方向垂直，磁场对带电体不做功，只需求电场对带电体所做的功即可。

在$\mathrm{d}t$时间内，体积元$\mathrm{d}V$中的电荷元$\rho\mathrm{d}V$发生的位移为$\mathrm{d}\boldsymbol{l}=\boldsymbol{v}\mathrm{d}t$，则$\mathrm{d}t$时间电磁场对$\rho\mathrm{d}V$所做的功为

$$\mathrm{d}A=\boldsymbol{F}\cdot\mathrm{d}\boldsymbol{l}=\rho\mathrm{d}V(\boldsymbol{E}+\boldsymbol{v}\times\boldsymbol{B})\cdot\boldsymbol{v}\mathrm{d}t=\rho\mathrm{d}V\boldsymbol{E}\cdot\boldsymbol{v}\mathrm{d}t=\boldsymbol{J}\cdot\boldsymbol{E}\mathrm{d}t\mathrm{d}V \tag{7-4-1}$$

由此得到单位时间内，电磁场对空间某区域内的电流所做的功

$$\frac{\mathrm{d}A}{\mathrm{d}t}=\iiint_V \boldsymbol{E}\cdot\boldsymbol{J}\mathrm{d}V \tag{7-4-2}$$

单位时间内电磁场对电流所做的功即是电磁场的功率损耗。

2. 功与场量的关系

电磁场对带电物体做功增加了带电物体的机械能$W_{机}$

$$\frac{\mathrm{d}W_{机}}{\mathrm{d}t}=\iiint_V \boldsymbol{E}\cdot\boldsymbol{J}\mathrm{d}V \tag{7-4-3}$$

将式中的$\boldsymbol{J}$用场量表示，由麦克斯韦方程，得到

$$\boldsymbol{J}=\nabla\times\boldsymbol{H}-\frac{\partial\boldsymbol{D}}{\partial t} \tag{7-4-4}$$

则

$$\boldsymbol{E}\cdot\boldsymbol{J}=\boldsymbol{E}\cdot(\nabla\times\boldsymbol{H})-\boldsymbol{E}\cdot\frac{\partial\boldsymbol{D}}{\partial t} \tag{7-4-5}$$

另

$$\nabla\times\boldsymbol{E}+\frac{\partial\boldsymbol{B}}{\partial t}=0 \tag{7-4-6}$$

用$\boldsymbol{H}$点乘式（7-4-6），得到

$$\boldsymbol{H}\cdot(\nabla\times\boldsymbol{E})+\boldsymbol{H}\cdot\frac{\partial\boldsymbol{B}}{\partial t}=0 \tag{7-4-7}$$

用式（7-4-5）减去式（7-4-7），得到

$$\boldsymbol{E}\cdot\boldsymbol{J}=\boldsymbol{E}\cdot(\nabla\times\boldsymbol{H})-\boldsymbol{E}\cdot\frac{\partial\boldsymbol{D}}{\partial t}-\boldsymbol{H}\cdot(\nabla\times\boldsymbol{E})-\boldsymbol{H}\cdot\frac{\partial\boldsymbol{B}}{\partial t}$$

$$=\boldsymbol{E}\cdot(\nabla\times\boldsymbol{H})-\boldsymbol{H}\cdot(\nabla\times\boldsymbol{E})-\boldsymbol{E}\cdot\frac{\partial\boldsymbol{D}}{\partial t}-\boldsymbol{H}\cdot\frac{\partial\boldsymbol{B}}{\partial t} \tag{7-4-8}$$

对于各向同性均匀介质，有

$$\frac{\partial}{\partial t}\left(\frac{1}{2}\boldsymbol{D}\cdot\boldsymbol{E}\right)=\frac{1}{2}\boldsymbol{E}\cdot\frac{\partial\boldsymbol{D}}{\partial t}+\frac{1}{2}\boldsymbol{D}\cdot\frac{\partial\boldsymbol{E}}{\partial t}=\boldsymbol{E}\cdot\frac{\partial\boldsymbol{D}}{\partial t} \tag{7-4-9}$$

$$\frac{\partial}{\partial t}\left(\frac{1}{2}\boldsymbol{B}\cdot\boldsymbol{H}\right)=\frac{1}{2}\boldsymbol{H}\cdot\frac{\partial\boldsymbol{B}}{\partial t}+\frac{1}{2}\boldsymbol{B}\cdot\frac{\partial\boldsymbol{H}}{\partial t}=\boldsymbol{H}\cdot\frac{\partial\boldsymbol{B}}{\partial t} \tag{7-4-10}$$

利用矢量恒等式

$$\nabla\cdot(\boldsymbol{H}\times\boldsymbol{E})=\boldsymbol{E}\cdot\nabla\times\boldsymbol{H}-\boldsymbol{H}\cdot\nabla\times\boldsymbol{E} \tag{7-4-11}$$

这样，式（7-4-8）即可简化为

$$\boldsymbol{E}\cdot\boldsymbol{J}=\nabla\cdot(\boldsymbol{H}\times\boldsymbol{E})-\frac{\partial}{\partial t}\left(\frac{1}{2}\boldsymbol{D}\cdot\boldsymbol{E}+\frac{1}{2}\boldsymbol{B}\cdot\boldsymbol{H}\right) \tag{7-4-12}$$

令

$$\boldsymbol{S}_P=\boldsymbol{E}\times\boldsymbol{H} \tag{7-4-13}$$

$$w=\frac{1}{2}(\boldsymbol{E}\cdot\boldsymbol{D}+\boldsymbol{H}\cdot\boldsymbol{B}) \tag{7-4-14}$$

式（7-4-12）即为

$$\boldsymbol{E}\cdot\boldsymbol{J}=-\nabla\cdot\boldsymbol{S}_P-\frac{\partial}{\partial t}w \tag{7-4-15}$$

将式（7-4-15）代入式（7-4-3），得到

$$\frac{\mathrm{d}W_{机}}{\mathrm{d}t}=\iiint_V\boldsymbol{E}\cdot\boldsymbol{J}\mathrm{d}V=-\iiint_V\nabla\cdot\boldsymbol{S}_P\mathrm{d}V-\iiint_V\frac{\partial}{\partial t}w\mathrm{d}V=-\oiint_\sigma\boldsymbol{S}_P\cdot\mathrm{d}\boldsymbol{S}-\frac{\mathrm{d}}{\mathrm{d}t}\int_V w\mathrm{d}V \tag{7-4-16}$$

式（7-4-16）右边第一项用到了高斯散度定理。

3. 电磁场的能量守恒和转化定律

当积分区域为整个空间时，面积 $\boldsymbol{S}$ 在无穷远处，而电荷电流都集中在有限区域，因此在无穷远处电磁场皆为零，式（7-4-16）的面积分项为零，则有

$$\frac{\mathrm{d}W_{机}}{\mathrm{d}t}=-\frac{\mathrm{d}}{\mathrm{d}t}\iiint_V w\mathrm{d}V \tag{7-4-17}$$

式（7-4-17）中，左边是带电体的机械能单位时间内的增加量，右边是电磁场能量单位时间内的减少值。即对于由带电体和电磁场构成的系统，单位时间内带电体的机械能的增加值等于电磁场能量的减少值。

令

$$W_{em}=\iiint_\infty w\mathrm{d}V \tag{7-4-18}$$

即有

$$\frac{\mathrm{d}}{\mathrm{d}t}(W_{机}+W_{em})=0 \tag{7-4-19}$$

对（7-4-19）积分，得到

$$W_{机}+W_{em}=常数 \tag{7-4-20}$$

从式（7-4-17）到式（7-4-20）可知，体系的机械能不守恒，电磁能也不守恒，而两者之和才是一个守恒量。带电体和电磁场可以互相交换能量，因此式（7-4-20）表示的是电磁场和带电体系的能量转化与守恒定律。

7.4.2 电磁场的能量密度和能流密度

1. 电磁场的能量密度

如果式（7-4-16）

$$\frac{\mathrm{d}W_{机}}{\mathrm{d}t}=\iiint_V \boldsymbol{E}\cdot\boldsymbol{J}\mathrm{d}V=-\iiint_V \nabla\cdot\boldsymbol{S_P}\mathrm{d}V-\iiint_V\frac{\partial}{\partial t}w\mathrm{d}V=-\oiint_S \boldsymbol{S_P}\cdot\mathrm{d}\boldsymbol{S}-\frac{\mathrm{d}}{\mathrm{d}t}\iiint_V w\mathrm{d}V$$

中积分区域为某局部区域时，则 V 为有限空间。它的表面 S 也就不在无穷远处，S 上的电磁场皆不为零，所以

$$\frac{\mathrm{d}W_{机}}{\mathrm{d}t}+\frac{\mathrm{d}}{\mathrm{d}t}\int_V w\mathrm{d}V=-\oiint_S \boldsymbol{S_P}\cdot\mathrm{d}\boldsymbol{S} \tag{7-4-21}$$

式(7-4-21)中，$\frac{\mathrm{d}W_{机}}{\mathrm{d}t}$ 表示的是体积 V 内带电体机械能的增加；$\frac{\mathrm{d}}{\mathrm{d}t}\iiint_V w\mathrm{d}V$ 表示的是体积 V 内电磁场能量的变化，由此可知式（7-4-14）即是电磁场的能量密度。在各向同性的均匀介质中，式（7-4-14）可以表示为

$$w=\frac{1}{2}\varepsilon E^2+\frac{1}{2}\mu H^2=\frac{D^2}{2\varepsilon}+\frac{B^2}{2\mu} \tag{7-4-22}$$

2. 电磁场的能流密度

式（7-4-21）中，左边表示的是能量的变化，右边的项也必然有能量变化的意义。由于它是面积分，所以我们把它解释为单位时间内从体积 V 的表面流进体积 V 中的电磁场能量，则 $\boldsymbol{S_P}$ 即可解释为单位时间内通过体积 V 的表面上单位面积流进体积 V 中的电磁场能量，即电磁场的能流密度矢量，也称为坡印亭矢量

$$\boldsymbol{S_P}=\boldsymbol{E}\times\boldsymbol{H} \tag{7-4-23}$$

其数值为单位时间内垂直通过单位横截面积的电磁场能量。

例 7-4-1 一个平行板电容器的极板为圆形，极板面积为 S，极板间距离为 d，介质的介电常数和电导率分别为 ε 和 γ，当极板间电压为直流电压时，求电容器中任一点的坡印亭矢量。

解 当极板间存在电压时，两极板间将有电场产生；利用电场强度与电流密度的关系，即可得到电流密度；有了电流密度，可以计算与此电流密度对应的磁场强度；利用坡印亭矢量与电场强度及磁场强度的关系，即可求得坡印亭矢量。

采用柱坐标系，设电场强度 $\boldsymbol{E}$ 的方向沿着极轴 z 方向。

由电压和电场强度的关系，得到

$$\boldsymbol{E}=\frac{U}{d}\boldsymbol{e}_z$$

利用安培环路定理得到电容器中任一点的磁场强度为

$$\boldsymbol{H}=\frac{J\pi r^2}{2\pi r}\boldsymbol{e}_\alpha=\frac{\gamma E r}{2}\boldsymbol{e}_\alpha=\frac{\gamma}{2}\frac{Ur}{d}\boldsymbol{e}_\alpha$$

则电容器任一点的坡印亭矢量即为

$$\boldsymbol{S}_P=\boldsymbol{E}\times\boldsymbol{H}=\frac{U}{d}\boldsymbol{e}_z\times\frac{r}{2}\gamma\frac{U}{d}\boldsymbol{e}_\alpha=-\frac{r}{2}\gamma\frac{U^2}{d^2}\boldsymbol{e}_r$$

7.4.3 坡印亭定理

将式（7-4-16）改写为

$$-\oint\!\!\!\!\oint_S \boldsymbol{S}_P\cdot\mathrm{d}\boldsymbol{S}=\frac{\mathrm{d}}{\mathrm{d}t}\iiint_V w\mathrm{d}V+\iiint_V \boldsymbol{E}\cdot\boldsymbol{J}\mathrm{d}V \tag{7-4-24}$$

上式左边为单位时间内从体积V的表面流进体积V中的电磁场能量，右边第一项表示体积V中电磁能量随时间的增加率，第二项表示体积V中的热损耗功率（单位时间内以热能形式在体积V中的损耗能量）。由此可见，当电磁场与外界有能量交换时，单位时间内通过闭合曲面S流进体积V中的电磁场能量，等于体积V中电磁场能量随时间的增加率与体积V中的热损耗功率之和，这是电磁场能量转换与守恒定理的另一种表示方式。在许多参考书中，将式（7-4-24）称为坡印亭定理。

将式（7-4-24）改写为

$$\iiint_V \boldsymbol{E}\cdot\boldsymbol{J}\mathrm{d}V=-\oint\!\!\!\!\oint_S \boldsymbol{S}_P\cdot\mathrm{d}\boldsymbol{S}-\frac{\mathrm{d}}{\mathrm{d}t}\iiint_V w\mathrm{d}V \tag{7-4-25}$$

若体积V内含有电源，存在局外场，则$\boldsymbol{J}=\gamma(\boldsymbol{E}+\boldsymbol{E}_\mathrm{e})$，$\boldsymbol{E}=\boldsymbol{J}/\gamma-\boldsymbol{E}_\mathrm{e}$，代入式（7-4-25），得到

$$\iiint_V \boldsymbol{E}_e\cdot\boldsymbol{J}\mathrm{d}V=\iiint_V \frac{J^2}{\gamma}\mathrm{d}V+\frac{\mathrm{d}}{\mathrm{d}t}\iiint_V w\mathrm{d}V+\oint\!\!\!\!\oint_S \boldsymbol{S}_P\cdot\mathrm{d}\boldsymbol{S} \tag{7-4-26}$$

式（7-4-26）也称为坡印亭定理。等式左边$\iiint_V \boldsymbol{E}_e\cdot\boldsymbol{J}\mathrm{d}V$为体积$V$内电源局外力提供的功率；等式右边第一项$\iiint_V \frac{J^2}{\gamma}\mathrm{d}V$等于$V$内传导电流引起的功率损耗，第二项$\frac{\mathrm{d}}{\mathrm{d}t}\iiint_V w\mathrm{d}V$表示单位时间内电磁场能量的增加，第三项$\oint\!\!\!\!\oint_S \boldsymbol{S}_P\cdot\mathrm{d}\boldsymbol{S}$表示穿出闭合面$\boldsymbol{S}$的电磁功率。由此可见，在有外源存在的情况下，外源提供的能量，一部分由于电流流过导体发热损失掉，一部分用于增加电磁场能量，剩余的能量从区域表面传播出去。

坡印亭定理反映了电磁场中能量守恒与转换的规律，电磁场的变化总是伴随着能量的传播。

恒定场是变化场的特例，因此坡印亭定理也适用于恒定场。对于恒定场，$\frac{\mathrm{d}}{\mathrm{d}t}\iiint_V w\mathrm{d}V=0$，由式（7-4-24）得到

$$-\oint\!\!\!\!\oint_S \boldsymbol{S}_P\cdot\mathrm{d}\boldsymbol{S}=\iiint_V \boldsymbol{E}\cdot\boldsymbol{J}\mathrm{d}V \tag{7-4-27}$$

在电源以外的区域，$\boldsymbol{J}=\gamma\boldsymbol{E}$，则有

$$-\oint\!\!\!\oint_S \boldsymbol{S_P}\cdot \mathrm{d}\boldsymbol{S}=\iiint_V \frac{J^2}{\gamma}\mathrm{d}V \qquad (7\text{-}4\text{-}28)$$

式（7-4-28）表明，在恒定场的无源区域内，通过 S 流入 V 内的功率等于 V 内损耗的功率。

例 7-4-2 将能流密度的概念用到含有恒定电流的回路中，会得到一些很有意义的结果。同轴传输线内导线半径为 a，外导线半径为 b，两导线间为均匀绝缘介质，如图 7-4-1 所示。导线载有电流 I，两导线间的电压为 U。（1）忽略导线的电阻，计算介质中的能流密度和传输功率；（2）考虑内导线的有限电导率，计算通过内导线表面进入导线内的能流密度，证明它等于导线的功率损耗。

解 根据电流和电荷分布的对称性，分别利用安培环路定理和高斯定理计算给定题设条件的磁场强度和电场强度；利用能量密度与电场强度和磁场强度的关系，计算能流密度；利用能流密度与功率的关系，找出传输功率与损耗功率。

（1）忽略导线电阻

以距对称轴为 r 的半径做一圆周 $(a<r<b)$，由对称性得，$2\pi rH_\alpha = I$，因而：$\boldsymbol{H}_\alpha=\dfrac{I}{2\pi r}\boldsymbol{e}_\alpha$

导线表面上一般带有电荷，设内导线单位长度的电荷（电荷线密度）为 τ，利用高斯定理，由对称性可得 $2\pi rE_r=\tau/\varepsilon$，因而

$$E_r=\frac{\tau}{2\pi\varepsilon r}$$

能流密度为

$$\boldsymbol{S}_P=\boldsymbol{E}\times\boldsymbol{H}=E_rH_\alpha\boldsymbol{e}_z=\frac{I\tau}{4\pi^2\varepsilon r^2}\boldsymbol{e}_z$$

式中 $\boldsymbol{e}_z$ 为沿导线轴向单位矢量。

已知，两导线间的电压为 U，而

$$U=\int_a^b \boldsymbol{E}\cdot\mathrm{d}\boldsymbol{r}=\int_a^b E\mathrm{d}r=\int_a^b\frac{\tau}{2\pi\varepsilon r}\mathrm{d}r=\frac{\tau}{2\pi\varepsilon}\ln\frac{b}{a}$$

由此得到

$$\tau=\frac{2\pi\varepsilon U}{\ln\dfrac{b}{a}}$$

则能流密度即为

$$\boldsymbol{S}_P=\frac{UI}{2\pi\ln\dfrac{b}{a}}\frac{1}{r^2}\boldsymbol{e}_z$$

将能流密度对两导线间圆环状截面积分即得到传输功率

$$P=\int_a^b S_P 2\pi r\mathrm{d}r=\int_a^b\frac{UI}{\ln\dfrac{b}{a}}\frac{1}{r}\mathrm{d}r=UI$$

UI 即为通常在电路问题中的传输功率表达式。可以看出，该功率是在场中传播的。

（2）考虑内导线的有限电导率

设内导线的电导率为 σ，由欧姆定律，在导线内部，有

$$\boldsymbol{J}=\sigma\boldsymbol{E}\text{ , }\boldsymbol{E}=\frac{\boldsymbol{J}}{\sigma}=\frac{I}{\pi a^2\sigma}\boldsymbol{e}_z$$

根据电场的边界条件，电场强度的切向分量是连续的，因此在紧贴内导线表面的介质内，电场除了具有径向分量外，还有切向分量 E_z

$$E_z\big|_{r=a}=\frac{I}{\pi a^2\sigma}$$

因此，与前面不同的是，这时能流密度 $\boldsymbol{S}_P$ 除了具有沿 z 轴传输的分量 S_z 外，还有沿径向流入导线内的分量 $-S_r$

$$-S_r=E_zH_\theta=\frac{I^2}{2\pi^2a^3\sigma}$$

流进长度为 Δl 的导线内部的功率为

$$-S_r2\pi a\Delta l=I^2\frac{\Delta l}{\pi a^2\sigma}=I^2R$$

式中 R 为长度为 Δl 的导线的电阻，I^2R 正是该段导线内的损耗功率。在有损耗的同轴线芯附近能流如图 7-4-1（b）所示。

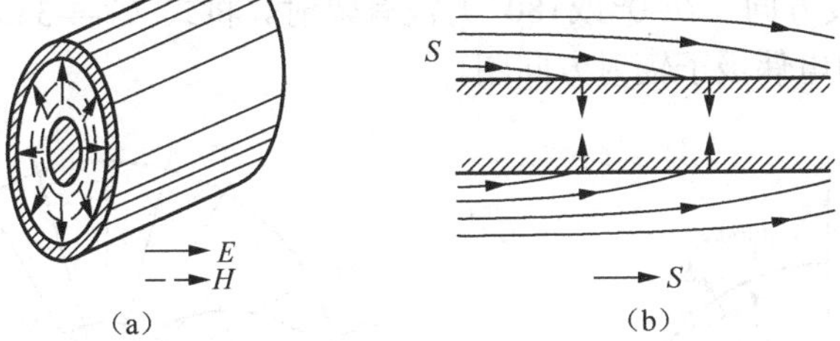

图 7-4-1

由此可知，在负载上以及在导线上消耗的功率完全是在场中传输的。导线上的电流和周围空间或介质内的电磁场相互制约，使电场能量在导线附近的电磁场中沿一定方向传输。在传输过程中，一部分能量进入导线内部变为焦耳热损耗；在负载电阻上，电场能量从场中流入电阻内，供给负载所消耗的能量。

7.4.4 单元偶极子的辐射功率和辐射电阻

在辐射问题的实际应用中，最主要的问题是计算辐射功率及辐射的方向性。自由空间，辐射子产生的电磁场以电磁波的形式向远处传播。电磁波的传播必然伴随着能量的传播。能流密度是单位时间内垂直通过单位横截面积的电磁场能量，将能流密度对某一特定的闭合曲面积分，即可得到作为辐射子的辐射功率。将功率与电阻的关系应用到辐射问题中，即可得到等效辐射电阻。

1. 辐射的方向性

在辐射区（$r\gg\lambda$），以单元偶极子中心为球心，r 为半径作一球面，如图 7-4-2 所示，在此球面上，有

$$\dot{H}_\alpha=\mathrm{j}\frac{\dot{I}\Delta l\beta}{4\pi r}\sin\theta e^{-\mathrm{j}\beta r}\tag{7-4-29}$$

$$\dot{E}_\theta = \mathrm{j}\frac{\dot{I}\Delta l\beta^2}{4\pi\omega\varepsilon_0 r}\sin\theta e^{-\mathrm{j}\beta r} \tag{7-4-30}$$

$$\boldsymbol{S}_P(r,t) = \boldsymbol{E}\times\boldsymbol{H} = E_\theta H_\alpha \boldsymbol{e}_r = \sqrt{\frac{\varepsilon_0}{\mu_0}}E_\theta{}^2\boldsymbol{e}_r = \sqrt{\frac{1}{\varepsilon_0\mu_0}}\varepsilon_0 E_\theta{}^2\boldsymbol{e}_r = w\upsilon\boldsymbol{e}_r \tag{7-4-31}$$

由式（7-4-31）可知，电磁场能量以速度υ沿着$\boldsymbol{e}_r$方向传播。将式（7-4-30）代入式（7-4-31），得到

$$\boldsymbol{S}_P(r,t) = \sqrt{\frac{\varepsilon_0}{\mu_0}}\left[\frac{I_m\Delta l\beta^2}{4\pi\omega\varepsilon r}\sin\theta\sin\omega\left(t-\frac{r}{\upsilon}\right)\right]^2\boldsymbol{e}_r$$

$$= \sqrt{\frac{\varepsilon_0}{\mu_0}}\left(\frac{I_m\Delta l\beta^2}{4\pi\omega\varepsilon_0 r}\right)^2\sin^2\theta\frac{1}{2}\left[1-\cos 2\omega\left(t-\frac{r}{\upsilon}\right)\right]\boldsymbol{e}_r \tag{7-4-32}$$

由此可见，坡印亭矢量随着时间是变化的，且为正值。对式（7-4-32）取一个周期内的平均值，得到坡印亭矢量的平均值

$$\boldsymbol{S}_{\mathrm{Pav}}(r,t) = \frac{1}{2}\sqrt{\frac{\varepsilon_0}{\mu_0}}\left(\frac{I_m\Delta l\beta^2}{4\pi\omega\varepsilon_0 r}\right)^2\sin^2\theta\boldsymbol{e}_r \tag{7-4-33}$$

式（7-4-33）中，$\sin^2\theta$表示辐射能量的角分布，即辐射的方向性。在θ=90°的平面上辐射最强，而沿电偶极矩轴线方向（θ=0°或180°）没有辐射。将式（7-4-33）用极坐标画出来，即得到如图 7-4-3 所示的电偶极子辐射方向图。

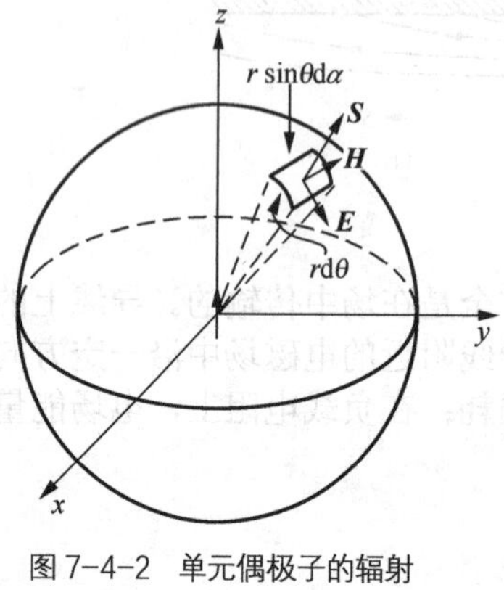

图 7-4-2 单元偶极子的辐射

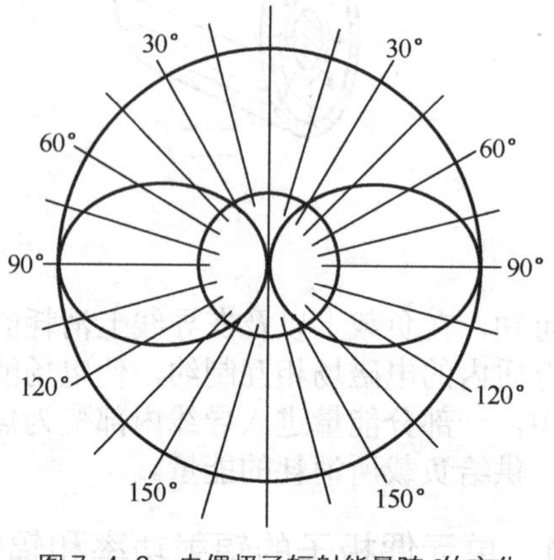

图 7-4-3 电偶极子辐射能量随θ的变化

2. 辐射功率

单元偶极子向自由空间辐射的总功率是以单元偶极子为球心，半径为r（$r>>\lambda$）的球面上坡印亭矢量的积分，即

$$P_r = \oiint_S \boldsymbol{S}_{\mathrm{Pav}}\cdot\mathrm{d}\boldsymbol{S} \tag{7-4-34}$$

将$\beta=\dfrac{\omega}{\upsilon}$，$\upsilon=\sqrt{\dfrac{1}{\mu_0\varepsilon_0}}$，$\lambda=\dfrac{2\pi\upsilon}{\omega}$，$I_m=\sqrt{2}I$，$\mathrm{d}\boldsymbol{S}=r\mathrm{d}\theta r\sin\theta\mathrm{d}\alpha\,\boldsymbol{e}_r$及式（7-4-33）代入式（7-4-34），积分得到

$$P_r = \int_0^\pi\int_0^{2\pi}\frac{1}{8}\sqrt{\frac{\mu_0}{\varepsilon_0}}\left(\frac{I_m\Delta l}{r\lambda}\right)^2\sin^2\theta\boldsymbol{e}_r\cdot r\sin\theta\mathrm{d}\alpha r\mathrm{d}\theta\boldsymbol{e}_r$$

$$=\frac{\pi}{4}\sqrt{\frac{\mu_0}{\varepsilon_0}}\left(\frac{I_m\Delta l}{\lambda}\right)^2\int_0^{\pi}\sin^3\theta\mathrm{d}\theta=\frac{\pi}{4}\sqrt{\frac{\mu_0}{\varepsilon_0}}\left(\frac{I_m\Delta l}{\lambda}\right)^2\left(-\cos\theta+\frac{1}{3}\cos^3\theta\right)\Bigg|_0^{\pi}$$

$$=\frac{\pi}{3}\sqrt{\frac{\mu_0}{\varepsilon_0}}\left(\frac{I_m\Delta l}{\lambda}\right)^2 \tag{7-4-35}$$

利用$Z_0=\dot{E}_\theta/\dot{H}_\alpha=\sqrt{\mu_0/\varepsilon_0}=377\Omega$，将（7-4-35）表示为

$$P_r=\oint\!\!\!\oint_S \boldsymbol{S}_{\text{Pav}}\cdot\mathrm{d}\boldsymbol{S}=\frac{2\pi}{3}377\left(\frac{I\Delta l}{\lambda}\right)^2=80\pi^2\left(\frac{I\Delta l}{\lambda}\right)^2 \tag{7-4-36}$$

式（7-4-36）表明，单元偶极子的辐射功率与偶极子上的电流和偶极子长度成正比，与辐射波长成反比。

3．辐射电阻

由于电磁能量不断向外辐射，电源需要提供一定的能量来维持辐射。借用功率与电流、电阻之间的关系，将辐射系统等效的辐射电阻定义为

$$R_r=\frac{P_r}{I^2}=80\pi^2\left(\frac{\Delta l}{\lambda}\right)^2 \tag{7-4-37}$$

式（7-4-37）表明，天线的辐射电阻愈大，在一定输入电流下，天线的辐射功率越强，因此辐射电阻通常用来表示天线的辐射能力。由于短天线的辐射电阻正比于$\left(\frac{\Delta l}{\lambda}\right)^2$，因此短天线的辐射能力是不强的。当辐射子的电流和长度不变时，频率越高，辐射功率越大。在实际发射过程中，当电源频率较高、波长较短时，可以用较短的天线；当电源频率较低时，只有采用较长的天线才能保证一定的辐射功率。

例 7-4-3　一个平行板电容器的极板为圆形，极板面积为S，极板间距离为d，介质的介电常数和电导率分别为ε和γ，当极板间电压为直流电压时，求电容器中任一点的坡印亭矢量。

解　当极板间存在电压时，两极板间将有电场产生；利用电场强度与电流密度的关系，即可得到电流密度；有了电流密度，可以计算与此电流密度对应的磁场强度；利用坡印亭矢量与电场强度及磁场强度的关系，即可求得坡印亭矢量。

采用柱坐标系，设电场强度$\boldsymbol{E}$的方向沿着极轴z方向。

由电压和电场强度的关系，得到

$$\boldsymbol{E}=\frac{U}{d}\boldsymbol{e}_z$$

利用安培环路定理得到电容器中任一点的磁场强度为

$$\boldsymbol{H}=\frac{J\pi r^2}{2\pi r}\boldsymbol{e}_\alpha=\frac{r}{2}\gamma E\boldsymbol{e}_\alpha=\frac{r}{2}\gamma\frac{U}{d}\boldsymbol{e}_\alpha$$

则电容器中任一点的坡印亭矢量即为

$$\boldsymbol{S}_P=\boldsymbol{E}\times\boldsymbol{H}=\frac{U}{d}\boldsymbol{e}_z\times\frac{r}{2}\gamma\frac{U}{d}\boldsymbol{e}_\alpha=-\frac{r}{2}\gamma\frac{U^2}{d^2}\boldsymbol{e}_r$$

例 7-4-4　频率$f=10\text{MHz}$的信号源馈送给电流有效值为25A的电偶极子。设电偶极子的长度$\Delta l=50\text{cm}$。(1) 计算赤道平面上离原点10km处的电场强度和磁场强度；(2) $r=10\text{km}$处的平均能流密度（功率密度）；(3) 计算辐射电阻R_r。

解 在自由空间，$\beta=\dfrac{2\pi}{\lambda}=\dfrac{2\pi}{c}f=\dfrac{\pi}{15}$ rad/m，$\beta r=\dfrac{\pi}{15}\times10\times10^3=\dfrac{2\pi}{3}\times10^3>>1$

因此，这里涉及的是远区场（辐射区）的相关计算。

（1）$E_\theta=\mathrm{j}\dfrac{I\Delta l\beta^2\sin\theta}{4\pi\varepsilon_0\omega r}\mathrm{e}^{-\mathrm{j}\beta r}=-\mathrm{j}7.854\times10^{-3}\mathrm{e}^{-\mathrm{j}2.1\times10^3}$ V/m

$$H_\alpha=\mathrm{j}\frac{I\Delta l\beta\sin\theta}{4\pi r}\mathrm{e}^{-\mathrm{j}\beta r}=\mathrm{j}20.83\times10^{-6}\mathrm{e}^{-\mathrm{j}2.1\times10^3}\ \text{A/m}$$

（2）利用式（7-4-33）

$$\boldsymbol{S}_{\text{Pav}}(r,t)=\frac{1}{2}\sqrt{\frac{\varepsilon_0}{\mu_0}}\left(\frac{I_m\Delta l\beta^2}{4\pi\omega\varepsilon_0 r}\right)^2\sin^2\theta\boldsymbol{e}_r=\frac{1}{8}Z_0\left(\frac{I_m\Delta l}{r\lambda}\right)^2\sin^2\theta=\boldsymbol{e}_r81.8\times10^{-9}\ \text{W/m}^2$$

（3）$R_{\text{r}}=80\pi(\dfrac{l}{\lambda_0})^2=0.22\ \Omega$

7.5 电磁场能量与电磁力的虚位移法

在第 2 章与第 4 章的讨论中，我们知道，利用库仑定律、安培定律及力的叠加原理，原则上即可计算各种不同形状的带电体或载流导线受到的场力。但在许多实际问题中，常常会因为电荷或电流分布的复杂性，使得求解过程相当繁琐，很可能导致积分计算难以完成。

从电磁场能量出发，通过虚设位移，利用能量守恒与转换定律，将电磁场能量与功联系起来，可以找出计算电磁场力的另外一种方法，这种方法就是虚位移法。虚位移法是基于虚功原理计算场力的方法。

7.5.1 虚位移法概述

利用虚位移法求解场力，首先需要假定受力物体在受力方向上发生微小的“位移”，即“虚位移”，尔后根据不同情况下电源供给系统的能量、系统增加的电磁场能量、场力与场力做功之间的关系，求出物体受到的电场力和磁场力。

这里的虚位移不是实际的位移，而是一种虚构的、理论上的位移。每一个虚位移既是自变量，又是可以任意设定的。因此，这里的位移，既可以是常见的坐标，也可以是角度，或者是面积、体积等，统称为广义位移；与广义位移对应的坐标，称为广义坐标；企图改变这些广义坐标的作用称为广义力。广义力是力概念的拓展。广义力与广义坐标的乘积具有功的量纲（即能量的单位）。如果广义力与广义坐标方向相同，则该广义力做功的数值为正。因此，广义力的正方向为广义坐标增加的方向。表 7-5-1 给出了常见的广义力与广义坐标的对应关系。

表 7-5-1　常见的广义力及广义坐标

广义坐标 单位	距离 m	面积 m^2	角度 rad	体积 m^3
广义力 单位	机械力 N	表面张力 N/m	转矩 N・m	压强 N/m^2
广义功	$\int\boldsymbol{f}\cdot\mathrm{d}\boldsymbol{r}$	$\int\boldsymbol{T}\cdot\mathrm{d}\boldsymbol{S}$	$\int M\mathrm{d}\theta$	$\int P\mathrm{d}V$

7.5.2 能量守恒定律与广义电场力的虚位移法

针对多导体组成的静电系统，假设某导体 P 在广义力 $\boldsymbol{f}_g$ 作用下发生广义位移 $\mathbf{dg}$，其余导体不动，则系统中带电体的电压或电荷将发生变化。根据能量守恒定律，在此过程中，外源提供的能量 $\mathrm{d}W$，一部分用来增加系统的静电能量 $\mathrm{d}W_e$，另一部分用来提供广义静电场力做功 $\boldsymbol{f}_g \cdot \mathbf{dg} = f_g \mathrm{d}g$，则有

$$\mathrm{d}W = \mathrm{d}W_e + f_g \mathrm{d}g \tag{7-5-1}$$

1. 常电荷系统（静电系统不与电源相连，开关 K 断开）

如图 7-5-1 所示，假设导体 P 发生广义位移 $\mathbf{dg}$ 时，各带电体皆不与电源相连，则各导体上电荷保持不变。由式（7-5-1）得到

$$0 = \mathrm{d}W_e + f_g \mathrm{d}g \tag{7-5-2}$$

即

$$-f_g \mathrm{d}g = \mathrm{d}W_e \tag{7-5-3}$$

由此得到广义力

$$f_g = -\frac{\partial W_e}{\partial g}\bigg|_{q_k=\mathrm{const}} \tag{7-5-4}$$

由于此种情况下导体不与外电源相连，广义电场力做功必须靠减少电场中静电能量来实现。

2. 常电位系统（静电系统与电源相连，K 合上）

如图 7-5-2 所示，假设导体 P 发生广义位移 $\mathbf{dg}$ 时，各带电体皆与电源相连，即各导体的电位保持不变，但电荷量发生变化。当电荷量变化 $\mathrm{d}q$ 时，外电源需要做功 $\mathrm{d}W = \sum \varphi_k \mathrm{d}q_k$，即外源提供的能量增量为 $\mathrm{d}W = \sum \varphi_k \mathrm{d}q_k$，多导体系统的静电能量增量为 $\mathrm{d}W_e = \frac{1}{2}\sum \varphi_k \mathrm{d}q_k$（可由式（7-1-4）得到），由式（7-5-1）得到

$$\mathrm{d}W = \sum \varphi_k \mathrm{d}q_k = \mathrm{d}W_e + f_g \mathrm{d}g = \frac{1}{2}\sum \varphi_k \mathrm{d}q_k + f_g \mathrm{d}g \tag{7-5-5}$$

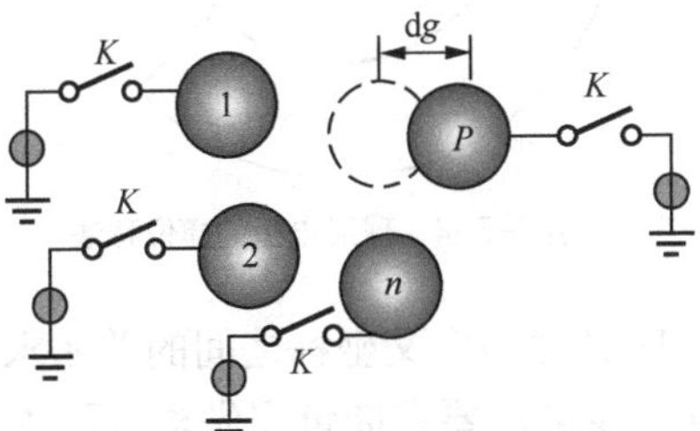

图 7-5-1 多导体系统（K 断开）

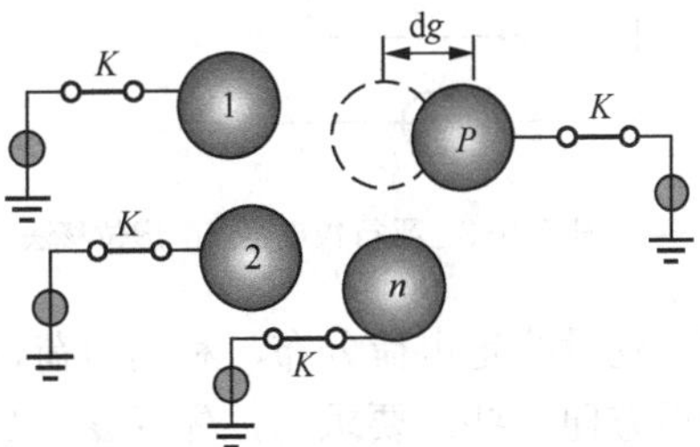

图 7-5-2 多导体系统（K 闭合）

式（7-5-5）表明，外源提供的能量，一半用于增加静电系统的能量，另一半用于广义电场力做功。在数值 $f_g \mathrm{d}g = \mathrm{d}W_e$，由此得到

$$f_g = +\frac{\partial W_e}{\partial g}\bigg|_{\varphi_k=const.} \tag{7-5-6}$$

由式（7-5-4）及式（7-5-6）可知，广义力是代数量，可以根据 f_g 的“±”号判断广义力的方向。

需要说明的是，虚位移法中的广义位移是用来探索能量变化趋势时虚设的，实际上并未发生。因此，由式（7-5-4）和式（7-5-6）给出的广义力的计算结果完全相同。下面的简单例子可以很好地说明这一点。

例 7-5-1 试求图 7-5-3 所示平板电容器极板的电场力。

解 如图 7-5-3 所示，平板电容器与电源相连，电压为U，两极板上带有一定的电荷，设为q，两极板间存在有相互作用力。电容值$C=\dfrac{\varepsilon_0 S}{d}$，设$d$为广义坐标（相对位置坐标）。

对于常电位系统，取$W_e=\dfrac{1}{2}CU^2$，有

$$f_g=+\frac{\partial W_e}{\partial d}\bigg|_{\varphi=U=const}=\frac{U^2}{2}\cdot\frac{\partial C}{\partial d}=-\frac{U^2\varepsilon_0 S}{2d^2}<0$$

负号表示电场力企图使d减小，即电容增大。

对于常电荷系统，取$W_e=\dfrac{q^2}{2C}$，有

$$f_g=-\frac{\partial W_e}{\partial d}\bigg|_{q_k=const}=-\frac{\partial}{\partial g}\left[\frac{q^2}{2C}\right]=\frac{q^2}{2C^2}\cdot\frac{\partial C}{\partial d}=-\frac{U^2}{2}\cdot\frac{\varepsilon_0 S}{d^2}<0$$

同样，负号表示电场力企图使d减小，即电容增大。两种方法计算结果完全一样。

例 7-5-2 如图 7-5-4 所示，设内、外两个半径分别为a、b的同心球面极板组成的电容器，极板间介质的介电常数为ε_0，当内、外电极上的电荷分别为$\pm q$时，求内电极球面单位面积受到的膨胀力和外电极球面单位面积受到的收缩力。

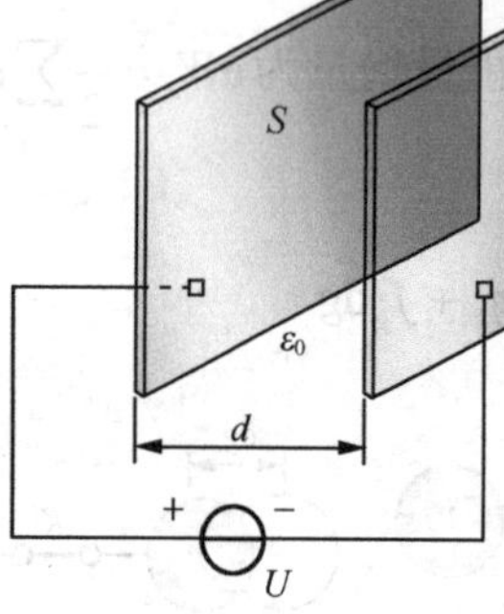

图 7-5-3 平行板电容器的虚位移法

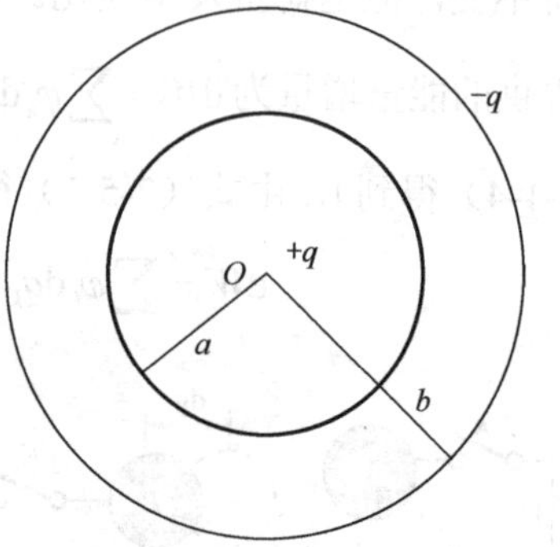

图 7-5-4 球形电极的虚位移法

解 题设给定电荷分布，利用电荷保持不变时，广义力和广义坐标之间的关系求解电场力将会更方便一些。要求力，先求a、b之间的静电场能量，要求能量需先求场强$\boldsymbol{E}$。由于现在电荷分布具有球对称性，电场分布也具有球对称性，采用静电场的高斯定理求解电场强度。

选取半径为r $(a<r<b)$且与球面同心的球形高斯面，根据高斯定理有

$$\oint\!\!\!\oint_S \boldsymbol{E}\cdot\mathrm{d}\boldsymbol{S}=\frac{q}{\varepsilon_0}$$

球面上各处$\boldsymbol{E}$的大小相同，方向与该处$\mathrm{d}\boldsymbol{S}$方向平行，则

$$\oiint_S \boldsymbol{E}\cdot \mathrm{d}\boldsymbol{S} = E\oiint_S \mathrm{d}S = E4\pi r^2 = \frac{q}{\varepsilon_0} \Rightarrow E = \frac{q}{4\pi r^2 \varepsilon_0}$$

静电场能量密度为

$$w_e = \frac{1}{2}\varepsilon_0 E^2 = \frac{1}{2}\varepsilon_0 (\frac{q}{4\pi\varepsilon_0 r^2})^2 = \frac{q^2}{32\pi^2\varepsilon_0}\frac{1}{r^4}$$

静电能量为

$$W_e = \iiint_V w_e \mathrm{d}V = \int_a^b \frac{q^2}{32\pi^2\varepsilon_0}\frac{1}{r^4}\cdot 4\pi r^2 \mathrm{d}r = \int_a^b \frac{q^2}{8\pi\varepsilon_0}\frac{1}{r^2}\mathrm{d}r = \frac{q^2}{8\pi\varepsilon_0}(\frac{1}{a}-\frac{1}{b})$$

q 不变，内电极表面单位面积受到的力为

$$f = \frac{1}{4\pi a^2}(-\frac{\partial W_e}{\partial a}\bigg|_{q=C}) = \frac{1}{4\pi a^2}\cdot\frac{q^2}{8\pi\varepsilon_0 a^2} = \frac{q^2}{2\varepsilon_0(4\pi a^2)^2}$$

外电极表面单位面积受到的力为

$$f = \frac{1}{4\pi b^2}(-\frac{\partial W_e}{\partial b}\bigg|_{q=C}) = -\frac{1}{4\pi b^2}\cdot\frac{q^2}{8\pi\varepsilon_0 b^2} = -\frac{q^2}{2\varepsilon_0(4\pi b^2)^2}$$

式中负号表示力的方向与 r 的方向相反，有使球面收缩的趋势。

例 7-5-3　两个同轴薄金属圆柱，半径分别为 $R_1 = 5\text{cm}$ 、$R_2 = 6\text{cm}$，小圆柱有 $l = 1\text{m}$ 放在大圆柱内，极板间介质的介电常数为 ε_0，如果在两圆柱间加上 $U = 1000\text{V}$ 的电压，求小圆柱所受到的轴向吸引力。

解　题设给定电压值，利用电压保持不变时，广义力和广义坐标之间的关系求解电场力将会更方便一些。根据虚位移法计算小圆柱所受到的轴向吸引力，需要计算出两圆柱面之间所储存的静电场的能量。本例中，小圆柱有 $l = 1\text{m}$，放在大圆柱内，而大、小圆柱的半径分别为 $R_1 = 5\text{cm}$ 、 $R_2 = 6\text{cm}$，远小于 1m，可以认为电荷分布具有轴对称性，则两圆柱间场分布也具有轴对称性，可以用高斯定理计算小圆柱与大圆柱间的场强。给定了两圆柱间的电压 $U = 1000\text{V}$，需要利用场强与电压的关系，先求出电荷线密度 t，将其表示为电压的函数，尔后找出场强，再算出能量密度，得到电场能量，最后根据虚位移法，计算出小圆柱所受到的轴向吸引力。

设小圆柱电荷线密度 τ，利用高斯定理求得小圆柱与大圆柱间的场强为

$$E = \frac{\tau}{2\pi\varepsilon_0 r}$$

$$U = \int \boldsymbol{E}\cdot\mathrm{d}\boldsymbol{l} = \int_{R_1}^{R_2}\frac{\tau}{2\pi\varepsilon_0 r}\mathrm{d}r = \frac{\tau}{2\pi\varepsilon_0}\ln\frac{6}{5}$$

又

$$U = 1000\text{V}$$

解出

$$\tau = \frac{2000\pi\varepsilon_0}{\ln\frac{6}{5}}$$

则

$$E=\frac{\tau}{2\pi\varepsilon_0 r}=\frac{1000}{r\ln\frac{6}{5}}$$

在两圆柱间取内半径为r、外半径为$r+\mathrm{d}r$、长为l的小体元，则电场能量为

$$W_e=\iiint_V\frac{1}{2}\boldsymbol{D}\cdot\boldsymbol{E}\mathrm{d}V=\frac{1}{2}\varepsilon_0\int_{R_1}^{R_2}E^2 2\pi rl\mathrm{d}r=\frac{1}{2}\varepsilon_0\left(\frac{1000}{\ln\frac{6}{5}}\right)^2\int_{R_1}^{R_2}\frac{1}{r^2}2\pi rl\mathrm{d}r$$

$$=\frac{2\pi l}{2}\varepsilon_0\left(\frac{1000}{\ln\frac{6}{5}}\right)^2\int_{R_1}^{R_2}\frac{1}{r}\mathrm{d}r=\pi l\varepsilon_0\left(\frac{1000}{\ln\frac{6}{5}}\right)^2\ln\frac{6}{5}=\pi l\varepsilon_0\frac{10\times10^6}{\ln\frac{6}{5}}$$

根据虚位移法，可得小圆柱所受到的轴向吸引力为

$$f_g=-\frac{\partial W_e}{\partial g}\Big|_{q=c}=-\frac{\partial W_e}{\partial l}\Big|_{q=c}=-\pi\varepsilon_0\frac{10\times10^6}{\ln\frac{6}{5}}=-1.52\times10^{-4}\,\mathrm{N}$$

7.5.3 能量守恒定律与广义磁场力的虚位移法

与广义电场力的虚位移法类似，针对多回路组成的载流系统，假设某一回路在广义力$\boldsymbol{f}_g$的作用下发生了位移$\mathbf{d}\boldsymbol{g}$，其他回路不动，由于电磁感应，系统中各回路的电流或通量将发生变化。根据能量守恒定律，在此过程中，外源向回路系统提供的能量$\mathrm{d}W$，一部分用来增加系统的磁场能量$\mathrm{d}W_m$，另一部分用来提供广义磁场力做功$\boldsymbol{f}_g\cdot\mathbf{d}\boldsymbol{g}=f_g\mathrm{d}g$，即

$$\mathrm{d}W=\mathrm{d}W_m+f_g\mathrm{d}g \tag{7-5-7}$$

下面针对回路系统电流或磁链保持不变的情况，分别讨论广义力。

1. 系统电流保持不变

在某回路发生广义位移的过程中，将改变系统各回路的电动势，外加电源需要提供能量克服感应电动势做功，以维持系统各回路电流保持不变。外源克服感应电动势做功需要提供的能量为$\mathrm{d}W=\sum_{k=1}^{n}I_k\frac{\mathrm{d}\Psi_k}{\mathrm{d}t}\mathrm{d}t=\mathrm{d}(\sum_{k=1}^{n}I_k\Psi_k)=\sum_{k=1}^{n}I_k\mathrm{d}\Psi_k$，回路系统的磁场能量增量为$\mathrm{d}W_m=\frac{1}{2}\sum_{k=1}^{n}I_k\mathrm{d}\Psi_k$（可由式（7-3-7）得到），则由式（7-5-7）得到

$$\mathrm{d}W=\sum_{k=1}^{n}I_k\mathrm{d}\Psi_k=\mathrm{d}W_m+f_g\mathrm{d}g=\frac{1}{2}\sum_{k=1}^{n}I_k\mathrm{d}\Psi_k+f_g\mathrm{d}g \tag{7-5-8}$$

式（7-5-8）表明，外源提供的能量，一半用于增加回路系统的磁场能量，另一半用于广义磁场力做功。在数值上$f_g\mathrm{d}g=\mathrm{d}W_m$，由此得到

$$f_g=+\frac{\partial W_m}{\partial g}\Big|_{I_k=const} \tag{7-5-9}$$

2. 系统磁链保持不变

当回路磁链保持不变时，系统各回路无感应电动势产生，因此电源不需要提供能量克服感应电动势做功，则由式（7-5-7）得到

$$f_g \mathrm{d}g = -\mathrm{d}W_m \tag{7-5-10}$$

即

$$f_g = -\frac{\partial W_m}{\partial g}\bigg|_{\Psi_k=const} \tag{7-5-11}$$

例 7-5-4 图 7-5-5 所示为磁电系仪表的电磁驱动部分基本原理图。其中，绕在圆柱形骨架上的线圈尺寸为$1.6\times2.0\text{cm}^2$，匝数为 50，线圈中的电流为1mA，磁路的气隙中磁感应强度为0.2T，求线圈的电磁力矩。

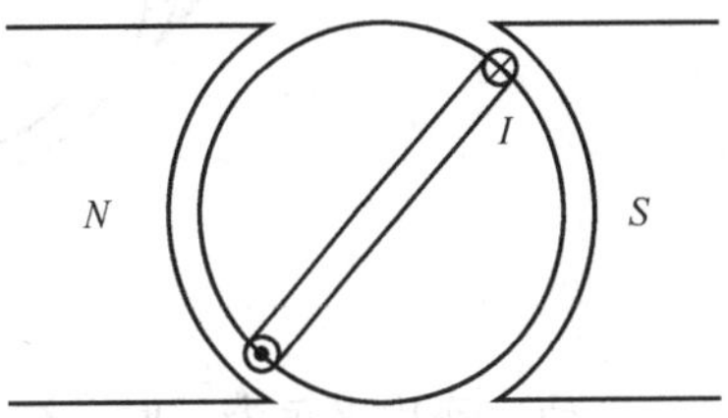

图 7-5-5

解 磁电系仪表广泛地应用于直流电流和直流电压的测量。与整流元件配合，可以用于交流电流与电压的测量，与变换电路配合，也可以用于功率、频率、相位等其他电量的测量，还可以用来测量多种非电量，如温度、压力等。当采用特殊结构时，可制成检流计。磁电系仪表问世最早，由于近年来磁性材料的发展使它的性能日益提高，成为最有发展前景的指示仪表之一。

本例实际上就是线圈在均匀磁场中受力矩作用的问题。计算出线圈转到某一位置时，通过线圈的磁通量，算出互有能。利用虚位移法，即可求得线圈所受到的电磁力矩。

通过一匝线圈的磁通量为

$$\Phi = BS\cos\alpha$$

通过$N=50$匝线圈的磁链为

$$\Psi = NBS\cos\alpha$$

互有能

$$W_m = I\Psi = INBS\cos\alpha$$

利用常电流系统的虚位移法

$$f_g = \frac{\partial W_m}{\partial g}\bigg|_{I_k=\text{常量}}$$

得到广义力即力矩为

$$T = \frac{\partial W_m}{\partial \alpha} = -INBS\sin\alpha$$

$$= -1\times10^3\times50\times0.2\times1.6\times2\times10^{-4} = 32\times10^{-7} = -3.2\times10^{-6}\,\text{N}\cdot\text{m}$$

方向为顺时针。

例 7-5-5 一个静电电位计的转动部分是n片半圆形平行金属片连接在一起，固定部分是$n+1$片半圆形金属片连接在一起。设金属圆片的半径均为$r=3\text{cm}$，固定片与可动片之间的间隔$\delta=0.5\text{mm}$。若$n=3$，当动、静片之间的电压为$U=500\text{V}$时，求转矩的大小。

解 题设给定电压值，利用电压保持不变时，广义力和广义坐标之间的关系求解电场力将会更方便一些。利用虚位移法求转矩的大小，需要先计算出满足题设条件的静电电位计动、静片之间的转动角度为某一特定值时，等效电容器储存的能量。根据电容器储能公式，$W_e=\dfrac{C}{2}U^2$，需要先算出满足题设条件的等效电容。

如图 7-5-6 所示，当动、静片夹角为零时，6 个并联电容器的电容为

$$C_0 = 6C_1 = \frac{6\varepsilon_0 S}{d}$$

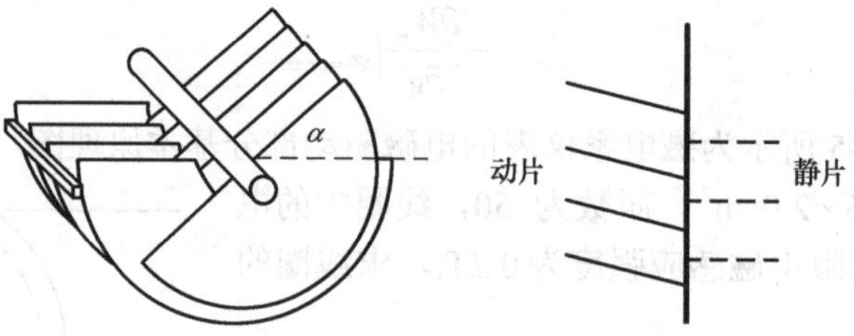

(a)　　　　(b)

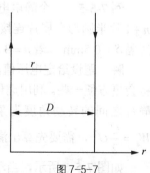

图 7-5-6

当动、静片夹角为α时，6个并联电容器的电容为

$$C = 6C_2 = \frac{3\varepsilon_0 S'}{d}$$

转动前后电容器的变化为

$$\Delta C = C_0 - C = \frac{6\varepsilon_0 (S - S')}{d} = \frac{6\varepsilon_0}{2d} R^2 \Delta\alpha$$

$$\frac{\pi R^2}{2\pi} = \frac{\Delta S}{\Delta\alpha}$$

$$\Delta S = \frac{R^2}{2}\Delta\alpha$$

设在广义力，即力矩M的作用下，动片相对于静片转动了角度$\Delta\alpha$，则广义力所做的功为

$$M\Delta\alpha = \frac{\Delta C}{2}U^2$$

由常电位的虚位移法

$$f_g = +\frac{\partial W_e}{\partial g}\Big|_{\varphi_k = const}$$

得到

$$M = +\frac{\partial W_e}{\partial g}\Big|_{\varphi_k = const} = \frac{\partial W_e}{\partial \alpha} = \frac{6\varepsilon_0 R^2 U^2}{4d} = 5.974 \times 10^{-6}\,\text{N}\cdot\text{m}$$

例 7-5-6　已知二长直输电线的间距为D，通以电流I，求长度为l的导线所受到的磁场力。

解　利用虚位移法求解单位长度导线所受到的磁场力。因此，首先需要找出二长直输电线间的磁感应强度$\boldsymbol{B}$，尔后计算出磁通量，再计算出自感。利用自感与磁场能量的关系，得到磁场能量。最后利用虚位移法求出长度为l的导线所受到的磁场力。

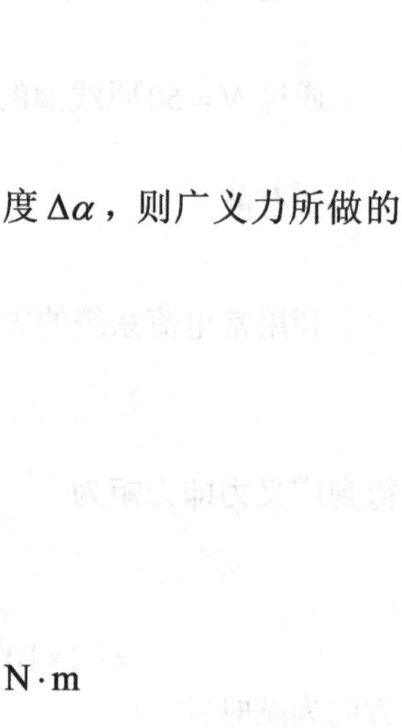

图 7-5-7

建立如图 7-5-7 所示的坐标系，二长直输电线在导线间产生的磁感应强度方向相同，因此二长直输电线在导线间产生的磁感应强度大小为

$$B=\frac{\mu_0 I}{2\pi r}+\frac{\mu_0 I}{2\pi(D-r)}$$

方向垂直纸面向里。

通过两导线间长度为l的区间的磁通量为

$$\Phi=\iint_S \boldsymbol{B}\cdot d\boldsymbol{S}=\int_0^D\left(\frac{\mu_0 I}{2\pi r}+\frac{\mu_0 I}{2\pi(D-r)}\right)l\mathrm{d}r=\frac{\mu_0 Il}{2\pi}\ln r\big|_0^D-\frac{\mu_0 Il}{2\pi}\ln(D-r)\big|_0^D$$

$$=\frac{\mu_0 Il}{2\pi}\ln D+\frac{\mu_0 Il}{2\pi}\ln D=\frac{\mu_0 Il}{\pi}\ln D$$

$$L=\frac{\Phi}{I}=\frac{l\mu_0}{\pi}\ln D$$

$$W=\frac{1}{2}LI^2=\frac{\mu_0 I^2 l}{2\pi}\ln D$$

利用常电流系统的虚位移法

$$f_g=\frac{\partial W_m}{\partial g}\bigg|_{I_k=\text{常量}}$$

得到

$$F=\frac{\partial W}{\partial D}=\frac{\mu_0 I^2 l}{2\pi D}$$

方向沿着r方向，即为吸引力。

习　　题

7-1　有一根单芯电缆，电缆芯的半径为$R_1=15\text{mm}$，外层包有一层铅皮，半径$R_2=50\text{mm}$，其间充以相对介电常数$\varepsilon_r=2.3$的各向同性均匀电介质。当电缆芯与铅皮间的电压$U_{12}=600\text{V}$时，长为$l=1\text{km}$的电缆中储存的静电能是多少？

7-2　一个空气介质的球形电容器，若保持极板间的电压不变，向电容器的极板间注满介电常数为$\varepsilon=4\varepsilon_0$的油，问注油前后的电容器中的电场能量密度如何改变？若保持电荷不变，问注油前后的电容器中的电场能量密度如何改变？

7-3　试求半径为a、流有电流为I的无限长圆柱导体单位长度内储存的磁场能量。

7-4　一同轴电缆，由半径分别为R_1、R_2的两同心圆柱面组成。电流从中间导体圆柱面流入，从外层圆柱面流出构成闭合回路。试计算长为l的一段电缆内的磁场能量。

7-5　计算长度$\Delta l=0.1\lambda$的单元辐射子在电流振幅为2mA时的辐射电阻和辐射功率。

7-6　一个平行板电容器的极板为圆形，极板半径为R，极板间距离为d，介质的介电常数和电导率分别为ε和γ。如果电容器极板间的电压为工频交流电压$u=\sqrt{2}U\cos 314t$，求电容器内任一点的坡印亭矢量及电容器的有功功率和无功功率。

7-7　一平行板电容器的极板是宽为a、长为b的矩形，两板相距为d，带电量为$\pm q$。现把一块厚度为d、相对电容率为ε_r的电介质板插入一半，它受力多大？方向如何？

7-8　平板电容器中充满两种介质，介质在极板间的分布如题7-8图所示。用虚位移法分别求两种情况下介质分界面上单位面积所受的力。

7-9　一个长度为l的圆柱形电容器，两个同轴圆柱薄壳的半径分别为a和b，其间充满介电常数为ε的固体介质。现将介质从电容器中沿轴向拉出一部分，且保持不动，求此时需对介质施加的外力。

7-10　试证明在电场强度为$\boldsymbol{E}$的均匀电场中，偶极矩为$\boldsymbol{p}$的电偶极子受到的力矩为$\boldsymbol{T}=\boldsymbol{p}\times\boldsymbol{E}$。

7-11　试求题 7-11 图所示载流平面线圈在均匀磁场中受到的力距。设线圈中的电流I_1，线圈的面积为S，其法线方向与外磁场$\boldsymbol{B}$的夹角为α 。

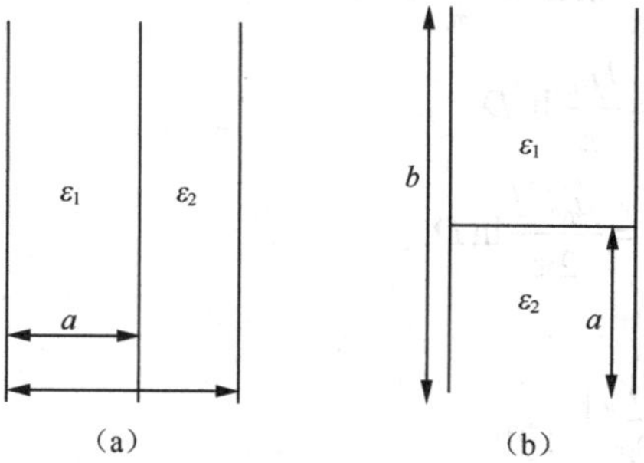

题 7-8 图

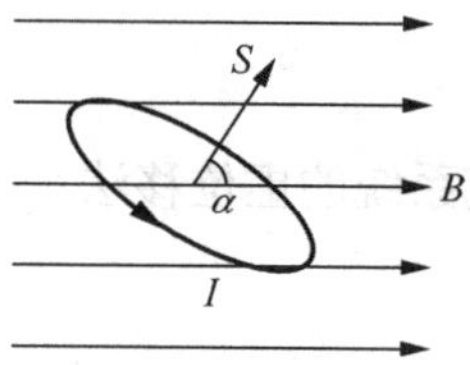

题 7-11 图

7-12　如题 7-12 图所示，一球形薄膜带电表面，半径为a，其上带电荷为q，试求薄膜单位面积所受的电场力。

7-13　空气中有一边长为b的等边三角形回路和一长直导线，三角形回路的一边与长直导线平行，间距为a，三角形回路的另一顶点离直导线较远，如图 7-13（a）所示。当直导线和三角形回路分别有电流I_1和I_2时，求三角形回路与直导线之间的互有磁场能量和直导线对三角形回路的整体作用力。

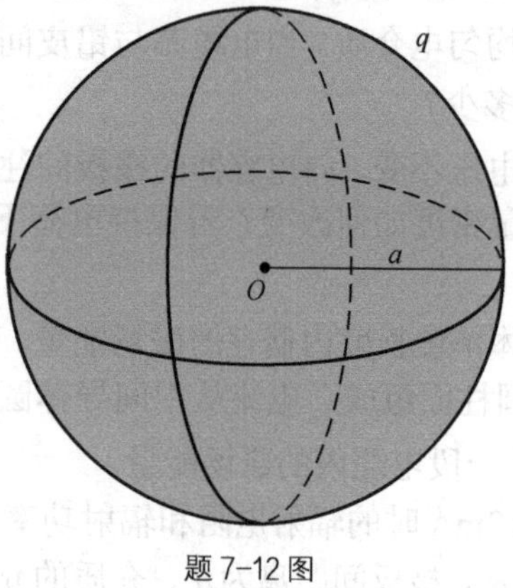

题 7-12 图

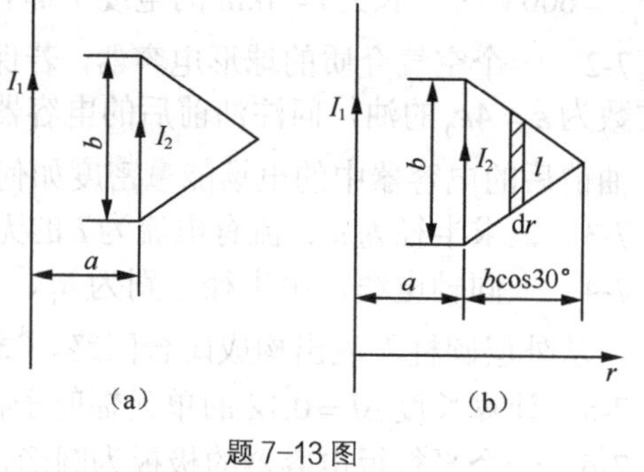

题 7-13 图

第8章 均匀平面电磁波的传播

当空间存在一个激发时变电磁场的波源时，波源将向外辐射电磁场，时变的电场与磁场互相激发，在空间以波动的形式存在，变化的电磁场脱离场源后在空间的传播就是电磁波。

通常电磁波的传播空间存在一定的介质和导体，在真空与介质、介质与介质、介质与导体的分界面上，电磁波会产生反射、折射、衍射和衰减等，因此传播问题本质上是边值问题。电磁波传播问题在无线电通信、光信息处理、微波技术、雷达和激光等领域都有着重要的应用。

在电磁波的传播过程中，对应每一个时刻 t，空间电磁场中电场 $\boldsymbol{E}$ 或磁场 $\boldsymbol{H}$ 具有相同相位的点构成等相位面，或波阵面。等相位面为平面的电磁波称为平面电磁波。等相位面上各点电场 $\boldsymbol{E}$ 均相同，各点磁场 $\boldsymbol{H}$ 也均相同的平面电磁波称为均匀平面电磁波。一般情况下，当电磁波在空间传播时，其幅度和相位都会随空间和时间发生变化，等相位面不一定是平面，等相面上场强幅度大小也不一定相等。当研究区域较小且远离场源时，该区域的电磁波可看做是均匀平面波。非均匀的电磁波通常也可分解为多个均匀平面电磁波，而且均匀平面电磁波能描述电磁波的主要性质，且讨论方法简单，因此，本章侧重讨论的是均匀平面电磁波在无限大均匀介质中的传播。

无限大均匀介质中的平面电磁波相当于是求解无边界条件的麦克斯韦方程组，因此本章从麦克斯韦方程组出发，推导了无界均匀理想介质与导电介质中电场强度和磁场强度所满足的波动方程，根据波动方程的解讨论了均匀平面电磁波的性质，重点讨论随时间作正弦变化的时谐电磁波，以及描述时谐波动特性的主要物理量——传播常数和波阻抗。在此基础上讨论了平面电磁波的极化，介绍了时变电磁场中导体的三种常见效应与电磁屏蔽。

8.1 理想介质中的均匀平面电磁波

本节讨论线性均匀无界理想介质中平面电磁波的波动方程与传播规律。所谓理想介质，是指电导率 $\gamma=0$ 的介质，电磁波在其中传播时不产生功率损耗。无界理想介质是指理想介质无限大，电磁波在其中传播时不存在反射波。电磁场基本方程组即麦克斯韦方程组是研究宏观电磁场现象的理论基础。本节将由麦克斯韦方程组出发，推导电磁波的波动方程，并讨论平面电磁波的传播规律与特性。

8.1.1 理想介质中的波动方程

在无源空间，不存在传导电流和自由电荷，因此有$\boldsymbol{J}_{\mathrm{C}}=0$、$\rho=0$，对于线性、各向同性的均匀理想介质，$\boldsymbol{D}=\varepsilon\boldsymbol{E}$和$\boldsymbol{B}=\mu\boldsymbol{H}$。因此无源理想介质中的麦克斯韦方程组可简化为

$$\nabla\times\boldsymbol{H}=\varepsilon\frac{\partial\boldsymbol{E}}{\partial t} \tag{8-1-1}$$

$$\nabla\times\boldsymbol{E}=-\mu\frac{\partial\boldsymbol{H}}{\partial t} \tag{8-1-2}$$

$$\nabla\cdot\boldsymbol{H}=0 \tag{8-1-3}$$

$$\nabla\cdot\boldsymbol{E}=0 \tag{8-1-4}$$

这样，麦克斯韦方程组中的四个变量简化为两个，但前两个方程中同时包含描述磁场与电场的物理量，求解不太方便。利用场量之间的关系及一定的数学运算，即可得到每个方程只与一个场量有关的方程，我们称这种方程为波动方程，波动方程是研究波动问题的基础。下面来推导理想介质中时变电场和时变磁场的波动方程。

对式（8-1-2）两边同时取旋度，并将式（8-1-1）代入得

$$\nabla\times(\nabla\times\boldsymbol{E})=\nabla\times\left(-\mu\frac{\partial\boldsymbol{H}}{\partial t}\right)=-\mu\frac{\partial}{\partial t}(\nabla\times\boldsymbol{H})=-\mu\varepsilon\frac{\partial^2\boldsymbol{E}}{\partial t^2} \tag{8-1-5}$$

对式（8-1-5）应用矢量恒等式$\nabla\times(\nabla\times\boldsymbol{A})=\nabla(\nabla\cdot\boldsymbol{A})-\nabla^2\boldsymbol{A}$，将式（8-1-4）代入，得电场强度满足的方程

$$\nabla^2\boldsymbol{E}-\mu\varepsilon\frac{\partial^2\boldsymbol{E}}{\partial t^2}=0 \tag{8-1-6}$$

对式（8-1-1）两边同时取旋度，将式（8-1-2）与式（8-1-3）代入，可得磁场强度满足的方程

$$\nabla^2\boldsymbol{H}-\mu\varepsilon\frac{\partial^2\boldsymbol{H}}{\partial t^2}=0 \tag{8-1-7}$$

式（8-1-6）与式（8-1-7）就是无源理想介质中时变电磁场$\boldsymbol{E}$和$\boldsymbol{H}$应满足的波动方程。

8.1.2 理想介质中均匀平面电磁波的波动方程

均匀平面电磁波是电磁波的一种特殊情况，研究方法与传播规律相对简单，对分析与理解实际电磁波有重要的意义。均匀平面电磁波中，等相位面为平面，等相位面上场强处处相等，电磁波传播方向与等相位平面垂直。假设电磁波沿x轴方向传播，则各场量只是空间坐标x和时间坐标t的函数，所以式（8-1-6）和式（8-1-7）可简化为

$$\frac{\partial^2\boldsymbol{E}}{\partial x^2}-\mu\varepsilon\frac{\partial^2\boldsymbol{E}}{\partial t^2}=0 \tag{8-1-8}$$

$$\frac{\partial^2\boldsymbol{H}}{\partial x^2}-\mu\varepsilon\frac{\partial^2\boldsymbol{H}}{\partial t^2}=0 \tag{8-1-9}$$

式（8-1-8）与式（8-1-9）即为理想介质中均匀平面波的波动方程。电磁波的电场与磁场都是矢量，是三维空间和时间的函数。对于均匀平面电磁波，由于等相位面上的场强处处相等，从而可简化为一维空间的方程。下面从理想介质的电磁场方程组式（8-1-1）～式（8-1-4）推导理想介质中均匀平面电磁波的一维波动方程。

将式（8-1-1）在直角坐标系中展开，得

$$\left(\frac{\partial H_z}{\partial y}-\frac{\partial H_y}{\partial z}\right)\boldsymbol{e}_x+\left(\frac{\partial H_x}{\partial z}-\frac{\partial H_z}{\partial x}\right)\boldsymbol{e}_y+\left(\frac{\partial H_y}{\partial x}-\frac{\partial H_x}{\partial y}\right)\boldsymbol{e}_z$$
$$=\varepsilon\frac{\partial E_x}{\partial t}\boldsymbol{e}_x+\varepsilon\frac{\partial E_y}{\partial t}\boldsymbol{e}_y+\varepsilon\frac{\partial E_z}{\partial t}\boldsymbol{e}_z \tag{8-1-10}$$

对沿 x 轴方向传播的均匀平面电磁波，其等相位面与 yOz 平面平行，等相位面上各点场强大小相等，所以 $\boldsymbol{E}$ 和 $\boldsymbol{H}$ 在 y 轴和 z 轴方向的偏导均为零，故将上式分解后得到

$$0=\varepsilon\frac{\partial E_x}{\partial t}\qquad -\frac{\partial H_z}{\partial x}=\varepsilon\frac{\partial E_y}{\partial t}\qquad \frac{\partial H_y}{\partial x}=\varepsilon\frac{\partial E_z}{\partial t} \tag{8-1-11}$$

同理，对式（8-1-2）展开可得

$$0=\mu\frac{\partial H_x}{\partial t}\qquad \frac{\partial E_z}{\partial x}=\mu\frac{\partial H_y}{\partial t}\qquad \frac{\partial E_y}{\partial x}=-\mu\frac{\partial H_z}{\partial t} \tag{8-1-12}$$

由式（8-1-11）和式（8-1-12）的第一个方程可知，E_x 和 H_x 分量与时间无关，在波动问题中不予考虑，因此取 $H_x=E_x=0$，即电场 $\boldsymbol{E}$ 与磁场 $\boldsymbol{H}$ 没有与传播方向平行的分量，二者均与波的传播方向垂直。若电场强度只有 E_y 分量时，则磁场仅有 H_z 分量。若电场只有 E_z 分量时，则磁场仅有 H_y 分量，即均匀平面电磁波的电场强度 $\boldsymbol{E}$ 与磁场强度 $\boldsymbol{H}$ 相互垂直，如图 8-1-1 所示。

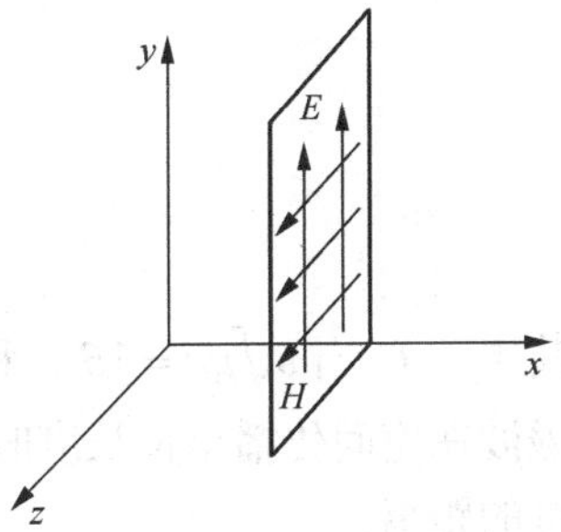

图 8-1-1　沿 x 轴传播的一组均匀平面电磁波

对式（8-1-11）中由 E_z 与 H_y 分量构成的方程（即其中第 3 式）两边关于 x 求导，并将式（8-1-12）式中对应这两个分量的方程（即其中第 2 式）代入得

$$\frac{\partial^2 H_y}{\partial x^2}-\mu\varepsilon\frac{\partial^2 H_y}{\partial t^2}=0 \tag{8-1-13}$$

同理，对式（8-1-12）中第 2 式两边关于 x 求导，并将式（8-1-11）中第 3 式代入得

$$\frac{\partial^2 E_z}{\partial x^2}-\mu\varepsilon\frac{\partial^2 E_z}{\partial t^2}=0 \tag{8-1-14}$$

式（8-1-13）与式（8-1-14）是由 H_y 与 E_z 分量构成的均匀平面电磁波的波动方程。同理可得 E_y 与 H_z 分量构成的均匀平面电磁波的波动方程

$$\frac{\partial^2 H_z}{\partial x^2}-\mu\varepsilon\frac{\partial^2 H_z}{\partial t^2}=0 \tag{8-1-15}$$

$$\frac{\partial^2 E_y}{\partial x^2}-\mu\varepsilon\frac{\partial^2 E_y}{\partial t^2}=0 \tag{8-1-16}$$

式（8-1-13）～式（8-1-16）均是理想介质中均匀平面电磁波的一维波动方程式。通过选择坐标轴可以使 E_z 分量和 H_y 分量为零，从而电磁波仅有 E_y 和 H_z 分量，如图 8-1-1 所示，此时一维波动方程简化为式（8-1-15）与式（8-1-16）。

8.1.3　理想介质中时谐均匀平面电磁波的波动方程与传播规律

麦克斯韦方程组与辅助方程适用于场量随时间任意变化的情况，由此推导的波动方程也适用于场量随时间任意变化的波。对于场量随时间作正余弦变化的情况（时谐波），电磁波的

电场强度与磁场强度可用复数形式表示，相应的波动方程也可用复数形式表示。

1. 理想介质中时谐均匀平面电磁波的波动方程

理想介质中，设均匀平面电磁波沿 x 方向传播，E_z 与 H_y 分量为零，时谐变化电磁波只有 E_y 与 H_z 分量，一维波动方程为式（8-1-15）和式（8-1-16），对应的复数形式为

$$\frac{\mathrm{d}^2\dot{E}_y(x)}{\mathrm{d}x^2}-(\mathrm{j}\omega)^2\mu\varepsilon\dot{E}_y(x)=0 \tag{8-1-17}$$

$$\frac{\mathrm{d}^2\dot{H}_z(x)}{\mathrm{d}x^2}-(\mathrm{j}\omega)^2\mu\varepsilon\dot{H}_z(x)=0 \tag{8-1-18}$$

其中 ω 为场强随时间变化的角频率。频率用 f 表示，周期为 T，波速 $\upsilon=\frac{1}{\sqrt{\mu\varepsilon}}$。若令 $\varGamma=\mathrm{j}\omega\sqrt{\mu\varepsilon}$，则上两式为

$$\frac{\mathrm{d}^2\dot{E}_y(x)}{\mathrm{d}x^2}-\varGamma^2\dot{E}_y(x)=0 \tag{8-1-19}$$

$$\frac{\mathrm{d}^2\dot{H}_z(x)}{\mathrm{d}x^2}-\varGamma^2\dot{H}_z(x)=0 \tag{8-1-20}$$

其中，$\varGamma=\mathrm{j}\omega\sqrt{\mu\varepsilon}=\mathrm{j}\beta$，称为传播常数；$\beta=\omega/\upsilon=2\pi f/\upsilon=2\pi/\lambda$，称为相位常数，描述电磁波在空间传播单位长度时相位的变化角度。λ 表示波长，描述时谐电磁波在一个周期内前进的距离。

2. 波动方程的解

式（8-1-19）与式（8-1-20）的通解为

$$\dot{E}_y(x)=\dot{E}_y^+(x)+\dot{E}_y^-(x)=\dot{E}_{y0}^+\mathrm{e}^{-\mathrm{j}\beta x}+\dot{E}_{y0}^-\mathrm{e}^{\mathrm{j}\beta x} \tag{8-1-21}$$

$$\dot{H}_z(x)=\dot{H}_z^+(x)+\dot{H}_z^-(x)=\dot{H}_{z0}^+\mathrm{e}^{-\mathrm{j}\beta x}+\dot{H}_{z0}^-\mathrm{e}^{\mathrm{j}\beta x} \tag{8-1-22}$$

其中，$\dot{E}_y^+(x)$、$\dot{E}_y^-(x)$、$\dot{H}_z^+(x)$、$\dot{H}_z^-(x)$ 是以 x 为变量的函数；$\dot{E}_{y0}^+$、$\dot{E}_{y0}^-$、$\dot{H}_{z0}^+$、$\dot{H}_{z0}^+$ 是复常数，由场源和边界条件确定。由于波动方程是二阶常微分方程，因此每个方程的通解中包含两个复常数。上列两式中 $\dot{E}_y^+(x)$ 与 $\dot{H}_z^+(x)$ 表示以速度 υ 沿 x 轴正向传播的行波，称入射波；$\dot{E}_y^-(x)$ 与 $\dot{H}_z^-(x)$ 表示以速度 υ 沿 x 轴负向传播的行波，称反射波。其中 $\dot{H}_z(x)$ 也可由式（8-1-2）的复数形式 $\nabla\times\dot{\boldsymbol{E}}=-\mathrm{j}\omega\mu\dot{\boldsymbol{H}}$ 确定，考虑均匀平面电磁波只有 E_y 与 H_z 分量，因此可以直接得

$$\dot{H}_z=-\frac{1}{\mathrm{j}\omega\mu}\frac{\partial\dot{E}_y}{\partial x} \tag{8-1-23}$$

将式（8-1-21）代入式（8-1-23）有

$$\dot{H}_z=\sqrt{\frac{\varepsilon}{\mu}}\left(\dot{E}_{y0}^+\mathrm{e}^{-\mathrm{j}\beta x}-\dot{E}_{y0}^-\mathrm{e}^{\mathrm{j}\beta x}\right) \tag{8-1-24}$$

令 $Z_\mathrm{C}=\sqrt{\frac{\mu}{\varepsilon}}$，上式可简化为

$$\dot{H}_z=\frac{1}{Z_\mathrm{C}}\left(\dot{E}_{y0}^+\mathrm{e}^{-\mathrm{j}\beta x}-\dot{E}_{y0}^-\mathrm{e}^{\mathrm{j}\beta x}\right) \tag{8-1-25}$$

对比式（8-1-22）与式（8-1-25）可得，对于入射波

$$\dot{H}_z^+(x)=\frac{\dot{E}_y^+(x)}{Z_C} \tag{8-1-26}$$

对于反射波

$$\dot{H}_z^-(x)=-\frac{\dot{E}_y^-(x)}{Z_C} \tag{8-1-27}$$

Z_C 称为理想介质中均匀平面电磁波的波阻抗，是电场强度与磁场强度的比值，单位为Ω（欧[姆]）。真空中的波阻抗 $Z_{C0}=\sqrt{\dfrac{\mu_0}{\varepsilon_0}}=377\,\Omega\approx120\pi\,\Omega$。在理想介质中，波阻抗为实常数，与频率无关。

无限大均匀介质中，不存在反射波，通解为

$$\dot{E}_y(x)=\dot{E}_{y0}^+\mathrm{e}^{-\mathrm{j}\beta x} \tag{8-1-28}$$

$$\dot{H}_z(x)=\frac{1}{Z_C}\dot{E}_{y0}^+\mathrm{e}^{-\mathrm{j}\beta x} \tag{8-1-29}$$

对应的瞬时值为

$$E_y(x,t)=E_y^+(x,t)=E_{y0}^+\cos(\omega t-\beta x+\varphi)=E_{y0}^+\cos\omega(t-\frac{\beta}{\omega}x+\frac{\varphi}{\omega}) \tag{8-1-30}$$

$$H_z(x,t)=H_z^+(x,t)=\frac{E_{y0}^+}{Z_C}\cos\omega(t-\frac{\beta}{\omega}x+\frac{\varphi}{\omega}) \tag{8-1-31}$$

这就是无限大理想介质中时谐均匀平面电磁波的稳态解。式中，φ 为初相位，因理想介质的 Z_{C0} 为实数，因此可知电场强度与磁场强度相位相同。$\dot{E}_y^+(x)$ 为入射波电场强度的复数形式；$E_y^+(x,t)$ 为入射波电场强度的瞬时值；$\dot{E}_{y0}^+$ 为 $x=0$ 处入射波电场强度的复振幅矢量；E_{y0}^+ 为 $x=0$ 处入射波电场强度的振幅；对磁场强度的符号也作类似的规定。由前述可知 $\dfrac{\omega}{\beta}=\upsilon=\dfrac{1}{\sqrt{\mu\varepsilon}}$，其中 υ 为波的传播速度。由式（8-1-30）与式（8-1-31）知，等相位面的方程为 $\omega t-\beta x+\varphi=const$，等相位面的运动速度为 $\dfrac{\mathrm{d}x}{\mathrm{d}t}=\dfrac{\omega}{\beta}=\upsilon$，与波的传播速度相同，因此也称相速，即等相位面的传播速度。

3. 理想介质中时谐均匀平面电磁波的能量传播

由电磁场能量密度的表达式和式（8-1-30）、式（8-1-31）不难得出理想介质中时谐均匀平面电磁波入射波的电场能量密度、磁场能量密度、电磁场能量密度的瞬时值为

$$w_e=\frac{1}{2}\varepsilon\left[E_y(x,t)\right]^2=\frac{1}{2}\varepsilon E_{y0}{}^2\cos^2\omega(t-\frac{\beta}{\omega}x+\frac{\varphi}{\omega}) \tag{8-1-32}$$

$$w_m=\frac{1}{2}\mu\left[H_z(x,t)\right]^2=\frac{1}{2}\mu\left[\frac{E_y(x,t)}{Z_C}\right]^2=\frac{1}{2}\mu\frac{E_{y0}{}^2\cos^2\omega(t-\frac{\beta}{\omega}x+\frac{\varphi}{\omega})}{\mu/\varepsilon}=\omega_e \tag{8-1-33}$$

$$w=w_e+w_m=\varepsilon\left[E_y(x,t)\right]^2=\mu\left[H_z(x,t)\right]^2=\varepsilon E_{y0}{}^2\cos^2\omega(t-\frac{\beta}{\omega}x+\frac{\varphi}{\omega}) \tag{8-1-34}$$

电磁场能量密度的平均值为

$$w_{av}=\frac{1}{2}\varepsilon E_{y0}{}^{2} \tag{8-1-35}$$

式（8-1-33）表明电场能量密度与磁场能量密度的瞬时值是相等的，分别为电磁场能量密度的一半。

坡印亭矢量的瞬时值为

$$\begin{aligned}\boldsymbol{S}_P(x,t)&=E_y(x,t)H_z(x,t)\boldsymbol{e}_y\times\boldsymbol{e}_z=\frac{\left[E_y(x,t)\right]^2}{Z_C}\boldsymbol{e}_x\\&=\frac{1}{Z_C}E_{y0}{}^{2}\cos^2\omega(t-\frac{\beta}{\omega}x+\frac{\varphi}{\omega})\boldsymbol{e}_x\\&=\frac{1}{Z_C\varepsilon}w\boldsymbol{e}_x=wv\boldsymbol{e}_x\end{aligned} \tag{8-1-36}$$

坡印亭矢量的时间平均值为

$$\dot{\boldsymbol{S}}_{av}(x,t)=\frac{1}{2}\mathrm{Re}\left[\dot{E}_y\boldsymbol{e}_y\times\dot{H}_z^*\boldsymbol{e}_z\right]=\frac{E_{y0}^{+\,2}}{2Z_C}\boldsymbol{e}_x \tag{8-1-37}$$

式（8-1-36）说明，在理想介质中电磁波能量流动的方向与波的传播方向一致，平面电磁波携带的电磁能量以速度v向前传播。

4. 无限大理想介质中时谐均匀平面电磁波的传播规律

（1）均匀平面电磁波是横波，即电场强度和磁场强度的振动方向与波传播方向垂直，且电场强度、磁场强度和传播方向满足右手定则。

（2）振幅不衰减，是等幅波，这是由于理想介质中无传导电流，理想介质是无损耗介质。

（3）电场强度与磁场强度的比值为波阻抗，理想介质中波阻抗为纯实数，因此二者不仅振幅成比例，而且相位相同，随时间变化的规律也相同。

（4）是行波，行波因子$\mathrm{e}^{-\mathrm{j}\beta x}$与$\cos(\omega t-\beta x+\varphi)$描述波的传播方向和传播速度。

（5）任一时刻，任一位置，时变磁场的能量密度w_m与时变电场的能量密度w_e相等。

理想介质中的时谐均匀平面电磁波如图 8-1-2 所示。

例 8-1-1 均匀平面时谐电磁波在$\varepsilon=4\varepsilon_0$，$\mu=\mu_0$的理想介质中传播，其中电场为$\boldsymbol{E}(x,t)=\boldsymbol{e}_y 20\cos(2\pi\times10^8 t-\beta x)\ \mathrm{V/m}$，试计算：

（1）波阻抗、相位常数、相速和波长；

（2）电场强度的复矢量$\dot{\boldsymbol{E}}(x)$；

（3）磁场强度的瞬时矢量$\boldsymbol{H}(x,\mathrm{t})$和复矢量$\dot{\boldsymbol{H}}(x)$。

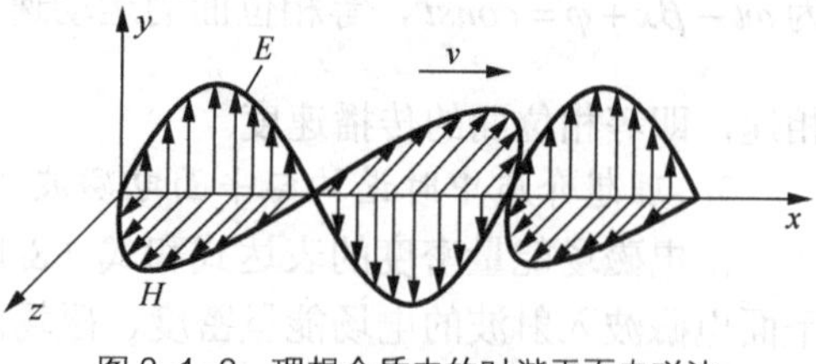

图 8-1-2 理想介质中的时谐平面电磁波

解（1）所求波阻抗、相位常数、相速、波长分别为

$$Z_C=\sqrt{\frac{\mu}{\varepsilon}}=\sqrt{\frac{4\pi\times10^{-7}}{4\times8.85\times10^{-12}}}=60\pi\,(\Omega)$$

$$\beta=\omega\sqrt{\mu\varepsilon}=2\pi\times10^8\sqrt{4\pi\times10^{-7}\times4\times8.85\times10^{-12}}=\frac{4}{3}\pi(\mathrm{rad/m})$$

$$v=\frac{1}{\sqrt{\mu\varepsilon}}=\frac{1}{\sqrt{4\pi\times10^{-7}\times4\times8.85\times10^{-12}}}=1.5\times10^{8}(\text{m/s})$$

$$\lambda=\frac{v}{f}=\frac{1.5\times10^{8}}{10^{8}}=1.5(\text{m})$$

（2）电场强度的复矢量 $\dot{\boldsymbol{E}}(x)$

对电场强度 $\boldsymbol{E}=20\cos\left(2\pi\times10^{8}t-\frac{4\pi}{3}x\right)\boldsymbol{e}_y(\text{V/m})$

$$\dot{\boldsymbol{E}}=E_y\mathrm{e}^{-\mathrm{j}\beta x}\boldsymbol{e}_y=20\mathrm{e}^{-\mathrm{j}\frac{4\pi}{3}x}\boldsymbol{e}_y\ (\text{V/m})$$

（3）磁场强度的瞬时矢量 $\boldsymbol{H}(x,t)$ 和复矢量 $\dot{\boldsymbol{H}}(x)$

$$\boldsymbol{H}=\frac{E_y(x,t)}{Z_{\text{C}}}\boldsymbol{e}_z=\frac{E_y(x,t)}{60\pi}\boldsymbol{e}_z$$

$$=\frac{1}{3\pi}\cos\left(2\pi\times10^{8}t-\frac{4\pi}{3}x\right)\boldsymbol{e}_z\quad(\text{A/m})$$

$$\dot{\boldsymbol{H}}=\frac{1}{3\pi}\mathrm{e}^{-\mathrm{j}\frac{4\pi}{3}x}\boldsymbol{e}_z\quad(\text{A/m})$$

例 8-1-2 已知无限大理想介质中均匀平面电磁波的磁感应强度表达式为

$$\boldsymbol{B}=10^{-6}\cos(6\pi\times10^{8}t-2\pi z)(\boldsymbol{e}_x+\boldsymbol{e}_y)\ T$$

试求：

（1）该波的频率 f、波速 v、波长 λ、相位常数 β 及传播方向；

（2）电场强度 $\boldsymbol{E}$ 的表达式；

（3）坡印廷矢量 $\boldsymbol{S}$ 的表达式；

（4）若在 yOz 平面上放置一半径为 R 的圆环，通过该圆环的电磁功率 $\boldsymbol{S}_R$ 为多少？

解 （1）从磁感应强度的表达式 $\boldsymbol{B}=10^{-6}\cos(6\pi\times10^{8}t-2\pi z)(\boldsymbol{e}_x+\boldsymbol{e}_y)$ 可知，波沿 z 轴正向传播。各参数为

$$\omega=6\pi\times10^{8}\quad(\text{Hz})\qquad f=\omega/2\pi=3\times10^{8}\ (\text{Hz})$$

$$\beta=2\pi\ (\text{rad/m})$$

$$\lambda=2\pi/\beta=1\ (\text{m})\qquad v=\omega/\beta=3\times10^{8}\ (\text{m/s})$$

（2）磁场强度的相量表示形式为

$$\dot{\boldsymbol{H}}=\frac{1}{\mu_0}\dot{\boldsymbol{B}}=\frac{10^{-6}}{\mu_0}\mathrm{e}^{-\mathrm{j}2\pi z}(\boldsymbol{e}_x+\boldsymbol{e}_y)\ \ (\text{A/m})$$

因波阻抗为电场强度与磁场强度的比值，所以有

$$Z_{\text{C}}=\frac{\dot{E}_x}{\dot{H}_y}=-\frac{\dot{E}_y}{\dot{H}_x}=Z_0$$

因此得

$$\dot{E}_y=-Z_0\dot{H}_x=-\sqrt{\mu_0/\varepsilon_0}\,(\dot{B}_x/\mu_0)=-v\dot{B}_x=-300\mathrm{e}^{-\mathrm{j}2\pi z}\ (\text{V/m})$$

$$\dot{E}_x=Z_0\dot{H}_y=v\dot{B}_y=300\mathrm{e}^{-\mathrm{j}2\pi z}\ (\text{V/m})$$

所以电场强度的瞬时值表达式为 $\boldsymbol{E}=300\cos(6\pi\times10^{8}t-2\pi z)(\boldsymbol{e}_x-\boldsymbol{e}_y)$ (V/m)。

（3）坡印庭矢量 $\boldsymbol{S}$ 为

$$\begin{aligned}\boldsymbol{S}&=\boldsymbol{E}\times\boldsymbol{H}\\&=\frac{300\times10^{-6}}{4\pi\times10^{-7}}\cos^2(6\pi\times10^{8}t-2\pi z)\ \left[(\boldsymbol{e}_x-\boldsymbol{e}_y)\times(\boldsymbol{e}_x+\boldsymbol{e}_y)\right]\\&=477.4\cos^2(6\pi\times10^{8}t-2\pi z)\boldsymbol{e}_z\ (\text{W/m}^2)\end{aligned}$$

（4）对 $\boldsymbol{yOz}$ 平面上放置的半径为 R 的圆环，这个圆环所围的面积法向方向为 x 方向，而电磁波的传播方向为 z 轴正方向，二者垂直，所以有

$$\boldsymbol{S}_R=\iint_S\boldsymbol{E}\times\boldsymbol{H}\cdot\mathrm{d}\boldsymbol{S}=0$$

8.2 导电介质中的时谐均匀平面电磁波

理想介质中电磁波的传播是无损耗的，而实际介质都是有损耗的，这里的损耗介质是指电导率 $\gamma\neq0$ 的介质，也称导电介质。导电介质中电磁波的存在会伴随传导电流的出现，导致电磁波传播过程中出现能量损耗，表现出不同于理想介质中电磁波传播的特性，这一节讨论导电介质中的均匀平面电磁波。

8.2.1 导电介质中的自由电荷

导电介质的电导率 $\gamma\neq0$，在有变化电磁场情况下，导电介质内必然有体电荷分布 $\rho(t)$，体电荷分布的变化形成传导电流，因而产生附加变化电磁场，原电磁场与附加电磁场共同确定了导电介质内总电磁场的分布，总电磁场分布又影响 $\rho(t)$ 分布。由电荷守恒定律和高斯定理可推导出整个导电介质内自由电荷的分布及其随时间变化规律。对均匀导电介质，传导电流密度为 $\boldsymbol{J}_\text{C}=\gamma\boldsymbol{E}$、电位移矢量为 $\boldsymbol{D}=\varepsilon\boldsymbol{E}$，根据电荷守恒定律

$$\nabla\cdot\boldsymbol{J}_\text{C}+\frac{\partial\rho}{\partial t}=0 \tag{8-2-1}$$

可得

$$\frac{\partial\rho}{\partial t}+\frac{\gamma}{\varepsilon}\rho=0 \tag{8-2-2}$$

推导过程如下：

$$\frac{\partial\rho}{\partial t}=-\nabla\cdot\boldsymbol{J}_\text{C}=-\nabla\cdot\gamma\boldsymbol{E}=-\frac{\gamma}{\varepsilon}\nabla\cdot\boldsymbol{D}=-\frac{\gamma}{\varepsilon}\rho \tag{8-2-3}$$

其中应用了高斯定律 $\nabla\cdot\boldsymbol{D}=\rho$。

式（8-2-2）的解为

$$\rho=\rho_0\mathrm{e}^{-\frac{t}{\tau}} \tag{8-2-4}$$

式中，ρ_0 是 $t=0$ 时刻的体电荷密度，τ 为时间常数，$\tau=\dfrac{\varepsilon}{\gamma}$。该式表明导电介质的自由电荷密度按指数形式衰减。当导电介质的电导率 γ 较大，介电常数 ε 很小（大多数金属的介电常数与真空的介电常数基本相同）时，时间常数 τ 很小，自由电荷衰减很快。在研究导电介质

中电磁波的传播规律时，可认为介质内不存在自由电荷。

8.2.2 导电介质中时谐均匀平面电磁波的波动方程

思路与 8.1 节一样，从电磁场的基本方程组出发，推导出导电介质中电磁波的波动方程，根据波动方程的解讨论电磁波的传播特性。

线性均匀各向同性导电介质中，电磁场所满足的基本方程组简化为

$$\nabla \times \boldsymbol{H} = \gamma \boldsymbol{E} + \varepsilon \frac{\partial \boldsymbol{E}}{\partial t} \tag{8-2-5}$$

$$\nabla \times \boldsymbol{E} = -\mu \frac{\partial \boldsymbol{H}}{\partial t} \tag{8-2-6}$$

$$\nabla \cdot \boldsymbol{H} = 0 \tag{8-2-7}$$

$$\nabla \cdot \boldsymbol{E} = 0 \tag{8-2-8}$$

为寻找导电介质中电磁波的波动方程，应用与 8.1.1 节相似的方法，对基本方程式（8-2-5）～式（8-2-8）进行运算得到

$$\nabla^2 \boldsymbol{E} - \mu\varepsilon \frac{\partial^2 \boldsymbol{E}}{\partial t^2} - \mu\gamma \frac{\partial \boldsymbol{E}}{\partial t} = 0 \tag{8-2-9}$$

$$\nabla^2 \boldsymbol{H} - \mu\varepsilon \frac{\partial^2 \boldsymbol{H}}{\partial t^2} - \mu\gamma \frac{\partial \boldsymbol{H}}{\partial t} = 0 \tag{8-2-10}$$

本节只讨论单一频率的时谐平面电磁波，因此可将波动方程描述为复数形式为

$$\nabla^2 \dot{\boldsymbol{E}} = (\mathrm{j}\omega)^2 \mu\varepsilon \dot{\boldsymbol{E}} + \mathrm{j}\omega\mu\gamma \dot{\boldsymbol{E}} = \left(\mathrm{j}\omega\sqrt{\mu\varepsilon'}\right)^2 \dot{\boldsymbol{E}} \tag{8-2-11}$$

$$\nabla^2 \dot{\boldsymbol{H}} = \left(\mathrm{j}\omega\sqrt{\mu\varepsilon'}\right)^2 \dot{\boldsymbol{H}} \tag{8-2-12}$$

式中，

$$\varepsilon' = \varepsilon + \frac{\gamma}{\mathrm{j}\omega} = \varepsilon - \mathrm{j}\frac{\gamma}{\omega} = \varepsilon\left(1 - \mathrm{j}\frac{\gamma}{\omega\varepsilon}\right) \tag{8-2-13}$$

ε' 为复数，可看作是导电介质中的等效复介电常数。复介电常数的实部是导电介质的介电常数，反应介质的极化特性，虚部包含导电介质的电导率 γ，反映介质的损耗特性。由传导电流密度 $\dot{\boldsymbol{J}}_{\mathrm{C}} = \gamma \dot{\boldsymbol{E}}$，位移电流密度 $\dot{\boldsymbol{J}}_{\mathrm{D}} = \frac{\partial \dot{D}}{\partial t} = \mathrm{j}\omega\varepsilon\dot{\boldsymbol{E}}$ 可知，$\frac{\gamma}{\omega\varepsilon}$ 为传导电流密度与位移电流密度的比值。令

$$\Gamma' = \mathrm{j}\omega\sqrt{\mu\varepsilon'} = \alpha + \mathrm{j}\beta \tag{8-2-14}$$

则波动方程式（8-2-11）与式（8-2-12）变为

$$\nabla^2 \dot{\boldsymbol{E}} - (\Gamma')^2 \dot{\boldsymbol{E}} = 0 \tag{8-2-15}$$

$$\nabla^2 \dot{\boldsymbol{H}} - (\Gamma')^2 \dot{\boldsymbol{H}} = 0 \tag{8-2-16}$$

对于均匀平面电磁波，场量只有与波的传播方向垂直的分量。与 8.1.4 节一样，依然设平面电磁波沿 x 轴方向传播，通过选择坐标轴使电场强度只有 $\dot{E}_y \boldsymbol{e}_y$ 分量，磁场强度只有 $\dot{H}_z \boldsymbol{e}_z$ 分量，式（8-2-15）及式（8-2-16）可简化为如下的一维波动方程：

$$\frac{\mathrm{d}^2 \dot{E}_y(x)}{\mathrm{d}x^2} - (\Gamma')^2 \dot{E}_y(x) = 0 \tag{8-2-17}$$

$$\frac{\mathrm{d}^2\dot{H}_z(x)}{\mathrm{d}x^2}-(\Gamma')^2\dot{H}_z(x)=0 \tag{8-2-18}$$

这就是时谐均匀平面电磁波在导电介质中传播时所满足的波动方程。对比 8.1.4 节中时谐均匀平面电磁波在理想介质中的波动方程式（8-1-19）与式（8-1-20），发现二者形式相同。这就是引入复介电常数的好处，即通过引入复介电常数，使导电介质与理想介质中电磁场所满足的相量形式的麦克斯韦方程组形式相同，导出的波动方程也形式相同，得到的波动方程的解的形式也相同。式中 Γ' 称为传播常数，与理想介质中传播常数 Γ 不同，导电介质中 Γ' 为复数，其实部和虚部分别为

$$\alpha=\omega\sqrt{\frac{\mu\varepsilon}{2}\left(\sqrt{1+\frac{\gamma^2}{\omega^2\varepsilon^2}}-1\right)} \tag{8-2-19}$$

$$\beta=\omega\sqrt{\frac{\mu\varepsilon}{2}\left(\sqrt{1+\frac{\gamma^2}{\omega^2\varepsilon^2}}+1\right)} \tag{8-2-20}$$

推导过程如下：

将式（8-2-13）代入式（8-2-14），并求平方可得

$$\alpha^2-\beta^2+\mathrm{j}2\alpha\beta=-\omega^2\mu\varepsilon+\mathrm{j}\omega\mu\gamma \tag{8-2-21}$$

式（8-2-21）两边的虚部与实部分别相等，即

$$\alpha^2-\beta^2=-\omega^2\mu\varepsilon \tag{8-2-22}$$

$$2\alpha\beta=\omega\mu\gamma \tag{8-2-23}$$

联立求解，即可得式（8-2-19）和式（8-2-20）。

8.2.3 时谐均匀平面电磁波的波动方程与传播规律

将 8.1.4 节中式（8-1-21）与式（8-1-22）中的 Γ 用 $\Gamma'=\alpha+j\beta$ 代替，得无限大导电介质中电场强度为 $\dot{E}_y\boldsymbol{e}_y$、磁场强度为 $\dot{H}_z\boldsymbol{e}_z$ 的均匀平面电磁波的波动方程的通解分别为

$$\dot{E}_y(x)=\dot{E}_{y0}^{+}\mathrm{e}^{-\Gamma' x}+\dot{E}_{y0}^{-}e^{\Gamma' x}=\dot{E}_{y0}^{+}\mathrm{e}^{-\alpha x}\mathrm{e}^{-\mathrm{j}\beta x}+\dot{E}_{y0}^{-}e^{\alpha x}\mathrm{e}^{\mathrm{j}\beta x} \tag{8-2-24}$$

$$\dot{H}_z(x)=\dot{H}_{z0}^{+}\mathrm{e}^{-\Gamma' x}+\dot{H}_{z0}^{-}\mathrm{e}^{\Gamma' x}=\dot{H}_{z0}^{+}\mathrm{e}^{-\alpha x}\mathrm{e}^{-\mathrm{j}\beta x}+\dot{H}_{z0}^{-}e^{\alpha x}e^{j\beta x} \tag{8-2-25}$$

对于无限大均匀介质，不考虑反射波，因此

$$\dot{E}_y(x)=\dot{E}_{y0}^{+}\mathrm{e}^{-\alpha x}\mathrm{e}^{-\mathrm{j}\beta x} \tag{8-2-26}$$

$$\dot{H}_z(x)=\dot{H}_{z0}^{+}\mathrm{e}^{-\alpha x}\mathrm{e}^{-\mathrm{j}\beta x} \tag{8-2-27}$$

设电场强度和磁场强度的初相角分别为 φ_e 和 φ_m，则与式（8-2-26）和式（8-2-27）对应的瞬时值表达式为

$$E_y(x,t)=E_{y0}^{+}\mathrm{e}^{-\alpha x}\cos(\omega t-\beta x+\varphi_\mathrm{e})=E_{y0}^{+}\mathrm{e}^{-\alpha x}\cos\omega\left(t-\frac{\beta}{\omega}x+\frac{\varphi_\mathrm{e}}{\omega}\right) \tag{8-2-28}$$

$$H_z(x,t)=H_{z0}^{+}\mathrm{e}^{-\alpha x}\cos(\omega t-\beta x+\varphi_\mathrm{m})=H_{z0}^{+}\mathrm{e}^{-\alpha x}\cos\omega\left(t-\frac{\beta}{\omega}x+\frac{\varphi_\mathrm{m}}{\omega}\right) \tag{8-2-29}$$

从式（8-2-24）～式（8-2-29）可以看出，在导电介质中，由于电导率不为零，电磁场在其中传播时出现了传导电流，导致电磁波能量不断损耗，表现为电场强度和磁场强度的振幅随 x 的增大以指数形式衰减。α 称为衰减常数，描述电磁波每前进单位长度场量的幅值衰减为原有值的 $e^{-\alpha}$ 倍，单位为Np/m（奈［培］/米）。β 称为相位常数，与理想介质中的情况相同，描述单位长度上相位的变化。α 和 β 共同决定电磁波的传播特性。

导电介质中均匀时谐平面电磁波在空间的分布如图8-2-1所示。

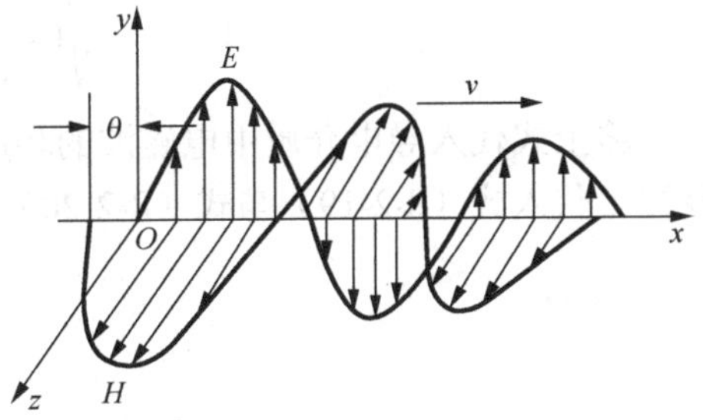

图8–2–1　导电介质中的均匀平面电磁波

利用波阻抗的定义，可得出导电介质中波阻抗为

$$Z_C=\frac{E_y^+(x,t)}{H_z^+(x,t)}=\frac{\dot{E}_y^+(x)}{\dot{H}_z^+(x)}=\sqrt{\frac{\mu}{\varepsilon'}}=\sqrt{\frac{\mu}{\varepsilon[1-\mathrm{j}\gamma/(\omega\varepsilon)]}}=|Z_C|\mathrm{e}^{\mathrm{j}\theta} \tag{8-2-30}$$

由上式可知，在导电介质中，波阻抗为复数，有别于理想介质。这说明尽管在空间任一位置导电介质中电场强度与磁场强度在空间方向上始终相互垂直，但相位不同，在时间上电场超前于磁场，超前的相位为 θ 。

导电介质中时谐平面电磁波的相速与波长分别为

$$v=\frac{\mathrm{d}x}{\mathrm{d}t}=\frac{\omega}{\beta}=\frac{1}{\sqrt{\frac{\mu\varepsilon}{2}\left(\sqrt{1+\frac{\gamma^2}{\omega^2\varepsilon^2}}+1\right)}} \tag{8-2-31}$$

$$\lambda=\frac{2\pi}{\beta}=\frac{2\pi}{\omega\sqrt{\mu\varepsilon}}\frac{1}{\sqrt{\frac{1}{2}\left(\sqrt{1+\frac{\gamma^2}{\omega^2\varepsilon^2}}+1\right)}} \tag{8-2-32}$$

相速是指单一频率时谐电磁波的等相位面在介质中沿波传播方向的运动速度。以上两式表明，电磁场在导电介质中传播时，不同频率的波对应不同的相速与波长，这种传播速度或波长随频率变化的现象，称作色散现象。电导率越大，电磁波的传播速度越小，波长越短。

导电介质中时谐均匀平面电磁波的传播特性可以概括为：

（1）是横波，电场、磁场与传播方向互相垂直，且满足右手定则。

（2）电场强度与磁场强度的幅度衰减，是减幅波，频率越高，电导率越大，衰减越快，这是由于导电介质中存在传导电流，产生了功率损耗。

（3）导电介质中波阻抗为复数，电场与磁场相位不同，电场超前于磁场。

（4）相速和波长与电磁波的频率有关，是色散波。

（5）瞬时磁场能量密度与瞬时电场能量密度不同，即 $w_\mathrm{m}\neq w_\mathrm{e}$ 。

8.2.4　低损耗介质中时谐电磁波的参数

导电介质有两类比较特别的，一类是低损耗介质，另一类是良导体。低损耗介质的电导率非常低，其中传导电流远远小于位移电流，满足 $\frac{\gamma}{\omega\varepsilon}\ll 1$。低损耗介质也称良介质，在微波

工程中经常用到。当$\frac{\gamma}{\omega\varepsilon}\ll 1$时

$$\sqrt{1+\frac{\gamma^2}{\omega^2\varepsilon^2}}\approx 1+\frac{1}{2}\left(\frac{\gamma}{\omega\varepsilon}\right)^2 \tag{8-2-33}$$

将上式代入导电介质中电磁波的相应公式中可得低损耗介质中电磁波的基本参数与传播规律。代入式（8-2-19）与式（8-2-20）可得衰减常数和相位常数分别为

$$\alpha\approx\frac{\gamma}{2}\sqrt{\frac{\mu}{\varepsilon}} \tag{8-2-34}$$

$$\beta\approx\omega\sqrt{\mu\varepsilon}(1+\frac{\gamma^2}{8\omega^2\varepsilon^2})\approx\omega\sqrt{\mu\varepsilon} \tag{8-2-35}$$

代入式（8-2-30）得波阻抗为

$$Z_C\approx\sqrt{\frac{\mu}{\varepsilon}}\left(1-\frac{3\gamma^2}{8\omega^2\varepsilon^2}+j\frac{\gamma}{2\omega\varepsilon}\right)\approx\sqrt{\frac{\mu}{\varepsilon}} \tag{8-2-36}$$

代入式（8-2-31）与式（8-2-32）得相速与波长分别为

$$v=\frac{\omega}{\beta}\approx\frac{1}{\sqrt{\mu\varepsilon}(1+\frac{\gamma^2}{8\omega^2\varepsilon^2})}\approx\frac{1}{\sqrt{\mu\varepsilon}} \tag{8-2-37}$$

$$\lambda=\frac{2\pi}{\beta}\approx\frac{2\pi}{\omega\sqrt{\mu\varepsilon}(1+\frac{\gamma^2}{8\omega^2\varepsilon^2})}\approx\frac{2\pi}{\omega\sqrt{\mu\varepsilon}} \tag{8-2-38}$$

以上各式说明，低损耗介质中的相位常数、波阻抗、波速与波长近似等于理想介质中的相应值，不同的是电磁波的振幅有衰减，但衰减常数为一正常数，衰减快慢与介质的电导率、磁导率、介电常数相关。

8.2.5 良导体中时谐电磁波的参数

与上述低损耗介质相比，良导体是一种高损耗介质，其中传导电流比位移电流大很多，即满足$\frac{\gamma}{\omega\varepsilon}\gg 1$，良导体是导电介质中常见的类型之一。由式（8-2-4）知良导体中的电荷

$$\rho(t)=\rho_0 e^{-\frac{t}{\tau}}=\rho_0 e^{-\frac{\gamma}{\varepsilon}t}=0 \tag{8-2-39}$$

此式表明良导体内电荷密度为零，电荷仅分布在导体表面一薄层内，集肤效应显著。

当$\frac{\gamma}{\omega\varepsilon}\gg 1$时，

$$\sqrt{1+\frac{\gamma^2}{\omega^2\varepsilon^2}}\approx\frac{\gamma}{\omega\varepsilon} \tag{8-2-40}$$

将式（8-2-40）代入导电介质中时谐均匀平面电磁波的相关参数中，可得良导体中电磁波的相关参数与传播特性。衰减系数与相位常数为：

$$\alpha\approx\beta\approx\sqrt{\frac{\omega\mu\gamma}{2}} \tag{8-2-41}$$

传播常数为

$$\Gamma' \approx (1+\mathrm{j})\sqrt{\frac{\omega\mu\gamma}{2}} = \sqrt{\mathrm{j}\omega\mu\gamma} \tag{8-2-42}$$

波阻抗为

$$Z_C \approx \sqrt{\frac{\mathrm{j}\omega\mu}{\gamma}} \approx (1+\mathrm{j})\sqrt{\frac{\omega\mu}{2\gamma}} = \sqrt{\frac{\omega\mu}{\gamma}} \angle 45^\circ \tag{8-2-43}$$

相速与波长分别为

$$\upsilon = \frac{\omega}{\beta} \approx \sqrt{\frac{2\omega}{\mu\gamma}} \tag{8-2-44}$$

$$\lambda = \frac{2\pi}{\beta} \approx 2\pi\sqrt{\frac{2}{\omega\mu\gamma}} \tag{8-2-45}$$

良导体中电磁波的衰减系数α很大，表明其中电磁场衰减很快，电磁波很难传播到导体内部，为了描述电磁波在导电介质中的穿透能力，引入一个新的物理量—透入深度d。透入深度d定义为电磁波从导电介质表面向其内部传播时幅值衰减为表面值的$\frac{1}{e}$（=0.368）时所经过的距离。因此有$e^{-\alpha d} = e^{-1}$，良导体的透入深度为

$$d = \frac{1}{\alpha} \approx \sqrt{\frac{2}{\omega\mu\gamma}} = \frac{\lambda}{2\pi} \tag{8-2-46}$$

由上述公式可见，良导体中电磁波振幅衰减，且衰减很快，透入深度仅为波长的$1/2\pi$，波长、波速和波阻抗的值都比较小，且与电磁波的频率有关，电场与磁场的相位不同，电场超前磁场45°。表8-2-1给出了理想介质与良导体中均匀平面电磁波的传播特性比较。

表8-2-1 理想介质与良导体中均匀平面电磁波的传播特性比较

	理想介质	良导体
相同点	1．$\boldsymbol{E}$与$\boldsymbol{H}$除与时间t有关外，仅与传播方向的坐标有关 2．$\boldsymbol{E}\times\boldsymbol{H}$与$\boldsymbol{S}$的传播方向一致，三者在空间上相互垂直 3．沿传播方向没有$\boldsymbol{E}$与$\boldsymbol{H}$的分量，即为TEM波	
不同点	1．等幅波 2．波阻抗为实数，$\boldsymbol{E}$与$\boldsymbol{H}$相位相同 3．波速与ω无关，电磁波为非色散波 4．波中$w_e = w_m$，能速与相速相等	减幅波 波阻抗为复数，$\boldsymbol{E}$与$\boldsymbol{H}$相位不同 波速与ω有关，电磁波为色散波 波中$w_e \neq w_m$

例8-2-1 一种介质的$\mu_r = 1.6$，$\varepsilon_r = 25$，$\gamma = 2.5$ S/m，频率为7.2 kHz的电磁波在其中传播时电场强度为$\boldsymbol{E}(x,t) = \boldsymbol{e}_y 0.2e^{-\alpha x}\cos(\omega t - \beta x)$ V/m。试求：

（1）介质中电磁波的衰减常数α、相位常数β、传播常数Γ'、波阻抗Z_C、波速υ、波长λ和透入深度d；

（2）磁场强度的瞬时矢量表达式$\boldsymbol{H}(x,t)$与和复矢量$\dot{\boldsymbol{H}}(x)$。

解 按题意依次求解如下：

（1）介质中的电磁波的α、β、Γ'、Z_0、υ、λ和d计算。根据给定条件，先计算

$$\frac{\gamma}{\omega\varepsilon}=\frac{2.5}{2\pi\times 7.2\times 10^{3}\times 25\times 8.85\times 10^{-12}}=2.5\times 10^{5}\gg 1$$

因为$\dfrac{\gamma}{\omega\varepsilon}\gg 1$，此介质可看作良导体，代入良导体的电磁波参数公式，有

$$\alpha\approx\beta\approx\sqrt{\frac{\omega\mu\gamma}{2}}=\sqrt{\frac{2\pi\times 7.2\times 10^{3}\times 1.6\times 4\pi\times 10^{-7}\times 2.5}{2}}=0.3372\ （\mathrm{rad/m}）$$

$$\Gamma'\approx\alpha+\mathrm{j}\beta=0.3372+\mathrm{j}0.3372\ （\mathrm{rad/m}）$$

$$Z_{\mathrm{C}}\approx\sqrt{\frac{\mathrm{j}\omega\mu}{\gamma}}=\sqrt{\frac{\mathrm{j}2\pi\times 7.2\times 10^{3}\times 1.6\times 4\pi\times 10^{-7}}{2.5}}=0.1907\sqrt{\mathrm{j}}=0.1907\angle 45^{\circ}(\Omega)$$

$$\upsilon=\frac{\omega}{\beta}=\frac{2\pi\times 7.2\times 10^{3}}{0.3372}=1.3416\times 10^{5}(\mathrm{m/s})$$

$$\lambda=\frac{2\pi}{\beta}=\frac{2\pi}{0.3372}=18.633(\mathrm{m})$$

$$d=\frac{1}{\alpha}\approx\sqrt{\frac{2}{\omega\mu\gamma}}=\frac{1}{0.3372}=2.966(\mathrm{m})$$

（2）电磁波磁场强度表达式的计算

将频率、衰减常数和传播常数代入电场强度，得其瞬时值表达式为

$$\boldsymbol{E}(x,t)=\mathbf{e}_{y}0.2\mathrm{e}^{-0.3372x}\cos(1.44\pi\times 10^{4}t-0.3372x)$$

复数形式为

$$\dot{\boldsymbol{E}}(x)=\boldsymbol{e}_{y}0.2\mathrm{e}^{-0.3372x}\mathrm{e}^{-\mathrm{j}0.3372x}$$

电场强度只有y方向分量，因此有$\dot{E}_{y}(x)=0.2\mathrm{e}^{-0.3372x}\mathrm{e}^{-\mathrm{j}0.3372x}$

根据$Z_{\mathrm{C}}=\dfrac{\dot{E}_{y}^{+}(x)}{\dot{H}_{z}^{+}(x)}$可得

$$\dot{H}_{z}(x)=\frac{\dot{E}_{y}(x)}{Z_{\mathrm{C}}}=\frac{0.2}{0.1907}\mathrm{e}^{-0.3372x}\mathrm{e}^{-\mathrm{j}0.3372x}\mathrm{e}^{-\mathrm{j}45^{\circ}}=1.0488\mathrm{e}^{-0.3372x}\mathrm{e}^{-\mathrm{j}0.3372x}\mathrm{e}^{-\mathrm{j}45^{\circ}}(\mathrm{A/m})$$

因此磁场强度的矢量形式为

$$\dot{\boldsymbol{H}}(x)=\boldsymbol{e}_{z}1.0488\mathrm{e}^{-0.3372x}\mathrm{e}^{-\mathrm{j}0.3372x}\mathrm{e}^{-\mathrm{j}45^{\circ}}\quad(\mathrm{A/m})$$

瞬时值为

$$\boldsymbol{H}(x,t)=\boldsymbol{e}_{z}1.0488\mathrm{e}^{-0.3372x}\cos(1.44\pi\times 10^{4}t-0.3372x-\frac{\pi}{4})\quad(\mathrm{A/m})$$

例 8-2-2 在例 8-2-1 中，如果电磁波频率为7.2 MHz，其他条件不变，再计算介质中电磁波的α、β、Γ'、Z_{0}、v、λ和d，并与上题结果比较。

解 仍根据给定条件，先计算

$$\frac{\gamma}{\omega\varepsilon}=\frac{2.5}{2\pi\times 7.2\times 10^{6}\times 25\times 8.85\times 10^{-12}}=0.25\times 10^{3}\gg 1$$

电磁波频率为7.2 MHz时，介质依然可看作良导体，对应的电磁波参数为

$$\alpha \approx \beta \approx \sqrt{\frac{\omega\mu\gamma}{2}} = \sqrt{\frac{2\pi\times7.2\times10^6\times1.6\times4\pi\times10^{-7}\times2.5}{2}} = 10.663\ \text{(rad/m)}$$

$$\Gamma' \approx \alpha + \mathrm{j}\beta = 10.663 + \mathrm{j}10.663\ \text{(rad/m)}$$

$$Z_C \approx \sqrt{\frac{\mathrm{j}\omega\mu}{\gamma}} = \sqrt{\frac{\mathrm{j}2\pi\times7.2\times10^6\times1.6\times4\pi\times10^{-7}}{2.5}} = 6.0319\sqrt{\mathrm{j}} = 6.0319\angle45^\circ(\Omega)$$

$$v = \frac{\omega}{\beta} = \frac{2\pi\times7.2\times10^6}{10.663} = 4.2426\times10^6(\text{m/s})$$

$$\lambda = \frac{2\pi}{\beta} = \frac{2\pi}{10.663} = 0.5893(\text{m})$$

$$d = \frac{1}{\alpha} \approx \sqrt{\frac{2}{\omega\mu\gamma}} = \frac{1}{10.663} = 0.0938(\text{m})$$

对比例 8-2-1 与例 8-2-2 的计算结果，表明在同一良导体中，电磁波频率越高，其传播速度越高，波长越短，衰减越快，透入深度越小，趋肤效应越明显。

例 8-2-3 频率为 4 MHz 的时谐均匀平面电磁波在海水中沿 x 轴正向传播，海水的 $\mu_r = 1$，$\varepsilon_r = 81$，$\gamma = 4\ \text{S/m}$，求波长 λ、相速 v 与透入深度 d。

解 海水中有大量的盐（NaCl），NaCl 在水中分解成 Na^+与 Cl^-离子，在电场作用下会运动形成传导电流，因此海水是导体。对于海水

$$\frac{\gamma}{\omega\varepsilon} = \frac{4}{2\pi\times4\times10^6\times81\times8.85\times10^{-12}} = 2.22\times10^2 \gg 1$$

因此可看作良导体，因此

$$v = \frac{\omega}{\beta} = \omega \Big/ \sqrt{\frac{\omega\mu\gamma}{2}} = \sqrt{\frac{2\omega}{\mu\gamma}} = \sqrt{\frac{2\times2\pi\times4\times10^6}{4\pi\times10^{-7}\times4}} = 3.162\times10^6(\text{m/s})$$

$$\lambda = \frac{2\pi}{\beta} = \frac{2\pi}{\sqrt{\frac{\omega\mu\gamma}{2}}} = 0.792(\text{m})$$

$$d \approx \sqrt{\frac{2}{\omega\mu\gamma}} = 0.126(\text{m})$$

8.3 电磁波的极化

电磁波是横波，要了解其传播特性还需要考虑极化问题。电磁波的极化是指电磁场传播过程中电场强度或磁场强度的方向随时间变化的方式，可用电场强度或磁场强度矢量的末端的轨迹描述。前两节讨论无界空间中均匀平面电磁波传播时，通过坐标选择有意使电场 $\boldsymbol{E}$ 只有 y 方向分量，实际情况中，电场 $\boldsymbol{E}$ 可能不在 y 轴方向，甚至可以随时间变化。一般情况下，在等相位面上电场 $\boldsymbol{E}$ 有两个分量，电场强度方向随时间变化的方式就是这两个分量的合成电场强度随时间的变化方式。由于磁场 $\boldsymbol{H}$ 与电场 $\boldsymbol{E}$ 有明确的方向关系，磁场 $\boldsymbol{H}$ 不再另行描述。

与前两节一样，依然设均匀平面电磁波沿 x 轴方向传播，等相面上电场 $\boldsymbol{E}$ 有两个相互垂直的分量，分别表示为

$$E_y(x,t) = E_{ym}\cos(\omega t - \beta x + \varphi_y) \tag{8-3-1}$$

$$E_z(x,t) = E_{zm}\cos(\omega t - \beta x + \varphi_z) \tag{8-3-2}$$

此时极化可看作是y方向和z方向两个波的迭加，从式（8-3-1）与式（8-3-2）中消去时间t，可确定合成波电场强度$\boldsymbol{E}(t)$矢量端点的轨迹方程。根据合成波电场强度矢量末端在等相位面上随时间变化的运动轨迹，极化可分为线极化、圆极化和椭圆极化三种情况。极化类型取决于两列波的幅值E_{ym}、E_{zm}与初相位φ_y、φ_z。为了讨论方便又不失一般性，我们取$x=0$的平面进行讨论，此时式（8-3-1）与式（8-3-2）变为

$$E_y(t) = E_{ym}\cos(\omega t + \varphi_y) \tag{8-3-3}$$

$$E_z(t) = E_{zm}\cos(\omega t + \varphi_z) \tag{8-3-4}$$

8.3.1 直线极化波

当E_y与E_z同相或反相时，即$\varphi_y = \varphi_z$或者$\varphi_z - \varphi_y = \pi$时，式（8-3-3）与式（8-3-4）变为

$$E_y(t) = E_{ym}\cos(\omega t + \varphi_y) \tag{8-3-5}$$

$$E_z(t) = \pm E_{zm}\cos(\omega t + \varphi_y) \tag{8-3-6}$$

两式相除消去t有

$$E_z(t) = \pm\frac{E_{zm}}{E_{ym}}E_y(t) \tag{8-3-7}$$

可见，合成电场$\boldsymbol{E}(t)$的轨迹是斜率为$\pm\dfrac{E_{zm}}{E_{ym}}$的直线。

合成电场$\boldsymbol{E}(t)$为

$$\begin{aligned}\boldsymbol{E}(t) &= E_{ym}\cos(\omega t + \varphi)\boldsymbol{e}_y \pm E_{zm}\cos(\omega t + \varphi)\boldsymbol{e}_z \\ &= \left(E_{ym}\boldsymbol{e}_y \pm E_{zm}\boldsymbol{e}_z\right)\cos(\omega t + \varphi) \\ &= \sqrt{E^2{}_{ym} + E^2{}_{zm}}\cos(\omega t + \varphi)\boldsymbol{e}_m\end{aligned} \tag{8-3-8}$$

式中，$\boldsymbol{e}_m$为合成电场$\boldsymbol{E}(t)$方向的单位矢量。如图8-3-1所示，设ϕ为$\boldsymbol{e}_m$与$\boldsymbol{e}_y$之间的夹角，有

$$\phi = \arctan\frac{E_{zm}}{E_{ym}} \quad （同相） \tag{8-3-9}$$

$$\phi = \pi + \arctan\left(-\frac{E_{zm}}{E_{ym}}\right) \quad （反相） \tag{8-3-10}$$

由此可知，当E_y与E_z同相或反相时，合成电场$\boldsymbol{E}(t)$矢量与$\boldsymbol{e}_y$的夹角ϕ不随时间而改变，$\boldsymbol{E}(t)$的端点轨迹为直线，称为直线极化波。E_y与E_z同相时$\boldsymbol{E}(t)$的端点轨迹为一三象限的直线，E_y与E_z反相时轨迹是二四象限的直线，如图8-3-1所示。

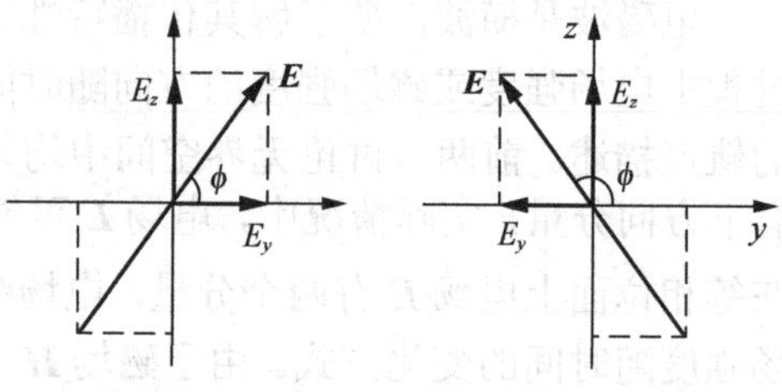

（a）相位差为零　　（b）相位差为π

图8-3-1　直线极化波

8.3.2 圆极化波

当E_y与E_z的幅值相等，且相位差为$\pm\frac{\pi}{2}$时，即

$$E_{ym}=E_{zm}=E_m，\ \varphi_z-\varphi_y=\pm\frac{\pi}{2}， \tag{8-3-11}$$

式（8-3-3）与式（8-3-4）变为

$$E_y(t)=E_m\cos(\omega t+\varphi_y) \tag{8-3-12}$$

$$E_z(t)=E_m\cos(\omega t+\varphi_y\pm\frac{\pi}{2})=\mp E_m\sin(\omega t+\varphi_y) \tag{8-3-13}$$

从上两式中消去时间t得

$$\left(\frac{E_y(t)}{E_m}\right)^2+\left(\frac{E_z(t)}{E_m}\right)^2=1 \tag{8-3-14}$$

可见这是半径为E_m的圆方程，如图8-3-2所示。

此时合成电场强度$\boldsymbol{E}(t)$为

$$\boldsymbol{E}(t)=E_m\cos(\omega t+\varphi_y)\boldsymbol{e}_y\mp E_m\sin(\omega t+\varphi_y)\boldsymbol{e}_z \tag{8-3-15}$$

合成电场强度的幅值为

$$E(t)=\sqrt{E_m^2[\cos^2(\omega t+\varphi_y)+\sin^2(\omega t+\varphi_y)]}=E_m \tag{8-3-16}$$

合成电场的方向与$\boldsymbol{e}_y$之间的夹角满足

$$\tan\phi=\frac{E_z}{E_y}=\frac{\mp E_m\sin(\omega t+\varphi_y)}{E_m\cos(\omega t+\varphi_y)}=\mp\tan(\omega t+\varphi_y) \tag{8-3-17}$$

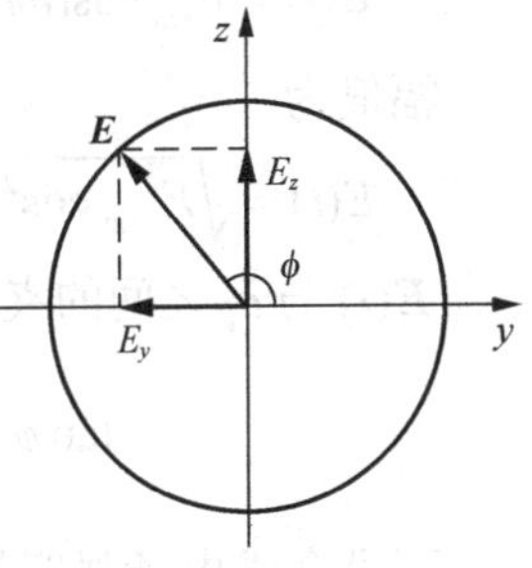

图8-3-2 圆极化波

$$\phi=\mp(\omega t+\varphi_y) \tag{8-3-18}$$

从以上分析可见，当E_y与E_z的幅值相等，且相位差为$\pm\frac{\pi}{2}$时，合成电场强度$\boldsymbol{E}(t)$的幅值保持恒定，但方向却以ω的角速度匀速改变，$\boldsymbol{E}$矢量端点的轨迹为一个圆，这种合成波称为圆极化波。从式（8-3-18）可知圆极化波$\boldsymbol{E}(t)$的旋转方向不同，当$\varphi_z-\varphi_y=\frac{\pi}{2}$时，合成矢量旋转方向与波的传播方向符合左手螺旋关系，称为左旋圆极化波；当$\varphi_z-\varphi_y=-\frac{\pi}{2}$时，合成矢量旋转方向与波的传播方向符合右手螺旋关系的称为右旋圆极化波。

8.3.3 椭圆极化波

一般情况下电场强度分量$\boldsymbol{E}_y$和$\boldsymbol{E}_z$的幅值和相位都不同，此时的合成波便是椭圆极化。设$\varphi_z-\varphi_y=\varphi$，式（8-3-3）与式（8-3-4）可以写为

$$E_y(t)=E_{ym}\cos(\omega t+\varphi_y) \tag{8-3-19}$$

$$E_z(t)=E_{zm}\cos(\omega t+\varphi_y+\varphi) \tag{8-3-20}$$

下面通过对上两式的运算来消去时间t，建立合成电场强度矢量$\boldsymbol{E}(t)$端点轨迹的数学表

示式。式（8-3-20）变形可得

$$\frac{E_z(t)}{E_{zm}}=\cos(\omega t+\varphi_y)\cos\varphi \quad \sin(\omega t+\varphi_y)\sin\varphi \tag{8-3-21}$$

将式（8-3-19）代入上式有

$$\frac{E_z(t)}{E_{zm}}=\frac{E_y(t)}{E_{ym}}\cos\varphi-\sin\varphi\sqrt{1-\left(\frac{E_y(t)}{E_{ym}}\right)^2} \tag{8-3-22}$$

化简得

$$\frac{E_y^2}{E_{ym}^2}+\frac{E_z^2}{E_{zm}^2}-\frac{2E_yE_z}{E_{ym}E_{zm}}\cos\varphi=\sin^2\varphi \tag{8-3-23}$$

这是一个椭圆方程，说明合成电场强度 $\boldsymbol{E}(t)$ 矢量端点的轨迹为一椭圆（见图 8-3-3）。这种合成波称为椭圆极化波。

椭圆极化波的合成电场强度 $\boldsymbol{E}(t)$ 为

$$\boldsymbol{E}(t)=E_{ym}\cos(\omega t+\varphi_y)\boldsymbol{e}_y+E_{zm}\cos(\omega t+\varphi_z)\boldsymbol{e}_z \tag{8-3-24}$$

幅值为

$$E(t)=\sqrt{E^2{}_{ym}\cos^2(\omega t+\varphi_y)+E^2{}_{zm}\cos^2(\omega t+\varphi_z)} \tag{8-3-25}$$

$\boldsymbol{E}(t)$ 与 $\boldsymbol{e}_y$ 之间的夹角满足

$$\tan\phi=\frac{E_{zm}\cos(\omega t+\varphi_z)}{E_{ym}\cos(\omega t+\varphi_y)} \tag{8-3-26}$$

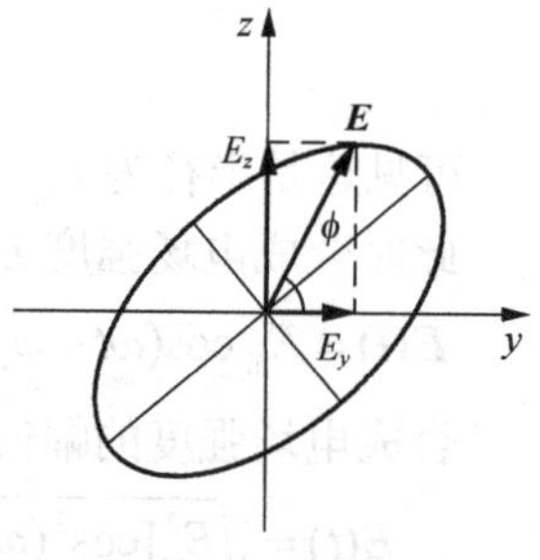

图 8-3-3　椭圆极化波

可见合成电场强度矢量 $\boldsymbol{E}(t)$ 的幅值与方向都随时间改变，它们由两列波的幅值 E_{ym}、E_{zm} 与初相位 φ_y、φ_z 共同决定。椭圆极化波也有左旋极化波、右旋极化波之分，约定与圆极化波相同，即合成矢量旋转方向与波的传播方向符合左手螺旋关系的称为左旋椭圆极化波，旋转方向与波的传播方向符合右手螺旋关系的称为右旋椭圆极化波。椭圆极化波是左旋还是右旋取决于相位差，当 $0<\varphi_z-\varphi_y<\pi$ 时为左旋椭圆极化波，当 $-\pi<\varphi_z-\varphi_y<0$ 时为右旋椭圆极化波。线极化与圆极化都是椭圆极化的特例。

（1）当 $\varphi=0$ 或 $\varphi=\pi$ 时，$\sin\varphi=0$，（8-3-23）式变为 $\dfrac{E_y}{E_{ym}}=\pm\dfrac{E_z}{E_{zm}}$，即为线极化。

（2）当 $\varphi=\pm\dfrac{\pi}{2}$，$E_{ym}=E_{zm}=E_m$ 时，$\cos\varphi=0$，（8-3-23）式变为 $\dfrac{E_y^2}{E_m^2}+\dfrac{E_z^2}{E_m^2}=1$，即为圆极化。

无论哪一种极化方式，场量随时间变化的同时也沿着电磁波传播的方向以波速向前推进。前面讨论的是由两个互相正交的线极化波合成三种不同极化的过程，反之极化波也可以分解。例如，任一椭圆极化波都能分解为两个在空间互相垂直的直线极化波；任一圆极化波可分解为两个振幅相同，相位差 $\dfrac{\pi}{2}$、空间正交的线极化波；任一线极化波均可分解为两个振幅相等但旋转方向相反的圆极化波；一个椭圆极化波也可以分解为两个旋向相反的圆极化波。

波的极化特性在工程上有很重要的应用。例如，分析电磁波在空间或有限区域内的传播特性时需要考虑极化，通信系统中为增加系统的容量也需要考虑极化，分析与天线有关的发射接收问题时，也需要考虑波的极化、极化类型的转换等。

例 8-3-1　已知一沿正 x 轴传播的均匀平面波，其电场强度由以下两个线性极化波合成，

$$E_y = 5\cos(\omega t - \beta x)$$

$$E_z = 3\cos(\omega t - \beta x + \frac{\pi}{2})$$

试讨论此电场所表示的均匀平面电磁波的极化特性。

解　波的极化特性是用合成波电场强度在等相位面上随时间变化的运动轨迹描述。

合成波为：$\boldsymbol{E} = E_y\boldsymbol{e}_y + E_z\boldsymbol{e}_z = 5\cos(\omega t - \beta x)\boldsymbol{e}_y + 3\cos(\omega t - \beta x + \frac{\pi}{2})\boldsymbol{e}_z$

为简化讨论，取 $x=0$ 的平面有，$\boldsymbol{E} = 5\cos(\omega t)\boldsymbol{e}_y + 3\cos(\omega t + \frac{\pi}{2})\boldsymbol{e}_z$

即在此平面上，

$$E_y(t) = 5\cos\omega t$$

$$E_z(t) = 3\cos(\omega t + \frac{\pi}{2}) = -3\sin\omega t$$

因此满足

$$\frac{E_y^2(t)}{5^2} + \frac{E_z^2(t)}{3^2} = 1$$

这是一个标准的椭圆方程，其长轴（$a=10\,\text{m}$）在 y 轴上，短轴（$b=6\,\text{m}$）在 z 轴上，长短轴之比 5∶3。

确定转向：在 $x=0$ 的平面上，$\omega t=0$ 时，$E_y(t)=5$，$E_z(t)=0$，$\boldsymbol{E}$ 场的端点在正 y 方向；当 $\omega t = \frac{\pi}{2}$ 时，$E_y(t)=0$，$E_z(t)=-3$，$\boldsymbol{E}$ 场的端点在负 z 方向。旋转方向与波传播方向符合左手螺旋关系，因此为左旋椭圆极化。或者用相位差来判断，因为 $0 < \varphi_z - \varphi_y = \frac{\pi}{2} < \pi$，因此该均匀平面波为左旋椭圆极化波。

8.4　导体中与时变场相关的效应

本节简要介绍时变电磁场中导体内出现的一些现象，包括涡流、集肤效应、邻近效应与电磁屏蔽，介绍它们产生的机理以及在日常生活与生产生活中的利弊。

8.4.1　薄导体平板中的涡流

当大块导体处于变化的磁场中时，在导体内部会产生感应电流。这些感应电流的流线呈闭合的涡旋状，被称为涡电流或涡流。

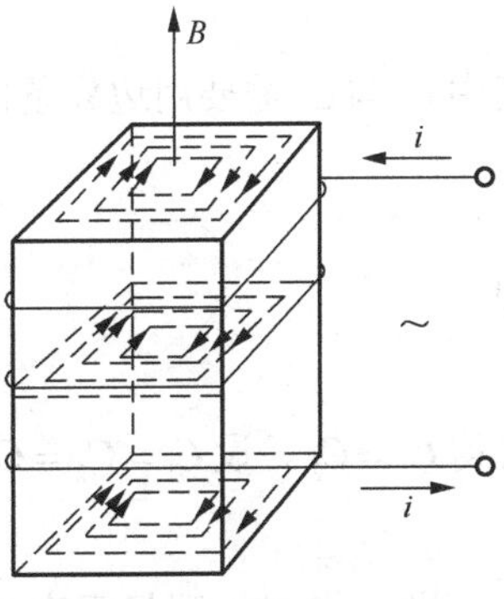

图 8-4-1　涡流

如图 8-4-1 所示，在金属块上绕上一组线圈，当线圈中通以交变电流时，金属块就处在交变磁场中，金属块上会产生感应电流。磁场变化越快，涡流就越强。涡流具有与传导电流相同的热效应和磁效应。在电机与变压器设备中，由于涡流的存在，会使铁芯发热，温度升高，

造成电能损耗，设备容量不能充分利用。为了减少涡流损耗，人们把铁芯在垂直于涡流的方向上，分成许多薄片，片间用绝缘物质分开，同时在钢里加入少量的硅，来增加涡流的电阻以减少涡流。变压器和电动机的铁芯就是用涂有绝缘漆的硅钢片叠成的。同时涡流也有其广泛的工业应用，如感应加热、无损检测、电冶金、电磁阻尼、感应型测量仪表和电磁闸等。因此，有必要对涡流问题进行讨论。

下面以变压器铁芯（见图 8-4-2）中的一片导体为例，研究导体薄平板中的涡流和电磁场。

如图 8-4-3 所示，设导体薄平板的厚度为 a，沿 x 方向，沿 y 方向的几何尺寸 $h \gg a$，沿 z 方向的几何尺寸 $l \gg a$，薄板中电磁场的场量 $\boldsymbol{E}$ 与 $\boldsymbol{H}$ 近似为 x 的函数，在 y 和 z 方向没有变化。导体薄平板处于时谐均匀外磁场中，外磁场沿 z 方向，因此磁场强度 $\boldsymbol{H}$ 只有 z 分量 H_z，感生电场与感应电流均在垂直于 z 方向的平面内，由于 $h \gg a$，忽略边缘效应，可认为电场 $\boldsymbol{E}$ 与电流 $\boldsymbol{J}$ 仅有 y 方向分量 E_y 和 J_y。应用导电介质的结论，在导体平板中的磁场所满足的波动方程为式（8-2-18），即

$$\frac{\mathrm{d}^2\dot{H}_z(x)}{\mathrm{d}x^2}-(\Gamma')^2\dot{H}_z(x)=0$$

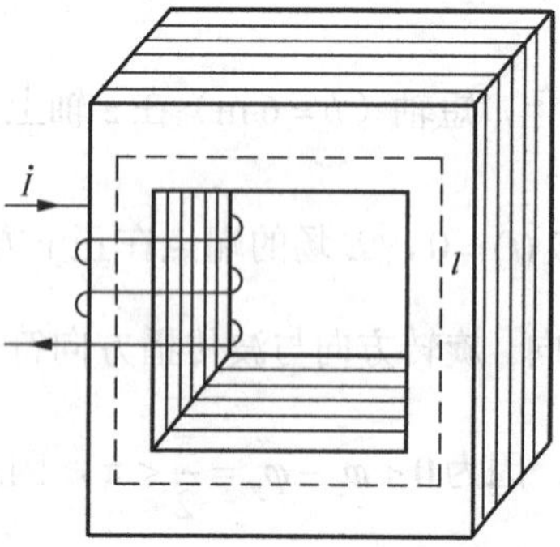

图 8-4-2　变压器铁芯

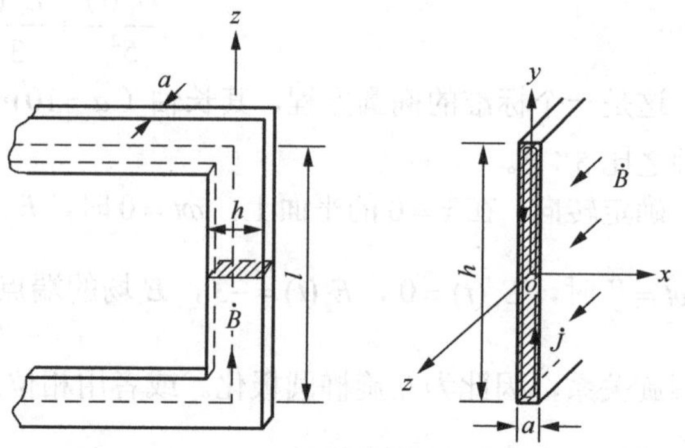

图 8-4-3　导体薄板

由于导体中传导电流远远大于位移电流，忽略位移电流，此处

$$\Gamma'^2=\mathrm{j}\omega\mu\gamma \tag{8-4-1}$$

薄导体板中的磁场规律可用波动方程的解描述，波动方程的通解为

$$\dot{H}_z(x)=C_1\mathrm{e}^{-\Gamma'x}+C_2\mathrm{e}^{\Gamma'x} \tag{8-4-2}$$

其中 C_1 与 C_2 需要用边界条件与初始条件确定。由于磁场沿 x 方向对称，因此有

$$\dot{H}_z(-\frac{a}{2})=\dot{H}_z(\frac{a}{2}) \tag{8-4-3}$$

即

$$C_1\mathrm{e}^{\Gamma'a/2}+C_2\mathrm{e}^{-\Gamma'a/2}=C_1\mathrm{e}^{-\Gamma'a/2}+C_2\mathrm{e}^{\Gamma'a/2} \tag{8-4-4}$$

可得 $C_1=C_2$。设 $C_1=C_2=C$，通解式（8-4-2）变为

$$\dot{H}_z=C(\mathrm{e}^{-\Gamma'x}+\mathrm{e}^{\Gamma'x})=2C\mathrm{ch}(\Gamma'x) \tag{8-4-5}$$

设 $x=0$ 处，磁场强度 $\dot{H}_z(0)=\dot{H}_0$，代入式（8-4-5）得

$$C=\dot{H}_0/2 \tag{8-4-6}$$

因此式（8-4-5）变为

$$\dot{H}_z = \dot{H}_0(e^{-\Gamma' x} + e^{\Gamma' x})/2 = \dot{H}_0 \text{ch}(\Gamma' x) \tag{8-4-7}$$

这就是波动方程的解，薄板中磁场的规律可用上式描述。根据 $\dot{\boldsymbol{B}} = \mu\dot{\boldsymbol{H}}$ 得薄平板中磁感应强度为

$$\dot{B}_z = \mu\dot{H}_0 \text{ch}(\Gamma' x) = \dot{B}_0 \text{ch}(\Gamma' x) \tag{8-4-8}$$

式（8-4-5）、式（8-4-7）与式（8-4-8）中 $\text{ch}(\Gamma' x)$ 是双曲余弦函数

$$\text{ch}(\Gamma' x) = (e^{-\Gamma' x} + e^{\Gamma' x})/2 \tag{8-4-9}$$

另外，后面还会用到双曲正弦函数 $\text{sh}(\Gamma' x)$

$$\text{sh}(\Gamma' x) = (e^{\Gamma' x} - e^{-\Gamma' x})/2 \tag{8-4-10}$$

根据 $\nabla\times\dot{\boldsymbol{H}} = \dot{\boldsymbol{J}}$ 和 $\dot{\boldsymbol{J}} = \gamma\dot{\boldsymbol{E}}$ 可得导体中的电流密度和电场强度为

$$\dot{J}_{Cy} = -\dot{H}_0\Gamma' \text{sh}(\Gamma' x) \tag{8-4-11}$$

$$\dot{E}_y = \frac{\dot{J}_{Cy}}{\gamma} = -\frac{\dot{H}_0\Gamma'}{\gamma}\text{sh}(\Gamma' x) \tag{8-4-12}$$

式（8-4-7）、式（8-4-8）、式（8-4-11）与式（8-4-12）分别描述的是导体薄板中的磁场强度、磁感应强度、电流密度和电场强度的相量随坐标变化的表达式，通过计算它们的模可得到其中电磁场的空间分布规律。其中双曲函数 $\text{sh}(\Gamma' x)$ 和 $\text{ch}(\Gamma' x)$ 的模分别为

$$|\text{sh}(\Gamma' x)| = \sqrt{\frac{1}{2}\text{ch}(2Kx) - \frac{1}{2}\cos(2Kx)} \tag{8-4-13}$$

$$|\text{ch}(\Gamma' x)| = \sqrt{\frac{1}{2}\text{ch}(2Kx) + \frac{1}{2}\cos(2Kx)} \tag{8-4-14}$$

式中 $K = \sqrt{\omega\mu\gamma/2}$，与 Γ' 的关系为

$$\Gamma' = \sqrt{j\omega\mu\gamma} = (j+1)\sqrt{\omega\mu\gamma/2} = (j+1)K \tag{8-4-15}$$

因此可得磁感应强度的模为

$$B_z = |\mu\dot{H}_0|\sqrt{\frac{1}{2}\text{ch}(2Kx) + \frac{1}{2}\cos(2Kx)} \tag{8-4-16}$$

电流密度的模为

$$J_{Cy} = \sqrt{2}K|\dot{H}_0|\sqrt{\frac{1}{2}\text{ch}(2Kx) - \frac{1}{2}\cos(2Kx)} \tag{8-4-17}$$

式（8-4-16）与式（8-4-17）给出了导体薄板中的磁感应强度与电流密度的模，二者的空间变化情况如图 8-4-4 所示。可以看出，导体薄板中磁场方向相同，但空间分布不均匀，关于 $x=0$ 的平面对称，在 $x=0$ 的平面即导体板中心上出现最小值，这是由导体中涡流的去磁效应形成的。导体板两侧电流方向相反，空间分布不均匀，导体表面处最大，越靠近中心电流越小。正是为了减少涡流与涡流损耗，变压器等电气设备的导磁回路采用相互绝缘的薄硅钢片。

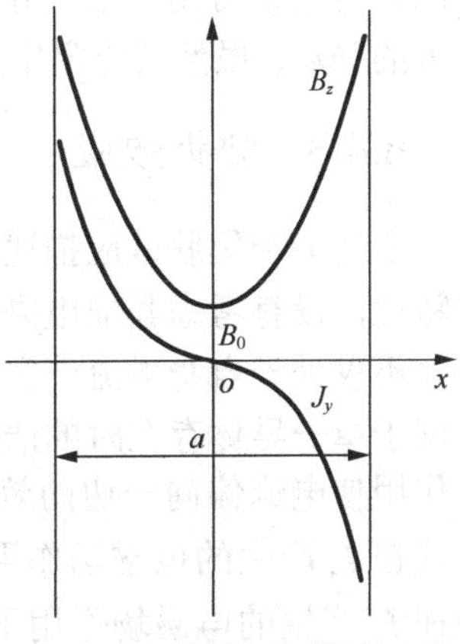

图 8-4-4 薄板中的磁场与电流

8.4.2 集肤效应

通有交变电流的导体中，电流分布不再均匀，导体表面电流密度较大，越靠近导体中心电流密度越小，随着频率升高，电流越来越集中于导体表面附近，这种现象叫作集肤效应。下面以圆截面导线为例介绍集肤效应的产生。当导线中通过频率非常低的电流时，其中电场与电流密度分布接近均匀，如图 8-4-5（a）所示，随着交变电流频率的增加，导线周围变化的磁场在导线中产生感生电场与感应电流［见图 8-4-5（b）］，从而使导线截面的电流分布不再均匀，靠近导体表面处电流密度增大，越深入导体内部，电流密度越小，如图 8-4-5（c）所示。交变电流频率很高时，电流几乎只在导体表面附近的一薄层中，时变电磁场的场量也主要集中在导体表面附近，这种现象称为导体中时变电磁场的集肤效应。良导体中集肤效应的程度也用透入深度 $d=\sqrt{\dfrac{2}{\omega\mu\gamma}}$ 描述，因此可知，交变电流的频率越高、导体的磁导率越大、导电性能越好，集肤效应越明显。

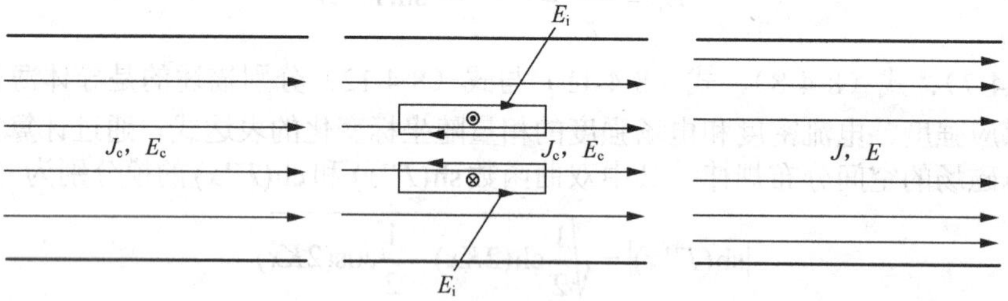

（a）低频，电流均匀　（b）高频，感应电场的作用　（c）高频，集肤效应

图 8-4-5　圆导体截面内集肤效应

集肤效应使得导体中电流流过的有效面积减小，导体的电阻增大，从而增加了其中的能量损耗。当导体传输高频信号时，集肤效应会使信号强度大大减小。为了减少集肤效应的不良影响，工程上通常可采用两种办法，一种是用多股绝缘编织线替代单根粗导线增加有效传输面积；另一种是在导体表面镀银减小表面电阻。集肤效应也有可利用的一面，工业上利用集肤效应对金属构件进行表面淬火处理，可以减小金属内部的脆性，增加金属表面的硬度等，在高频电路中可用空心铜导线代替实心铜导线以节约铜材。架空输电线中心部分改用抗拉强度大的钢丝。虽然其电阻率大一些，但是并不影响输电性能，又可增大输电线的抗拉强度等。

8.4.3 邻近效应

上述关于集肤效应描述的是当导体自身载有交变电流时其内部的电流流动及电磁场的分布特性，没有考虑其他电磁场的影响。当导体附近还存在其他载有高频交变电流的导体时，导体不仅处于自身电流产生的电磁场中，也处于其他导体产生的电磁场中，此时的电流分布不同于单一导体存在时的情况。邻近效应就是描述相邻导体流过高频交变电流时由于电磁相互作用使电流偏向一边的效应。例如，相邻两导线 A、B 流过反向交变电流 I_A 和 I_B 时，B 导线在 I_A 产生的电磁场作用下，使电流 I_B 在 B 导线中靠近 A 导线的表面处流动，而 A 导线则在 I_B 产生的电磁场作用下，使电流 I_A 在 A 导线中沿靠近 B 导线的表面处流动。电流密度与电磁场能量相对集中的分布在两导线内侧，频率越高，导体靠得越近，邻近效应越显著。

邻近效应与集肤效应共存，使导体的电流分布更不均匀，能量损耗更大，理论和实践都说明，在设计高频变压器时不能简单地应用低频时的经验，而应充分考虑邻近效应与集肤效应的损耗。

8.4.4 电磁屏蔽

当空间存在多个电子或电气设备时，邻近效应或电磁干扰会影响其正常使用。为了有效地减小与抑制邻近效应和电磁干扰，增强电子设备的可靠性，通常采用电磁屏蔽的手段。通过 8.2.5 节的学习可知，良导体能使电磁波很快衰减，透入深度可有效描述电磁波对导电介质的穿透能力。电磁屏蔽就是应用良导体能使电磁波很快衰减的特点，制成一定的屏蔽装置，用以控制电磁波从一个区域向另一个区域的感应和辐射传播。实现电磁屏蔽的装置称屏蔽体，常选择有较高电导率和磁导率的导体作为屏蔽体的材料。因为高导电性材料在电磁波的作用下将产生较大的感应电流，这些电流将削弱电磁波的透入。高导磁性的材料可以引导磁场线较多地通过这些材料，而减少被屏蔽区域中的磁场。屏蔽体通常是接地的，以免积累电荷的影响。电磁屏蔽体对电磁的衰减主要是基于电磁波的反射和电磁波的吸收。需要屏蔽的电路或设备用屏蔽体包围起来，当电磁波入射到屏蔽体时，在屏蔽体表面发生反射，只有部分电磁波透射进入屏蔽体，由于屏蔽体是良导体，电磁波场量将迅速衰减，当屏蔽体的壁厚接近屏蔽体内部电磁波波长时（$\lambda = 2\pi d$）时，电磁场量实际上很难穿过电磁屏蔽装置，从而有效地隔离了电磁场。电磁屏蔽设备具有减弱干扰的功能，能使电子设备的电磁场不向外扩散或防止它们受到外来高频电磁波的影响。

电磁屏蔽的效能用于表征屏蔽体对电磁波的衰减程度，可以用不存在屏蔽体时空间防护区的场强与存在屏蔽体时该区的场强的比值来表征，即

$$S = \frac{E}{E_0} \text{或} S = \frac{H}{H_0} \tag{8-4-18}$$

式中 S 称为屏蔽系数。屏蔽体通常能将电磁波的强度衰减到原来的百分之一至百万分之一。影响屏蔽体屏蔽效能的有两个因素：一个是整个屏蔽体表面必须是导电连续的，另一个是不能有直接穿透屏蔽体的导体。

电磁屏蔽与静电屏蔽和静磁屏蔽有相同点也有不同点，静电屏蔽与静磁屏蔽主要用于防止静电场和恒定磁场的影响，电磁屏蔽主要用于防止交变电场、交变磁场以及交变电磁场的影响，比静电、静磁屏蔽更具有普遍意义。电磁屏蔽与静电屏蔽都采用高电导率的金属材料来制作，不同的是静电屏蔽只能消除电容耦合，防止静电感应，屏蔽必须接地。电磁屏蔽是使电磁场只能透入屏蔽体一薄层，借涡流消除电磁场的干扰，这种屏蔽体可不接地，但通常都会选择接地，这样电磁屏蔽也同时起静电屏蔽作用。

电导率不同的材料的透入深度不同，对不同频率的电磁波屏蔽效果差别也很大，因此对不同频率电磁波的屏蔽，需要根据具体情况选择不同的屏蔽材料。在大多数情况下电磁屏蔽体由金属（铜、钢、铝）制成，表 8-4-1 给出了这三种常用屏蔽材料的透入深度 d。电磁波频率较高时，常采用高电导率的铜或铝做电磁屏蔽，这样金属材料中产生的涡流可抵消外来电磁波的作用，从而达到屏蔽的效果，而不采用高磁导率的铁磁材料，铁磁材料的磁滞损耗和涡流损失较大，发热历害，对被屏蔽装置有不利影响。当电磁波的频率较低时，铜和铝的透入深度较大，不再适宜，此时应用采用高导磁率的铁作屏蔽材料，使磁场线限制在屏蔽体

内部，防止扩散到屏蔽的空间去，此时电磁屏蔽就转化为静磁屏蔽。当屏蔽要求较高且需要对高频和低频电磁场都具有良好的屏蔽效果时往往采用多层屏蔽。

表 8-4-1　　几种导体在一些频率下的透入深度 d(mm)

导体名称 \ 频率(Hz)	γ(S/m)	μ	50	10^5	10^6	10^7	10^8
铜	5.8×10^7	μ_0	9.35	0.21	0.066	0.021	0.0066
铝	3.7×10^7	μ_0	11.71	0.26	0.083	0.026	0.0083
铁	1×10^7	$10^3\mu_0$	0.71	0.016	0.005	0.0016	0.0005

习　题

8-1　计算频率为 60 MHz 的时谐均匀平面电磁波在 $\mu_r=1$，$\varepsilon_r=2$ 的理想介质中传播时的相位常数 β、波长 λ、相速 v 和波阻抗 Z_C。若电磁波沿 $\boldsymbol{e}_x$ 方向传播，电场强度为 $\boldsymbol{E}(x,t)=0.2\cos(\omega t-\beta x+\phi)\boldsymbol{e}_y$ V/m，写出磁场强度的瞬时值表达式与相量表达式。

8-2　频率为 4 MHz 的时谐平面电磁波在清水中传播，在此频率下水的损耗可忽略不计，水的 $\mu_r=1$，$\varepsilon_r=81$，计算

（1）相位常数 β，波长 λ，相速 v，波阻抗 Z_C。

（2）当电场强度为 $\boldsymbol{E}(x,t)=0.1\cos(\omega t-\beta x)\boldsymbol{e}_y$ V/m 时磁场强度 $\boldsymbol{H}$ 的表达式。

8-3　已知一种理想介质 $\mu_r=1$，$\varepsilon_r=2$，其中传播的一列电磁波电场强度为

$$\boldsymbol{E}=0.2[\cos(\omega t-ky)\boldsymbol{e}_x-\sin(\omega t-ky)\boldsymbol{e}_z]\ \text{V/m}$$

求磁场强度的表达式。

8-4　时谐均匀平面电磁波在真空中沿 $-\boldsymbol{e}_z$ 方向传播，相位常数 3π rad/m，磁场强度的振幅为 $\dfrac{1}{3\pi}$ A/m，如果当 $t=0$ 时在 $z=0$ 的平面磁场 $\boldsymbol{H}$ 的方向为 $-\boldsymbol{e}_y$，初相位为 $\phi_0=\dfrac{\pi}{4}$，求出频率和波长，并写出 $\boldsymbol{E}$ 与 $\boldsymbol{H}$ 的表达式。

8-5　某良导体中一均匀平面电磁波的频率为 $f_0=30$ MHz，波长为 $\lambda_0=0.2$m，求该电磁波的传播常数，衰减系数，相位常数，传播速度和透入深度。

8-6　频率为 720MHz 的电磁波 $\mu_r=1$，$\varepsilon_r=25$，$\gamma=2.5$mS/m 的介质中传播，电场强度为 $\dot{\boldsymbol{E}}(x)=\boldsymbol{e}_y 37.7\mathrm{e}^{-(\alpha+\mathrm{j}\beta)x}$ V/m。计算：

（1）介质中电磁波的衰减常数 α、相位常数 β、传播常数 Γ'、波阻抗 Z_C、波速 v、波长 λ 和透入深度 d；

（2）磁场强度的瞬时值表达式与相量表达式。（提示：判断介质为低损耗介质）

8-7　海水的参数为 $\mu_r=1$，$\varepsilon_r=81$，$\gamma=4$ S/m。计算：

（1）频率为 100MHz 的均匀平面电磁波在海水中传播时的衰减常数、相位常数、波阻抗、相速与波长；

（2）若频率为 1MHz 的均匀平面电磁波在海水中沿 x 轴正方向传播，设电场强度 $\boldsymbol{E}=\boldsymbol{e}_y E_y$，振幅为 2V/m，再计算问题（1）中对应的参数，以及此时电场强度与磁场强度的

瞬时表达式 $\boldsymbol{E}(x,t)$ 和 $\boldsymbol{H}(x,t)$。

8-8 频率为 120MHz 的时谐平面电磁波在某导电介质中传播时，衰减常数为 165.8Np/m，相位常数为 165.8rad/m，波阻抗的模 $|Z_C| = 4\Omega$，波沿 $+x$ 方向传播，电场沿 y 轴取向，电场强度振幅 $E_0 = 15\text{V/m}$，写出此时电场强度与磁场强度的瞬时值与相量表达式。

8-9 证明任一线极化波可以分解为两个振幅相等、旋向相反的圆极化波的叠加。

8-10 某区域中电场强度为 $\dot{\boldsymbol{E}}(x) = (3\boldsymbol{e}_y + \text{j}3\boldsymbol{e}_z)\text{e}^{-(0.1x+\text{j}0.3x)}$ V/m，试讨论电场所表示的均匀平面波的极化特性。

8-11 判断以下各式表示的电磁波是什么极化方式？

（1）$\boldsymbol{E} = \boldsymbol{e}_y E_0 \cos(\omega t - \beta x) + \boldsymbol{e}_z 4E_0 \cos(\omega t - \beta x)$

（2）$\boldsymbol{E} = \boldsymbol{e}_y E_0 \cos(\omega t - \beta x) + \boldsymbol{e}_z E_0 \sin(\omega t - \beta x)$

（3）$\boldsymbol{E} = \boldsymbol{e}_y E_0 \cos(\omega t - \beta x + \frac{\pi}{4}) + \boldsymbol{e}_z E_0 \cos(\omega t - \beta x - \frac{\pi}{4})$

（4）$\boldsymbol{E} = \boldsymbol{e}_y 3E_0 \cos(\omega t + \beta x - \frac{\pi}{4}) + \boldsymbol{e}_z 4E_0 \cos(\omega t + \beta x + \frac{\pi}{4})$

8-12 平面电磁波在真空中传播，磁场可表示为 $\dot{\boldsymbol{H}} = \boldsymbol{e}_x 0.5\text{e}^{-\text{j}(z+\frac{\pi}{4})} + \boldsymbol{e}_y 0.3\text{e}^{-\text{j}(z-\frac{\pi}{4})}$ A/m，试计算：

（1）波的频率、波长与电场强度的瞬时值表达式与相量表达式；

（2）电磁波属于哪种极化波？

8-13 简述你对静电屏蔽、静磁屏蔽与电磁屏蔽的理解。

第9章 电路参数及计算

本章讨论电路参数与电磁场的关系，把静电场问题变成电容电路问题，把磁场问题变成电感电路问题，把电流场问题变成电阻和电导电路问题，把场的概念和路的概念联系起来。电容与部分电容、电阻、电感及交流阻抗参数的计算，均可以考虑利用场与各量的关系，在相应的场分析的基础上进行各参数的计算，并给出了相应的计算方法与计算关系式。

9.1 电导与电阻

9.1.1 电导与电阻

工程上常常需要计算两电极之间填充的导电介质（或有损耗绝缘材料）的电导，其倒数又称电阻，这是恒定电场的一个重要问题。

电导的定义是流经导电介质的电流I与导电介质两端电压U之比，即

$$G=\frac{1}{R}=\frac{I}{U} \tag{9-1-1}$$

G和R分别称为电导和电阻，电导的单位是S（西门子），电阻的单位是Ω（欧姆）。在线性导电介质情况下，G和R都是常数。这两个常数只与电极之间导电介质的形状、尺寸和电导率有关，而与所加电压或电流无关。

当导体形状较规则或有某种对称关系时，可先假设电流，按$I\to \boldsymbol{J}\to \boldsymbol{E}\to U$求得电导或电阻。或者也可以假设电压，然后按$U\to \boldsymbol{E}\to \boldsymbol{J}\to I$求得电导或电阻。计算公式为

$$G=\frac{1}{R}=\frac{I}{U}=\frac{\iint_S \boldsymbol{J}\cdot \mathrm{d}\boldsymbol{S}}{U} \quad 或 R=\frac{1}{G}=\frac{U}{I}=\frac{\int_l \boldsymbol{E}\cdot \mathrm{d}\boldsymbol{l}}{I} \tag{9-1-2}$$

式中，S为电极的表面或导电介质的某个截面；l为导电介质中从正极到负极的一条曲线。一般情况下，则从解拉普拉斯方程入手来计算电导。

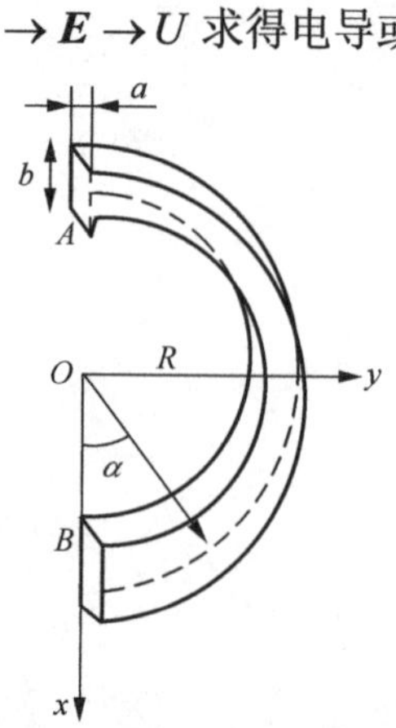

图9-1-1 例9-1-1图

例9-1-1 如图9-1-1所示，由导电介质构成的半圆环，电导率为γ，求A、B之间的电阻。

解 方法一 建立如图9-1-1所示的圆柱坐标系。

设 A、B 之间的电压为 U，由于 E 与 α 无关，则

$$U=\int_l \boldsymbol{E}\cdot \mathrm{d}\boldsymbol{l}=-\int_0^{\pi} Er\mathrm{d}\alpha=-Er\int_0^{\pi}\mathrm{d}\alpha=-Er\pi,$$

所以 $\boldsymbol{E}=-\dfrac{U}{r\pi}\boldsymbol{e}_\alpha$。

传导电流密度为 $\boldsymbol{J}=\gamma\boldsymbol{E}=-\dfrac{\gamma U}{r\pi}\boldsymbol{e}_\alpha$

电流强度为 $I=\int \boldsymbol{J}\bullet \mathrm{d}\boldsymbol{S}=\int_R^{R+b}-\dfrac{\gamma U}{r\pi}\boldsymbol{e}_\alpha\bullet a\mathrm{d}r(-\boldsymbol{e}_\alpha)=\dfrac{\gamma Ua}{\pi}\ln\dfrac{R+b}{R}$

因此电阻：$R=\dfrac{U}{I}=\dfrac{U}{\dfrac{\gamma Ua}{\pi}\ln\dfrac{R+b}{R}}=\dfrac{\pi}{\gamma a\ln\dfrac{R+b}{R}}$

方法二 半径为 r 的圆弧线是电流线，因此电位仅与 α 有关，其数学模型可由边界问题描述为

$$\nabla^2\varphi=\frac{\partial^2\varphi}{r^2\partial\alpha^2}=0$$

由上式积分，得

$$\varphi=A\alpha+B$$

设 A 处的电位 $\varphi_A=U$，B 处的电位 $\varphi_B=0$，

$$\varphi\big|_{\alpha=0}=0,\quad \varphi\big|_{\alpha=\pi}=U$$

将给定的边界条件代入，可求得

$$B=0,\quad A=\frac{U}{\pi}$$

因此导电介质中的电位为

$$\varphi=\frac{U}{\pi}\alpha$$

电场强度为

$$\boldsymbol{E}=-\nabla\varphi=-\frac{\partial\varphi}{r\partial\alpha}\boldsymbol{e}_\alpha=-\frac{U}{r\pi}\boldsymbol{e}_\alpha$$

传导电流密度为

$$\boldsymbol{J}=\gamma\boldsymbol{E}=-\frac{\gamma U}{r\pi}\boldsymbol{e}_\alpha$$

电流强度为

$$I=\int \boldsymbol{J}\bullet \mathrm{d}\boldsymbol{S}=\int_R^{R+b}-\frac{\gamma U}{r\pi}\boldsymbol{e}_\alpha\bullet a\mathrm{d}r(-\boldsymbol{e}_\alpha)=\frac{\gamma Ua}{\pi}\ln\frac{R+b}{R}$$

因此电阻

$$R=\frac{U}{I}=\frac{U}{\dfrac{\gamma Ua}{\pi}\ln\dfrac{R+b}{R}}=\frac{\pi}{\gamma a\ln\dfrac{R+b}{R}}$$

例 9-1-2 如图 9-1-2（a）所示，由导电介质构成的扇形，厚度为 h，电导率为 γ，求 A、B 之间的电阻。

解 方法一 假设 A、B 之间通有电流 I，以扇形所在圆心为圆心，以 A、B 之间任意 r 为

半径的$\frac{1}{4}$圆弧，电流密度为

$$J=\frac{I}{\pi r h/2}=\frac{2I}{\pi rh}$$

$$E=\frac{J}{\gamma}=\frac{2I}{\pi r\gamma h}$$

$$U=\int_l \boldsymbol{E}\cdot d\boldsymbol{l}=\int_{R_1}^{R_2}E dr=\int_{R_1}^{R_2}\frac{2I}{\pi r\gamma h}dr=\frac{2I}{\pi\gamma h}\ln\frac{R_2}{R_1}$$

故得两圆弧面之间的电阻为

$$R=\frac{U}{I}=\frac{2}{\pi\gamma h}\ln\frac{R_2}{R_1}$$

方法二 设A、B点的电位分别为U、0，如图 9-1-2（b）所示，根据本题边界几何形状的特征，显然，应采用柱坐标系。电流线的方向是沿径向的，因此电位仅与r有关，其数学模型可由边界问题描述为

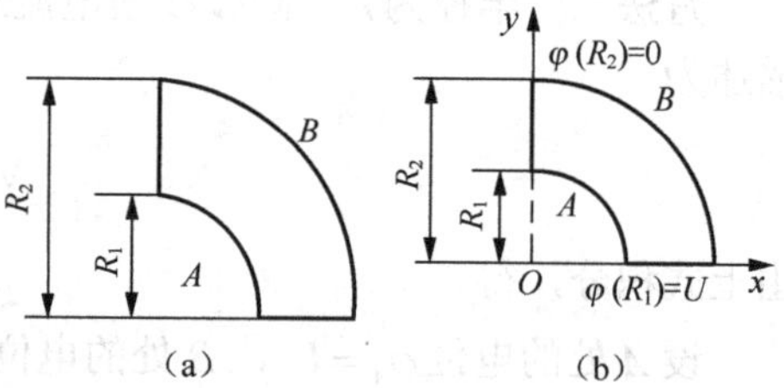

图 9-1-2 例 9-1-2 图

$$\nabla^2\varphi=\frac{1}{r}\frac{\partial}{\partial r}\left(r\frac{\partial\varphi}{\partial r}\right)=0$$

$$\varphi\big|_{r=R_1}=U,\varphi\big|_{r=R_2}=0$$

由上述方程积分，得

$$\varphi=C_1\ln r+C_2$$

将给定的边界条件代入，可求得

$$C_1=-\frac{U}{\ln\frac{R_2}{R_1}},\quad C_2=\frac{U}{\ln\frac{R_2}{R_1}}\ln R_2$$

故导电介质中的电位

$$\varphi=-\frac{U}{\ln\frac{R_2}{R_1}}(\ln r-\ln R_2)$$

电流密度分布为

$$\boldsymbol{J}=\gamma\boldsymbol{E}=-\gamma\nabla\varphi=-\gamma\frac{\partial\varphi}{\partial r}\boldsymbol{e}_r=\frac{\gamma U}{\ln\frac{R_2}{R_1}}\frac{1}{r}\boldsymbol{e}_r$$

因此，电流

$$I=\int_S \boldsymbol{J}\cdot d\boldsymbol{S}=\gamma ES=\frac{\gamma U}{\ln\frac{R_2}{R_1}}\frac{1}{r}\frac{\pi}{2}rh=\frac{\pi}{2}\frac{\gamma U}{\ln\frac{R_2}{R_1}}h$$

A、B之间的电阻为

$$R=\frac{U}{I}=\frac{2}{\pi\gamma h}\ln\frac{R_2}{R_1}$$

9.1.2　接地电阻

工程上为了保护工作人员或电器设备的安全，而将电器设备的一部分和大地直接连接，在电力系统和大功率电器系统等强电环境中，设备的接地就是为了保护安全而接地。如果是为消除电气设备的导电部分对地电压的升高而接地，称为工作接地，如精密测试仪器设备等，虽然工作电压不高，但仍然需要有效接地。为了有效接地，将金属导体埋入地里，并将设备中需要接地的部分与该导体连接，这种埋在地里的导体称为接地体；连接设备与接地体的导线称为接地线。接地体和接地线总称接地装置。接地电阻就是电流由接地装置流入大地再经大地流向另一接地体或向远处扩散所遇到的电阻，它包括接地线与接地体的电阻、接地体与大地之间的接触电阻以及大地电阻。其中大地电阻是接地电阻的主要部分，因此，接地电阻主要指大地的电阻。

计算接地电阻，必须研究地中电流的分布。分析时，可把接地体看作电极，并以离它足够远处作为零电位点。地中电流的电流线不是散发到无限远，而是汇集在另一电极上或绝缘破坏之处。但是这一情况，对于电极附近的电流分布影响不大，因此对于相应的接地电阻影响很小。这是因为电流流散时，在电极附近电流密度最大，所遇到的电阻也就主要集中在电极附近。

若接地体流入大地的电流为I，接地体的电位为U，则接地电阻为

$$R=\frac{U}{I} \tag{9-1-3}$$

例 9-1-3　计算球形接地体深埋于地时对应的接地电阻。

深埋于地下的接地体，计算接地电阻时可不考虑地面的作用。如图 9-1-3 所示深埋于地下半径为a的球形接地体，由于接地体为球对称形状，流入大地的电流也按球对称分布。则体电流密度

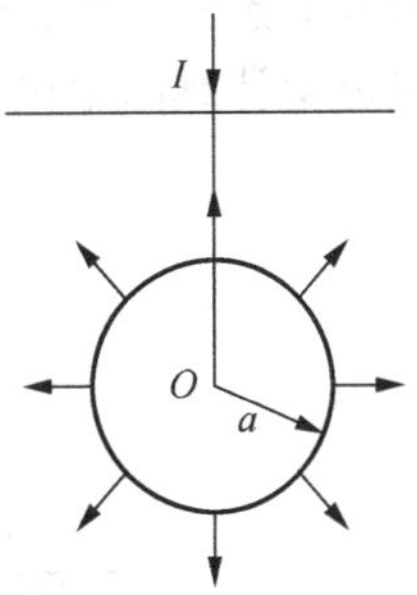

图 9-1-3　例 9-1-3 深埋于地的球形接地体图

$$\boldsymbol{J}=\frac{I}{4\pi r^2}\boldsymbol{e}_r$$

设土壤的电导率为γ，则

$$\boldsymbol{E}=\frac{\boldsymbol{J}}{\gamma}=\frac{I}{4\pi\gamma r^2}\boldsymbol{e}_r$$

接地体表面的电位

$$U=\int_a^\infty \boldsymbol{E}\cdot \mathrm{d}\boldsymbol{l}=\int_a^\infty \frac{I}{4\pi\gamma r^2}\mathrm{d}r=\frac{I}{4\pi\gamma a}$$

得接地电阻

$$R=\frac{U}{I}=\frac{1}{4\pi\gamma a}$$

例 9-1-4　计算半球形接地体浅埋于地时对应的接地电阻。

浅埋于地表面的半球形接地体，由于电极埋得不太深，需要考虑地面的影响，这样$\boldsymbol{J}$线将如图 9-1-4（a）所示，这时近地面处的$\boldsymbol{J}$线将与地面相切。应用镜像法，设想把地面移开，

整个空间都为同一种导电介质（即土壤）所充满，除原来真实电极外，还应考虑有一个镜像电极，如图 9-1-4（b）所示，设在地中的电位函数为U，则在电极以外有$\nabla^2 U=0$，电极表面的电位为常数U_1，在大地表面，$\boldsymbol{J}$线是与大地表面平行的。这样，对于地面以下部分的场，它们的边值及分界面上的边界条件能保持不变。将地面以上部分用镜像电极代替后，就可以计算电极及其镜像电极构成的系统的电导。电流从半球面均匀流入大地，有

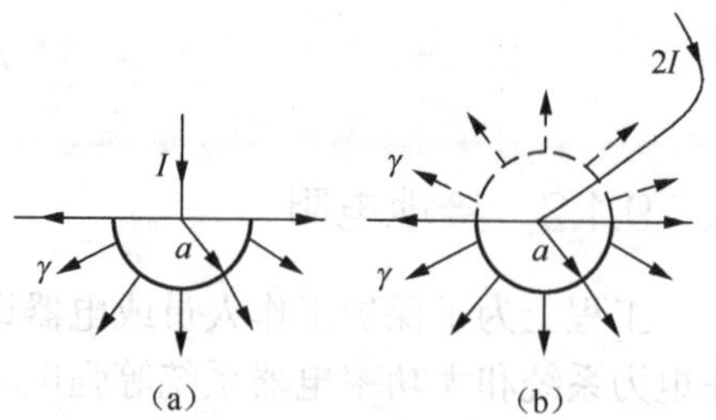

图 9-1-4　例 9-1-4 浅埋于地的半球形接地体图

$$\boldsymbol{E}=\frac{\boldsymbol{J}}{\gamma}=\frac{I}{2\pi\gamma r^2}\boldsymbol{e}_r$$

接地体表面的电位为

$$U_1=\int_a^\infty \boldsymbol{E}\cdot \mathrm{d}\boldsymbol{l}=\int_a^\infty \frac{I}{2\pi\gamma r^2}\mathrm{d}r=\frac{I}{2\pi\gamma a}$$

半球接地体的电阻为

$$R=\frac{U_1}{I}=\frac{1}{2\pi\gamma a}$$

例 9-1-5　如图 9-1-5（a）所示，半球形电极埋于陡壁附近。已知电极半径为a，距离h，土壤的电导率为γ，且$a\ll h$。考虑陡壁的影响，求接地电阻。

解　利用镜像法，假设整个无穷大空间充满土壤，以原地表面为对称面，放如图 9-1-5 所示的三个半球形导体电极，并通以相同电流，这样图 9-1-5（a）与图 9-1-5（b）满足同样的分界面条件。当$a\ll h$，但h又不能当成无穷大时，根据图 9-1-5（b）中所示的镜像电流，可以近似计算出电极表面的电位

$$U=\frac{I}{2\pi\gamma a}+\frac{2I}{4\pi\gamma 2h}=\frac{I(2h+a)}{4\pi\gamma ha}$$

$$R=\frac{U}{I}=\frac{(2h+a)}{4\pi\gamma ha}$$

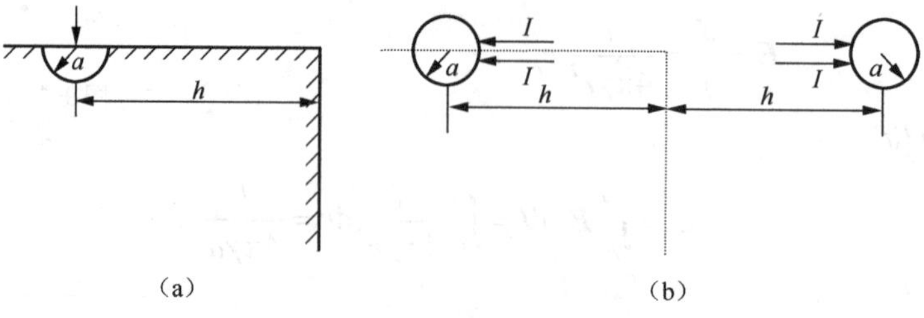

图 9-1-5　例 9-1-5 图

9.2　电感

电感是一个重要的电路参数，包括自感系数L和互感系数M，其分别为描述一个或两个

相邻电路间因电流变化而产生感应（生）电动势效应的物理参数。

载有电流I的线圈，其各匝交链的磁通总和称为磁链Ψ。若N匝的线圈，各匝磁通均等于Φ，则其磁链$\Psi = N\Phi$。实际上线圈各匝所交链的磁通往往并不相同，从而线圈的总磁链应为各匝线圈磁链的总和，即$\Psi = \sum_i N_i\Phi_i$。

9.2.1 多回路系统的电感

考虑由n个载流线圈组成的回路系统，空间的磁场是由n个线圈中的电流产生的。针对线性磁介质，空间的磁感应强度与各线圈中的电流呈线性关系。任一个线圈的磁链均与空间磁场成正比，因此任意一个线圈中的磁链与各线圈中电流呈线性关系，因此有

$$\begin{aligned}
&\Psi_1 = L_1 I_1 + M_{12} I_2 + \cdots + M_{1k} I_k + \cdots + M_{1n} I_n \\
&\cdots\cdots \\
&\Psi_k = M_{k1} I_1 + M_{k2} I_2 + \cdots + L_k I_k + \cdots + M_{kn} I_n \\
&\cdots\cdots \\
&\Psi_n = M_{n1} I_1 + M_{n2} I_2 + \cdots + M_{nk} I_k + \cdots + L_n I_n
\end{aligned} \tag{9-2-1}$$

式中，Ψ_k为第k个线圈的磁链，I_k为第k个线圈的电流，L_k为第k个线圈的自感，M_{ij}为第i个线圈与第j个线圈之间的互感。

从上述方程组，假定一定的条件，就可以计算自感及互感

$$L_k = \left.\frac{\Psi_k}{I_k}\right|_{I_1=I_2=\cdots=I_{k-1}=I_{k+1}=\cdots=I_n=0} \tag{9-2-2}$$

$$M_{ij} = \left.\frac{\Psi_i}{I_j}\right|_{I_1=I_2=\cdots=I_{j-1}=I_{j+1}=\cdots=I_n=0} \tag{9-2-3}$$

9.2.2 自感

1. 自感

在线性介质中，设回路中的电流为I，它所产生的磁场与自身回路交链的磁链为Ψ，则磁链Ψ与回路中的电流I成正比关系，其比值

$$L = \frac{\Psi}{I} \tag{9-2-4}$$

称为回路的自感系数，简称自感。它取决于线圈的几何形状、尺寸以及磁介质的磁导率，自感的单位是H（亨）。

2. 内自感与外自感

当载流导体截面较大时，通常又将自感磁链分为内磁链Ψ_i和外磁链Ψ_e两部分之和。如图9-2-1所示的导线，假设其中通有电流，由于在导线内部存在磁场，则内部存在磁链，称为内磁链。若所通的电流为I，通过面积元dS的磁通量为$d\Phi$，这部分磁通量并不是与所有的电流I相交链，而是仅与环绕$d\Phi$的电流I'相交链，因此这部分磁通$d\Phi$的匝数为$\frac{I'}{I}$小于1。内磁链Ψ_i为

$$\Psi_i = \iint_S \frac{I'}{I} d\Phi = \iint_S \frac{I'}{I} \boldsymbol{B} \cdot d\boldsymbol{S} \tag{9-2-5}$$

回路在导线外部，则与导线的全部电流 I 交链的磁链称为外磁链 Ψ_e，回路中的自感磁链应是这两部分之和 $\Psi = \Psi_e + \Psi_i$。自感也相应地分为外自感 L_e 和内自感 L_i，总自感为

$$L = \frac{\Psi}{I} = \frac{\Psi_e + \Psi_i}{I} = L_i + L_e \tag{9-2-6}$$

例 9-2-1 计算如图 9-2-2（a）所示的长直圆截面导线的内自感。设导线长为 l，半径为 R，$l \gg R$，磁导率为 μ，通过圆截面平行于轴向流过电流为 I，且电流均匀分布。

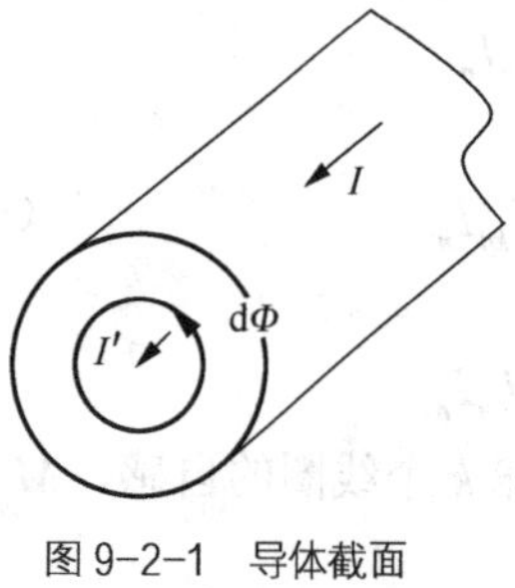

图 9-2-1 导体截面

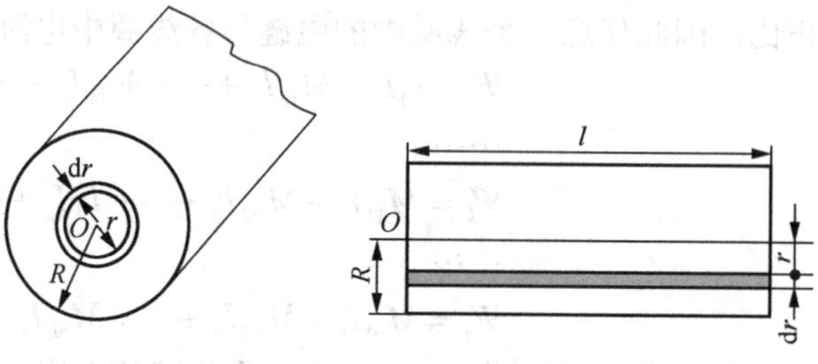

（a）长直圆截面导线图　（b）长直圆导线过轴线的截面图

图 9-2-2 例 9-2-1 图

解 先求导线内部的内磁通和内磁链。如图 9-2-2（a）所示在导线内部取一半径为 r 的圆，其所交链的电流记作 I'，由

$$\oint_l \boldsymbol{H}_i \cdot d\boldsymbol{l} = I'$$

即

$$2\pi r H_i = \frac{\pi r^2}{\pi R^2} I$$

得

$$H_i = \frac{Ir}{2\pi R^2}$$

因此

$$B_i = \frac{\mu I r}{2\pi R^2} (r \leqslant R)$$

如图 9-2-2（b）所示，过轴线的截面图，穿过轴向长为 l、宽为 dr 构成的矩形面积元（ldr）上的元磁通为

$$d\Phi_i = B_i dS = \frac{\mu I r}{2\pi R^2} l dr$$

注意，与 $d\Phi_i$ 相交链的仅是电流 I 的部分电流 I'，且

$$I' = \frac{\pi r^2}{\pi R^2} I = \frac{r^2}{R^2} I$$

因此，与 $d\Phi_i$ 相对应的元磁链为

$$d\Psi_i = \frac{I'}{I} d\Phi_i = \frac{\mu I r^3}{2\pi R^4} l dr$$

总的内磁链为

$$\Psi_i = \int d\Psi_i = \int_0^R \frac{\mu I r^3}{2\pi R^4} l dr = \frac{\mu I l}{8\pi}$$

故长直圆导线的内自感为

$$L_i = \frac{\Psi_i}{I} = \frac{\mu l}{8\pi}$$

例 9-2-2 如图 9-2-3 所示，一无限长空心圆铜导线，假设通直流电流，管壁有一定的厚度，内半径为 R_1，外半径为 R_2，求导线单位长度的内电感。

解 设圆铜导线有均匀分布的电流为 I，建立圆柱坐标系，半径为 $r(R_1 < r < R_2)$ 处，宽度为 dr，单位长度的小矩形面积元上的磁通为 $d\Phi$。

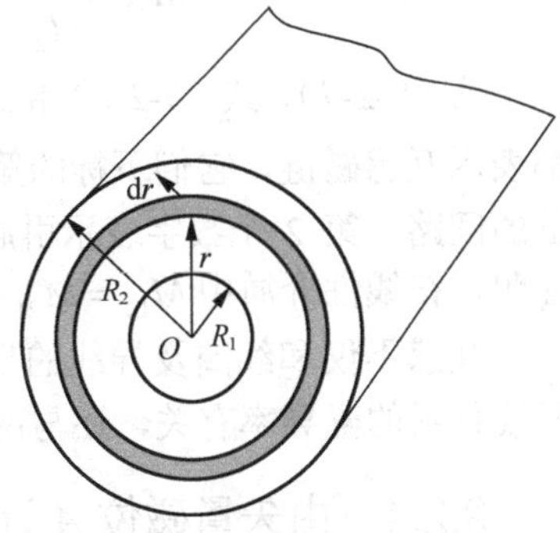

图 9-2-3 例 9-2-2 空心圆铜导线图

$d\Phi$ 环绕的电流为

$$I' = \frac{\pi r^2 - \pi R_1^2}{\pi R_2^2 - \pi R_1^2} I$$

因此

$$B = \frac{\mu_0 I'}{2\pi r} = \frac{\mu_0 (\pi r^2 - \pi R_1^2)}{2\pi r(\pi R_2^2 - \pi R_1^2)} I$$

$$d\Phi = B dr = \frac{\mu_0 (\pi r^2 - \pi R_1^2)}{2\pi r(\pi R_2^2 - \pi R_1^2)} I dr$$

$$d\Psi_i = \frac{I'}{I} d\Phi = \frac{\mu_0 (\pi r^2 - \pi R_1^2)^2}{2\pi r(\pi R_2^2 - \pi R_1^2)^2} I dr$$

$$\Psi_i = \int_{R_1}^{R_2} \frac{\mu_0 (\pi r^2 - \pi R_1^2)^2}{2\pi r(\pi R_2^2 - \pi R_1^2)^2} I dr$$

$$= \frac{\mu_0 I}{8\pi}\left[\frac{R_2^2 + R_1^2}{R_2^2 - R_1^2} - \frac{4R_1^2}{R_2^2 - R_1^2} + \frac{4R_1^4 \ln \frac{R_2}{R_1}}{\left(R_2^2 - R_1^2\right)^2}\right]$$

得单位长度内电感

$$L_i = \frac{\Psi_i}{I} = \frac{\mu_0}{8\pi}\left[\frac{R_2^2 + R_1^2}{R_2^2 - R_1^2} - \frac{4R_1^2}{R_2^2 - R_1^2} + \frac{4R_1^4 \ln \frac{R_2}{R_1}}{\left(R_2^2 - R_1^2\right)^2}\right]$$

9.2.3 互感

如图 9-2-4 所示，两任意细导线回路，在线性介质中，由回路 1 的电流 I_1 产生而与回路 2 相交链的磁链 Ψ_{21}，Ψ_{21} 与 I_1 成正比，即

$$\Psi_{21} = M_{21} I_1 \tag{9-2-7}$$

或

$$M_{21}=\frac{\Psi_{21}}{I_1} \qquad (9\text{-}2\text{-}8)$$

式中，M_{21} 即回路 1 对回路 2 的互感。同理，回路 2 对回路 1 的互感可表示为

$$M_{12}=\frac{\Psi_{12}}{I_2} \qquad (9\text{-}2\text{-}9)$$

式（9-2-7）、式（9-2-8）和式（9-2-9）中的 Ψ_{12} 和 Ψ_{21} 都表示互感磁链，它们下标的第 1 个数字表示与磁通交链的回路，第 2 个数字表示引起磁通的电流回路。可以证明，在线性介质中 $M_{12}=M_{21}$。

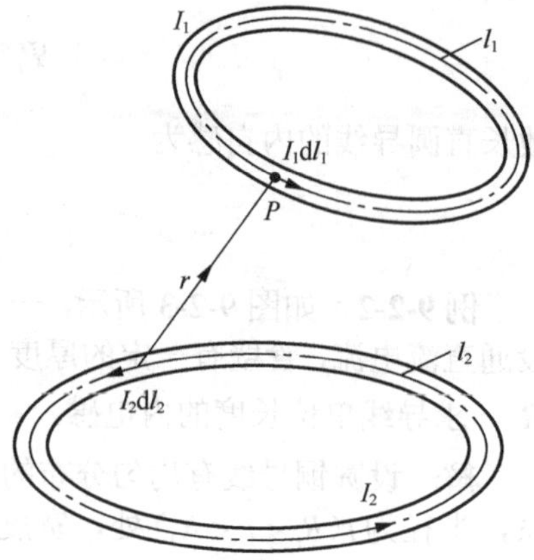

图 9-2-4　两导线回路的互感图

互感不仅和线圈及导线的形状、尺寸和周围介质及导线材料的磁导率有关，还与两回路的相互位置有关。互感的单位是 H（亨）。

9.2.4　由矢量磁位 A 计算互感与自感的一般公式——诺以曼公式

为了简便起见，讨论两个导线回路的互感，设导线及周围介质的磁导率都为 μ_0，回路 l_1 中通有电流 I_1，则由此引起的空间各点的矢量磁位为

$$\boldsymbol{A}_1=\frac{\mu_0}{4\pi}\oint_{l_1}\frac{I_1 d\boldsymbol{l}_1}{r} \qquad (9\text{-}2\text{-}10)$$

由电流 I_1 引起的穿过回路 l_2 的互感磁链为

$$\Psi_{21}=\Phi_{21}=\oint_{l_2}\boldsymbol{A}_1\cdot d\boldsymbol{l}_2=\frac{\mu_0}{4\pi}\oint_{l_2}\left(\oint_{l_1}\frac{I_1 d\boldsymbol{l}_1}{r}\right)\cdot d\boldsymbol{l}_2 \qquad (9\text{-}2\text{-}11)$$

回路 l_1 对回路 l_2 的互感为

$$M_{21}=\frac{\Psi_{21}}{I_1}=\frac{\mu_0}{4\pi}\oint_{l_2}\left(\oint_{l_1}\frac{d\boldsymbol{l}_1}{r}\right)\cdot d\boldsymbol{l}_2 \qquad (9\text{-}2\text{-}12)$$

同理，若回路 l_2 中通以电流 I_2，由它引起的矢量磁位及穿过回路 l_1 互感磁链为

$$\boldsymbol{A}_2=\frac{\mu_0}{4\pi}\oint_{l_1}\frac{I_2 d\boldsymbol{l}_2}{r} \qquad (9\text{-}2\text{-}13)$$

$$\Psi_{12}=\Phi_{12}=\oint_{l_1}\boldsymbol{A}_2\cdot d\boldsymbol{l}_1=\frac{\mu_0}{4\pi}\oint_{l_2}\left(\oint_{l_1}\frac{I_2 d\boldsymbol{l}_2}{r}\right)\cdot d\boldsymbol{l}_1 \qquad (9\text{-}2\text{-}14)$$

故回路 l_2 对回路 l_1 的互感为

$$M_{12}=\frac{\Psi_{12}}{I_2}=\frac{\mu_0}{4\pi}\oint_{l_2}\left(\oint_{l_1}\frac{d\boldsymbol{l}_1}{r}\right)\cdot d\boldsymbol{l}_2 \qquad (9\text{-}2\text{-}15)$$

接着计算单匝回路的自感。设回路中通以电流 I，我们来计算由此而产生的通过回路的磁通。如前所述，可以把磁通分为外磁通和内磁通两部分。

在计算外磁通时，可以认为电流 I 是集中在导线的轴线 l_1 上，I 所引起的磁通穿过导线外表轮廓 l_2 所限的面积，如图 9-2-5 所示。故得

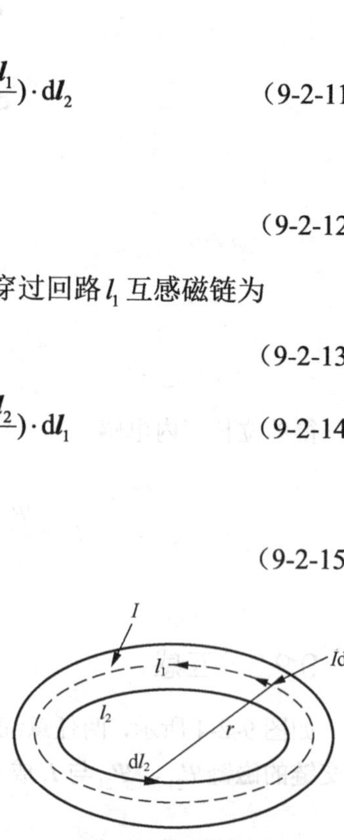

图 9-2-5　外磁通计算图

$$\boldsymbol{A}=\frac{\mu_0}{4\pi}\oint_{l_1}\frac{I_1 d\boldsymbol{l}_1}{r} \qquad (9\text{-}2\text{-}16)$$

外磁链

$$\Psi_e = \Phi_e = \oint_{l_2} \boldsymbol{A} \cdot \mathrm{d}\boldsymbol{l}_2 = \frac{\mu_o I}{4\pi} \oint_{l_2} \oint_{l_1} \frac{\mathrm{d}\boldsymbol{l}_1 \cdot \mathrm{d}\boldsymbol{l}_2}{r} \tag{9-2-17}$$

外自感

$$L_e = \frac{\Psi_e}{I} = \frac{\mu_o}{4\pi} \oint_{l_2} \oint_{l_1} \frac{\mathrm{d}\boldsymbol{l}_1 \cdot \mathrm{d}\boldsymbol{l}_2}{r} \tag{9-2-18}$$

设导体的半径 R 远小于导线回路的曲率半径，且电流均匀分布，则内自感

$$L_i \approx \frac{\mu_0 l}{8\pi} \tag{9-2-19}$$

总自感

$$L = L_e + L_i \tag{9-2-20}$$

9.2.5 电感系数表示的磁场能量

对于 n 个载流回路，其磁链可以表示为自感磁链和互感磁链之和。在线性介质中，对于 k 号载流回路，磁链为

$$\begin{aligned}\psi_k &= (\psi_L)_k + (\psi_M)_k = L_k I_k + M_{k1} I_1 + M_{k1} I_2 + \cdots + M_{kn} I_n \\ &= L_k I_k + \sum_{\substack{j=1 \\ (j \neq k)}}^{n} M_{kj} I_j\end{aligned} \tag{9-2-21}$$

将式（9-2-21）代入式（7-3-7）。于是 n 个载流回路的磁场能量为

$$W_m = \frac{1}{2}\sum_{k=1}^{n} L_k I_k^2 + \frac{1}{2}\sum_{k=1}^{n} \sum_{\substack{j=1 \\ (j \neq k)}}^{n} M_{kj} I_k I_j \tag{9-2-22}$$

式（9-2-22）右边第一项为电源克服各回路自感电动势而提供的能量，是回路的自由磁场能量之和；第二项为电源克服各回路间互感电动势而提供的能量，是回路间的互有磁场能量。

单个载流回路的磁场能量为

$$W_m = \frac{1}{2} L I^2 \tag{9-2-23}$$

根据式（9-2-23），对于单个载流回路，可得自感为

$$L = \frac{2W_m}{I^2} \tag{9-2-24}$$

例 9-2-3 计算如图 9-2-6 所示的二平行传输线单位长度的电感（其中 $d \gg R$）。

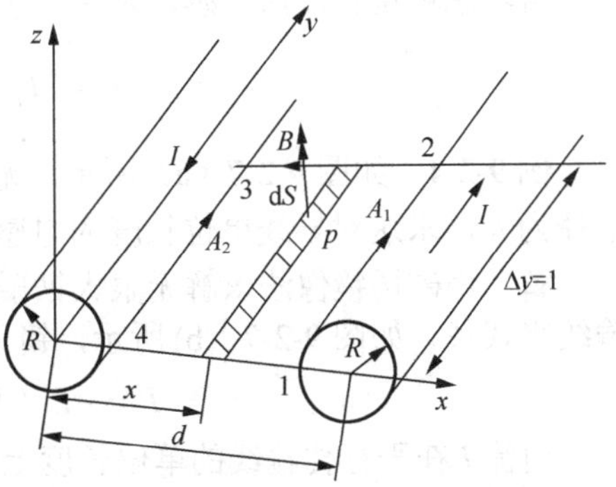

图 9-2-6 例 9-2-3 二平行传输线图

解 方法一 由无限长直线电流的磁感应强度的计算结果，并利用叠加原理，可得 $\boldsymbol{S}$ 面上场点 P 处的合磁感应强度为

$$B=\left(\frac{\mu_0 I}{2\pi x}+\frac{\mu_0 I}{2\pi(d-x)}\right)e_\alpha$$

因而待求的两线间单位长度的外磁链为

$$\psi_e=\Phi_e=\iint_S B\cdot dS=\mu_0 I\int_R^{d-R}\left(\frac{1}{2\pi x}+\frac{1}{2\pi(d-x)}\right)dx=\frac{\mu_0 I}{\pi}\ln\frac{d-R}{R}$$

故得双输电线单位长度的外自感为

$$L_e=\frac{\psi_e}{I}=\frac{\mu_0}{\pi}\ln\frac{d-R}{R}$$

单位长度内自感为

$$2L_i=2\frac{\mu_0}{8\pi}=\frac{\mu_0}{4\pi}$$

则总电感为

$$L=2L_i+L_e=\frac{\mu_0}{4\pi}+\frac{\mu_0}{\pi}\ln\frac{d-R}{R}$$

方法二 如图 9-2-6 所示，选取与两线间平面 $\boldsymbol{S}$ 的面元 $\mathrm{d}\boldsymbol{S}$ 方向构成右旋关系的有向闭合曲线 $\boldsymbol{l}$，则两线传输线的矢量磁位为

$$A_1=\frac{\mu_0 I}{2\pi}\left(\ln\frac{d-R}{R}\right)e_y$$

$$A_2=\frac{\mu_0 I}{2\pi}\left(\ln\frac{R}{d-R}\right)e_y$$

可得两线间单位长度（$\Delta y=1$）的磁通量为

$$\psi_e=\Phi_e=\oint_l A\cdot \mathrm{d}l=\int_1^2 A_1\cdot \mathrm{d}l+0+\int_3^4 A_2\cdot \mathrm{d}l+0$$

$$=A_1-A_2=\frac{\mu_0 I}{\pi}\ln\frac{d-R}{R}$$

故得双输电线单位长度的外自感为

$$L_e=\frac{\psi_e}{I}=\frac{\mu_0}{\pi}\ln\frac{d-R}{R}$$

再考虑单位长度内自感，则总自感为

$$L=2L_i+L_e=\frac{\mu_0}{4\pi}+\frac{\mu_0}{\pi}\ln\frac{d-R}{R}$$

例 9-2-4 如图 9-2-7（a）所示，无穷大铁磁介质表面上方有一对平行直导线，导线截面半径为 R。求这对导线单位长度的电感。

解 用磁场镜像法求解无限大铁磁介质表面的磁化电流的作用，可用一对平行的镜像传输线来代替。如图 9-2-7 (b) 所示，镜像电流

$I'=-I$（负号表示电流方向相反）

电流 I 在平行传输线的单位长度上产生的外磁通为

$$\Psi_I=\iint_S B\cdot \mathrm{d}S=\int_R^d\frac{\mu_0 I}{2\pi}\left(\frac{1}{r}-\frac{1}{d-r}\right)dr=\frac{\mu_0 I}{\pi}\ln\frac{d-R}{R}\approx\frac{\mu_0 I}{\pi}\ln\frac{d}{R}$$

由磁通连续性原理可知，如图 9-2-7(b)所示，I_1' 穿过面积 S（$=1\cdot AB$）的磁通 $\Psi_{I_1'}$ 等于穿过面积 S'（$=1\cdot A'B$）的磁通，同理 I_2' 穿过面积 S（$=1\cdot AB$）的磁通 $\Psi_{I_2'}$ 等于穿过面积 S''（$=1\cdot AB'$）的磁通，因此镜像电流 I'（I_1' 与 I_2'）在平行传输线的单位长度上产生的外磁通为

$$\Psi_{I'}=\Psi_{I_1'}+\Psi_{I_2'}=2\int_{2h}^{\sqrt{(2h)^2+d^2}}\frac{\mu_0 I}{2\pi r}\mathrm{d}r=\frac{\mu_0 I}{\pi}\ln\frac{\sqrt{(2h)^2+d^2}}{2h}$$

则得外自感为

$$L_e=\frac{\Psi_I+\Psi_{I'}}{I}=\frac{\mu_0}{\pi}\ln\frac{d}{R}+\frac{\mu_0}{\pi}\ln\frac{\sqrt{(2h)^2+d^2}}{2h}$$

由例 9-2-1 可知平行直导线的内电感，则总电感为

$$L=L_e+L_i=\frac{\mu_0}{4\pi}+\frac{\mu_0}{\pi}\ln\frac{d}{R}+\frac{\mu_0}{\pi}\ln\frac{\sqrt{(2h)^2+d^2}}{2h}$$

例 9-2-5 求图 9-2-8（a）中两回路之间的互感。

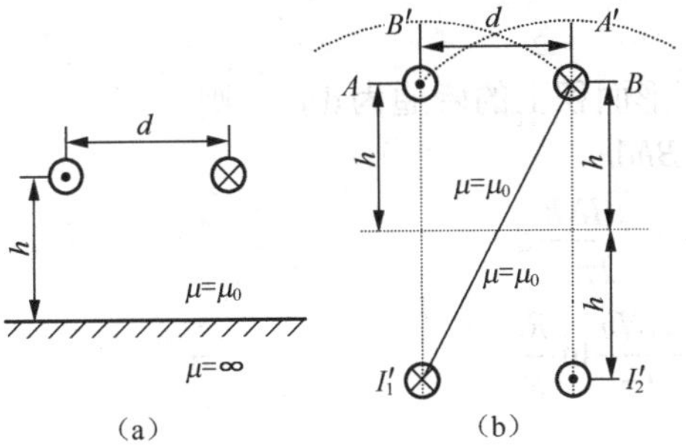

图 9-2-7 例 9-2-4 图

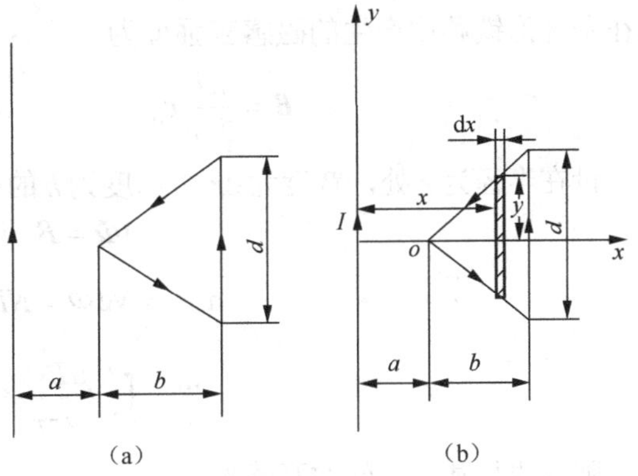

图 9-2-8 例 9-2-5 图

解 设直线电流为 I，因为条形面积上各点与导线的距离相等，所以该面积上各点磁感应强度相等，其值为 $B=\dfrac{\mu_0 I}{2\pi x}$，方向垂直于纸面向内。如图 9-2-8(a)所示的情况，取图 9-2-8(b)所示的坐标，在三角形面积上坐标为 x 处，作一宽为 $\mathrm{d}x$，长为 $2y$ 且与导线平行的条形面元 $\mathrm{d}\boldsymbol{S}$，方向与磁感应强度 $\boldsymbol{B}$ 方向一致。因此通过条形面积的磁通量为

$$\mathrm{d}\Phi=B\mathrm{d}S=\frac{\mu_0 I}{2\pi x}2y\mathrm{d}x$$

由图 9-2-8(b)中的几何关系得，$2y=\dfrac{d}{b}(x-a)$，代入上式得

$$\mathrm{d}\Phi=B\mathrm{d}S=\frac{\mu_0 I}{2\pi x}\frac{d}{b}(x-a)\mathrm{d}x$$

整个三角形面积是由到导线距离连续变化的条形面积组成的，通过三角形面积的磁通量等于通过组成它的所有条形面积的磁通量之和，即

$$\Phi=\int\mathrm{d}\Phi=\int_a^{a+b}\frac{\mu_0 I}{2\pi x}\frac{d}{b}(x-a)\mathrm{d}x=\frac{\mu_0 I}{2\pi}\frac{d}{b}\left(b-a\ln\frac{a+b}{a}\right)$$

直线电流与三角形回路的互感为

$$M=\frac{\Phi}{I}=\frac{\mu_0}{2\pi}\frac{d}{b}\left(b-a\ln\frac{a+b}{a}\right)$$

例 9-2-6 内半径为R_1，外半径为R_2，厚度为h，磁导率为$\mu(\mu\gg\mu_0)$的圆环形铁芯，其上均匀紧密绕有N匝线圈，如图 9-2-9 所示，若在圆环轴线上放置一无穷长单匝导线，求导线与圆环线圈之间的互感。

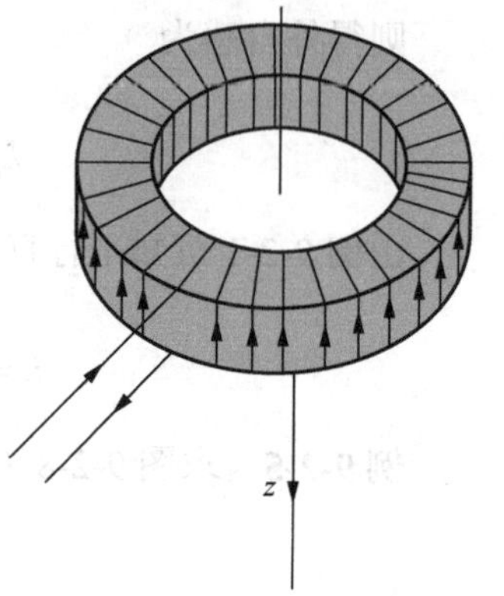

图 9-2-9 例 9-2-6 图

解 设导线通有电流I，以线电流为z轴建立圆柱坐标系，由于对称性，磁场强度与z无关，只有α方向的分量，其大小只与r有关。以r为半径作一个圆形闭合曲线，根据安培环路定理有$\oint_l \boldsymbol{H}\cdot d\boldsymbol{l}=H2\pi r=I$，所以

$$H=\frac{I}{2\pi r},\quad \boldsymbol{H}=\frac{I}{2\pi r}\boldsymbol{e}_\alpha$$

则在圆环形铁芯中产生的磁感应强度为

$$\boldsymbol{B}=\frac{\mu I}{2\pi r}\boldsymbol{e}_\alpha$$

设在半径为r处，宽度为dr，高度为h的小矩形面积上的磁通为$d\Phi$，则

$$d\Phi=\boldsymbol{B}\cdot d\boldsymbol{S}=Bhdr$$

$$d\Psi=Nd\Phi=NBhdr=\frac{\mu INh}{2\pi r}dr$$

$$\Psi=\int_{R_1}^{R_2}\frac{\mu INh}{2\pi r}dr=\frac{\mu INh}{2\pi}\ln\frac{R_2}{R_1}$$

则导线与圆环之间的互感为

$$M=\frac{\Psi}{I}=\frac{\mu Nh}{2\pi}\ln\frac{R_2}{R_1}$$

例 9-2-7 空气绝缘的同轴线，内导体半径为a，外导体内半径为b，通过电流为I。设外导体厚度很薄，其中储能可以忽略不计。计算同轴线单位长度储存的磁场能量，并由磁能计算单位长度的电感。

解 由安培环路定律可求得磁感应强度为

$$\boldsymbol{H}=\begin{cases}\dfrac{Ir}{2\pi a^2}\boldsymbol{e}_\alpha & (r\leqslant a)\\ \dfrac{I}{2\pi}\boldsymbol{e}_\alpha & (a\leqslant r<b)\end{cases}$$

同轴线单位长度储能为

$$W_m=\int_0^a\frac{1}{2}\mu_0\left(\frac{Ir}{2\pi a^2}\right)^2 2\pi r dr+\int_a^b\frac{1}{2}\mu_0\left(\frac{I}{2\pi}\right)^2 2\pi r dr$$

$$=\frac{\mu_0 I^2}{16\pi}+\frac{\mu_0 I^2}{4\pi}\ln\frac{b}{a}$$

因此，单位长度电感为

$$L=\frac{2W_m}{I^2}=\frac{\mu_0}{8\pi}+\frac{\mu_0}{2\pi}\ln\frac{b}{a}$$

9.3 电容

在大学物理的学习中已知，孤立导体的电容 C 为

$$C=\frac{Q}{\varphi} \tag{9-3-1}$$

式中 Q 为导体所带的电荷量，φ 为导体相对于无穷远处的电位。电容是导体系统的一种基本属性，它是描述导体系统储存电荷能力的物理量。电容的单位是 F（法拉）。电容只与导体的几何形状、尺寸、相对位置及导体周围的介质有关，但与导体的带电情况无关。

9.3.1 两导体系统的电容

两个导体携带的电量 $\pm q$，U 为两导体间的电位差，两导体组成的静电系统的电容为

$$C=\frac{q}{U} \tag{9-3-2}$$

虽然电容的大小与其所带电荷多少及电压大小无关，但对于实际电容参数的计算，可以在给定两导体携带的电量 $\pm q$，或给定两导体电位差 U 的条件下，通过场的分析，根据 $C=q/U$ 最终计算电容。

例 9-3-1　求截面如图 9-3-1 所示长度为 l 的圆柱形电容器的电容。

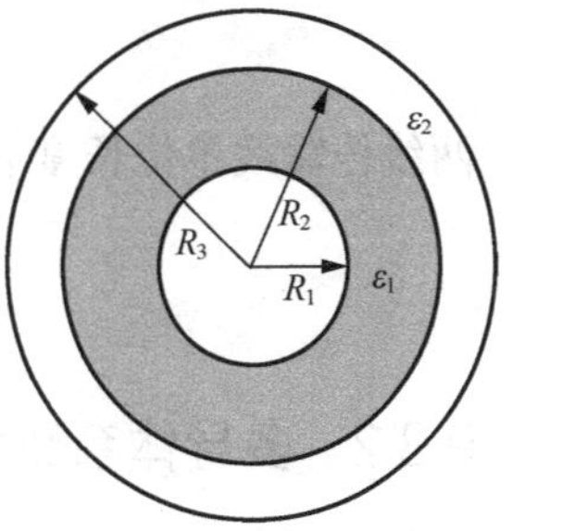

图 9-3-1　例 9-3-1 圆柱形电容器图

解　由于电荷分布具有轴对称性，因此用高斯定理计算简单。

如图 9-3-1 所示，设圆柱形电容器单位长度上所带的电荷为 τ，那么 $q=\tau l$。

选取与电容器同轴半径为 r，长度为 l 的圆柱面作高斯面，由高斯定理得

$$\oiint_D \boldsymbol{D}\cdot \mathrm{d}\boldsymbol{S}=D2\pi rl=q=\tau l$$

$$D=\frac{\tau}{2\pi r}\quad（R_1<r<R_3）$$

场强为

$$E_1=\frac{\tau}{2\pi\varepsilon_1 r}\quad（R_1<r<R_2）$$

$$E_2=\frac{\tau}{2\pi\varepsilon_2 r}\quad（R_2<r<R_3）$$

柱形电容器两极板之间电势差为

$$U=\int_{R_1}^{R_2}\frac{\tau}{2\pi\varepsilon_1 r}\mathrm{d}r+\int_{R_2}^{R_3}\frac{\tau}{2\pi\varepsilon_2 r}\mathrm{d}r=\frac{\tau}{2\pi\varepsilon_1}\ln\frac{R_2}{R_1}+\frac{\tau}{2\pi\varepsilon_2}\ln\frac{R_3}{R_2}$$

电容为

$$C=\frac{Q}{U}=\frac{q}{U}\frac{\tau l}{\dfrac{\tau}{2\pi\varepsilon_1}\ln\dfrac{R_2}{R_1}+\dfrac{\tau}{2\pi\varepsilon_2}\ln\dfrac{R_3}{R_2}}=\frac{2\pi l\varepsilon_1\varepsilon_2}{\varepsilon_2\ln\dfrac{R_2}{R_1}+\varepsilon_1\ln\dfrac{R_3}{R_2}}$$

例 9-3-2 计算如图 9-3-2 所示，两线传输线的电容，远离地面（不考虑大地的影响），两导线的线间距离远大于两导线的半径。

解 设两导线单位长度的电荷为τ、$-\tau$，两导线的线间距离远大于两导线的半径，因此可近似认为电荷集中在导线的中心。

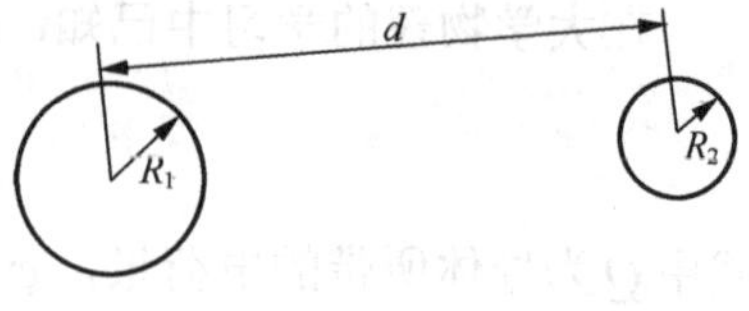

图 9-3-2 例 9-3-2 远离地面的两线传输线图

由静电场的电轴法可知导线 1 和导线 2 在导线 1 表面处产生的电位为

$$\varphi_1=\frac{\tau}{2\pi\varepsilon_0}\ln\frac{d}{R_1}$$

同理导线 1 和导线 2 在导线 2 表面处产生的电位为

$$\varphi_2=\frac{-\tau}{2\pi\varepsilon_0}\ln\frac{d}{R_2}$$

导线 1 与导线 2 之间的电压

$$U=\varphi_1-\varphi_2=\frac{\tau}{2\pi\varepsilon_0}\ln\frac{d^2}{R_1R_2}$$

两线传输线单位长度的电容

$$C=\frac{\tau}{U}=\frac{2\pi\varepsilon_0}{\ln(d^2)-\ln(R_1R_2)}$$

9.3.2 多导体系统的电容与部分电容

在工程中许多电气设备往往具有两个以上相互绝缘的导体，形成多导体的带电系统，每两个导体间的电压要受到其余导体上电荷的影响，系统中的导体电荷与导体间电压的关系一般不能仅用一个电容来描述，这时电容的概念需要扩充，引入部分电容的概念。

1. 电位系数

如果一个系统，其中电场分布只与系统内各带电体的形状、尺寸、相对位置和电介质的分布有关，而与系统外的带电体无关，并且系统中的电位移线全部从系统内带电体发出，也全部终止于系统内的带电体，则称这个系统为静电独立系统。现考察由$n+1$个导体组成的静电独立系统，令各导体的序号为0、1、2、…、n，所带电量为q_0、q_1、q_2、…、q_n，由静电独立系统的定义，则必有

$$q_0+q_1+q_2+\cdots+q_n=0 \tag{9-3-3}$$

如果空间介质是线性的，且选取 0 号导体为电位参考点，其电位为零。根据叠加原理，得下列方程

$$\begin{aligned}&\varphi_1=\alpha_{11}q_1+\alpha_{12}q_2+\cdots+\alpha_{1j}q_j+\cdots+\alpha_{1n}q_n\\&\cdots\cdots\\&\varphi_i=\alpha_{i1}q_1+\alpha_{i2}q_2+\cdots+\alpha_{ij}q_j+\cdots+\alpha_{in}q_n\\&\cdots\cdots\\&\varphi_n=\alpha_{n1}q_1+\alpha_{n2}q_2+\cdots+\alpha_{nj}q_j+\cdots+\alpha_{nn}q_n\end{aligned} \tag{9-3-4}$$

上式可记作矩阵形式为

$$[\varphi]=[\alpha]\ [q] \tag{9-3-5}$$

式中α_{11}、α_{12}、…、α_{ij}、…、α_{nn}称为电位系数，其中下标相同的α_{ii}称为自有电位系数，下标互异的$\alpha_{ij}(i\neq j)$称为互有电位系数。

从上述方程组，假定一定条件，可以计算电位系数

$$\alpha_{ij}=\left.\frac{\varphi_i}{q_j}\right|_{q_1=q_2=\cdots=q_{j-1}=q_{j+1}=\cdots=q_n=0} \tag{9-3-6}$$

式中，φ_i为i号导体的电位，第j号导体的带电量为q_j，参考导体带电量为$-q_j$。

所有的电位系数恒为正，自有电位系数大于与之有关的互有电位系数，且$\alpha_{ij}=\alpha_{ji}$；电位系数只与系统内导体的形状、尺寸、相对位置以及电介质的分布有关，与导体所带电荷量无关。

α_{ij}值可以通过给定各导体电荷q，计算各导体的电位φ而得到。

2. 感应系数

通常给定的不是各导体的电荷，而是它们的电位或各导体之间的电压。求解方程式（9-3-4），得

$$\begin{aligned}&q_1=\beta_{11}\varphi_1+\beta_{12}\varphi_2+\cdots+\beta_{1j}\varphi_j+\cdots+\beta_{1n}\varphi_n\\&\cdots\cdots\\&q_i=\beta_{i1}\varphi_1+\beta_{i2}\varphi_2+\cdots+\beta_{ij}\varphi_j+\cdots+\beta_{in}\varphi_n\\&\cdots\cdots\\&q_n=\beta_{n1}\varphi_1+\beta_{n2}\varphi_2+\cdots+\beta_{nj}\varphi_j+\cdots+\beta_{nn}\varphi_n\end{aligned} \tag{9-3-7}$$

即

$$[q]=[\alpha]^{-1}[\varphi]=[\beta][\varphi] \tag{9-3-8}$$

式中，系数β_{11}、β_{12}、…、β_{ij}、…、β_{nn}称为感应系数。同样，下标相同的β_{ii}称为自有感应系数，下标互异的β_{ij}称为互有感应系数。

从上述方程组，假定一定的条件，就可以计算感应系数

$$\beta_{ij}=\left.\frac{q_i}{\varphi_j}\right|_{\varphi_1=\varphi_2=\cdots=\varphi_{j-1}=\varphi_{j+1}=\cdots=\varphi_n=0} \tag{9-3-9}$$

由式（9-3-8）可知感应系数和电位系数之间的关系为

$$[\beta]=[\alpha]^{-1}=\frac{[\alpha]^{*}}{|\alpha|} \tag{9-3-10}$$

式中，$|\alpha|$是$[\alpha]$的行列式的值，$[\alpha]^*$是$[\alpha]$的伴随矩阵，其为

$$[\alpha]^*=\begin{bmatrix} A_{11} & A_{21} & \cdots & A_{n1} \\ A_{12} & A_{22} & \cdots & A_{n2} \\ \vdots & \vdots & & \vdots \\ A_{1n} & A_{2n} & \cdots & A_{nn} \end{bmatrix} \tag{9-3-11}$$

A_{ij}是$|\alpha|$中元素α_{ij}的代数余因式。

n阶$|\alpha|$行列式根据定义为

$$\begin{bmatrix} \alpha_{11} & \alpha_{21} & \cdots & \alpha_{1n} \\ \alpha_{21} & \alpha_{22} & \cdots & \alpha_{2n} \\ \vdots & \vdots & & \vdots \\ \alpha_{n1} & \alpha_{n2} & \cdots & \alpha_{nn} \end{bmatrix}=\alpha_{11}M_{11}-\alpha_{12}M_{12}+\cdots+(-1)^{1+n}\alpha_{1n}M_{1n}$$

$$=\sum_{j=1}^{n}(-1)^{1+j}\alpha_{1j}M_{1j} \tag{9-3-12}$$

其中$M_{ij}(i,j=1,2,\cdots,n)$表示划去n阶行列式的第i行与第j列后所剩的$n-1$阶行列式，M_{ij}称为元素α_{ij}的余子式，$A_{ij}=(-1)^{i+j}M_{ij}$称为元素α_{ij}的代数余子式。

自有感应系数都为正值，互有感应系数都为负值，自有感应系数大于与之有关的互有感应系数的绝对值，且$\beta_{ij}=\beta_{ji}$；感应系数只与系统内导体的形状、尺寸、相对位置以及电介质的分布有关，与导体所带电荷量无关。

3. **部分电容**

工程分析中，通常将电荷与电位之间的关系用两两导体间的相互电容，即部分电容来表示。方程组（9-3-7）中的电位改写为电位差，下面以第i个方程为例。

$$\begin{aligned} q_i &= \beta_{i1}\varphi_1+\beta_{i2}\varphi_2+\cdots+\beta_{ij}\varphi_j+\cdots+\beta_{in}\varphi_n \\ &= (\beta_{i1}+\beta_{i2}+\cdots+\beta_{in})(\varphi_i-\varphi_0)-\beta_{i1}(\varphi_i-\varphi_1)- \\ &\quad \beta_{i2}(\varphi_i-\varphi_2)-\cdots-\beta_{in}(\varphi_i-\varphi_n) \\ &= -\beta_{i1}(\varphi_i-\varphi_1)-\beta_{i2}(\varphi_i-\varphi_2)-\cdots+(\beta_{i1}+\beta_{i2}+\cdots+\beta_{in})(\varphi_i-\varphi_0)- \\ &\quad \cdots-\beta_{in}(\varphi_i-\varphi_n) \\ &= C_{i1}U_{i1}+C_{i2}U_{i2}+\cdots+C_{i0}U_{i0}+\cdots+C_{in}U_{in} \end{aligned} \tag{9-3-13}$$

依次类推，整个方程组可以改写为

$$\begin{aligned} q_1 &= C_{10}U_{10}+C_{12}U_{12}+\cdots+C_{1j}U_{1j}+\cdots+C_{1n}U_{1n} \\ &\cdots\cdots \\ q_i &= C_{i1}U_{i1}+C_{i2}U_{i2}+\cdots+C_{ij}U_{ij}+\cdots+C_{in}U_{in} \\ &\cdots\cdots \\ q_n &= C_{n1}U_{n1}+C_{n2}U_{n2}+\cdots+C_{nj}U_{nj}+\cdots+C_{n0}U_{n0} \end{aligned} \tag{9-3-14}$$

式中，C_{10}、C_{12}、$\cdots$、C_{ij}、$\cdots$、C_{n0}为部分电容，其中C_{10}、C_{20}、$\cdots$、C_{i0}、$\cdots$、C_{n0}称为自有部分电容，即各导体与参考导体之间的部分电容。由比较系数法可知

$$C_{i0}=\beta_{i1}+\beta_{i2}+\cdots+\beta_{ii}+\cdots+\beta_{in}\ (i=1,2,\cdots,n) \tag{9-3-15}$$

C_{ij}称为互有部分电容，即相应两个导体间的部分电容。同理可知

$$C_{ij}=-\beta_{ij}\quad（i\text{或}j=1,\cdots,n，\text{且}i\neq j）\tag{9-3-16}$$

所有的部分电容恒为正值，且$C_{ij}=C_{ji}$；部分电容也只与系统中所有导体的几何形状、尺寸、相对位置以及介质的介电常数有关，与导体所带电量无关。

在理论分析中，可以通过计算α_{ij}、β_{ij}求C_{ij}。但β_{ij}也可由实验方法测得，因此实验测量也可求得部分电容值。

例 9-3-3 同心金属球与球壳系统如图 9-3-3 所示，内导体球半径为a，外导体球壳的内外半径分别为b和c，导体球带电荷q_1，导体球壳带电荷q_2，设无限远处为电位参考点，求导体系统的部分电容。

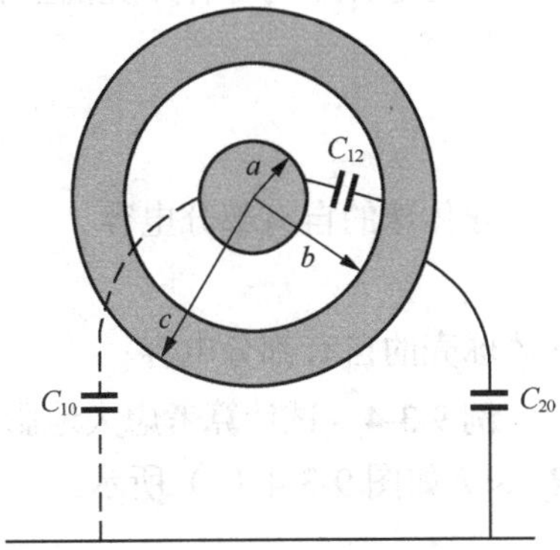

图 9-3-3 例 9-3-3 图

解 系统在静电平衡的条件下，电量q_1均匀分布在内导体球外表面，电量$-q_1$均匀分布在外导体球壳的内表面，电量q_1+q_2均匀分布在外导体球壳的外表面，系统的电荷分布具有点对称性，因此场强的分布具有球对称性，可由高斯定理求场强，然后由$\varphi=\int_P^{\infty}\boldsymbol{E}\cdot\mathrm{d}\boldsymbol{l}$分别求内导体球和导体球壳上的电位$\varphi_1$、$\varphi_2$，联立两电位的表达式可分别解出$q_1$、$q_2$与电位差的表达式，比较该表达式与式（9-3-14），可得自有、互有部分电容。

由高斯定理可求得，系统中各处电场强度为

$$\boldsymbol{E}_1=\frac{q_1}{4\pi\varepsilon_0\varepsilon_\mathrm{r}\mathrm{r}^2}\boldsymbol{e}_r\qquad(a<r<b)$$

$$\boldsymbol{E}_2=0\qquad(b<r<c)$$

$$\boldsymbol{E}_3=\frac{q_1+q_2}{4\pi\varepsilon_0 r^2}\boldsymbol{e}_r\qquad（r>c）$$

导体球壳上的电位

$$\varphi_2=\int_P^{\infty}\boldsymbol{E}\cdot\mathrm{d}\boldsymbol{l}=\int_c^{\infty}E_3\mathrm{d}r$$

$$=\frac{q_1+q_2}{4\pi\varepsilon_0 c}$$

内导体球上的电位

$$\varphi_1=\int_P^{\infty}\boldsymbol{E}\cdot\mathrm{d}\boldsymbol{l}=\int_a^b E_1\mathrm{d}r+\int_b^c E_2\mathrm{d}r+\int_c^{\infty}E_3\mathrm{d}r$$

$$=\int_a^b\frac{q_1}{4\pi\varepsilon_0\varepsilon_\mathrm{r}\mathrm{r}^2}\mathrm{d}r+0+\int_c^{\infty}\frac{q_1+q_2}{4\pi\varepsilon_0 r^2}\mathrm{d}r$$

$$=\frac{q_1}{4\pi\varepsilon_0\varepsilon_\mathrm{r}}\left(\frac{1}{a}-\frac{1}{b}\right)+\frac{q_1+q_2}{4\pi\varepsilon_0 c}$$

联立以上两式求解可得

$$q_1 = 0 + \frac{4\pi\varepsilon_0\varepsilon_r}{\frac{1}{a}-\frac{1}{b}}(\varphi_1-\varphi_2)$$

$$q_2 = \frac{4\pi\varepsilon_0\varepsilon_r}{\frac{1}{a}-\frac{1}{b}}(\varphi_2-\varphi_1)+(4\pi\varepsilon_0 c)\varphi_2$$

可得导体球与导体球壳的互有部分电容

$$C_{12} = C_{21} = \frac{4\pi\varepsilon_0\varepsilon_r}{\frac{1}{a}-\frac{1}{b}}$$

导体球的自有部分电容

$$C_{10} = 0$$

导体球壳的自有部分电容 $C_{20} = 4\pi\varepsilon_0 c$

例 9-3-4 试计算考虑大地影响时，二线传输线的各部分电容。已知 $d >> R_1$ 与 R_2，R_1 与 $R_2 << h$ 如图 9-3-4（a）所示。

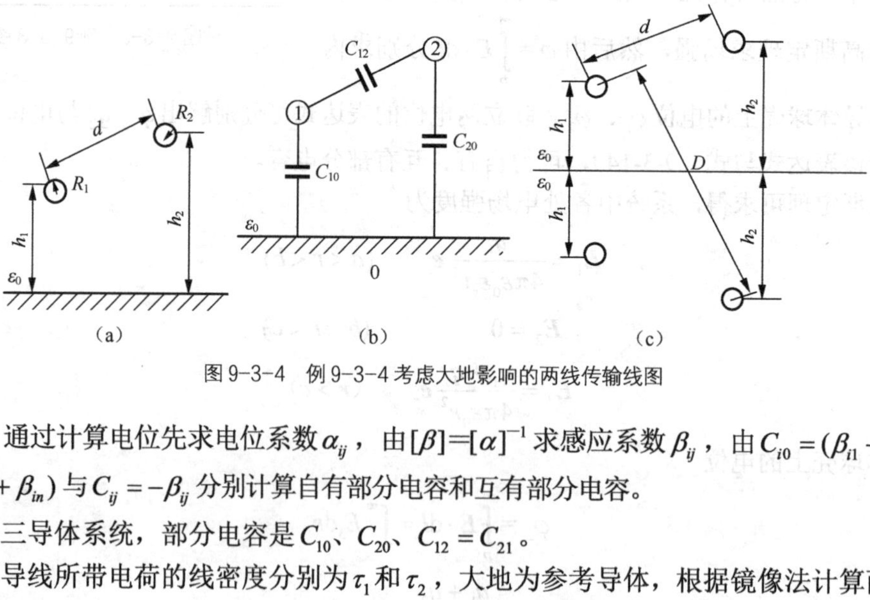

图 9-3-4 例 9-3-4 考虑大地影响的两线传输线图

解 通过计算电位先求电位系数 α_{ij}，由 $[\beta]=[\alpha]^{-1}$ 求感应系数 β_{ij}，由 $C_{i0}=(\beta_{i1}+\beta_{i2}+\cdots+\beta_{ii}+\cdots+\beta_{in})$ 与 $C_{ij}=-\beta_{ij}$ 分别计算自有部分电容和互有部分电容。

这是三导体系统，部分电容是 C_{10}、C_{20}、$C_{12}=C_{21}$。

设两导线所带电荷的线密度分别为 τ_1 和 τ_2，大地为参考导体，根据镜像法计算两导线的电位，镜像电荷分布如图 9-3-4（c）所示，由静电场的电轴法可知导线 1 和其像电荷在导线 1 处产生的电位为

$$\varphi_{11} = \frac{\tau_1}{2\pi\varepsilon_0}\ln\frac{2h_1}{R_1}$$

同理可知导线 2 及其像电荷在导线 1 处产生的电位为

$$\varphi_{12} = \frac{\tau_2}{2\pi\varepsilon_0}\ln\frac{D}{d}$$

因此导线 1 的电位为

$$\varphi_1 = \varphi_{11}+\varphi_{12} = \frac{\tau_1}{2\pi\varepsilon_0}\ln\frac{2h_1}{R_1}+\frac{\tau_2}{2\pi\varepsilon_0}\ln\frac{D}{d} = \alpha_{11}\tau_1+\alpha_{12}\tau_2$$

同理导线 2 的电位为

$$\varphi_2=\varphi_{21}+\varphi_{22}=\frac{\tau_1}{2\pi\varepsilon_0}\ln\frac{D}{d}+\frac{\tau_2}{2\pi\varepsilon_0}\ln\frac{2h_2}{R_2}=\alpha_{21}\tau_1+\alpha_{22}\tau_2$$

$$[\alpha]=\begin{bmatrix}\alpha_{11} & \alpha_{12}\\ \alpha_{21} & \alpha_{22}\end{bmatrix}\Rightarrow[\beta]=[\alpha]^{-1}=\frac{\alpha^*}{|\alpha|}=\frac{1}{|\alpha|}\begin{bmatrix}\alpha_{22} & -\alpha_{12}\\ -\alpha_{21} & \alpha_{11}\end{bmatrix}$$

部分电容分别为

$$C_{12}=C_{21}=-\beta_{21}=\frac{\alpha_{21}}{|\alpha|}=\frac{1}{2\pi\varepsilon_0|\alpha|}\ln\frac{D}{d}$$

$$C_{10}=\beta_{11}+\beta_{12}=\frac{\alpha_{22}-\alpha_{12}}{|\alpha|}=\frac{1}{2\pi\varepsilon_0|\alpha|}(\ln\frac{2h_2}{R_2}-\ln\frac{D}{d})=\frac{1}{2\pi\varepsilon_0|\alpha|}\ln\frac{2h_2d}{R_2D}$$

$$C_{20}=\beta_{21}+\beta_{22}=\frac{\alpha_{11}-\alpha_{21}}{|\alpha|}=\frac{1}{2\pi\varepsilon_0|\alpha|}(\ln\frac{2h_1}{R_1}-\ln\frac{D}{d})=\frac{1}{2\pi\varepsilon_0|\alpha|}\ln\frac{2h_1d}{R_1D}$$

其中$|\alpha|=\alpha_{11}\alpha_{22}-\alpha_{12}\alpha_{21}$。

9.4 交流阻抗参数

9.4.1 复功率

复功率是以相量法分析正弦电流电路常涉及的一个辅助计算量。在正弦稳态电路中，对一个无源二端网络，设端口电压相量为$\dot{U}$，端口电流相量为$\dot{I}$，复功率$\tilde{S}$定义为

$$\tilde{S}=\dot{U}\dot{I}^*=\dot{Z}\dot{I}\dot{I}^*=(R+\mathrm{j}X)\dot{I}\dot{I}^*=(RI^2+\mathrm{j}XI^2)=P+\mathrm{j}Q \tag{9-4-1}$$

复功率实部P为一个周期内瞬时功率的平均值，称为有功功率；虚部为无功功率。

如果电路中的负载是纯电阻，电阻上的电流和电压是同相的，电阻所消耗的功率等于其上电流和电压的乘积。它是一个实数，称为有功功率，这个功率转换成为电阻上的热能。

若负载为纯电抗，则电流与电压的相位差为±90°，因此实功为零，全部为虚功。在这种情况下仅有能量的储存与转换而无能量的传输与损耗。

如果电路中的负载不是纯电阻，而包含电抗成分时，负载上的电流、电压具有一定的相位差，在这种情况下，电路中不仅存在有功功率，而且还有无功功率。

9.4.2 复数形式的坡印亭定理

电磁场问题的功率计算和电路的情况很相似。由于介质损耗等各种原因，电场、磁场之间可能出现相位差。因此，电磁场的功率也存在有功功率和无功功率两部分。

在时谐电磁场中，坡印亭矢量的瞬时形式为

$$\begin{aligned}\mathbf{S}(\boldsymbol{r},t)&=\sqrt{2}\boldsymbol{E}(\boldsymbol{r})\cos(\omega t+\phi_E)\times\sqrt{2}\boldsymbol{H}(\boldsymbol{r})\cos(\omega\mathbf{t}+\phi_H)\\&=(\boldsymbol{E}\times\boldsymbol{H})\ \left[\cos(\phi_E-\phi_H)+\cos(2\omega t+\phi_E+\phi_H)\right]\end{aligned} \tag{9-4-2}$$

$\boldsymbol{S}$ 在一个周期内的平均值为

$$\boldsymbol{S}_{\mathrm{av}}(\boldsymbol{r})=\frac{1}{T}\int_0^T\boldsymbol{S}(\boldsymbol{r},t)dt=(\boldsymbol{E}\times\boldsymbol{H})\cos(\phi_E-\phi_H) \tag{9-4-3}$$

将 $\boldsymbol{S}_{\mathrm{av}}(\boldsymbol{r})$ 称为平均功率密度。

容易证明

$$\boldsymbol{S}_{\mathrm{av}}(\boldsymbol{r}) = R_e(\dot{\boldsymbol{E}} \times \dot{\boldsymbol{H}}^*) \tag{9-4-4}$$

因为

$$\boldsymbol{E}(\boldsymbol{r},t) = \boldsymbol{E}(\boldsymbol{r})\cos(\omega t + \phi_E) \tag{9-4-5}$$

所以

$$\dot{\boldsymbol{E}} = \boldsymbol{E}(\boldsymbol{r})e^{\mathrm{j}\phi_E} \tag{9-4-6}$$

同理

$$\dot{\boldsymbol{H}} = \boldsymbol{H}(\boldsymbol{r})e^{\mathrm{j}\phi_H} \tag{9-4-7}$$

又因为

$$\dot{\boldsymbol{E}} \times \dot{\boldsymbol{H}}^* = \boldsymbol{E}(\boldsymbol{r})e^{\mathrm{j}\phi_E} \times \boldsymbol{H}(\boldsymbol{r})e^{-\mathrm{j}\phi_H} = (\boldsymbol{E} \times \boldsymbol{H})e^{\mathrm{j}(\phi_E - \phi_H)} \tag{9-4-8}$$

因此

$$R_e\left[\dot{\boldsymbol{E}} \times \dot{\boldsymbol{H}}^*\right] = (\boldsymbol{E} \times \boldsymbol{H})\cos(\phi_E - \phi_H) = \boldsymbol{S}_{\mathrm{av}} \tag{9-4-9}$$

$\tilde{\boldsymbol{S}} = \dot{\boldsymbol{E}} \times \dot{\boldsymbol{H}}^*$ 即为坡印亭矢量的复数形式，其实部为平均功率流密度，虚部为无功功率流密度。

将麦克斯韦第一方程的相量形式两边取共轭，得

$$\nabla \times \dot{\boldsymbol{H}}^* = \dot{\boldsymbol{J}}^* - \mathrm{j}\omega\dot{\boldsymbol{D}}^* = \gamma\dot{\boldsymbol{E}}^* - \mathrm{j}\omega\varepsilon\dot{\boldsymbol{E}}^* \tag{9-4-10}$$

麦克斯韦第二方程的相量形式为

$$\nabla \times \dot{\boldsymbol{E}} = -\mathrm{j}\omega\mu\dot{\boldsymbol{H}} \tag{9-4-11}$$

$\tilde{\boldsymbol{S}}$ 取散度，展开，得

$$\nabla \cdot (\dot{\boldsymbol{E}} \times \dot{\boldsymbol{H}}^*) = \dot{\boldsymbol{H}}^* \cdot (\nabla \times \dot{\boldsymbol{E}}) - \dot{\boldsymbol{E}} \cdot (\nabla \times \dot{\boldsymbol{H}}^*) \tag{9-4-12}$$

把式（9-4-10）、式（9-4-11）代入式（9-4-12）得

$$\nabla \cdot (\dot{\boldsymbol{E}} \times \dot{\boldsymbol{H}}^*) = \dot{\boldsymbol{H}}^* \cdot (-\mathrm{j}\omega\mu\dot{\boldsymbol{H}}) - \dot{\boldsymbol{E}} \cdot (\gamma\dot{\boldsymbol{E}}^* - \mathrm{j}\omega\varepsilon\dot{\boldsymbol{E}}^*) \tag{9-4-13}$$

式（9-4-13）两边进行体积分，得

$$-\iiint_V \nabla \cdot (\dot{\boldsymbol{E}} \times \dot{\boldsymbol{H}}^*)\mathrm{d}V = \iiint_V \gamma\dot{\boldsymbol{E}} \cdot \dot{\boldsymbol{E}}^*\mathrm{d}V + \mathrm{j}\omega\iiint_V (\mu\dot{\boldsymbol{H}} \cdot \dot{\boldsymbol{H}}^* - \varepsilon\dot{\boldsymbol{E}} \cdot \dot{\boldsymbol{E}}^*)\mathrm{d}V \tag{9-4-14}$$

应用散度定理，得

$$-\oiint_S \dot{\boldsymbol{E}} \times \dot{\boldsymbol{H}}^* \cdot \mathrm{d}\boldsymbol{S} = \iiint_V \gamma\dot{\boldsymbol{E}} \cdot \dot{\boldsymbol{E}}^*\mathrm{d}V + \mathrm{j}\omega\iiint_V (\mu\dot{\boldsymbol{H}} \cdot \dot{\boldsymbol{H}}^* - \varepsilon\dot{\boldsymbol{E}} \cdot \dot{\boldsymbol{E}}^*)\mathrm{d}V \tag{9-4-15}$$

整理得

$$-\oiint_S \dot{\boldsymbol{E}} \times \dot{\boldsymbol{H}}^* \cdot \mathrm{d}\boldsymbol{S} = \iiint_V \gamma\boldsymbol{E}^2\mathrm{d}V + \mathrm{j}\iiint_V \omega(\mu H^2 - \varepsilon E^2)\mathrm{d}V \tag{9-4-16}$$

式（9-4-16）称为坡印亭定理的复数形式。等式左边为流入闭合面内的电磁复功率，等式右边实部表示体积 V 内有损介质消耗的有功功率 P，右边虚部表示体积 V 内吸收的无功功率 Q。

式（9-4-16）又可写为

$$-\oiint_S \dot{\boldsymbol{E}} \times \dot{\boldsymbol{H}}^* \cdot \mathrm{d}\boldsymbol{S} = P + \mathrm{j}Q \tag{9-4-17}$$

9.4.3 交流电路参数

在以上关于时谐电磁场能量、功率分析的基础上，可以建立与正弦（时谐）交流电路功率平衡之间的对应关系，进而基于场的分析，计算等值的电路参数。

比较式（9-4-1）与式（9-4-17），可得求解电磁场问题的等效电路参数：

$$Z=-\frac{1}{I^2}\oint\!\!\!\oint_S \dot{\boldsymbol{E}}\times\dot{\boldsymbol{H}}^*\cdot\mathrm{d}\boldsymbol{S} \tag{9-4-18}$$

$$R=\frac{P}{I^2}=\frac{1}{I^2}\mathrm{Re}\left[-\oint\!\!\!\oint_S \dot{\boldsymbol{E}}\times\dot{\boldsymbol{H}}^*\cdot\mathrm{d}\boldsymbol{S}\right]=\frac{1}{I^2}\iiint_V \gamma\boldsymbol{E}^2\mathrm{d}V \tag{9-4-19}$$

$$X=\frac{Q}{I^2}=\frac{1}{I^2}\mathrm{Im}\left[-\oint\!\!\!\oint_S \dot{\boldsymbol{E}}\times\dot{\boldsymbol{H}}^*\cdot\mathrm{d}\boldsymbol{S}\right]=\frac{1}{I^2}\iiint_V \omega(\mu H^2-\varepsilon E^2)\mathrm{d}V \tag{9-4-20}$$

式中，Z 为阻抗，R 为交流电阻，X 为内电抗。

例 9-4-1 计算如图 9-4-1 所示半无限大平面导体（$x>0$）中，单位长度（y、z 向）的载流导体条的等值电路参数—内阻抗 Z。已知沿 y 向流动的时谐电流密度 $\dot{\boldsymbol{J}}=\dot{J}_y(0)\mathrm{e}^{-px}\boldsymbol{e}_y=\dot{J}_{y0}\mathrm{e}^{-px}\boldsymbol{e}_y$，其中 $P=\sqrt{\mathrm{j}\omega\mu\gamma}=\sqrt{\frac{\omega\mu\gamma}{2}}(1+\mathrm{j})=\frac{1}{d}(1+\mathrm{j})$。

解 由 $\dot{\boldsymbol{J}}=\gamma\dot{\boldsymbol{E}}$，可知导条中的电场强度为

$$\dot{\boldsymbol{E}}=\frac{\dot{\boldsymbol{J}}}{\gamma}=\frac{\dot{J}_y(0)\mathrm{e}^{-px}\boldsymbol{e}_y}{\gamma}=\dot{E}_{y0}\mathrm{e}^{-px}\boldsymbol{e}_y$$

由 $\nabla\times\dot{\boldsymbol{E}}=-\mathrm{j}\omega\mu\dot{\boldsymbol{H}}$，得

$$\frac{\mathrm{d}\dot{E}_y}{\mathrm{d}x}\boldsymbol{e}_z=-\mathrm{j}\omega\mu\dot{\boldsymbol{H}}$$

因此导条中的磁场强度为

$$\dot{H}_z=-\mathrm{j}\frac{p}{\omega\mu}E_{y0}\mathrm{e}^{-px}=\dot{H}_{z0}\mathrm{e}^{-px}$$

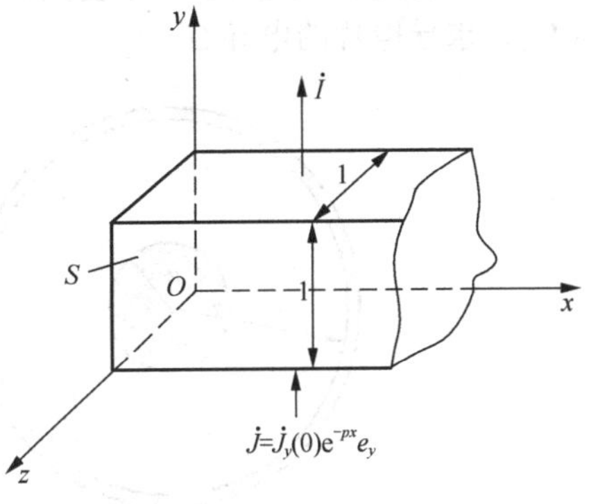

图 9-4-1 例 9-4-1 图

事实上，进入该载流导条表面的复功率流，仅位于 yOz 平面上的导条表面 S 上的贡献，故该导条的内阻抗为

$$Z=-\frac{1}{I^2}\oint\!\!\!\oint_S \dot{\boldsymbol{E}}\times\dot{\boldsymbol{H}}^*\cdot\mathrm{d}\boldsymbol{S}=-\frac{1}{I^2}\oint\!\!\!\oint_S(\dot{E}_y\times\dot{H}_z^*)\boldsymbol{e}_x\cdot\mathrm{d}S(-\boldsymbol{e}_x)$$

$$=\frac{1}{I^2}\int_0^1\!\!\int_0^1 \dot{E}_{y0}\dot{H}_{z0}^*\mathrm{d}y\mathrm{d}z$$

沿该导条位于 xOz 平面上的表面闭合回线 l 的线积分，由安培环路定理可得

$$\oint_l \dot{\boldsymbol{H}}\cdot\mathrm{d}\boldsymbol{l}=\oint_l \dot{H}_z\boldsymbol{e}_z\cdot\mathrm{d}\boldsymbol{l}=\int_0^1 \dot{H}_{z0}\mathrm{d}z=\dot{I}$$

因而

$$\int_0^1 \dot{H}_{z0}^*\mathrm{d}z=\dot{I}^*$$

且有
$$\dot{I}=\iint_S \dot{\boldsymbol{J}}\cdot \mathrm{d}\boldsymbol{S}=\int_0^{\infty}\int_0^{1}\dot{J}_y\mathrm{d}z\mathrm{d}x=\int_0^{\infty}\dot{J}_y\mathrm{d}x=\int_0^{\infty}\gamma\dot{E}_{y0}\mathrm{e}^{-px}\mathrm{d}x=\frac{\gamma\dot{E}_{y0}}{1+\mathrm{j}}d$$

由于$\int_0^1 \dot{E}_{y0}\mathrm{d}y=\dot{E}_{y0}$，并代入$\dot{I}^*$，得内阻抗

$$Z=(R+\mathrm{j}X)=\frac{\dot{I}^*}{I^2}\dot{E}_{y0}=\frac{\dot{E}_{y0}}{\dot{I}}=\frac{1+\mathrm{j}}{\gamma d}$$

其中，交流电阻
$$R=\frac{1}{\gamma d}=\sqrt{\frac{\omega\mu}{2\gamma}}$$

内电感
$$L_i=\frac{X}{\omega}=\sqrt{\frac{\mu}{2\omega\gamma}}$$

习　题

9-1　如题 9-1 图所示的同轴电缆，由内外导体组成，内外导体的半径分别为R_1、R_2，长度为l，中间绝缘材料的电导率为γ，试求其的绝缘电阻和绝缘电导。

9-2　如题 9-2 图所示，厚度为h的薄圆弧形导电片，由两种导电介质组成，两端加有电压U_0，求导电片的电导G。

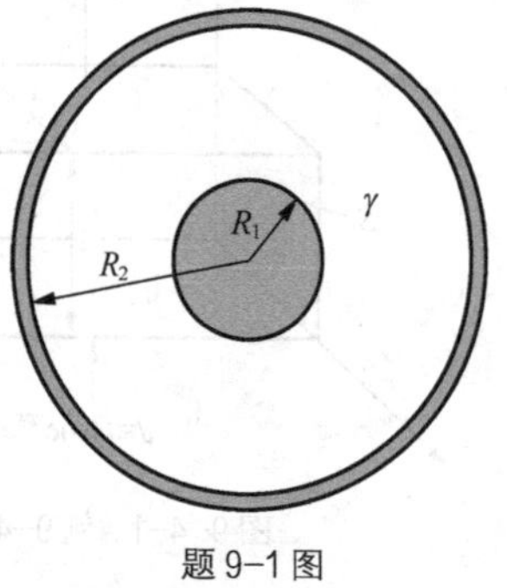

题 9-1 图

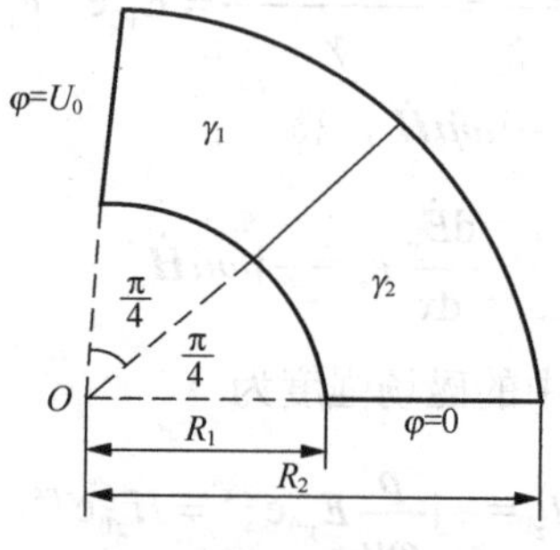

题 9-2 图

9-3　求如题 9-3 图所示浅埋于地下半径为a的球形导体电极的接地电阻。

9-4　已知半径为25mm 的半球形导体球埋入地中，如题 9-4 图所示。若土壤的电导率$10^{-6}\mathrm{S\cdot m^{-1}}$，试求导体球的接地电阻。

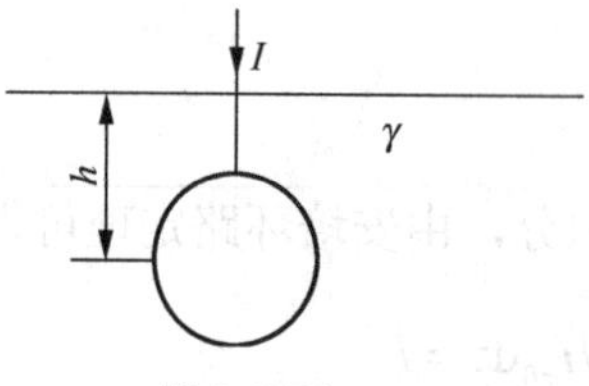

题 9-3 图

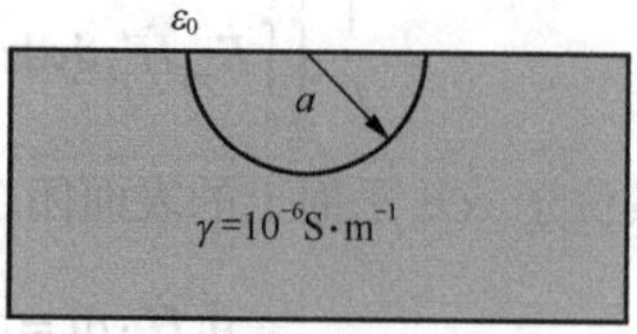

题 9-4 图

9-5　如题 9-5 图所示为同轴电缆的截面，轴向长度为l，材料的磁导率为μ_0，计算此同轴电缆的自感。

9-6　内半径为R_1，外半径为R_2，厚度为h，磁导率为$\mu(\mu \gg \mu_0)$的圆环形铁心，其上均匀紧密绕有N匝线圈，如题 9-6 图所示。求此线圈的自感。若将铁心切割掉一小段，形成空气隙，空气隙对应的圆心角为$\Delta\alpha$，求线圈的自感。

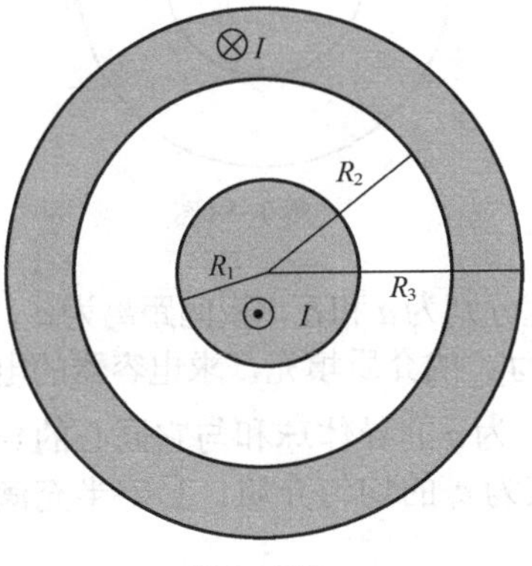

题 9-5 图

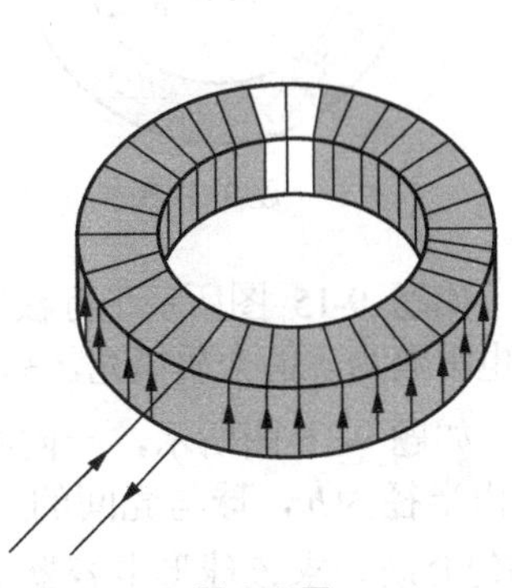
题 9-6 图

9-7　求如题 9-7 图中两回路之间的互感。

9-8　如题 9-8 图所示，一无限长直导线与一半径为a的圆环共面，圆环圆心到直导线的距离为d（$d \gg a$）。求直导线与圆环之间的互感M。

9-9　一根长直导线与一个边长为a、b的矩形线圈共面，如题 9-9 图所示，求线圈与直导线的互感。

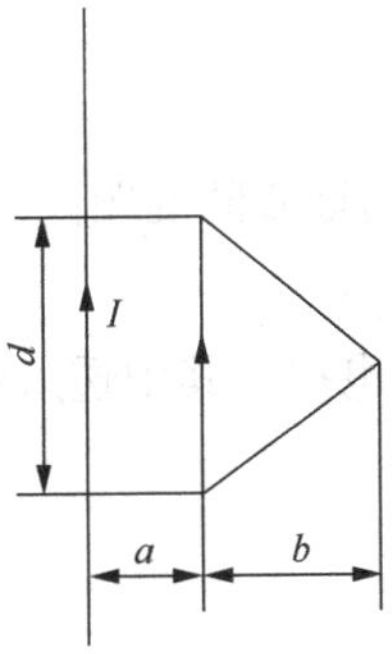

题 9-7 图

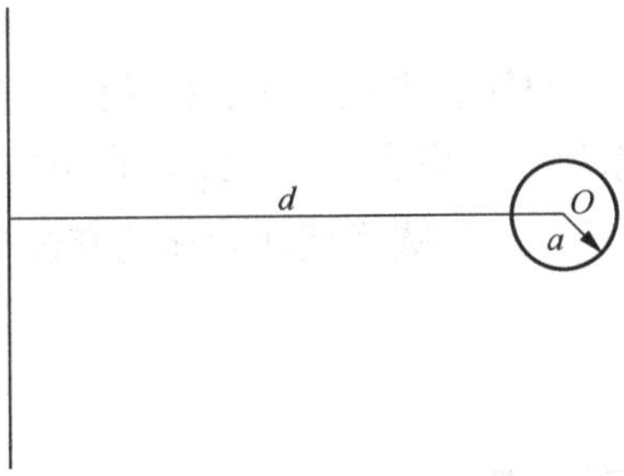

题 9-8 图

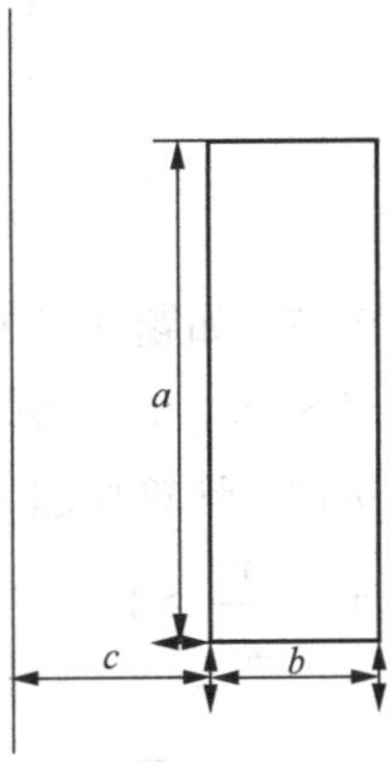

题 9-9 图

9-10　通过计算磁场能量的方法，求截面半径为a，无穷长直导线单位长度的内自感。

9-11　空气中的孤立金属球半径为a，所带电荷为q，求该金属球的电容C。

9-12　如题 9-12 图所示，同心的导体球与球壳系统，内导体球的半径为a，外导体球壳的半径分别为b和c，导体球与导体球壳带有等量异号电荷，它们之间及导体球壳外的介电常数均为ε_0，求该导体系统的电容。

9-13　求截面如题 9-13 图所示，长度为l的圆柱形电容器的电容。

9-14　内导体半径为a，外导体半径为b（其厚度可忽略不计）的无限长同轴圆柱导体构成电容器，内、外导体间填充有介电常数为ε的均匀介质，试求单位长度的电容。

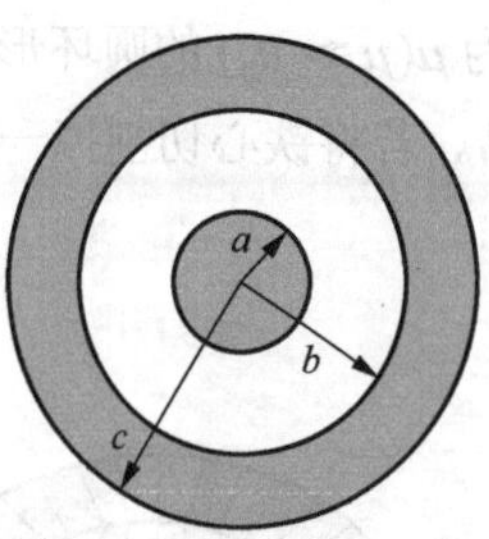

题 9-12 图

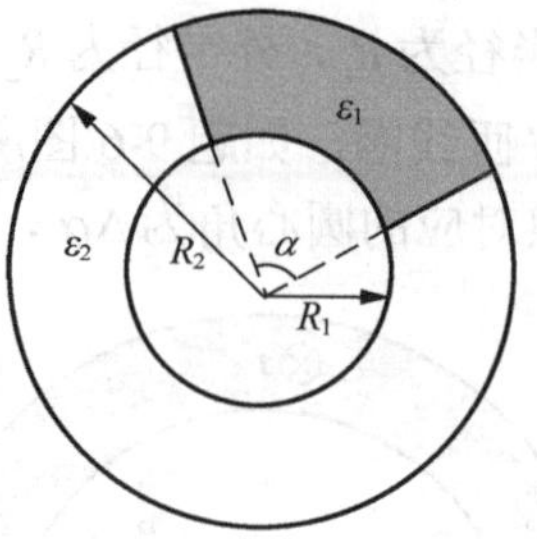

题 9-13 图

9-15　如题 9-15 图所示平行板电容器，其长、宽分别为a和b，板间距离为d，其中一半厚度用介电常数为ε_1的介质填充，另一半用介电常数为ε_2的介质填充，求电容器的电容量C。

9-16　如题 9-16 图所示，一同心球电容器由半径为a的导体球和与它同心的导体球壳构成，壳的内半径为b，球与壳间的一半充满介电系数为ε_1的均匀介质，另一半充满介电系数为ε_2的均匀介质，求该球形电容器的电容。

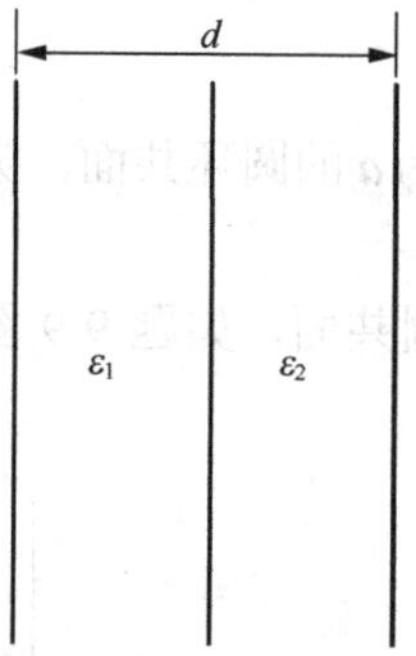

题 9-15 图

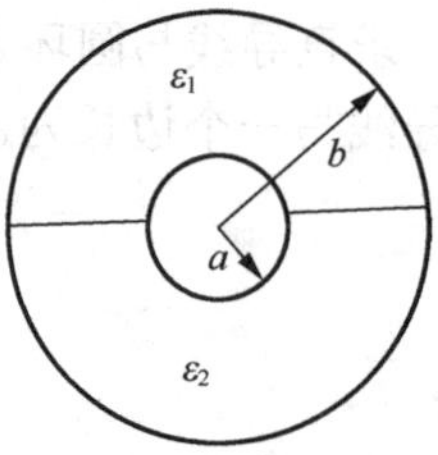

题 9-16 图

9-17　如题 9-17 图所示，自由空间有半径为a_1、a_2的两个金属球，两球心间的距离为d，而且$d \gg a_1$、a_2。试求该导体系统的互电容C_{12}、C_{21}，自电容C_{10}、C_{20}。

9-18　计算如题 9-18 图所示，一段圆形截面导体的交流电阻和内电抗。其中透入深度$d \ll a$，$\dfrac{\gamma}{\omega\varepsilon} \gg 1$。

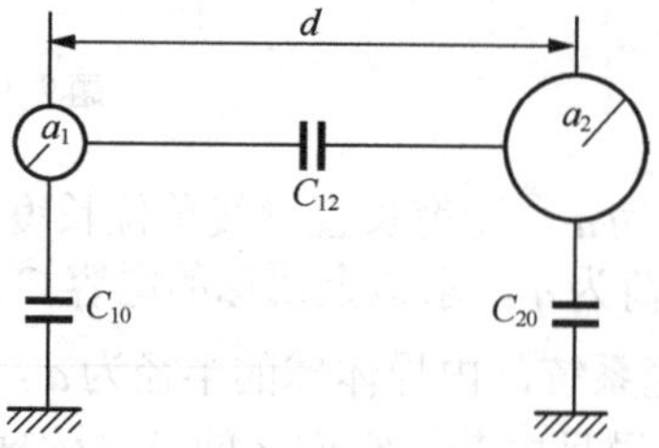

题 9-17 图

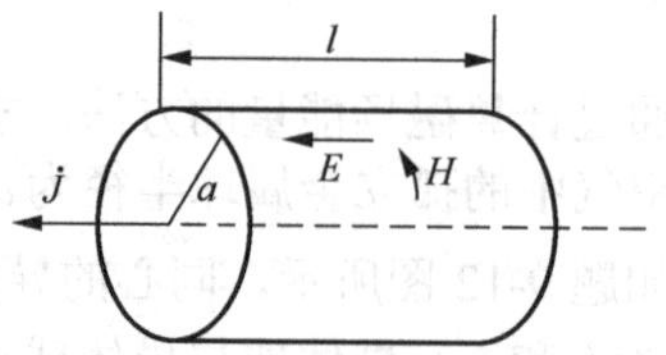

题 9-18 图

第10章 电气工程中典型的电磁场问题

10.1 时变电磁问题的"场"与"路"分析方法

由于电磁场存在整个空间，在分析研究一个实际物理系统中的时变电磁场问题时，都应该采用电磁"场"理论的分析方法，即对麦克斯韦方程组进行求解，但是，时变电磁场边值问题的计算非常复杂，在很多情况下无法得到精确的解析解，即使利用计算机技术采用数值计算方法得到一定精度下的近似解，在数学上也往往很繁琐。而很多实际电磁场问题在一定条件下，可以采用"化场为路"的思路，在保证一定的精度前提下，采用电"路"数学模型进行简化分析。电路模型分为集中参数电路模型和分布参数电路模型，分布参数电路模型可用集中参数电路构成的序列来逼近求解，因此集中参数电路是"电路"分析方法的基础。一个实际电磁问题能否用集中参数电路来反映是有前提条件的，这一条件称为集总电路条件。

10.1.1 集总电路条件

电流流通的路径称为电路，由电源、负载、连接控制装置三部分组成。电路的作用是以电为载体的能量和/或信息的转换、传输、分配、处理。在任何电路中，都存在着能量转换过程，都有电磁现象发生。

实际电路中的电磁现象极其复杂。例如，一个线圈通以交变电流后，既有电能转换为热能的耗能过程，又有电能转换为电感磁场能量和电容电场能量的储能过程。这些过程同时发生，互相影响。若直接对实际电路进行分析求解十分困难，对部分实际电路的分析研究可以采用科学抽象的方法将其理想化，从而简化分析求解过程，即假设电路中的电磁过程可以分别研究，每一种过程可用表 10-1-1 所示的理想元件分别表示。若干理想元件的组合，称为"电路模型"，用以反映实际电路中的电磁过程。

表 10-1-1　　理想元件表示的电磁过程

电磁过程	对应的理想电路元件	
	元件名称	元件性质
非电能转换为电能	电源元件	供能
电能被消耗做了有用功	电阻元件	耗能
电能转换为电感磁场能，暂时存储	电感元件	储能
电能转换为电容电场能，暂时存储	电容元件	储能

电路理论就是采用这种“模型化”的方法研究实际电路问题，即由实际电路抽象出与其电磁过程基本相同的电路模型，针对电路模型列出求解响应的数学表达式，则所得解答便反映了实际电路中的电压、电流，揭示了实际电路中的电磁过程。

需要注意的是，电路模型是实物中电磁过程在一定条件下的反映。理想元件表示电磁过程只发生在元件符号图这一“点”内，连接线及周围空间均无电磁现象发生，而实际中电磁现象是在整个空间中存在的。理想元件称为“集中（集总）参数元件”，电路模型称为“集中（集总）参数电路”。

一个实际电路，能否用上述理想元件组成的电路模型近似，即能否抽象为集中电路，有一定条件，称为“集总条件”：该电路的几何尺寸d远小于电路中最高频率f下电磁波的波长λ。表 10-1-2 列出了集中电路模型对不同电路的适用性。

表 10-1-2　　集中电路模型对不同电路的适用性

实际电路类型	最高频率	对应波长	集中电路模型的适用性
工频电路	50Hz	6000km	可
音频电路	25kHz	12km	可
计算机电路	500MHz	0.6m	不好
微波电路	$(3\times10^3\sim3\times10^5)$MHz	10cm～1mm	不可

可见，实际电路的几何尺寸越小、其中电量的频率越低，越适合按集中电路模型进行研究。

存在集总条件是有原因的。由前面的电磁场理论可知，实际电路中电场与磁场相互作用，产生电磁波，一部分能量将通过辐射损失掉；表现在电路的电流、电压上，它们不仅是时间的函数，也是空间位置的函数。当符合集总条件时，$d << \lambda$，电磁波通过实际电路所需时间$\tau=\dfrac{d}{c}<<\dfrac{\lambda}{c}=T$（其中$T=\dfrac{1}{f}$为电磁波的周期，$c=3\times10^8$ m/s 为电磁波的传播速度），可以忽略不计，犹如通过一点。在同一瞬间，从元件一端流入的电流等于流出的电流，流过元件的电流在该时刻为一确定值，元件两端电压也是如此。此时，辐射能量可以忽略不计，可以不考虑电场与磁场的相互作用而将其分隔开来研究，即电场仅与 C 元件对应，磁场仅与 L、耗能仅与 R 对应，且相应的能量转换只发生在元件符号图这一“点”，元件两端的引线仅起连接作用，引线及周围并无电磁现象发生。

10.1.2　输电线路电路模型

交流电力系统三相对称运行时，架空输电线路的等效电路是以导线的电阻、电抗（电感）以及导线的对地电导、电纳（电容）为元件组成的电路模型。电阻反映线路通过电流时产生的有功功率损耗；电抗（电感）反映载流线路周围产生的磁场效应；电导反映电晕放电和绝缘子泄露电流产生的有功功率损耗；电纳（电容）反映载流线路周围产生的电场效应。

由于电网互连的优越性，输电距离越来越远，出现了长达数千公里的输电线路。对于这样超大几何尺寸的实际电路，不能再视为一“点”用理想的集中元件近似，集中电路模型中“二端元件在某时刻电压、电流为确定值”的特点也不复存在。此时，应该考虑电路元件参数的分布性及周围空间电磁现象对能量转换的影响去构建电路模型，这种模型称为“分布（参数）电路”。

输电线路的电气参数沿线路是均匀分布的，输电线路的电路模型也应该是均匀的分布参数电路。但分布参数计算很复杂，而且工程上证明 300km 以内的架空线路和 100km 以内的电缆线路用集中参数模型表示所引起的误差很小，满足工程计算精度要求，因此在工程上仅在计算长度大于 300km 的架空线路和长度大于 100km 的电缆线路才用分布参数表示输电线路模型，其余情况均用集中参数模型以简化计算。长距离输电线路虽然不能用集中电路表示，但其分布电路模型可用集中电路构成的序列来逼近求解。

输电线路无论是采用集中参数电路模型还是采用分布参数电路模型，确定线路的基本参数都是该电路模型应用的前提，本章 10.3 节、10.4 节将分别讨论三相架空输电线的电容和电感参数计算。

10.2 电力系统电晕

在 110kV 以上的变电所和线路上，时常能听到“哔哩”的放电声并伴有淡蓝色的光环，光环断面图与太阳的日晕相似，称之为电晕。除了高压输电线外，高压电器和电缆局部位置也会产生电晕。图 10-2-1 为实验室人工产生电晕图片。

图 10-2-1 电晕

电晕产生的原因是带电导体在其周围产生电场，当处于空气中的带电导体产生的电场强度超过空气的击穿强度时，会使临近带电导体的空气电离而呈现局部放电，就产生了电晕现象。因此，电晕现象本质是强电场作用下带电导体周围空气的击穿（电离）。

电晕时发出的放电声是一种噪声污染，电晕放电还会使空气中的气体发生电化学反应，产生臭氧和氮氧化物污染环境，造成输电线路腐蚀和高压电器绝缘老化。电晕放电过程中不断进行的流注和电子崩会形成高频电场脉冲，成为电磁污染而影响无线电通信和电视广播。电晕电流会造成有功功率的损耗，电晕是电力系统中重要的电能损耗原因之一，比如 500kV 交流输电线路，雨天三相有功总损失超过 300kW/km。由于以上原因，在电力系统中要尽量避免电晕现象发生，例如，输电线路在设计阶段要进行电晕校验，避免全面电晕现象发生。

在实际工程应用中，电场分布往往是不均匀的，导体几何形状影响其周围电场的分布。根据高斯定理分析可知，带电导体外表面附近处电场强度为

$$E = \frac{\sigma}{\varepsilon} \qquad (10\text{-}2\text{-}1)$$

其中 σ 为导体电荷面密度。

可见，带电导体外表面附近处电场强度与该处电荷面密度成正比，而电荷在导体表面上的分布除了与导体带电总量及周围其他来源电场有关外，还与导体的几何形状有关。曲率半径小的突出带电导体表面，电荷密度大，因而其外表面附近电场强度大，尖端导体附近的电场最强。

《DL/T 5092—1999 110～500KV 架空送电线路设计技术规范》的 7.0.1 规定：“送电线路的导线截面，除按经济电流密度选择外，还要按电晕及无线电干扰等条件进行校验”、“海拔不超过 1000m 地区，采用现行钢芯铝绞线国标时，如导线外径不小于下表所列数值，可不验算

电晕。”

表 10-2-1　　可不验算电晕的导线最小外径（海拔不超过 1000m）

标称电压（kV）	110	220	330			500	
导线外径（mm）	9.6	21.6	33.6	2×21.6	2×36.24	3×26.82	4×21.6

由该规定可推知，在其他因素（如运行电压）相同条件下导线外径越大越不易发生电晕。这是因为，输电线导线的截面为圆形，圆半径即为曲率半径，圆半径越大即曲率半径越大，导线外表面附近的电场强度越小，越不易发生电晕现象。

输电线路电晕校验不合格，一般通过增加线径、采用空芯导线或分裂导线的方法来降低电晕现象的发生。分裂导线每相导线由几根直径较小的分导线组成，各分导线间隔一定距离并按对称多角形排列，一般布置在正多边形的顶点上，图 10-2-2 为一采用分裂导线的输电线路。分裂导线由于各分导线周围产生的电场能相互抵消一部分，可以很大程度地改善导线周围电场分布的不均匀性，从而等效地增大导线半径，减小电晕放电注1)。

图 10–2–2　分裂导线

工程应用中由于各种原因，不可避免地会出现小曲率半径的突出带电导体部位，这些部位周围电场强度大、容易发生电晕现象，如变电所母线两端耐张线夹处、线路耐张杆塔跳线两端和直线杆塔悬垂线夹与挂板连接处。变电所母线两端和耐张杆塔跳线的两端剪切不平滑，母线尾端和耐张杆塔跳线耐张线夹与绝缘子连接的穿钉上开口销比较尖锐，直线杆塔上悬垂线夹与挂板连接的穿钉上开口销也比较尖锐（如图 10-2-3 和图 10-2-4 所示），导致这些部位周围电场强度大而容易产生电晕。

再如电缆终端头三芯分叉处电缆芯引出的部位，三芯分叉处电场分布不均匀，尖端或棱角处的电场比较集中，也容易产生电晕。因此，电力系统中存在的电晕现象，是在采取了限制全面电晕措施后局部位置（曲率半径小的导体周围）发生的电晕放电现象。

减少电晕有以下几种途径。

注释 1：分裂导线还可以减小线路的电抗、增加电路的电容，提高线路输送功率。

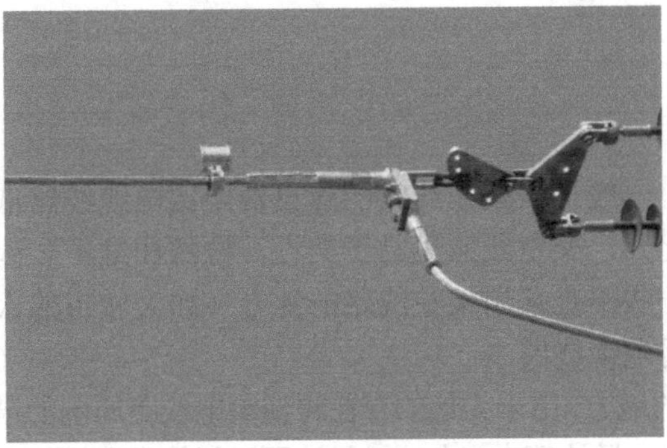

图 10-2-3 线路电力金具

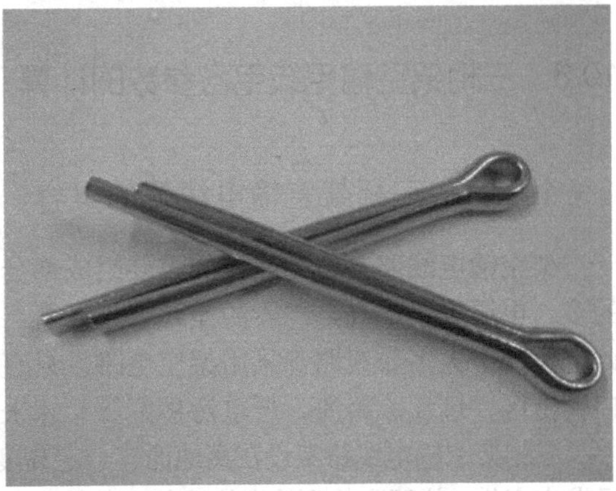

图 10-2-4 开口销

第一种是将电力系统电压降低，使电压达不到电晕的起始电压，但是这种方法不符合电力系统的运行要求，基本不采用。

第二种是采用均压措施，如增加导体电极曲率半径（如面与面连接采用大曲率倒角，采用球形电极，减少导体表面毛刺、提高导体表面光滑度等）、采用附加的均压装置（如均压环）。从图 10-2-5 所示的雷电冲击发生器图片可见，其广泛采用圆球、圆柱等大曲率半径部件，其目的就是尽量减少这些部件周围的电场强度和电晕现象。图 10-2-6 所示的高压避雷器安装的均压环，可以降低其周围电场的不均匀程度，使得周围电场强度变得均匀，从而减少电晕现象。

图 10-2-5 雷电冲击电压发生器

图 10-2-6 避雷器均压环

第三种是加封闭装置，隔离带电导体和空气。如母线两端加装球形附件封闭装置，使母线端部不平滑部分不暴露在空气中，达到减少和防止电晕的目的。

需要指出的是，电晕作为一种空气电离现象受大气因素影响很大。空气的耐压强度不是恒定值，空气耐压强度取决于空气中离子的数量、大小、电荷量等微观因素，受气压（海拔）、湿度、污染程度等宏观因素影响。海拔越高，空气越稀薄，则起晕放电电压越低；湿度增加，表面电阻率降低，起晕电压下降，晴天电晕情况轻，而雾天、雨天和冰雪天电晕情况严重。

10.3 三相架空输电线电容参数的计算

10.3.1 三相架空输电线路的电容

架空输电线路是电力系统的重要组成部分。一般说来架空线路的建设费用比电缆线路低的多。电压等级越高，二者的差距就越显著。此外，架空线路也易于架设、检修和维护。因此电力网中大多数线路都采用架空电路，只有一些不宜采用架空线路的地方（如大城市的人口稠密区、过江、跨海、严重污秽区等）才采用电缆线路。

三相架空输电线路架设在离地面有一定高度的地方，由于大地的存在将使输电线路周围的电场发生变化，从而影响到输电线路的电容值。在静电场计算中，大地对与地面平行的带电导体的影响可以用导体的镜像来等效。这样，三相导体——大地系统便可用一个六导体系统来等效。

在图 10-3-1 中，$H_1 = 2h_1$，$H_2 = 2h_2$，$H_3 = 2h_3$；h_1、h_2、h_3 分别为 A、B、C 相导线到地面的垂直距离；τ_A、τ_B、τ_C 分别为 A、B、C 三相导线单位长度的电荷量。

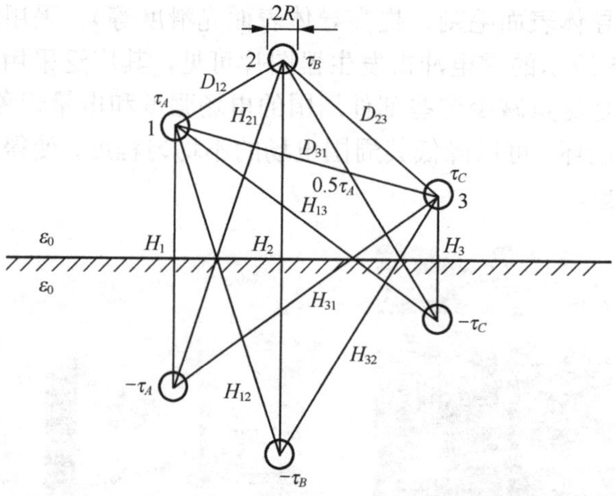

图 10-3-1　三相输电线电荷及其镜像

由一根长导线和它的镜像在空间任一点 P 的电位公式 $\varphi=\dfrac{\tau}{2\pi\varepsilon_0}\ln\dfrac{r_1}{r_2}$ 和叠加定理，可以得到 A、B、C 三相导线的电位为

$$\varphi_A=\frac{1}{2\pi\varepsilon_0}\left(\tau_A\ln\frac{H_1}{R}+\tau_B\ln\frac{H_{12}}{D_{12}}+\tau_C\ln\frac{H_{31}}{D_{31}}\right) \tag{10-3-1}$$

$$\varphi_B=\frac{1}{2\pi\varepsilon_0}\left(\tau_B\ln\frac{H_2}{R}+\tau_A\ln\frac{H_{12}}{D_{12}}+\tau_C\ln\frac{H_{23}}{D_{23}}\right) \tag{10-3-2}$$

$$\varphi_C=\frac{1}{2\pi\varepsilon_0}\left(\tau_C\ln\frac{H_3}{R}+\tau_A\ln\frac{H_{31}}{D_{31}}+\tau_B\ln\frac{H_{23}}{D_{23}}\right) \tag{10-3-3}$$

由以上三式可以看出各相的自有电位系数和互有电位系数并不相等，从而造成三相电压的不平衡。为了克服这个缺点，三相输电线路应进行换位。所谓换位就是轮流更换三相导线

在杆塔上的位置，如图 10-3-2 所示。当线路进行完全换位时，在一次整换位循环内，各相导线轮流占据 1（A）、2（B）、3（C）相的几何位置，因而在这个长度范围内各相的电容值就变得一样了。目前对电压在 110kV 以上，线路长度在 100km 以上的输电线路一般需要进行完全换位，只有当线路不长，电压不高时才可以不进行换位。

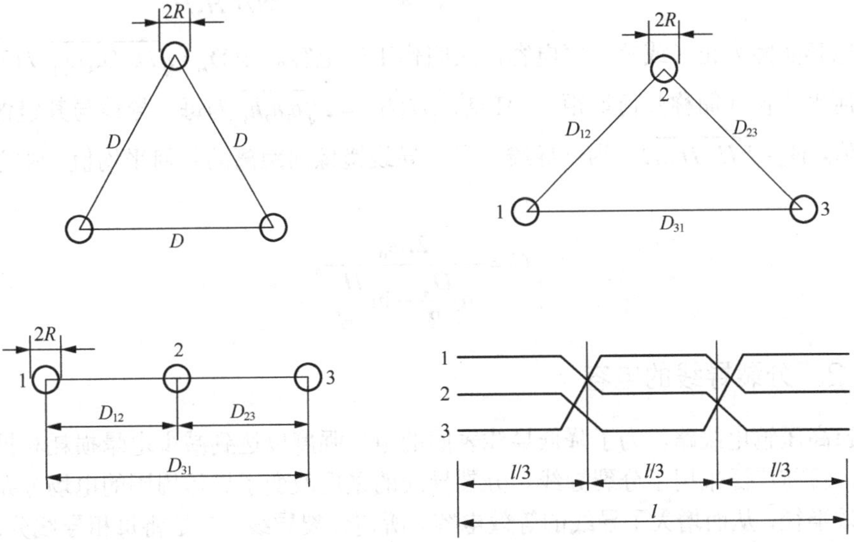

图 10-3-2 三相架空输电线路的空间分布及换位

对整循环换位三相输电线路（以 A 相为例）有

第一换位段

$$\varphi_A^{(1)}=\frac{1}{2\pi\varepsilon_0}(\tau_A\ln\frac{H_1}{R}+\tau_B\ln\frac{H_{12}}{D_{12}}+\tau_C\ln\frac{H_{13}}{D_{13}}) \tag{10-3-4}$$

第二换位段

$$\varphi_A^{(2)}=\frac{1}{2\pi\varepsilon_0}(\tau_A\ln\frac{H_2}{R}+\tau_B\ln\frac{H_{23}}{D_{23}}+\tau_C\ln\frac{H_{21}}{D_{12}}) \tag{10-3-5}$$

第三换位段

$$\varphi_A^{(3)}=\frac{1}{2\pi\varepsilon_0}(\tau_A\ln\frac{H_3}{R}+\tau_B\ln\frac{H_{31}}{D_{31}}+\tau_C\ln\frac{H_{32}}{D_{32}}) \tag{10-3-6}$$

A 相的平均电位为

$$\varphi_A=\frac{\varphi_A^{(1)}+\varphi_B^{(2)}+\varphi_C^{(3)}}{3}=\frac{1}{2\pi\varepsilon_0}\left[\tau_A\ln\frac{\sqrt[3]{H_1H_2H_3}}{R}+\ln\frac{\sqrt[3]{H_{12}H_{23}H_{31}}}{\sqrt[3]{D_{12}D_{23}D_{31}}}(\tau_B+\tau_C)\right] \tag{10-3-7}$$

同理可得

$$\varphi_B=\frac{1}{2\pi\varepsilon_0}[(\tau_B\ln\frac{\sqrt[3]{H_1H_2H_3}}{R}+\ln\frac{\sqrt[3]{H_{12}H_{23}H_{31}}}{\sqrt[3]{D_{12}D_{23}D_{31}}}(\tau_A+\tau_C)] \tag{10-3-8}$$

$$\varphi_C=\frac{1}{2\pi\varepsilon_0}[(\tau_C\ln\frac{\sqrt[3]{H_1H_2H_3}}{R}+\ln\frac{\sqrt[3]{H_{12}H_{23}H_{31}}}{\sqrt[3]{D_{12}D_{23}D_{31}}}(\tau_A+\tau_B)] \tag{10-3-9}$$

系统正常运行时，一般有$\tau_A+\tau_B+\tau_C=0$。把$\tau_A=-(\tau_B+\tau_C)$，$\tau_B=-(\tau_A+\tau_C)$，$\tau_C=-(\tau_A+\tau_B)$分别带入式（10-3-9），可以得到每相导线单位长度的等效电容为

$$C=\frac{\tau_A}{\varphi_A}=\frac{\tau_B}{\varphi_B}=\frac{\tau_C}{\varphi_C}=\frac{2\pi\varepsilon_0}{\ln\frac{\sqrt[3]{D_{12}D_{23}D_{31}}}{R}-\ln\frac{\sqrt[3]{H_{12}H_{23}H_{31}}}{\sqrt[3]{H_1H_2H_3}}} \tag{10-3-10}$$

这个电容实际为正（或负）序电容，又叫作工作电容。令$D_m=\sqrt[3]{D_{12}D_{23}D_{31}}$为三相导线间距离的几何平均值（简称几何均距），$H=\sqrt[3]{H_1H_2H_3}=2\sqrt[3]{h_1h_2h_3}$为每一导线与其镜像间距离的几何平均值，$H_m=\sqrt[3]{H_{12}H_{23}H_{31}}$为一导线与另一导线镜像间距离的几何平均值，则式（10-3-10）可改写为

$$C=\frac{2\pi\varepsilon_0}{\ln\frac{D_m}{R}-\ln\frac{H_m}{H}} \tag{10-3-11}$$

10.3.2 分裂导线的电容

对于超高压输电线路，为了降低导线表面的电场强度以达到减少电晕损耗和抑制电晕干扰的目的，目前广泛采用了分裂导线。分裂导线的采用改变了导体周围的电场分布，增大了导线的等效半径，从而增大了导线的等效电容。所谓分裂导线，就是将每相导线分裂成多根，一般把它们均匀布置在相同半径的圆周上。

具有分裂导线的输电线路，可以用所有导线及其镜像构成的多导线系统来进行电容计算。由于任意两相间导线的距离比同相分裂导线间距离大得多，各分裂导线的相间距离可以用各分裂导线重心（相）间距离代替。由于各导线与其镜像间的距离（2 倍架设高度）远大于同相分裂导线间距离，各分裂导线与各镜像间的距离取为各相导线重心与其镜像重心间的距离，如图 10-3-3 所示。

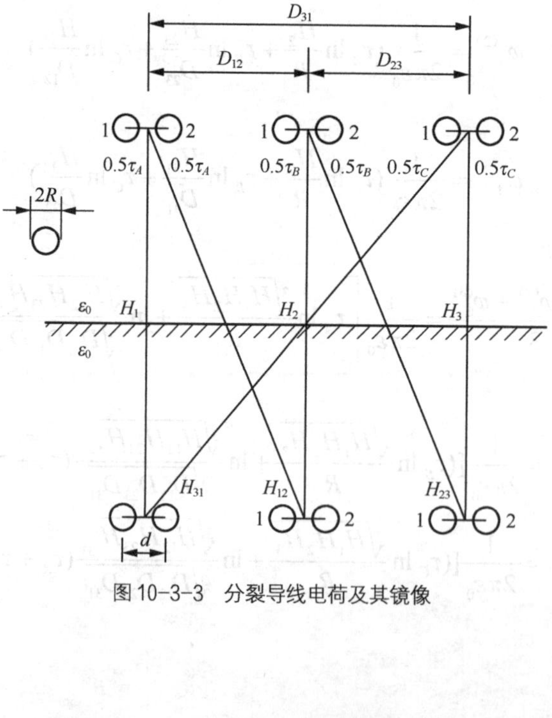

图 10-3-3 分裂导线电荷及其镜像

对图 10-3-3 所示的二分裂导线，由一根导线和它的镜像在空间任一点 P 的电位公式 $\varphi_P=\dfrac{\tau}{2\pi\varepsilon_0}\ln\dfrac{r_2}{r_1}$ 和叠加定理，可以得到 A、B、C 相导线的电位为

$$\varphi_A=\frac{\tau}{2\pi\varepsilon_0}(\tau_A\ln\frac{H_1}{\sqrt{Rd}}+\tau_B\ln\frac{H_{12}}{D_{12}}+\tau_C\ln\frac{H_{31}}{D_{31}}) \tag{10-3-12}$$

$$\varphi_B=\frac{\tau}{2\pi\varepsilon_0}(\tau_B\ln\frac{H_2}{\sqrt{Rd}}+\tau_A\ln\frac{H_{12}}{D_{12}}+\tau_C\ln\frac{H_{23}}{D_{23}}) \tag{10-3-13}$$

$$\varphi_C=\frac{\tau}{2\pi\varepsilon_0}(\tau_C\ln\frac{H_3}{\sqrt{Rd}}+\tau_A\ln\frac{H_{31}}{D_{31}}+\tau_B\ln\frac{H_{23}}{D_{23}}) \tag{10-3-14}$$

若图 10-3-3 所示的输电线路是整循环换位的，且满足 $\tau_A+\tau_B+\tau_C=0$，则每相导线单位长度的（对地）等效电容（正、负序工作电容）为

$$C=\frac{\tau_A}{\varphi_A}=\frac{\tau_B}{\varphi_B}=\frac{\tau_C}{\varphi_C}=\frac{2\pi\varepsilon_0}{\ln\dfrac{\sqrt[3]{D_{12}D_{23}D_{31}}}{\sqrt{Rd}}-\ln\dfrac{\sqrt[3]{H_{12}H_{23}H_{31}}}{\sqrt[3]{H_1H_2H_3}}} \tag{10-3-15}$$

令 $R_{eq}=\sqrt{Rd}$ 为一相二分裂导线组的等效半径，对于三分裂 $R_{eq}=\sqrt[3\times3]{(Rd^2)^3}=\sqrt[3]{Rd^2}$，对于四分裂导线 $R_{eq}=\sqrt[4\times4]{(R\sqrt{2}d^3)^4}=1.09\sqrt[4]{Rd^3}$，对 n 分裂导线组的 R_{eq} 参见式（10-4-40）。再令 $D_m=\sqrt[3]{D_{12}D_{23}D_{31}}$ 为分裂导线重心间的几何平均距离，$H=\sqrt[3]{H_1H_2H_3}=2\sqrt[3]{h_1h_2h_3}$ 为分裂导线重心与其镜像重心间距离的几何平均值，$H_m=\sqrt[3]{H_{12}H_{23}H_{31}}$ 为一组分裂导线重心与另一组分裂导线镜像重心间距离的几何平均值，则上式可改写为

$$C=\frac{2\pi\varepsilon_0}{\ln\dfrac{D_m}{R_{eq}}-\ln\dfrac{H_m}{H}} \tag{10-3-16}$$

式（10-3-16）和式（10-3-11）分母中的第二项反映了大地对电场的影响。当线路离地面的高度比各相间的距离大得多，一相导线与其镜像间的距离近似等于这相导线与其他相导线镜像间的距离时，式（10-3-16）和式（10-3-11）分母中的第二项可以忽略不计，因此输电线路每相等效工作电容可按下式近似计算：

$$C=\frac{2\pi\varepsilon_0}{\ln\dfrac{D_m}{R_{eq}}} \tag{10-3-17}$$

10.3.3 三相架空输电线路的零序电容

所谓三相架空输电线路的零序电容，就是三相输电线的电荷满足 $\tau_{A0}=\tau_{B0}=\tau_{C0}=\tau_0$ 时每相的对地等效电容。一般三相架空输电线路是完全换位的，当线路上流过零序电流时，在一个换位段内每根导线上单位长度所带的电荷量相同。三相架空输电线路的零序电容的计算与正、负序电容的计算类似，必须用镜像来考虑大地的影响，如图 10-3-4 所示。

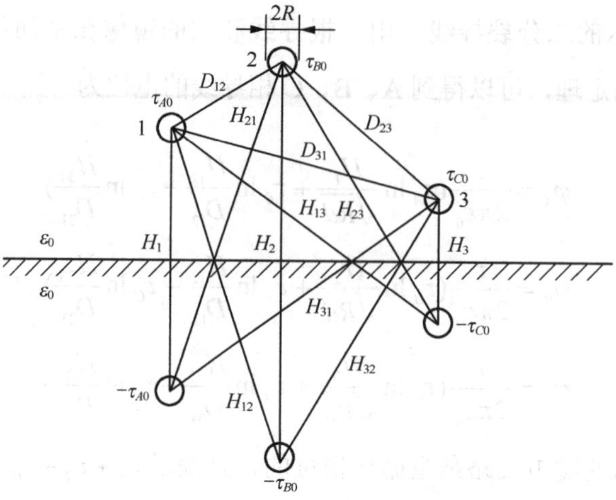

图 10-3-4 零序电荷及其镜像

对图 10-3-4 所示的三相架空输电线路，由一根导线和它的镜像在空间任一点 P 的电位公式 $\varphi_P=\dfrac{\tau}{2\pi\varepsilon_0}\ln\dfrac{r_2}{r_1}$ 和叠加定理，同样可以得到 A、B、C 相导线的电位为

$$\varphi_{A0}=\frac{1}{2\pi\varepsilon_0}\left(\tau_{A0}\ln\frac{H_1}{R}+\tau_{B0}\ln\frac{H_{12}}{D_{12}}+\tau_{C0}\ln\frac{H_{31}}{D_{31}}\right) \tag{10-3-18}$$

$$\varphi_{B0}=\frac{1}{2\pi\varepsilon_0}\left(\tau_{B0}\ln\frac{H_2}{R}+\tau_{A0}\ln\frac{H_{12}}{D_{12}}+\tau_{C0}\ln\frac{H_{23}}{D_{23}}\right) \tag{10-3-19}$$

$$\varphi_{C0}=\frac{1}{2\pi\varepsilon_0}\left(\tau_{C0}\ln\frac{H_3}{R}+\tau_{A0}\ln\frac{H_{31}}{D_{31}}+\tau_{B0}\ln\frac{H_{23}}{D_{23}}\right) \tag{10-3-20}$$

由以上三式可以看出在不换位的情况下，即使 $\tau_{A0}=\tau_{B0}=\tau_{C0}=\tau_0$，三个电压（位）也不相等，因此三相（零序）电容也不相等。对完全换位线路（参考图 10-3-2）有

$$\varphi_{A0}=\frac{1}{2\pi\varepsilon_0}\left[\tau_{A0}\ln\frac{\sqrt[3]{H_1H_2H_3}}{R}+\ln\frac{\sqrt[3]{H_{12}H_{23}H_{31}}}{\sqrt[3]{D_{12}D_{23}D_{31}}}(\tau_{B0}+\tau_{C0})\right] \tag{10-3-21}$$

$$\varphi_{B0}=\frac{1}{2\pi\varepsilon_0}\left[\tau_{B0}\ln\frac{\sqrt[3]{H_1H_2H_3}}{R}+\ln\frac{\sqrt[3]{H_{12}H_{23}H_{31}}}{\sqrt[3]{D_{12}D_{23}D_{31}}}(\tau_{A0}+\tau_{C0})\right] \tag{10-3-22}$$

$$\varphi_{C0}=\frac{1}{2\pi\varepsilon_0}\left[\tau_{C0}\ln\frac{\sqrt[3]{H_1H_2H_3}}{R}+\ln\frac{\sqrt[3]{H_{12}H_{23}H_{31}}}{\sqrt[3]{D_{12}D_{23}D_{31}}}(\tau_{A0}+\tau_{B0})\right] \tag{10-3-23}$$

$$C_0=\frac{\tau_{A0}}{\varphi_{A0}}=\frac{\tau_{B0}}{\varphi_{B0}}=\frac{\tau_{C0}}{\varphi_{C0}}=\frac{2\pi\varepsilon_0}{\ln\dfrac{\sqrt[3]{H_1H_2H_3}}{R}+2\ln\dfrac{\sqrt[3]{H_{12}H_{23}H_{31}}}{\sqrt[3]{D_{12}D_{23}D_{31}}}} \tag{10-3-24}$$

对分裂导线完全换位线路（参考图 10-3-3）有

$$C_0=\frac{\tau_{A0}}{\varphi_{A0}}=\frac{\tau_{B0}}{\varphi_{B0}}=\frac{\tau_{C0}}{\varphi_{C0}}=\frac{2\pi\varepsilon_0}{\ln\dfrac{\sqrt[3]{H_1H_2H_3}}{R_{eq}}+2\ln\dfrac{\sqrt[3]{H_{12}H_{23}H_{31}}}{\sqrt[3]{D_{12}D_{23}D_{31}}}} \tag{10-3-25}$$

若把式（10-3-25）改写为

$$C_0 \approx \frac{2\pi\varepsilon_0}{3\ln\dfrac{\sqrt[9]{H_1H_2H_3(H_{12}H_{23}H_{31})^2}}{\sqrt[9]{(R_{eq})^3(D_{12}D_{23}D_{31})^2}}} \tag{10-3-26}$$

并令 $H' \approx \sqrt[9]{H_1H_2H_3(H_{12}H_{23}H_{31})^2}$ 为三相导线系统与其镜像间距离的几何平均值，可看做三相导线系统几何平均值高度的两倍；$R'_{eq} \approx \sqrt[9]{(R_{eq})^3(\mathrm{D}_{12}\mathrm{D}_{23}\mathrm{D}_{31})^2}$ 为三相导线系统的几何平均半径；则对完全换位线路有

$$\varphi_{A0} = \varphi_{B0} = \varphi_{C0} = \frac{3\tau_0}{2\pi\varepsilon_0}(\ln\frac{H'}{R'_{eq}}) \tag{10-3-27}$$

由式（10-3-27）可以画出计算换位三相线路零序电容的等效图，如图 10-3-5 所示。

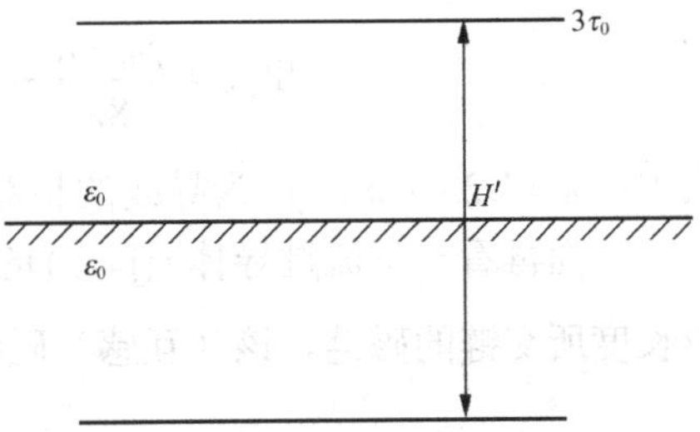

图 10-3-5　等效导线零序电荷及其镜像

在上图中，三相导线系统用一条半径为 $R'_{eq} \approx \sqrt[9]{(R_{eq})^3(\mathrm{D}_{12}\mathrm{D}_{23}\mathrm{D}_{31})^2}$ 的等效导线来代替，等效导线与其镜像间的距离为 $H' \approx \sqrt[9]{H_1H_2H_3(H_{12}H_{23}H_{31})^2}$，等效导线单位长度所带电荷量是 $3\tau_0$。由式（10-3-27）可得每相单位长度零序电容

$$C_0 = \frac{\tau_0}{\varphi_{A0}} = \frac{\tau_0}{\varphi_{B0}} = \frac{\tau_0}{\varphi_{C0}} = \frac{1}{3}\left(\frac{3\tau_0}{\varphi_{C0}}\right) = \frac{2\pi\varepsilon_0}{3\ln\dfrac{H'}{R'_{eq}}} \tag{10-3-28}$$

10.4　三相架空输电线电感参数计算

10.4.1　多导体系统电感计算的一般公式

一般输电线路的长度远大于线间的距离 D，而线间的距离又远大于输电线的截面半径 R，故输电线可以看成无限长输电线，输电线单位长度的电感可作近似计算。如图 10-4-1 所示，在空间（空气）中有半径分别为 R_1、R_2、…、R_n 的 n 条平行导体（与大地平行），流过的电流分别为 i_1、i_2、…、i_n。现假设各电流之和为零，即

$$i_1 + i_2 + \cdots + i_n = 0 \tag{10-4-1}$$

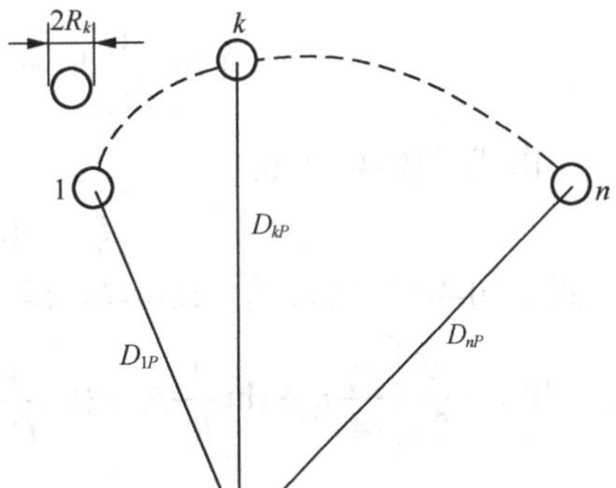

图 10-4-1　平行多导体系统

假设在远离各导线处有一 P 点，各导线与 P 点的距离分别为 D_{1P}、D_{2P}、…、D_{nP}，并假设通过 P 点有一条与上述各导线平行的假想导线，而且电流 i_1、i_2、…、i_n 都通过这个假想返回导线形成闭合环流。由于各电流之和为零，这条返回导线上的电流总和为零，不会产生磁场，因而，假设有这条返回导线的存在，并不会对磁场分布造成任何影响。与每一导线相交链的总磁链，可以看成图 10-4-1 所示的处在无限远处的假想返回导体 P 与导体1、2、…、n

之间所包围的平面内单位长度上所穿过的磁链。

下面来分析这种多导体系统的磁场和电感。首先看导体 k 和假想返回线之间的磁链。显然，这个磁链可以看做由电流 i_k 在导体 k 和假想返回导线之间建立的自感磁链（内磁链和外磁链）与其他（$n-1$）个电流在该回路建立的互感磁链的叠加。

电流 i_k 在导体 k 和假想返回导线之间每单位长度建立的外磁链为

$$\Psi_{ke}=\int_{R_k}^{D_{kP}}\frac{\mu_0 i_k}{2\pi r}dr=\frac{\mu_0 i_k}{2\pi}\ln\frac{D_{kP}}{R_k} \tag{10-4-2}$$

其中，$k=1,2,\cdots,n$。

再加上内磁链，即可得到导线 k 单位长度上电流 i_k 所产生的总（自感）磁链为

$$\Psi_{kPk}=\frac{\mu_0\mu_r i_k}{8\pi}+\frac{\mu_0 i_k}{2\pi}\ln\frac{D_{kP}}{R_k}=\frac{\mu_0}{2\pi}\left[\frac{\mu_r}{4}i_k+(\ln\frac{D_{kP}}{R_k})i_k\right] \tag{10-4-3}$$

式中，$k=1,2,\cdots,n$；μ_r 为导线的相对导磁率。

下面再看一下流过导体 j (j ≠ k) 的电流 i_j 所产生的磁通中，在导体 k 和假想导体之间，单位长度所交链的磁链。该（互感）磁链

$$\Psi_{kPj}=\int_{D_{kj}}^{D_{jP}}\frac{\mu_0 i_j}{2\pi r}dr=\frac{\mu_0 i_j}{2\pi}\ln\frac{D_{jP}}{D_{jk}} \tag{10-4-4}$$

式中，$j=1,2,\cdots,n,j\neq k$。

由电流 $i_1,i_2,\cdots,i_n$ 产生的与电流 i_k 相交链的单位长度上（位于导体 k 与返回导线之间）的总磁链为

$$\Psi_{kP}=\Psi_{kPk}+\Psi_{kP1}+\Psi_{kP2}+\cdots+\Psi_{kP(k-1)}+\Psi_{kP(k+1)}+\cdots+\Psi_{kPn} \tag{10-4-5}$$

$$\Psi_{kP}=\frac{\mu_0}{2\pi}\left[\frac{\mu_r}{4}i_k+(\ln\frac{D_{kP}}{R_k})i_k+\sum_{j=1,j\neq k}^{n}(\ln\frac{D_{jP}}{D_{jk}})i_j\right] \tag{10-4-6}$$

其中，$k=1,2,\ldots,n$。展开式（10-4-6）得

$$\Psi_{kP}=\frac{\mu_0}{2\pi}\left[\frac{\mu_r}{4}i_k+(\ln\frac{1}{R_k})i_k+(\ln\frac{1}{D_{1k}})i_1+\cdots+(\ln\frac{1}{D_{k-1\ k}})i_{k-1}(\ln\frac{1}{D_{k-1\ k}})i_{k+1}\right.$$
$$\left.+\cdots+(\ln\frac{1}{D_{nk}})i_n+(\ln D_{1P})i_1+(\ln D_{2P})i_2+\cdots+(\ln D_{nP})i_n\right] \tag{10-4-7}$$

由式（10-4-7）得

$$i_k=-(i_1+i_2+\cdots i_{k-1}+i_{k+1}+\cdots+i_n) \tag{10-4-8}$$

将式（10-4-8）代入式（10-4-7）得

$$\Psi_{kP}=\frac{\mu_0}{2\pi}\left[\frac{\mu_r}{4}i_k+(\ln\frac{1}{R_k})i_k+(\ln\frac{1}{D_{1k}})i_1+\cdots+(\ln\frac{1}{D_{k-1\ k}})i_{k-1}+(\ln\frac{1}{D_{k+1\ k}})i_{k+1}+\cdots+\left(\ln\frac{1}{D_{nk}}\right)i_n\right.$$
$$\left.+(\ln\frac{D_{1P}}{D_{kP}})i_1+(\ln\frac{D_{2P}}{D_{kP}})i_2+\cdots+(\ln\frac{D_{k-1P}}{D_{kP}})i_2+(\ln\frac{D_{k+1P}}{D_{kP}})i_2+\cdots+(\ln\frac{D_{nP}}{D_{kP}})i_n\right] \tag{10-4-9}$$

在式（10-4-9）中，P 点应为无穷远点，则 $\ln\frac{D_{jp}}{D_{kp}}(j=1,2,\cdots,n,j\neq k)$ 项应为零，这样可以把 Ψ_{kP} 改写为 Ψ_k，并得出

$$\Psi_k=\frac{\mu_0}{2\pi}\left[\frac{\mu_r}{4}i_k+(\ln\frac{1}{R_k})i_k+(\ln\frac{1}{D_{1k}})i_1+\cdots+(\ln\frac{1}{D_{k-1\ k}})i_{k-1}+(\ln\frac{1}{D_{k+1\ k}})i_{k+1}\right.$$
$$\left.+(\ln\frac{1}{D_{k+1\ k}})i_{k+1}+\cdots+(\ln\frac{1}{D_{nk}})i_n\right] \tag{10-4-10}$$

式（10-4-10）即为多导体系统磁链计算的一般公式，可以用于各种架空输电线路电感的计算（包括各种带架空地线的分裂导线输电线路）。

对图 10-4-2 所示的二线输电线路，由式（10-4-10）得

$$\psi_1=\frac{\mu_0}{2\pi}[\frac{\mu_r}{4}i_1+(\ln\frac{1}{R_1})i_1+(\ln\frac{1}{d})i_2] \tag{10-4-11}$$

$$\psi_2=\frac{\mu_0}{2\pi}[\frac{\mu_r}{4}i_2+(\ln\frac{1}{R_2})i_2+(\ln\frac{1}{d})i_1] \tag{10-4-12}$$

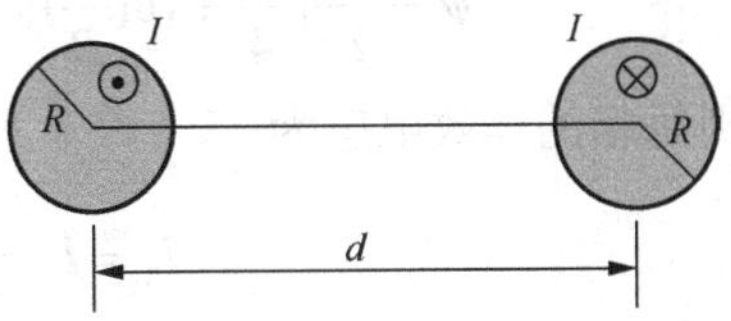

图 10-4-2 二线传输线

将 $R_1=R_2=R,i_1=-i_2$ 分别代入式（10-4-12），得二线输电线每线单位长度的等效电感为

$$L_\varphi=L_{1\varphi}=L_{2\varphi}=\frac{\psi_1}{i_1}=\frac{\psi_2}{i_2}=\frac{\mu_0}{2\pi}[\frac{\mu_r}{4}+(\ln\frac{d}{R})] \tag{10-4-13}$$

则二线输电线回路单位长度的等效电感为

$$L=2L_\varphi=\frac{\mu_0}{\pi}[\frac{\mu_r}{4}+(\ln\frac{d}{R})] \tag{10-4-14}$$

10.4.2 三相输电线路的电感

三相输电线路如图 10-4-3 所示，图中 1、2、3 线路分别对应 A、B、C 三相。

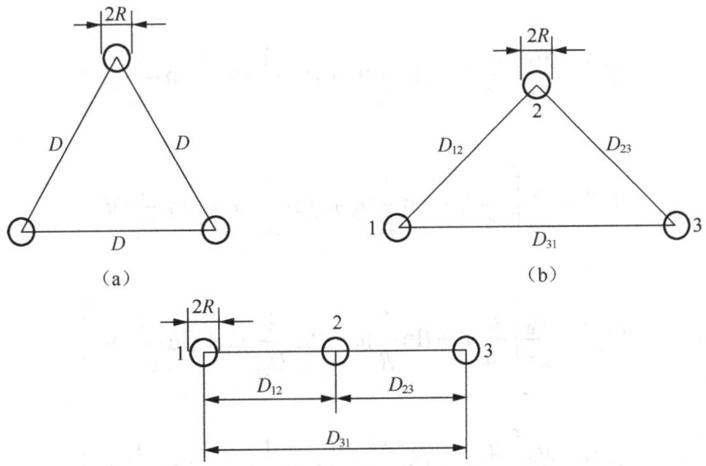

图 10-4-3 三相架空输电线路的空间布置

对图 10-4-3（a）这种三相结构对称情况，由式（10-4-10）得

$$\psi_1=\frac{\mu_0}{2\pi}[\frac{\mu_r}{4}i_1+(\ln\frac{1}{R})i_1+(\ln\frac{1}{D})i_2+(\ln\frac{1}{D})i_3] \tag{10-4-15}$$

$$\psi_2=\frac{\mu_0}{2\pi}[\frac{\mu_r}{4}i_2+(\ln\frac{1}{R})i_2+(\ln\frac{1}{D})i_1+(\ln\frac{1}{D})i_3] \tag{10-4-16}$$

$$\psi_3=\frac{\mu_0}{2\pi}[\frac{\mu_r}{4}i_3+(\ln\frac{1}{R})i_3+(\ln\frac{1}{D})i_1+(\ln\frac{1}{D})i_2] \tag{10-4-17}$$

分别将 $i_i=-(i_2+i_3)$，$i_2=-(i_3+i_1)$，$i_3=-(i_1+i_2)$ 代入式（10-4-15）～式（10-4-17）得

$$\psi_1=\frac{\mu_0}{2\pi}[\frac{\mu_r}{4}+(\ln\frac{D}{R})]i_1\ ,\quad \psi_2=\frac{\mu_0}{2\pi}[\frac{\mu_r}{4}+(\ln\frac{D}{R})]i_2\ ,\quad \psi_3=\frac{\mu_0}{2\pi}[\frac{\mu_r}{4}+(\ln\frac{D}{R})]i_3 \tag{10-4-18}$$

则每相的等效电感为

$$L_1=L_2=L_3=\frac{\psi_1}{i_1}=\frac{\psi_2}{i_2}=\frac{\psi_3}{i_3}=\frac{\mu_0}{2\pi}[\frac{\mu_r}{4}+(\ln\frac{D}{R})] \tag{10-4-19}$$

当三相导线位置布置不对称时（例如不等边三角形布，水平布置等），则各相的电感就不会相等，从而造成三相电压的不平衡。为了克服这个缺点，三相输电线路一般进行换位，如图 10-4-4 所示。当线路进行完全换位时，在一次整换位循环内，各相导线轮流占据 1（A）、2（B）、3（C）相的几何位置，因而在这个长度范围内各相的电感值就变得一样了。

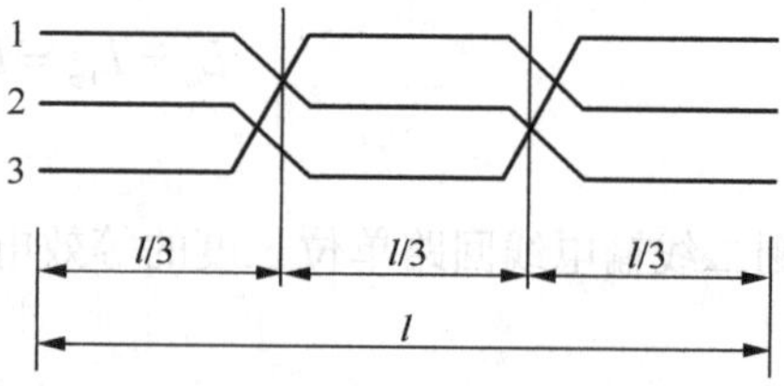

图 10-4-4 三相整循环换位架空线路

对图 10-4-4 所示的一次整换位三相输电线路，各线的截面半径均为 R，1、2、3 分别对应 A、B、C 相，由式（10-4-10）可得各段单位长度的磁链。

第一换位段

$$\Psi_1^{(1)}=\frac{\mu_0}{2\pi}\left[\frac{\mu_r}{4}i_1+(\ln\frac{1}{R})i_1+(\ln\frac{1}{D_{12}})i_2+(\ln\frac{1}{D_{13}})i_3\right] \tag{10-4-20}$$

$$\Psi_2^{(1)}=\frac{\mu_0}{2\pi}\left[\frac{\mu_r}{4}i_2+(\ln\frac{1}{R})i_2+(\ln\frac{1}{D_{21}})i_1+(\ln\frac{1}{D_{23}})i_3\right] \tag{10-4-21}$$

$$\Psi_3^{(1)}=\frac{\mu_0}{2\pi}\left[\frac{\mu_r}{4}i_3+(\ln\frac{1}{R})i_3+(\ln\frac{1}{D_{31}})i_1+(\ln\frac{1}{D_{32}})i_2\right] \tag{10-4-22}$$

第二换位段

$$\Psi_1^{(2)}=\frac{\mu_0}{2\pi}\left[\frac{\mu_r}{4}i_1+(\ln\frac{1}{R})i_1+(\ln\frac{1}{D_{21}})i_3+(\ln\frac{1}{D_{23}})i_2\right] \tag{10-4-23}$$

$$\Psi_2^{(2)}=\frac{\mu_0}{2\pi}\left[\frac{\mu_r}{4}i_2+(\ln\frac{1}{R})i_2+(\ln\frac{1}{D_{31}})i_3+(\ln\frac{1}{D_{32}})i_1\right] \tag{10-4-24}$$

$$\Psi_3^{(2)}=\frac{\mu_0}{2\pi}\left[\frac{\mu_r}{4}i_3+(\ln\frac{1}{R})i_3+(\ln\frac{1}{D_{12}})i_1+(\ln\frac{1}{D_{13}})i_2\right] \tag{10-4-25}$$

第三换位段

$$\Psi_1^{(3)}=\frac{\mu_0}{2\pi}\left[\frac{\mu_r}{4}i_1+(\ln\frac{1}{R})i_1+(\ln\frac{1}{D_{31}})i_2+(\ln\frac{1}{D_{32}})i_3\right] \tag{10-4-26}$$

$$\Psi_2^{(3)}=\frac{\mu_0}{2\pi}\left[\frac{\mu_r}{4}i_2+(\ln\frac{1}{R})i_2+(\ln\frac{1}{D_{12}})i_3+(\ln\frac{1}{D_{13}})i_1\right] \tag{10-4-27}$$

$$\Psi_3^{(3)}=\frac{\mu_0}{2\pi}\left[\frac{\mu_r}{4}i_3+(\ln\frac{1}{R})i_3+(\ln\frac{1}{D_{21}})i_2+(\ln\frac{1}{D_{23}})i_1\right] \tag{10-4-28}$$

取各换位段磁链的平均值为各相单位长度的磁链，则

$$\Psi_1=\frac{\Psi_1^{(1)}+\Psi_1^{(2)}+\Psi_1^{(3)}}{3}=\frac{\mu_0}{2\pi}\left[\frac{\mu_r}{4}i_1+(\ln\frac{1}{R})i_1+(\ln\frac{1}{\sqrt[3]{D_{12}D_{23}D_{31}}})(i_2+i_3)\right] \tag{10-4-29}$$

$$\Psi_2=\frac{\Psi_2^{(1)}+\Psi_2^{(2)}+\Psi_2^{(3)}}{3}=\frac{\mu_0}{2\pi}\left[\frac{\mu_r}{4}i_2+(\ln\frac{1}{R})i_2+(\ln\frac{1}{\sqrt[3]{D_{12}D_{23}D_{31}}})(i_1+i_3)\right] \tag{10-4-30}$$

$$\Psi_3=\frac{\Psi_3^{(1)}+\Psi_3^{(2)}+\Psi_3^{(3)}}{3}=\frac{\mu_0}{2\pi}\left[\frac{\mu_r}{4}i_3+(\ln\frac{1}{R})i_3+(\ln\frac{1}{\sqrt[3]{D_{12}D_{23}D_{31}}})(i_1+i_2)\right] \tag{10-4-31}$$

将 $i_1=-(i_2+i_3)$，$i_2=-(i_3+i_1)$，$i_3=-(i_1+i_2)$ 分别代入式（10-4-29）～式（10-4-31）可以得到换位线路各相单位长度的等效电感为

$$\mathrm{L}_1=\mathrm{L}_2=\mathrm{L}_3=\frac{\psi_1}{i_1}=\frac{\psi_2}{i_2}=\frac{\psi_3}{i_3}=\frac{\mu_0}{2\pi}(\frac{\mu_r}{4}+\ln\frac{\sqrt[3]{D_{12}D_{23}D_{31}}}{R}) \tag{10-4-32}$$

该电感实际为正，负序等效电感，又称为工作电感。

令 $\mathrm{D}_m=\sqrt[3]{D_{12}D_{23}D_{31}}$（$\mathrm{D}_m$ 称为三相导线间的几何平均距离，简称几何均距），则上式可改写为

$$\mathrm{L}_1=\mathrm{L}_2=\mathrm{L}_3=\frac{\mu_0}{2\pi}(\frac{\mu_r}{4}+\ln\frac{D_m}{R}) \tag{10-4-33}$$

对图 10-4-3（c）所示的水平架设完全换位线路，$\mathrm{D}_{12}=\mathrm{D}_{23}=\mathrm{D}$ 、$\mathrm{D}_{31}=2\mathrm{D}$ 代入上式得

$$\mathrm{L}_1=\mathrm{L}_2=\mathrm{L}_3=\frac{\mu_0}{2\pi}[(\frac{\mu_r}{4}+\ln\frac{\sqrt[3]{2}D}{R})] \tag{10-4-34}$$

10.4.3 分裂导线三相架空输电线路的电感

分裂导线的采用改变了导体周围的磁场分布，减少了导线的等效电感。四分裂导线三相架空输电线路如图 10-4-5 所示。

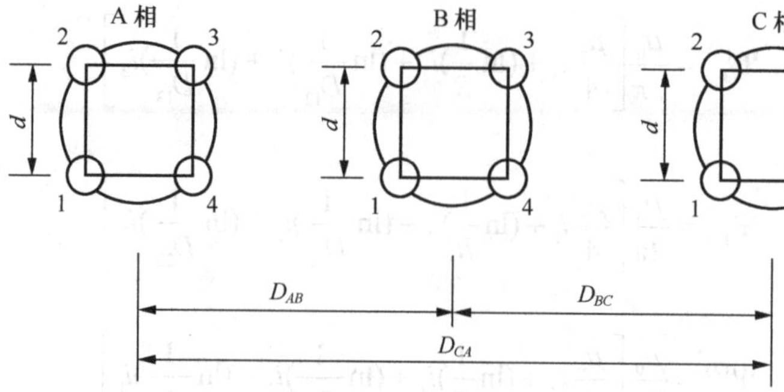

图 10-4-5　水平布置四分裂三相输电线路

图 10-4-5 中各分裂导线的半径为 R，取各相分裂导线的电流为相应相电流的 $\frac{1}{n}$（n 为每相分裂导线），即 $i_{A1}=i_{A2}=i_{A3}=i_{A4}=\frac{i_A}{4}$，$i_{B1}=i_{B2}=i_{B3}=i_{B4}=\frac{i_B}{4}$，$i_{C1}=i_{C2}=i_{C3}=i_{C4}=\frac{i_C}{4}$，由式（10-4-10）得

$$\Psi_{A1}=\frac{\mu_0}{2\pi}[\frac{\mu_r}{4}\frac{i_A}{4}+(\ln\frac{1}{\sqrt[4]{RD_{A12}D_{A13}D_{A14}}})i_A+(\ln\frac{1}{\sqrt[4]{D_{A1B1}D_{A1B2}D_{A1B3}D_{A1B4}}})i_B+(\ln\frac{1}{\sqrt[4]{D_{A1C1}D_{A1C2}D_{A1C3}D_{A1C4}}})i_C] \tag{10-4-35}$$

$$\Psi_{A2}=\frac{\mu_0}{2\pi}[\frac{\mu_r}{4}\frac{i_A}{4}+(\ln\frac{1}{\sqrt[4]{RD_{A21}D_{A23}D_{A24}}})i_A+(\ln\frac{1}{\sqrt[4]{D_{A2B1}D_{A2B2}D_{A2B3}D_{A2B4}}})i_B+(\ln\frac{1}{\sqrt[4]{D_{A2C1}D_{A2C2}D_{A2C3}D_{A2C4}}})i_C] \tag{10-4-36}$$

$$\Psi_{A3}=\frac{\mu_0}{2\pi}[\frac{\mu_r}{4}\frac{i_A}{4}+(\ln\frac{1}{\sqrt[4]{RD_{A31}D_{A32}D_{A34}}})i_A+(\ln\frac{1}{\sqrt[4]{D_{A3B1}D_{A3B2}D_{A3B3}D_{A3B4}}})i_B+(\ln\frac{1}{\sqrt[4]{D_{A3C1}D_{A3C2}D_{A3C3}D_{A3C4}}})i_C] \tag{10-4-37}$$

$$\Psi_{A4}=\frac{\mu_0}{2\pi}[\frac{\mu_r}{4}\frac{i_A}{4}+(\ln\frac{1}{\sqrt[4]{RD_{A41}D_{A42}D_{A43}}})i_A+(\ln\frac{1}{\sqrt[4]{D_{A4B1}D_{A4B2}D_{A4B3}D_{A4B4}}})i_B+(\ln\frac{1}{\sqrt[4]{D_{A4C1}D_{A4C2}D_{A4C3}D_{A4C4}}})i_C] \tag{10-4-38}$$

同理可得 B 相及 C 相各分裂导线的磁链。A 相每单位长度磁链的平均值为

$$\Psi_A=\frac{\Psi_{A1}+\Psi_{A2}+\Psi_{A3}+\Psi_{A4}}{4} \tag{10-4-39}$$

通常分裂导线总是布置在正多边形的顶点上，则有 $R_{eq}=\sqrt[4]{RD_{A12}D_{A13}D_{A14}}=\sqrt[4]{RD_{A21}D_{A23}D_{A24}}=\cdots=\sqrt[4]{RD_{C41}D_{C42}D_{C43}}$，称为分裂导线每相的几何均距（每相导体的等效半径）。D_{A12}，D_{A13}，D_{A14}；D_{A21}，D_{A23}，D_{A24}，…，D_{C41}，D_{C42}，D_{C43} 为分裂导线每相每条导线与其余 n−1 条导线间的距离。一般公式为

$$R_{eq}=\sqrt[n]{R\prod_{j\in[1,n],j\neq k}D_{Akj}}=\sqrt[n]{R\prod_{j\in[1,n],j\neq k}D_{Bkj}}=\sqrt[n]{R\prod_{j\in[1,n],j\neq k}D_{Ckj}} \tag{10-4-40}$$

通常输电线路各相间距离比分裂间距大得多，可以取

$$\sqrt[4\times4]{(D_{A1B1}D_{A1B2}D_{A1B3}D_{A1B4})(D_{A2B1}D_{A2B2}D_{A2B3}D_{A2B4})(D_{A3B1}D_{A3B2}D_{A3B3}D_{A3B4})(D_{A4B1}D_{A4B2}D_{A4B3}D_{A4B4})}\approx D_{AB}$$

$$\sqrt[4\times4]{(D_{A1C1}D_{A1C2}D_{A1C3}D_{A1C4})(D_{A2C1}D_{A2C2}D_{A2C3}D_{A2C4})(D_{A3C1}D_{A3C2}D_{A3C3}D_{A3C4})(D_{A4C1}D_{A4C2}D_{A4C3}D_{A4C4})}\approx D_{AC}$$

$$\sqrt[4\times4]{(D_{B1C1}D_{B1C2}D_{B1C3}D_{B1C4})(D_{B2C1}D_{B2C2}D_{B2C3}D_{B2C4})(D_{B3C1}D_{B3C2}D_{B3C3}D_{B3C4})(D_{B4C1}D_{B4C2}D_{B4C3}D_{B4C4})}\approx D_{BC}$$

分别称为分裂导线三相架空输电线 A 与 B、A 与 C 和 C 与 A 的相间互几何均距。

每相单位长度的平均磁链为

$$\Psi_A=\frac{\mu_0}{2\pi}\left[\frac{\mu_r}{16}i_A+(\ln\frac{1}{R_{eq}})i_A+(\ln\frac{1}{D_{AB}})i_B+(\ln\frac{1}{D_{AC}})i_C\right] \tag{10-4-41}$$

$$\Psi_B=\frac{\mu_0}{2\pi}\left[\frac{\mu_r}{16}i_B+(\ln\frac{1}{R_{eq}})i_B+(\ln\frac{1}{D_{BA}})i_A+(\ln\frac{1}{D_{BC}})i_C\right] \tag{10-4-42}$$

$$\Psi_C=\frac{\mu_0}{2\pi}\left[\frac{\mu_r}{16}i_C+(\ln\frac{1}{R_{eq}})i_C+(\ln\frac{1}{D_{CA}})i_A+(\ln\frac{1}{D_{CB}})i_B\right] \tag{10-4-43}$$

若该分裂导线三相架空输电线路是完全换位的，且满足 $i_A+i_B+i_C=0$，则其单位长度的等效电感为

$$L_A=L_B=L_C=\frac{\mu_0}{2\pi}\left[\frac{1}{4}\times\frac{\mu_r}{4}+(\ln\frac{\sqrt[3]{D_{AB}D_{BC}D_{CA}}}{R_{eq}})\right] \tag{10-4-44}$$

10.4.4　三相架空输电线路的零序电感

所谓三相输电线路的零序电感，就是当线路上流过大小相等、方向相同的三相电流时的电感。由于三相输电线路流过的电流方向相同（在任何时刻），因此，只能以大地为返回线，如图 10-4-6 所示。大地中的返回电流为-（$i_A+i_B+i_C$）。大地中的返回导线可以用三条虚拟导线（半径设为 R）E_AE_A、E_BE_B、E_CE_C 来等效。等效返回线与三相线路平行，到三相输电线的距离（按卡尔松公式）为

$$D_{AE_A}\approx D_{BE_B}\approx D_{CE_C}=D_E=660\sqrt{\frac{\rho}{f}}$$

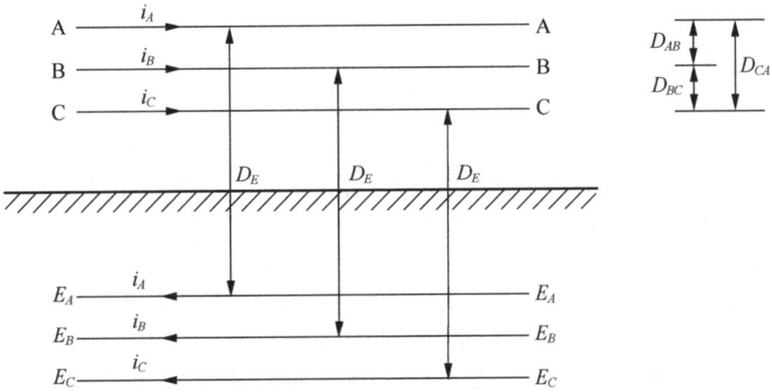

图 10-4-6　三相输电线路的零序电流回路

式中，ρ 为大地的电阻率，f 为电流的频率。

由回路电流产生磁场的磁链计算公式得 AAE_AE_A 回路单位长度的总磁链为

$$\Psi_A = \frac{\mu_0}{2\pi}[(\frac{\mu_r}{4}+\frac{1}{4})i_A + 2(\ln\frac{D_E}{R})i_A + 2(\ln\frac{D_E}{D_{AB}})i_B + 2(\ln\frac{D_E}{D_{AC}})i_C] \tag{10-4-45}$$

同理可得

$$\Psi_B = \frac{\mu_0}{2\pi}[(\frac{\mu_r}{4}+\frac{1}{4})i_B + 2(\ln\frac{D_E}{R})i_B + 2(\ln\frac{D_E}{D_{AB}})i_A + 2(\ln\frac{D_E}{D_{BC}})i_C] \tag{10-4-46}$$

$$\Psi_C = \frac{\mu_0}{2\pi}[(\frac{\mu_r}{4}+\frac{1}{4})i_C + 2(\ln\frac{D_E}{R})i_C + 2(\ln\frac{D_E}{D_{AC}})i_A + 2(\ln\frac{D_E}{D_{BC}})i_B] \tag{10-4-47}$$

从以上三式可知，A、B、C 三相间的互感并不相等。若图 10-4-6 所示三相架空线路是完全（整循环）换位的，则有

$$\Psi_A = \frac{\mu_0}{2\pi}[(\frac{\mu_r}{4}+\frac{1}{4})i_A + 2(\ln\frac{D_E}{R})i_A + 2(\ln\frac{D_E}{\sqrt[3]{D_{AB}D_{BC}D_{CA}}})i_B + 2(\ln\frac{D_E}{\sqrt[3]{D_{AB}D_{BC}D_{CA}}})i_C] \tag{10-4-48}$$

$$\Psi_B = \frac{\mu_0}{2\pi}[(\frac{\mu_r}{4}+\frac{1}{4})i_B + 2(\ln\frac{D_E}{R})i_A + 2(\ln\frac{D_E}{\sqrt[3]{D_{AB}D_{BC}D_{CA}}})i_A + 2(\ln\frac{D_E}{\sqrt[3]{D_{AB}D_{BC}D_{CA}}})i_C] \tag{10-4-49}$$

$$\Psi_C = \frac{\mu_0}{2\pi}[(\frac{\mu_r}{4}+\frac{1}{4})i_C + 2(\ln\frac{D_E}{R})i_C + 2(\ln\frac{D_E}{\sqrt[3]{D_{AB}D_{BC}D_{CA}}})i_A + 2(\ln\frac{D_E}{\sqrt[3]{D_{AB}D_{BC}D_{CA}}})i_C] \tag{10-4-50}$$

由以上三式可知，完全换位三相架空线路 A、B、C 三相间的互感均相等。若 $i_A=i_B=i_C=i_0$，则可得完全换位三相架空线路的零序电感为

$$L_{A0}=L_{B0}=L_{C0}=\frac{\Psi_{A0}}{i_0}=\frac{\Psi_{B0}}{i_0}=\frac{\Psi_{C0}}{i_0}=\frac{\mu_0}{2\pi}(\frac{\mu_r}{4}+\frac{1}{4}+2\ln\frac{D_E}{R}+2\times 2\ln\frac{D_E}{\sqrt[3]{D_{AB}D_{BC}D_{CA}}}) \tag{10-4-51}$$

分裂导线完全换位三相架空线路的零序电感为

$$L_{A0}=L_{B0}=L_{C0}=\frac{\mu_0}{2\pi}[(\frac{\mu_r}{4}+\frac{1}{4})/\mathrm{n}+2\ln\frac{D_E}{R_{eq}}+2\times 2\ln\frac{D_E}{\sqrt[3]{D_{AB}D_{BC}D_{CA}}}] \tag{10-4-52}$$

其中，R_{eq} 按式（10-4-60）计算。

附录1 主要符号说明

$\boldsymbol{A}$ 矢量磁位
$\boldsymbol{B}$ 磁感应强度(磁通密度)
C 电容，常数
$\boldsymbol{D}$ 电位移矢量
d 透入深度
$\boldsymbol{E}$ 电场强度
dg 广义位移
$\boldsymbol{E}_C$ 库仑电场强度
$\boldsymbol{E}_e$ 局外电场强度
$\boldsymbol{E}_i$ 感应电场强度
$\boldsymbol{E}_T$ 总电场强度
$\boldsymbol{e}_x$、$\boldsymbol{e}_y$、$\boldsymbol{e}_z$ 直角坐标系单位矢量
$\boldsymbol{e}_r$、$\boldsymbol{e}_\alpha$、$\boldsymbol{e}_z$ 柱坐标系单位矢量
$\boldsymbol{e}_r$、$\boldsymbol{e}_\theta$、$\boldsymbol{e}_\alpha$ 球坐标系单位矢量
e 电动势
$\boldsymbol{F}$ 力
f 频率
G 电导
$\boldsymbol{g}$ 广义坐标
$\boldsymbol{H}$ 磁场强度
I 电流
I_M 磁化电流
i 电流（瞬时值）
$\boldsymbol{J}$ 体电流密度
$\boldsymbol{J}_C$ 传导电流密度
$\boldsymbol{J}_D$ 位移电流密度
$\boldsymbol{J}_v$ 运流电流密度
$\boldsymbol{J}_T$ 全电流密度
$\boldsymbol{K}$ 面电流密度
L 电感
L_i 内自感
L_e 外自感
$\boldsymbol{M}$ 磁化强度
M 互感
$\boldsymbol{m}$ 磁偶极矩
$\boldsymbol{P}$ 极化强度
P 有功功率
$\boldsymbol{p}$ 电偶极矩
Q 无功功率，电荷量
q 电荷量
q_P 极化电荷
$\boldsymbol{R}$ 距离矢量
R_W 反射系数
$\boldsymbol{S}$ 有向曲面
$\boldsymbol{S}_P$ 坡印亭矢量
$\tilde{\boldsymbol{S}}_P$ 复坡印亭矢量
T 周期
T_W 透射系数
t 时间
U 电压
u 电压瞬时值
V 体积
$\boldsymbol{v}$ 速度矢量
v 波速
W 能量
w 能量密度

w_e 电场能量密度

w_m 磁场能量密度

X 电抗

Z 阻抗

Z_C 波阻抗

Z_{C0} 真空的波阻抗

α 电位系数，衰减系数

β 相位常数，感应系数

Γ 传播常数，环量

γ 电导率

ε 介电常数

ε_0 真空的介电常数

ε_r 相对介电常数

λ 波长

μ 磁导率

μ_0 真空的磁导率

μ_r 相对磁导率

ρ 体电荷密度

ρ_R 电阻率

σ 面电荷密度

τ 线电荷密度，时间常数

Φ 磁通量

φ 电位，角度

φ_m 标量磁位

χ 极化率

χ_m 磁化率

Ψ 磁链

ψ 初相角

ω 角频率，角速度

附录2 常用常量

真空中光速 c　$2.99792458\times10^{8}\,\mathrm{m/s}$

真空介电常数 ε_0　$8.854188\times10^{-12}\,\mathrm{F/m}$

真空磁导率 μ_0　$1.256637\times10^{-6}\,\mathrm{H/m}$

真空波阻抗 Z_{C0}　377Ω

电子电荷量 e　$1.60217732\times10^{-19}\,\mathrm{C}$

电子静止质量 m_e　$9.10938971\times10^{-31}\,\mathrm{kg}$

普朗克常量 h　$6.6237\times10^{-34}\,\mathrm{J\cdot s}$

玻尔兹曼常数 k　$1.380658\times10^{-23}\,\mathrm{J/K}$

附录3 常用公式

$$\boldsymbol{A}\cdot\boldsymbol{B}=|\boldsymbol{A}||\boldsymbol{B}|\cos\theta_{AB}$$

$$\boldsymbol{A}\times\boldsymbol{B}=\boldsymbol{e}_n AB\sin\theta_{AB}=\begin{vmatrix}\boldsymbol{e}_x & \boldsymbol{e}_y & \boldsymbol{e}_z\\ A_x & A_y & A_z\\ B_x & B_y & B_z\end{vmatrix}$$

$$=\boldsymbol{e}_x(A_yB_z-A_zB_y)+\boldsymbol{e}_y(A_zB_x-A_xB_z)+\boldsymbol{e}_z(A_xB_y-A_yB_x)$$

$$\boldsymbol{A}\cdot(\boldsymbol{B}\times\boldsymbol{C})=\boldsymbol{B}\cdot(\boldsymbol{C}\times\boldsymbol{A})=\boldsymbol{C}\cdot(\boldsymbol{A}\times\boldsymbol{B})$$

$$\boldsymbol{A}\times(\boldsymbol{B}\times\boldsymbol{C})=\boldsymbol{B}(\boldsymbol{A}\cdot\boldsymbol{C})-\boldsymbol{C}(\boldsymbol{A}\cdot\boldsymbol{B})$$

$$\nabla\cdot(\nabla\times\boldsymbol{F})\equiv 0$$

$$\nabla\times(\nabla u)\equiv 0$$

$$\nabla\cdot(u\boldsymbol{A})=u\nabla\cdot\boldsymbol{A}+\boldsymbol{A}\cdot\nabla u$$

$$\nabla\times(u\boldsymbol{A})=u\nabla\times\boldsymbol{A}+\nabla u\times\boldsymbol{A}$$

$$\boldsymbol{R}=\boldsymbol{r}-\boldsymbol{r}'=(x-x')\boldsymbol{e}_x+(y-y')\boldsymbol{e}_y+(z-z')\boldsymbol{e}_z$$

$$\nabla R=-\nabla' R=\frac{\boldsymbol{R}}{R}$$

$$\nabla\frac{1}{R}=-\nabla'\frac{1}{R}=-\frac{1}{R^2}\boldsymbol{e}_R=\frac{1}{R^2}\boldsymbol{e}'R$$

$$\nabla\cdot(\nabla\frac{1}{R})=\nabla'\cdot(\nabla'\frac{1}{R})$$

$$\nabla\cdot\frac{\boldsymbol{R}}{R^3}=-\nabla\cdot\nabla\frac{1}{R}=-\nabla^2\frac{1}{R}$$

$$\nabla\times\frac{\boldsymbol{R}}{R^3}=0 \qquad \nabla\times\boldsymbol{R}=0$$

直角坐标系

$$\nabla=\boldsymbol{e}_x\frac{\partial}{\partial x}+\boldsymbol{e}_y\frac{\partial}{\partial y}+\boldsymbol{e}_z\frac{\partial}{\partial z} \qquad \nabla'=\boldsymbol{e}_x\frac{\partial}{\partial x'}+\boldsymbol{e}_y\frac{\partial}{\partial y'}+\boldsymbol{e}_z\frac{\partial}{\partial z'}$$

$$\nabla u = \mathrm{grad} u = \frac{\partial u}{\partial x}\boldsymbol{e}_x + \frac{\partial u}{\partial y}\boldsymbol{e}_y + \frac{\partial u}{\partial z}\boldsymbol{e}_z$$

$$\nabla \cdot \boldsymbol{A} = \frac{\partial A_x}{\partial x} + \frac{\partial A_y}{\partial y} + \frac{\partial A_z}{\partial z}$$

$$\nabla \times \boldsymbol{A} = \begin{vmatrix} \boldsymbol{e}_x & \boldsymbol{e}_y & \boldsymbol{e}_z \\ \frac{\partial}{\partial x} & \frac{\partial}{\partial y} & \frac{\partial}{\partial z} \\ A_x & A_y & A_z \end{vmatrix}$$

$$\nabla^2 u = \frac{\partial^2 u}{\partial x^2} + \frac{\partial^2 u}{\partial y^2} + \frac{\partial^2 u}{\partial z^2}$$

柱坐标系

$$\nabla = \boldsymbol{e}_r \frac{\partial}{\partial r} + \boldsymbol{e}_\alpha \frac{\partial}{r\partial \alpha} + \boldsymbol{e}_z \frac{\partial}{\partial z}$$

$$\nabla u = \boldsymbol{e}_r \frac{\partial u}{\partial r} + \boldsymbol{e}_\alpha \frac{1}{r}\frac{\partial u}{\partial \alpha} + \boldsymbol{e}_z \frac{\partial u}{\partial z}$$

$$\nabla \cdot \boldsymbol{A} = \frac{1}{r}\frac{\partial}{\partial r}(rA_r) + \frac{1}{r}\frac{\partial A_\alpha}{\partial \alpha} + \frac{\partial A_z}{\partial z}$$

$$\nabla \times \boldsymbol{A} = \frac{1}{r}\begin{vmatrix} \boldsymbol{e}_r & r\boldsymbol{e}_\alpha & \boldsymbol{e}_z \\ \frac{\partial}{\partial r} & \frac{\partial}{\partial \alpha} & \frac{\partial}{\partial z} \\ A_r & rA_\alpha & A_z \end{vmatrix}$$

$$= (\frac{1}{r}\frac{\partial A_z}{\partial \alpha} - \frac{\partial A_\alpha}{\partial z})\boldsymbol{e}_r + (\frac{\partial A_r}{\partial z} - \frac{\partial A_z}{\partial r})\boldsymbol{e}_\alpha + \left[\frac{1}{r}\frac{\partial}{\partial r}(rA_\alpha) - \frac{1}{r}\frac{\partial A_r}{\partial \alpha}\right]\boldsymbol{e}_z$$

$$\nabla^2 u = \frac{1}{r}\frac{\partial}{\partial r}(r\frac{\partial u}{\partial r}) + \frac{1}{r^2}\frac{\partial^2 u}{\partial \alpha^2} + \frac{\partial^2 u}{\partial z^2}$$

球坐标系

$$\nabla = \boldsymbol{e}_r \frac{\partial}{\partial r} + \boldsymbol{e}_\theta \frac{1}{r}\frac{\partial}{\partial \theta} + \boldsymbol{e}_\alpha \frac{1}{r\sin\theta}\frac{\partial}{\partial \alpha}$$

$$\nabla u = \boldsymbol{e}_r \frac{\partial u}{\partial r} + \boldsymbol{e}_\theta \frac{1}{r}\frac{\partial u}{\partial \theta} + \boldsymbol{e}_\alpha \frac{1}{r\sin\theta}\frac{\partial u}{\partial \alpha}$$

$$\nabla \cdot \boldsymbol{A} = \frac{1}{r^2}\frac{\partial}{\partial r}(r^2 A_r) + \frac{1}{r\sin\theta}\frac{\partial}{\partial \theta}(\sin\theta A_\theta) + \frac{1}{r\sin\theta}\frac{\partial A_\alpha}{\partial \alpha}$$

$$\nabla\times\boldsymbol{A}=\frac{1}{r^2\sin\theta}\begin{vmatrix}\boldsymbol{e}_r & r\boldsymbol{e}_\theta & r\sin\theta\boldsymbol{e}_\alpha\\ \dfrac{\partial}{\partial r} & \dfrac{\partial}{\partial\theta} & \dfrac{\partial}{\partial\alpha}\\ A_r & rA_\theta & r\sin\theta A_\alpha\end{vmatrix}$$

$$=\frac{1}{r\sin\theta}\left[\frac{\partial}{\partial\theta}(\sin\theta A_\alpha)-\frac{\partial A_\theta}{\partial\alpha}\right]\boldsymbol{e}_r+\frac{1}{r}\left[\frac{1}{\sin\theta}\frac{\partial A_r}{\partial\alpha}-\frac{\partial}{\partial r}(rA_\alpha)\right]\boldsymbol{e}_\theta+\frac{1}{r}\left[\frac{\partial}{\partial r}(rA_\theta)-\frac{\partial A_r}{\partial\theta}\right]\boldsymbol{e}_\alpha$$

$$\nabla^2u=\frac{1}{r^2}\frac{\partial}{\partial r}(r^2\frac{\partial u}{\partial r})+\frac{1}{r^2\sin\theta}\frac{\partial}{\partial\theta}(\sin\theta\frac{\partial u}{\partial\theta})+\frac{1}{r^2\sin^2\theta}\frac{\partial^2u}{\partial\alpha^2}$$

参考文献

[1] 冯慈璋，马西奎主编．工程电磁场导论．北京：高等教育出版社，2000.
[2] 谢处方，饶克谨编著．电磁场与电磁波（第4版）．北京：高等教育出版社，2006.
[3] 焦其祥主编．电磁场与电磁波．北京：科学出版社，2007.
[4] 杨儒贵．电磁场与电磁波．北京：高等教育出版社，2007.
[5] 倪光正主编．工程电磁场原理（第二版）．北京：高等教育出版社，2009.
[6] 雷银照．电磁场（第二版）．北京：高等教育出版社，2010.
[7] 方进主编．工程电磁场．北京：北京交通大学出版社，2012.
[8] 王泽忠，全玉生，卢斌先编著．工程电磁场（第2版）．北京：清华大学出版社，2011.
[9] 袁国良编著．电磁场与电磁波．北京：清华大学出版社，2008.
[10] 符果行编著．电磁场与电磁波基础教程（第2版）．北京：电子工业出版社，2012.
[11] 郭硕鸿著．电动力学（第三版）．北京：高等教育出版社，2008.
[12] 虞福春，郑春开编著．电动力学（修订版）．北京：北京大学出版社，2008.
[13] 路宏敏，赵永久，朱满座编著．电磁场与电磁波基础（第二版）．北京：科学出版社，2012.
[14] 马冰然编著．电磁场与电磁波．广州：华南理工大学出版社，2007.
[15] 姜宇主编．工程电磁场与电磁波．武汉：华中科技大学出版社，2009.
[16] 许丽萍主编．工程电磁场学习与提高指南，北京：人民邮电出版社，2012.
[17] 路宏敏主编．电磁场与电磁波基础学习与考研指导．北京：科学出版社，2008.